도로공학

Highway Engineering

최한중 · 최고일 지음

청문각

머리말

국가 발전의 원동력은 기본적으로 물류 수송을 전담해온 도로의 역할이 가장 크다고 하겠습니다. 더구나 물류 수송을 위한 교통수단인 자동차의 기술과 성능은 빠르게 향상되고 있습니다. 그러나 아무리 좋은 자동차가 개발되었다 하더라도 도로의 기술이 이를 뒷받침하지 못한다면 자동차는 충분한 성능을 발휘하지 못할 것입니다.

우리의 도로도 ICT와 융합하여 다양한 도로교통 분야에서 지능화되어가고 있습니다. 도로 이용자들에게 실시간으로 도로교통 정보를 제공할 수 있어야 하고, 쾌적한 도로 주행 환경을 이룩할 수 있도록 지속적인 도로기술과 설계능력이 발전되어야 합니다. 그동안 도로는 양적으로 증가해 왔지만, 이제는 도로 이용자가 다양하게 이용할 수 있도록 편의가 충족되어야 합니다.

우리나라의 도로는 2020년이면 계획되어 있는 도로망이 완성될 것이며, 그 이후에는 도로를 운영하고 유지관리를 위한 과학적인 기법이 도입되고, 자동차와 함께 융합된 연구와 기술개발이 추진되어 더욱 지능화된 도로가 구축될 것입니다.

이 책은 최근에 새로 개정된 규칙과 시방 기준에 따라 새롭게 출간되었으며, 미래도로의 지능화에 따른 관련 지식과 방향 및 한국형 포장 설계 그리고 가치공학에 대해서도 추가로 기술하였습니다. 5장의 토공 분야와 6장의 배수와 동상(凍上) 분야를 추가하거나 별도 항목으로 보완·정리하였고, 도로공학의 전반적인 공종을 나열함으로써 알기 쉽도록 정리하였으며, 대학의 도로공학 교재로서 뿐만 아니라 기술자가 필요한 이론과 실무적인 내용들을 함께 수록하였습니다.

끝으로 이 책의 발간을 위해 도움을 주신 분들과 출판사에 감사드리고, 교재와 실무 지침서로서 활용될 수 있기를 기대합니다.

2015년 2월
저자 일동

차 례

총 론 CHAPTER 1

도로조사와 계획 CHAPTER 2

포 장 CHAPTER 7

8 CHAPTER 품질관리와 가치공학

9 CHAPTER 부 록

1

CHAPTER

총 론

1.1 도로의 정의

도로는 사람이나 차들이 편하게 잘 다닐 수 있도록 만든 비교적 넓은 길이라고 우리말사전에 기술되어 있고, 조선시대에도 도성 안의 가로(街路)나 읍성 사이를 연결하는 역로(驛路) 등 비교적 높은 규격의 길을 지칭하였다.

도로법에서는 차도, 보도, 자전거도로, 축도, 터널, 교량 육교 등 대통령령으로 정하는 시설로 구성된 것으로서, 고속국도, 일반국도, 특별시도(광역시도), 지방도, 시도, 군도, 구도 등을 말하며, 도로의 편리한 이용과 안전 및 원활한 도로교통의 확보, 그밖의 도로의 관리를 위하여 설치하는 도로의 부속물을 포함하고 있다.

도로는 이를 이용하는 보행자와 차량의 요구를 만족시켜 주어야 한다. 따라서 인류의 생활수준 및 양상이 달라짐에 따라 도로의 이용목적과 방법이 현저히 변모해 왔고, 도로에 관련된 설계, 분석, 시공법도 발달되어 왔다. 특히 차도는 차량의 고속화, 중량화로 인해 급속히 발전되어 왔고, 그 결과 산업발달에 기여한 바가 상당하다.

자동차를 이용한 교통수단이 존재하는 한 도로의 역할은 더욱더 막중해지고, 만족할만한 교통소통을 위해서는 지속적인 연구개발이 뒷받침되어야 할 것이다.

1.2 도로의 역사

고대에 최초의 도로라고 할 수 있는 것은 B.C 2000년경 중앙아시아의 유프라테스하안 바빌론의 포장도를 들 수 있다. 이 도로는 폭이 넓고 경사가 완만한 벽돌로 된 포장도로로서 줄눈재료는 아스팔트를 사용하였다. 이집트에서는 B.C 1900년경 두께 1.5~3.0 m, 폭 13 m, 연장 1.6 km의 돌덩이를 포장을 한 도로를 축조하였으며, 이외의 중동아시아, 인도, 중국 등지에도 도로를 축조한 흔적이 있다. 이후에 로마제국은 통치의 목적으로 소위 Rome Road를 완성하였는데, 이는 군용도로로서 체계화된 도로망을 구성하고 있으며, 총연장은 9만 km이고 두께 1 m 이하의 견고한 포장으로 되어 있다.

17세기 후반에 프랑스의 Tresaguet가 쇄석도의 축조법을 제안하여 파리 교외에 적용하였는데, 이 도로는 개수되어 산업경제 발전에 지대한 공헌을 하였다. 영국에서는 17세기 후반에 Telford, Macadam이 쇄석도의 공법을 고안하였는데, 이 도로는 마차에 적당하고 먼지도 비교적 적게 배출되며, 강우 시 세립분이 공극을 메워서 19세기까지는 상당히 보급되었다. 이후는 가솔린을 이용한 자동차의 급속한 발달로 속도, 방진, 내구성을 요하는 노면이 필요하게 되어 쇄석 위에 역청, 시멘트를 사용하게 되었다.

18세기 말 내연기관과 타이어의 발명으로 인하여 자동차가 고속화되고, 대형화됨에 따라 도로 폭원의 부족, 종단 및 평면상의 선형문제, 도로구조물의 구조적 문제가 발생되어, 기존 도로의 개수가 필요하게 되었고, 신도로계획과 설계 시 근본적인 기준의 고급화가 부단히 요구되어 왔다.

1.3 우리나라의 도로

1.3.1 도로 현황

우리나라 고대의 도로 형성과 그 현상에 대하여는 그 내용을 문헌기록상 확실히 상고할 수가 없다. 그러나 우리 민족도 길을 따라 생활해 왔고, 그에 수반한 문화도 길을 따라 이동, 전파되었음은 분명하다. 특이한 점은 지형적으로 산지가 많아 대로를 내기가 어려워 자연히 산로가 생겨나게 된 점을 들 수 있다.

삼국시대에는 각기 그들의 핵심을 중심으로 사방의 둘레로 뻗어 나갔는데, 이는 중앙집권적인 통치를 원활히 하고 외적의 침입에 대항키 위한 정치적·군사적 목적 때문이었을 것으로 추정된다.

고려사회의 도로는 역로(驛路)로서 대표된다(역로 ; 역참(驛站)으로 통하는 길).

역로는 국가의 정치·군사·경제 등의 정책 수행에 있어서 중요 지점을 연결한 전국적인 연락망이었으므로, 오늘날의 국도·지방도를 전체 얽어놓은 도로망과 같은 것이었다. 등급은 역로의 대소와 중요도에 따라 대로·중로·소로 등 3등급으로 분류하였다.

조선시대의 도로정책은 집권체제의 수립을 위한 하나의 방편을 수립하는 것이었다. 따라서 그것은 역참구축으로 집약되었고, 전국의 도로망은 역참에 의해 형성되었다. 그런데 당시 운수 수단으로서의 기능이 역참보다는 조운(漕運)쪽이 더 커서 역참은 산업도로로서의 기능보다 군사행정상의 통신기능을 지니고 있었다(역참 : 역마를 갈아타는 곳).

시대가 흐름에 따라 도로정책의 지표도 변하여 역로 개설의 근본목적은 정치군사적 기능 외에 경제·문화적인 기능도 겸하게 되었다. 조선왕조에서의 도로는 전반적으로 보아 국가관리를 원칙으로 하였으나, 실제로 도로의 설계에서부터 건설에 이르기까지 국가 차원의 계획이 수립·실천되지 못하였다. 따라서 도로 상태는 수레의 이용을 곤란하게 하였으며, 육로수송도 발달하지 못하였다.

도로사연구에 있어서 지리서(地誌)와 지도는 매우 귀중한 것인데, 현존하는 지리서로서 가장 오래된 것은 삼국사기 지리지이다. 이 책에는 편찬 당시까지 남아 있었으리라 생각되는 고구려·백제·신라의 지리지 등 각종 고서를 인용하여 국토의 위치와 국호의 변천, 왕도(王都)의 크기, 행정구분, 주군(州郡)의 연혁이 기록되어 있었다. 하지만 위치와 연혁에 치중되어 있어 대로, 중로, 소로로 구분된 도로망은 엿볼 수 없고, 다만 역참의 분포만을 밝히고 있다. 지도 중 도로망이 제대로 표시된 것으로는 조선후기의 동국지도 · 청구도 · 대동여지도 등을 들 수 있으며, 이 중 대동여지도는 조선시대 최대 최고의 과학적 실측지도이다.

일제시대에는 식민 지통치와 경제적 수탈에 편리한 방향으로, 특히 대륙진출의 목적으로 도로사업을 주요 정책으로 삼았다. 따라서 12기(期)에 걸쳐 연장 약 2,700 km의 도로를 개수 및 신설하였다.

해방 이후에는 6.25사변으로 인해 피해 입은 도로 및 교량의 복구 · 개수 · 개량사업을 벌이고, 소규모의 신설사업을 전개하였다.

그 후 정부의 국토개발계획에 의거하여 서울~인천, 서울~부산 등 고속도로 및 고속화도로의 신설과 연차적인 기존도로(국도, 지방도, 시군도)의 개수사업으로 표 1.1, 표 1.2와 같은 도로망을 확보하게 되었다.

표 1.1 (a) 도로현황 총괄

		연 장	개 통			미개통
구분 1	구분 2	구성비	소 계	표 장	미포장	미개통
총계	연장	106,414.0	96,419.0	87,799.0	8,620.0	9,995.0
	구성비(%)	100.0	90.6	82.5	8.1	9.4
고속국도	연장	4,112.0	4,112.0	4,112.0	–	–
	구성비(%)	100.0	100.0	100.0	–	–
일반국도	연장	13,843.0	13,584.0	13,527.0	57.0	259.0
	구성비(%)	100.0	98.1	97.7	0.4	1.9
특별 · 광역시도	연장	4,879.0	4,841.0	4,821.0	20.0	38.0
	구성비(%)	100.0	99.2	98.8	0.4	0.8
지방도	연장	18,083.0	16,772.0	15,234.0	1,529.0	1,311.0
	구성비(%)	100.0	92.8	84.3	8.5	7.2
시도	연장	28,047.0	21,536.0	20,352.0	1,184.0	6,511.0
	구성비(%)	100.0	76.8	72.6	4.2	23.2
군도	연장	22,374.0	20,498.0	14,741.0	5,757.0	1,876.0
	구성비(%)	100.0	91.6	65.9	25.7	8.4
구도	연장	15,076.0	15,076.0	15,003.0	73.0	–
	구성비(%)	100.0	100.0	99.5	0.5	–

(b) 시 · 도별 도로현황(2013. 12. 31 기준)

시 · 도별	합 계					고속도로	
	연 장	포 장	포장율	미포장	미개통	연 장	포 장
계	106,413,541	87,798,415	82.5	8,619,771	9,995,355	4,111,490	4,111,490
서울특별시	8,222,892	8,222,892	100.0			24,960	24,960

(계속)

시·도별	합 계					고속도로	
	연 장	포 장	포장율	미포장	미개통	연 장	포 장
부산광역시	3,101,223	3,022,432	97.5	72,847	5,944	51,660	51,660
대구광역시	2,626,578	2,626,578	100.0			97,560	97,560
인천광역시	2,742,786	2,605,139	95.0	111,590	26,057	100,330	100,330
광주광역시	1,806,104	1,798,504	99.6		7,600	26,370	26,370
대전광역시	2,077,485	2,077,485	100.0			76,140	76,140
울산광역시	1,759,781	1,723,888	98.0	22,560	13,333	62,840	62,840
세종특별자치시	411,642	333,746	81.1	39,820	38,076	18,530	18,530
경기도	12,823,774	11,330,293	88.4	302,278	1,191,203	669,270	669,270
강원도	10,147,244	7,317,226	72.1	1,216,392	1,613,626	348,840	348,840
충청북도	6,577,856	5,429,301	82.5	574,624	573,931	342,840	342,840
충청남도	7,003,514	5,775,327	82.5	950,578	277,609	429,990	429,900
전라북도	8,040,244	5,950,037	74.0	1,152,855	937,352	423,360	423,360
전라남도	10,532,353	8,291,772	78.7	1,109,965	1,130,616	414,600	414,600
경상북도	12,290,296	9,291,371	75.6	1,765,883	1,233,042	535,550	535,550
경상남도	13,053,403	9,323,899	71.4	1,092,321	2,637,183	488,650	488,650
제주특별자치도	3,196,366	2,678,525	83.8	208,058	309,783		

주) 특별·광역시도의 미개통 도시계획 도로는 포함하지 않음.

표 1.2 고속도로 노선 현황

노선번호		노선명	기 점	종 점	연장(km)
국고노선	제1호	경부선	부산금정구	서울 서초구	416.0
	제10호	남해선	전남 영암 학산면	부산 북구	273.1
	제12호	88올림픽선·무안광주선	전남 무안 망운면	대구 달성 옥포면	223.2
	제15호	서해안선	전남 무안 삼향면	서울 금천구	336.6
	제16호	울산선	울산 울주 언양읍	울산 남구	14.3
	제17호	평택화성선	경기 평택 오성면	경기 화성 봉담면	26.7
	제20호	익산포항선	전북 익산 왕궁면	경북 포항시	130.3
	제25호	호남선	전남 순천 서면	충남 논산 연무읍	194.2
	제27호	순천완주선	전남 순천 해룡면	전북 완주 용진면	117.8
	제30호	당진영덕선	충남 당진시	경북 상주 낙동면	171.0
	제35호	통영대전선·중부선	경남 통영 용남면	경기 하남시	332.5
	제37호	제2중부선	경기 이천 마장면	경기 하남시	31.1
	제40호	평택제천선	경기 평택 청북면	충북 충주 노은면	85.5
	제45호	중부내륙선	경남 마산 내서읍	경기 양평 옥천면	301.7

(계속)

노선번호		노선명	기 점	종 점	연장(km)
국고노선	제50호	영동선	인천 남동구	강원 강릉 성산면	234.4
	제55호	중앙선	부산 사상구	강원 춘천 신북읍	288.7
	제60호	서울양양선	서울 강동구	강원 홍천 화촌면	78.5
	제65호	동해선	부산 해운대구	강원 양양 서면	132.3
	제100호	서울외곽순환선	경기 성남시	경기 성남시	91.7
	제102호	남해제1지선	경남 함안 산인면	경남 창원 동읍	17.9
	제104호	남해제2지선	경남 김해 장유면	부산 북구	20.6
	제110호	제2경인선	인천 남구	경기 안양시	26.7
	제120호	경인선	인천 남구	서울 양천구	23.9
	제151호	서천~공주선	충남 서천 화양면	충남 공주 우성면	61.4
	제171호	오산화성선	경기 오산시	경기 오산시	2.6
	제251호	호남선의 지선	충남 논산 연무읍	대전 대덕구	54.0
	제253호	고창담양선	전남 고창 고수면	전남 담양 대덕면	42.5
	제300호	대전남부순환선	대전 유성구	대전 동구	13.3
	제400호	수도권제2순환선	경기 화성 동탄면	경기 오산시	9.3
	제451호	중부내륙선의 지선	대구 달성 현풍면	대구 북구	30.0
	제551호	중앙선의 지선	경남 김해 대동면	경남 양산시	8.2
민자노선	제25호	논산~천안선	충남 논산 연무읍	충남 천안 목천면	82.0
	제55호	중앙선(부산~대구)	경남 김해시 대동면	대구 동구	82.0
	제100호	서울외곽순환선(퇴계원~일산)	경기 남양주 별내면	경기 고양시	36.3
	제110호	제2경인선(인천대교)	인천 중구	인천 남구·인천 연수구	21.4
	제130호	인천국제공항선	인천 중구	경기 고양시	36.6
	제153호	평택~시흥선	경기 평택시	경기 시흥시	40.3
	제171호	용인~서울선	경기 용인시	서울 강남구	22.9

1.3.2 간선도로망 건설 계획

우리나라는 2011~2020년간 고속도로, 국도 등 국가 간선도로망 정비를 위한 도로정비기본계획이 확정되어 있다. 최근에 확정된 기본계획은 기존의 건설·이동성·공급자 중심의 정책에서 벗어나 '사람을 위한 도로, 이용하는 도로, 가치있는 도로'를 목표로 하고 있다. 물론 지난 1992년 국토개발종합계획을 통해 세워진 국토 간선도로망(남북 7축, 동서 9축)은 지속적으로 추진되며, 7×9 계획이라고 부르고 있다.

이미 공사 중인 여주~양평, 주문진~속초, 동해~삼척, 울산~포항, 상주~영덕, 음성~충주~제천, 춘천~양양, 부산외곽순환고속도로 이외에도 대구외곽순환 등을 2020년까지 완공

할 계획이다. 또한 국도 및 국가지원지방도는 교통량 등을 감안해 일률적인 4차로 확장이 아닌 2+1차로와 2차로 국도대체우회도로 등으로 추진된다.

대도시 교통혼잡을 완화하기 위해 고속도로 상습 지·정체 구간은 일부 지하화하는 방안도 검토 중이다. 또한 수도권 교통난 해소를 위해 민자고속도로 투자 여건도 개선해 조기 구축을 완료할 계획이다. 도로 확장 등으로 발생하는 폐도 부지에 대해서는 체계적인 관리 절차 및 기준을 마련하고, 신재생에너지 시설 등 다각적인 활용 방안을 모색해 도로주변 공간을 효과적으로 활용할 계획이다. 환경친화적인 도로구축을 위해 자전거도로 및 다양한 테마의 경관도로를 조성하고, 저탄소 아스팔트 사용도 활성화할 방침이다.

2020년까지 구축될 국토간선도로망 계획은 표 1.3과 같다.

표 1.3 국토간선도로망 계획

구 분		주요 경유지	연장(km)
남북축	제1축 (지선)	강화~인천~군산~죽림~목포(서해안) (지선) : 서울~수원~광명, 서수원~평택(남북), 서천~공주, 평택~시흥, 평택~부여	370.5 260.3 (4.1)
	제2축 (지선)	문산~서울~천안~광주~완도(경부, 천안~논산, 호남) (지선) : 서울~용인, 서울~세종, 회덕~논산(호남선의 지선), 논산~전주, 전주~광양, 순천~여수	414.5 366.3 (15.1)
	제3축 (지선)	연천~서울~대전~진주~통영~거제(중부, 제2중부, 경부) (지선) : 구리~포천, 옥산~남이(경부)	482.1 57.7
	제4축 (지선)	철원~포천, 양평~여주~구미~마산(중부내륙) (지선) : 금호~현풍(중부내륙선의 지선)	340.1 30.0
	제5축 (지선)	철원~춘천~원주~대구~김해(중앙) (지선) : 양산~대동~김해(중앙선의 지선)	433.8 17.0
	제6축	양구~봉화~영천~부산(경부)	405.8(309.5)
	제7축	간성~강릉~울진~부산(동해)	428.0
	계		3,606.1(328.7)
동서축	제1축 (지선)	목포~순천~마산~부산(남해) (지선) : 산인~창원(남해1지선), 고서~순천(호남), 냉정~사상(남해2지선)	291.2 106.7 (18.0)
	제2축 (지선)	무안~광주, 광주~남원~함양(88), 함양~울산 (지선) : 고창~장성~담양, 함양~고령~옥포(88), 언양~울산	279.5 145.3
	제3축 (지선)	새만금~전주, 익산~장수, 무주~대구~영천~포항 (지선) : 도동~영천(경부), 기계~신항만	283.7 54.0
	제4축 (지선)	당진~대전, 공주~청원~상주~안동~영덕 (지선) : 대산~당진, 대전~대구(경부), 상주~영천	298.8 247.2
	제5축	당진~천안~오창~괴산(경부), 문경~울진	258.8(187.1)
	제6축	안중~음성~제천~삼척(평택~제천)	250.4

(계속)

구 분		주요 경유지	연장(km)
동서축	제7축 (지선)	인천대교, 인천~안양, 인천~여주~원주~강릉(영동) (지선) : 인천~서울(경인), 서창~장수, 안양~성남, 성남~장호원, 광주~원주(제2영동)	282.5 169.3 (62.5)
	제8축	인천~일산, 하남~서울~홍천~양양	186.8
	제9축	강화~문산~화천~간성	211.5(211.5)
	계		3,065.7(479.1)
순환축	제1축	서울외곽순환	128.0
	제2축	수도권제2외곽순환	241.7
	제3축	대전남부순환	13.3
	제4축	대구순환	62.2(27.0)
	제5축	부산외곽순환, 부산신항제2배후	64.1
	제6축	광주순환	84.6(15.5)
	계		593.9(42.5)
총계			7,265.7(850.3)

* (   )는 자동차 전용도로

1.4 지능형 도로

1.4.1 지능형 교통관리체계

지능형 교통관리체계(ITS : Intelligent Traffic System)는 교통·전자·통신·제어 등 첨단기술을 활용하여 전국의 도로상황과 교통정보 등을 실시간으로 수집·관리·제공하는 종합교통관리 시스템이다. 지능형 교통관리체계는 교통혼잡을 완화시키고 교통사고를 감소시킬 뿐만 아니라 물류비 절감에도 효과적이다. ITS 서비스는 다음과 같이 5가지로 분류된다.

(1) 첨단교통관리체계(ATMS : Advanced Traffic Management System)

도로구간의 교통여건, 신호체계, 고속도로 진입통제 등 모든 교통상황을 통합관리하는 시스템으로, 실시간으로 수집된 정보를 바탕으로 도로구간의 교통 혼잡을 예측하고, 각 차량에게 대체도로 및 우회도로에 대한 정보를 전달해 준다.

- 도시교통관리시스템(UTMS : Urban Traffic Management System)
- 고속도로 교통관리시스템(FTMS : Freeway Transportation Management System)
- 교통수요관리(TDM : Traffic Demand Management)

- 자동통행료징수시스템(ATCS : Automated Toll Collection System)
- 교통자동단속시스템(TAES : Traffic Automatic Enforcement System)

(2) 첨단여행자정보체계(ATIS : Advanced Traveller Information System)

통행자가 승용차 또는 대중교통수단을 이용하여 최종 목적지까지 도달하는데 필요한 정보, 즉 교통 여건에 대한 정보, 새로운 교통경로에 대한 정보 및 기타 유용한 정보를 적시에 공급하는 것을 목표로 한다.

- 여행자정보시스템(TIS : Traveller Information System)
- 주차정보시스템(PIS : Parking Information System)
- 동적경로안내시스템(DRGS : Dynamic Route Guidance System)

(3) 첨단대중교통체계(APTS : Advanced Public Transportation System)

첨단대중교통체계는 전술한 첨단교통관리시스템(ATMS), 첨단여행자정보시스템(ATIS), 후술할 첨단차량제어시스템(AVCS) 기술을 이용하여 대중교통수단의 운영을 개선하도록 하는 시스템을 말한다. 이는 대중교통수단 이용자에게 대중교통의 통행스케줄 및 비용, 환승정보 등을 제공하고, 대중교통수단 운전자에게는 도로상황정보 등을 제공하여 운행효율을 극대화시킨다. 이에 따라 대중교통수단의 배차관리, 운행시간 단축에 기여할 수 있으며, 버스노선의 관리가 보다 용이해진다.

(4) 상용차량운영체계(CVO : Commercial Vehicle Operation)

화물차, 버스, 택시, 긴급차량 등의 생산성을 높이며, 이들 차량이 안전하고 효율적으로 운영될 수 있도록 한다. 차량 위치를 자동으로 지능형 교통체계의 운영자가 알 수 있도록 하는 자동 차량 위치 시스템(Automated Vehicle Location), 통행료를 자동으로 부가하는 자동 차량 인식 시스템(Automated Vehicle Identification) 등을 통하여 교통흐름의 개선을 통한 상용 차량의 효율적인 운영을 가능하게 한다.

(5) 첨단차량제어체계(AVCS : Advanced Vehicle Control System)

운전자가 효율적으로 운행할 수 있도록 차량에 내장된 장치가 운전자를 제어하는 것이다. 충돌 우려가 있을 때 주의경보를 제공하고, 차량의 속도를 조절함으로써 사고방지 및 사고로 인한 지체를 감소시킬 수 있다. 첨단차량제어시스템은 기술향상 정도에 따라 더욱 확대될 수 있으며, 장기적으로는 모든 차량이 자동으로 제어되어 운행하는 자동제어도로(Automated Roadway)로 확장될 수 있다.

1.4.2 미래의 도로기술

(1) 미래도로의 개발 필요성

최근에는 환경에 대한 관심이 높아짐에 따라 교통혼잡으로 인하여 발생하는 대기오염과 에너지 손실 절감, 환경과 조화를 이루는 도로건설, 건설폐기물의 저감 및 재활용, 체계적인 유지관리에 의한 시설수명의 연장 등을 통한 친환경도로 구현에 대한 요구에 직면하고 있다. 국가 경제의 비약적인 발전에 힘입어 국민의 생활수준이 향상됨으로 인하여 단순한 이동성의 가치에서 안전하고 쾌적하며, 편리성 등에 대한 요구가 커지고 있는 것이 현실이다.

선진국의 경우 이미 정부, 산업 및 기업체에서 미래에 대한 준비의 필요성을 인식하고, 장기비전과 전략을 수립하여 이를 달성하기 위한 연구 및 기술개발을 추진하고 있다.

즉, 과거에는 자동차 시대의 확산과 더불어 도로 건설에 치중하였다면 최근의 도로 교통 발전 방향은 환경문제, 고유가, 글로벌 경쟁의 심화 등 대외 여건 변화와 국토 공간의 변화, 고령화 시대로의 진입, 생활패턴 변화 등 대내외의 여건 변화에 맞추어 가고 있는 것이다.

(2) 미래도로의 역할

빠르게 발전하고 있는 정보통신기술, 소재기술은 사회·경제·문화 전반에 걸쳐 영향을 끼치고 있다. 이들 신기술의 발전은 도로교통 관련 기술을 발전시키는 기회로 작용하고 있다.

우선적으로 21세기 건설교통산업 경쟁력 확보 및 물류비용과 사회적 비용절감을 통한 국가경쟁력 향상을 도모하고, 도로관련 핵심기술을 확보하기 위한 지속적인 연구개발이 이루어질 수 있도록 미래도로의 개념과 역할을 정립해야 한다. 이와 관련하여 도로교통 관련 분야 동향을 분석해 본 결과, 자동차산업의 발전, ITS 관련 사업성장 등에 따라 도로정책의 변화, 도로설계 및 건설 기준의 개선 그리고 Human Factors에 대한 연구 등이 이루어지고 있다.

그러나 이러한 분야별 성과만으로는 현재의 도로교통관련 분야의 문제를 해결할 수 없으며, 21세기 속도의 시대, 세계화의 가속화에 따른 무한경쟁의 시대에 비추어 볼 때 느린 성장

표 1.4 미래도로의 역할 및 핵심가치

<table>
<tr><td>역 할</td><td colspan="3">• 지정체가 없어 이동성이 강화된 더 쾌적하고 더 안전한 미래지향형 도로
• 첨단기술이 접목된 최상의 과학적, 지능형 도로
• 친환경적이고 인간중심의 지속 가능형 도로</td></tr>
<tr><td rowspan="3">구성요소</td><td>이용자 측면</td><td>• 인간중심의 도로
• 쾌적한 도로</td><td>• 편리한 도로</td></tr>
<tr><td>도로 측면</td><td>• 안전한 도로
• 지능형 도로</td><td>• 지정체가 없어 빠른 도로
• 지속가능한 도로</td></tr>
<tr><td>운영자 / 관리자 측면</td><td>• 첨단 도로관리 시스템
• 최적의 도로관리</td><td>• 정시성 도로</td></tr>
<tr><td>핵심가치</td><td colspan="3">인간중심성, 친환경성, 지속가능성, 안전성, 이동성, 정시성</td></tr>
</table>

에 따른 시간적 한계성에 노출될 것이다. 따라서 미래사회의 변화 요구에 따른 신규 수요를 도로기술 발전방향에 체계적으로 흡수하고, 개발된 도로기술이 미래사회의 성장 엔진으로서의 역할을 수행할 수 있도록 해야 한다.

(3) 미래도로의 개발동향

최근 세계는 디지털기술과 인터넷 등 IT기술의 급속한 발전으로 농업혁명, 산업혁명에 이어 인류역사상 세 번째 대변혁인 IT혁명이 진행되고 있다. 이러한 IT혁명은 전통적인 패러다임을 변화시켜 디지털 경제와 지식정보 사회의 패러다임을 창출함으로써 모든 부문에 혁신적인 변화를 유발하고 있다.

특히 섬유·전자·건설·금융·의료·유통 등 전통산업의 정보화를 촉진하여 전통산업의 생산성 및 경쟁력을 향상시키고, 다른 한편으로는 소재·생물·문화 등의 분야와 융합·결합하면서 IT-NT(Nano Technology), IT-BT(Bio Technology), IT-ET(Environmental Technology) 등의 신산업을 창출하여 해당 산업의 부가가치를 향상시키는 형태로 전개되고 있다.

이렇듯이 IT와의 융복합을 이루지 않고서는 전통산업의 발전을 도모할 수 없을 뿐만 아니라 세계적인 기류인 저탄소 녹색성장 정책에서도 제외되어 발전의 후퇴를 감내할 수도 있을 것으로 예상된다.

① 우리나라

우리나라에서는 2006년도에 건설교통 R&D 혁신로드맵을 통해서 VC(Value Creater) 사업을 기획·시행하면서 스마트하이웨이를 포함하였다.

스마트하이웨이 사업은 도로분야에 첨단 IT기술 뿐만 아니라 자동차 연계기술을 융·복합하여 도로라는 하나의 골격에 지능을 가미함으로써 기존의 기술을 업그레이드하는 한편, 도로 기술의 경쟁력을 강화하고, 시대적 환경 여건 변화에 따른 다양한 요구(Needs)를 수용하기 위하여 전략적으로 출범된 사업이다.

② 미국

세계적으로도 건설교통의 융복합사업은 이미 실현단계에 있는 듯하다. 미국에서는 대표적인 융복합사업으로 주(州)단위를 타깃으로 "Interstate traveler hydrogen super highway"란 네트워크형 운송시스템 사업이 개발단계에 있다.

이 사업은 운송수단, 레일, 동력 및 친환경 시스템 등 차세대 기술이 접목된 신개념 운송시스템으로, 수소를 생산할 수 있는 태양발전시스템, self contain and self sustained형 다발 형태의 클러스터관, 고속자기부상시스템 및 운송수단으로 구성되어 있다.

③ 독일

독일에서는 우리나라의 스마트하이웨이사업과 유사한 지능형 도로사업으로 정부와 자동차 회사들이 차세대 통신기술을 활용하여, 교통사고 사망자 50% 감소를 목표로 SIM-TD

Project(Safe Intelligent Mobility - Test area Deutschland)를 추진하고 있다. SIM - TD 자동차와 커뮤니케이션의 융합기술로 교통안전 및 지능형 이동성에 초점을 맞춰 설계한 프로그램이다. 자동차와 전자 네트워크를 통한 도로정보를 입수하여 사용자가 그들의 노선을 선택하고 조정하여, 목적지까지 편안하고 안전하게 갈 수 있는 가장 빠른 방법을 얻을 수 있고, 차량과 특정 데이터간의 연결로 자동차 커뮤니케이션에 대한 연구를 진행하고 있다.

1.5 도로의 분류

1.5.1 도로법에 의한 분류(관리상의 분류)

우리나라 도로법(2009 개정)에 의하면 전국의 도로를 등급에 따라 다음과 같이 분류하고 있다.

(1) 고속도로 : 국가간선도로망의 중추 부분을 이루는 도로로서 대통령령에서 그 노선이 지정된 도로이다(현재 한국도로공사에서 관리).

(2) 일반국도 : 중요도시 · 지정항만 · 중요한 비행장 또는 관광지 등을 연결하며, 고속도로와 함께 국가기간도로망을 이루는 도로, 대통령령으로 그 노선이 지정된 것을 말한다(건설교통부에서 관리).

(3) 특별시도(광역시도) : 서울특별시, 부산광역시, 인천광역시, 대구광역시, 광주광역시, 대전광역시, 울산광역시의 구역내의 도로로서 서울특별시장 또는 부산, 인천, 대구, 대전, 울산, 광주광역시장이 그 노선을 인정한 것을 말한다(해당특별시 또는 광역시에서 관리).

(4) 지방도 : 지방의 간선도로망을 이루는 다음 각 호의 1에 해당하는 도로로서, 관할도지사가 그 노설을 인정한 것을 말한다(각 도에서 관리).

① 도청소재지로부터 시 또는 군청소재지에 이르는 도로

② 시도는 군청소재지 상호간을 연결하는 도로

③ 도내의 비행장, 항만, 역 또는 이와 밀접한 관계가 있는 비행장, 항만 또는 역을 상호 연락하는 도로

④ 도내의 비행장, 항만 또는 역에서 이와 밀접한 관계가 있는 고속도로 · 국도 또는 지방도를 연락하는 도로

⑤ 전 각호 이외의 도로로서 지방개발상 특히 중요한 도로

(5) 시도 : 시내의 도로로서 관할시장이 그 노선을 인정하는 것을 말한다(각 시에서 관리).

(6) 군도 : 군내의 도로로서 관할군수가 그 노선을 인정하는 것을 말한다(각 군에서 관리).

(7) 구도 : 구 안의 동(洞)간을 연결하는 도로로서 관할 구청장이 그 노선을 인정하는 것을 말한다(각 구에서 관리).

1.5.2 도로의 구조 · 시설기준에 관한 규칙에 의한 분류(설계기준상의 분류)

도로의 설계기준에 의한 분류로서, 분류 시 고려되는 사항은 도로가 제공하는 또는 이용자가 기대하는 기능, 도로가 통과하는 지역 특성 및 지형 상황, 계획교통량 등이다. 도로는 고속도로와 일반도로로 구분하되 도시지역에 소재하는 고속도로는 도시고속도로하고, 지방지역에 소재하는 일반도로는 그 기능에 따라 표 1.5와 같이 구분한다. 상세한 내용은 4.1.1절에서 언급한다.

표 1.5 도로의 구분

구 분	도로구조·시설기준	도로법
고속도로	고속도로, 도시고속도로	고속도로
일반도로	주간선도로 보조간선도로 집산도로 국지도로	국도 국도 또는 지방도 지방도 또는 군도 군도

1.5.3 포장재료에 의한 분류

도로에 사용한 포장재료의 종류에 따라 다음과 같이 분류한다.

(1) 토사도(Earthen road) : 포장이 없는 상태로 공용이 되는 도로
(2) 자갈도(Gravel road) : 분진방지 또는 지지력을 보강하기 위하여 토사노체 위에 자갈이 부설된 상태로 공용되는 도로
(3) 쇄석도 또는 머캐덤도(Broken stone road or Macadam road) : 분진발생을 예방하고 지지력을 보강하기 위하여 토사노체 위에 쇄석을 부설하고 장비를 이용하여 다진 도로
(4) 아스팔트 콘크리트포장(Asphalt concrete pavement)도로 : 포장재료에 아스팔트를 사용한 도로
(5) 시멘트 콘크리트포장(Cement concrete pavement)도로 : 포장재료에 시멘트 콘크리트를 사용한 도로
(6) 블록포장(Block pavement)도로 : 돌 또는 시멘트 블록을 사용하여 포장한 도로

1.5.4 도로 기능별 분류

(1) 구분원칙

도로는 설계의 관점에서 도로가 제공하는 기능, 도로가 존재하는 지역 및 지형의 상황과 계획교통량에 따라 동일한 설계기준을 적용하기 위하여 다음과 같이 구분한다.

도로는 자동차 전용도로와 일반도로로 대별하는데, 자동차 전용도로란 도로법 제54조 3의 규정에 근거하는 자동차 전용의 도로를 말하며, 도로교통법에 의한 교통규제로 자동차 이외의 차량 통행을 금지시킨 도로와는 구별된다. 다만 기능에 있어서 일반도로와 달리 출입이 완전 제한되거나 일부 제한됨으로써 제한된 유출입구를 통해서만 타도로와의 연계가 가능하며, 자전거 및 보행자 등 자동차가 아닌 교통의 통행을 금지하기도 하는 것을 말한다.

도로는 그 위치하는 지역에 따라 도로의 기하구조 및 공사비 특성을 감안하여 도시지역과 지방지역으로 구분한다. 도시지역과 지방지역의 근본적인 차이는 토지이용형태, 도로망 구성, 평균통행거리, 평균주행속도 등이다. 일반적으로 도시지역이라 함은 현재 사가지를 형성하고 있는 지역 또는 그 지역의 발전추세로 보아 도로의 설계목표년도인 20년 후에 시가지로 형성될 가능성이 있는 지역을 말한다. 도시지역은 인구 5,000명 이상이 거주하는 지역을 대상으로 하며, 그 경계선 밖의 지역을 지방지역으로 한다.

도로의 기능별 분류는 고속도로 및 도시고속도로가 최상위에 위치하며, 그 다음으로 주간선도로, 보조간선도로, 집산도로, 국지도로의 순서로서 중요도에 따라 구분한다.

도로의 기능별 분류의 특징은 도로가 갖고 있는 2가지의 기능, 즉 토지이용시설물에 접근할 수 있는 접근성(Accessibility)과 시종점을 얼마나 신속히 연계할 수 있느냐 하는 이동성(Mobility)을 들 수 있다. 기능이 상위인 도로는 이동성을, 하위인 경우는 접근성을 주기능으로 한다. 즉, 간선 및 보조간선도로는 주기능이 이동성인 반면 국지도로는 주기능이 접근성이며 집산도로는 그 중간에 속한다.

(2) 지방지역

지방지역의 도로는 기능에 따라 고속도로, 주간선도로, 보조간선도로, 집산도로, 국지도로로 구분한다.

① 고속도로

지방지역에 존재하는 자동차 전용도로로서, 대량의 교통을 가장 빠른 시간 내에 안전하고, 효율적으로 이동시키기 위하여 출입을 제한하며 설계기준이 가장 높다.

② 주간선도로

전국 도로망의 주골격을 형성하는 주요도로로서, 다음과 같은 특성을 갖는다.

- 도 상호간의 주요 도시를 연결하는 도로로서, 주로 인구 50,000 이상의 도시를 연결하는 도로이거나 때로는 인구 25,000 이상의 도시를 연결하는 도로도 일부 해당된다.
- 지역간 이동의 골격을 형성하는 도로로서, 통행길이가 비교적 길고, 통행밀도도 비교적 높은 도로를 칭한다.
- 지역간의 통과교통을 위주로 하며, 궁극적으로 4차로 이상의 도로확장이 요구되는 도로이다.
- 도로법 제13조의 일반국도의 대부분이 해당된다.

③ 보조간선도로

지역도로망의 골격을 형성하는 주간선도로에 연계되며, 다음과 같은 특성을 갖는 도로를 칭한다.

- 주간선도로를 보완하는 도로로, 주간선도로에 비해 비교적 연장이 짧고, 광역간선 기능이 약한 도로이다.
- 군 상호간의 주요지점을 연결하는 도로로서, 도로법 제13조의 일반국도의 일부분과 도로법 제15조의 지방도 중 대부분이 해당된다.

④ 집산도로

집산도로는 군내의 통행을 담당하고 광역기능을 갖지 않는 도로로서, 다음과 같은 특성을 갖는다.

- 군 상호간의 광역기능을 갖는 도로를 보완하는 도로로서, 군 내부의 주요 지점을 연결하는 도로이다.
- 군 내부의 주거단위에서 발생되는 교통을 흡수하며, 간선도로에 연계시키거나 보조간선도로에서 유입되는 교통을 주거단위로 배분하는 기능을 갖는 도로이다.
- 도로법 제15조의 지방도의 일부와 제16조의 군도의 대부분이 이에 해당된다.

⑤ 국지도로

도로법 제16조의 군도의 일부가 해당되며, 군내의 주거단위에 접근하기 위해 제공된 도로로서, 통행거리도 가장 짧고 기능상 하위의 도로이다.

일반적으로 국도는 고속도로를 보완해서 전국적인 도로망을 형성하며, 주로 지방지역의 중요지점을 연결해 주는 도로이다. 지역내 주민의 접근성보다는 지역간의 승객과 화물을 신속히 이동시키고자 하는 기능이 주기능이므로, 주간선도로로 분류하는 한편 일반국도 중 교통량이 비교적 적고 2차로로서, 주간선도로인 국도에 연계되어 있는 경우에는 보조간선도로로 구분할 수도 있다.

지방도의 경우 이동성이 높고 접근성이 낮은 기능의 도로는 보조간선도로로 하고, 이동성이 비교적 낮고, 접근성이 비교적 높은 지방도는 집산도로로 구분한다. 마찬가지로 군도의 경우에도 이동성과 접근성의 정도에 따라 집산도로와 국지도로로 구분한다.

도로의 기능, 관할권, 기하구조, 교통류의 특성에 근거하여 지방지역에 소재하는 일반도로에 대한 도로의 기능별 구분 지침을 제시하면 표 1.6과 같다.

표 1.6 지방지역 도로의 개략적 특성

구 분	주간선도로	보조간선도로	집산도로	국지도로
도로의 종류 및 등급	국도	국도 또는 지방도	지방도 또는 군도	군도
평균통행거리	5 km 이상	5 km 미만	3 km 미만	1 km 미만
설계속도(km/h)	80~60	70~50	60~40	50~40
유출입지점간 평균 간격(m)	700	500	300	100
동일기능도로간의 간격(m)	3,000	1,500	500	200
계획교통량(대/일)	10,000 이상	2,000~10,000	500~2,000	500 미만

(3) 도시지역

도시지역의 도로는 그 기능에 따라 도시고속도로, 주간선도로, 보조간선도로, 집산도로, 국지도로로 구분한다.

① 도시고속도로

도시지역에 존재하는 자동차 전용도로로서 출입을 제한하고 교통용량을 증대하기 위하여 설계기준이 높으며, 4차로 이상의 차로수를 갖는다.

② 주간선도로

도시지역 도로망의 주골격을 형성하는 주요도로로서 다음과 같은 특성을 갖는 도로를 말한다.

- 도시내의 주요 경제, 사회, 문화, 유통, 업무시설 지점을 연계하며, 다량의 교통량과 통행길이가 비교적 긴 교통을 흡수하며, 도시내 광역수송 기능을 담당한다.
- 지역간 간선도로의 도시내 통과역할을 담당함으로써 간선도로의 연속성이 지방지역과 도시지역에서 단절되지 않도록 하는 기능을 갖는다.

③ 보조간선도로

- 주간선도로보다는 통행량과 통행길이가 짧고, 통행의 지역적 담당기능이 도시내 광역기능보다 좁은 도로를 칭한다.
- 지구 내에서 집산도로를 통해 유출입되는 교통을 흡수하여 주간선도로에 연계하는 기능을 수행하며, 접근성보다는 이동성이 상대적으로 높다.

④ 집산도로

- 지구 내의 교통을 주로 담당하며, 보조간선도로에 비하여 지구 내의 주거지역까지 연계하는 도로를 칭한다.
- 지구 내에서 국지도로를 통해 유출입되는 교통을 수집 또는 분산시켜 간선도로와 연계하는 기능을 담당한다. 간선도로에 비하여 상대적으로 이동성보다는 접근성이 높은 도로를 칭한다.

⑤ 국지도로

지구 내의 주거단위에 직접 연계되는 도로로서 이동성이 가장 낮고, 접근성이 가장 높은 도로이다. 통과교통을 감안치 않고 운영되며, 버스 통행이 없고 보행자 통행이 차량보다는 우선권을 갖는다.

2
CHAPTER

도로조사와 계획

2.1 도로계획의 수립

도로계획을 수립할 때에는 관련된 기존도로 및 도로교통의 실태와 문제점을 충분히 파악하고, 계획목표년도를 정확히 예측한 후 사업계획을 작성한다. 또한 사업별 우선순위를 결정할 필요가 있으며, 이를 위해 각종 조사를 실시한다. 도로에 관한 조사 및 계획의 내용은 대상도로망 또는 도로의 성격, 규모, 위치 등에 의해 그 범위가 달라지며, 이에 대한 다각적인 검토가 필요하다. 조사 및 계획의 일반적인 흐름을 나타내면 그림 2.1과 같다. 대상도로에 따라 그중

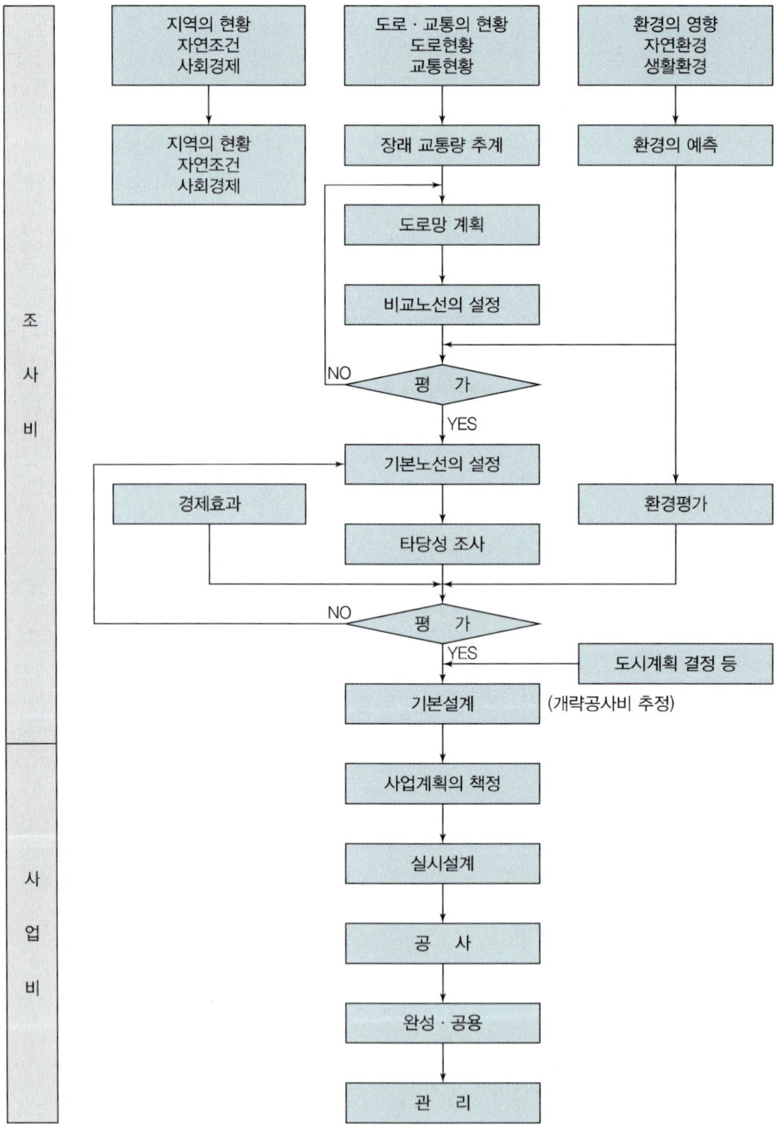

그림 2.1 도로조사 및 계획의 흐름

의 어느 단계는 생략할 수 있다. 그림에서 각 단계 가운데 사업계획의 책정까지를 조사로 구분하고, 이에 소요되는 경비를 조사비라 한다. 이후를 사업으로 구분하고 이에 소요되는 경비를 사업비라 부르는데, 이에는 측량, 계획, 용지취득 및 공사가 포함된다. 조사비에 의한 조사과정에 있어서는 조사결과를 기술적, 경제적, 환경적 측면에서 검토하며, 타당성 정도에 따라 계획의 철회, 수정, 연기조치를 취할 경우도 발생한다.

도로의 계획목표년도는 20년을 넘지 않는 범위 내에서 교통량예측의 신뢰성, 도로의 구분, 자본투자의 효율성, 단계건설의 가능성 및 주변여건을 감안하되, 주변지역의 사회경제계획 및 도시계획 등의 목표연도를 고려하여 정한다.

도로사업을 원활하게 실시하기 위해서는 조사 및 계획의 단계에서 지역환경에 대한 충분한 검토가 이루어져야 하고, 당해 도로의 역할과 기능 등에 대하여도 각종 자료를 취합, 분석할 필요가 있다.

2.2 노선선정

2.2.1 선정방법

도로사업은 각종 조사과정과 노선선정, 설계과정 및 건설을 통하여 완성된다. 이 중에서 노선선정은 도로계획의 기초를 이루는 중요한 단계이며, 그 도로의 사회적 환경에 미치는 영향, 경제효과, 교통·도로·구조분야 등의 기술적인 특징, 건설비 등을 고려하여 결정되어야 한다.

노선선정은 도로망 계획과 같은 상위 관련계획을 토대로 한 도로 정책적인 결정단계와 세부평가과정을 거쳐 해당 노선이 어떤 지점을 어떤 선형으로 통과할 것인가를 결정하는 타당성 조사 및 기본설계 단계로 구분된다.

도로 투자 사업의 초기 단계에서 수행하는 사업 대상 노선의 선정은 보다 합리적이고 종합적인 평가과정이 필요하다. 노선을 결정하고 그에 대한 평가를 할 때 사회적, 경제적, 기술적 그리고 환경적 측면을 평가하고, 그 결과에 따라 최적노선을 결정하게 된다.

2.2.2 검토사항

(1) 사회적 요인의 검토

도로가 교통망의 개선을 통하여 지역사회에 가져오는 의미를 평가하는 것으로서, 다른 개발 계획을 함께 고려하여 해당 지역에 가져오는 효과를 검토한다. 사회적인 측면에서 내려진 긍정적인 평가는 주로 노선의 개략적인 위치선정 단계에서 중요한 역할을 한다.

도로는 지역사회를 발전시키는 계기를 제시함과 아울러 기존의 질서를 바꿈으로 인하여 여러 가지 부정적인 측면의 사회적인 영향이 발생할 수 있다는 점도 고려해야 한다.

따라서 노선선정 단계뿐만 아니라 도로설계 단계에서도 세심한 배려가 필요하다. 신설될 노선이 사회적으로 미치는 영향을 평가하는 데에는 다음과 같은 사항을 고려해야 한다.

- 도시지역, 마을과의 관계
- 학교, 병원, 주택 등과의 관계
- 유적, 매장 문화재, 절, 묘지 등 민족유산과의 관계
- 자연경관, 자연생태와의 관계
- 자연조건의 변화

도로건설에 따른 기존 인문 및 자연환경의 변화에 대한 부정적인 효과를 저감시키기 위하여 관련사업(도시계획, 토지 개량 등 농업구조 개선계획, 치수계획) 등을 동시에 시행 또는 연계함으로써 합리적인 개발방향을 수립하는 것이 중요하다.

이들 사회적 요인에 대해서는 특히 사전조사에 의하여 충분한 정보를 입수하여 관련 공공기관과 사전협의를 거치는 것이 바람직하다.

설계단계에서 방음벽, 고가교, 조경공사 등 기술적 배려에 의하여 처리 가능한 것도 있지만, 대부분의 문제는 노선위치 결정 때 그 영향이 결정된다.

(2) 경제적 측면의 검토

도로계획의 타당성 여부는 건설비와 유지관리비 등의 투자측면과 그 투자에 따른 경제적인 편익에 대해서 계량적으로 평가한 결과로 판단한다. 도로는 건설될 지역여건에 따라 건설비가 크게 달라지지만, 건설비가 적게 들어도 그것을 이용하는 교통량이 적거나, 주행비용과 주행시간 등이 많아져서는 투자효과가 저하된다.

① 개략 계획 단계에서의 검토

노선 전체 또는 상당히 긴 구간에 대해서 경제성 여부를 따져서 경제적 타당성을 판단한다. 편익에는 주행비용 감소, 주행시간 단축, 사고 감소 등의 직접편익과 주변지역에 미치는 영향 등의 간접편익이 있다.

② 노선선정 단계에서의 검토

하나의 노선 중 일부 구간에 비교노선이 있는 경우 입체교차의 설치위치, 입체교차의 추가 설치 여부 등에 대하여 경제성 평가를 한다.

비교노선선정 시 최대 연장은 50 km 정도이며, 다수의 출입시설을 포함하며 짧을 경우 수 km로서 출입시설을 포함하지 않는 경우도 있다. 비교노선이 길이가 그 이상인 비교노선은 개략 계획단계에서 처리되어야 하며, 이보다 짧은 비교노선은 선형설계 단계에서 다루어져야 한다. 비교적 짧은 비교노선 중 입체교차로의 위치가 고정적인 경우에는 교통량의 변화는 크

지 않으므로, 비교노선에 대한 직접효과만을 비교의 대상으로 한다.

③ 도로설계 단계에서의 검토

선형설계와 도로 구조물의 설계단계에서는 건설비와 유지비(특히 터널과 교량)를 주로 검토한다.

(3) 기술적 요인의 검토

도로계획에서 기술적 요인은 자동차 교통의 흐름을 처리하기 위한 교통 기술적 측면과 그것을 자연조건과 대응시켜 구조적으로 정착시키기 위한 구조 기술적 측면으로 나누어진다.

① 교통 기술적 요인의 검토

교통 기술적 요인은 도로 본래 목적인 교통을 안전하고 원활하게 처리하기 위해서 고려해야 할 요인이다. 노선의 기능과 등급에 따라 결정된 설계속도를 기준으로 각종 제약조건과 관련계획을 고려하여 평면 및 종단선형 설계가 이뤄지나, 장거리 통행 관점에서 교통사고를 유발할 수 있는 불합리한 선형의 조합이나 운전자의 편의성에 나쁜 영향을 미칠 수 있는 문제가 없는지에 대한 평가를 수행해야 한다.

② 구조 기술적 요인

도로의 구조 기술적인 요인에서는 시공성과 안전성, 유지관리의 편리성 등이 문제가 된다. 따라서 구조 기술적인 문제를 처리할 때에는 경제성을 무시할 수는 없지만, 문제의 해결을 통하여 소요 비용 대비 높은 편익을 얻어낼 수 있다면 과감히 어려움을 이겨나가야 하는 경우도 많다. 그러나 지질과 기상의 문제로 시공 중이나 완성 후 유지관리 시에 재해 발생의 위험이 많은 도로는 노선선정 단계에서 되도록 피해야 한다.

(4) 환경적 측면의 검토

도로건설에 의하여 생길 수 있는 자연환경과 쾌적한 조화를 유지하기 위하여 환경에 미치는 영향을 파악하여 미리 대처함으로서 환경의 피해를 최소화하고 유용하게 이용 보전해야 한다.

- 자연환경 및 생활환경 영향 측면을 고려
- 농경지 잠식 및 자투리 농지를 최소화하는 노선선정
- 보존가치가 있는 지형 및 지질유산과 해당지역의 경관을 파악하여 보존할 수 있는 노선선정
- 경관이 우수한 지역을 통과하는 경우 완속차로와 고속차로의 분리로 경관자원을 활용하는 노선선정

2.2.3 환경을 고려한 노선 선정

(1) 환경에 미치는 영향

도로는 국가의 사회 경제 발전과 사람들의 문화 생활활동 등을 위해서는 필요한 요소이지만 도로 건설과 이용으로 인한 자연 환경과 생활환경에 미치는 좋지 않은 영향으로 도로 건설 시 도로와 환경의 조화를 위한 인식 변화가 필요하다

따라서 다음과 같이 도로건설과 공용 중에 환경에 미치는 주요 영향을 알아보고 이를 최소화할 수 있도록 노선을 선정하고 방안을 수립하여 환경 친화적인 도로가 되도록 한다.

- 도로시설 축조로 인한 점유로 토지 감소
- 도로건설로 인한 자연 훼손과 각종 동식물의 생태계 변화
- 도로로 인한 동물 서식지와 이동로의 분리 및 로드킬 발생
- 건설 중 또는 공용 중 발생되는 소음과 진동, 대기오염 발생
- 도로건설에 따른 지하수와 하천수의 변화와 수질오염 발생
- 마을의 단절과 주변 경관의 훼손

(2) 친환경 도로를 위한 설계방법

① 자연환경

- 기후변화

대부분의 국가에서 교통부문 중 도로교통이 차지하는 비중은 90% 이상을 차지하고 있다. 그리고 교통부문 중에서도 온실가스 배출량의 대부분을 차지하고 있는 분야가 도로교통이기 때문에 도로분야의 온실가스 감축을 위해서 노력해야 한다.

이를 위해 도로 기반시설 분야에서는 신속한 도로교통 정보를 제공하여 지정체가 해소되도록 하고 각종 지능화 도로교통시스템을 구축 되도록 하여야한다.

또한 도로의 포장 재료와 시공방법등도 저탄소화 재료를 사용하거나 장비와 공법울 선정하고 이용하는 차량도 전기 자동차와 저탄소형 하이브리드카 등이 공용화하도록 한다.

- 지형

도로는 땅을 기초로 하는 축조물이기 때문에 도로건설로 인하여 가장 많은 형태가 변하는 것은 지형이 된다. 도로를 건설하기 위해서 흙을 쌓거나 땅을 깎게 되고, 터널 굴착이나 교량 등의 구조물을 구축하게 되면 자연 상태의 지형은 바뀌게 된다.

따라서 지형의 변화를 최소화 하도록 하거나 원래의 모습과 유사하게 복원시킬 수 있는 방법을 찾아 설계가 되도록 한다.

- 경관

도로는 자동차를 이용하여 목적지에 도달하고자 하는 이동시설이지만, 운전자에게 쾌적

하고 편안하게 주행할 수 있는 다양한 휴식공간과 조망시설 그리고 문화공간 등을 설치할 필요가 있다. 도로의 경관은 이를 바라보는 운전자와 보여 주는 도로주변의 대상들에 의해서 구성되고, 도로의 기능뿐만 아니라 주변 환경과 조화되어 미관적이나 생태적 가치를 향상시켜 새로운 가치를 창조하게 된다.

즉, 도로를 구성하는 도로의 기하구조와 중분대와 가드레일 등의 안전시설물, 교통과 안내표지판 등의 부속 시설물, 도로 주변에 설치되는 휴게시설과 조경시설물 등의 편의시설, 그리고 산이나 호수 등의 자연과 교량 및 터널 등의 인공시설물 등의 요소들이 조화되어 좋은 경관을 이루게 된다.

• 동식물

도로건설로 인한 생태계의 변화로 가장 큰 영향을 받는 것이 동물과 식물이라 할 수 있다. 따라서 도로의 계획수립 시 예정구간에서 서식하고 있는 동물과 식물들의 종류와 분포를 조사해야 한다. 도로건설로 인한 야생동물이 받는 영향은 다양한데. 도로에서 발생되는 소음과 진동 그리고 대기, 수질, 토양의 오염은 인간과 야생동물이 함께 겪는 부작용이다. 그러나 야생동물들에게 유독 심각한 피해가 발생되고 있는데, 바로 로드킬(Road Kill : 동물교통사고)과 서식지의 단절로 인한 생태계의 변화이다.

이를 해결하기 위해서 동물보호 울타리와 이동할 수 있도록 생태통로를 설치하여 동물의 피해를 최소화할 수 있도록 해야 한다.

또한 식물들 중에도 천연 기념물 등 보호 수종이나 초호류 등이 있는지 조사하여 이식을 하거나 자연 상태로 유지할 수 있도록 보호 계획과 설계를 하도록 한다.

• 수리 · 수문

도로는 하천이나 호수, 바다 등을 횡단하거나 인접해서 지나가게 되는 경우가 있으며. 이러한 구간이나 지역은 교량을 건설하거나 제방이나 호안 등의 축조로 물의 흐름의 방향이 변하거나 지장을 주기도 한다.

따라서 물의 흐름의 영향이 최소화되도록 정밀한 조사를 하고 자연 상태와 가깝도록 하천과 해안을 정비하고 주변 경관 조화될 수 있는 설계를 하여 관련시설을 설치함으로서 도로건설로 인한 다른 피해가 발생되지 않도록 한다.

② 생활환경

• 토지개발

도로건설이 이루어지면 많은 농지를 점용하게 되어 농업을 주업으로 하는 주민들에게는 삶의 터전이 없어지게 되고 도로 주변에는 주택이나 산업시설이 구축되면서 도시나 공단이 형성되는 등 다양한 형태의 토지 개발이 이루어진다.

따라서 도로 설계 시에는 농지 점용이나 기존 마을의 피해가 최소화되도록 할 필요가 있으며, 무분별한 토지 개발이 이루어지지 않도록 기존의 도로를 활용하거나 우회하는 방안 등 지역주민의 생활환경이 불편하지 않도록 한다.

• 소음 · 진동

도로에 주행하는 자동차에 의해 발생하는 도로교소음과 진동은 자동차의 종류와 엔진, 사용 연료, 타이어의 종류뿐만 아니라 도로 포장의 종류, 교통량, 주행속도, 등 다양한 요인에 따라서도 달라진다.

일반적으로 타이어의 형태는 자동차의 종류에 의해서 결정되므로 자동차와 포장의 종류는 도로교통 소음과 진동의 가장 중요한 요인이 되며, 교통량과 차량의 주행속도가 증가함에 따라서 발생되는 소음과 진동의 크기도 커지게 된다.

소음과 진동을 감소시키기 위해서 발생 요인인 자동차에 대해서 진동이 적고 소음이 적게 발생되는 차량을 개발하도록 하고, 저소음 형식의 타이어를 개발하여 도로 포장면과 마찰음을 줄이도록 한다.

또한 방음벽과 방음터널을 설치하여 소음 등의 전파경로를 차단하여 전달되는 소음을 줄이도록 하고, 주변의 주택 등의 창문 등은 밀폐도를 높이거나 이격거리를 멀리하여 소음과 진동이 적게 되도록 한다.

특히 방음시설이나 방음터널을 설치 시에는 주변의 경관에 조화가 되도록 다양한 재료와 방법을 선정하여 아름다운 시설물이 되도록 함으로써 운전자와 주민들의 생활에 쾌적한 도로가 되도록 한다.

• 대기오염

자동차에서 연료가 연소되어 배출되는 배기가스뿐만 아니라 도로에서 발생되는 미세먼지도 대기질에 큰영향을 주게 된다.

일반적으로 도로에 자동차가 많으면 대기오염 물질이 많이 배출된다고 알고 있지만, 사용 연료의 유형, 자동차의 엔진 상태, 자동차의 연식 등의 자동차 특성과 오르막이나 내리막길 또는 곡선길 등의 도로의 특성이나 자동차의 속도 등의 교통특성에 따라 대기오염 정도의 영향을 받게 된다.

대기오염은 사람의 건강에 미치는 영향과 도로주변의 동식물 등의 생태계를 변화시키고, 건축물이나 주택 등의 조기부식과 파괴를 가져올 수 있다. 따라서 대기오염을 저감시키는 교통정체를 예방하고, 저탄소 연료의 사용, 전기자동차 등 그린카 개발과 자동차의 성능 개선, 주택이나 농경지로부터 이격시킬 수 있도록 노선의 선정, 도로의 기하구조 개선방안 등을 강구하도록 한다.

• 수질

도로의 포장은 일반적으로 불투수층으로 이루어져 있으며, 자동차의 통행으로 포장 표면은 중금속, 입자성 물질, 탄화수소, 기름성분등 다양한 종류의 오연된 물질들이 축적되어 있으며, 강우 시에는 표면수가 인근의 하천 등으로 유입되어 생태계에 좋지 않은 영향을 미치게 된다.

이러한 오염을 비점오염원(Non-point pollution source)이라 하며, 도로는 비점 오염원 중에서 가장 높은 오염원이 되고 있다. 따라서 강우 시에 도로로부터 유출되는 비점오염물질은 도로조사와 계획 및 설계 시에 저감시설을 반영하거나 친환경화가 될 수 있도록 다음과 같이 도로의 지역 특성을 고려하여 적합한 처리 방안을 선정하여 설계를 하도록 한다.

- 침투형 : 배수성 포장, 침투저류지, 침투배수로 등
- 식생형 : 식생수로, 도로변의 식생 등
- 저류형 : 저장 연못, 저장 시설 등
- 습지형 : 인공습지 설치 등
- 여과형 : 지표 또는 지하 모래여과시설, 초목류 활용여과시설 등
- 융합형 : 빗물정원, 수목여과대, 보도 연석확대 등

(3) 고려사항

친환경도로를 건설하기 위해서는 기본계획에서부터 실시설계 단계까지 충분한 환경영향을 고려하여 노선을 선정하고, 보완대책을 수립해야 한다. 주요사항은 다음과 같다.

- 과도한 땅깎기나 흙쌓기로 자연 상태의 지형과 지반 및 지하수와 수질의 변화
- 보호해야할 동물이나 식물들의 훼손
- 도로의 시설물의 주변경관과 조화
- 자동차의 주행으로 대기오염이나 소음으로 인한 영향

2.3 도로 조사

도로계획 수립에 필요한 조사의 주된 사항을 들면 다음과 같으며, 신뢰할 수 있는 계획을 세우기 위해서는 기초 조사를 면밀히 실시해야 한다.

- 도로현황 조사
  - 도로현황
  - 교량, 터널 등 구조물 현황
- 교통 조사
  - 일반 교통량 조사
  - 출발지·목적지별 교통량 조사
  - 교통사고 조사
- 재정 조사
- 도로경제 조사

- 측량 조사
- 토질 조사
- 도로상태 조사
- 기타 조사

따라서 조사 대상 중 주요항목에 대해서 설명하도록 한다.

2.3.1 도로현황 조사

대상도로와 관련된 기존 도로의 위치와 구조의 현황을 조사하고, 도로현황 조사서(Road Inventory)를 작성한다. 노면의 폭원, 포장종류 및 상태는 일정한 분류에 따라 구분하고, 교량, 암거, 지하도 등 구조물에 대해서는 형식, 치수 및 상태를 조사한다. 또한 주변의 주택, 농장, 학교 및 공공시설의 위치를 결정하고, 주요 간선도로의 경사, 평면선형 시거 등을 실측으로 조사한다. 철도 및 타도로와의 교차, 기타 교통상 난이한 곳에 대한 자료도 수집한다.

조사결과는 정리하여 대장에 기록하고 도로현황도를 작성한다. 이 도로현황도는 도로유지관리 및 개량계획 수립 시 이용하게 된다(참고 2.1 참조).

2.3.2 재정 조사

도로기본계획의 일환으로 실시하는 재정조사의 목적으로 시도나 군, 읍, 면의 재정내용을 조사해서 도로망을 유지관리하는 능력을 추정하는 데 있다. 조사는 공포된 재정보고서를 토대로 하여 세제(稅制), 세율, 수입지출의 총액과 도로비 등에 대해서 실시하고, 그 결과는 수입의 총액과 도로관계의 수입, 지출액과의 관계검토 및 도로비 부담의 공평을 기하는 자료로 이용하고, 장래계획을 산정하는 근거가 된다.

이 조사와 아울러 도로의 이용조사, 도로의 내용년수조사를 실시할 필요가 있다. 도로의 이용조사는 도로망의 각 구간이 어떠한 목적의 자동차에 의해 어떠한 구성으로 이용되고 있는가를 알기 위해 실시한다.

Sampling 방식에 의해서 도시나 읍면주민의 연간 교통거리, 도로종별, 이용률 등의 자료를 구하고, 재정조사의 결과와 비교하여 도로교통으로 인해 발생되는 수익을 추정한 후 도로비의 부담비율을 산출하는 근거로 삼는다. 도로의 내용년수 조사목적은 개축을 필요로 하기까지의 평균수명과 각종 포장의 평균내용년수를 결정함에 있으며, 이는 도로계획의 기본자료로 활용된다.

2.3.3 도로경제 조사

도로개량계획을 수립할 때에는 공사시공의 우선순위, 비교노선의 우열, 공사규모 등에 대해 검토해야 한다. 도로경제조사의 내용은 조사대상노선의 세력권을 정하고, 이에 의해 연도경제 조사, 물자이동조사 등을 실시하는 것이다. 여기에서 구해진 자료 분석 후 장래교통량추정에 참고가 되며, 건설비 적산 및 기대되는 경제효과를 산출하는 데 근거가 된다.

도로의 경제효과는 직접적 효과와 간접적 효과로 구분되며, 직접적 효과 중 자동차 운전비와 도로유지비의 절감액에 의해 결정되는 편익 산출과 유료도로채산성의 판단 등을 위하여 다음 사항을 조사한다.

- 자동차의 주행속도와 주행경비산정 조사
- 도로유지비의 조사

2.3.4 측량 조사

예정노선에 대한 평면, 종단, 횡단 등의 노선측량과 용지의 구입, 물건이전, 보상 등의 계획을 세우기 위한 용지측량으로서, 용지경계선, 토지의 종류, 소유자의 경계, 이전을 요하는 물건 등에 대해서 상세한 조사를 실시한다.

또한 계획선에 포함되는 장대터널, 장대교 등의 주요 구조물에 대해서는 건설예정지 부근의 지형에 대하여 조사한다.

조사요령은 다음과 같다.

- 항공사진 또는 기타 지형도에 의해 몇 개의 계획노선을 구하여 도상에서 충분히 검토한 후 현지답사, 지형측량을 실시하여 노선을 합리적으로 결정한다.
- 계획노선의 중심선에 따라 원칙적으로 100 m 간격으로 측점을 설치한다. 단 곡선의 기종점은 B.C, E.C로 표시한다. 철도, 궤도, 도로와의 교차점 및 지형의 변화가 심한 개소에는 보조측점을 설치한다.
- 측량폭은 중심선 좌우 각각 300 m를 원칙으로 한다. 단 계획에 있어서 중심선 이동의 우려가 있는 개소 및 필요하다고 판단되는 개소에서는 상당히 넓은 범위에 걸쳐 측량할 필요가 있다. 한편 지형관계상 소정폭의 측량이 필요치 않다고 생각되는 경우는 축소해도 무방하다.

위의 자료는 각각 도면으로 작성한다.

도면에는 축척 1/50,000의 지형도를 이용하여 도로현황 및 계획을 표시한 전체도, 축척 1/5,000에 계획중심선, 지물, 곡선의 기종점, 곡선반지름, 구조물 등이 기입된 평면도, 중심선상의 각 측점 지반고를 나타낸 종단면도(횡 1/5,000, 종 1/500) 등이 있다.

2.3.5 토질 조사

도로의 노선선정, 노체 및 노반의 설계, 시공계획에 선행하여 반드시 토질 조사를 실시해야 하며, 그 조사요령은 다음과 같다.

- 조사에 착수하기 전에 조사지점 부근의 토질, 지하수의 상태에 관한 기존의 자료를 수집한다.
- Auger boring 또는 Test pit 등의 방법으로 조사지점을 탐사한다.
- Auger boring의 간격은 토층단면의 균일성 및 지형에 따라 변경되어야 하지만, 통상 100~200 m로 한다.
- Auger boring의 깊이는 보통 현재의 지표면과 시공기면(施工基面) 가운데 낮은 쪽에서 지하 2~3 m 깊이로 하지만, 토층의 상태에 따라 조정된다.
- 흙은 KS 분류방법에 의거 분류한다.
- Auger boring 결과에서 얻은 토층경계선 및 지하수 위에 대하여 토층단면도(토질주상도)를 작성한다.
- 성토 예정지로서 그 높이가 5 m를 넘을 경우는 현재의 지표면에서 지하로 최소한 성토고의 2배 깊이까지 Boring을 실시하여 각 층의 토질을 조사할 필요가 있다. 이때 Boring은 중심선뿐만 아니라 중심선 좌우 20~30 m의 폭까지 넓게 실시하는 것이 좋다.

토질조사의 결과는 Data Sheet에 기입하여 정리한다.
건설을 위한 그 외의 조사로는 지질조사, 기상 및 수리(水理) 조사가 있다.

2.4 교통량 조사

도로교통량 조사에는 일반교통량 조사와 출발지 목적지별 교통량 조사가 있고, 교통사고 조사, 속도 조사, 중량 조사 등이 있다. 조사방법과 조사대상이 되는 교통 및 그 분류는 조사의 목적에 따라 정하고, 도로교통의 양, 종류, 진행방향, 시간적 변동 등에 관하여 조사한다.

2.4.1 일반교통량 조사

일반교통량 조사의 대상으로는 자동차, 보행자, 자전차 등을 들 수 있으나, 여기서는 우선 자동차에 대해 설명하고 보행자에 대해서는 약술한다.

(1) 자동차 교통량 조사

도로의 중간점 또는 교차점마다 그 교통량을 차종별, 시간별로 관측해서 일평균교통량 또는 시간교통량을 구한다.

교차점에서는 회전차와 직진차를 구별한다. 교통량 관측은 조사원을 배치해서 일정 양식의 조사서에 기록한다. 최근에는 기계식, 광전관식, 전자식 등 자동측정기계에 의한 자동연속기록을 이용하기도 하는데, 이 장치는 차종의 구분이나 교통량의 분포는 측정할 수 없어서 조사원의 병행조사가 요구된다. 이 장치는 교통량 상시관측 조사시 이용하면 편리하다.

편법이기는 하지만 대단위 조사를 경제적으로 실시하자면 추출방법(sampling method)에 의해 단시간의 측정을 반복하여 시간교통량이나 일교통량을 추정할 수 있다. 예를 들면, 한 지점에서 5분간의 관측을 매 시간마다 하고, 12를 곱하여 시간교통량으로 하는 것으로서 가로(街路)교통량 추정에 적합하다. 또 다른 예는 한 지점의 시간교통량이 일교통량에 대해 일정한 관계를 갖는 것을 이용하는 것으로, 성격이 비슷한 노선이나 지구에 대해서도 같은 이치로 어느 시간 또는 지점에 대해서 관측한 결과를 다른 시간 또는 다른 지점에 대해서 환산하여 교통량을 추정할 수 있다. 이 원리는 시간, 일, 계절에 의한 교통량 변동에 대해서도 동일한 방법으로 적용된다.

(2) 보행자 교통량의 조사

도로의 구간 또는 교차점에서의 보행자 교통량을 시간별, 방향별로 조사원이 관측한다. 이 조사에 의해 가로의 상태를 나타내는 지도, 일교통량 및 혼잡 시 교통량을 나타내는 도로와 교통량의 일변동을 나타내는 도표를 만든다.

이 결과는 교통신호 설치장소, 조작방법의 결정에 이용되고, 보도의 기본계획 수립 시의 기초자료로도 이용된다.

2.4.2 출발지 · 목적지별 교통량조사(O.D 조사)

이 조사는 일정 지역 내의 차량과 승객에 대한 교통량과 기점, 종점을 파악하기 위해 실시한다. 필요시 여행의 목적, 경로에 대해서 조사할 때도 있다. 조사방법에는 몇 가지가 있는데, 이들을 단독 또는 조합하여 실시한다.

(1) 노측에서의 면접에 의한 방법

한 지점을 통과하는 차를 정지시켜 운전사에게 직접 기종점을 묻는 방법으로 폭넓게 사용된다. 이 방법은 정확한 자료를 얻을 수 있고 조사원 수도 적게 든다.

(2) 등록번호의 조사에 의한 방법

한 지역 내에 주차하는 차의 번호를 기록하는 방법과 여러 개소의 관측지점을 통과하는 차의 번호를 기록하는 방법이 있다. 전자는 주차장을 종점으로 하고 등록번호부에 의한 차고소재지를 기점이라고 추정한다. 후자의 경우는 1분 정도의 짧은 시간마다의 통과차량 번호를 모두 카드에 기입하고, 나중에 지점을 비교하여 차마다의 경로를 찾아서 결정한다. 이때 기점은 차를 처음 발견한 곳이고, 종점은 나중에 관측한 곳이 된다.

(3) 조사 카드의 우송에 의한 방법

교통량 과다로 차를 정지시켜 면접하기 곤란할 경우에는 일정 양식의 조사 카드를 운전자에 교부해서 나중에 기입 후 우송토록 하는 방법을 채택한다. 이 방법은 교통량이 많고 조사 카드를 줄 수 있을 정도로 속도를 저하시킬 구간이 있는 경우에 적합한데, 등록번호표에 의한 방법보다 상세한 조사(여행거리, 용무, 소요경비 등)를 할 수 있다.

(4) 자동차에 조사표를 주는 방법

일정 형식의 조사표를 조사구역에 들어오는 자동차의 운전수에게 주든가 차체에 달아 놓고 차가 그 구역에서 나올 때 조사표를 받고, 시간, 지점명, 여행방향, 기타 사항을 기입한다. 이 방법은 교통량이 특히 많고 연속적으로 좁은 지역 내의 차의 동태를 조사하는 데 적합하지만, 지역 내에서의 도중 경로를 알 수 없는 결점이 있다. 그러나 통과교통량을 추정할 수 있어 우회로 검토에 도움이 된다.

(5) 가정방문에 의한 방법

이 방법은 모든 교통수단의 이용에 대한 자료를 수집하고 가장 큰 효과를 얻을 수 있는 장점이 있다. 추출방식을 적용하는데 추출의 수는 조사구역내의 인구에 따라 다르며, 보통

- 인구 25,000~100,000일 경우 10세대에 1
- 인구 100,000~500,000일 경우 20세대에 1
- 인구 500,000 이상일 경우 30세대에 1

의 비율로 한다.

추출에 선정된 가정을 방문하고 가족 전원에 대하여 전일의 외출내용을 기록한다.

트럭과 택시에 대해서는 별도로 조사반을 시켜서 조사하고 추출의 수는 트럭 20%, 택시 50%로 한다.

이 조사와 병행해서 지역 내 출입차에 대해서도 추출조사를 할 필요가 있다.

앞에서의 기점종점 조사결과는 조사지점간 또는 각 지구간의 교통류를 나타내는 기본조사표에 표시되며, 이 중 기점과 종점을 연결하는 줄을 교통량에 비례한 폭으로 나타내어 그림 2.2와 같이 희망노선도(Desire-line chart)를 작성한다. 이는 신설도로의 위치 결정에 중요한 자료가 되며, 신설노선이 부담할 교통량의 예측에도 활용된다.

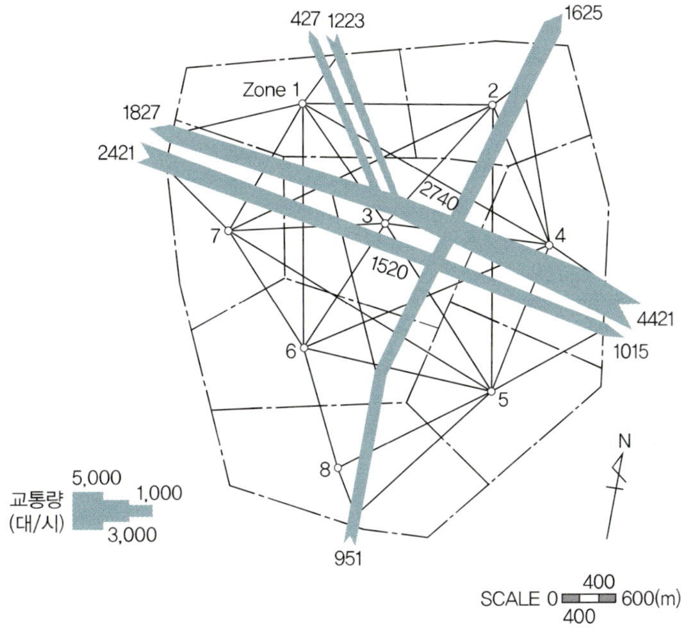

그림 2.2 희망노선도(Desire-line chart) 예

2.5 도로계획 평가

2.5.1 경제성 평가

도로이용자가 어느 도로구간을 주행할 때 발생하는 손실비용을 도로이용자비용이라 한다. 여기에 연료비, 유류비, 타이어비 등 금액으로 산출되는 것과 소비시간과 같이 눈에 보이지 않는 것을 들 수 있다.

신설도로와 구도로와의 비용상의 차액을 신설도로의 편익이라 한다. 신설도로를 건설하는데 소요되는 비용과의 비를 편익비용비(B/C ratio)라 하며, 이 결과에 의해 그 투자의 타당성 여부를 판단하는 것을 편익비용분석(Benefit cost analysis)이라 한다.

그림 2.3의 비교 노선도에서 C_1, C_2를 A_1, A_2의 건설비 B_1, B_2를 A_1, A_2의 기존도로에 대한 편익이라 할 때, A_1, A_2의 편익비용비는 B_1/C_1, B_2/C_2가 된다. 이 값이 '1'보다 크면 도로신설의 투자가치가 있다는 것을 의미하는데, 투자에 대한 타당성판단에서는 몇 개의 비교노선 중 편익비용비가 가장 큰 노선을 선택해야 한다. 그 이유는 건설비가 높더라도 이 값이 크면 건설비가 작고 이 값이 작은 노선보다 유리하다고 할 수 있기 때문이다. 편익은 보통 20~30년간의 장기간을 고려해야 하며, 아직도 이에 대한 많은 연구가 진행되고 있다. 그러나

그 중요성에 비추어 편익비용분석이 도로계획 시 경시되어 온 것은 건설비의 제약 때문이었고, 동시에 편익에 대한 산출방법이 정립되어 있지 못했기 때문이다. 현재도 이 산출방법은 개발되고 있으며, 도로계획 시에는 반드시 편익비용분석에 관심을 두어야 한다.

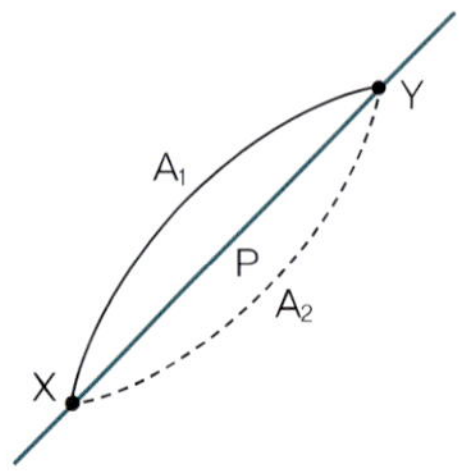

P : XY를 연결하는 기존도로
A_1, A_2 : 혼잡해소를 위한 by-pass 후보노선

그림 2.3 비교 노선도

(1) 편익과 도로비용

도로비용은 비교적 추정이 용이하나 편익은 숫자로 나타내기 곤란한 것이 많으며, 그중 금액으로 환산할 수 있는 것만을 추려내서 편익으로 계산하는 것이 일반적이다. 따라서 계산된 편익비용비는 실제보다도 작은 값이 된다.

① 도로비용

도로건설공사비, 용지비 및 제경비와 공용 후에 발생되는 매년유지관리비, 개량비 등을 말한다. 1/5,000 정도의 도상(圖上)설계에서는 토공, 교량, 터널의 각 연장도 비교적 상세히 파악되고, 개략의 지형지질조사도 실시되는 것이 보통이므로, 건설비의 추정은 상당한 정도까지 높일 수 있다. 유지관리비와 개량비는 모두 공용 중인 다른 유사한 도로를 참조하여 추정하는 것이 타당하다고 할 수 있다. 이들 비용을 연간비용으로 환산할 경우 또는 어떤 시점의 값으로 환산하는 경우에 이자율을 어떻게 적용하느냐도 편익비용비 결과에 큰 영향을 미친다.

② 편익

편익은 각 노선에 대한 도로이용자비용의 차로써 구하며, 연료비, 유류비 등 주행 시의 주행비용(Running cost)과 주행에 요하는 시간을 금액으로 환산한 시간비용(Time cost)으로 나누어서 생각할 수 있다.

따라서 각 비교노선의 이러한 비용의 차는 주행편익과 시간편익이 된다.

유료도로에서는 편익비용비의 계산에 통행요금을 고려하지 않는다. 왜냐하면 이 요금은 운전자에게서 도로관리자로 이동만하고 그 금액가치 자체가 소실되지 않았기 때문이다.

도로신설에 의한 편익은 상술한 주행편익, 시간편익 외에 교통사고 감소로 인한 편익, 쾌적성 증대에 의한 편익, 기타 편익이 있으나, 이들 편익은 금액으로 환산하기가 곤란한 경우가 많고, 각 비교노선간에 큰 차이가 생기지 않는다고 가정하여 무시되는 것이 보통이다.

주행편익 및 시간편익 산출방법, 기타 편익에 대해 설명하면 다음과 같다.

• 주행편익산정 방법

연료비, 유류비, 타이어비, 자동차수리비, 자동차감각상각비, 인건비 등의 주행비용에 대한 편익이다. 이 주행비용은 차종, 차령, 주행속도, 도로상태, 도로조건, 기상에 따라 변동되므로 실제로 많은 현장실험을 실시하여 그 평균치(차종별 주행비용단가 : 원/km)를 쓰는 것이 합리적이다. 즉, 도로구간을 경사의 절대치에 따라 구분하고 각각의 경사별로 연장의 누계를 내어 각 차종별로 주행비용을 산출한다. 이 값에 차종별 교통량을 곱한 후 합계하면 총주행비용이 구해진다.

• 시간편익산정 방법

시간비용이란 어느 정도 구간을 주행하는데 소요되는 시간을 금액으로 환산한 값이다. 여기서 주행소요시간예측은 기존도로는 주행속도를 조사하고, 계획도로는 설계속도를 채택하면 비교적 용이하게 구할 수 있지만, 문제가 되는 것은 시간을 금액으로 환산한 시간비용단가이다. 시간에 대한 가치평가는 운전자의 소득, 여행목적에 따라 달라지므로 이에 대한 평가치를 결정하는 방법이 가장 중요한 인자가 된다. 주행시간은 도로연장과 평균속도로부터 구해지는데, 이때 기존도로는 주행조사에 의한 평균주행속도를, 계획도로는 설계속도나 규제속도를 적용한다. 노선별로 차종별 시간차와 시간비용단가 그리고 해당교통량을 곱하여 합산하면 총시간편익이 구해진다.

• 기타 편익

상기한 주행편익, 시간편익은 도로이용자의 직접편익이고, 그 외에 교통사고감소편익, 피로도경감 및 쾌적성증대, 화물포장비감소편익 등이 있다.

또한 신설도로연변주민이나 그 지방전체주민들이 간접적으로 받는 간접편익도 생각할 수 있다. 그러나 금액환산이 곤란한 이러한 편익은 통상 편익산정에 고려하지 않는다. 노선비교의 경우에는 특히 주행편익만 고려해도 그 목적을 달성할 수 있다.

(2) 편익비용비의 계산

편익비용분석 방법으로는

- 편익과 비용에 대해 모두 연간의 값으로 산출하는 방법(AASHTO 방법)과
- 시설 내용년수 전기간의 총편익과 총비용을 산출해서 편익비용비를 구하는 방법(미국수자원개발효과 평가방법) 등이 있는데, 전자(前者)가 간단하다.

① AASHTO 방법

편익비용비를 Q라 하면

$$Q = \frac{\text{신설도로에 의한 연간 편익}}{\text{신설도로에 의한 연간 비용의 증가}} = \frac{R - R_1}{H_1 - H}$$

여기서 R : 기존도로의 연간도로이용자비용(비교노선끼리의 경우는 건설비가 낮은 노선의 연간도로이용자비용)

R_1 : 계획도로의 연간도로이용자비용(비교노선끼리의 경우는 건설비가 높은 노선의 연간도로이용자비용)

H : 기존도로의 연간도로비용(비교노선끼리의 경우는 건설비가 낮은 노선의 연간도로비용)

H_1 : 계획도로의 연간도로비용(비교노선끼리의 경우는 건설비가 높은 노선의 연간도로비용)

연간편익은 기존도로와 계획도로의 연간도로이용자비용의 차이이다. 기존도로가 없고 비교노선끼리의 경우는 건설비가 낮고, 도로이용자비용이 큰 노선을 기존도로와 같이 취급해서 계산한다. 단 교통량은 그 도로의 내용년한(耐用年限)간 평균치를 예측해서 적용한다. 그리고 주행비용과 시간비용단가는 내용년수 동안에 변화하지 않는다고 가정한다. 연간도로비용은 항목별 건설비를 각각의 내용년수와 이자율을 적용하여 연간비용으로 치환한 것에 연간평균 유지관리비를 가산한 것이다(이는 매년 같은 액수로 상각하여 내용년수가 끝나면 초기투자액을 전액상각된 것으로 생각한 것임).

연간도로비용은 다음 식으로 나타난다.

$$H = (k_i C_1 + k_2 C_2 + \cdots + k_m C_m) + M$$

여기서 H : 연간도로비용

$C_1,\ C_2,\ \cdots,\ C_m$: 항목별투자액(용지비, 교량비, 토공비, 포장비 등)

$k_1,\ k_2,\ \cdots,\ k_m$: 자본회수율(각 항목별 평균내용년수의 이자율 r에 의거 산출)

M : 평균연간유지관리비

■ 산정예

(조 건)

공사내용 : 포장공사(포장비에 대해서만 검토)

- 설계기간(공용년수) : 20년
- 포장의 내용년수 : 10년
- 이자율 : 연 8%

(계 산)

- 1단계 포장비 현재가 C_1
- 2단계 10년 후 재포장비 10년 후 기준가격 C_2

－2단계 10년 후 재포장비 현재가 C_2'
－1단계 포장비의 자본회수율 k_1
－2단계 재포장비의 자본회수율 k_2

$$k_1 = \frac{0.08(1+2+\cdots+10)}{10} = 0.44$$

$$C_2 = C_2' \times (1+0.08\times 10)$$

$$k_2 = \frac{0.08(1+2+\cdots+10)}{10} = 0.44$$

연간도로비용

$$\begin{aligned} H &= k_1 C_1 + k_2 C_2' + M \\ &= k_1 C_1 + k_2 C_2 / (1+0.08\times 10) + M \end{aligned}$$

② 총편익 총비용에 의한 방법

교통량, 시간비용단가, 주행비용단가 및 유지관리비는 시간이 경과함에 따라 변화하는데, 그 변화율이 직선변화를 하지 않으므로 장래년도값의 평균치를 추정, 연간의 값을 구하여 편익비용비를 계산하는 AASHTO 방법은 엄밀히 말해 무리가 있다. 따라서 내용년수동안의 매년에 해당하는 편익과 도로비용을 계산하고, 이 값을 일정한 시점(보통 개통초년도 당초의 시점)의 값으로 환산하여 합계함으로써 편익비용비를 계산하는 방법이 타당하다고 할 수 있겠다. 이것이 총편익 총비용에 의한 방법이다.

지금 개통초년도로부터 도로의 내용년수 n년 후(통상 $n=20\sim30$)까지의 차종별 연평균일교통량의 예측이 가능하다면 n년간의 각 연도의 편익이 계산된다. 이 경우 주행비용과 시간비용의 단가상승이 예측되면 필히 반영해야 한다. 그리고 이들의 편익을 B_1, $\cdots$, B_n이라할 때 이 값은 개통초년도 당초의 가치로 환산되어야 한다.

n년간의 총편익의 개통초년도로 환산한 가치(현재가치)를 B_T라 하면

$$B_T = \frac{B_1}{(1+i)} + \frac{B_2}{(1+i)^2} + \cdots + \frac{B_n}{(1+i)^n} = \sum_{k=1}^{n} \frac{B_k}{(1+i)^k}$$

마찬가지로 각 연도의 유지관리비의 예측값을 M_1, $\cdots$, M_n이라 하고, 당초건설비를 I_C라 하면 n년간의 총도로비용의 현재가치 C_T는

$$C_T = I_C + \frac{M_1}{(1+i)} + \cdots + \frac{M_n}{(1+i)^n} = I_C + \sum_{k=1}^{n} \frac{M_k}{(1+i)^k}$$

따라서 편익비용비를 P라 할 때

$$P = \frac{B_T}{C_T} = \sum_{k=1}^{n} \frac{B_k}{(1+i)^k} \cdot \left(I_C + \sum_{k=1}^{n} \frac{M_k}{(1+i)^k} \right)^{-1}$$

이 된다. 여기서 i는 단가상승률이다.

편익비용분석의 문제점은 건설비와 유지관리비의 추정이 오랜 경험으로 그 정도가 상당한 수준에 도달했으나, 편익에 대한 추정의 정도는 그만큼 발전하지 못한 점이다. 주행비용과 시간비용은 많은 요인이 작용하므로 모든 요인을 고려하여 비용을 추정하기는 사실상 불가능하며, 평균단가를 안전측으로 정하여 계산하는 방법 외에는 별다른 묘안이 없다. 그러나 컴퓨터의 발달로 현실의 상태를 인공적으로 기계상에 재현시켜 현상의 해명에 기여하려는 시뮬레이션 방법이 널리 활용되고 있으며, 자동차 주행상황의 시뮬레이션에 대한 연구도 상당히 진전되고 있는 실정이다. 도로이용자비용도 시뮬레이션을 이용하여 여러 조건하에서 주행상황을 예측하여 구하면 현실에 가깝게 되므로 편익비용분석의 정도를 높일 수 있으리라 추정된다.

참고 2.1 도로현황조사표 "예"

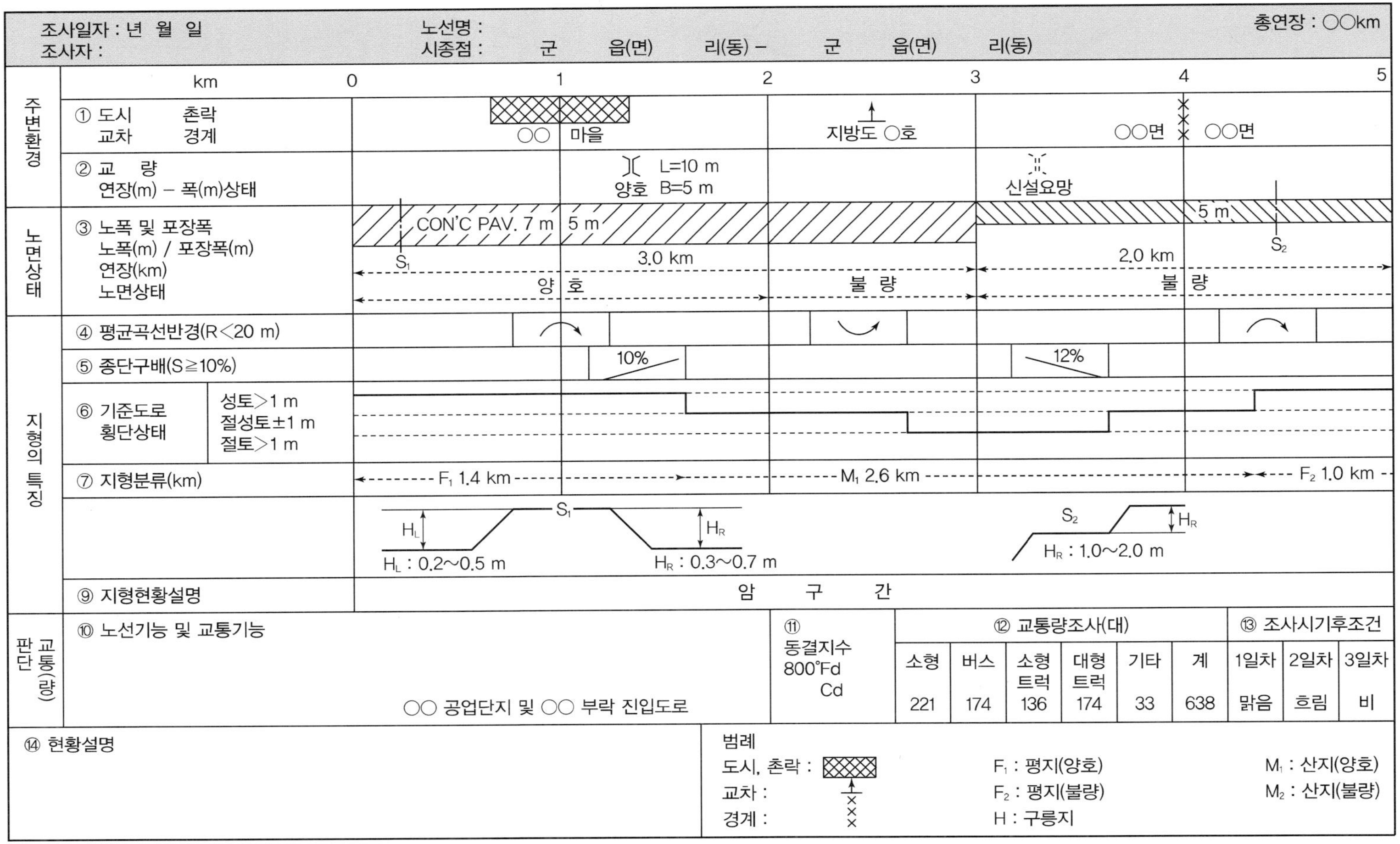

참고 2.2 일반국도 및 지방도 교통유량도 예

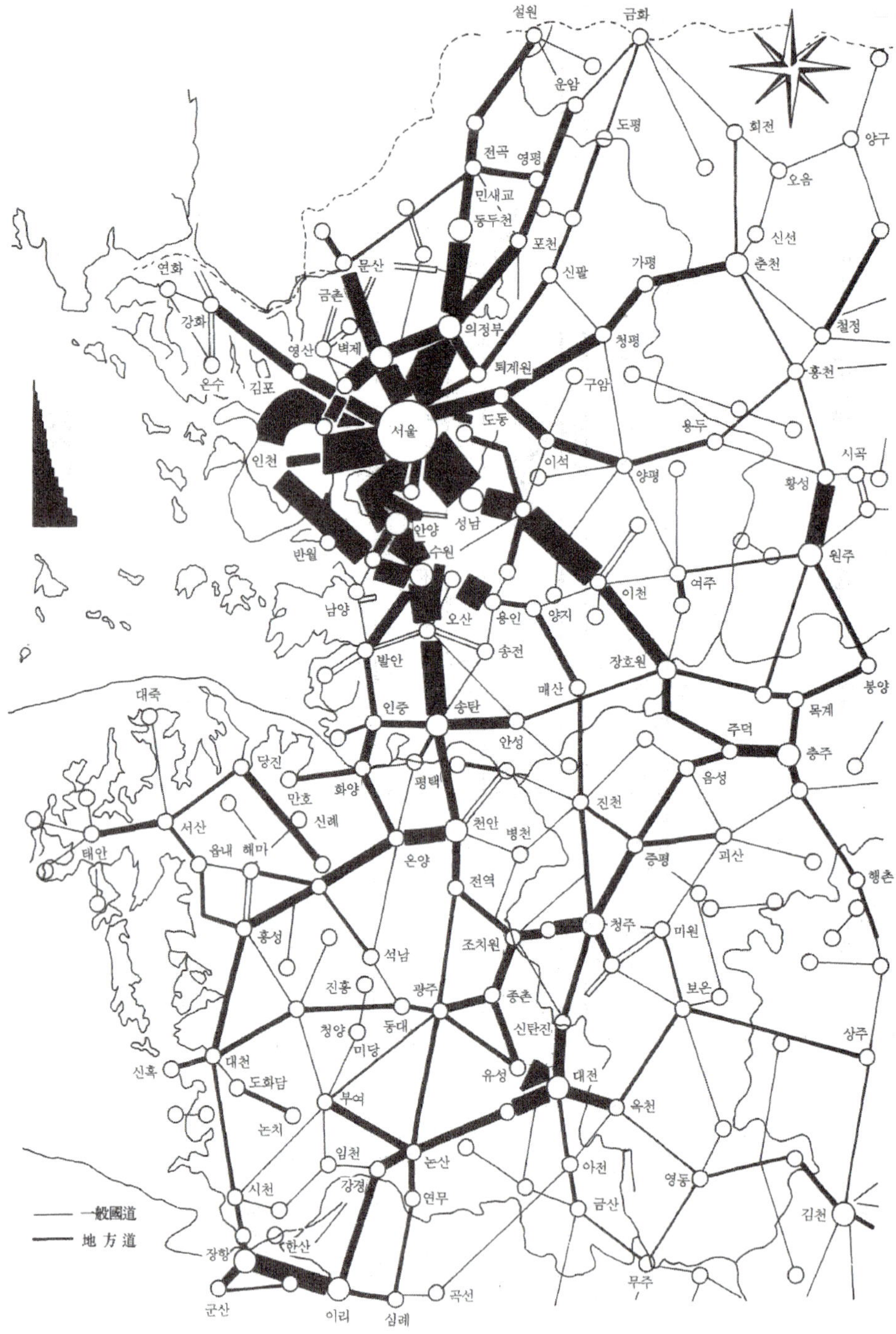

참고 2.3 고속도로 교통유량도 예

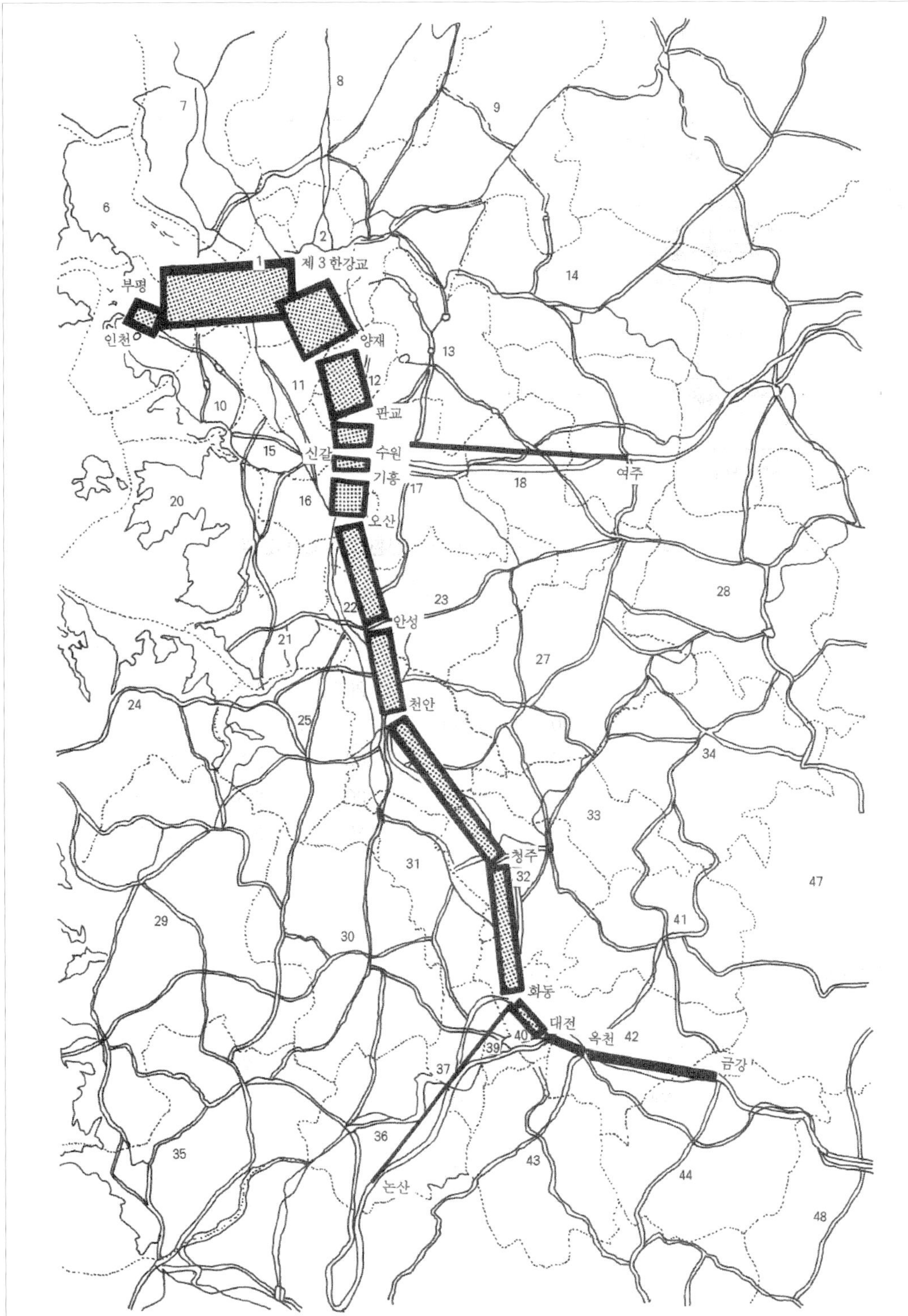

참고 2.4 도로망 구획(Zoning) 예

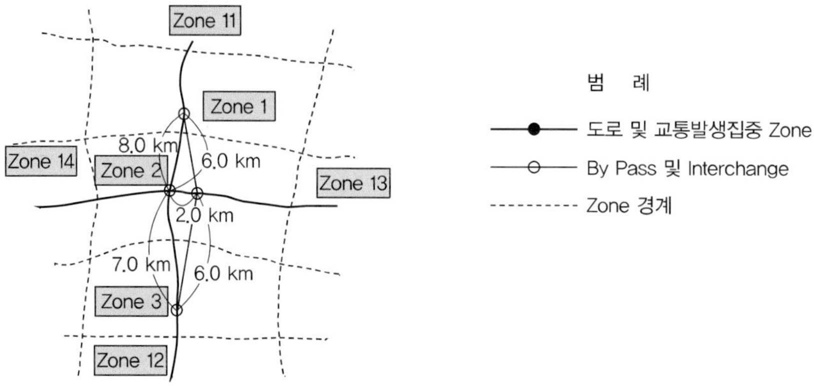

참고 2.5(1) 기준년도 차종별 전환대상 OD표 예

■ 승용차

1	2	3	11	12	13	14	계	Zone 번호
	2,500	700	–	600	200	150	4,150	1
		1,800	1,000	1,500	–	–	6,800	2
			800	–	400	300	4,000	3
				400	300	250	2,750	11
					450	300	3,250	12
						–	1,350	13
							1,000	14

■ 보통화물차

1	2	3	11	12	13	14	계	Zone 번호
	1,200	200	–	150	120	70	1,740	1
		800	800	600	–	–	3,400	2
			300	–	150	200	1,650	3
				50	150	160	1,460	11
					250	200	1,250	12
						–	670	13
							630	14

참고 2.5(2) Zone 통합 후 기준년도 차종별 전환대상 OD표 예

■ 승용차

1	2	3	13	계	Zone 번호
	3,900[*1]	2,5000[*2]	500	6,900	1
		3,900	−	7,800	2
			850	7,250	3
				1,350	13

*1 산정 Zone		*2 산정 Zone	
	1 ↔ 2		1 ↔ 3
	11 ↔ 14		11 ↔ 3
	11 ↔ 12		11 ↔ 2
	11 ↔ 14		1 ↔ 12
	1 ↔ 12		

■ 보통화물차

1	2	3	13	계	Zone 번호
	2,230	700	270	3,200	1
		1,800	−	4,030	2
			400	2,900	3
				670	13

2.5.2 환경영향평가

최근에는 사업이 대형화됨에 따라 환경의 급격한 변화를 가져오게 되었고, 그로 인해 사회의 환경에 대한 가치관도 변화하였다. 따라서 지역환경과의 조화를 위해서는 지역환경의 현황을 조사하고 사업실시중 및 사업종료후 교통개방 시 환경에 미치는 영향, 이를 위한 보전책 등에 대해 조사해야 한다. 환경영향평가는 이러한 목적을 달성하고 사업을 원활하게 실시하기 위해 시행된다.

환경영향평가의 실시순서는 그림 2.4와 같으며 여기에 해당되는 도로는 고속도로, 대규모 간선도로 등 지역의 환경에 미치는 영향이 큰 것이다. 또한 평가요소로서는 인체의 건강 및 생활환경에 관계되는 대기오염, 수질오염, 소음, 진동, 지반침하 등과 자연환경에 관계되는 지형, 토질, 동식물, 자연경관 등이다.

이들 중 해당 도로에 관련되는 요소를 찾아내어 검토하면 된다.

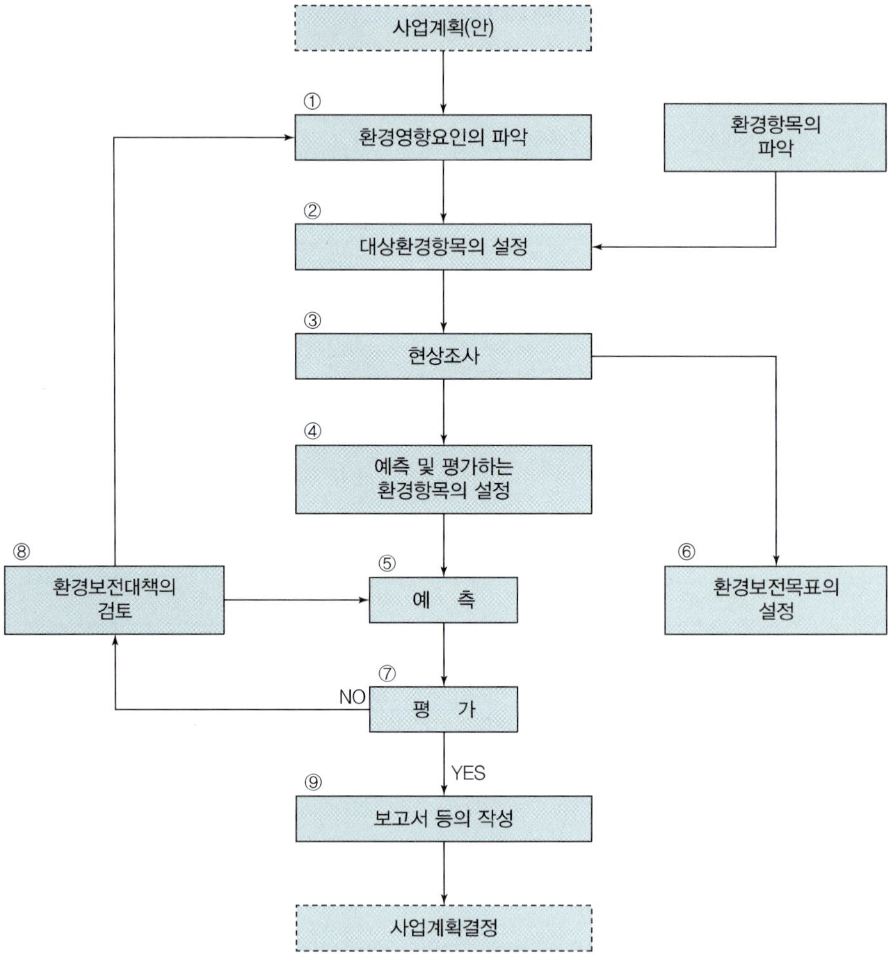

그림 2.4 환경영향평가의 실행순서도

3

CHAPTER

도로교통

3.1 개설

육상교통 중에서도 도로를 이용하는 대상은 소단위(보행자, 각종 차량)로 구성되어 있어 이들의 흐름에 대한 속도와 방향 등은 전(全)교통소통면에서 볼 때 상당히 복잡한 양상을 띠고 있다. 이들의 흐름을 교통류(Traffic flow)라 하며, 도로의 능률 및 안전도를 향상시키기 위해 차도와 보도로, 차도를 다시 완속과 고속용으로 구분하고, 특별한 경우 자동차 전용도로를 만드는 수가 있다.

우리나라에서는 최근에 이르러 전국을 1일생활권으로 묶는 교통정책을 수립하여 고속도로 및 준고속간선도로(일명 고속화도로)의 축조에 힘쓰고 있으며, 지방은 지방대로 생활수준 향상에 의한 교통방식의 변화로 도로이용자의 편익을 위해 도로포장의 개선에 힘쓰고 있다. 따라서 교통류의 요소, 속도 등도 변화되어 이들을 분석, 연구하기는 더욱더 힘들게 되었고, 이에 대한 부단한 추적만이 합리적인 도로망 및 도로규격을 계획하는 요소가 된다 하겠다.

3.2 속도

3.2.1 주행속도와 설계속도

교통의 속도(V : km/h)는 실제로 차량이 도로 위를 달리는 주행속도(보통 1시간에 진행하는 거리)와 도로설계 시 고려하는 설계속도가 있다.

주행속도는 운전자의 성격, 숙련도에 따라 차이가 많고, 교통량이 증가하면 평균속도가 감소하여 결국은 체증현상을 빚게 된다.

설계속도는 도로의 구조면에서 보는 경우와 차량의 주행면에서 보아 다음과 같이 정의된다.

- 설계속도란 차량의 주행에 영향을 미치는 도로의 규격 및 형태를 상호 관련시키기 위하여 정해진 속도이다.
- 도로 설계요소의 기능이 충분히 발휘될 수 있는 조건하에서 평균적으로 운전자가 도로의 어느 구간에서 쾌적성을 잃지 않고 계속 유지할 수 있는 속도이다.

설계속도는 도로의 기하구조를 검토하고 결정하는데 기본이 되는 속도로서, 곡선반지름, 편경사, 시거와 같은 선형요소와 직접적인 관계를 갖고 차로와 길어깨폭 등에는 간접적인 영향을 받는다.

이와 같이 설계속도는 선형을 설계하는 경우 선형요소의 한계값 결정에 직접적인 의미를 갖는다. 도로의 구조·시설기준에 관한 규칙에는 “설계속도는 도로설계의 기초가 되는 자동차의 속도를 말한다”라고 정의하고 있으며 일반적으로 표 3.1의 속도 이상으로 한다.

표 3.1 설계속도

도로의 기능별 분류		설계속도(km/h)		
		지방지역		도시지역
		평지	산지	
고속도로		120	100	100
일반도로	주간선도로	80	60	80
	보조간선도로	70	50	60
	집산도로	60	40	50
	국지도로	50	40	40

주) 지형상황 및 경제성 등을 고려하여 필요시에는 20 km/h 이내의 뺀 속도로 할 수 있다.

3.2.2 설계속도와 주행속도와의 관계

앞에서 언급한 바와 같이 설계속도는 기상이 양호하고, 교통의 밀도가 낮아 차량의 주행조건이 오직 구조에 의해서만 좌우되는 경우, 운전기술이 평균인 운전자가 안전하고 쾌적하게 주행할 수 있는 속도를 의미하지만, 도로의 구조·시설기준에 관한 규칙(이하 도로시설규칙이라 한다)상의 도로기하구조는 차량의 주행안전성에 대해 여유를 갖게 되어 있어 설계속도 이상으로도 주행이 가능하다.

특히 운전자는 지형이나 연도상황 및 도로의 실제선형 등에 따라 주행속도를 선정하는 경향이 있다.

고속도로의 경우 설계속도의 최고값은 120 km/h로 되어 있는데, 이는 자동차의 성능, 외국의 실례 및 인간의 감각적 기능의 한계 등을 감안한 값이다. 또 최저값은 우리나라 지형조건 및 토지이용상황 등을 고려해서 자동차 전용도로에 대해서는 80 km/h 이상으로 하고 있다. 다만 자동차 전용도로가 도시지역에 있거나 소형차도로일 경우에는 예외적으로 60 km/h로 적용할 수 있다.

3.3 교통량

단위시간 동안 도로나 차로상의 한 지점을 통과하는 차량의 수를 말한다.

3.3.1 계획교통량

도로의 계획은 장래 지역사회의 개발, 산업경제의 발전, 인구의 적정한 분배 및 합리적인 유통체계의 확립 등을 목표로 해야 하며, 이들을 고려해서 추계된 장래교통수요와 해당교통망은 일체가 되어야 한다. 대상노선의 계획은 계획목표년도의 자동차 장래연평균일교통량에 의해서 결정되며, 이를 계획교통량이라 한다. 계획목표년도를 몇 년 후로 하는가는 정책적인 문제이며, 일반적으로 현실적인 구상 예측의 한계가 되는 기간을 20년 이내로 잡는데, 이는 우리의 국토종합계발계획 또는 도로개수계획이 대략 20년 후를 목표로 하는 것과 일치하고 있다. 단 일반지방도나 시, 군도에 대해서는 노선의 성격상 변화될 요소가 크므로 10년으로 하는 수가 있다.

도로의 구조기준은 주로 계획교통량의 양과 질에 따라서 결정되므로, 이를 위해 장래교통수요의 적절한 추정이 필요하다.

도로의 장래교통량 추정방법은 계획노선의 성격, 지역적 특성 등에 따라 여러 방법이 고려될 수 있지만, 여기서는 도로망이나 가로망계획시 일반적으로 적용될 수 있는 방법을 소개한다.

(1) 지역계획의 조사

어느 도로망이나 가로망을 계획하는 경우 계획의 기초가 되는 해당지역 전체의 모든 계획을 조사하여 도로계획에 감안해야 한다. 국토종합개발계획, 권역계획, 지역계획, 도시계획, 인구배치계획, 토지인용계획 등이 이에 해당된다.

(2) 조사지역 설정과 Zone 분할

도로망에 따라 조사지역을 설정하여 이를 망(網)밀도에 대응하는 Zone으로 분할하여 경제조사, 교통 조사 등을 실시한다.

(3) 토지이용상황 조사

조사지역의 토지이용상황, 시설의 현황을 조사한다.

(4) 교통조사 및 분석

교통조사는 주요 지점에서의 교통량관측 조사 외에 Zone간의 교통량, 통행의 기종점(起終點), 운행목적 등을 파악하기 위한 O.D(Origin Destination) 조사를 실시한다.

위의 제반조사내용을 이용하여 장래교통량의 예측에 필요한 분석을 한다. 발생교통량의 분석은 인구, 경제지표 및 토지이용상황과의 상관관계로부터 발생모델을 작성하는 방법과 인구, 각종 경제지표, 토지이용 및 시설 등에 기인된 교통발생 원(原)단위를 추정하는 방법이 있다.

(5) 인구, 경제발전 및 토지이용의 예측

각종 계획 등을 검토하여 조사지역 내 각 Zone의 인구분석, 경제발전 동향 등을 설정하여 장래 토지이용상황을 예측한다.

(6) 장래교통량추정

장래의 인구, 경제발전동향, 토지이용상황 등에 의거, 발생모델을 사용하여 Zone별로 발생교통량을 추정하든가 교통발생 원단위를 사용하여 추정한다.

추정된 Zone별 장래발생교통량을 근거로 하여 장래 O.D표를 적성하는 방법은 Present pattern법, Gravity model법, Fratar법, 평균계수법 등이 있다.

다음에 장래 O.D표에 의거 희망노선도를 작성하여 이것에 적합한 장래도로망을 설정, 노선별로 배분교통량을 결정한다. 배분교통량 결정방법은 주행시간비에 의한 방법, 최단시간법 등이 있으며, 유료도로의 경우에는 요금을 변수로 하는 방법이 있다.

또한 이러한 배분교통량 결정시에는 반복작업이 필요하며, 이때 도로망에 대한 교통수요의 양적 검토도 중요하지만, 비교도로에 대한 O.D를 분석하여 통행거리, 통과경로 등을 검토, 배분결과의 타당성 여부를 확인해야만 한다.

(7) 노선계획

앞에서 결정된 노선별 장래교통량에 따라 계획노선의 형태를 결정한다.

노선계획시에는 노선에 따른 현황측량, 토질조사 및 중요구조물설계를 위한 기초조사가 필요하며, 투자에 대한 경제효과분석도 실시해야 한다.

이상은 간선도로망이나 가로망계획시 종합적 장래교통량 추정방법에 대한 것인데, 지역간 도로의 장래교통량 예측의 경우에는 그 노선의 교통량을 조사하고, 그 지역 장래의 인구증가나 자동차 보유대수의 증가를 추정해서 계획목표년도의 교통량을 추계하는 간단한 방법이 사용된다.

장래교통량 추정방법에 대해서는 3.5절에서 자세히 설명할 것이다.

3.3.2 연평균일교통량(AADT ; Average Annual Daily Traffic Volume)

도로의 계획교통량은 계획목표년도에 있어서 자동차의 연평균일교통량(年平均日交通量)으로 표시되는데, 추정을 위해 미리 당해 노선에 대한 현재의 연평균일교통량을 파악해야 한다. 우리나라는 매년 전국교통량조사를 일반도로에 한하여 실시하고 있다. 그 시기는 대개 10월 하순에서 11월 중순이고, 관측시간은 오전 7시부터 오후 7시까지 주간 12시간으로 한다.

일본의 경우 교통량의 월변동, 요일변동은 표 3.2, 표 3.3과 같다. 이 표에서 연평균교통량에 접근하기 위해서는 월별로는 격차가 적은 6월 하순~7월 하순, 9월 하순~10월 하순이, 요일로는 토·일요일을 제외한 요일을 선정하여 관측하면 좋다는 것을 알 수 있다.

표 3.2 교통량의 월변동(연평균교통량 1.0)

월	4	5	6	7	8	9	10	11	12	1	2	3
월변동 계수	0.99	1.01	0.99	1.02	1.10	1.01	1.00	1.00	0.98	0.91	0.98	1.10

표 3.3 교통량의 요일변동(주평균교통량 1.0)

요 일	일	월	화	수	목	금	토
요일계수	0.93	1.00	1.00	1.00	1.00	1.02	1.05

일반적으로 실시되는 교통량조사는 주간 12시간에 대해 관측하여 이 결과를 일교통량으로 환산해서 사용하고 있다. 표 3.4는 일교통량 환산계수(주간 12시간 대 일교통량의 비)를 나타내며, 도로의 성격, 연도상황 등에 따라 달라진다(일본 1980년도 전국도로교통자료).

표 3.4 주간 12시간 교통량에 대한 일교통량 환산계수

도로의 종류	연도 상황			
	시가지	평 지	산 지	평 균
일반국도	1.36	1.31	1.34	1.34
주요지방도	1.34	1.25	1.28	1.30
일반지방도	1.32	1.27	1.26	1.29

3.3.3 설계시간 교통량(Design Hourly Volume)

설계시간 교통량은 도로설계의 기초가 되는 교통량이다. 앞에서 말한 설계교통량은 연평균 일교통량으로 나타내는데, 교통량은 노선이나 지역에 따라 특유의 시간적 변동특성을 갖고 있다. 그러므로 시간적 변동특성이 감안되지 않은 연평균 일교통량으로 도로를 설계한다는 것은 비합리적이기 때문에 설계시간 교통량에 의거하여 도로를 설계할 필요가 있다.

설계시간 교통량은 도로구간을 통과 또는 이용할 것으로 예상되는 교통량으로 1시간당 차량 통과대수를 말한다. 우리나라의 경우 '설계의 기본이 되는 교통량'으로, 미국의 경우 '도로의 설계에 사용되는 장래시간 교통량'으로 정의하고 있다.

설계시간 교통량은 대상 도로구간의 교통량 변화특성을 반영하기 위해 연평균 일교통량에 대한 비율이 결정된다. 연평균 일교통량은 대상도로를 통과하는 차량들의 24시간 교통량으로 교통수요를 예측하는데 도움이 되지만, 도로의 설계에서 고려해야 할 지역적 특성 및 시간적 특성이 결여되어 있다.

설계시간 교통량 산출과정은 다음과 같다.

- 대상 도로구간의 상시 교통량 조사에서 나타난 1시간당 교통량을 높은 교통량에서부터 시작하여 가장 낮은 교통량을 나타낼 때까지 순서대로 배열한다.
- 각 시간당 교통량을 나타내는 점들을 연결하는 매끄러운 곡선을 그린다.
- 상기 절차에서 작성된 곡선을 살펴보아 곡선의 기울기가 급격히 변화하는 지점을 결정한 후, 그 지점에 해당하는 교통량의 연평균 일교통량에 대한 백분율을 산출한다. 일반적으로 외국의 경우 곡선의 기울기가 급변하는 지점은 교통량을 높은 순서대로 배열했을 때 30번째 시간에서 발생하고 있다. 물론 우리나라에서는 대상도로의 지역적 특성이 충분히 검토 분석된 후 결정되어야 할 일이지만, 이에 대한 충분한 교통량 자료가 없고, 연구결과도 충분치 않은 현시점에서는 외국의 경우에서처럼 30번째 시간교통량을 설계시간 교통량으로 하고 있다.
- 30번째 시간교통량의 연평균 일교통량에 대한 백분율을 결정한다. 이 백분율을 K_{30}이라 하는데, 이는 대상도로의 지역적 특성에 따라 변화하지만 일반적으로 도시지역 도로보다는 지방지역 도로의 백분율이 높다. 그 이유는 지방지역 도로가 도시지역 도로에 비해 계절적인 교통량 변화가 심하기 때문이다. 지방지역 도로의 경우 일반적으로 30번째 시간교통량의 연평균 일교통량에 대한 비율, 즉 K_{30}은 12~18%를 나타내며, 도시지역 도로에서는 8~12%를 나타낸다.

K_{30}을 너무 높게 산출하게 되면 설계시간 교통량이 과다하게 산출되어 비경제적인 도로건설을 초래할 우려가 있고, 반대로 K_{30}을 너무 낮게 산출하면 설계 시 기준으로 했던 교통량보다 높은 교통량이 자주 발생하여 잦은 교통혼잡을 유발하게 된다. 그림 3.1은 미국에서의 시간 교통량과 일평균 교통량에 대한 시간교통량 백분율과의 일반적인 관계를 도시하고 있다.

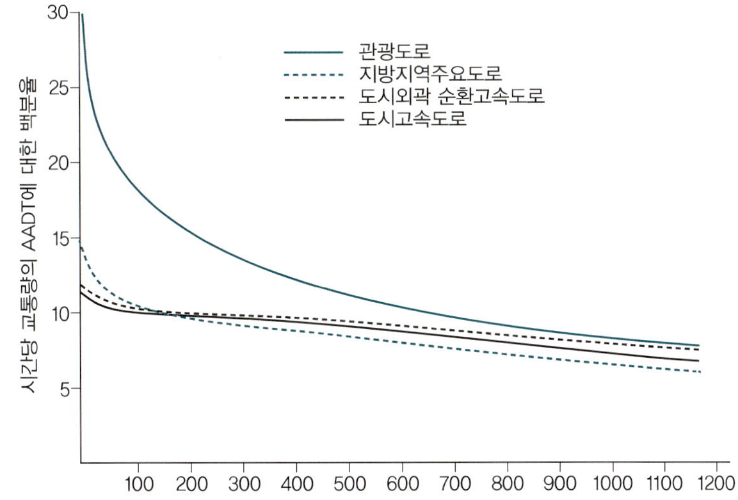

그림 3.1 시간교통량과 AADT에 대한 백분율의 관계

일단 대상 도로구간의 K_{30}이 결정되고 나면 다음 식에 의해 설계시간 교통량을 정한다.

$$\mathrm{DHV} = \mathrm{AADT} \times \frac{K_{30}}{100} \tag{3.1}$$

여기서 DHV : 설계시간교통량(양방향, 대/시)
AADT : 연평균일교통량(대/일)

한편 첨두시간과 같이 교통량의 방향별 분포가 뚜렷한 차이를 나타내는 경우 교통량이 많은 방향에 대해 특별한 고려가 없으면 교통량이 많은 방향에서 교통혼잡이 발생할 우려가 있다. 따라서 도로설계시에는 교통량이 많은 방향을 기준으로 하여 설계시간교통량을 정하는 경우가 있는데, 방향별 분포를 고려했을 경우에 설계시간 교통량을 산출하는 다음과 같다.

$$\mathrm{DDHV} = \mathrm{AADT} \times \frac{K_{30}}{100} \times \frac{D}{100} \tag{3.2}$$

여기서 DDHV(Directional Design Hourly Volume) : 방향별 설계시간 교통량(대/시)
D : 양방향 교통량에 대한 중(重)방향 교통량의 백분율

3.3.4 교통량변동 특성

교통량은 시간적, 도로의 공간적 상황에 따라 변동되는 특성을 갖고 있다. 이에 따른 교통량의 변동요소를 구분하면 다음과 같다.

(1) 방향별 특성

교통량은 일반적으로 2방향교통량으로 나타내는데, 통상 시간에 따른 양방향의 교통량은 같지 않다(D값의 적용 이유). 또한 차종구성도 동일한 양상을 나타낸다.

(2) 차선별 특성

편측 다차선노선에서의 차선별 교통량은 측대부(側帶部)의 여유, 차종의 구성, 평면출입여부에 따라 변화한다.

(3) 시간별 변동특성

교통량 및 차종의 구성은 연, 월, 계절, 주, 요일, 시간에 따라 달라지며, 단위시간을 다시 세분하면 'Peak'는 증대한다. Tunnel, 교차접속부 등 중요한 도로구간에서는 15분간 교통량 또는 5분간 교통량 등 적은 단위시간에 대한 교통량에 대해 검토해야 할 경우도 발생한다.

3.4 교통용량

도로계획이나 설계시에 필요한 교통용량은 미국의 도로교통용량 편람(1985 US Highway Capacity Manual)에 의하면 다음과 같이 정의하고 있다.

> "…일반적으로 도로시설의 용량이란 주어진 도로, 교통 및 교통통제 특성하에서 일정시간 동안 일정구간 혹은 한 지점을 무리하지 않고 통과할 것으로 기대되는 사람이나 차량의 최대치"

위에서의 용량이란 주어진 도로의 개별적인 특성을 반영하고 있는 것으로, 우리가 이미 많이 사용하고 있는 "이상적인 도로조건하에서의 최대통과 교통량"이라는 개념과 다소 차이를 보인 이 편람에서는, 이상적인 도로조건하에서의 최대통과 교통량을 최대 서비스 교통량(Maximum service flow rate)으로 명명하며, 주어진 도로의 개별적인 특성을 반영한 경우 이를 서비스 교통량이라고 함으로써 도로의 용량이라는 표현은 사용하지 않고 있다. 일반적으로 기술자들이 흔히 사용하고 있는 도로의 용량이란 서비스 수준 E에서의 최대 서비스 교통량을 말한다.

일반적으로 서비스 수준은 통행속도, 주행상 여유, 교통류의 간섭정도, 편안함 및 편리성 그리고 안전성을 고려하여 결정된다. 미국의 도로용량 편람에서는 A~F의 6개 구간으로 표시한다. 이때 서비스 수준 A는 가장 양호한 상태의 교통흐름을 나타내며, 서비스 수준 F는 교통량이 용량을 초과하여 교통흐름이 매우 불안정한 상태를 나타낸다. 서비스 수준을 설명하는 방법은 각 도로시설에 따라 상이하며 ,대체적으로 서비스 수준을 어떤 효과척도(Measures of effectiveness)에 의해 결정하는가에 따라 변화한다.

도로의 교통용량은 교통의 흐름을 통제하지 않는 경우와 신호등과 같은 교통통제 시설에 의해 통제하는 경우로 대별하여 산정한다. 이 책에서는 교통의 흐름을 통제하지 않는 일반적인 2차선 도로의 교통용량 산정기법에 대하여 설명한다.

3.4.1 영향을 미치는 요소

도로교통용량 산정기법은 '이상적인 도로조건'에서의 최대 서비스 교통량을 결정한 후 대상도로의 교통류 특성, 도로특성, 운전자 특성을 반영한 용량 보정계수를 사용하여 이를 보정하는 방법을 채택한다. 이때 '이상적인 도로조건'이란 기하구조면에서 볼 때 더 이상 개선한다 하더라도 통과 교통량이 변화하지 않는 상태를 의미한다. 도로의 용량에 영향을 주는 요소들은 다음과 같다.

(1) 도로조건

도로조건은 도로를 구성하고 있는 다음의 각종 조건을 주로 포함하고 있으며, 횡단면의 구성이 상당히 많은 부분을 차지한다.

- 도로 시설의 형태 및 주변지역의 개발 정도
- 길어깨의 폭
- 설계속도
- 차로폭
- 측방 여유폭
- 평면 및 종단선형

도로시설의 형태는 교통통제시설의 존재유무, 중앙분리대의 설치여부 그리고 주변 부속시설 등의 설치상태 등이며, 교통류 특성과 용량에 지대한 영향을 미친다. 주변지역의 개발정도 또한 도로의 운영상태, 특히 신호등 교차로와 다차로 도로의 운영 특성에 미치는 영향이 크다.

차로 및 길어깨의 폭은 주행특성에 영향을 미치며, 차로의 폭이 좁은 경우 속도가 줄어서 용량감소의 원인이 된다. 길어깨의 폭이 충분히 확보되지 않은 경우는 차로의 폭이 좁은 경우와 유사한 용량 감소효과가 나타난다. 도로의 평면시거에 영향을 미쳐 용량 감소효과가 나타난다.

설계속도는 도로의 평면 및 종단선형 구성과 밀접한 관계를 갖고 있다.

(2) 교통조건

도로의 용량에 영향을 끼치는 교통조건 중의 대표적인 것으로 중(重)차량 혼입률이 있다. 중차량이 혼입되고 나면 중차량의 크기와 주행능력의 차이에 따라 용량이 감소한다. 특히 주행 능력의 차이는 도로의 종단경사가 급한 상향경사에서 심하게 나타나고, 2차선 도로의 경우 도로조건과 관계없이 중차량에 의한 용량 감소효과는 크게 나타나게 된다. 미국의 도로용량편람에서 중차량(타이어 6개 이상 차량)은 트럭, 버스, 관광용 차량으로 구분하고 있다.

방향별 분포와 차로이용률 또한 중요하다. 방향별 분포는 50/50분포일 때가 이상적이며, 균형이 깨질수록 용량이 감소한다. 차로이용률은 다차로 도로의 용량 분석에서 중요하며, 일반적으로 다차로 도로에서 길어깨측 차로의 교통량이 중앙분리대측 차로의 교통량에 비해 적다.

3.4.2 2차로 도로의 용량 산정방법

2차로 도로란 중앙분리선을 기준으로 하여 양방향 1차로로 구성된 도로를 말한다. 2차로 도로는 다차로 도로와는 달리 고속차량이 저속차량에 의해 통행이 지연되는 경우, 고속차량은 중앙분리선을 넘어서 반대편 차로에 진입하여 저속차량을 추월한 후 본래의 차로로 돌아오는 운전특성이 있다.

용량산정은 양방향 전체 교통량을 기준으로 한다.

2차로 도로에서 차량군(Platoon)이란 저속차량을 추월하기보다는 단순히 그 뒤를 따르는 일련의 차량대열을 말하며, 보통 차두(車頭)간격이 5초 이하인 상태로 주행하는 일련의 차량들을 의미한다.

(1) 2차로 도로의 이상적인 조건

설계속도에 의한 2차로 도로의 분류

- 유형Ⅰ : 설계속도 80 km/시 이상의 연속교통류도로
- 유형Ⅱ : 설계속도 80 km/시 미만의 연속교통류도로

2차로 도로의 용량분석을 위한 이상적인 도로조건이란 '도로의 구조·시설 기준에 관한 규칙 해설 및 지침'에서 언급된 바와 같이, 미국의 도로교통용량 편람을 참조하여 제안되었으며 그 내용은 다음과 같다.

- 차로폭이 3.5 m 이상일 것
- 추월금지구간이 없을 것
- 방향별 분포는 50/50으로 균형을 이룰 것
- 평탄지 도로일 것
- 길어깨폭이 2.0 m 이상일 것
- 교통류는 승용차로만 구성될 것
- 교통통제 시설이 전혀 없을 것

(2) 2차로 도로의 서비스 수준

2차로 도로에서 교통류의 질을 나타내는 척도로 지체시간 백분율이 사용된다. 표 3.5는 2차로 도로에 대한 서비스 수준을 나타내고 있다. 고속도로에서와 마찬가지로 2차로 도로에서도 용량은 이상적인 조건에서 3,200 승용차 대/시/양방향을 기준으로 한다.

표 3.5에 제시된 서비스 수준은 지역간 2차로 도로를 대상으로 하는 것이며, 도시 내 도로인 경우 속도제한이 존재하기 때문에 지체시간 백분율과 교통량/용량비(V/C)만이 서비스 수준을 나타내는 척도가 될 수 있다.

표 3.5는 지형만을 파악하여 용량분석을 수행할 때의 서비스 수준표이며, 도로 각 구간의

표 3.5 2차로 도로에서 지형에 따른 서비스 수준표

서비스 수준	지체 시간 백분율	V/C																				
		평탄지							구릉지							산악지						
		평균 속도 (km/시)	추월금지구간 백분율						평균 속도 (km/시)	추월금지구간 백분율						평균 속도 (km/시)	추월금지구간 백분율					
			0	20	40	60	80	100		0	20	40	60	80	100		0	20	40	60	80	100
A	≤30	≥100	0.15	0.12	0.09	0.07	0.05	0.04	≥90	0.15	0.10	0.07	0.05	0.04	0.03	≥90	0.14	0.09	0.07	0.04	0.02	0.01
B	≤45	≤75	0.27	0.24	0.21	0.17	0.17	0.16	≤85	0.26	0.23	0.19	0.17	0.15	0.13	≤85	0.25	0.20	0.16	0.13	0.12	0.10
C	≤60	≥85	0.43	0.37	0.36	0.34	0.33	0.32	≥80	0.42	0.39	0.35	0.32	0.30	0.28	≥80	0.39	0.33	0.28	0.23	0.20	0.16
D	≤75	≥80	0.64	0.63	0.60	0.59	0.58	0.57	≥75	0.62	0.57	0.52	0.47	0.46	0.43	≥70	0.58	0.50	0.45	0.40	0.37	0.33
E	>75	≥70	1.0	1.0	1.0	1.0	1.0	1.0	≥65	0.97	0.94	0.92	0.91	0.90	0.90	≥55	0.91	0.87	0.84	0.82	0.80	0.78
F	100	<70	–	–	–	–	–	–	≥65	–	–	–	–	–	–	<55	–	–	–	–	–	–

주) 1. 평탄지 : 중차량의 주행특성이 승용차들의 주행특성과 크게 차이를 보이지 않는 도로구간으로서, 대체로 종단경사가 1~2% 정도인 도로가 이에 해당한다.
2. 구통지 : 중차량의 속도가 승용차의 속도에 비해 현저하게 감소되는 도로구간을 말하나, 이때 중차량 속도가 상당히 오랫동안 중차량 오르막길 속도(Crawl Speed)를 나타내서는 안 된다.
3. 산악지 : 중차량이 오랫동안 오르막길 속도로 주행하거나, 오르막길 속도로 주행하는 빈도가 많은 도로구간이 이에 해당한다. 용량 산정기법을 설명하는 과정에서 중차량이란 일반적으로 노면을 접촉하고 있는 타이어수가 6개 이상인 차량을 지칭하며, 오르막길 속도는 급한 종단경사를 갖는 상향 경사지의 길이가 상당히 긴 경우 중차량들의 최대 주행속도이다.

상향 종단경사를 알고 있을 때 용량 감소효과를 고려하여 정확한 용량을 계산할 경우에는 평균주행속도에 따른 별도의 기준을 적용한다.

(3) 2차로 도로의 용량산출공식

2차로 도로에서는 고속도로와 마찬가지로 용량을 나타내는데 있어 도로, 교통류 및 지형조건의 평균적인 수치만을 기준으로 하여 산정하는 '일반적인 방법'과 도로의 세밀한 조건을 정확히 고려하는 '상향경사 방법' 등 두 가지 방법이 있다. '일반적인 방법'은 용량분석대상 도로구간의 약 3 km 이상일 경우에만 사용한다. 여기서는 복잡하고 독립적인 용량분석 방법이 필요한 후자에 대한 설명은 생략하고, 전자에 대해서만 언급하기로 한다.

일반적인 방법을 적용하는 경우 용량 관계식은 다음과 같다.

$$SF_i = \mathrm{Cap} \times (v/c)_i \times f_d \times f_w \times f_{HV} \tag{3.3}$$

여기서 SF_i : 주어진 조건하에서 서비스 수준 i에서의 양방향 서비스 교통량(대/시)

Cap : 2차로 도로의 용량(승용차 환산대수/시) : 양방향 2,800

$(v/c)_i$: 서비스 수준 i에서 교통량/용량비(표 3.5)

f_d : 방향별 분포에 따른 보정계수(표 3.6)

f_w : 차로폭 및 길어깨폭에 대한 보정계수(표 3.7)

f_{HV} : 중차량 보정계수$= \dfrac{1}{1+P_T(E_T-1)+P_B(E_B-1)+P_R(E_R-1)}$

(E_T, E_B, E_R는 일반지형에서의 승용차 환산계수로서 표 3.8에 제시되어 있음)

표 3.6 2차로 도로 일반지형의 방향분포 보정계수표

방향별 분포	100/0	90/10	80/20	70/30	60/40	50/50
보정계수, f_d	0.71	0.75	0.83	0.89	0.94	1.00

표 3.7 2차로 도로 일반지형의 차로폭 및 길어깨폭 보정계수표

길어깨의 폭(m)	3.5 m 차로폭		3.3 m 차로폭		3.1 m 차로폭		2.7 m 차로폭	
	서비스수준 A~D	서비스수준 E	서비스수준 A~D	서비스수준 E	서비스수준 A~D	서비스수준 E	서비스수준 A~D	서비스수준 E
≥1.8	1.00	1.00	0.93	0.94	0.84	0.87	0.70	0.76
1.2	0.72	0.97	0.85	0.72	0.77	0.85	0.65	0.74
0.4	0.81	0.73	0.75	0.85	0.68	0.81	0.57	0.70
0	0.70	0.88	0.65	0.82	0.58	0.75	0.49	0.66

주) 서비스 수준 E는 평균주행속도가 약 70 km/h 이하인 경우에 적용한다.

표 3.8 2차로 도로 일반지형의 승용차환산계수표

차량형태	서비스 수준	지형조건		
		평탄지	구릉지	산악지
트럭, E_T	A B, C D, E	2.0 2.2 2.0	4.0 5.0 5.0	7.0 10.0 12.0
관광용차량, E_R	A B, C D, E	2.2 2.5 1.6	3.2 3.9 3.3	5.0 5.2 5.2
버스, E_B	A B, C D, E	1.8 2.0 1.6	3.0 3.4 2.9	5.7 6.0 6.5

3.5 장래교통량 추정

도로의 포장폭, 두께, 개량의 우선순위 등을 합리적으로 결정하기 위해서는 교통량을 측정하고, 구성 등에 대한 자료를 수집해야 한다.

교통량 조사에 의해 구해진 자료를 정리하여 연평균 일교통량을 산출하고, 교통유량도(交通流量圖)를 그린다. 이것은 개량할 노선 선택 시 가장 중요한 근거가 된다. 또한 개량할 도로는 계획교통량에 대해 적절한 용량을 갖도록 계획되어야 한다.

도시의 가로망에 대한 기본계획을 수립할 경우에는 기종점조사 자료가 필요하다. 조사결과에서 얻어진 희망노선도는 가로망 개수계획 등에 주요한 자료가 된다.

3.5.1 장래교통량의 추정 필요성

도로의 건설계획을 수립함에 있어 가장 중요한 요소는 개통 시와 그 이후에 변화하는 교통양상에 있다. 왜냐하면 도로설계의 기본조건이라 할 수 있는 설계속도, 차로수 및 기하구조 등이 추정교통량에 의해 결정되기 때문이다. 도로설계에 기본이 되는 계획교통량은 통상 개통 20년 후의 추정교통량을 적용하게 되며, 단계건설이라는 수단도 이러한 추정교통량의 추이와 재정적인 차원에서 결정되므로 교통량 추정작업은 중대한 의미를 지니고 있다. 만약 그 추정결과가 실제와 비교해서 과소하게 된다면 신설도로는 개통 후 여러 해에 걸쳐 혼란을 야기시킬 것이다. 반대로 과다하다면 과대설계가 되어 경제적인 손실을 가져오는 결과가 된다. 계획도로가 유료도로인 경우 이 교통량 추정결과는 통행요금의 책정과 채산성에 큰 영향을 미친다.

교통량 추정은 종래 방법과는 달리 대량의 자료를 신속히 처리할 수 있는 컴퓨터를 이용하

도록 변천되어 신설도로뿐 아니라 인근 전도로망의 교통량까지도 단시일 내에 추정할 수 있게 되었다. 교통혼잡지역에 신설하는 도로는 기존도로의 대체라기보다는 그 지역의 교통을 다소 완화시키는 1개 소구간에 불과하므로, 이러한 계획도로의 노선선정 초기단계에 있어서는 교통량 추정에 대한 소요 경비를 감안할 때, 컴퓨터에 의존하는 것보다는 개략적인 예측교통량을 산출하는 것이 합리적이라 할 수 있다.

3.5.2 장래교통량의 구성

장래교통량은 어느 시점에 1개 도로를 이용하게 되리라 예측되는 교통량이다. 기본교통량과 증가교통량으로 구성되며, 기본교통량에는 기존교통량, 전환(轉換)교통량, 전이(轉移)교통량이 있고, 증가교통량에는 자연증가교통량, 유발교통량 및 개발교통량이 포함된다.

장래교통량 추정방법에는 이들 교통량 구성요소들을 각각 추정하여 합산하는 개별적 추정방법과 OD표를 기초로 하여 발생교통량 및 분포교통량을 추정, 특정도로 또는 도로망에 배분하는 종합적 추정방법이 있다. 상기 교통량 중 유발 및 개발교통량을 추정한다는 것은 매우 어려운 일이며 여러 방법이 제시되었으나, 제대로 체계가 확립된 것이 없다. 고속도로 또는 유료도로 등의 건설경험으로 전환교통량에 대한 유발교통량의 구성률은 쉽게 파악될 수 있지만, 유료도로의 교통량 추정에서는 전환교통량만을 중점적으로 고려하는 것이 일반적이다. 다만 관광지 또는 공업지역인 경우에는 유발 및 개발교통량도 고려하게 된다.

각 교통량에 대해 상세히 설명하면 다음과 같다.

(1) 기본교통량

설계기준년도에 대한 신설 또는 개축도로의 예상교통량으로서 장래교통량 추정에 인용되며, 기존교통량, 전환교통량 및 전이교통량으로 구성된다.

이를 구하려면

- 기존도로상의 교통량조사
- 신설 또는 개량되는 도로의 세력권에 드는 다른 도로의 교통량 및 교통유동조사가 필요하다.

(2) 증가교통량

① 자연증가교통량

일반 경제발전에 수반되는 자동차대수의 증가에 의한 증가교통량을 의미한다. 이 추정에는 과거의 자동차대수 및 주행대·km의 추이가 중요한 자료가 된다.

주행대·km를 구하는 방법으로는

- 자동차보유대수에 자동차 1대당 평균주행거리(km)를 곱하는 방법

• 교통조사에 의한 각 구간교통량에 구간거리를 곱해서 합계를 구하는 방법이 있는데, 이 추세에 의해 장래의 증가경향을 추정할 때 주의할 점은 이 변화를 직선적으로 생각하느냐 아니면 곡선적으로 생각하느냐이다.

② 유발교통량

기존도로의 교통혼잡, 교통체증으로 억제되었던 교통, 교통시설 등이 개선됨으로써 발생하는 교통량을 의미하며, 대체로 도로신설 또는 개량 후 1~2년 이내에 발생하게 된다.

③ 개발교통량

신설도로 개통 후 연도지역(沿道地域)개발에 의해 새로이 발생하는 교통량으로 이 크기를 알려면 현재의 토지이용상황을 상세하게 파악하는 것이 필요하고, 이를 토대로 장래의 변화를 검토해야 한다.

3.5.3 장래교통량 추정방법

(1) 순서

① 전국교통정세조사, 차종별 교통량 조사, 자동차번호판에 의한 OD 조사로서 각 구획에 대한 기준년도 전환대상 OD표를 작성한다.
② 자동차보유대수증가, 총주행대수·km의 증가, 과거의 교통량신장률을 근거로 개통초년도에서의 신장률을 구한다.
③ 기준년도 전환대상 OD표에 개통초년도의 신장률을 곱하여 개통초년도 전환대상 OD표를 작성한다.
④ 각 도로의 주행속도 결정, 유료도로의 편익산정, 통행요금의 결정 후 전환율을 결정한다.
⑤ 개통초년도 전환대상 OD표에 전환율을 곱하여 개통초년도 전환교통량을 구한다.
⑥ 매년 교통량신장률을 구한다(자동차주행대수·km의 신장률).
⑦ 전환교통량과 매년의 교통량신장률에 의해 매년의 교통량을 구한다.

(2) 세부내용

① 구획(Zoning) 및 기준년도 전환대상 OD표 작성

구획이란 OD 조사를 기초로 하여 지역간의 왕래에 대한 질적 또는 양적 특성을 명확히 구분할 수 있도록 대상지역의 내외를 적절한 크기를 가진 지역으로 분할하는 작업으로서, 대상도로망지역의 크기, 상호조화, 토지이용, 행정구역 등을 고려하여 행한다(참고 2.3 참조).

각 구획조간에 계획도로를 이용할 가능성이 있는 OD조를 전환대상 OD조라 한다. 각 구획간 교통량은 차종별로 삼각표에 나타나는데, 이를 기준년도 차종별 전환대상 OD표라 한다.

일반적으로 차종은 5~6종으로 분류하나 승용차, 보통화물차로만 구분하여 계산을 간소화할 수도 있다(참고 2.4 참조).

외국의 경우 전환대상 OD표를 작성하기 위한 OD 조사를 3년마다 실시하는 것이 통례이며, 전국 교통정세조사의 결과를 이용하기도 한다. 이러한 전국 OD표로부터 전환대상 OD조만을 발췌하여 차종별 기준년도의 전환대상 OD표를 작성한다.

② 개통초년도전환대상 OD표 작성

개통 초기년도의 각 OD조간 교통량추정은 기준년도의 전환대상 OD 교통량에 신장률을 곱하여 산출한다. 통상 차종별로 작성하나 세밀한 내역이 필요치 않을 때에는 전차종 합계에 대한 OD표를 작성하여 전차종 합계에 대한 평균신장률을 구한다(참고 2.5 참조).

③ 전환율의 결정

기존도로로부터 계획도로에 전환하는 전환율을 구하는 방법에는 기존 및 계획도로 간의 주행시간차 또는 시간비를 이용하여 구하는 방법 등이 있다. 그중 도로의 이용실태결과조사에서 최소자승법에 의해 통행요금을 시간차로 나누어 전환율을 계산하는 방법을 제시하면 다음과 같다.

$$P = \frac{K}{1+\alpha(T/S)^{\beta}} \tag{3.4}$$

여기서 P : 전환율 T : 통행료/시간차(원/분)
α, β : 파라미터 S : 변화율 K : 정수

통행료/시간차(T)란 절약시간 1분당의 평가치로서 전환율과의 관계를 도시하면 그림 3.2와 같다.

- 요금의 결정 : 계획도로의 편익은 주행비절약, 주행시간단축, 쾌적성증대, 교통사고감소, 화물포장비절감 등이 있으나, 요금결정의 기준으로서는 주행편익과 시간편익만을 고려한다. 이 편익계산에서는 계획도로의 전구간을 이용한다는 전제하에 요금을 결정한다. 통행요금은 편익비의 70~90% 범위 내에서 책정하는 것이 상례이다.
- 주행시간 산출 : 기존도로와 계획도로간의 시간차를 구하려면 우선 이들의 주행속도를 구해야 한다. 기존도로의 주행속도는 어느 정도 교통혼잡이 있을 경우의 평균주행속도이다.

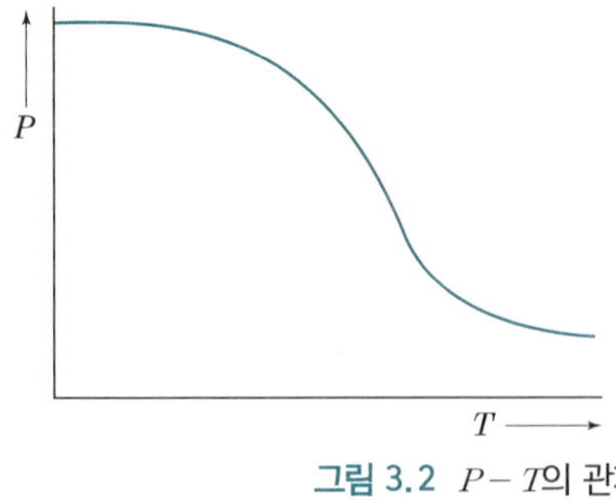

※ 차종별 환산율에는 승용차 및 버스 90%, 소형화물차 80%, 보통화물차 70%로 상한선을 설정한다.

그림 3.2 $P-T$의 관계도

계획도로에서는 설계 속도의 값을 이용하며, 규제속도의 상한치를 벗어날 때는 규제속도 값을 이용한다. 따라서 계획도로의 전환율은 기존도로의 주행속도 결정방법에 따라 많이 좌우되므로 실제로 주행속도조사 등을 실시하여 신중하게 정해야 한다. 이와 같이 각 구간에 대한 요금과 시간차를 산출하여 전환율공식에 대입해 전환율을 구한다. 그러나 도로망이 복잡한 대도시 주변에서는 OD조 수가 수백 개가 되어 수(手)계산은 거의 불가능하므로 이런 경우 지역간에 존재하는 몇 개의 기존도로 중 시간이 최단이 되는 도로를 택하여 유료도로와의 시간차를 구한다. 즉, 그 OD조의 교통량 전부가 현재 도로 중 최단구간을 통과한다고 가정하여 전환율을 산출한다(All or Nothing법).

④ 개통초년도의 전환교통량 및 개통 후의 증가율

각 구역마다의 차종별 전환율을 개통초년도의 전환대상 OD교통량에 곱하여 개통초년도의 전환교통량을 산출한다.

개통 후의 교통량 추정은 전술한 방법으로 자동차주행대수·km의 장래예측신장률을 사용하여 산출한다.

이상 신설유료도로의 교통량 추정을 계산하는 과정에 대해 설명하였다. 도로망이 복잡할 때 수백 개의 OD조에서 최단구간에 대하여 검토결과 30년 이내에 상환이 불가능할 경우에는 요금인상을 고려하거나 별도의 노선을 선정 후 다시 전환율을 산출한다. 소정의 목적을 달성키 위해 상환이 가능한 노선이 얻어질 때까지 여러 번 이러한 과정을 반복해야 한다. 컴퓨터를 이용하여 교통량을 배분하는 방법에는 전환방법 이외에 가장 많이 사용되는 Network simulation 방법이 있다. 이는 각 구간의 교통량과 주행속도와의 관계를 고려, 분포교통량을 N등분하여 $1/N$씩 배분하면서 주행속도를 QV식에 의해 결정한 후 다시 전 지역의 최단경로를 찾아서 수정하는 방법이다. 최단경로를 구하는 각 구간의 지표치로는 통상 주행시간이 적용되나 유료도로구간에는 요금을 시간으로 환산한 값이 가산된다. 이상과 같이 교통배분에 대한 연구는 상당히 진보되고 있으나, 그 전단계인 장래교통수요예측에 관한 연구는 쉽게 진척되지 않고 있다.

3.6 차로수

3.6.1 최대 서비스 교통량

대상도로의 차로수는 설계시간 교통량과 도로의 교통량에 의해 결정된다. 최대 서비스 교통량은 주어진 도로가 설계 서비스 수준을 유지하면서 처리할 수 있는 최대 교통류율로 정의할 수 있다. 설계 서비스 수준은 일반적으로 교통량 대 용량비(v/c)로 나타낸다. 설계 서비스

표 3.9 설계 서비스 수준

도로구분 \ 지역구분	지방지역	도시지역
고속도로	C	D
일반도로	D	D

수준이란 대상 도로의 혼잡 상태를 어느 수준까지 허용할 것인가 하는 상황과 관련된 것이다. 도시지역 도로인 경우 설계 서비스 수준을 낮게 잡아 운전자들이 교통혼잡에 비교적 민감하지 않다는 점을 반영할 수 있고, 지방지역 도로인 경우 지역간 교통의 특성인 교통량 변화가 심하고, 장거리 통행이 많다는 점을 감안하여 도시지역 도로보다 높은 서비스 수준으로 설계한다.

3.6.2 차로수 산출

서비스 교통량(SF_i)과 첨두 설계시간교통량(PDDHV)이 결정되면 다음 식을 이용하여 편도 차로수를 산출하게 된다.

산출한 편도 차로수는 일반적으로 소수점 아래 숫자를 가지고 있는데, 차로수는 정수이어야 하므로, 계산된 차로수를 올림하여 정수로 만든다. 예를 들면, 계산된 편도 차로수가 3.2일 경우, 실제 설계 차로수는 편도 4차로, 왕복 8차로가 된다.

$$N = \frac{PDDHV}{SF_i} = \frac{DDHV/PHF_i}{SF_i} = \frac{DHV \times D/PHF_i}{SF_i}$$
$$= \frac{AADT \times K \times D/PHF_i}{SF_i} \tag{3.5}$$

여기서 N : 대상 구간의 편도 차로수

$DDHV$: 중방향 설계시간 교통량(대/시/중방향)

SF_i : 서비스 수준 i에서의 서비스 교통량(PCU/시/차로)

PHF_i : 서비스 수준 i에서의 첨두시간 계수

4
CHAPTER

도로설계

4.1 개설
4.2 횡단면의 구성
4.3 선형
4.4 시거
4.5 평면교차로
4.6 입체교차
4.7 교량
4.8 터널

4.1 개설

도로의 시설기준과 도로횡단면의 구성, 도로의 선형과 출입시설에 대해서 설명하고, 도로의 주요구조물인 교량과 터널의 설계에 대한 기초지식 및 이론에 대하여 설명하기로 한다.

4.1.1 도로의 구조·시설기준

도로의 구조는 계획 시 지형, 지질, 기상 및 교통상황을 감안하여 안전하고 일정 수준의 교통용량이 확보되도록 설계되어야 한다.

도로구조는 도로의 가장 중요한 요소인데 도로법 제39조, 고속도로법 제4조, 유료도로법 제5조에 도로구조상의 기술적 기준이 대통령령으로 구성되어 있으며, 이 취지에 따라 '도로의 구조·시설기준에 관한 규칙'이 제정되었다. 이와 같이 도로구조에 대한 기술적 기준에 대통령령으로 정하는 이유는

- 도로는 도로망의 일부를 형성하며 상호 연결됨으로써 그 기능을 발휘할 수 있으므로 도로구조를 통일시킬 필요가 있다.
- 도로교통수단은 차량, 사람이고, 이들은 도로구조에 의해 소통의 정도가 결정되므로 도로구조는 특히 차량구격과 밀접한 관계가 존재한다.
- 도로는 공공시설로서 토지수용권이 발휘될 수 있으며, 도로의 훼손 등에는 처벌이 따르는 등 국민의 권익과 불가분의 관계를 갖고 있어 도로구조상의 기준을 명확히 할 필요가 있다.

도로의 설계를 위한 시설기준으로 적용하고 있는 '도로의 구조·시설기준에 관한 규칙(이하 '도로시설 규칙'이라 약칭한다)'은 도로를 신설 및 개축하는 경우에 적용된다. 도로시설규칙에서 규정하고 있는 범위는 도로의 횡단구성 및 시설한계, 선형 및 시거, 교차시설, 안전 및 부속시설 등이다. 도로시설규칙은 기술적으로 근본적인 기술사항에 대해 규정을 한 것으로, 일반적인 차량과 통상적인 자연조건을 대상으로 했으며, 이들을 벗어난 조건에 대하여는 원칙적으로 적용될 수 없다.

도로의 기능, 도시계획도로분류기준, 기하구조, 교통류의 특성에 근거하여 도로의 개략시설기준을 제시하면 표 4.1과 같다.

표 4.1 도시지역 도로의 개략적 특성

구분 \ 분류	도시고속도로	주간선도로	보조간선도로	집산도로	국지도로
주 기 능	우리나라 간선도로망 연결	해당 도시의 간선도로망 구축	주간선도로를 보완함	해당 도시 안 생활권 주요 도로망 구축	시점과 종점

(계속)

구분 \ 분류	도시고속도로	주간선도로	보조간선도로	집산도로	국지도로
도로 전체 길이에 대한 백분율(%)	5~10		10~15	5~10	60~80
도시 전체 교통량에 대한 백분율(%)	0~40	40~60		5~10	10~30
배치간격(km)	3.00~6.00	1.50~3.00	0.75~1.50	0.75 이하	–
교차로 최소간격(km)	1.00	0.50~1.00	0.25~0.50	0.10~0.25	0.03~0.10
설계속도(km/hr)	100	80	60	50	40
노상주차 여부	불허	원칙적 불허	제한적 허용	허용	허용
접근관리 수준	출입제한	강함	보통	약함	적용안함
도로 최소 폭(m)	–	35	25	15	8
중앙 분리 유형	분리	분리	분리 또는 비분리	비분리	비분리
보도 설치 여부	설치안함	설치 또는 비설치	설치	설치	설치
최소 차로 폭(m)	3.50	3.250~3.25	3.25~3.00	3.00	3.00

주) 도시지역의 설계속도가 40 km/h 이하인 도시지역도로는 최소 차로폭을 2.75 m까지 적용 가능

4.1.2 설계기준자동차(Design Vehicle)

도로구조설계의 기초가 되는 설계기준자동차 제원은 표 4.2와 같다.

도로시설규칙에 의하면 도로설계 시 자동차 전용도로 및 주간선도로에 대하여는 세미트레일러 연결차가, 보조간선도로 및 집산도로에 대하여는 세미트레일러 연결차 또는 대형자동차가, 국지도로의 경우에는 대형자동차 또는 승용자동차가 안전하고 원활하게 진행할 수 있어야 한다고 정하였다.

설계기준 자동차의 종류별제원은 표 4.2와 그림 4.1과 같다.

표 4.2 설계기준 자동차의 종류별 제원(단위 : 미터)

자동차별 \ 제원	폭	높 이	길 이	축간거리	앞내민 길이	뒷내민 길이	최 소 회전반지름
승용자동차	1.7	2.0	4.7	2.7	0.8	1.2	6.0
소형자동차	2.0	2.8	6.0	3.7	1.0	1.3	7.0
대형자동차	2.5	4.0	13.0	6.5	2.5	4.0	12.0
세미트레일러	2.5	4.0	16.7	앞 축간거리 4.2 뒷 축간거리 9.0	1.3	2.2	12.0

주 1) 축간거리 : 앞바퀴 차축의 중심으로부터 뒷바퀴 차축의 중심까지의 길이를 말한다.
2) 앞내민 길이 : 차량의 앞면으로부터 앞바퀴 자축의 중심까지의 길이를 말한다.
3) 뒷내민 길이 : 차량의 뒷면으로부터 뒷바퀴 차축의 중심까지의 길이를 말한다.

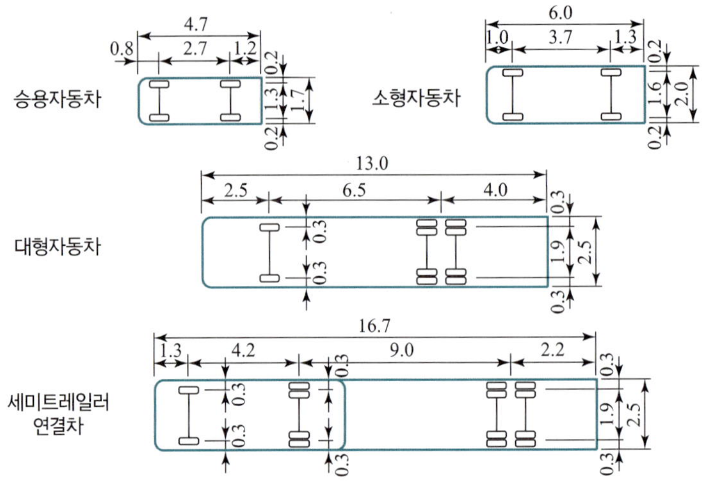

그림 4.1 설계기준자동차의 제원(단위 : 미터)

자동차의 치수, 성능은 도로의 구조를 결정하는 폭원, 곡선부의 확폭, 교차시설, 종단경사, 시거 등에 상당한 영향을 미친다. 따라서 도로시설규칙에서는 도로설계의 기초가 되는 자동차(설계기준자동차)를 승용자동차, 소형자동차, 대형자동차, 세미트레일러 연결차의 4종으로 하여 도로설계에 필요한 차량의 제원으로 정하고 있다.

승용자동차 및 소형자동차는 폭원, 시거 종단 경사 등을 결정하는데 필요하며, 대형자동차 및 세미트레일러 연결차는 폭원, 곡선부의 확폭, 교차시설, 종단경사 등을 결정하는 데 기준이 된다.

설계기준 자동차는 소형자동차에 있어서는 일반적인 국내 시판 운영 중인 차량, 대형자동차는 뒷부분 2축 트럭, 세미트레일러는 4축을 갖는 자동차를 가정하여 정하고 있으며, 신설 또는 개량할 도로의 설계 기초가 된다.

설계기준자동차로 세미트레일러 연결차를 규정한 이유는 대형콘테이너에 의한 대량수송방식이 일원화되고, 도시와 도시, 도시와 항만 간의 주요간선도로에 대행세미트레일러 연결차의 교통이 증가되리라고 추정되기 때문이다.

표 4.3은 외국의 자동차허용최대치수를 나타낸다. 우리나라의 자동차제원은 자동차 안전기준에 관한 규칙에 의하고 있는데, 길이는 13 m 이하, 높이 4.0 m 이하, 총중량 20톤 이하(화물차 및 특수자동차의 경우 40톤 이하), 차중량 10톤 이하, 바퀴하중 5톤 이하이고, 최소회전반지름은 12 m 이하로 되어 있다(기준을 벗어날 경우에는 제한차량으로 간주하여 도로통행에 제한을 함).

우리나라에서 도로교설계의 표준트럭 하중은 AASHTO를 그대로 준용하고 있으며, DB하중은 세미트레일러 연결차에 대한 것으로 AASHTO의 HS 20-44와 동일한 규격이다.

표 4.3 외국의 자동차허용최대치수

제한값 / 국별		폭 (m)	높이 (m)	차량길이(m) 단차(單車)	세미트레일러 연결차	풀트레일러 연결차	축중(t) 단 축	탄 뎀	차량총중량(t) 단차	연결차	비 고
Geneva Convention		2.50	3.80	11.0	14.00	18.00	8.0	14.5			
AASHTO Policy(1973)		2.59	4.12	12.2	16.76	19.82	9.1	14.5		32.6	단차의 길이는 버스
U.S.A	최대	2.74	4.27	16.78	19.81	21.35	10.9	18.4	29.5	40.8	
	최소	2.44	3.81	10.67	15.24	15.24	8.2	14.5	16.3	24.3	
프랑스		2.50	–	12.00	15.00	18.00	13.0	21.0	26.0	35.0	
서독		2.50	4.00	12.00	15.00	18.00	10.0	16.0	22.0	28.0	
자유중국		2.50	3.80	11.00	14.00		8.0	11.0	14.0	20.0	
영국		2.50	4.60	11.00	15.00	18.00	9.0~11.0	16.0~18.0	14.0~16.0	32.0	
이탈리아		2.50	4.00	10.00	14.00	18.00	10.0	14.5	14.0	32.0	
E.E.C.(濠)		2.50	4.00	12.00	15.00	18.00	10.0 13.0	16.0 19.0	16.0 19.0	38.0	

참고로 AASHTO 및 일본의 설계기준자동차치수를 표 4.4 및 표 4.5에 제시한다.

표 4.4 미국 AASHTO의 설계기준자동차

제원(m) / 설계기준자동차	기호	높이	폭	길이	앞내민 길이	뒷내민 길이	축거 1	축거 2	축거 3	축거 4
승용차	P	1.3	2.1	5.8	0.9	1.5	3.4			
단축트럭	SU	3.4 –4.1	2.4	9.2	1.2	1.8	6.1			
버스										
주(州)간버스	BUS – 12	3.7	2.6	12.2	1.8	1.9	7.3	1.1		
	BUS – 14	3.7	2.6	13.7	1.8	2.6	8.1	1.2		
도시 통근버스	CITY – BUS	3.2	2.6	12.2	2.1	2.4	7.6			
일반 통학버스(65인승)	S – BUS 11	3.2	2.4	10.9	0.8	3.7	6.5			
대형 통학버스(84인승)	S – BUS 12	3.2	2.4	12.2	2.1	4.0	6.1			
분절버스	A – BUS	3.4	2.6	18.3	2.6	3.1	6.7	5.9		
트럭										
중형 세미트레일러	WB – 12	4.1	2.4	13.9	0.9	0.8	3.8	8.4		
중형 세미트레일러	WB – 15	4.1	2.6	16.8	0.9	0.6	4.5	10.8		
주간 세미트레일러	WB – 19*	4.1	2.6	20.9	1.2	0.8	6.6	12.3		

(계속)

설계기준자동차 \ 제원(m)	기호	높이	폭	길이	앞내민 길이	뒷내민 길이	축거 1	축거 2	축거 3	축거 4
주간 세미트레일러	WB－20*	4.1	2.6	22.4	1.2	1.4 －0.8	6.6	13.2 －13.8		
"Double-Bottom" 세미트레일러/트레일러	WB－20D	4.1	2.6	22.4	0.7	0.9	3.4	7.0	7.0	
삼단 세미트레일러/트레일러	WB－30T	4.1	2.6	32.0	0.7	0.9	3.4	6.9	7.0	7.0
"Turnpike Double" 세미트레일러/트레일러	WB－33D*	4.1	2.6	34.8	0.7	0.8	4.4	12.2	13.6	
레크레이션 차량										
이동주택차	MH	3.7	2.4	9.2	1.2	1.8	6.1			
차량 및 캠핑 트레일러	P/T	3.1	2.4	14.8	0.9	3.1	3.4			
차량 및 보트 트레일러	P/B		2.4	12.8	0.9	2.4	3.4			
이동주택차 및 보트 트레일러	MH/B	3.7	2.4	16.2	1.2	2.4	6.1			

표 4.5 일본 도로구조령의 설계기준자동차

설계차량 \ 제원(m)	폭	높이	길이	축간거리	앞내민 거리	뒷내민 거리	최소 회전 반지름
소형자동차	1.7	2.0	4.7	2.7	0.8	1.2	6.0
소형자동차 등	2.0	2.8	6.0	3.7	1.0	1.3	7.0
보통자동차	2.5	3.8	12.0	6.5	1.5	4.0	12.0
세미트레일러	2.5	3.8	16.5	• 앞축간 거리 : 4.0 • 뒷축간 거리 : 9.0	1.3	2.2	12.0

4.1.3 시설한계

도로상에서 차량이나 주행자의 교통안전을 확보하기 위하여 어느 일정한 폭, 일정한 높이의 범위 내에는 장애가 될 만한 시설물을 설치하지 못하게 하는 공간확보의 한계를 뜻한다.

따라서 이 한계 내에서는 교각이나 교대는 물론, 조명시설, 방호울타리, 신호기, 도로표지, 가로수, 전주 등의 제시설을 설치할 수 없다. 폭구성 결정 시에는 각종 시설의 설치계획에 대해서도 충분히 검토해야 한다.

높이 H에 대하여는 설계기준차량높이 4.0 m에 동결적설에 의한 영향을 감안하여 4.7 m 이상으로 하는 것이 바람직하나, 기존구조물은 4.5 m의 기준을 적용하였고, 4.0 m 설계기준차량이 안전하게 통과할 수 있는 높이도 4.5 m이면 지장이 없으므로 4.5 m로 규정하였다. 그러나 실제 설계 시에는 장래 포장의 Over－lay를 감안하여 4.7 m 이상으로 하는 것이 바람직하다. 길어깨 등에서는 구조물의 설계, 시공상 필요에 따라 제일 높은 높이를 4.0 m로 하여 Hunch 절취부를 두고 있다. 차도와 보도 및 자전거도로의 시설한계는 그림 4.2와 그림 4.3과 같다.

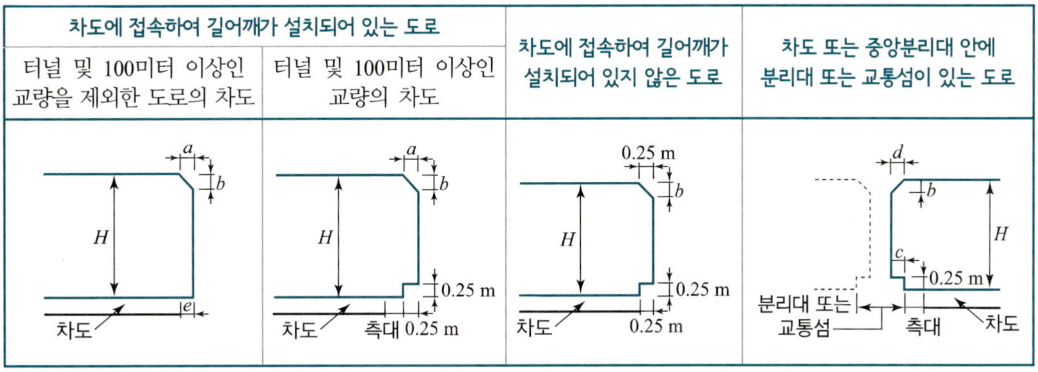

- a 및 e : 차도에 접속하는 길어깨의 폭. 다만, a가 1.0 m를 초과하는 경우에는 1.0 m로 한다.
- b : H(4.0 m 미만인 경우에는 4.0 m)에서 4 m를 뺀 값. 다만 소형차도로는 H(2.8 m 미만인 경우에는 2.8 m)에서 2.8 m를 뺀 값.
- c 및 d : 분리대와 관계가 있는 것이면 도로의 구분에 따라 각각 다음 표에 정하는 값으로 하고, 교통섬과 관계가 있는 것이면 c는 0.25 m, d는 0.5 m로 한다.

구 분	c	d
고속도로	0.25 이상 0.5 이하	0.75 이상 1.0 이하
도시고속도로	0.25	0.75
일반도로	0.25	0.50

그림 4.2 차도의 시설한계

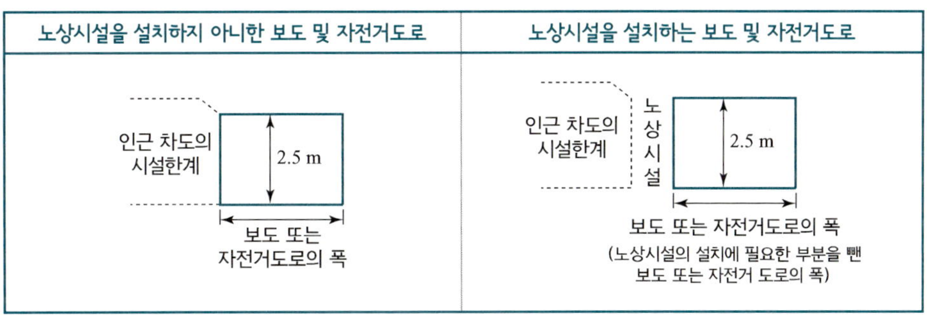

그림 4.3 보도 및 자전거도로의 시설한계

시설한계의 상한선은 그림 4.4와 같이 평행하게 잡고 통상의 횡단경사를 갖는 구간에서는 연직으로 하고, 편경사를 갖는 구간에서는 노면에 직각으로 잡는다.

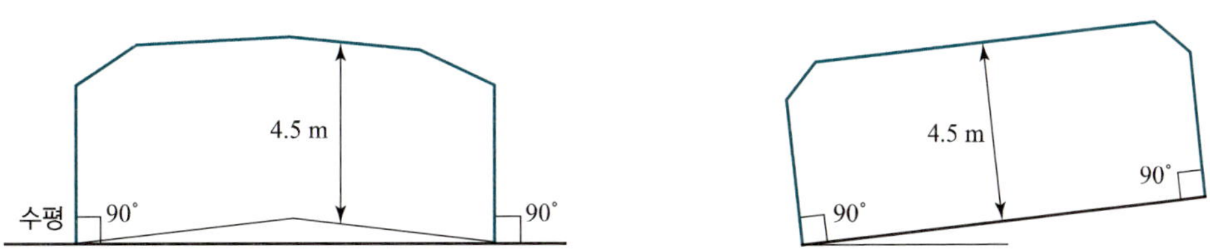

(a) 보통의 횡단경사를 갖는 구간　　(b) 편경사를 갖는 구간

그림 4.4 시설한계선을 잡는 방법

4.1.4 설계구간

설계구간이란 도로가 존재하는 지역(도시부, 지방부) 및 지형의 상황(산지부, 평지부)과 계획교통량에 따라 동일한 설계기준을 적용할 수 있는 구간을 말한다. 지나치게 단(短)구간에서 설계기준을 변화시키든가 또는 운전자가 예기치 못하는 장소에서 설계구간을 변경한다는 것은 운전에 혼란을 가져와 안전상 바람직하지 못하며 쾌적성도 저하된다.

노선의 기하구조는 가능한 한 연속적인 것이 바람직하므로, 설계구간의 길이나 기하구조 변경지점 설정 시에는 신중을 기해야 한다. 노선의 성격이나 중요성, 지형 및 지역이 비슷한 경우에는 동일한 설계구간으로 하는 것이 바람직하며, 근거는 명확치 않지만 최소설계구간의 길이는 경험적으로 표 4.6을 참고하면 좋다.

표 4.6의 값은 부득이하여 단구간에서 설계속도를 하향조정해야 하는 경우의 최소구간 길이이다. 이는 지형의 상황 등으로 부득이한 경우에 설계속도를 20 km/h 내지 10 km/h 감한 구간이 하나의 설계구간 중에 1~2개소 정도라면 허용할 수 있다는 취지인 것이다. 또한 설계속도를 20 km/h 감소할 필요가 있는 경우에는 10 km/h씩 점차적으로 줄이도록 하며, 이러한 구간에 대해서는 교통안전시설에 대한 각별한 주의가 요망된다.

설계속도의 차가 20 km/h를 넘는 설계구간끼리를 노선방향으로 직접 접속시키는 것은, 노선의 기하구조를 급변시키는 결과가 되어 좋지 않다. 설계속도의 차가 40 km/h 정도를 초과하는 도로를 접속시키는 것도 바람직하지 못하다.

그림 4.5는 지형이 급변하는 경우에 설계구간을 접속시키는 일례를 나타낸다.

설계구간의 변경지점으로는 지형, 지역, 주요한 교차점, 인터체인지 등 교통량이 급변하는

표 4.6 설계구간 길이

도로의 구분	바람직한 설계구간길이	최소 설계구간길이
고속도로, 지방지역 간선도로	30~20 km	5 km
지방지역 기타도로	15~10 km	2 km
도시지역 일반도로	주요한 교차점의 간격	

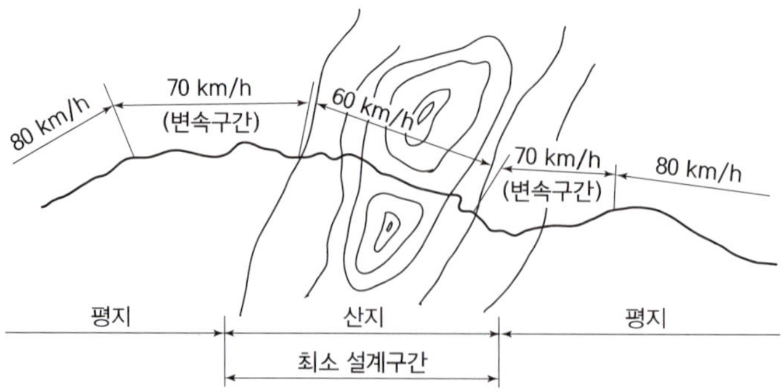

그림 4.5 설계구간 접속 예

곳, 장대교 등의 구조물이 있는 장소 등 운전자가 무의식적으로 상황의 변화를 느낄 수 있는 곳을 선정하는 것이 바람직하다.

도로설계 최소구간은 자동차 전용도로의 경우 인터체인지의 간격으로 하고, 일반도로의 경우에는 주요교차로 사이의 구간으로 정하고 있다. 또한 인접한 설계구간의 설계속도의 차를 시속 80 km 미만의 경우 20 km를, 시속 80 km 이상에서는 10 km를 최대값으로 한다.

4.2 횡단면의 구성

도로의 일반적인 횡단구성은 다음과 같으며, 단로부(單路部), 평면교차, 입체교차, 오르막차로를 포함한다.

4.2.1 횡단면의 구성요소와 조합

횡단면을 구성하는 요소는 다음과 같다.

- 차도(차로 등에 의해서 구성되는 도로의 구분)
- 중앙분리대
- 길어깨
- 정차대(차도의 일부)
- 보도 또는 자전차 보행자도
- 자전차도
- 식수대(植樹帶)
- 측도(차도의 일부 : Frontage road)

차도부는 차도, 중분대(중앙분리대의 약칭), 길어깨, 교통섬 및 이들 부분의 배수에 필요한 시설로서 구성된다. 정차대는 차도의 우단 가까이에 설치한다.

보도, 자전거·보행자 겸용도로 차도부의 외칙에 설치하고, 보도는 가장 외측에 설치하는 것을 원칙으로 한다. 그림으로 표시하면 그림 4.6과 같다.

횡단면 계획 시는 상기한 구성요소를 소정의 기준으로 조합하는데, 특히 다음 사항에 유의하고 교통처리도 감안하여 종합적인 검토를 해야 한다.

- 계획도로의 기능에 알맞은 횡단구성을 할 것. 일반적으로 고속도로는 고급수준으로 저속이고, 교통량이 적은 도로는 저급의 수준으로 할 것
- 계획목표년도의 교통수요와 요구되는 계획수준에 대응하는 교통처리기능을 가질 것
- 교통의 안전성과 쾌적성을 연관시켜 검토할 것

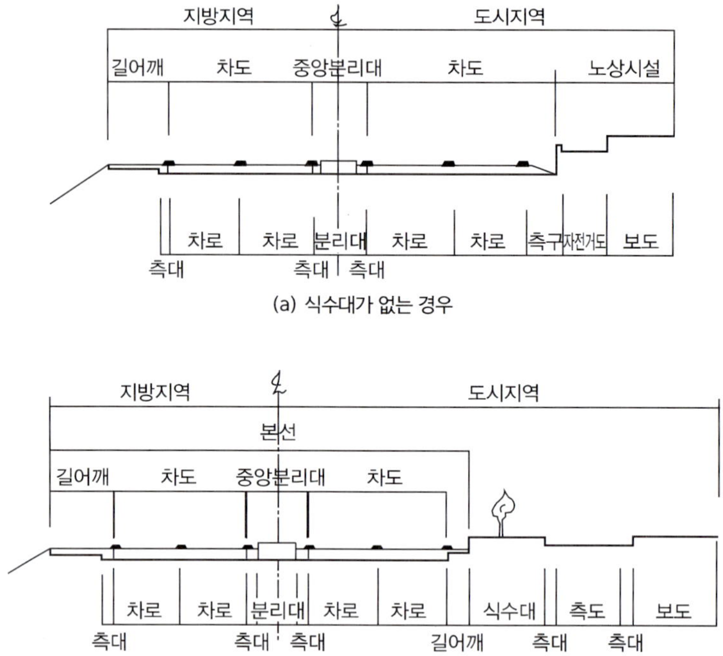

(a) 식수대가 없는 경우

(b) 식수대가 있는 경우

그림 4.6 횡단면 구성 예

- 출입제한의 방식, 교차접속부의 교통처리능력, 교통처리방식 등을 항상 연관시켜 검토할 것
- 교통의 상황을 감안하고 차도에 대하여는 차로개념에 의거 계획할 것
- 인접한 지역의 토지이용실태와 그 계획을 충분히 감안하고, 필요에 따라 환경시설대와 식수대를 설치토록 하여 양호한 생활환경을 보전토록 할 것
- 도로의 유지관리에 합리적이고 양호한 도시경관을 확보토록 할 것
- 가급적 도로종별로 횡단구성의 표준화를 기할 것

고속도로 횡단구성 예를 그림 4.7과 같이 나타내었다.

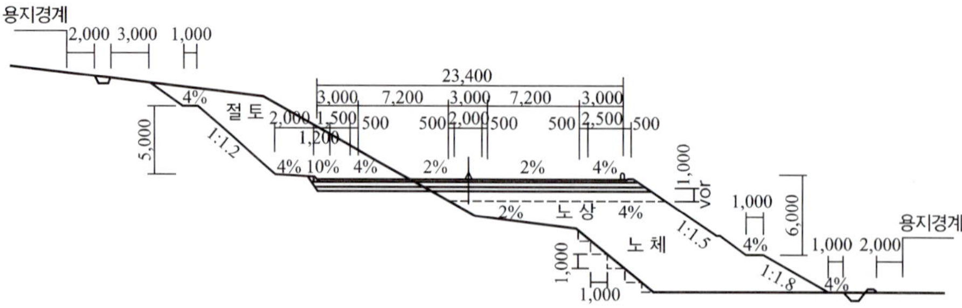

그림 4.7 고속도로 표준 횡단면도

4.2.2 차도와 차로

차도는 차량의 통행을 위한 도로의 한 부분으로서 기능별로 분류하면

① 자동차를 안전하고 원활하게 주행시키기 위해 설치되는 띠모양의 도로의 구분(직진차로, 회전차로, 변속차로, 오르막차로, 양보차로를 포함하는데 일반적으로 차로라면 직진차로를 의미한다)

② 차량의 정차, 비상주차 등을 위해 설치되는 도로의 부분

③ 기타 도로의 부분(상기 ②항 이외의 부분으로서 교차로, 분리대의 절개(切開), 부가차로구간, 변속차로 접속구간)

(1) 차로의 수

차로수 산정방법에 대하여는 3장에서 언급하였으며, 여기서는 그 이외의 차로수 결정 시 고려해야 할 사항에 대하여 설명한다.

- 차도는 교통량이 적은 경우에도 자동차의 교행을 위하여 양방향 2차로 이상으로 함을 원칙으로 한다.
- 자동차 전용도로인 경우 양방향 4차로 이상으로 함을 원칙으로 한다.
- 도시지역의 경우 차로수는 홀수차로로 할 수 있으며, 이때 홀수차로는 좌회전 진입 대기차로 또는 우회전 전용차로 및 가변차로로 이용된다.
- 지방지역의 경우 교통류 여건, 교차로 및 지역 여건, 장래 확장 여건 등을 고려하여 홀수차로를 채택할 수 있고, 좌회전차로, 앞지르기차로 및 오르막차로 등을 운영하여 양방향 2차로도로의 용량을 극대화시키고 있다.
- 양방향 2차로도로에 별도의 앞지르기 차로를 교대로 제공하는 연속적인 3차로도로를 2+1차로 도로라 하며, 지방지역의 홀수차로 속한다.

(2) 차로의 폭원

차로의 폭은 대향차와 엇갈림, 추월 또는 평행주행에 대해서 충분한 여유를 가져야 한다. 그러나 차로폭을 지나치게 크게 하면 2차로도로상에서는 실제로 3차로로 주행하는 사태가 발생하여 교통사고 및 교통지체의 원인이 되므로 바람직하지 못하다. AASHTO에서는 모든 도로에 대해 이상적인 차로의 폭을 12 ft(3.66 m)로 하고 있으며, 13 ft(3.97 m) 이상은 상기 이유로 좋지 않다고 한다.

차로의 폭은 차량의 폭에 엇갈림, 추월 등을 고려한 여유폭을 더한 것이며, 그 크기는 노면표시의 중심선간의 거리로 한다. 도로의 횡단면을 구성하는 요소 가운데 차로의 폭은 교통용량이나 쾌적성 등에 가장 큰 영향을 준다. 차로폭이 3.5 m 미만이 되면 교통용량이 감소되고, 차로폭이 6 m 미만인 2차로도로, 즉 차로폭이 3.0 m 미만인 경우에는 교통사고가 현저하게

증가하는 경향이 있다.

차로의 폭에 의해 주행속도가 좌우되며, 결국 교통용량과 밀접한 관계를 갖게 되므로 차로폭 결정 시에는 노선의 설계속도와 교통량에 의하는 것이 합리적이다. 표 4.7에 도로의 구분과 설계속도에 따른 최소차로폭을 제시한다. 다만 설계기준자동차 및 경제성 등을 참작하여 필요한 경우에는 차로폭을 3.0 m 이상으로 할 수 있다.

표 4.7 차로폭의 최소치

도로의 구분	설계속도(km/h)	차로의 최소 폭(m)		
		지방지역	도시지역	소형차도로
고속도로		3.50	3.50	3.25
일반도로	80 이상	3.50	3.25	3.25
	70 이상	3.25	3.25	3.00
	60 이상	3.25	3.00	3.00
	60 미만	3.00	3.00	3.00

주) 회전차로의 폭과 설계속도가 40 km/h 이하인 도시지역 차로폭은 2.75 m 이상으로 할 수 있다.

4.2.3 중앙분리대

차로수가 4차로 이상인 자동차 전용도로에 대해서는 반드시 중앙분리대를 설치하고 기타의 도로에서도 4차로 이상 도로에는 교통상황, 연도조건을 감안하여 필요하다고, 판단되면 중앙분리대를 설치해야 한다.

중앙분리대의 기능은 다음과 같다.

- 왕복교통류를 분리하여 대향차의 중앙선침범 시 정면충돌을 방지하고, 도로중심선측의 교통저항을 감소시킴으로써 교통용량을 증대시킨다.
- 허용되지 않는 곳에서는 U-Turn을 방지하여 교통류의 혼란을 막고 안전성을 높인다.
- 도로표지 등 도로의 교통관리시설 등을 설치하는 장소를 제공한다.
- 평면교차로에서 좌회전차로를 설치할 수 있어 교통처리상 유리하다.
- 보행자의 도로횡단 시 안전섬 역할을 한다.
- 방호벽으로 된 중앙분리대인 경우 대향차의 차광(遮光)효과가 있다.

(1) 중앙분리대의 구성

중앙분리대는 분리대와 측대로 그림 4.8과 같이 구성된다. 분리대는 왕복교통의 분리를 목적으로 설치한 연석(緣石) 등의 구조물을 의미하며, 분리대의 양측에는 이에 접속하여 측대를 둔다. 측대를 두는 목적은 다음과 같다.

- 차도의 외측에 일정폭으로 여유를 두어 운전자의 시선을 유도함으로써 차량주행에 대한 안전성을 높인다.
- 주행상 필요한 측방 여유폭의 일부를 확보하여 차도의 효율성을 높인다.

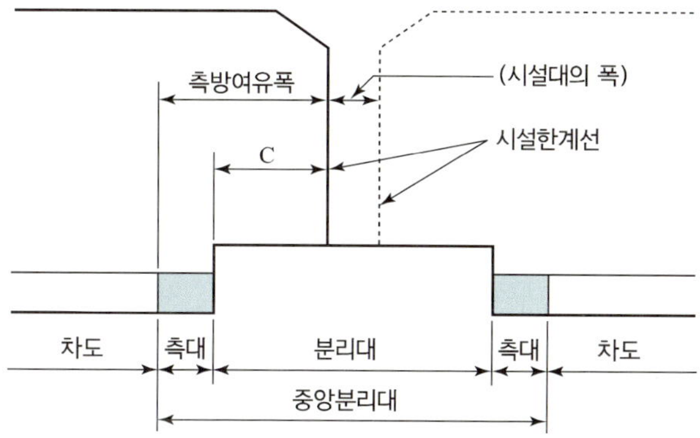

그림 4.8 중앙분리대의 폭 구성

(2) 중앙분리대의 폭

중앙분리대는 넓을수록 효과가 크다. 그러나 우리나라 경우 도로용지의 취득이 어렵고 확폭에 따른 건설비가 높다. 중앙분리대폭을 좁게 하고, 차도면보다 높게 하여 분리대를 설치하는 것을 기본방침으로 하고 있다. 그러나 근래에는 자동차 전용도로의 경우 중앙분리대를 차도면과 같이 하고 분리대 방호시설을 설치함으로써 측대를 여유있게 하는 방안이 채용되고 있다.

중앙분리대의 폭 결정 시는 차도로부터의 측방여유폭과 대향차도에의 침입방지를 위한 보호책(柵), 식수(植樹), 차광망, 교차도로의 교각 등 제시설을 두기 위한 시설대로서 필요한 폭을 확보해야 한다.

국내의 경우 중앙분리대의 폭은 고속도로는 3.00 m, 도시고속도로는 2.00 m, 일반도로의 경우 지방부에서는 1.50 m 이상, 도시부에서는 1.00 m 이상으로 규정하고 있다.

교차로에서 중앙분리대폭을 좌회전 차로로 이용할 경우에는 그 폭은 최소 3.0 cm 이상이 확보되어야 한다. 중앙분리대 측대의 폭은 50 cm 이상으로 하되 부득이한 경우 25 cm까지 줄일 수 있으며, 차도를 왕복 방향별로 분리하기 위하여 노면표시를 하는 경우 각 노면표시간의 간격은 50 cm 이상으로 한다.

(3) 중앙분리대의 형식과 구성

중앙분리대는 연석의 형상, 분리대 표면의 형상, 분리대 표면의 처리방식 등 세 가지 설계 기본요소에 따라 그 형식과 구조가 다양하게 된다.

연석에는 자동차가 넘어갈 수 있는 Mountable 형태와 넘어갈 수 없는 Barrier 형태의 두 형식이 있는데, 대개 전자는 넓은 중앙분리대에, 후자는 좁은 중앙분리대에 사용하며, 자동차의 대향차로침입을 방지하는 데 효과가 있다.

분리대표면의 형상은 凹형 또는 凸형으로, 전자는 넓은 중앙분리대에 적용하며, 분리대 내의 배수에 유리하고, 후자는 좁은 중앙분리대에 적용한다.

분리대표면의 처리는 잔디를 입히든가 포장을 하는데, 잔디는 넓은 분리대에, 포장은 좁은 분리대에 적용한다. 잔디는 미관상 양호하고 차도와의 조화를 이루지만, 유지관리상 비경제적이고, 특히 폭이 좁은 경우에는 잔디관리 시 안전상의 문제가 있다.

우리나라에서는 중앙분리대를 넓게 하는 것이 곤란하여 Barrier Type의 연석을 붙인 凸형 분리대가 많다. 최근에는 고속도로에 분리대를 1.27 m 높이의 콘크리트 방호벽으로 설치하여, 대향차로의 침입을 방지하고 측대폭을 확보하고, 소형차에 차광효과를 제공하며, 필요시 차광망설치를 용이하게 하고, 유지관리 경비를 거의 절감하는 등 이점을 꾀하고 있으나, 너무나 단조롭고 무미건조한 느낌이 없지 않아 여행 시 권태감을 가중시키는 단점이 있다.

분리대의 형식이나 구조는 설계속도, 경제성, 입지여건, 도로의 구분 등에 따라 적절한 형식과 구조를 선택해야 한다.

그림 4.9는 전형적인 연석 및 중앙분리대를 나타낸다. 그중 (e)는 미국에서 많이 사용하고 있는 구조이다.

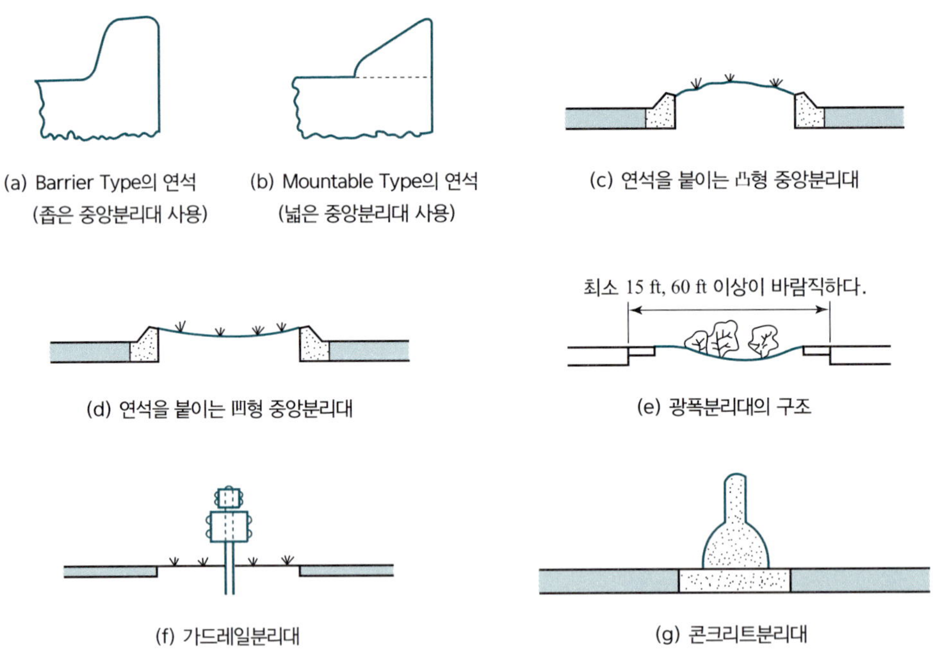

그림 4.9 연석 및 중앙분리대의 형식

4.2.4 길어깨

도로에는 차도와 접속하여 길어깨를 설치하는데, 보도 또는 주정차대가 설치된 경우에는 길어깨를 설치하지 않아도 된다. 따라서 그 필요성 및 기능은 다음과 같다.

- 차도, 보도, 자전거·보행자도로에 접하여 도로의 주요 구조부를 보호한다.
- 고장차의 대피소로 이용될 수 있어 사고 및 교통방해를 사전에 예방한다.
- 측방여유폭으로 교통의 안전성과 쾌적성에 기여한다.
- 노상시설을 설치하는 공간이 된다.
- 유지보수작업 및 지하매설물 설치에 대한 공간이 된다.
- 절토부 등에서 곡선부 시거가 증대되어 교통의 안전성이 높아진다.
- 보도가 없는 도로에서는 필요시 보행자의 통행로가 되기도 한다.

길어깨를 기능상의 형식에 따라 분류하면

- **전폭 길어깨** : $S=2.50\sim3.25$ m(예 : 고속도로 3.0 m) 모든 차량의 일시 정차가 가능하다.
- **반폭 길어깨** : $S=1.25\sim1.75$ m(예 : 지방도, 군도 대부분) 승용차의 일시 정차가 가능하고, 교통용량에 큰 영향을 끼치지 않는 측방여유폭이 확보된다.
- **협폭 길어깨** : $S=0.50\sim0.75$(예 : 서울시 올림픽대로) 주행상 필요한 최소한의 측방여유폭이 확보된다.
- **보호 길어깨** : 노상시설 중에서 방호울타리 등을 도로 끝에 설치하기 위한 공간이 되고, 보도, 자전거도 설치 시 이를 보호하며, 시설한계 내에는 포함되지 않는다(그림 4.10).

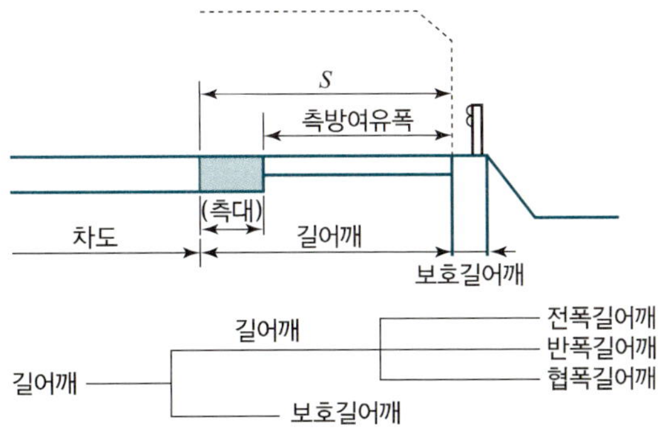

그림 4.10 길어깨의 기능상 분류

도로종별에 따른 길어깨폭은 표 4.8과 표 4.9와 같다.

차도 우측 길어깨의 폭을 지방지역 저급도로에도 1.0 m 이상을 확보토록 한 것은 자동차주행상 필요한 여유폭 확보 및 경운기 운행을 고려한 이유 때문이다.

표 4.8 차도 오른쪽 길어깨의 최소 폭

도로의 구분			차도 오른쪽 길어깨의 최소 폭(미터)		
			지방지역	도시지역	소형차도로
고속도로			3.00	2.00	2.00
일반도로	설계속도 (킬로미터/시간)	80 이상	2.00	1.50	1.00
		60 이상 80 미만	1.50	1.00	0.75
		60 미만	1.00	0.75	0.75

표 4.9 차도 왼쪽 길어깨의 최소 폭

도로의 구분			차도 왼쪽 길어깨의 최소 폭(미터)	
			지방지역 및 도시지역	소형차도로
고속도로			1.00	0.75
일반도로	설계속도 (킬로미터/시간)	80 이상	0.75	0.75
		80 미만	0.50	0.50

지형상 부득이할 경우나 오르막차로 혹은 양보차로를 설치하는 곳에는 설계속도를 고려할 필요가 없으므로, 측방여유폭만 고려하여 우측 길어깨폭을 0.5 m까지 축소할 수 있다. 교량, 터널 및 고가도로에 있어서는 고속도로의 경우 1.0 m 이상으로, 일반도로의 경우에는 0.5 m 이상으로 할 수 있다. 다만 길이 1.0 km 이상의 터널에서 길어깨의 폭을 2.0 m 미만으로 할 경우에는 최소 750 m 간격으로 주정차대를 설치해야 한다. 그러나 구조물구간과 기타구간과의 불연속성을 되도록 없애기 위해 길이 100 m 이하의 교량, 고가(高架)의 길어깨폭은 축소하지 않는 것이 좋다.

보호 길어깨 이외의 길어깨는 원칙적으로 기능상 자동차하중에 견딜 수 있는 구조로 하고, 자동차 전용도로 이외의 도로에 대해서는 필요시 보행자 등의 통행을 위해 간이포장 이상으로 포장하는 것이 좋다. 또한 성토부에 있어서는 노면수의 집수를 위해 길어깨단에 연석을 설치하는 것이 바람직하다. 길어깨의 일부로서 측대를 두는데, 그 폭은 0.5 m(80 km/h 이상)로 하고, 80 km/h 미만이거나 터널인 경우 0.25 m까지 줄일 수 있다. 측대는 차도와 동일한 평면으로 터널을 제외한 모든 구간에 걸쳐서 일정폭으로 설치해야 하며, 차도와 동일한 강도를 갖는다(그림 4.11).

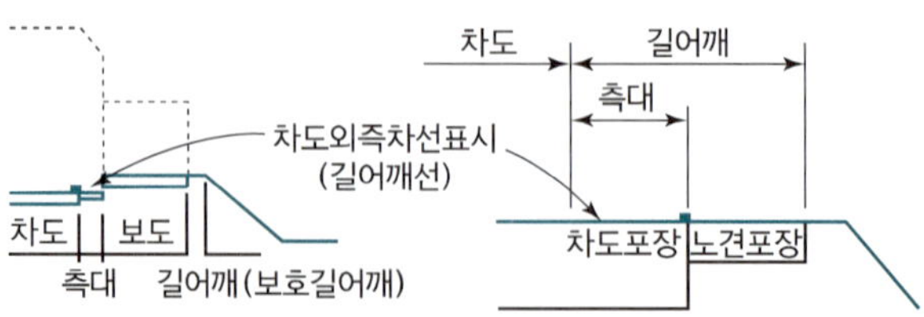

그림 4.11 길어깨와 차도

외국에서는 콘크리트 블록이나 석재로 설치하는 수가 있으나, 우리나라에서는 그 예가 드물고 차도와 동일한 구조로 한다.

4.2.5 적설지역 길어깨의 폭

강설 시 도로교통을 원활히 하기 위하여 강설 초기에는 제설장비에 의한 고속제설로 노면의 적설을 길어깨 방향으로 배제하며, 이를 위한 공간을 '제설여유폭'이라 한다. 모아진 눈을 다시 덤프트럭에 실어서 버리기 위한 공간을 '퇴설여유폭'이라 하며, 이들 둘을 합하여 '노측여유폭'이라 한다. 이를 결정하기 위해서는 다음 사항을 참고한다.

- 간선도로에서 계획대상 최대적설깊이는 10년 재현 확률치를 고려하여 결정한다.
- 교통소통을 위해 확보해야 하는 폭은 도로 및 교통의 상황을 고려하여 정한다.
- 길어깨의 확폭이 필요한 경우에는 표 4.10의 여유폭을 감안하여 정한다.

표 4.10 길어깨 여유폭

최대적설깊이(m)	제설여유폭	배설여유폭	노측여유폭
0.5 미만	1.5	–	1.5
0.5 이상~1.0 미만	1.5	1.0	2.5
1.0 이상~2.0 미만	1.5	2.0	3.5
2.0 이상~3.0 미만	1.5	2.5	4.0
3.0 이상	1.5	3.0	4.5

4.2.6 기타시설

횡단면을 구성하는 기타 시설로는 식수대, 측도, 환경시설대 등이 있으며, 이들에 대하여 간략히 설명하면 다음과 같다.

(1) 식수대

도로면의 식수대는 도로환경교통의 정비측면과 연도에 대한 생활환경 보호측면에서 그 설치여부가 판단된다. 즉, 상이한 교통을 격리시켜 안전과 쾌적성을 도모하고 운전자의 시선유도 및 차선이탈 차량의 충격을 완화시켜 준다. 또한 자동차 공해에 의한 대기를 정화시켜 주고, 자동차 교통을 시각적으로 차단시킴으로써 연도의 환경을 개선하는 효과가 있다.

(2) 측도

측도란 구조적인 문제 및 환경대책상 주도로와 연도와의 진출입이 불가능한 경우, 주도로와 병행하여 설치함으로써 진출입이 가능하도록 기대하는 도로이다. 측도는 대개 차로수가 4차로 이상인 지방지역도로 또는 도시지역도로에 필요시 설치되며, 그 폭은 3.0 m를 표준으로 한다. 설계속도는 20～60 km/h로 하는데 본선과의 접속이 원활하도록 계획되어야 한다.

(3) 환경시설대

교통량이 많은 도로에서 도로연변에 미치는 소음 등의 피해를 감소하기 위하여 또는 공공시설 등의 보존상 필요한 경우 도로 외측에 식수대, 둑, 방음벽 등의 환경시설대를 설치한다. 환경시설대의 폭은 양단에서 10～20 m 정도로 하며, 이 폭에는 식수대, 측도, 자전거보행차도, 방음벽, 성토비탈면 등이 포함된다.

참고로 도로시설규정상의 여러 규정을 도로분류 및 지역구분에 따라 정량화한 표준폭은 그림 4.12와 같으며 그림상의 수치는 바람직한 값을 나타낸다.

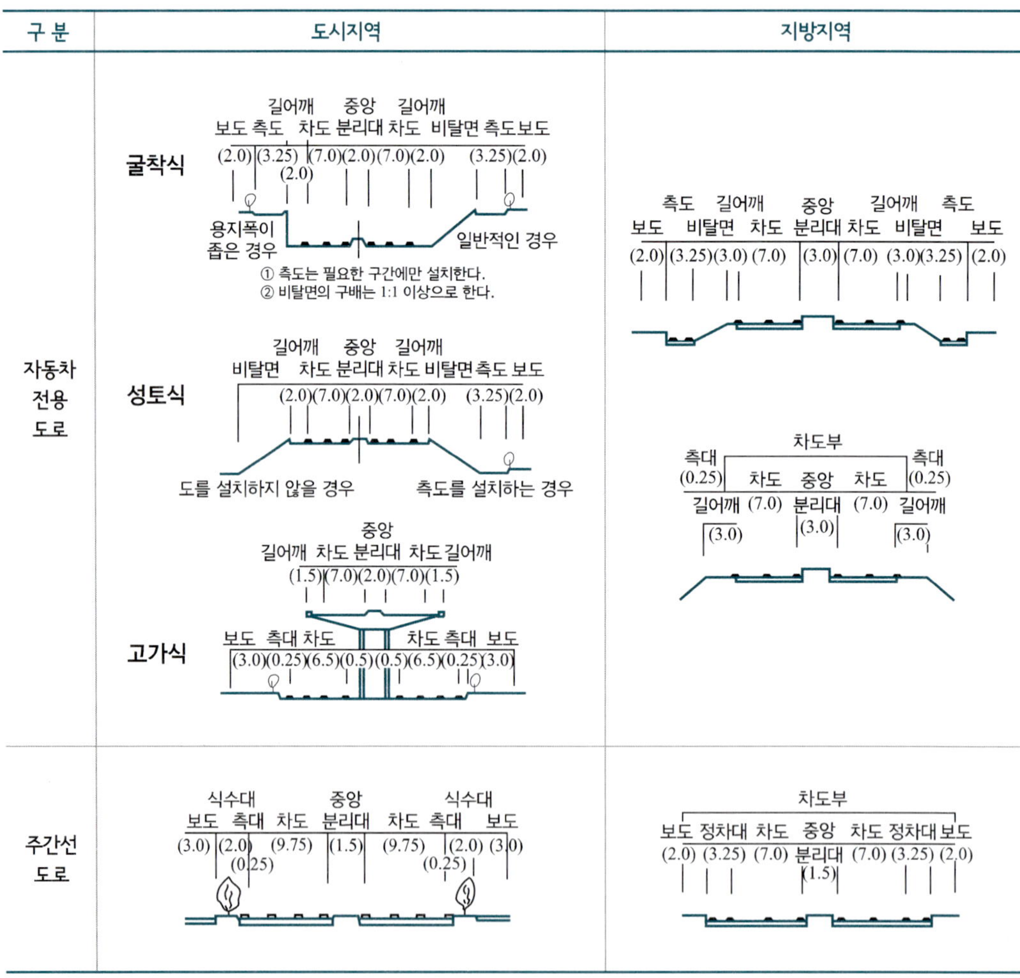

그림 4.12 횡단구성면의 표준(1)

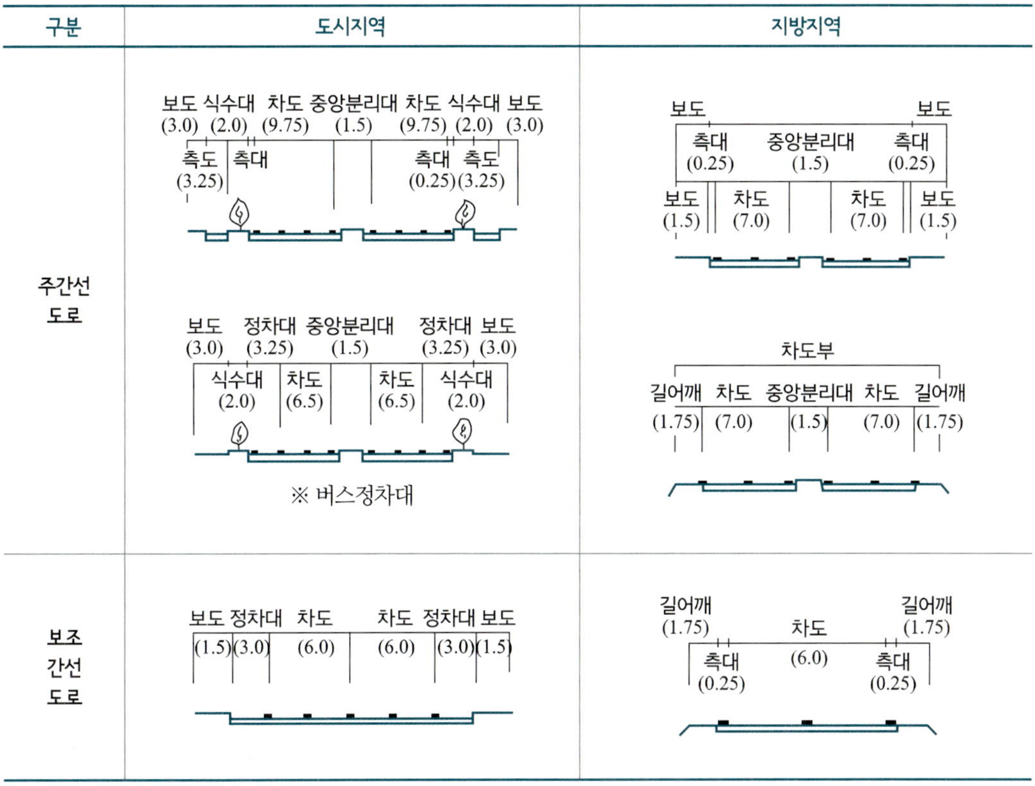

그림 4.12 횡단구성면의 표준(2)

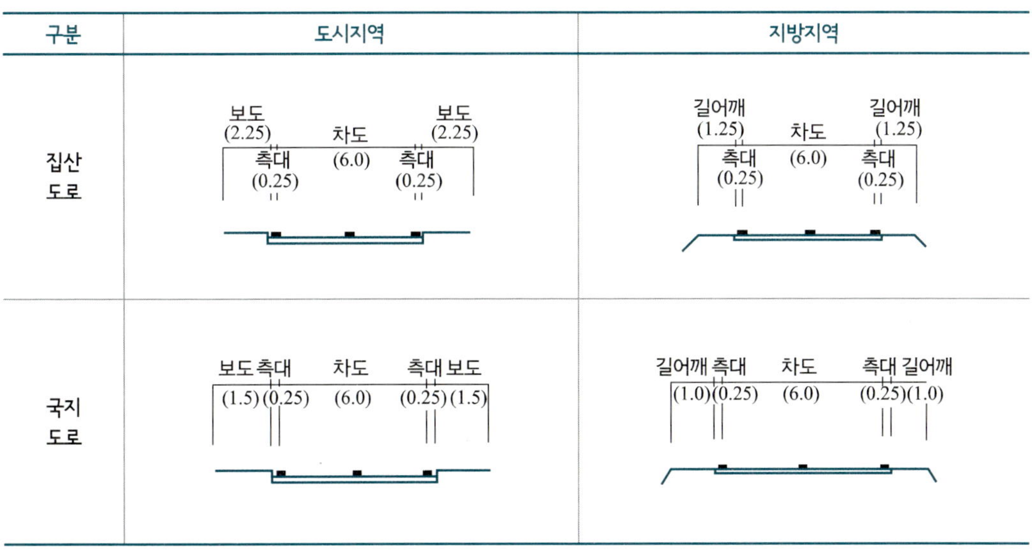

그림 4.12 횡단구성면의 표준(3)

4.3 선형

4.3.1 선형의 구성

도로에서 선형이라 함은 도로의 중심선이 입체적으로 그리는 연속된 형상으로서 평면적으로 본 도로중심선의 형상을 평면선형, 종단적으로 본 도로중심선의 형상을 종단선형이라 한다. 평면선형은 직선, 원곡선, 완화곡선 등으로 구성되며, 종단선형은 직선 및 2차포물선 등으로 구성된다.

도로선형을 구성하고 있는 이들 요소를 선형요소라 한다. 도로의 선형 결정 시에는 지형 및 지역의 토지이용과의 조화, 선형의 연속성 및 평면종단 양선형의 조화 그리고 시공 및 유지관리, 경제성, 교통운용상의 득실에 대해 충분히 검토해야 한다.

선형은 도로의 안전성 및 교통류를 좌우하는 주요 요소이다. 극단적인 곡선이나 이들의 적절치 못한 연결은 사고유발, 교통용량저하, 시간 및 주행경비증가, 연도 자연환경과의 부조화, 나아가 건설비의 증가까지도 초래하게 된다.

따라서 설계자는 고도의 이론과 경험을 토대로 다음의 원칙에 의거하여 설계해야 한다.

- 도로선형은 지형 및 지역의 토지이용과 조화를 이루어야 한다.

  현지 여건을 감안하여 자연의 지형에 따라 흐르는 듯한 선형은 미관적으로 좋으며, 도로로 인한 연도생활환경의 분리를 막고, 자연의 보호, 건설 및 유지관리경비의 절감이라는 측면에서 바람직하다. 그러나 추월시거 등을 될수록 길게 하는 것이 바람직한 2차로도로 등에서는 오히려 긴 직선부가 합리적일 수 있으므로, 단순히 선형의 미관만을 고려하여 의도적으로 곡선을 삽입하는 일은 피해야 한다.

- 도로선형의 연속성을 고려해야 한다.

  선형은 자연스럽게 연속되어야 한다. 즉, 긴 직선부에 곡률이 큰(반지름이 작은) 곡선부를 직접 연결시키는 것은 좋지 않으며, 반지름이 큰 곡선부와 작은 반지름의 곡선부를 직접 연결시키는 것도 바람직하지 못하다. 부득이 작은 반지름이 곡선부를 설치해야 할 경우 직선부 또는 큰 반지름의 곡선부로부터 점차적이고 연속적으로 반지름을 감소시키면서 곡선부를 연결시켜야한다.

- 평면곡선, 종단곡선끼리의 조합 시에는 다음 사항에 주의해야 한다.

  평면상의 복합곡선을 설치할 경우 반지름이 작은 곡선부에서는 되도록 복합곡선의 사용을 피하는 것이 좋고, 부득이할 경우 인접한 두 개의 곡선반지름에 큰 차이가 없도록 해야 한다($R_{大} < 1.5R_{小}$). 또한 배향곡선을 사용할 때에는 양곡선의 편경사 접속설치 및 운전 시 위험문제가 수반되므로, 이들 두 배향원곡선 간의 거리는 편경사 접속설치에 충분해야 할 것은 물론, 가능한 한 이들을 충분한 길이의 완화곡선으로 연결시켜야 한다.

도로가 기복이 있는 지형을 통과할 경우 상향, 하향의 종단경사가 연속적으로 반복되어 凹부가 은폐되고, 凸부만이 계속 보이는 종단선형에서는, 시각적 및 앞지르기 시거가 충분히 확보되지 못해 사고의 위험성을 높이게 되어 바람직하지 못하다. 이러한 경우에는 어느 정도의 평면곡선을 삽입시키든지 선형을 다소 변경시켜야 한다. 같은 방향으로 굴곡하는 두 평면곡선 사이에 짧은 직선을 삽입시키는 것도 피하는 것이 좋다.

- 평면교차에서는 평면곡선 및 종단경사 모두 가능한 한 완만해야 한다.

이는 교차도로와의 투시의 확보, 안전성의 증대, 교통처리능력의 향상을 위한 것으로, 반드시 준수되어야 한다.

상기 원칙에 의거 선형을 계획할 시 제약을 받는 요소는 시공상의 난이 및 지질, 지형, 지물 등에서 오는 입지조건과 건설비, 유지관리비 등 경제적 조건이 있는데, 설계자는 이러한 사항을 종합적으로 검토하고, 평면, 종단선형을 적절하게 조합함으로써 건설비를 경감하고, 이용효율 및 안전성이 높은 양호한 도로를 건설할 수 있도록 연구노력해야 한다.

4.3.2 선형의 조합

평면선형과 종단선형을 조합시킬 때는 다음 사항에 특히 유의해야 한다.

- 운전자를 시각적으로 자연스럽게 유도하는 선형으로 한다.

凸형종단곡선의 정상부에서 평면상의 급곡선이 시작되든가, 깎기비탈면으로 인해 시거가 확보되지 않는 곳의 전방에 급곡선이나 배향곡선이 시작되면 운전자가 전방의 곡선상황을 예측지 못하여 사고의 위험이 따르게 된다.

- 평면, 종단 양선형의 크기에 균형이 이루어져야 한다.

이는 시각적인 측면뿐만 아니라 건설비와도 직관되는 일이다. 예를 들면, 요철이 심한 산지부에 무리하게 평면선형만을 양호하게 할 필요가 없는 것이다.

- 노면배수에 지체가 생기지 않는 선형으로 하고 적당한 합성경사를 갖도록 한다.

노면배수가 불량할 시 차량주행에 지장을 초래한다. 문제가 되는 경우는 종단경사가 평면에 가까운 경우(0.3% 이하) 및 凹형종단곡선의 저부 가까이 평면배향곡선의 변곡점이 위치하는 경우이다. 또한 평면곡선반지름이 작아 횡단경사가 큰 구간 내에서 종단경사가 급하게 되면 합성경사가 과대해져서 위험도가 높게 된다.

상기한 모든 사항을 준수하여 설계할 때 구체적인 방침을 제시하면 다음과 같다.

- 평면곡선과 종단곡선을 겹치는 문제

그림 4.13(a)와 같이 평면곡선과 횡단곡선을 1 : 1로 대응시키는 것이다. 이때는 평면곡선의 연장이 종단곡선보다 긴 것이 좋다. 평면곡선과 종단곡선의 위치가 어긋나 있는 경우나 겹쳐 있다 해도 양선형의 길이가 극단적인 불균형으로 되어 있는 것은 바람직하지 않다.

그림 4.13(b)는 평면곡선과 횡단곡선의 위상이 1/2 정도 어긋나 있는 것이다. 종단곡선의 정점에서 평면곡선이 시작되면 운전자는 전방을 예측할 수 없고, 저부에서는 배수상의 난점과 도로가 뒤틀려 보이는 문제가 발생한다. 이들은 모두 평면곡선과 종단곡선이 겹쳐지지 않은데서 비롯된다.

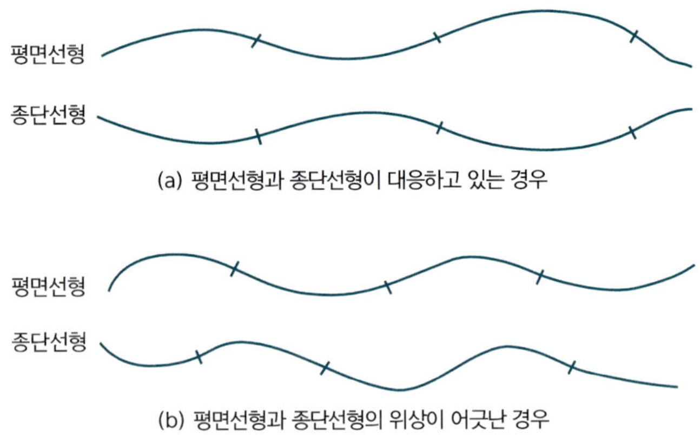

그림 4.13 평면곡선과 횡단곡선의 대응

또한 평면, 종단 양곡선을 겹치고 평면곡선이 종단곡선을 선도하면 양곡선의 균형이 이루어지게 되는데, 경험상으로 평면곡선반지름이 100 m 이하인 경우에는 종단곡선의 곡률반지름이 평면곡선의 곡률반지름보다 10~20배 정도 클 때 균형이 잘 이루어진다고 되어 있다. 표 4.11은 독일에서 시각적 및 경제적 공사비 측면으로 검토한 결과 얻은 평면과 종단곡선반지름의 대응을 나타낸다.

표 4.11 평면과 종단 곡선반지름의 균형

평면곡선반지름(m)	종단곡선반지름(m)
500	10,000
700	12,000
800	16,000
900	20,000
1,000	25,000
1,100	30,000
1,200	40,000
1,500	60,000
2,000	100,000

• 적당한 합성경사를 확보하는 문제

횡단경사와 종단경사가 조합된 합성경사는 과대해도 안되지만 과소하게 되어도 노면배수의 지체를 가져오게 된다. 합성경사의 최대값은 도로시설규칙에 의하면 어느 경우에도 안전측에 들어 별문제가 없으나 최소값은 배수관계상 0.5% 이상으로 함이 바람직하다.

평면 및 종단선형의 조합을 검토하기 위해서는 평면선형 곡률도, 종단선형 경사를 그려 보면 편리하다. 평면선형의 곡률도는 평면선형의 특성을 곡률 $1/R$로 표시하며, 직선 곡률도상의 기준선상에 진행방향(도면상 좌에서 우로)으로, 우회(시계방향)의 원곡선은 기준선의 상부에, 좌회(반시계방향)의 원곡선은 기준선의 하부에 각각 기준선과 평행한 직선으로 나타낸다. 완화곡선은 곡률이 점차로 변하는 곡선이므로 곡률도상에서는 사선으로 나타낸다(그림 4.14).

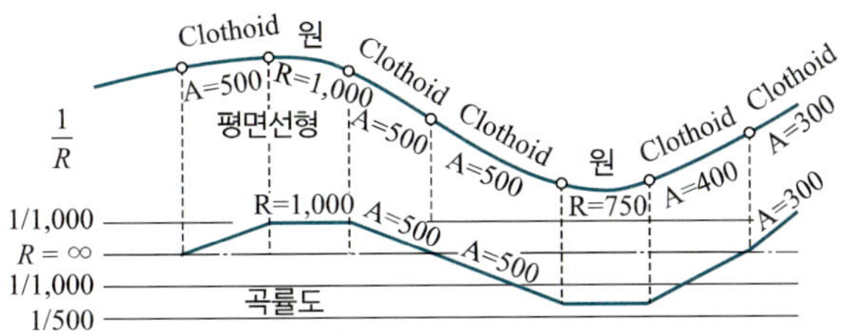

그림 4.14 평면선형과 곡률도

실제 표시하는 경우에는 축척 및 선형의 연장에 따라 적당한 곡률의 치수를 택한다. 예를 들면, 축척 1/1,000인 경우에는 반지름 1,000 m를 곡률도상 1 cm로 나타내면 좋다.

종단선형의 경사도는 그림 4.15와 같이 그림의 좌측에서 우측으로 상향경사를 '+'로 하여 기준선보다 위에 그리고, 곡선인 경우에는 경사가 점차로 변하므로 사선으로 나타난다.

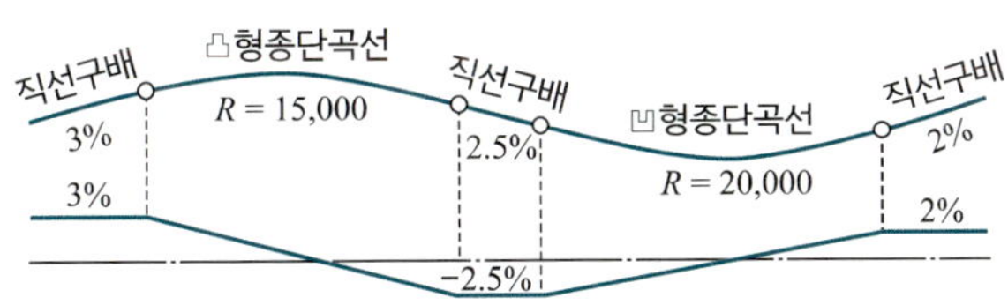

그림 4.15 종단선형과 경사도

이상의 곡률도와 경사도를 비교하여 곡률도상에서 0이 되는 점과 경사도상에서 0이 되는 점이 같은 측점에서 겹친다든지 근접해 있는 경우에는 그 근방은 배수, 시선유도 및 시각적인 면에서 문제가 있다. 예를 들면, 그림 4.16의 A점은 종단의 정상부에 평면선형의 변곡점이 겹쳐있어 시선유도가 좋지 않고, B점은 종단의 저부에서 평면선형의 변곡점이 겹쳐있어 배수상의 문제점이 발생한다.

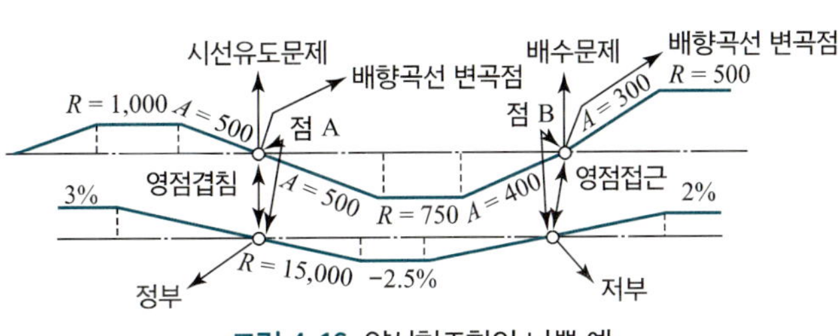

그림 4.16 양선형조합의 나쁜 예

4.3.3 평면선형

(1) 평면선형의 종류

앞에서 설명한 바와 같이 평면곡선요소는 직선, 원곡선, 완화곡선 등 세 가지이다.

① 직선부

직선은 일반적으로 지형에 조화시키기가 어렵고 그 길이가 적정하지 않으면 선형의 연속성이 깨지기 쉽다.

평면선형에서 직선을 적용할 구간은 다음과 같다.

- 평탄지 및 산과 산 사이의 넓은 골짜기
- 시가지 또는 그 근교의 가로망 등이 직선으로 구성되어 있는 곳
- 지역계획과 관련된 도로
- 장대교, 고가구간, 터널구간

직선은 단조로운 기하학적 형태로서 지형에 조화시키기 어렵고, 이 구간이 너무 길면 운전자는 권태로 인해 주의력이 산만해져 지각반응의 저하를 초래하게 되어 사고발생의 원인이 되기도 한다. 지형의 제약이 없는 평탄지에는 종단도 직선적으로 되는 경우가 많으므로, 도로환경의 단조로움을 배제하기 위해 주의환기를 위한 구조물이나 수림(樹林) 등을 시계에 들어오도록 하는 것이 좋다

산과 산 사이의 골짜기에서는 건설비를 절감하기 위해 평면선형을 직선으로 하여 종단선형의 하향경사를 급하게 설계하는 경향이 있는데, 이렇게 되면 큰 凹형종단구간이 되어 운전자가 하향경사구간을 지날 때 상향경사구간이 실제보다 급경사로 보이기 쉬워 과속하는 경향이 있다. 따라서 이러한 구간에서는 종단선형을 적절하게 조정하여 설계해야 한다.

시가지 등 토지이용의 구성단위가 직선으로 구획되어 있는 지역에서는 그곳을 통과하는 도로도 직선으로 설계하여 연도의 토지이용효율을 높이고, 불필요한 교차시설을 억제하도록 하는 것이 좋다.

장대교 및 고가구간에서는 시공 및 건설비 등을 감안할 때 직선이 유리하다.

터널구간도 시공 및 경제성과 지질조건을 고려하되 가능한 한 직선으로 해야 한다. 특히 터널구간 전후에는 운전자가 예측하기 곤란하기 때문에 곡선반지름이 작은 곡선을 절대로 삽입해서는 안 된다.

직선을 적용하는 경우 일반적인 최대길이는 운전자의 심리적인 부담한계에 의해 결정되는데, 우리나라는 이에 대한 연구가 없다. 독일의 '지방도로 구조지침'에 의하면 직선의 대표적인 최대길이는 설계속도(km/h)의 값을 그대로 20배한 값(m)으로 하고, 최소길이는 2배한 값(m)으로 규정하고 있다(예 : 80 km/h시 1,600~160 m). 이 최소길이는 배향곡선의 사이에 삽입되는 직선의 제한값이다.

같은 방향으로 굴곡하는 곡선 사이에 삽입되는 짧은 직선은 피해야 하며, 가급적 두 평면곡선을 포함하는 큰 원을 설치하는 것이 좋다.

직선의 제한 최대길이는 설계속도로서 약 70초간 주행한 거리($V \times \frac{70}{3,600} \times 100 \fallingdotseq 20V$(m)) 가 되는데, 이들은 모두 경험에 의한 것이므로 지형지물의 상황, 주위 경관의 변화에 따라 설계자가 결정해야 한다.

② 차도의 굴곡부

차도의 굴곡부는 곡선형으로 하며, 원곡선, 완화곡선으로 조합된다. 완화곡선에는 3차포물선, Lemniscate, Clothoid 등이 있으나 현재에는 자동차 주행궤적과 합치되는 Clothoid의 적용이 보편화되어 있다.

(2) 곡선반지름과 곡선의 길이

① 평면곡선반지름

자동차가 도로의 곡선부에서 안정되고 쾌적하게 주행하기 위해서는 곡선부의 최소곡선반지름을 제한해야 한다. 이 최소곡선반지름은 곡선부를 주행하는 자동차에 가해지는 원심력에 의해 자동차가 곡선외부로 미끄러지지 않도록 하는 취지와 주행쾌적성의 양부에 의해 결정된다. 원심력에 의한 자동차의 전도(轉倒)는 활동(滑動)보다 후에 일어나는 것이 통상적이므로 이에 대한 검토는 생략해도 된다. 또 최소곡선반지름은 차도의 각 차로 중심선에 적용되는 것이므로, 선형을 도로중심선에 따라 설계하는 경우에는 각 차로와 차도 중심선의 관계에 대해 충분한 주의를 해야 한다.

자동차의 주행속도, 도로의 곡선반지름, 편경사, 노면마찰계수의 관계는 그림 4.17과 같다.

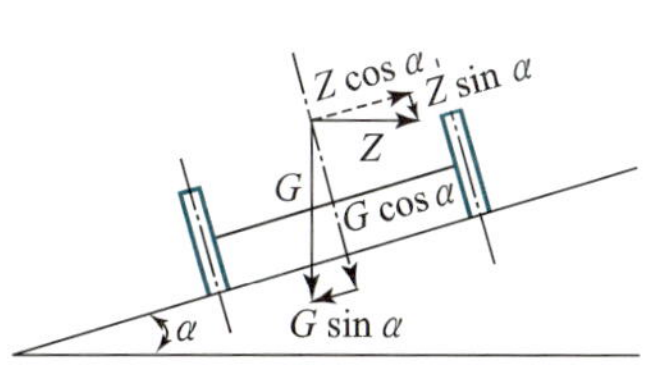

그림 4. 17 곡선부 주행 시의 힘의 상태

그림 4.17에서 원심력은

$$Z = \frac{G}{g} \cdot \frac{v^2}{R} \tag{4.1}$$

여기서 R : 곡선반지름(m) v : 자동차 속도(m/sec)

g : 중력가속도(≒9.81 m/sec^2) f : 횡방향 활동마찰계수

i : 노면의 횡단경사(편경사)(=tan α) α : 노면의 경사각

Z : 원심력(kg) G : 자동차의 총중량(kg)

원심력에 의해 자동차가 활동하지 않기 위한 조건은

$$Z \cdot \cos\alpha - G \cdot \sin\alpha \le f(Z \cdot \sin\alpha + G \cdot \cos\alpha)$$

$$Z - G \cdot \tan\alpha \le f(Z \cdot \tan\alpha + G)$$

$$\tan\alpha = i \text{ 이므로}$$

$$Z - Gi \le f(Zi + G)$$

앞에서의 Z값을 대입하면

$$\frac{Gv^2}{gR} - Gi \le f\left(\frac{Gv^2}{gR}i + G\right)$$

$$\frac{v^2}{gR} - i \le f\left(\frac{v^2}{gR}i + 1\right)$$

$$v^2 \le gR\left(\frac{f+i}{1-fi}\right)$$

여기서 fi는 미소하므로 버리면

$$v^2 \le gR(f+i) \text{ 또는 } R \ge \frac{v^2}{g(f+i)}$$

설계속도 V(km/h)로 나타내면

$$V^2 / \frac{v^2}{g} = 3.6^2 \times 9.81 ≒ 127 \text{이므로}$$

$$V^2 \le 127R(f+i) \text{ 또는 } R \ge \frac{v^2}{127(f+i)}$$

따라서 활동이 일어나지 않는 한계치는

$$R = \frac{V^2}{127(f+i)} \tag{4.2}$$

식 (4.2) 가운데 $(f+i)$값은 도로 곡선부 주행 시의 안전성과 쾌적성에 직관되고, 최소곡선반지름 결정에 중요한 요소이다. 횡방향 활동마찰계수 f의 값을 어느 정도로 취할 것인가는 쾌적성, 강우나 공결 시 안전성을 고려해서 결정한다. 실제로 이 값을 측정해 보면 노면의 건습, 타이어압력, 접지상태, 노면의 온도 등에 따라 변화하는데, 일반적으로 노면이 젖어있는 경우 아스팔트포장에서는 0.4~0.8, 콘크리트포장에서는 0.4~0.6이다. 또한 수막(Hydro-planing) 현상이 일어난다든지, 노면이 동결되어 있는 경우에는 0.2~0.3까지 저하하는 수가 있다.

또한 쾌적성에 대해 AASHTO에서 제시한 바에 의하면 70 km/h 이하에서 $f=0.16$, 120 km/h에서 $f=0.12$가 그 한계치로 되어 있어, 0.10~0.16이 쾌적성을 고려한 타당한 값이고, 속도가 높아짐에 따라 그 값을 작게 하는 것이 바람직하다고 한다.

상술한 바와 같이 쾌적성을 고려한 f와 속도와의 관계에 대해 실측한 결과에서 충분히 안전한 값을 택하여 설계 시 최소곡선반지름 계산에 사용한다.

표 4.12 설계속도와 f값

설계속도(km/h)	120	110	100	90	80	70	60	50	40 이하
f	0.10	0.10	0.11	0.11	0.12	0.13	0.14	0.16	0.16

이미 기술한 바와 같이 최소곡선반지름은 어떤 속도에 대해서 편경사 i와 횡방향 활동마찰계수 f의 값에 의해 결정된다. 편경사의 최대값(곡선번경의 최소값을 구하기 위함)을 구하는데 필요한 조건은 주행상의 쾌적성, 자전차도 등의 분리여부, 기상조건, 지역조건(도시지역, 지방지역), 지형조건 등으로서 최대편경사값을 일률적으로 규정하기 곤란하나 쾌적성과 안전을 고려하여 그 값을 6%로 취하여 최소곡선반지름을 산정한다.

상술한 대로 구한 최소곡선반지름 결과(최대편경사6%) 및 최대편경사 7%, 8%에 대한 결과를 표 4.13에 나타낸다.

표 4.13 최소평면곡선반지름값

설계속도 (km/h)	횡방향 미끄럼 마찰계수	최소평면곡선반지름(m)					
		최대편경사 6%		최대편경사 7%		최대편경사 8%	
		계산값	규정값	계산값	규정값	계산값	규정값
120	0.10	709	710	667	670	630	630
110	0.10	596	600	560	560	529	530
100	0.11	463	460	437	440	414	420
90	0.11	375	380	354	360	336	340
80	0.12	280	280	265	265	252	250
70	0.13	203	200	193	190	184	180
60	0.14	142	140	135	135	129	130
50	0.16	89	90	86	85	82	80
40	0.16	57	60	55	55	52	50
30	0.16	32	30	31	30	30	30
20	0.16	14	15	14	15	13	15

② 평면곡선의 길이

자동차 곡선부를 주행할 경우 곡선부의 길이가 짧으면 차내의 사람은 횡방향의 충격을 받게 되어 고속일 경우 위험을 초래한다. 따라서 다음 조건을 감안하여 최소곡선길이를 정한다.

- 운전가가 핸들조각에 곤란을 느끼지 않을 것
- 곡선의 변화에 의한 원심가속도의 변화율을 어떤 값 이하로 할 것
- 교각이 작은 경우 곡선반지름이 실제보다 작게 보이는 착각을 막을 정도의 길이로 할 것 (평면곡선부의 차도중심선의 길이는 표 4.14의 길이 이상으로 한다.)

표 4.14 평면곡선의 최소길이(단위 : 미터)

설계속도(km/h)	평면곡선의 최소길이	
	도로의 교각이 5° 미만인 경우	도로의 교각이 5° 이상인 경우
120	$700/\theta$	140
110	$650/\theta$	130
100	$550/\theta$	110
90	$500/\theta$	100
80	$450/\theta$	90
70	$400/\theta$	80
60	$350/\theta$	70
50	$300/\theta$	60
40	$250/\theta$	50
30	$200/\theta$	40
20	$150/\theta$	30

주) θ는 교로교각의 값(°)으로 2° 미만인 경우에는 2°로 한다.

(3) 평면곡선부의 편경사

도로의 평면곡선부를 주행하는 자동차가 원심력에 대항하여 노면에 붙여진 편경사노면과 타이어 간에 생기는 마찰력에 의해 횡단방향으로 안전하게 주행한다는 사실은 전술한 바 있다.

승차감을 위해서는 편경사를 크게 취해야 하지만, 주행속도가 설계속도보다 작을 경우 자동차가 편경사로 인해 내측으로 쏠리지 않으려고 핸들을 강제로 조작하게 되고, 횡방향활동이 예상되기 때문에 너무 큰 값의 편경사를 둘 수 없다. 또한 시공성, 유지관리상으로도 불합리하므로 편경사의 최대값은 8%를 넘지 않는 것이 바람직하다. 우리나라와 같이 하절기의 집중호우로 인한 슬립현상과 한랭지대에서의 적설이나 노면결빙에 의한 영향을 고려하면, 동절기에 적설, 결빙의 정도가 심각하지 않은 지역에서는 최대편경사값을 8%로 하고, 그 정도가 극심한 지역에서는 6%로 한다. 한편 도시지역에서는 교차지점이 많고 연도와의 접속 등에 문제가 있으므로 편경사의 최대값을 6%로 하고, 설계속도가 60 km/h 이하의 지형상 부득이한 경우 편경사를 생략한다. 또한 연결로의 경우에는 8%로 한다.

① 곡선반지름과 편경사의 관계

기상조건 등을 고려한 최대편경사값과 설계속도에 따른 최소곡선반지름이 정해지면 당해 최소곡선반지름에 대해 어느 정도의 편경사를 붙일 것인가를 정해야 한다.

곡선반지름과 편경사의 식 (4.2)에서

$$V^2 = 127R(i+f),\ 즉\ i+f = V^2/127R \tag{4.3}$$

이다. 우변은 곡선부를 주행하는 자동차가 받는 원심가속도를 중력가속도(g)의 단위로 나타낸 것이다. 따라서 설계속도에 대해 곡률반지름이 설정되면 원심가속도는 바로 산정되며, 이 가속도에 맞서는 $(i+f)$의 값을 그 요소 i와 f에 대해 어떠한 비율로 취해야 하는가가 문제가 된다. 또 위 식에서 $(i+f)$의 값과 곡률 $(1/R)$은 정비례하고 있다(V가 일정한 경우).

따라서 곡률에 대응하는 $(i+f)$의 값에서 곡률반지름과 편경사의 관계를 결정하는 것이 용이하게 되고, 곡률에 대응하는 $(i+f)$의 값을 어떻게 배분할 것인가에 대해서는 안전성과 쾌적성을 고려하여 결정하게 되는데, 이에는 몇 가지 방법이 있다. 이러한 방법에 의해 표준치를 계산식으로 구하면 그림 4.18과 같다.

여기서 최대편경사가 6% 또는 8%인 경우 최소곡선반지름에 대한 편경사의 값은 그림 4.18에서의 그래프 값이나 규정의 값에 관계없이 그때의 최대편경사의 값(6% 또는 8%)을 사용한다.

② 편경사를 생략할 수 있는 최소곡선반지름

곡선반지름이 커지면 원심력은 작아지고, $(i+f)$의 값도 감소하나 i의 값이 너무 작아지면 노면배수가 곤란해진다. 따라서 편경사와 최소값으로서는 직선부에서 사용하는 표준횡단경사값을 1.5~2.0%로 하고, 곡선반지름이 큰 경우에는 편경사를 생략할 수 있는 한계를 규정하였다.

③ 비포장도에서의 편경사

노면배수를 목적으로 한 횡단경사는 노면의 종류에 따라 1.5~4.0%가 요구된다. 비포장 도로에서는 3.0~5.0%가 적당하다. 만약 곡선부에서의 편경사가 상기 표준값보다 작을 때는 표준값을 편경사로 적용하여 노면배수를 원활하게 해야 한다.

④ 중앙분리대(분리대 제외) 및 길어깨의 편경사

중앙분리대 중 분리대를 제외한 측대 등의 부분 및 길어깨의 부분은 차도와 동일한 편경사를 두는 것을 원칙으로 한다. 그러나 배수를 고려한 차도의 편경사와 동일한 편경사를 두는 것이 비경제적인 경우에는 다소 상이한 편경사를 둘 수 있다. 다만 이런 경우 그 차가 작아야 한다. 특히 곡선부 외측 길어깨의 경우 배수를 고려하여 차도의 경사와 반대로 횡단경사를 설치하는 수가 있으며, 이때 그 경사차는 8% 이내로 한다.

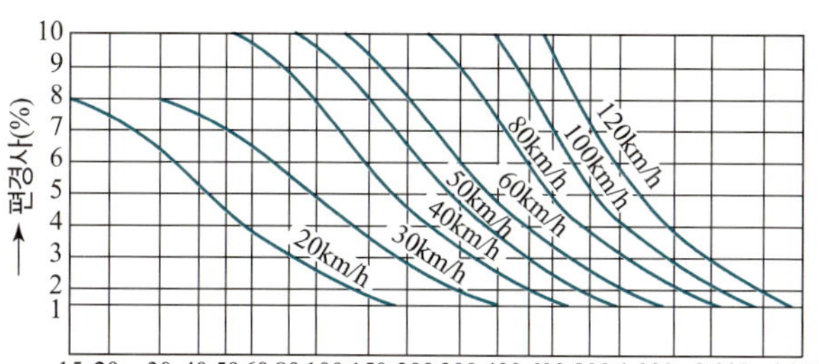

그림 4.18 곡률반지름과 편경사와의 관계

(4) 곡선부의 확폭

일반적으로 자동차의 후륜은 차축에 직각으로 되어 있어 방향전환은 전륜으로 행해진다. 이때 자동차 전륜축중심선의 연장이 후륜축중심선의 연장과 만나는 점(그림 4.19의 점 M),은 자동차가 회전하려 하는 반지름의 중심점이 된다. 전륜축중심선 연장과 후륜축중심선의 연장이 만드는 각을 α, β라 하고, 연결봉 Arm의 연장이 만나는 교점을 점 0라 하자(그림 4.19).

따라서 전차축, 연결봉 및 연결봉 Arm이 만드는 사변형은 사다리꼴이 되므로 핸들조작 시 내측차륜축쪽이 많이 전향되어 자동차의 회전이 원활하게 된다.

그림 4.19에서

$$R_1 = w \cdot \operatorname{cosec}\alpha + \frac{l-p}{2} \tag{4.4}$$

$$R_1' = w \cdot \cot\alpha + \frac{l-p}{2} \tag{4.5}$$

$$R_2 = w \cdot \operatorname{cosec}\beta - \frac{l-p}{2} \tag{4.6}$$

$$R_2' = w \cdot \cot\beta - \frac{l-p}{2} \tag{4.7}$$

여기서

l : 바퀴간 거리
p : 전륜전향중심간의 거리
w : 축간거리
α : 외축전륜의 전향각도
β : 내측전륜의 전향각도

R_1 : 외측전륜의 회전반지름
R_1' : 외측후륜의 회전반지름
R_2 : 내측전륜의 회전반지름
R_2' : 내측후륜의 회전반지름

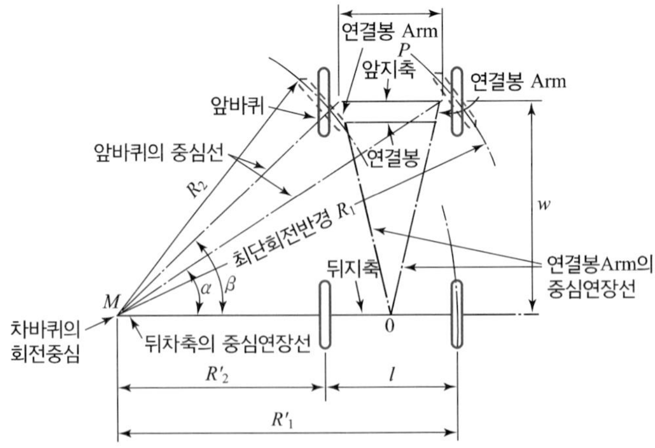

그림 4.19 자동차의 궤적

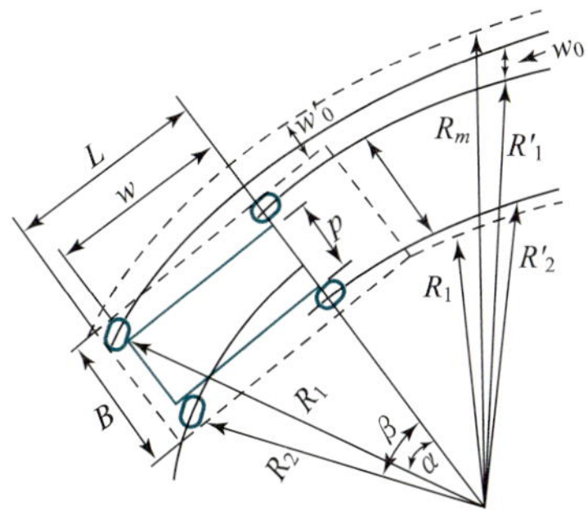

그림 4.20 전륜과 후륜의 궤적

즉, 자동차가 곡선부를 주행할 때에는 식 (4.7)과 같이 전륜과 후륜이 상이한 궤적을 갖게 된다(그림 4.20). 따라서 전후차륜이 도로를 이탈하지 않으려면 직선부에서의 차륜폭 l에 w_0 만큼의 여분을 두어야 한다.

그림 4.20에서 $w_0 = R_1 - R_1'$인데 식 (4.7)을 대입하면 $\mathrm{w}_0 = w(\operatorname{cosec}\alpha - \cot\alpha)$가 된다. 이상은 차축에 대한 것이며, 차체에 궤적을 고려해야 하는데 이때는 차량의 폭으로서 $B + w_0'$을 취해야 한다. 그림에서 $w_0' = R_m - \sqrt{R_m^{\,2} - L^2}$ 또는 $R_m - (R_i + B)$이다.

여기서 $R_m = \sqrt{L_2 + (B + R_i)^2}$

$$R_i = R_2' - \frac{B-l}{2} = w\cot\beta - \frac{\beta - p}{2}\text{(그림 4.20 및 식 (4.7))}$$

따라서 차도 평면곡선분의 각 차로는 평면곡선반지름 및 설계기준자동차에 따라 표 4.15의 폭 이상을 확폭해야 한다.

표 4.15 평면곡선부의 확폭량

세미트레일러		대형자동차		소형자동차	
평면곡선 반지름(미터)	최소확폭량(미터)	평면곡선 반지름(미터)	최소확폭량(미터)	평면곡선 반지름(미터)	최소확폭량(미터)
150 이상~280 미만	0.25	110 이상~200 미만	0.25		
90 이상~150 미만	0.50	65 이상~110 미만	0.50		
65 이상~90 미만	0.75	45 이상~65 미만	0.75	45 이상~55 미만	0.25
50 이상~65 미만	1.00	35 이상~45 미만	1.00	25 이상~45 미만	0.50
40 이상~50 미만	1.25	25 이상~35 미만	1.25	15 이상~25 미만	0.75
35 이상~40 미만	1.50	20 이상~25 미만	1.50		
30 이상~35 미만	1.75	18 이상~20 미만	1.75		
20 이상~30 미만	2.00	15 이상~18 미만	2.00		

단, 차도 평면곡선부의 각 차로가 다음 각호의 1에 해당하는 경우에는 확폭하지 않을 수 있다.
1. 도시지역의 일반도로에서 도시계획이나 주변지장물 등으로 인하여 부득이 하다고 인정되는 경우
2. 설계기준자동차가 승용자동차인 경우

표 4.15에 의한 확폭량은 다음과 같은 원칙에 의하여 산정되었다. 차로의 확폭은 차량의 최대폭 2.5 m에 설계속도에 따라 어느 여유폭을 가산한 폭으로 정하는데, 곡선부에서는 앞에서 설명한 바와 같이 전후륜 궤적의 상이로 직선부보다도 더 넓은 차로폭이 필요하다. 이 확폭량은 이론적으로는 전술한 w_0'이 되나 여기서는 차종에 따라 다음과 같이 구한다.

곡선부 주행의 경우에도 자동차는 전륜의 중심점 A가 항상 차로의 중심선상에 있도록 하여 차량의 내측과 외측에 직선부와 똑같은 여유폭이 있도록 확폭량을 정한다.

① 대형자동차의 경우

그림에서 $\varepsilon = R - \sqrt{R^2 - L^2}$, $L^2 = 2R\varepsilon - \varepsilon^2$

ε^2을 무시하면 $\varepsilon = \dfrac{L^2}{2R}$이 된다.

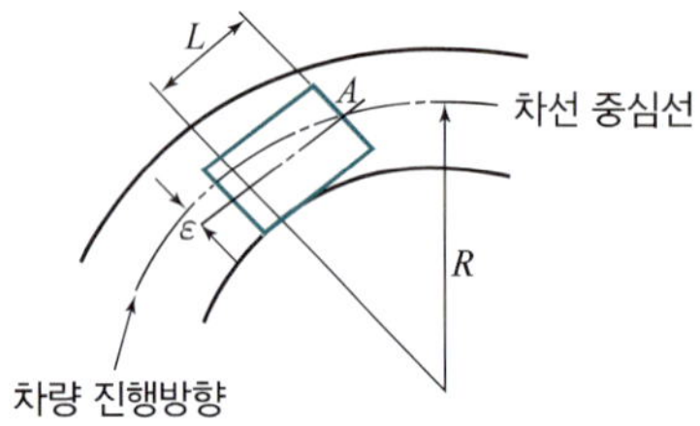

R : 차선중심선의 반지름(차량전단중심의 회전반지름)
ε : 확폭량
L : 차량의 전면에서 후차륜축까지의 거리

그림 4.21 대형차 궤적

② 세미트레일러연결차의 경우

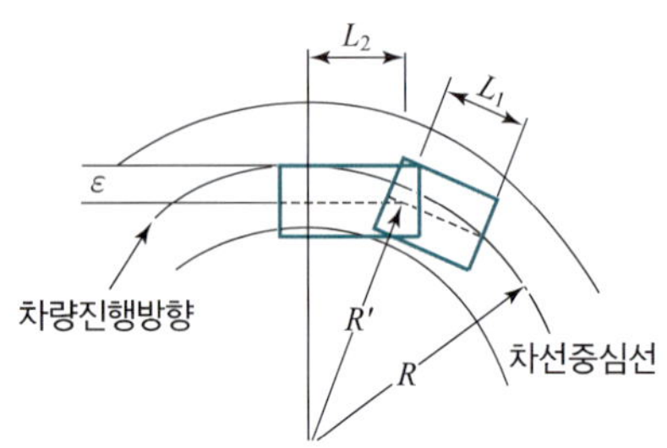

R : 차선중심선의 반지름
ε : 확폭량
ε_1 : 견인차에 의한 확폭량
ε_2 : 피견인차에 의한 확폭량
L_1 : 세미트레일러연결차의 제2축까지의 거리
L_2 : 세미트레일러연결차의 제2축에서 최후차축까지의 거리

그림 4.22 세미트레일러 궤적

견인차에 의한 확폭량은 ①과 같이 $\varepsilon_1 = \dfrac{{L_1}^2}{2R}$이고, 피견인차에 의한 확폭량은 $\varepsilon_2 = \dfrac{{L_2}^2}{2R'}$, $R' = R - \varepsilon$이다. 그런데 설계기준차량을 세미트레일러연결차로 하여 확폭량을 정하는 것은 자동차 전용도로, 주간선도로와 보조간선도로의 경우이며, 이 경우 최소곡선반지름은 50 m로서 이때의 ε_1은 겨우 0.28 m 정도이므로 $R' = R$라 놓으면 $\varepsilon_2 = \dfrac{{L_2}^2}{2R}$이 되고, 전확폭량 $\varepsilon = \varepsilon_1 + \varepsilon_3 = \dfrac{{L_1}^2 + {L_2}^2}{2R}$이 된다.

세미트레일러연결차를 설계기준차량으로 하는 경우는 앞에서 이미 제시되었고, 그 이외의 도로에 대해서는 대형자동차를 설계기준차량으로 하여 확폭량을 산정한다.

일반적으로 세미트레일러연결차의 경우에는 $L_1 = 5.5$ m, $L_2 = 9.0$ m, 대형자동차의 경우에는 $L_1 = 9.0$ m를 사용한다.

위의 내용을 적용할 때 주의해야 할 사항은 다음과 같다.

자동차가 곡선부를 주행하는 경우에는 후차륜은 전차륜의 내측을 통과하게 되므로 원칙적으로 도로의 확폭은 차선의 내측으로 하며, 다른 차선을 침범하지 않기 위해 차선마다 확폭해야 한다.

차선의 확폭량은 계산상으로는 차선중심선의 곡선반지름에 따라 상이하지만, 도로시설규칙에서는 편의상 확폭량을 0.25 m 단위로 규정함과 동시에 차선의 변경에 따라 확폭량을 결정하지 않고, 도로중심선(또는 차도중심선)의 반지름이 35 m 이상인 경우에는 각 차로의 확폭량을 도로중심선(또는 차도중심선)에 의해 구한 후 동일한 값을 적용한다. 이 경우 중심선을 고정시키기 위해 외측차로(곡선반지름의 큰 차선)는 외측으로 확폭한다.

도로중심선의 반지름이 35 m 미만의 경우로서 차로수가 많을 때에는 각 차로마다 확폭량을 구하는 것으로 한다.

6차로 이상의 도로에 대해서는 대형차의 교통은 통상 각 방향에 대해 외측 2차로를 통행한다고 추정되므로, 확폭은 곡선의 중심에 가까운 방향의 외측 2차로에서만 적용한다. 통상 6차로 이상의 도로는 최저설계속도가 60 km/h이며, 최소곡선반지름은 140 m이므로, 소형자동차($L = 3.5$ m)의 경우 $\varepsilon = 0.044$ m, 대형자동차의 경우 ($L = 9.0$ m) $\varepsilon = 0.29$ m인데, 0.2 m 미만의 확폭은 생략해도 되므로 확폭치 않아도 무방하다.

등급이 낮은 도로라 할지라도 대형차 교통이 예상되는 도로에 대해서는 차로폭은 2.5 m(대형차의 차량폭)에 차로중심선의 반지름과 설계기준차량에 의해 결정되는 확폭량을 가산한 값 이상으로 해야 한다. 이는 도시지역도로에서 부득이한 이유로 확폭량의 축소나 확폭을 생략하는 경우에도 필히 반영되어야 한다.

곡선반지름이 35 m 이하인 경우에는 차로마다 확폭량을 정해야 하며, 상하행선의 차로폭은 차이가 난다. 즉, 상하행선의 폭 구성은 같아도 확폭량의 차만큼 달라진다. 이 경우 시공상의 중심선(Center line)과 구성상의 중심선(분리대의 중심선 또는 차도중심선)과의 관계에 대해서는 혼돈하지 말아야 한다. 특히 포장 시에는 종방향 Joint와 중심선의 노면표시가 일치해야 한다.

또한 도로의 확폭이 각 차로마다 행해져 도로의 중심선에 대해서 곡선의 내측과 외측으로 확폭될 경우 외측차로는 차로수가 많을수록 각각의 차로의 확폭 때문에 외측으로 이동하는데, 때에 따라 외측차로가 완화곡선의 접선방향에서 빠져나가고 마는 일이 있다. 이러한 선형은 시각적은 물론 무리한 핸들조작을 야기시켜 위험하므로 피해야 하며, 이를 위해서는 '완화곡선에 의한 원곡선의 이정(移程)량과 확폭량의 관계'를 적절하게 감안하여 처리해야 하는데 본문에서는 생략한다.

(5) 완화구간

도로의 직선부로부터 곡선부로 또는 큰 곡선부에서 작은 곡선부로 자동차가 원활하게 주행하기 위해서는 다음에 열거하는 목적을 위해 완화구간을 설치할 필요가 있다.

㉠ 곡선반지름이 무한대(직선)에서 유한으로 또는 곡선반지름이 큰 곡선에서 작은 곡선으로의 연결을 위하여

㉡ 곡선부의 상이한 편경사끼리 혹은 곡선부 편경사와 직선부 횡단경사와의 접속설치를 위하여

㉢ 곡선부에서 확폭된 도로와 표준폭의 도로를 연결하기 위하여

㉠항에 해당하는 완화구간은 통상 곡률이 점차로 변하는 완화곡선으로 설치되는데, 그 필요길이는 자동차가 완화주행할 때 원심가속도의 변화율을 일정한 값 이하로 함으로써 주행 시 불쾌감 제거, 핸들조작시간과의 관계 등을 감안하여 그 최소값을 산정하며, 가능한 한 그 길이를 더 연장시켜 선형이 시각적으로 원활하도록 설계한다.

㉡은 직선부 또는 큰 원에서의 횡단경사로부터 곡선부 또는 작은 원에서의 소정의 편경사로 되기까지 횡단경사로 변화하기 위해 필요한 구간을 의미한다. 그 필요길이는 자동차의 진행방향에 수직한 평면 내에서의 회전각속도를 일정한 값 이하로 함으로써 주행 시 불쾌감을 제거하고, 차도선과 기준선이 이루는 각도를 일정한 값 이하로 하여 외관을 양호하게 하는 길이로 한다.

또 곡률의 접속설치를 위한 구간길이와 관계도 고려해서 정해야 한다.

여기서의 완화구간이란 편경사변화 또는 확폭량을 설치하기 위하여 취하는 편경사 및 확폭량의 변이구간을 의미하며, 완화곡선은 직선부와 곡선부의 접속을 부드럽게 하기 위한 곡선 설치구간을 의미한다.

① 자동차의 완화주행궤적

자동차가 직선상의 주행마다 곡선주행으로 전활할 때에는 핸들조작상으로 회전반지름이 무한대에서 일정한 값으로 될 때까지 어떤 특별한 형태의 곡선주행을 하게 된다. 이를 완화주행이라 하며, 그때 주행궤적은 다음과 같다.

그림 4.23에서

$$\text{자동차의 회전각속도} = \frac{d\theta}{dt} = \frac{d\theta}{ds} \cdot \frac{ds}{dt} = \frac{v}{R}$$

여기서 v : 주행속도

R : 주행궤적상 임의점에서의 곡선반지름

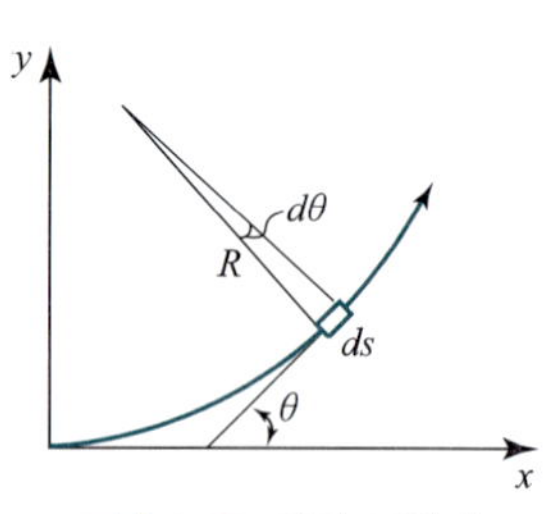

그림 4.23 완화 주행각

지금 그림 4.24에서

θ : 회전각가속도

v : constant. 하다고 하면

$$\theta = \frac{d}{dt}\left(\frac{d\theta}{dt}\right) = \frac{d}{dt}\left(\frac{v}{R}\right) = \frac{v}{b}\sec^2\phi\frac{d\phi}{dt}$$

$$(\text{단, } R = \frac{b}{\tan\phi})$$

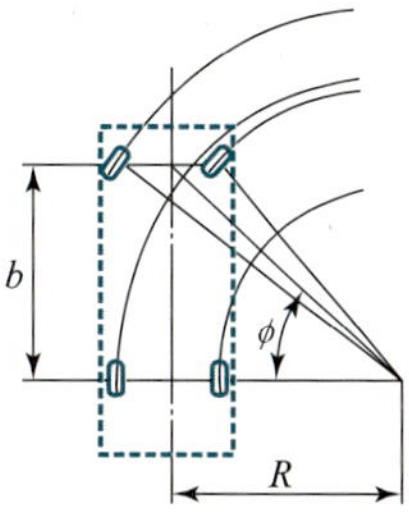

그림 4.24 주행 반지름

직선주행에서 곡선주행으로 전환하는 자동차가 쾌적성을 유지하려면 회전각가속도가 일정해야 한다는 가정하에 그 궤적을 구해 보면 다음과 같다.

$$\frac{v}{b}\sec^2\phi \cdot \frac{d\phi}{dt} = k\ (\text{일정}) \tag{4.8}$$

이를 풀면 $\tan\phi = \frac{k \cdot b}{v}t + C$

$$t = 0\text{에서 } \tan\phi = 0 \quad \therefore C = 0$$

따라서 $\frac{b}{R} = \frac{k \cdot b}{v}t$

곡선의 시점에서 주행길이를 L이라 하면

$$t = \frac{L}{v}\text{이므로 } \frac{1}{R} = \frac{kL}{v^2}$$

$$\text{즉, } R \cdot L = k \tag{4.9}$$

$$(k = \frac{v^2}{R} = \text{일정})$$

식 (4.9)는 Clothoid의 일반식이다. 즉, 자동차가 일정한 각가속도로 주행하는 경우 그 완화주행의 궤적은 Clothoid가 된다는 것을 알 수 있다. 또한 식 (4.8)에서 ϕ는 자동차 구조상 0~30°이므로 $\sec^2\phi$는 거의 일정한 값이 된다. 따라서 $\frac{d\phi}{dt}$도 거의 일정하며, ϕ가 핸들의 회전각과 비례할 경우 이 주행은 회전각속도가 거의 일정한 주행이 된다고 생각할 수 있지만, 실제 자동차의 주행은 그렇게 단순하지 않다.

완화주행궤적에 근사한 곡선으로서는 Clothoid 외에 Lemniscate 등이 있으며, 이들을 도시하면 그림 4.25와 같다.

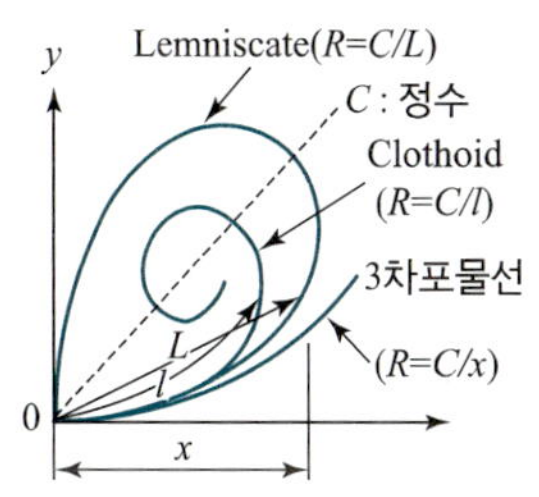

그림 4.25 완화 주행궤적도

② 완화곡선 및 완화구간의 길이

설계속도가 60 km/h 이상의 도로에서는 핸들조작이 매우 근소한 착오라도 될 수 있는 한 빨리 원상복귀시킬 수 있는 주행시간의 길이만큼 반드시 완화곡선을 설치하여 운전자의 시선을 자연스럽게 유도할 수 있어야 한다. 또한 일반도로 중 설계속도 60 km/h 미만의 도로에서는 완화곡선을 설치하지 않을 경우 곡선부의 편경사 및 확폭을 접속설치할 수 있도록 직선구간과 원곡선구간을 직접 연결하고, 완화구간을 설치해야 한다. 핸들조작에 곤란을 느끼지 않을 주행시간을 2초로 하여 다음 식에 의해 산정된 완화곡선길이 적용값은 표 4.16과 같다.

표 4.16 완화곡선 및 완화구간의 길이 산정

설계속도(km/h)	계산값(m)	적용값(m)
120	66.7	70
100	55.6	60
80	44.4	50
70	38.9	40
60	33.3	35
50	27.8	30
40	22.2	25
30	16.7	20
20	11.1	15

$$L = v \cdot t = \frac{V}{3.6} \cdot t \tag{4.10}$$

여기서 L : 완화곡선길이(m)　　t : 주행시간($t = 2$초)
　　　v : 주행속도(m/sec)　　V : 주행속도(km/h)

고속주행 시에는 시각적인 원활을 확보하는 의미에서도 될 수 있는 대로 완화곡선을 삽입하는 것이 바람직하지만, 완화곡선을 생략할 수 있는 곡선반지름의 한계는 다음과 같이 정한다.

즉, 그림 4.26과 같이 직선 원곡선을 직접 접속하는 경우에 비하여 S만큼 이정량(Shift)이 생기게 되는데, 이 이정량이 차로폭에 포함되는 여유폭(차로폭은 차량폭에 여유폭을 가산한 값)에 비하여 매우 작은 경우에는 직선과 원곡선을 직접 접속시켜도 실제의 주행은 직선부에서 완화곡선으로 주행할 수 있다.

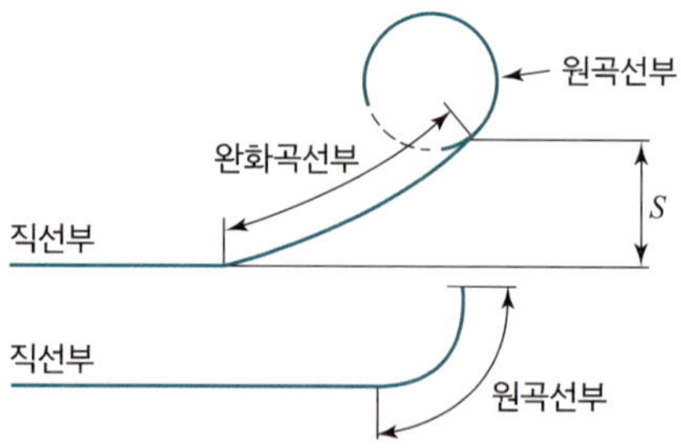

그림 4.26 완화곡선의 이정량

이 완화곡선을 설치할 것인가 또는 생략할 것인가의 여부에 대한 한계이정량은 20 cm 정도이면 물리적으로 충분한 것으로 생각되므로, 완화곡선이 Clothoid일 경우 이정량이 20 cm 이상되는 경우에 대해서만 완화곡선을 설치하는 것으로 한다.

$$S = \frac{1}{24} \cdot \frac{L^2}{R} \tag{4.11}$$

여기서 S : 이정량(m)

L : 완화곡선의 길이(m)

R : 곡선반지름(m)

따라서 $S = \frac{1}{24} \cdot \frac{L^2}{R} = 0.2\ \text{m}$

완화곡선의 길이는 식 (4.10)에서 $L = \frac{V}{3.6}t$에서 L을 소거하면

$$\left(\frac{V}{1.8}\right)^2 = 4.8R$$

$$\therefore\ R = 0.064\,V^2 \tag{4.12}$$

식 (4.12)에서 각종 설계속도를 대입하여 완화곡선을 설치해야 할 한계곡선반지름을 계산하면 표 4.17과 같다.

표 4.17 완화곡선을 생략할 수 있는 곡선반지름

설계속도(km/h)	계산값(m)	적용값(m)
120	921.6	3,000
110	774.4	2,500
100	640.0	2,000
90	518.4	1,600
80	409.6	1,300
70	313.6	1,000
60	230.4	700

즉, 표 4.17의 값보다 큰 곡선반지름에 대해서는 완화곡선을 설치하지 않아도 된다는 것인데, 이와 같이 계산된 한계곡선반지름의 값은 완화구간의 길이를 최소로 택해서 계산된 것이므로, 시각적으로나 주행상으로도 운전자의 쾌적성을 손상시키지 않기 위해서는 표 4.17의 계산값의 약 3배 이상의 경우에만 완화곡선을 생략하는 것이 바람직하다.

경험에 의하면 완화곡선으로서 Clothoid를 쓰는 경우 시각적으로 원활한 선형이 기대되려면 그 크기는 접속하는 원곡선에 대하여의 범위에 들어가는 것이 바람직하다. 다만 이 원칙이 적용되는 것은 접속하는 반지름이 어느 범위에 들어가 있을 때이므로 원곡선반지름 R이 작게 되면 A는 그 반지름보다도 커지고, 원곡선반지름 R이 크면 A는 $R/3$보다 작게 되므로

일반적으로 선형의 조화, 주행의 쾌적성, 경제성 등을 감안할 경우 그림 4.27과 같은 조합을 권장하고 있다.

$$\frac{R}{3} \leq A \leq R$$

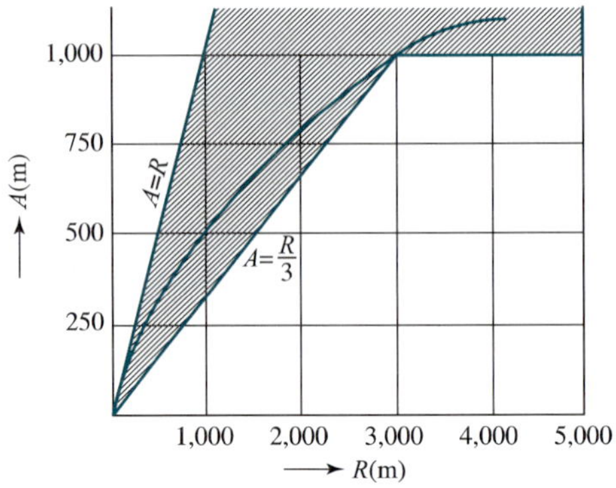

그림 4.27 곡선반지름과 피라미터의 관계

③ 편경사의 접속설치

편경사를 붙이는 경우 또는 편경사의 값이 변화하는 경우 혹은 곡선부를 확폭하는 경우에는 완화구간 내에서 이를 접속설치한다. 편경사의 접속설치길이를 결정할 때에는 차도단(端)에 따라 접속설치되는 편경사설치비율이 표 4.18값 이상으로 되게 하는 것이 바람직하다.

표 4.18 편경사의 최대접속설치비율

설계속도 V(km/h)	120	110	100	90	80	70	60	50	40	30	20
적용값	1/200	1/185	1/175	1/160	1/150	1/135	1/125	1/115	1/105	1/95	1/85

* 편경사의 회전축으로부터 편경사가 설치되는 차로수가 2개를 초과하는 경우의 편경사 접속설치 길이는 산정된 길이에 보정계수 (1.25, 1.50, 1.75, 2.00)를 곱한 길이 이상이 되어야 한다.

4.3.4 종단선형

(1) 종단곡선

종단경사가 변화하는 구간을 자동차가 주행할 때에는 운동량의 변화로 인하여 자동차에 발생하는 충격을 완화하고, 시거를 확보하기 위하여 적당한 변화율을 갖는 종단곡선을 삽입해야 한다. 이 종단곡선은 볼록형 또는 오목형 포물선으로 구성된다.

또한 종단곡선을 계획할 경우에는 평면선형과 적절히 조합함으로써 배수의 문제를 해결하고, 안전성, 쾌적성을 향상시키는 등의 배려가 필요하다.

종단곡선의 길이는 가능한 한 길게 취하는 것이 좋지만, 충격완화와 시거확보에 필요한 길이를 감안해서 규정치의 1.5~2.0배 정도로 하는 것이 바람직하다. 종단곡선 변화비율은 두 종단경사의 대수차가 1% 변화하는데 확보해야 하는 수평거리를 나타내며, 다음 식과 같다.

$$K = \frac{L}{I} \tag{4.13}$$

여기서 K : 종단곡선비율

L : 종단곡선길이

I : 종단경사의 대수차($|i_1 - i_2|$)

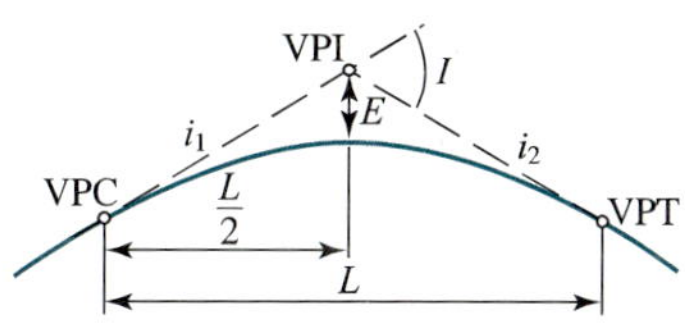

그림 4.28 종단곡선길이

① 종단곡선길이의 산정

• 충격완화를 위한 종단곡선길이

상이한 두 경사구간을 주행하는 차량이 운동량 변화에 의한 충격을 완화함으로써 주행의 쾌적성을 유지하기 위한 종단곡선의 길이는 다음 식에 의해 구해진다.

$$L = \frac{V^2 I}{360} \tag{4.14}$$

$$K = \frac{V^2}{360} \tag{4.15}$$

• 시거확보를 위한 종단곡선길이

– 凸형 종단곡선 : 볼록형 종단곡선의 최소길이는 정지시거를 확보하기 위한 길이로 결정한다. 포물선형 종단곡선의 시거확보를 위한 거리는 다음과 같다.

‣ 정지시거(S)보다 종단곡선길이(L)를 길게 설치할 경우($S < L$) : 정지시거를 확보하기 위한 볼록형 종단곡선길이는 다음 식으로 나타낼 수 있다.

$$\begin{aligned} L &= \frac{IS^2}{100(\sqrt{2h_1} + \sqrt{2h_2})^2} \\ &= \frac{IS^2}{100(\sqrt{2 \times 1.0} + \sqrt{2 \times 0.15})^2} = \frac{IS^2}{385} \end{aligned} \tag{4.16}$$

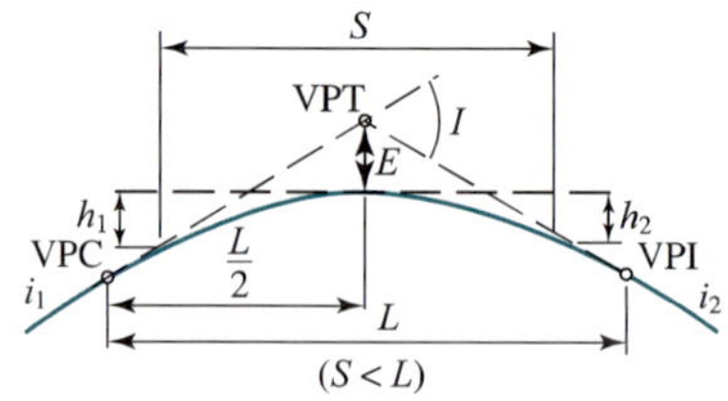

그림 4.29 $S < L$

- 정지시거(S)보다 종단곡선길이(L)를 짧게 설치할 경우($S > L$) : 정지시거를 확보하기 위한 凸형 종단곡선길이는 다음 식으로 나타낼 수 있다.

$$L = 2S - \frac{200(\sqrt{h_1} + \sqrt{h_2})^2}{I}$$

$$= 2S - \frac{200(\sqrt{1.0} + \sqrt{0.15})^2}{I} \qquad (4.17)$$

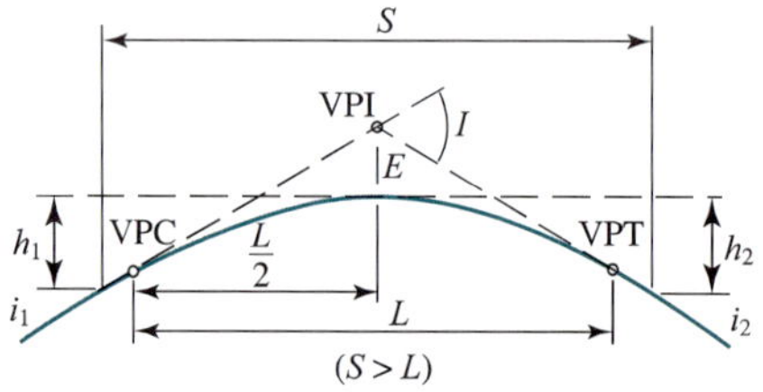

그림 4.30 $S > L$

식 (4.16)과 (4.17)에 의해 종단곡선길이를 계산하면 식 (4.16)에 의한 길이가 항상 크므로, 정지시거를 확보하기 위한 凸형 종단곡선길이는 식 (4.16)에 의한 길이로 정하며, 식 (4.16)을 설계에 간편하게 적용하기 위해 종단곡선 변화비율에 의한 식으로 나타내면 다음과 같다.

$$K = \frac{S^2}{385} \qquad (4.18)$$

설계속도에 따른 최소정지시거에 의해 凸형 종단곡선의 변화비율을 식 (4.15)와 식 (4.18)에 의해 구하면 표 4.19와 같다.

표 4.19 블록형(凸형) 종단곡선의 종단곡선 변화비율

설계속도(km/h)	최소정지시거(m)	블록형 종단곡선의 종단곡선 최소변화비율(m/%)		
		충격완화를 위한 K값	시거확보를 위한 K값	적용 K값
120	215	40.0	120.0	120
110	185	33.6	88.9	90

(계속)

설계속도(km/h)	최소정지시거(m)	볼록형 종단곡선의 종단곡선 최소변화비율(m/%)		
		충격완화를 위한 K값	시거확보를 위한 K값	적용 K값
100	155	27.8	62.4	60
90	130	22.5	43.9	45
80	110	17.8	31.4	30
70	95	13.6	23.4	25
60	75	10.0	14.6	15
50	55	6.9	7.19	8
40	40	4.4	4.2	4
30	30	2.5	2.3	3
20	20	1.1	1.0	1

- 凹형 종단곡선 : 凹형 종단곡선은 전조등(前照燈)에 의한 시거 및 주행 시 쾌적성을 확보할 수 있도록 그 길이가 배려되어야 한다. 전조등에 의한 시거확보거리는 전조등의 높이 60 cm, 상향각 1°로 하여 산정한다.
  - 정지시거(S)보다 종전곡선길이(L)를 길게 설치할 경우($S < L$)

$$L = \frac{IS}{100(2h + S \cdot \tan\alpha)} = \frac{IS^2}{120 + 3.5S} \tag{4.19}$$

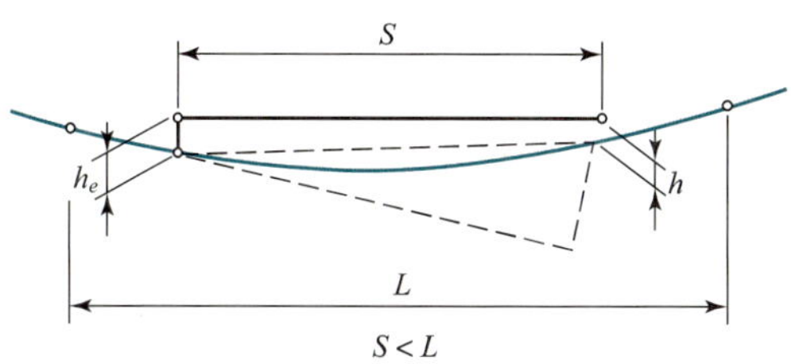

그림 4.31 凹형 종단곡선

  - 정지시거(S)보다 종전곡선길이(L)를 짧게 설치할 경우($S > L$)

$$L = 2S - \frac{100(2h - S \cdot \tan\alpha)}{I} = 2S - \left(\frac{200H - 3.5S}{I}\right) \tag{4.20}$$

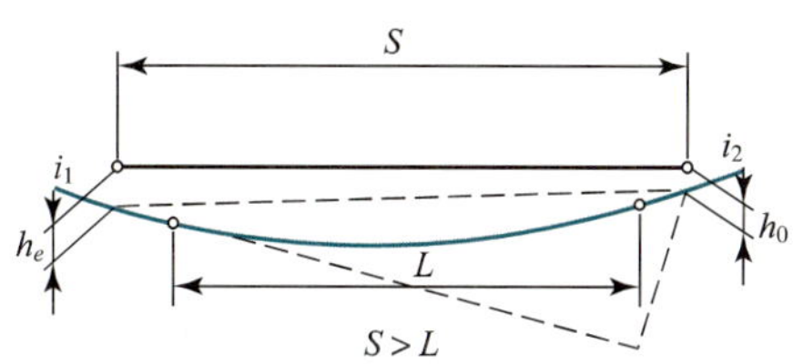

그림 4.32

식 (4.19)를 종단곡선 변화비율에 의한 식으로 나타내면 식 (4.21)과 같다.

$$K = \frac{S^2}{120 + 3.5S} \tag{4.21}$$

설계속도에 따른 凹형 종단곡선의 종단곡선 변화비율을 식 (4.15)와 식 (4.21)에 의해 구하면 표 4.20과 같다.

표 4.20 오목형(凹형) 종단곡선의 종단곡선 변화비율

설계속도(km/h)	최소정지시거(m)	오목형 종단곡선의 종단곡선 최소변화비율(m/%)		
		충격완화를 위한 K값	시거확보를 위한 K값	적용 K값
120	215	40.0	53.0	55
110	185	33.6	44.6	45
100	155	27.8	36.3	35
90	130	22.5	29.4	30
80	110	17.8	24.0	25
70	95	13.6	19.9	20
60	75	10.0	14.7	16
50	55	6.9	9.7	10
40	40	4.4	6.2	6
30	30	2.5	4.0	4
20	20	1.1	2.1	2

② 종단곡선의 설치

종단곡선은 곡률이 매우 작아(곡선반지름이 매우 커서), 그 길이는 근사적으로 곡선의 기종점간의 수평거리와 같이 보아도 무방하다. 즉, 그림 4.33에서 i_1, i_2의 경사변이점에서 종단곡선의 기종점을 B.C 및 E.C라고 할 때, 종단곡선길이는 B.C, E.C 간의 수평거리 l과 같다고 본다. 이때 V로부터 종단곡선까지의 종방향 거리(M)는 다음과 같이 구한다.

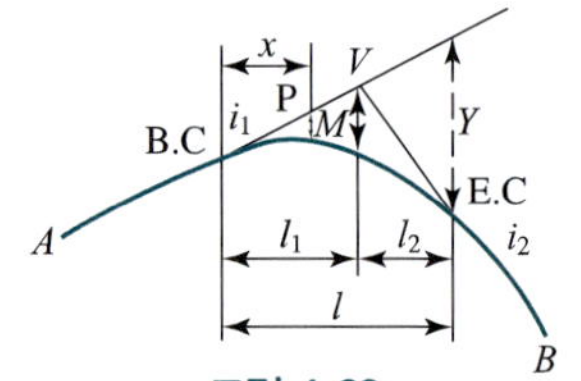

그림 4.33

그림 4.34에서 I_0, I를 종단경사라 하면 I_0, I는 어떤 종단곡선의 접선이 된다. 따라서 그림의 2차 포물선 방정식은 $y = \frac{1}{2K}x^2 + I_0 x$($K$: 정수)가 되며, I_0를 x축으로 하면 2차 포물선의 기본방정식은 $y = \frac{1}{2K}x^2 = \frac{1}{2R}x^2$이 된다.

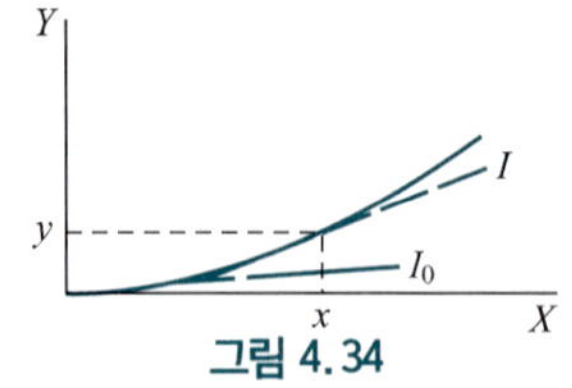

그림 4.34

$R=\dfrac{100L_r}{I-I_0}$에서 그림 4.34를 감안하여 $R=\dfrac{100l}{i_1-i_2}$을 대입하면

$$x=\frac{l}{2}\cdot y=M\text{에서 } M=\frac{|i_1-i_2|}{800}l$$

따라서 임의점 P에서의 종단거리 y는 $y:M=x^2:\left(\dfrac{l}{2}\right)^2$에서

$$y=\frac{Mx^2}{\left(\dfrac{l}{2}\right)^2}=\frac{|i_1-i_2|}{200l}x^2 \tag{4.22}$$

여기서 x : B.C에서 y까지의 수평거리(m)

y : B.C에서 x의 거리에 있는 곡선상의 점에서 $A\,V$까지의 종방향 거리

i_1 : B.C에서의 종단경사(%)

i_2 : E.C에서의 종단경사(%)

l : 종단곡선길이(m)

③ 종단곡선의 그리기

종단곡선은 2차포물선이므로 각 점에서의 곡선이 달라지나 그 차가 1%에 지나지 않으므로, 종단도에 종단곡선을 그릴 때는 보통의 원곡선정규(正規)를 사용해도 무방하다. 이때 도면의 축척에 따라 다음의 곡선정규를 사용한다.

종단곡선의 반지름을 $K(m)$라 하고, 종단도상의 횡거리 축척을 1/h, 종거의 축척을 $1/v$라 할 때 종단곡선을 그리기 위해 사용할 축척 $1/n$인 원곡선정규는 곡선반지름이 $R=\dfrac{v\cdot n}{h^2}K$로 표시된 것을 선택한다. 예를 들면, 도면의 횡거가 1/1,000, 종거가 1/200일 때 정규의 축척이 1/100이라면 $K=3{,}000$의 반지름을 그리기 위해서는

$$R=\frac{200\times100}{1{,}000^2}\times3{,}000=60(\text{m})$$

의 정규를 사용한다(그림 4.35).

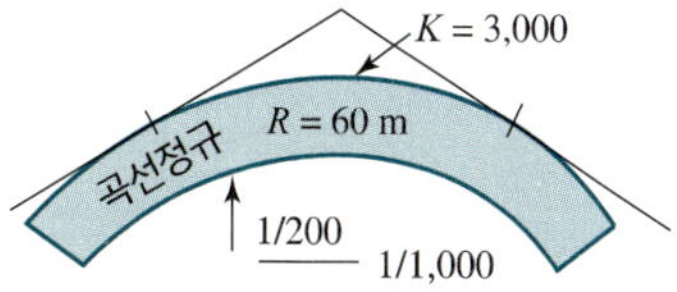

그림 4.35 곡선정규 사용방법

(2) 종단경사

동일한 설계속도로 계획된 구간에서 자동차는 일정한 속도 이상으로 주행할 수 있도록 설계되어야 한다. 선형과 무관한 설계요소는 설계속도에 따라 일정한 값이 정해지지만 종단경사 설계 시에는 차량별로 능력의 차가 심하여 모든 차량에 대해 설계속도가 확보되도록 기준치를 정할 경우 경제적인 측면에서 손실이 크게 되어 비합리적이다.

최근 자동차의 등판능력이 향상되어 승용차류에서는 경사의 영향을 받는 일이 적어졌지만,

잉여마력이 작은 화물자동차류에 있어서는 경사가 급해짐에 따라 주행속도가 현저하게 저하한다.

이러한 속도저하는 다른 고속차량의 주행을 방해하여 교통의 혼란을 야기시키고, 교통이 지연되어 도로의 교통용량이 저하된다. 또한 무리한 앞지르기 등으로 인하여 안전상의 문제가 발생한다. 따라서 종단경사의 기준치는 경제적인 측면에서 허용할 수 있는 범위 내로 하고, 가능한 한 속도저하의 폭을 작게 하여 설계속도에 가까운 속도로 주행할 수 있도록 해야 한다.

승용차는 대개 4~5%의 경사에서 평지와 거의 비슷한 속도로 주행할 수 있으며, 3% 이하의 경사에서는 거의 영향을 받지 않는다. 트럭은 승용차에 비하여 총중량/엔진성능의 비율이 높으며 오르막 경사에서의 최고속도는 경사의 정도 및 길이, 총중량/엔진성능 비율, 경사구간 진입 시 속도에 따라 좌우된다.

설계에 기준이 되는 트럭의 총중량/엔진성능 비율은 각종 국내·외 적용사례, 연구자료와 트럭의 오르막 성능의 향상정도를 감안하여 설계 시 표준트럭의 오르막 성능은 총중량/엔진성능비 120 kg/kw를 적용하도록 한다.

경사와 병행하여 중요한 설계요소는 종단경사길이이다. 종단경사 제한길이란 트럭이 경사구간에 진입하여 허용된 최저속도를 유지하며, 주행할 수 있는 최대길이이다. 종단경사는 오르막구간의 주행속도가 가능한 한 설계속도와 가까운 속도를 유지하도록 하는 것이 이상적이지만, 경제적인 측면에서 제약을 받으므로 어느 정도의 속도저하를 허용하도록 하고, 필요시 오르막 차로를 설치할 수 있도록 한다.

표 4.21 최대종단경사

설계속도 (km/h)	고속도로		간선도로		집산도로 및 연결로		국지도로	
	평지	산지	평지	산지	평지	산지	평지	산지
120	3	4						
110	3	5						
100	3	5	3	6				
90	4	6	4	6				
80	4	6	4	7	6	9		
70			5	7	7	10		
60			5	8	7	10	7	13
50			5	8	7	10	7	14
40			6	9	7	11	7	15
30					7	12	8	16
20							8	16

주) 부득이한 경우 상기 표의 값에서 1%를 더한 값 이하로 할 수 있다.

종단경사구간의 제한길이는 주어진 조건에 따라 중량/마력비를 200 lb/hp인 트럭을 표준으로 하여 다음과 같은 가정 하에 그림 4.36을, 가속인 경우에는 그림 4.37의 속도-경사길이를 이용하여 산정한다. 그림 4.36과 그림 4.37은 미국의 Highway Capacity Manual(Transportation Reseadch Board, 1994)을 참조하였다.

① 오르막 구간의 진입속도는 다음 두 속도 중 작은 값을 적용한다.

- 설계속도가 80 km/h인 이상인 경우는 모두 80 km/h로 하며, 설계속도 80 km/h 미만인 경우는 설계속도와 같은 속도로 한다.
- 앞쪽 경사의 영향에 따른 오르막 구간의 진입속도

② 대형자동차의 허용 최저속도는 다음 값 이상의 속도를 유지하도록 한다.

- 설계속도 100 km/h 이하~80 km/h 이상인 경우 : 60 km/h
- 설계속도 80 km/h 미만인 경우 : 설계속도 −20 km/h

단, 설계속도가 높은 도로의 오르막차로 시종점부는 본선차량과 오르막차로 이용트럭의 속도 차이가 커 교통사고의 위험이 크다. 따라서 설계속도 120 km/h인 경우에는 오르막차로 시점부는 65 km/h, 종점부는 75 km/h를 허용최저속도로 한다.

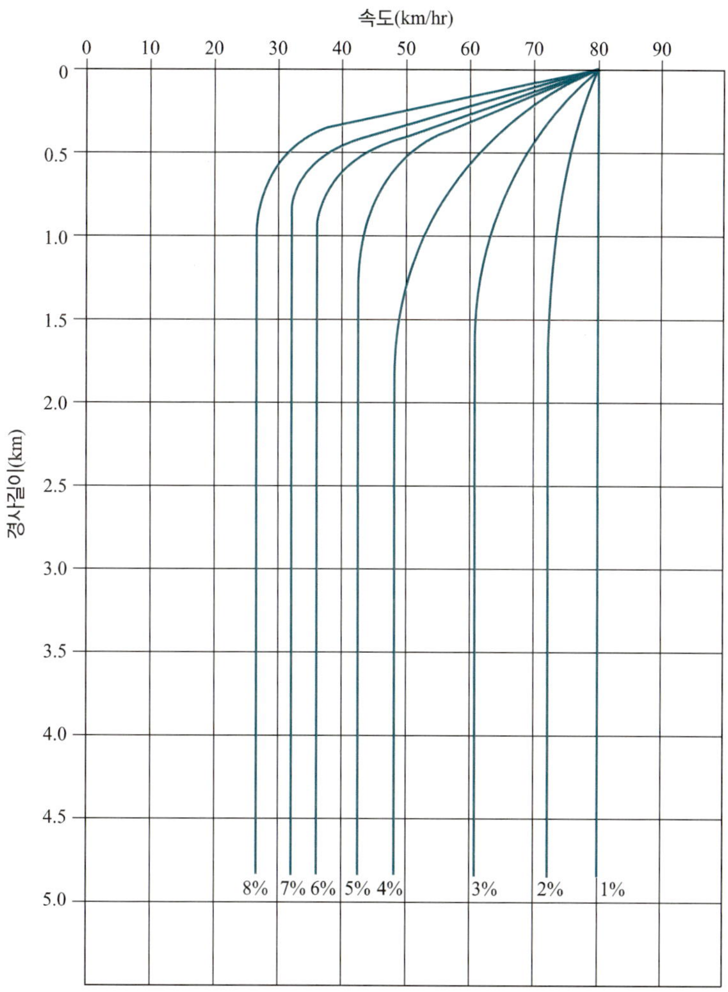

그림 4.36 경사 길이에 따른 속도변화(120 kg/kw(200 lb/hp) 표준트럭 : 감속인 경우)

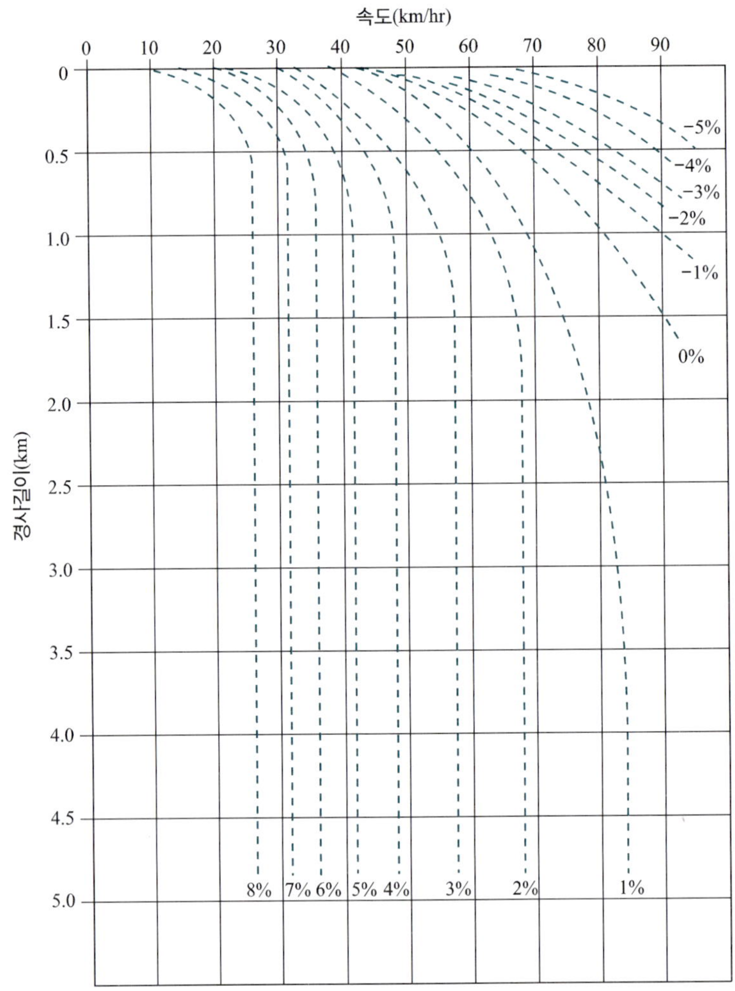

그림 4.37 경사 길이에 따른 속도변화(120 kg/kw(200 lb/hp) 표준트랙 : 가속인 경우)

(3) 오르막차로

도로시설기준에는 오르막 성능을 검토하여 필요한 경우에 오르막차로를 설치하도록 하고 있다. 대형차의 혼입률이 커서 오르막경사구간의 용량저하가 크게 일어날 것으로 예상되는 경우 또는 경사의 연장이 그 재한길이를 넘지 않도록 설계해야만 하는 경우 노선을 멀리 우회시키든지 고(高)성토나 대(大)절토공사를 감수해야만 한다. 그러나 이런 경우 대부분 경제성이 결여되므로, 오르막차로를 부가차로로 설치하여 승용차로 하여금 가능한 한 자유로운 속도를 취하게 하고, 무리한 추월행위를 예방토록 하는 노선계획을 수립하는 것이 좋다.

오르막차로가 설치되면 경사의 영향을 받기 쉬운 저속차량은 본선차도상으로부터 이탈되므로 고속차량은 본선차도상을 상당한 속도로 주행할 수 있게 된다.

오르막차로의 설치에 대한 타당성을 검토할 경우에는

- 도로용량과 교통량의 관계
- 고속차량과 저속차량의 구성비
- 오르막경사의 낮춤과 오르막차로 설치의 경제성
- 고속주행에 따른 편의 및 쾌적성 향상과 사업비 절감에 따른 경제성
- 오르막차로 설치에 따른 교통사고 예방효과

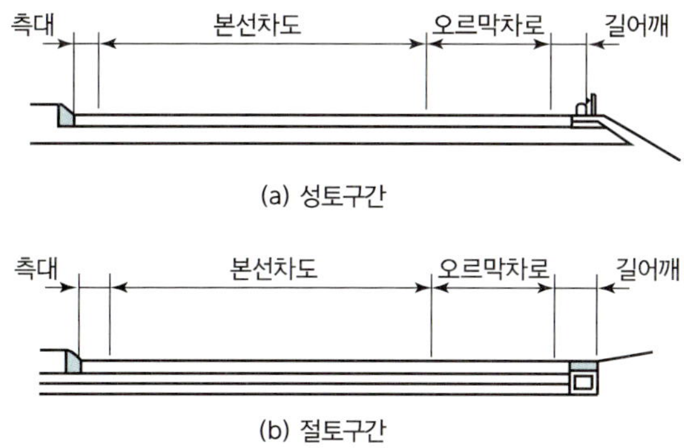

그림 4.38 오르막차로 횡단구성 예

AASHTO에서는 경사구간의 연장이 제한길이를 벗어나는 경우, 시간교통량이 경사구간의 설계교통량을 20~30% 초과하면 오르막차로의 설치를 고려해야 한다고 규정하고 있다.

오르막차로에서 그 폭원은 본선의 차로폭과 같게 설치하고, 본선에 직접 붙여서 평면곡선부에 설치하는 경우 오르막차로의 편경사는 차로변경, 시공성 등을 고려하여 그 구간의 본선 편경사와 동일하게 설치하도록 한다.

오르막차로의 설치필요구간은 일정한 조건의 대형차 주행속도를 구간별로 구하여 정하는데, 그 과정은 오르막성능곡선을 사용, 속도-경사도를 그리고, 여기서 일정 조건에서의 허용 최저속도의 이하 구간이 발생하면 이를 오르막차로 필요구간으로 간주한다. 또한 오르막차로는 본선차로에 부가되는 차로로 길어깨와 같이 긴급 시 대피하는 주차기능을 허용치 않으므로, 필요한 경우 주차대(駐車帶)를 적절하게 설치해야만 한다.

4.4 시거

시거란 운전자가 자동차 진행방향의 전방에 있는 장애물 또는 위험요소를 인지하고, 제동을 걸어 정지하든가 혹은 장애물을 피해서 주행할 수 있는 길이를 말한다. 시거는 차로 중심의 연장을 따라 측정한 길이로서, 주행상의 안전이나 쾌적성의 확보에 있어서 매우 중요한

요소이다(그림 4.39).

시거에는 정지시거, 피주(避走)시거 및 앞지르기시거가 있는데 차선주의를 채택한 경우에는 정지시거가 주가 된다. 피주시거는 동일차로상에 고장차 등이 있는 경우에 인접차로로 피하려 할 때의 시거로서, 일반적으로 정지시거가 확보되어 있으면 충분하다.

대향 2차로도로의 경우에도 각 차로가 충분한 폭을 잡고 있으므로 피주의 필요가 있을 경우, 정지시거로서도 충분하지만 앞지르기시거에 대하여 고려해볼 필요가 있다.

시거를 계산할 때에는 운전자의 눈높이와 장애물 높이의 관계를 명확히 해야 하며, 시통(視通)성을 고려해야 한다.

운전자가 주행 중에 전방을 주시하는 위치는 진행차선의 중심선상으로 하고, 눈의 높이는 최근 생산되는 차고가 낮은 자동차를 감안하여 도로표면으로부터 1.0 m로 한다. 장애물 또는 물체의 위치는 동일차로의 중심선상으로 하고, 현실적인 위험도를 감안하며, 그 높이를 15 cm로 정한다.

AASHTO에서는 정지시거 계산 시 눈의 높이 3.5 ft(106.6 cm), 물체의 높이 6 in(15 cm)를 적용하고 있다.

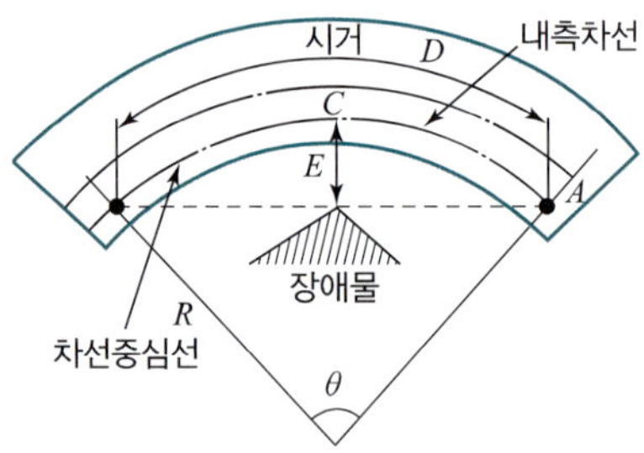

그림 4.39 원곡선에서의 시거

4.4.1 정지시거

정지시거는 전방의 동일차로상에 고장차 등의 장애물을 인지한 경우에 제동을 걸어서 정지하기 위해 필요한 길이이며, 그 길이 이상의 시거를 모든 도로상에서 확보하지 않으면 안 된다. 정지시거는 운전자가 위험요소를 발견하고 반응하여 제동장치를 작동시킨 후 자동차가 정지하는 데 걸리는 시간 동안에 주행한 전체거리로 계산하며, 다음 식으로 나타낼 수 있다.

$$D = \frac{V}{3.6}t + \frac{V^2}{2g \cdot f \cdot (3.6)^2} = 0.694\,V + \frac{V^2}{254f} \tag{4.23}$$

여기서 D : 정지시거(m)　　V : 주행속도(km/h)

t : 반응시간(2.5 sec)　　g : 중력가속도(9.8 m/sec^2)

f : 타이어와 노면의 종방향미끄럼 마찰계수

여기서 속도는 주행속도를 의미하고, 적용하는 속도는 설계속도가 120~80 km/h 일 때 설계속도의 85%, 설계속도가 70~40 km/h일 때 설계속도의 90%, 설계속도가 30 km/h 이하일 때 설계속도와 같다고 보고 계산한다.

반응시간은 운전자가 장애물을 발견한 후 브레이크를 밟을 것인가를 판단하는 시간과 판단하고 나서 브레이크를 밟을 때까지의 동작시간으로, 이에 대해서는 각종의 실험이 실시되고 있지만 그 결과는 매우 다양하다. 여기서는 AASHTO와 마찬가지로 판단시간(Perception time) 1.5초, 반동시간(Braking reaction time) 1.0초로 하여 2.5초를 적용하며, 이 반응시간 동안에 있어서 자동차는 주행속도를 그대로 유지하게 된다.

종방향 미끄럼 마찰계수 f는 속도가 감소함에 따라 그 값이 증가하는데, 제동후 차량의 주행속도는 감소하나, 계산식에서는 f값이 일정한 것으로 간주하여 타이어조건, 노면조건 등에 따라 달라진다.

정지시거의 계산은 습윤상태에서의 마찰계수를 적용하여 충분히 안전한 값을 취하도록 하며, 주행속도로 정지시거를 계산하면 표 4.22와 같다.

표 4.22 노면습윤상태일 때 정지시거

설계속도 (km/h)	주행속도 (km/h)	f	0.694 V	$\frac{V^2}{254f}$	주행속도에 의한 정지시거(m)	정지시거 채택 (m)
120	102	0.29	70.8	141.2	212.0	215
110	93.5	0.29	64.9	118.7	183.6	185
100	85	0.30	59.0	94.8	153.8	155
90	76.5	0.30	53.1	76.8	129.9	130
80	68	0.31	47.2	58.7	105.9	110
70	63	0.32	43.7	48.8	92.5	95
60	54	0.33	37.5	34.8	72.3	75
50	45	0.36	31.2	23.4	53.3	55
40	36	0.40	25.0	12.8	37.8	40
30	30	0.44	20.8	8.1	28.9	30
20	20	0.44	13.9	3.6	17.5	20

1차로 도로의 경우 대향하는 차가 서로 상대를 확인한 후 제동하여 정지하기 위해서는 표 4.22에서 구한 값의 2배 거리가 필요하다. 이 경우 시거의 계산에는 대향하는 차를 확인할 수 있도록 장애물, 즉 대향차의 높이를 도로중심선상 1.2 m로 하며, 이 값은 앞지르기시거의 계산에도 적용된다. AASHTO에서는 대향차의 높이를 4.25 ft(129.5 cm)를 적용하고 있다. 또한 장애물의 높이 15 cm에 대하여 표 4.23에서 구한 정지시거도 확보되어야 한다. 한랭지에서 노면이 결빙한 경우와 적설이 극심한 지역의 도로에서는 특별히 정한 값 이상의 시거를 확보함이 바람직하다.

4.4.2 앞지르기시거

양방향 2차로 도로에서는 후속차량이 앞서가는 저속차를 앞지르기하면서 주행해야 하는데, 실제로 대향차의 교통량이 많다든가 도로의 선형이 불량할 경우에는 앞지르기가 불가능한 경우가 많다.

앞지르기시거는 저속차를 앞지르기 위하여 도로의 중심선상 눈의 높이 1.0 m에서 도로의 중심선상에 있는 1.2 m의 장애물(대향차) 정점을 투시할 수 있는 거리를 도로 중심선상을 따라 측정한 길이를 말한다.

양방향 2차로 도로에서의 앞지르기시거는 그림 4.40과 같다. 이상적으로는 그림에서 전(全) 앞지르기시거를 취해야 하지만, 경제적인 면을 고려하여 최소필요 앞지르기시거를 취하며, 이 경우 대향차량을 발견하면 앞지르기를 멈추고 원래의 차로로 되돌아가면 된다.

보통 앞지르기시거를 계산할 때에는 다음과 같은 가정을 한다.

- 앞지르기 당하는 차량은 일정한 속도로 주행한다.
- 앞지르기 차량은 앞지르기를 시작할 때까지는 앞지르기 당하는 차량과 일정한 속도로 주행한다.
- 앞지르기가 가능하다는 것을 확인한다.
- 앞지르기 시에는 최대가속도 및 앞지르기를 당하는 자동차보다 빠른 속도로 주행한다.
- 반대편 차량은 설계속도로 주행하며, 앞지르기 후 서로 엇갈려 지나가는 것으로 한다.

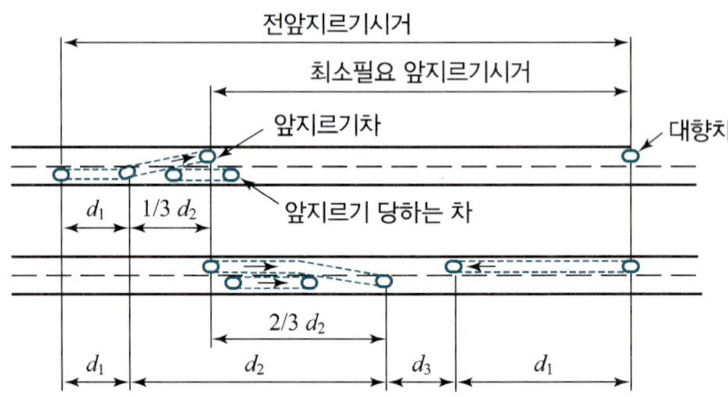

그림 4.40 앞지르기시거

앞지르기시거는 다음 4단계로 계산된다.

(1) 앞지르기 차량이 앞지르기의 가능성을 판단하고 가속하여 반대편 차로로 들어가기 직전까지 주행하는 거리 : d_1

$$d_1 = \frac{V_0}{3.6}t_1 + \frac{1}{2}at_1^2 \tag{4.24}$$

여기서 V_0 : 앞지르기 당하는 차의 속도(km/h) a : 평균가속도(m/sec^2)

t_1 : 가속시간(sec)(2.7～4.3초)

(2) 앞지르기 시작부터 완료까지 차량이 반대편 차로를 주행하는 거리 : d_2

$$d_2 = \frac{V}{3.6} t_2 \tag{4.25}$$

여기서 V : 앞지르기 차량의 속도(km/h)

t_2 : 앞지르기 완료까지의 시간(sec) (8.2~10.4초)

(3) 앞지르기 완료 시 앞지르기 차량과 반대편 차량과의 여유거리 : d_3

설계속도에 따라 15~70 m를 적용

(4) 앞지르기 차량이 앞지르기 완료할 때까지의 반대편 차량이 주행하는 거리 : d_4

실제는 앞지르기 차량이 반대편 차로에 진입하여 앞지르기를 완료하기까지에 주행하는 시간을 고려하면 안전하다. 이 시간은 t_2의 2/3 정도로 반대편 차량 속도는 앞지르기 차량과 동일하다고 본다.

$$d_4 = \frac{2}{3} d_2 = \frac{2}{3} \cdot \frac{1}{3.6} V t_2$$

표 4.23 앞지르기시거의 산정치

설계속도 (km/h)	V (km/h)	V_0 (km/h)	d_1			d_2		d_3 (m)	d_4 (m)	앞지르기시거(m)	
			a (m/sec²)	t_1 (sec)	d_1 (m)	t_2 (sec)	d_2 (m)			계산치	규정치
80	80	65	0.65	4.3	83.6	10.4	231.1	70	154.1	538.8	540
70	75	60	0.64	4.0	71.8	10.0	208.3	60	138.9	479.0	480
60	65	50	0.63	3.7	55.7	9.6	173.3	50	115.6	394.6	400
50	60	45	0.62	3.4	46.1	9.2	153.3	40	102.2	341.6	350
40	50	35	0.61	3.1	33.1	8.8	122.2	35	81.5	275.6	280
30	40	25	0.60	2.9	20.1	8.5	94.4	20	63.0	197.5	200
20	30	15	0.60	2.7	13.4	8.2	68.3	15	45.6	142.3	150

전체의 앞지르기시거는 위의 d_1, d_2, d_3 및 d_4의 합계이며, 최소필요 앞지르기시거는 $\frac{2}{3}d_2$, d_3 및 d_4를 합계하면 된다.

즉, 전체의 앞지르기시거는 D는

$$D = d_1 + d_2 + d_3 + d_4 = \frac{V_0}{3.6} t_1 + \frac{1}{2} a t_1^2 + \frac{1}{3.6} \times \frac{5}{3} V t_2 \tag{4.26}$$

또 최소필요 앞지르기시거 $D_{\min}$은

$$\begin{aligned} D_{\min} &= \frac{2}{3} \times \frac{V}{3.6} t_2 + d_3 + \frac{2}{3} \times \frac{V}{3.6} t_2 \\ &= d_3 + \frac{4}{3} \cdot \frac{V}{3.6} t_2 \end{aligned} \tag{4.27}$$

표 4.23은 V를 앞지르기속도(설계속도), V_0를 앞지르기 당하는 차의 속도라 할 때 위 식 (4.26), (4.27)에 의해 계산된 앞지르기시거를 나타낸다.

도로설계의 경우 앞지르기시거는 너무 길기 때문에 모든 도로구간에서 이를 확보하기는 어려우며, 무리하여 확보하는 경우에는 비경제적이 된다. 따라서 앞지르기시거를 확보하는 구간에서는 운전상의 문제 및 경제성을 감안하여 그 길이나 빈도를 정해야 하며, 그 기준은 원칙적으로 지형, 설계속도, 건설비 등에 의해 결정되는데 외국의 기준에 대해 알아보기로 한다.

앞지르기구간이 전구간에 걸쳐 어느 정도 존재하는가 하는 비율을 존재율이라 한다. 일본의 경우는 양방향 2차로도로에서 최저 1분간 주행하는 사이에 1회, 부득이한 경우 3분간 주행하는 사이에 1회를 그 빈도로 추천하고 있다. 이를 전체 연장에 대해 존재율을 구해보면 표 4.24와 같으며, 30% 이상, 부득이한 경우에도 10% 이상의 구간을 확보하도록 되어 있다.

도로설계 시에는 전도로에 대하여 표 4.24의 비율대로 앞지르기시거 구간이 균등하게 분포되도록 배려하는 것이 바람직하다.

표 4.24 앞지르기시거 확보구간의 존재(일본)

설계속도(km/h)	1분간 주행거리(m)	앞지르기시거(m)	1분에 1회(%)	3분에 1회(%)
80	1,330	550	38	13
60	1,000	350	35	12
50	830	250	30	10
40	670	200	30	10
30	500	150	30	10

4.4.3 시거의 확보

안전을 고려하여 규정된 시거를 확보하기 위해서는 설계 시에 세심한 주의가 필요하다.

평면선형에 해당되는 사항으로서 도로설계 시 주의할 점은 건설초기에는 시거가 양호하거나 추후 연도개발 등에 의해 시거가 확보되지 못하는 경우로서, 이런 곳에는 곡선반지름을 크게 하거나 필요한 범위를 도로부지로 확보할 필요가 있다. 또 곡선부에서 절토비탈면, 분리대 등으로 시거가 확보되지 못하는 경우에는 필요한 범위를 파악하여 길어깨, 측대 등으로 확대하는 등의 배려가 필요하다.

진행방향의 장애물을 가정했을 때 정지시거가 확보되는 평면곡선 반지름의 값은 표 4.25와 같다.

표 4.25 정지시거 확보 평면곡선 반지름 (단위 : 미터)

설계속도(km/h)			120	100	80	70	60	50	40	시거 확보폭
정지시거 기준값			215	155	110	95	75	55	40	
장애물	중앙 분리대	주행차로	1420	725	355	219	131	77	37	6.9
		추월차로	2970	1515	742	458	274	160	77	3.3
	3.0 m 길어깨 폭	주행차로	1400	714	350	216	129	75	36	7.0
		추월차로	925	472	231	143	85	50	24	10.6
	4.0 m 길어깨 폭	주행차로	1225	625	306	189	113	66	32	8.0
		추월차로	845	431	211	130	78	46	22	11.6

주) 시거 확보폭은 장애물에서 도로 중심선까지의 거리를 말함

4.5 평면교차로

평면교차로란 2개 이상의 도로가 평면상에서 서로 합쳐지는 도로 부분으로서, 도로시설기준에 의하면 4개 이하의 갈래로 구성되어야 하며, 다음과 같이 설명하도록 한다.

4.5.1 평면교차로의 계획

교차점의 구조설계는 원칙적으로 그 도로의 설계교통량에 따르지만, 건설 당초의 교통량이 그 도로의 계획교통량에 비해 상당히 적은 경우에는 공용개시후 대략 5년 후의 추정교통량을 그 교차점의 설계교통량으로 하여 제1단계 건설을 시행할 수 있다. 그러나 이 경우 제2단계이후 최종단계까지의 건설계획에 대하여 시공순서, 용지의 확보, 유지보수 등에 대해 각별히 고려해야 한다.

교차점의 설계는 그 교차점의 교통제어방법에 따라 달라지는 경우가 많으며, 이 중 설계시 감안해야 할 기본사항은 다음과 같다.

- 자동차 전용도로 또는 이에 준하는 도로 중 지방부에 위치하는 도로의 교차점은 신호로 제어되지 아니하는 것으로 한다.
- 설계속도 80 km/h 이상의 도로는 일시정지제어를 하지 아니하는 것으로 한다. 또 설계속도 60 km/h 이상의 도로가 상호 교차하는 경우 직진교통에 대해서는 일시정지제어를 하지 않는 것으로 한다.
- 일시정지제어로 통과할 수 있는 교통량의 한계는 「교차점의 교통용량」을 참조한다(이 책에서는 생략).
- 설계차량 및 그 교통방법은 교통의 안전과 소통의 원활을 고려하여 적정하게 계획한다.

교차점 부근의 설계속도는 원칙적으로 도로의 설계속도와 동일하게 하지만, 경우에 따라서는 한 단계 낮은 설계속도를 적용할 수도 있다.

4.5.2 평면교차로의 형상 및 간격

도로는 역전광장 등 특별한 부분을 제외하고는 동일한 장소에서 평면상으로 5선 이상 교차시켜서는 아니된다. 또한 한 평면상에서 교차하거나 접속하는 경우에는 필요에 따라 회전차로, 변속차로 또는 교통섬을 설치하고, 가각부를 정리하여 적당한 시거가 확보되도록 해야 한다.

평면의 교차로에서의 주류교통은 가능한 한 직선에 가까운 선형으로 한다. 또한 주류교통의 한쪽에 다른 도로가 2개 이상 교회하지 않도록 하며, 원칙적으로 교차각은 직각에 가까운 것으로 한다. 또한 차량이 평면교차로를 안전하고 용이하게 통과하기 위하여 교차로 전방 상당한 거리에서 교차로의 존재, 신호, 도로표지가 명확하게 감지될 수 있도록 배려해야 한다.

교차로에서의 원활한 교통처리를 위해서는 도로의 교차각이 90°에 가까울수록 좋으므로, 교차로 접속부분에서 평면선형을 곡선으로 하든가, 2개의 교차로로 분리시키는 수법이 적용된다. 그 이유는 교차각을 90°에 가깝게 하면 교차로 면적이 작아져, 보행자의 횡단이 편리하고 투시가 좋아지며, 좌우회전교통의 처리가 용이해져서 결국 그 도로의 용량이 증대되기 때문이다. 따라서 단일도로로서의 선형은 다소 불량해지는 단점이 있으나 종합적으로 소통이 원활해지므로 위와 같은 수법을 적용하게 된다.

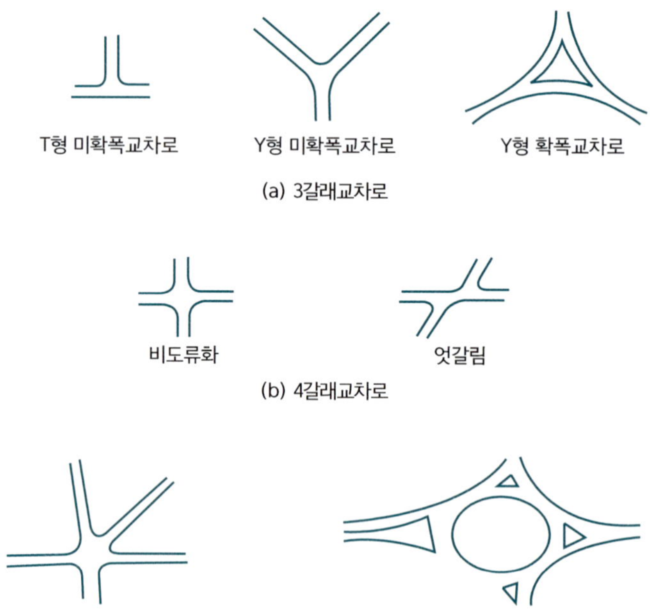

그림 4.41 평면교차로의 형태

교차로 설계 시 발생되는 교차로 인접 굴곡부에서의 곡선반지름은 경제성을 감안하여 단로부(單路部)의 곡선반지름값보다 완화하여 적용한다. 그 이유는 대부분의 운전자가 교차점 전후에서 단로부보다 주행속도를 줄이는 것이 일반적인 현상이기 때문이다.

교차로의 접속부 및 교차로 인접 상당구간의 종단경사는 될 수 있는 대로 완만하게 한다. 즉, 종단경사를 3% 이내에서 유지하는 것이 바람직하며, 공사비 관계상 부득이 3%를 넘는 경우 6% 미만이어야 하고, 이때 종단경사와 관련된 제반 설계기준이 조정되어야 한다.

또한 도로 종단곡선의 정(頂)부 또는 저(底)부 부근에는 시거확보, 가속 또는 감속상의 문제로 인하여 교차로를 두지 않는 것이 바람직하다.

평면교차로의 간격은 교통처리상 가능한 한 크게 하는 것이 바람직하다. 그 간격은 차로의 위빙(weaving)구간길이, 대기차량행렬길이, 교통안전 등으로 결정되며, 이를 위해 도로의 기능상 구분, 설계속도, 차로수 및 회전차로의 접속형태 등이 고려되어야 한다.

4.5.3 구성요소

(1) 차로폭 및 차로수

평면교차로에 좌회전차로, 우회전차로, 경우에 따라 직진차로를 부가하는 경우, 설계속도에 따라 직진차로는 3.0 m까지, 회전차로는 2.75 m까지 축소할 수 있다. 그 이유는 교차로에서 보도의 식수대, 정차대, 중앙분리대의 일부 등을 할애하여 부가차로를 설치하는 것이 바람직하기 때문이다.

주류차로는 한 방향에 대해 유입부와 유출부에 동수를 차로를 설치함을 원칙으로 하며, 결코 유출부쪽이 유입부쪽보다 주류차로의 수가 적어서는 안 된다(여기서의 유출입이란 평면교차로를 기준으로 언급한 것임).

부가차로 즉, 회전차로 및 변속차로의 폭은 3.0 m 이상을 표준으로 한다.

(2) 도류로(導流路)

도류로설계 시에는 그 교차로의 형상, 교각, 속도, 교통량 등을 감안하여 적절한 반지름, 폭, 합류각, 위치 등을 결정한다.

독립된 도류로를 설치하면 방향과 속도에 의해 교통류가 분리되어 교통류의 혼란이 감소되며, 반지름, 합류각에 문제점이 작아져 가장 안전한 경로로서 교통을 통과시킬 수 있게 된다. 도류로 형태를 결정하는 주요요소는, 이용할 수 있는 용지폭, 교차점의 형태, 설계차량, 설계속도 등이다.

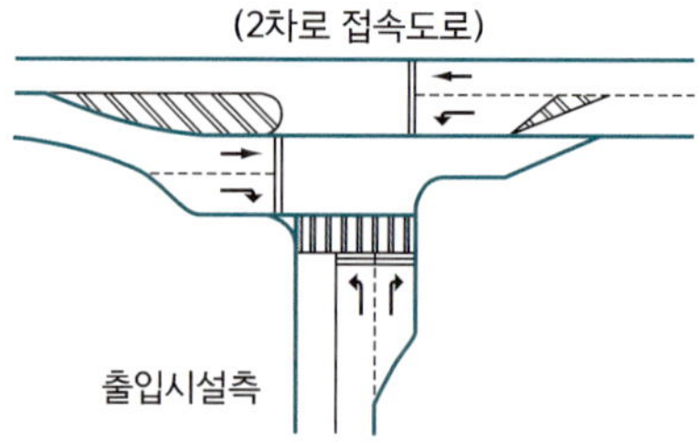

그림 4.42 좌회전 전용차로가 설치된 평면 교차로(2차로 접속도로)

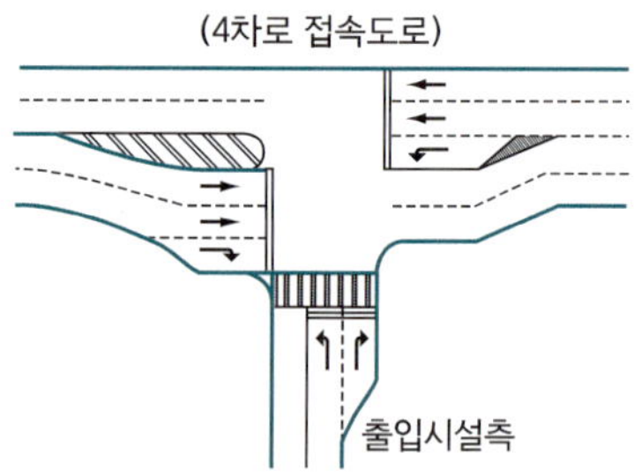

그림 4.43 좌회전 전용차로가 설치된 평면 교차로(4차로 접속도로)

(3) 부가차로

좌회전차로는 좌회전이 주류교통이 되는 특별한 경우를 제외하고는 직진 주류차로에서 독립하여 부가설치해야 하며, 단로부에서 주행차로의 일부를 좌회전차로로 해서는 안 된다. 우회전차로도 좌회전차로와 마찬가지로 주류차로에서 독립하여 부가설치해야 한다. 또한 교통량을 증대시키고 사고를 감소시키기 위해 변속차로(가감속차로)를 설치하기도 한다.

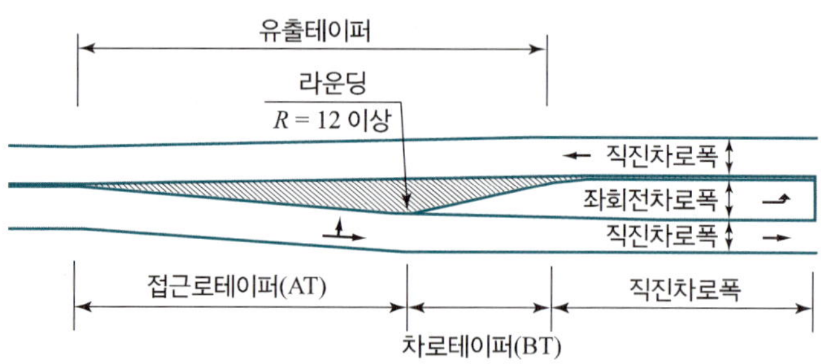

그림 4.44 좌회전 차로의 구성

(4) 교통섬 및 분리대

교차로에서의 도류화를 꾀하고 교통류를 안전하고도 원활하게 유도하기 위하여 교통섬 및 분리대를 설치한다. 분리대를 설치하면 교통용량이 증대하고 U－turn, 좌회전 등이 방지되어

안전도가 높아진다. 교통섬은 교차로 내의 공지에 명확한 구분을 함으로써 교통의 흐름을 원활히 하고, 도로횡단자의 안전을 도모하는 효과가 있다.

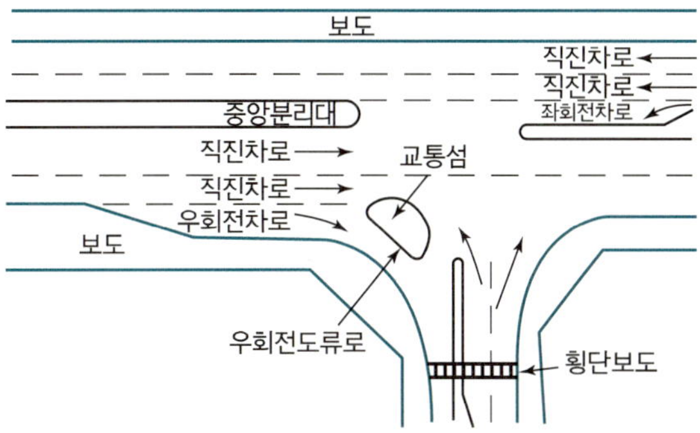

그림 4.45 교통섬과 분리대

(5) 보도 및 횡단보도

교차로 부근 보도의 유효폭은 부득이한 경우를 제외하고는 단로부의 보도폭보다 좁게 해서는 아니된다. 교차로 내와 교차로 부근의 보도상에는 도로표지를 제외한 다른 시설을 설치해서도 아니된다.

횡단보도폭의 최소값은 4. 0m로 하고, 보행자 교통량에 따라서 결정하며, 특별한 경우(도로의 폭이 6~8 m 정도로 좁은 경우)에는 2.0 m까지 축소설치할 수 있다. 한 번에 횡단해야 할 횡단보도의 길이가 너무 긴 때는 교통섬을 설치해야 하며, 교통섬의 최소폭은 1.0 m, 최소면적은 지방부 7.0 m^2, 도시부 5.0 m^2로 한다. 또한 횡단보도의 위치는 교차로의 형상, 자동차 및 보행자의 교통량 등을 종합적으로 고려하여 차도횡단거리가 가능한 한 짧고 교차면적도 최소가 되도록 정해야 한다.

4.5.4 교차로의 설계

교차로를 설계할 때에는 원칙적으로 그림 4.46의 순서에 따른다.

도시계획에서 교차로를 결정하는 경우에 우각부(모퉁이)의 반지름, 부가차로길이, 접속설치길이, 총폭원 등을 확정하여 설계된 교차로의 도로구역 외곽선이 도시계획으로 결정되도록 해야 한다. 그러나 도시계획으로 결정된 도로는 일반적으로 계획수립과 사업실시와는 시기적으로 차이가 발생하므로 모든 교차로에 대해 미리 세부설계를 하는 것은 비합리적이다. 따라서 이러한 경우에는 전형적인 교차로의 설계 예를 몇 가지 작성해 두고, 필요시 선정하여 계획에 이용하는 수법이 합리적이라 할 수 있다.

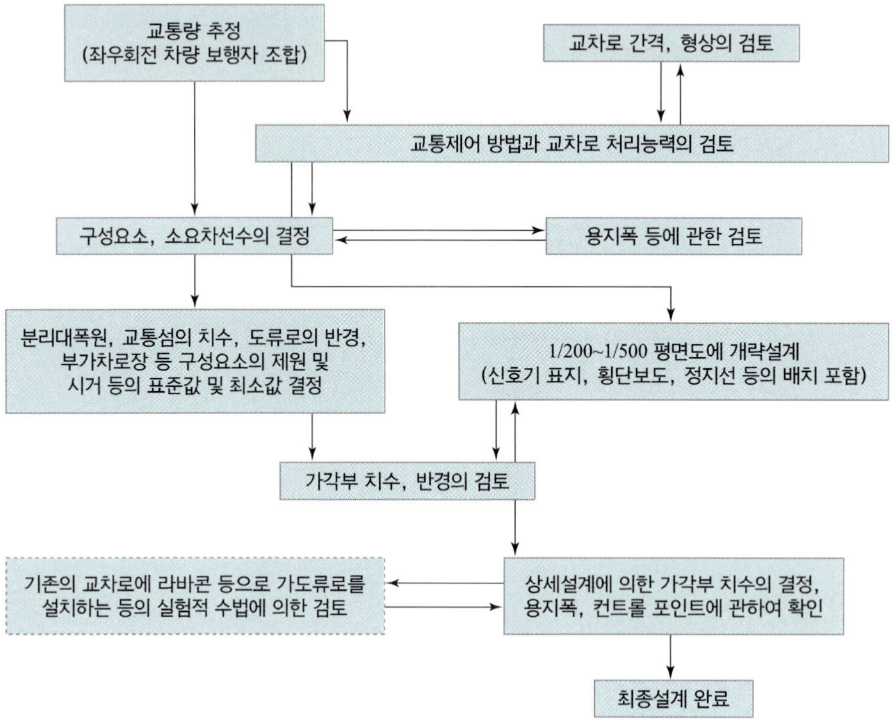

그림 4.46 교차로 설계순서

4.5.5 교통신호 교차로

교통신호 교차로는 교통표지나 노면표시 등의 비교적 소극적인 교통관제시설로는 교통류의 이동을 안전하고, 효율적으로 처리하지 못하는 지점에서 서로 다른 교통류에 대한 도로통행우선권(right of way)을 보다 분명하게 제시하기 위하여 교통관제시설(신호등)을 설치하여 교통관제를 하는 교차로를 말한다.

(1) 신호등 운영의 특성

적절하게 설치 운영되는 교통신호등은 차량과 보행자의 통제에 매우 효과적인 시설물이 될 수 있지만, 신호등에 의하여 교통류가 도로통행권에 제약을 받게 되므로 신호등의 설치 및 운영 시에는 제반사항을 조사하여 시행해야 한다.

- 질서있게 교통류를 이동시킨다.
- 직각 충돌 및 보행자 충돌과 같은 종류의 사고가 감소한다.
- 적절한 신호제어 등의 운영에 의하여 교차로의 용량이 증대된다.
- 교통량이 많은 도로에서 안전하게 차량이나 보행자를 횡단시킬 수 있다.

- 인접교차로를 연동시켜 일정한 속도로 긴 구간을 연속 진행시킬 수 있다.
- 통행우선권을 부여받으므로 안심하고 교차로를 통과할 수 있다.
- 비첨두시간 시 교차로 지체와 연료소모가 필요 이상으로 커질 수 있다.
- 추돌사고와 같은 유형의 사고가 증가한다.
- 지속적인 신호운영 등의 유지관리가 필요하다.

(2) 신호등 설치 기준

일반적으로 교차로에서 신호등 설치여부는 「도로교통법 시행규칙」에 의하여 판단하며, 그 주요사항은 다음과 같다.

① **교통량 :** 평일의 교통량이 다음 기준을 초과하는 시간이 8시간 이상일 때(연속적 8시간이 아니라도 가능함) 신호기를 설치한다.

② **보행자 교통량 :** 평일의 교통량이 다음 기준을 초과하는 시간이 8시간 이상일 때 신호기를 설치한다.
- 차량교통량(양방향) : 600대/시간
- 횡단보행자(양방향, 자전거 포함) : 150명/시간

③ **통학로 :** 학교앞 300 m 이내에 신호등이 없고, 통학시간에 차량 통행시간 간격이 1분이내인 경우에 신호등을 설치한다.

④ **사고기록 :** 교통사고가 연간 5회 이상 발생한 장소로 신호등 설치 시 사고를 예방할 수 있다고 인정되는 경우

⑤ **신호연등 :** 신호등의 설치간격이 300 m 이상으로 인접 신호등과의 연동효과를 기대할 수 없을 때 중간지점에 신호등을 설치한다.

⑥ **교차로 통과 대기시간 :** 1일 중 교통이 가장 빈번한 8시간 동안 다음 기준을 초과하는 교차로로서, 교차로 통과 대기시간이 너무 긴 경우에 신호기를 설치한다.
- 주도로 교통량(양방향) : 900대/시간
- 부도로 교통량(교통량이 많은 쪽) : 100대/시간

⑦ **어린이 보호구역 :** 어린이 보호구역 내 초등학교 또는 유치원의 주 출입문과 가장 가까운 거리에 위치한 횡단보도에는 신호기를 설치한다.

4.6 입체교차

자동차 전용도로는 완전출입제한으로 계획해야 한다. 다만 노선의 성격과 교통상황 등에 따라 부분출입제한으로 할 수 있다.

입체교차의 계획 시에는 입체교차 전후구간을 포함하여 교통처리에 관한 종합적인 검토를 한 다음 입체교차처리의 타당성과 그 구조를 결정해야 한다. 입체교차의 구조를 결정하는데 있어서는 그 교차부분에 예상되는 교통동선(動線)과 교통량 그리고 속도 등을 정확히 파악해야 한다. 또한 그 위치를 선정할 때에는 주위의 토지이용계획, 지역개발계획과 기타 유관된 모든 계획에 대하여 신중한 검토가 필요하다. 특히 고속도로의 인터체인지(Interchange)는 도로 전체의 효용에 직접적인 영향을 주므로 세밀히 검토되어야 한다. 도로에서의 입체교차는 기능면에서 다음과 같이 생각할 수 있다.

- 도로 상호의 입체교차 : 상대도로를 건너가기 위한 것
- 교차로 입체교차 : 도심지도로의 연결을 위한 입체교차 및 연결로
- 인터체인지 : 자동차 전용도로 이상의 도로(출입제한도로)와 다른 도로 또는 출입제한도로 상호간의 연결을 위한 것

4.6.1 도로 상호의 입체교차

도로시설규칙에 의하면 차로(오르막차로, 회전차로 및 변속차로는 제외)의 수가 4 이상인 도로가 상호 교차하는 경우에, 그 교차방식은 교통 또는 지형상황이 부적당한 경우만을 제외하고 입체교차로 한다고 되어 있다.

시가지 및 그 주변에서는 도로망의 구성, 입체교차의 간격, 도로의 기능을 고려하여 입체교차의 필요성을 판단해야 하는데, 대체로 어느 정도의 주행속도를 확보할 필요가 있는 간선도로(보통 4차로 이상) 상호의 교차는 가능한 한 입체교차로 하는 것이 좋다. 도심지에서는 좌우회전율이 높고 또한 가로밀도(街潞密度)가 높기 때문에 효과적인 입체교차의 건설은 곤란하므로, 통과간선도로는 별도로 설치하고(이 경우 우회도로라 칭함), 일반적으로 평면교차로 하는 것이 바람직하다.

교차하는 도로가 2차로 및 3차로 이상인 경우는 특별한 경우를 제외하고 평면교차를 원칙으로 한다. 또한 2차로 도로가 상호교차할 경우 및 그 이하의 도로가 상호교차할 경우에는 평면교차로 한다.

입체교차화의 타당성 유무는 당해 교차로에 접속되는 도로의 계획교통량을 적용하여 당해 도로의 계획수준에 합당한 주행성이 확보되겠는가를 검토함으로써 결정된다. 따라서 계획목표년도에서 입체교차화의 필요성이 예상되는 때에는 입체교차에 필요한 부지와 도로구조를 검토하고 필요한 용지를 확보해야 한다.

입체교차의 구조는 다음과 같은 원칙에 의거하여 설계한다(유형 예 : 그림 4.47 참조).

- 입체교차의 구조형식 선택 시에는 주교통류를 원활히 소총시킬 수 있는 것으로 해야 한다.
- 입체교차 및 이에 접속되는 구간의 차로수는 그 전후 구간의 차로수, 교통류의 흐름 등을 고려하여 결정한다.

• 후술하는 인터체인지 및 교차로 입체교차 설계 시에는 도로상호의 설계조건 이외에 연결로(Ramp) 또는 부도에서 안전과 원활한 교통처리를 확보할 수 있도록 고려해야 한다. 이 경우 필요에 따라 보행자, 경차량과 화물차를 분리시키는 방안을 고려한다.

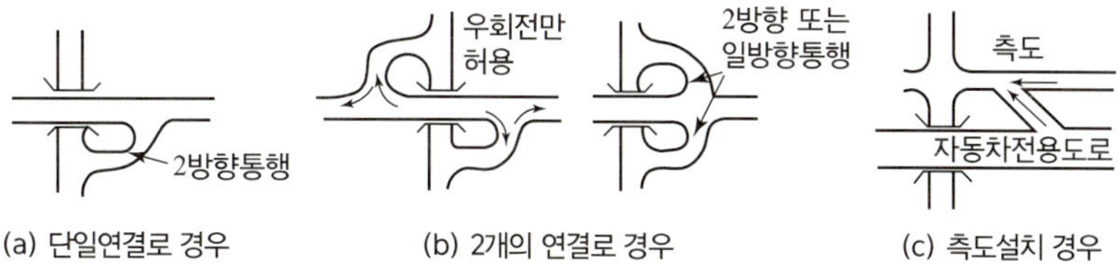

그림 4.47 교차형태

일반적으로 입체교차를 계획할 때에는 그 목적에 따라 각종 설계요인이 작용된다. 단순 입체교차에서는 교차도로가 각각 별개의 주행조건을 만족할 수 있는 기하구조를 갖춰야 하며, 주로 지형상의 요인에 교차방식이 결정된다.

고규격도로가 동급의 도로 또는 저규격도로와 입체교차하는 경우에는 도로상호간 기하구조 조건의 조정이 필요한데, 부득이한 경우에는 고규격의 것으로 조정한다. 일반적인 도로에서는 흔히 한 방향에 평면교차가 존재하게 되는데, 이때는 우선통행도로를 지하차도(Under pass) 또는 고가차도(Over pass)화시킨다.

입체교차 부근에 당해 입체교차로 증가된 교통용량을 저하시키는 평면교차가 존재할 경우 이를 연속적으로 입체화하여 그 효과를 증대시키고, 교통소통상의 안전을 도모하는 것이 좋다.

4.6.2 단순 입체교차

여기서 언급하는 단순 입체교차란 자동차 전용도로를 제외한 도로 중에서 단순한 지하차도(Under pass)나 고가차도(Over pass)를 도로의 교차로에 설치되는 입체교차와 연결로를 의미한다.

교차로 입체교차에서 입체화해야 할 교통류는 원칙적으로 교통량이 많은 방향이 되는데, 교통처리, 지형주변의 토지이용 상황, 가로의 형태, 기타 시설의 상황 및 건설비 등을 종합적으로 검토하여 결정한다.

도시 내 도로의 교차로 입체교차에 대한 형식 선정 시에는 경제적 여건을 감안하여 통상용지면적이 적게 드는 다이아몬드형 또는 그 변형된 것이 선정된다.

본선, 측도 및 입체교차 유출입부에 대한 형태는 그림 4.48과 같다. 그림에서와 같이 부도란 연결부의 일종으로 교차부 입체교차본선의 양쪽에 설치되는 것을 말한다.

입체교차 본선 중 한 방향에 대해서만 입체화하는 경우에는, 합류부에서 자동차가 원활히 합류될 수 있도록 차로수를 증가시키거나 분리대를 설치하는 등의 조치가 필요하다.

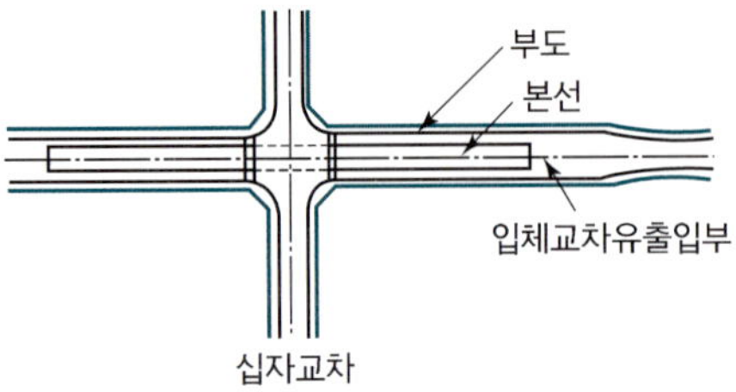

그림 4.48 일반형

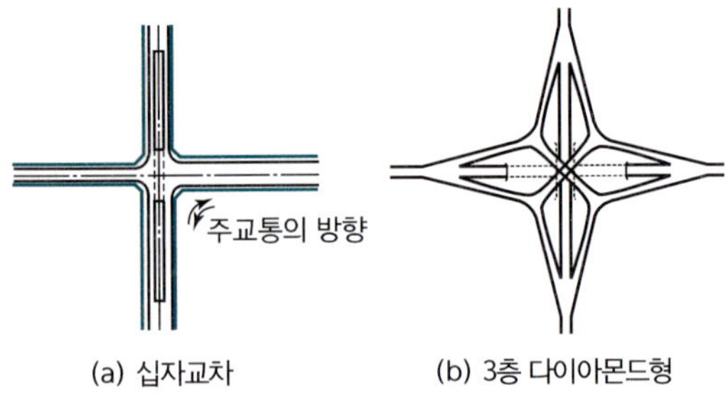

그림 4.49 변형

교통류를 원활하게 처리하려면 주교통방향을 정지없이 통과시키는 것이 원칙이지만, 기술적으로 곤란할 경우에는 상대 방향교통을 정지없이 통과시키는 편이 유리할 때도 있다(그림 4.49(a)).

도시 내에서는 어느 노선의 교통처리를 연계하여 주요교차로를 연속적으로 입체화해야 할 경우가 있는데, 이 경우 하나의 입체교차와 다음 입체교차 사이에 차량의 위빙이 생기게 되며, 위빙 길이가 적정하게 확보되도록 주의하여 계획해야 한다.

짧은 구간에 여러 개의 교차로(街路)가 있어서 이들을 하나의 입체교차로 처리하게 될 경우에는 좌우회전교통이 합류되므로 부도의 교통처리에 특별한 배려를 해야 한다.

십자교차로의 통과교통이 양방향 모두 많을 경우에는 3층 다이아몬드형도 사용하는데, 이 경우 평면교차점을 평지부에 두고 통과차도의 한쪽을 Under pass, 다른 한쪽을 Over pass로 처리하면 접속부(Approach)가 길어지지 않게 되어 바람직하다(그림 4.49(b)).

그 외에 일반적인 형태를 소개하면 그림 4.50과 같다.

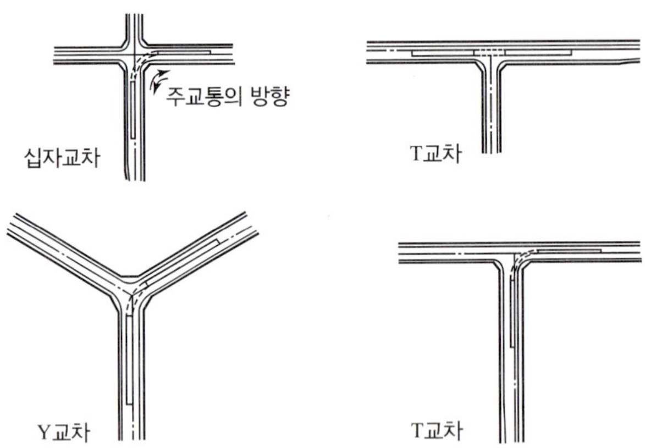

그림 4.50 다양한 형태

(1) 본선설계

입체교차부에서 본선의 횡단구성, 평면선형, 종단선형 등의 여러 요소는 도로 일반부의 설계기준에 따른다. 본선의 차로수는 자동차 주행의 안전성을 고려하여 편측 2차로 이상으로 하는 것이 바람직하나, 만약 편측 1차로로 하는 경우에는 고장차를 대피시킬 수 있을 정도의 길어깨를 포함한 폭 이상으로 해야 한다.

Under pass와 Over pass를 선정하는 기준은 지형, 지질, 경제성, 공사시공의 난이도 및 주위 경관과의 조화 등을 들 수 있다.

참고로 이들의 장단점을 비교하면 다음과 같다.

- 교차가로 입체부에서의 폭이 좁으면 Over pass쪽이 저렴하다.
- Under pass의 경우 옹벽 및 교대공, 굴착을 위한 지장물의 이설, 흙막이공으로 공기가 길어지고, 공사비도 추가소요될 우려가 있다.
- 공용 후의 유지관리면에서 Under pass의 경우에는 쓰레기 등이 쌓여 배수가 불량해지기 쉽고, 유지관리비가 의외로 많이 든다.
- 미관 및 소음발생을 고려하면 Under pass 쪽이 유리하다.

(2) 측도설계

측도의 횡단구성, 평면선형, 종단선형도 도로 일반부의 기준에 따른다. 그 폭은 교차부에서의 좌우회전 교통량에 따라 정해야 하지만, 자동차의 정차를 고려하여 적어도 1차로에 정차대가 포함된 폭 이상으로 해야 한다.

측도와 교차로는 평면교차로 하며, 좌회전 교차차량이 상당할 것으로 예상되면 교차부에 좌회전차로를 확보하는 것이 효과적이다(그림 4.51).

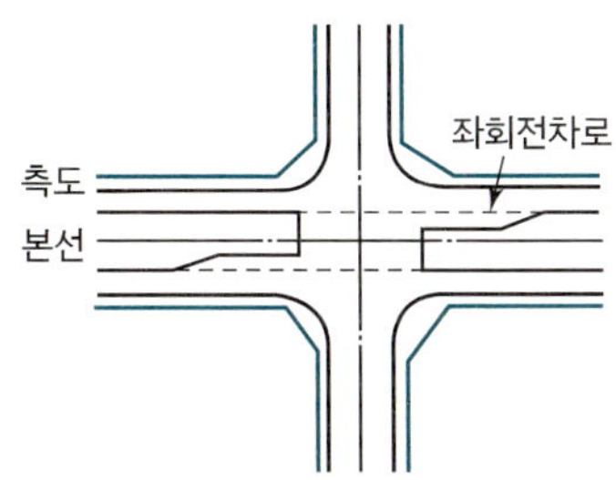

그림 4.51 입체교차 평면에서 좌회전 차로설치

(3) 입체교차 유출입부 설계

입체교차 유출입부란 본선이 측도와 접속하는 부분의 근처를 말하는데, 여기서 교통의 유출입구가 이루어진다. 일반적으로 입체교차부에서는 단로부보다 차로수가 많게 되어 차로의 확폭구간을 설치하는 것이 통례이다.

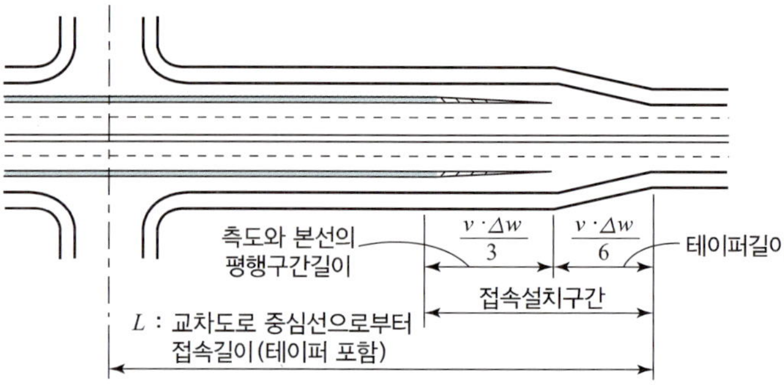

(a) 평면선형

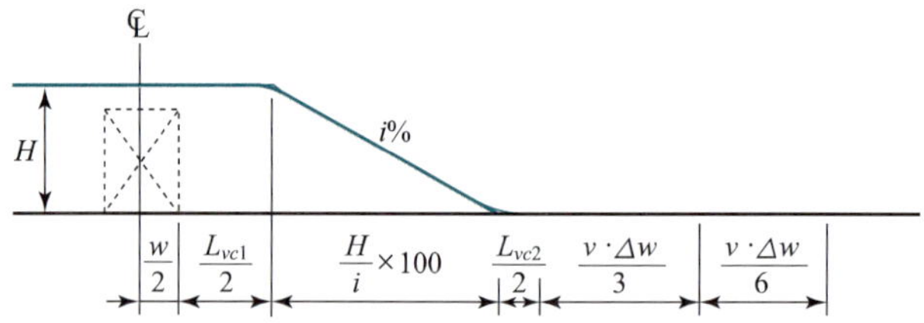

(b) 종단선형

그림 4.52 입체교차 유출입부의 접속

① 입체교체 유출입부에서 확폭 설치는 안전하고, 원활한 교통류가 확보되도록 완만한 곡선의 연속으로 처리한다.

② 입체교차 유출입부에서 자동차의 유도성을 고려하여 원활한 교통흐름을 유도해야 한다.

유출입부에서는 일반적으로 교통사고가 빈번하게 발생하는 경향이 있는데, 자동차 주행의 안전성을 확보하기 위하여 입체교차의 식별을 빠르게 하고, 시선유도에 대한 조치를 강구하기 위하여 다음과 같은 방법을 고려할 수 있다.

① 유도성이 좋은 안내표지를 설치한다.

② 분리대를 식별하기 쉬운 구조로 하고, 교통분리 및 노면표시를 충분히 길게 한다.

③ 유색 포장 등으로 교통류가 분리되기 쉽도록 배려한다.

④ 지하차도의 경우 종단방향의 유도성을 좋게 하기 위하여 그림 4.53과 같이 높이를 본선 노면에 맞추어 설치한다.

일반적으로 입체교차부에서는 본선보다 차로수가 많아지므로 차로의 확폭 구간을 설치해야 한다.

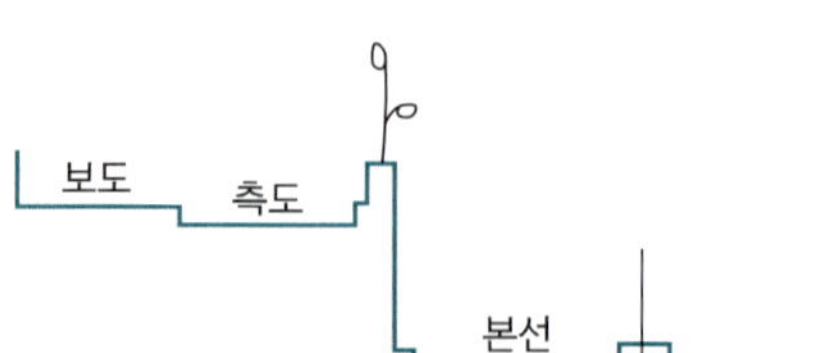

그림 4.53 Under pass 구간 단면

4.6.3 인터체인지

여기서 언급하는 인터체인지란 입체교차 구조와 교차도로 상호간의 연결로를 포함하는 도로의 부분이다. 앞에서 설명한 교차점 입체교차가 주로 도시부의 교차점을 대상으로 하는데 대해 여기서는 주로 출입제한도로와 타도로와의 연결 혹은 출입제한도로 상호의 연결을 위하여 설치되는 도로의 부분을 말하며, 설계방법은 출입제한이 없는 지방지역 간선도로의 입체화에도 적용된다.

(1) 인터체인지의 위치선정

인터체인지는 건설비가 고가이고, 그 세력권 내에서의 지역계획, 도시계획, 토지이용계획, 각종 개발계획 등에 미치는 영향이 크기 때문에 이를 계획할 때에는 그 설치위치와 간격에 대해 신중히 검토해야 한다. 인터체인지가 설치되는 도로가 유료도로인가 무료도로인가에 따라서 그 계획은 상당한 차이가 있다. 유료인 경우에는 당해 인터체인지의 수지타산, 유지관리 등 경제성에 대한 타당성 분석이 매우 중요한 역할을 차지한다.

인터체인지 계획에 있어서는 노선선정 시와 마찬가지로 우선 개략적인 위치를 선정하고, 이를 다시 세부적으로 검토하여 교통조건, 사회적 여건, 자연환경 등을 만족할 수 있도록 수정해야 한다.

인터체인지의 위치결정 시에는 이를 이용하는 교통과 이를 설치하는데 소요되는 공사비 검토, 인접하는 인터체인지와의 간격, 연결도로의 선정, 신설연도지역의 개발효과 등에 대한 검토가 필요하다. 실제로 고속도로의 인터체인지는 공업지대 또는 대도시 주변에서 5~10 km, 평지로서 소도시가 간간이 존재하는 경우에는 15~25 km, 산지부에서는 20~30 km 정도의 간격으로 설치하고 있다.

따라서 이와 같은 점을 감안하여 인터체인지를 배치하고 다음 순서에 따라 검토한다.

- 주요도로와의 교차점에 인터체인지 설치를 고려한다.
- 인터체인지를 이용할 것으로 예상되는 지역 내의 인구가 대략 5만 명 이상일 때 설치를 고려한다.
- 중요한 항만, 비행장, 유통시설, 중요한 관광지와 연결된 도로와의 교차점에서는 인터체인지의 설치를 검토한다.
- 하나의 인터체인지가 몇 개의 도시와 연결, 이용되는 경우에는 교통 및 경제성을 감안하여 가장 유리한 위치에 그 배치를 계획한다.
- 이미 계획된 인접 인터체인지와의 간격을 조사한다. 최소간격은 인터체인지본선상에 점유하는 길이를 제외한 순간격으로 산정할 때 인터체인지간에 생기는 위빙의 처리와 도로표지 설치에 필요한 길이를 감안하면 1.5~4 km 정도가 적당하다. 특히 시가지에서는 도로망 전반에 대해 검토해야 한다. 또한 최소간격은 도로의 관리운영상의 문제와 도로의 효용상 2~30 km가 바람직하다.

- O.D 조사결과로부터 각 인터체인지의 이용교통량을 개략적으로 추정하여 경제적 타당성을 검토한다.
- 상기 각 사항을 상세히 검토하고, 인터체인지를 1개 지역에 복수로 설치해야 하는가 혹은 1개의 인터체인지를 기능에 따라 2개로 분산시켜야 하는가 등을 검토한다.
- 지형에 알맞은 형식을 선정하고, 인터체인지의 출입방법을 가급적 통일하며, 교통의 안전성과 원활한 교통소통이 확보되도록 배려한다.

(2) 인터체인지의 형식과 그 선정

인터체인지는 교차하는 도로의 교차부를 입체화하고, 이들 도로를 상호연결하는 시설이므로 교차하는 본선도로와 이를 서로 접속시키는 연결로(Ramp)로 구성된다.

인터체인지 형식선정과 교통운영상의 문제를 해결하기 위해서는 당해 지점에서 발생되는 교통동선을 3차원적으로 분석해야 한다.

2개 교통류의 결합관계는 '분류', '합류', '위빙', '교차' 등 네 가지 기본형이 있으며, 이들의 조합에 따라 인터체인지 형식이 달라지게 된다. 연결로는 본선차도와의 결합형태에 따라 몇 개의 '기본형'이 있으며, 이것도 인터체인지의 형식을 결정하는 요소가 된다.

2개 도로의 결합형태에 따른 차로수결정원칙은 다음과 같다.

도로의 분류(유출) 시에는 분류 후 차로수의 합이 분류 전의 차로수보다 한 개 차로가 많아야 하며, 지형상황 등으로 부득이한 경우 같게 할 수 있다.

도로의 합류(유입) 시에는 합류 후의 차로수가 합류 전의 차로수의 합과 같아야 한다. 다만 지형 상황 등으로 부득이한 경우 합류 후의 차로수는 합류 전의 가로수의 합보다 한 개 차도가 적은 차로수로 할 수 있다.

연결로의 기본형은 대별하면 좌회연결로와 우회연결로이며, 좌회연결로는 다시 4개의 연결로 형식으로 분류되고, 이들의 조합으로 각종 인터체인지가 형성된다. 연결로의 기본형과 그 특성은 표 4.26과 같다. 인터체인지의 형식을 분류하는 방법에는 몇 가지가 있으나 가장 기본적인 분류법은 다음과 같다.

- 교차접속하는 도로의 지수(枝數)에 의한 분류
  - 2지교차
  - 4지교차
  - 다지(多枝)교차(5지 이상)
- 교통동선의 처리방법에 의한 분류
  - 불완전 입체교차형
  - 위빙형
  - 완전 입체교차형(평면교차가 없고 연결로가 독립된 형)

표 4.26 연결로 기본형식과 특징

형식명	진행방식		특징
우직결 연결로 (Right - direct Ramp)	본선차도의 우측에서 분류하여 그대로 우회전한다.	 (SS)	우회연결로의 기본형식으로 이 기본형식 이외의 변형은 원칙적으로 사용되는 일은 없다.
루프 연결로 (Loop Ramp)	일단 본선차도의 우측으로 나간 후 약 270° 회전하여 좌회전한다.	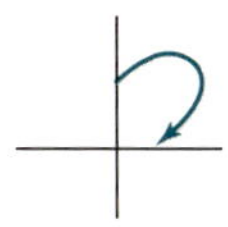 (SS)	• 새로운 입체교차 구조물을 설치하지 않고도 접속가능하다. • 원곡선 반지름에 제약이 있으므로 주행 시 속도가 저하된다. • 원하는 진행방향에 대하여 부자연한 주행궤적을 그리기 때문에 운전자가 혼돈할 우려가 있다. • 설계속도가 낮게 억제되므로 교통용량이 적은 곳에 적합하다.
준직결 연결로 (Semi - direct Ramp)	일단 본선차도의 우측으로 나온 후 완만하게 좌측으로 방향을 전환하여 좌회전한다.	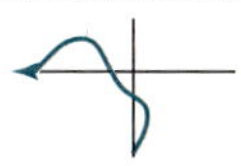 (SS) 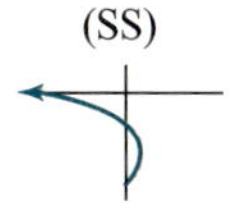 (SD)	• 주행궤적으로서는 그다지 목적방향과는 어긋나지 않는다. • 비교적 큰 평면선형이 취해진다. • 입체교차 구조물이 필요하게 된다. • 우측유출이 원칙적인 고규격의 도로에 사용된다.
좌직결 연결로 (Left - direct Ramp)	본선차도의 좌측에서 직접 분기하여 좌회전한다.	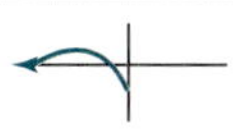 (DS) 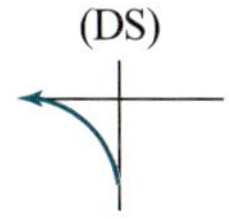 (DD)	• 보다 고속인 좌측차선에서 분합류하므로 교통상 위험하다. • 본선차도의 좌우로 연결로가 존재하며 불필요한 위빙이 생긴다. • 고속도로 상호접속과 같이 대량, 고속의 교통처리의 경우나 좌회전 교통이 주류인 때에 사용된다.

주) 1. 3갈래 교차의 경우는 본선으로 합류 또는 본선으로부터 분류부의 위치가 좌측이라면 준직결연결로, 우측이라면 직결연결로라 한다.
2. 표 중 S는 본선우측의 분합류부, D는 본선좌측의 분합류부가 있는 것을 나타낸다.

여기서는 인터체인지의 기능적 특성 및 적용성을 평가하기 위하여 상기 분류별로 인터체인지의 기본성질과 특성에 대해 세부적으로 설명한다.

① 불완전 입체교차형

평면교차(본선차도와 연결로의 교차 또는 연결로 상호교차)하는 교통동선이 1개소 이상 있는 형식을 말하는데, 규격이 다른 도로(예를 들면, 자동차 전용도로와 일반도로)가 교차할 경우에는 어느 한쪽에만 설치하는 것이 적합하다. 또 이 형식은 교통특성이나 지형에 맞도록 다양하게 변화시킬 수 있는 장점이 있으나, 본선 및 연결로 교통의 정지가 요구되어 교통의 연속성과 안전측면에서 보면 만족스럽지 못하다. 그러나 경제성을 감안하여 종합적으로 판단하면 이 형식은 소요부지 및 건설비가 적게 들고, 우회거리 단축으로 일단정지에 의한 시간손실 및 교통용량도 어느 정도 보완되어 그 특성을 잘 이용하면 효과적일 수 있다.

이 형식은 여러 종류가 있으나 실용성이 높은 것은 다이아몬드형, 불완전 클로버(Partial Clover Leaf)형, 4지교차 트럼펫형, 3지교차 직결형 등이 있다.

• 다이아몬드형

4지교차 인터체인지의 대표적인 형식 중의 하나이다. 가장 단순한 형으로 소요부지가 작게 들고, 건설비도 형식에 비해 비교적 저렴하며, 교통의 우회거리가 가장 짧아 교통경제상 유리하지만, 교차도로와 연결로 접속부분에서 평면교차로 인한 병목 현상(Bottle Neck)이 되기 쉬운점이 결점이다.

그림 4.54(a)는 보통형인데, 접속도로상에 인접하여 2개의 좌회전 평면교차부가 생겨 한쪽 교차부에서의 교통정체가 다른 쪽에 영향을 미치기 쉬우므로 교통용량을 증대시키기 위해서는 고도의 신호처리가 필요로 한다.

접속도로의 교통용량을 늘리기 위해서는 그림 4.54(b), (c)와 같은 분리형을 택하는 것이 바람직한데, 통과도로와 직각으로 교차되는 접속도로를 2선으로 분리하면 2선 모두 2방향 통행으로 한 것이 (b)이고, 각각 1방향통행으로 한 것이 (c)이다.

다이아몬드형의 단점인 인접한 2개의 십자로에서 발생하는 교통장애와 위험을 배제하기 위해서는, 평면교차부에 교통섬을 설치하여 도류화하는 방법이 있다.

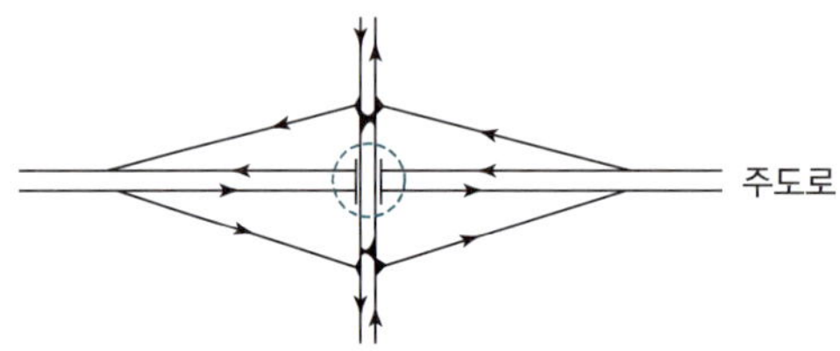

(a) 보통형

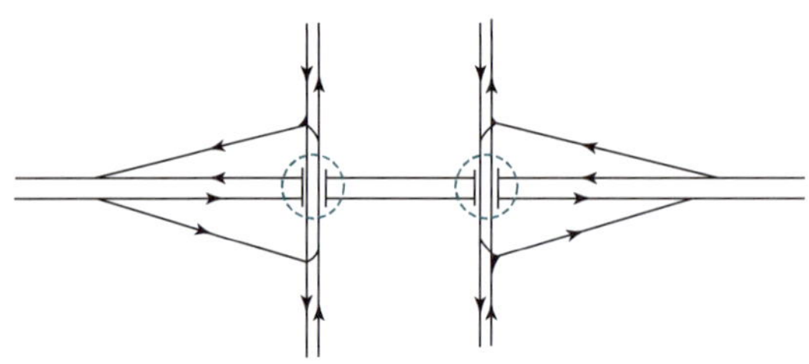

(b) 분리형(2방향)

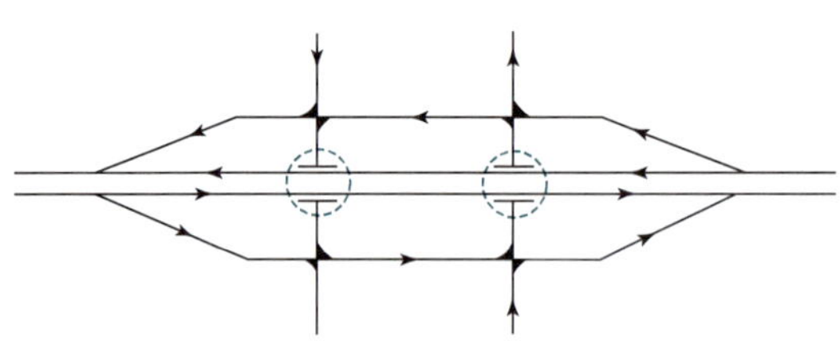

(c) 분리형(일방통행)

그림 4.54 다이아몬드형

자동차 전용도로 및 이에 준하는 도로로서 도시부에 위치한 경우 본선 상호간의 인터체인지는 완전입체교차를 원칙으로 하나, 가로와 접속하는 인터체인지는 단순한 다이아몬드형 또는 그 변형이 많이 사용된다. 가로에 출입로를 배치할 때는 가로의 폭, 교차점, 교통상황 등을 충분히 고려해야 한다. 접속도로의 일반적인 형식은 그림 4.55와 같다.

Center Ramp 형식은 비교적 속도가 높은 좌측자로에 분합류하고 본선의 선형도 S자형이 되어 교통운영상 좋지 않지만, 가로의 운용면에 중점을 둘 경우에는 Center Ramp 형식으로 하여 가로의 중심선 가까이에 접속시키는 편이 바람직하다.

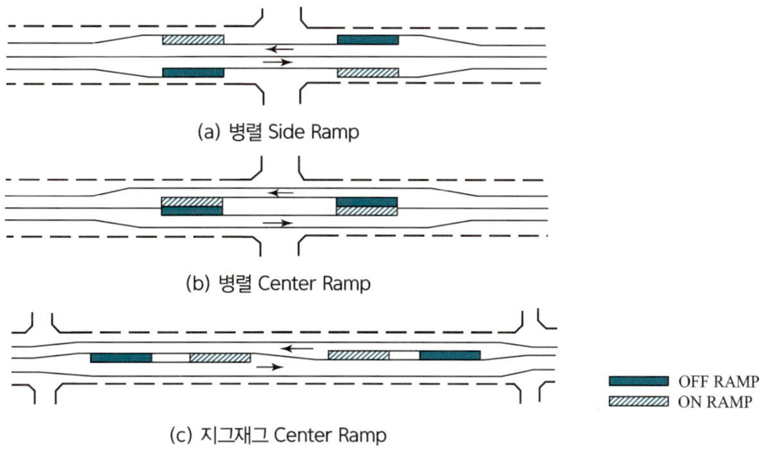

그림 4.55 자동차 전용도로 이상 도로의 가로접속 램프

• 불완전 클로버형(Partial Clover Leaf)

이 형은 4지교차에서 가끔 사용되며, 다이아몬드형보다 건설비는 많이 들지만, 그 특징을 살리면 교통용량이 증대될 수 있다. 이 형은 연결로의 배치방식에서 볼 때 기본적으로 세 가지를 들 수 있다(그림 4.56).

그림에서 W－E 방향이 통과도로(상급도로 혹은 주요도로), N－S 방향이 교차 접속도로이다. A형은 대각선 배치로서 통과도로의 출구는 교차도로를 지나기 전에 위치하며, B형도 대각선 배치지만 입구가 교차도로를 지나서 위치한다. AB형은 통과도로에서 볼 때 좌우대칭을 이루며 교차도로의 한쪽에 연결로가 있다.

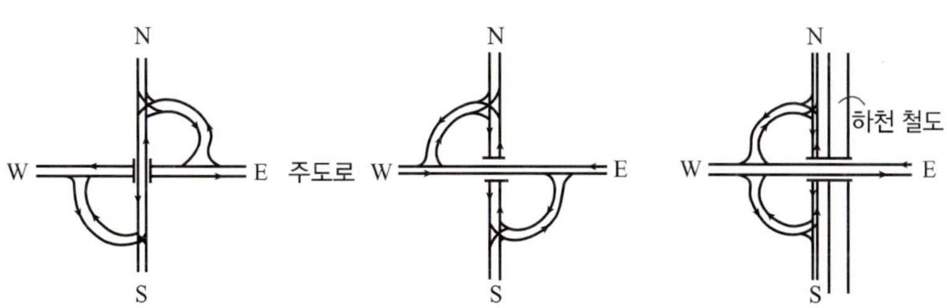

그림 4.56 불완전 클로버형

일반적으로 어느 한쪽 방향의 교통량이 많을 때는 그 방향을 연결하는 상한과 대각선의

상한에 연결로를 배치하여 평면교차부에서 타교통동선을 횡단하지 않고 가장 많은 교통량을 처리토록 한다.

A형 또는 B형에 우회연결로(직결로)를 부가처리하여 4상한을 모두 사용토록 하면 평면교차가 적게 된다(그림 4.57). A형은 W－S간 또는 E－N간의 교통량이 많고 교차도로의 교통량이 비교적 많지 않을 때 적당하다. B형은 W－N간 또는 E－S간의 교통량이 많을 때에 사용되며, 교차도로의 교통량이 많을 때는 직결로를 설치한 C형을 택한다.

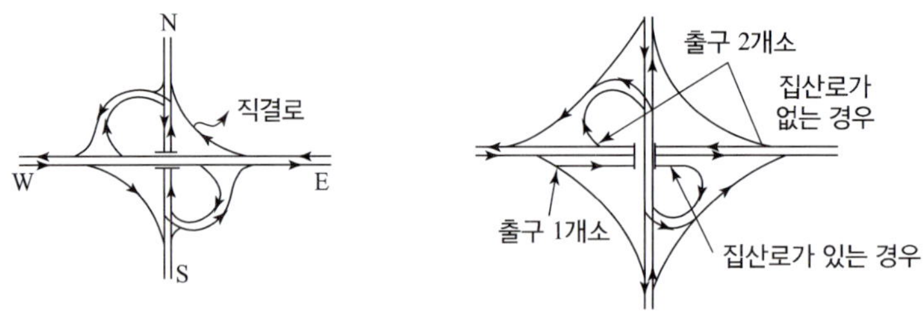

(a) C형 (b) D형

그림 4.57 (b)에 직결로가 부가된 불완전 클로버형

직결로가 설치된 경우 C형은 교차도로에서의 좌회전수가 줄어들지만, D형은 이러한 점이 개선되지 않아 우회전 연결로의 곡선반지름이 증대하는 것 외에는 특별한 이점이 없다.

AB형은 교차도로의 한쪽에 하천, 철도 등이 근접해 있을 때 사용하는데 A형, B형의 단점을 반씩 갖고 있다. 불완전 클로버형은 다이아몬드형에 비해 우회거리의 증가로 주행비용이 증대되고, 용지비 및 공사비도 높아 일반적으로 불리하나, 연결로를 적절히 배치하면 교차도로상에서의 좌회전을 우회전으로 전환시킬 수 있어 평면교차점의 교통용량을 증대시킬 수 있다. 또 불완전 클로버형은 완전 클로버형으로 개량하기 쉬우므로 장래를 고려한 단계건설로서 채택할 수 있다.

• 4지교차 트럼펫형

그림 4.58은 트럼펫형을 4지교차에 적용한 가장 일반적인 경우로서, 규격이 다른 도로가 교차할 때 고규격도로에 대해서는 완전입체의 3지교차방식을 사용하고, 저규격도로에서는 평면 3교차로 처리한다. 이 형은 유료도로에서 요금징수시설을 2개소에 집약시킨 때에나 연결교통의 방향성이 아주 명확할 때(고속도로와 도시간연결 국도의 교차 등) 적용된다.

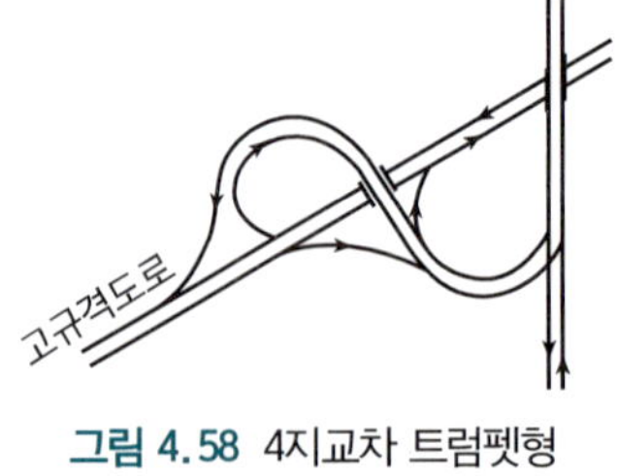

그림 4.58 4지교차 트럼펫형

• 3지교차 직결형

3지교차로 본선상에 평면교차를 일부 허용하는 직결형은 자동차 전용도로를 제외한 도로가 지방부를 통과하는 경우 주요한 Y형교차지점이나 우회도로의 분기점 등에 적용된다. 여기에는 입체화된 준직결연결로(Over pass 또는 Under pass)를 통하여 본선에 합류시키는 합류형과 본선에서 분류시키는 분류형이 있다(그림 4.59).

그러나 이 형은 본선상에서 본선의 양방향 교통소통에 지장을 주며, 평면교차되어 교통의 지체와 사고의 잠재적 요인을 안고 있으므로 공사비를 증대시키더라도 기존도로를 일부 개수하여 그림 4.60과 같은 직결 Y형을 채택하는 것이 좋다. 또 연결로의 교통량이 적을 때에는 그림 4.61과 같이 준직결연결로를 상호 평면교차로 하는 3지 다이아몬드형을 선택할 수도 있다.

3지교차직결형은 출입교통량이 적은 일반도로의 인터체인지에 적용해도 되나, 평면교차부가 연결로경사부에 인접해 있어(Over pass 또는 Under pass 직후) 교통상 위험하므로 채택 시 신중한 검토가 필요하다. 직결로와 준직결로의 차이는 직결로의 선형은 본선의 설계기준에 의한 것이고, 준직결로는 본선의 설계기준에 훨씬 미달하는 선형을 갖는다.

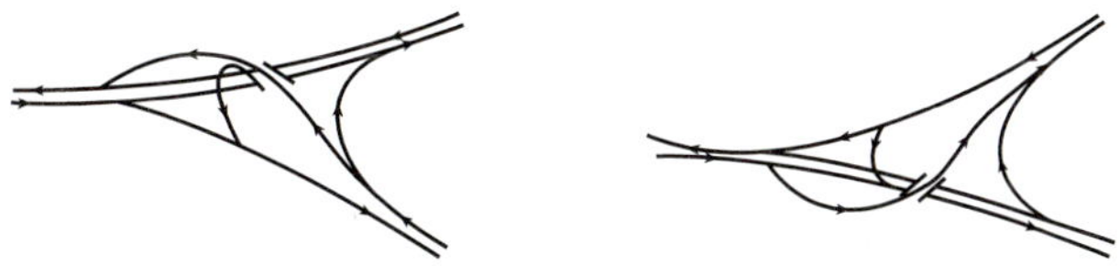

(a) 준직결 Y형(합류형)　　(b) 준직결 Y형(분류형)

그림 4.59

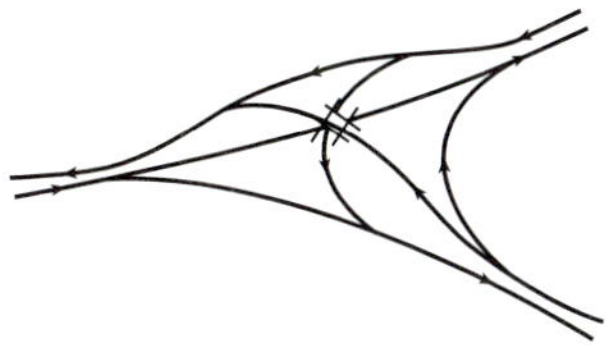

그림 4.60 직결 Y형

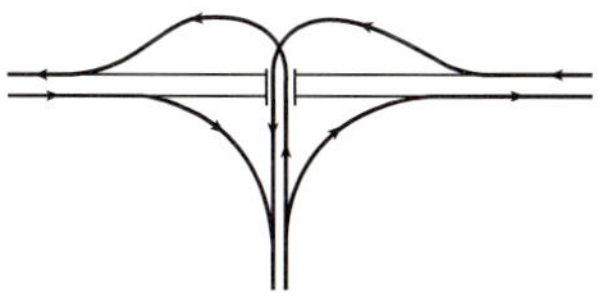

그림 4.61 3가지 다이아몬드형

② 위빙형

이 형식은 평면교차는 없고 연결로를 부분적으로 겹쳐서 위빙이 되도록 하는 형이다. 이의 대표적인 형식으로 로터리형, 직결Y형의 변형된 것이 있다.

• 로터리형

5지로 이상의 교차로서 인터체인지를 형성하면 교통동선이 많이 복잡해져서 비효율적이기 때문에 이를 2개 이상의 교차로 분리하여 1개소에 4선 이상의 분지(分枝)가 모이지 않도록 설계한다. 그러나 여건상 이렇게 처리할 수 없으면 위빙을 수반하는 로터리형을 채택하게 되는데, 위빙 구간을 길게 잡을 수 없어 교통량이 적은 경우에만 적용된다(그림 4.62).

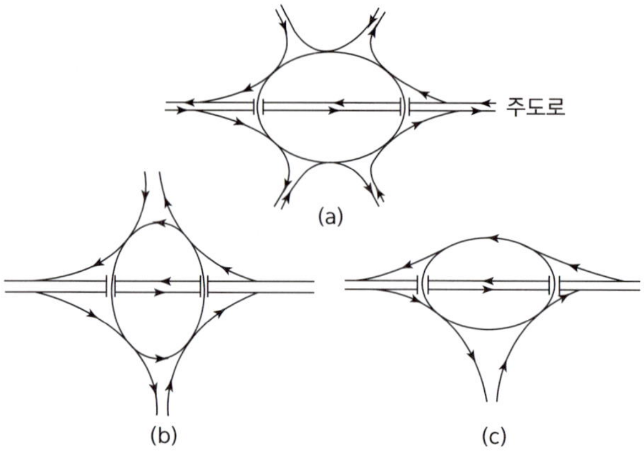

그림 4.62 로터리형

• 기타

그 외에 완전 입체교차형인 직결 Y형의 직결조회연결로를 위빙으로 처리한 직결 Y형의 변형이 있다. 그림 4.63은 b에서 c방향의 입체접속을 없애고 전체를 위빙으로 처리한 것이다. 이 형은 위빙 길이를 충분히 확보해야 하고, U-turn의 반지름이 작아 교통운용상 좋지 않으며, 많은 부지를 필요로 하므로 바람직하지 못하다.

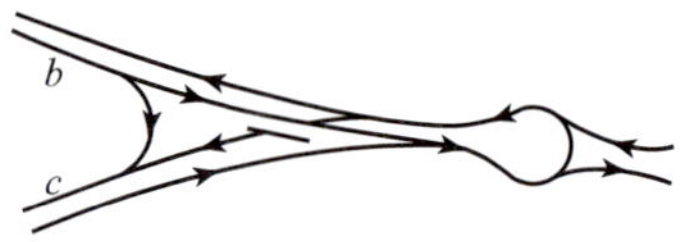

그림 4.63 직결 Y형의 변형

③ 완전입체교차형

이 형식은 평면교차를 포함치 않고 연결로가 독립되어 있는 형으로서, 인터체인지의 기본형이고 설치목적에 가장 부합되는 형이다. 그러나 일반적으로 공사비가 많이 들고 부지도 많이 소요되어 채택여부에 대한 신중한 검토가 필요하다.

• 3지교차 직결형 또는 준직결형

직결연결로 또는 준직결연결로를 사용하여 구성된 형식을 총칭하여 직결형이라 한다. 직결 Y형(그림 4.64)은 3방향 모두의 접속이 직결연결로에 의하는 것으로, 일반적으로 고규격 도로 상호접속 시 적용된다.

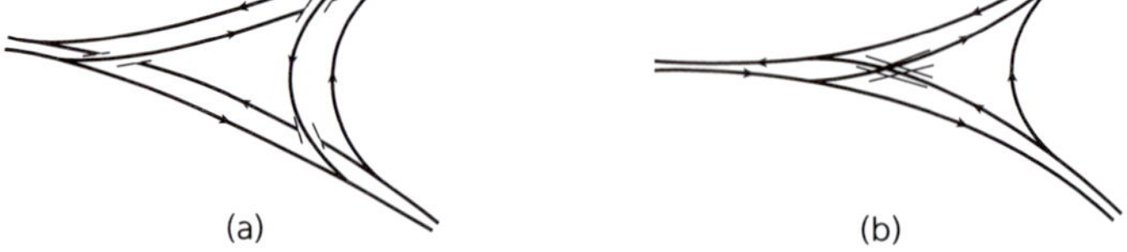

그림 4.64 직결 Y형

각 분기 상호간의 거리를 상당하게 확보했을 경우에는 (a)와 같은 차도의 교차가 3개의 2층구조물(Over pass 또는 Under pass)로서 분산되어 처리되는데, 지형, 용지조건상 제약으로 규모를 축소시켜 통합시켜야 할 경우에는 (b)와 같이 교차를 한 곳에 모아 3층입체구조물로 처리한다. 그런데 이 직결형은 좌측에서 분기하므로 공간을 확보하기 위해 왕복차도를 넓게 분리해야 하고, 용지도 과대하게 소요되며, 통과차도의 선형이 불량하게 될 소지도 있어 일반적으로 적용되지는 않는다.

준직결연결로를 사용한 준직결 Y형은 고규격도로와 일반도로와의 접속에 사용된다(그림 4.65). (a)는 입체교차구조물을 3층으로 한 것이고, (b)는 부지를 넓게 하여 2층 구조물 3개로 분산시킨 것이다. 이 형식은 고규격도로로 상호교차 시 한쪽이 주류인 경우 적용되며, 직결 Y형에 비해 주행성은 다소 떨어지지만 왕복차도를 넓게 분리하지 않아도 되어 부지가 작게 소요된다. 보통 루프를 사용하지 않는 직결형, 준직결형에서는 그 형의 결정은 평면선형보다 오히려 종단선형의 제한, 즉 입체교차 시 발생되는 고저차에 의해 결정되는 수가 많다.

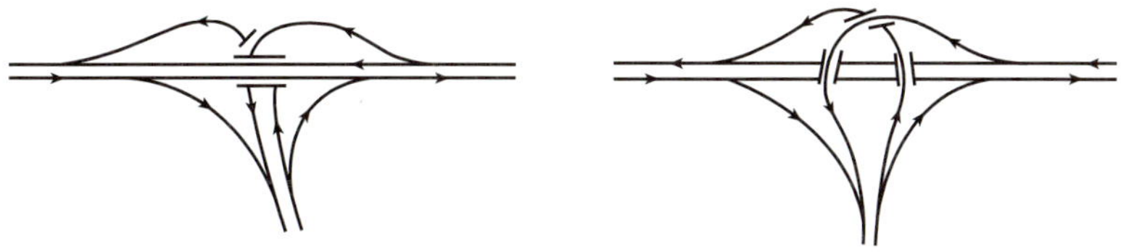

(a) (b)

그림 4.65 준직결 Y형

• 4지교차 직결형

고속도로를 포함한 고규격도로 상호간의 십자형 접속 시에는 변형 클로버형과 전직결형 및 그 변형된 것이 적용되는데, 모두 한 개 이상의 직결 또는 준직결로를 갖고 있으므로 직결형이라 할 수 있고, 원하는 방향과 양호한 곡선으로 좌회전교통을 처리할 수 있는 반면에 공사비가 증대된다.

따라서 처리교통량과 경제성을 충분히 검토하여 적용해야 하는데, 통상 적용되는 예를 소개하면 그림 4.66과 같다.

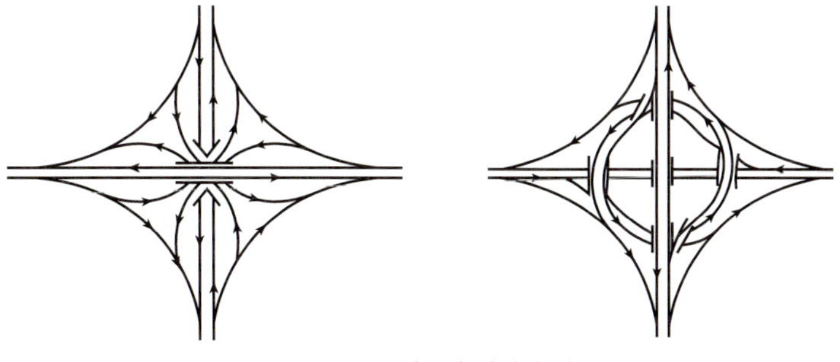

그림 4.66 4지교차 직결형 예

• 3지교차 트럼펫형

3지교차의 대표적인 완전 입체교차형으로 트럼펫형이 있다. 이 형은 루프를 유입연결로로 사용하는 형(그림 4.67(a))과 루프를 유출연결로로 사용하는 형(그림 4.67(b))으로 나눌 수 있다. 연결로는 Over pass 또는 Under pass로 본선을 통과한다(그림 4.67).

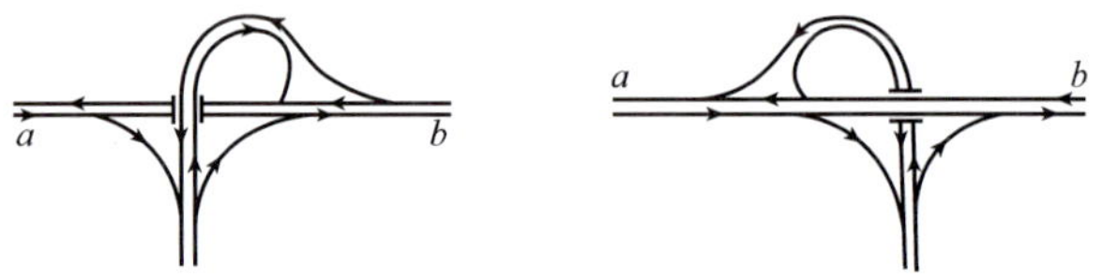

그림 4.67 3지교차 트럼펫형

(a)와 (b)의 선택에 있어서는 양호한 선형과 시거가 확보되고, 기하구조가 어느 수준 이상만 되면 교통의 안전과 주행면으로는 우열을 판정하기 어렵기 때문에 소량의 교통처리에 루프를 사용하는 것으로 그 형을 결정한다. 그림에서 a에서 b 방향이 고규격도로인 경우 루프를 유입측에 사용하는 것이 일반적이다. 이 형식은 고속도로 상호간의 접속에는 거의 드물게 적용된다.

트럼펫형을 십자교차에 사용하는 경우에는 접속도로의 교차부도 동시에 입체화하는데, 트럼펫형 2개를 사용한 2중 트럼펫형으로 하든가 또는 준직결Y형과 트럼펫형을 조합시켜 4지교차의 완전 입체교차접속형으로 만든다. 다만 2중 트럼펫형은 접속도로부 측에서 일부 위빙이 발생하고, 우회거리가 길어지는 단점이 있는데, 요금징수소를 집약시킬 수 있으므로 폐쇄식 영업체계 유료도로에 자주 적용된다(그림 4.68).

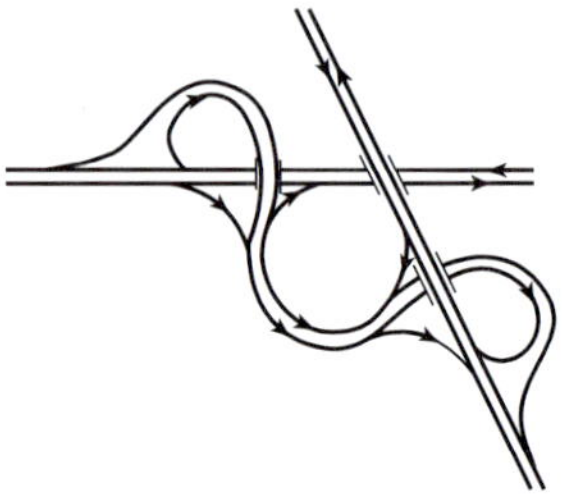

그림 4.68 2중 트럼펫형

• 클로버형

클로버형은 4지교차로서 평면교차를 포함하지 않는 완전 입체교차형의 기본형이다. 기하학적으로 대칭이고, 미관도 좋으며, 입체교차 구조물도 1개로 구성할 수 있는 장점이 있다.

단점으로서는

- 부지가 많이 소요된다.
- 좌회전차량이 루프를 타고 크게 회전하므로 평면선형의 곡선반지름을 크게 할 수 없으며, 운전자가 방향감각을 상실하기 쉽다.

- 진행하면서 출구 → 입구 → 출구 → 입구가 연속적으로 나타나므로 운전자가 이를 판단하는데 주의를 집중해야 하며, 안내표지 설치에 각별히 주의해야 한다.
- 인접한 2개의 루프간에 위빙이 생겨 용량 및 안전상으로 바람직하지 못하다.

위빙을 본선에서 제거하려면 집산로를 설치하면 되는데, 이 경우 위빙의 용량을 20~35% 증가시킬 수 있다.

클로버형은 광활한 부지를 필요로 하므로 도시부에서는 거의 적용되지 않으며, 지방부 또는 도시 주변의 고속도로와 주요간선도로와의 접속에 적합하다(그림 4.69).

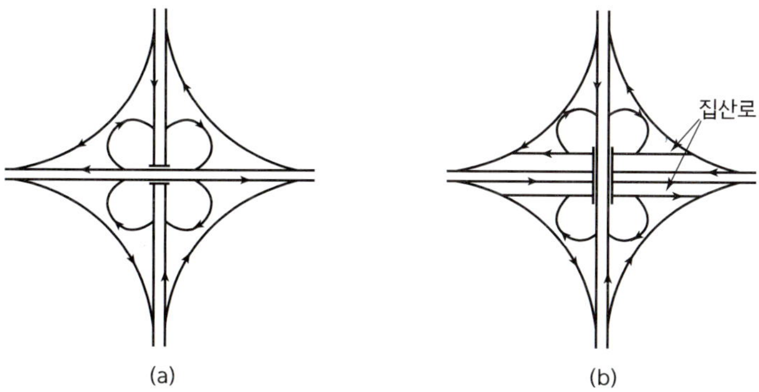

그림 4.69 클로버형 인터체인지

교차도로가 3차로 이하인 도로에 이 형식을 적용하는 것은 경제적으로 타당치 않으며, 고속도로 상호간 또는 고속이고 교통량이 많은 도로의 접속에 이 형식을 적용하면 앞에서 제시한 단점 때문에 통상 클로버형이 변형된 것 또는 직결형을 채택하는 경우가 많다(그림 4.70)

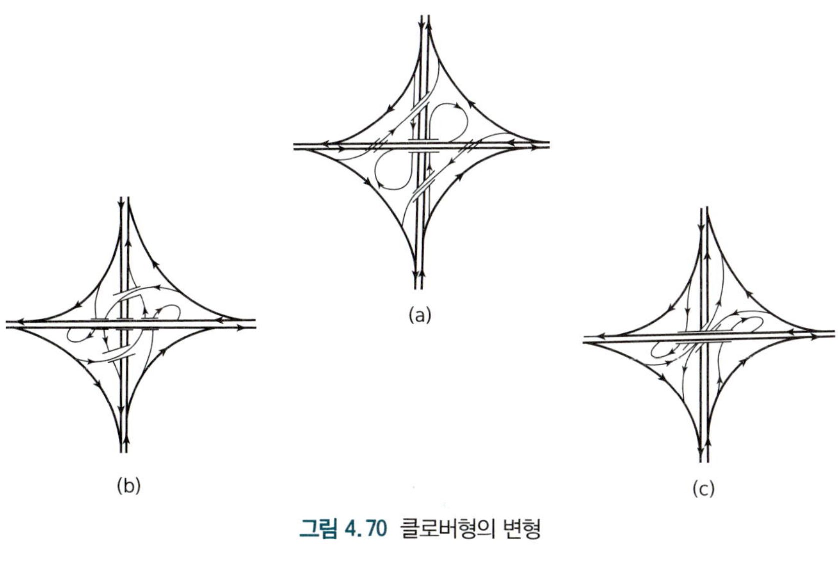

그림 4.70 클로버형의 변형

(3) 인터체인지의 설계기준

① 본선의 선형

인터체인지는 본선을 주행하는 운전자가 가능한 한 멀리서부터 인지할 수 있어야 한다. 또한 자동차가 안전하고 원활하게 유출입할 수 있는 구조로 형성되어야 한다.

• 평면곡선반지름

인터체인지 부근의 평면곡선반지름이 작으면 곡선의 외측에 설치되는 유출입연결로 및 가감연결선과 본선의 편경사 차이가 커지는 경우가 많아 유출입에 안전성이 결여되고, 설계상으로도 편경사 설치에 제약을 받는다. 따라서 인터체인지 구간의 본선편경사는 가능하면 3% 이하로 하는 것이 좋다. 다만 설계속도가 낮은 도로(60 km/h, 50 km/h, 40 km/h)에서는 주행조건과 경제성을 고려하여 한계편경사를 각기 4%, 5%, 6%까지 허용하여 평면곡선반지름의 기준값을 정한다.

• 종단곡선반지름

인터체인지 전체가 본선의 반지름이 큰 凹형 종단곡선의 가운데에 위치하는 것이 운전자가 식별하기 쉽다. 만약 본선의 반지름이 작은 凸형 종단곡선 내 또는 그 바로 뒤에 위치하면 그 전체 또는 일부가 은폐되므로 좋지 않다. 따라서 凸형 종단곡선반지름은 타구간보다 충분히 커야 하며, 인터체인지 부근에는 보통시거의 2배 정도의 시거가 확보되도록 표준치를 정한다. 지형 등의 제약으로 표준치에 따르기 곤란한 경우에 보통시거의 1.5배 정도의 시거가 확보되도록 하여 특별값을 정한다.

凹형 종단곡선 변화비율은 연결로에 교량이 있는 경우를 제외하고는 인터체인지 식별상의 문제는 없지만, 종단선형의 시각적인 면을 고려하여 충격완화에 필요한 凹형 종단곡선 변화비율값의 4배를 그 표준치로 하고, 2배 정도를 그 특별값으로 정한다.

• 종단경사

본선의 종단경사는 가능한 한 완만한 것이 바람직하다. 외국 통계에 의하면 고속도로상의 전(全)사고의 약 20~30%가 인터체인지 내에서 발생한다고 하는데, 특히 이 구간에서 급한 하향경사로 본선에서 유출하는 자동차는 감속이 힘들게 되고, 그 결과 유출연결로에서 사고를 일으키게 된다. 또한 상향경사가 급하면 본선으로 유입 시 가속이 힘들어 가속차로길이를 표준길이 이상으로 확보해야 할 필요가 있고, 특히 대형차 등은 가속되지 못한 채 본선에 진입하게 되어 여러 문제를 야기시킨다.

이러한 이유로 인하여 인터체인지 구간의 본선 종단경사는 일반적인 경우보다 낮게 규정하고, 지형, 지물 등의 특별한 사유로 인해 부득이한 경우는 표준치에 1% 가산한 값을 적용토록 한다(단 설계속도 120 km/h의 구간에 대해서는 2%로 억제하고, 특례는 인정치 않는다).

인터체인지 연결로 터미널 부근(본선 상호의 분·합류 포함)에서의 본선선형기준은 표 4.27과 같다.

표 4.27 인터체인지 구간의 본선 선형기준

본선 설계속도(km/h)		120	110	100	90	80	70	60
종단곡선 변화비율 (m/%)	볼록(凸)형(적용값)	150	110	80	60	40	35	20
	오목(凹)형(적용값)	110	100	80	60	50	40	30
최대종단경사(%)		2.0	2.0	3.0	3.0	4.0	4.0	4.5

② 연결로의 선형

연결로의 중심선이 입체적으로 그리는 연속된 선을 연결로의 선형이라 한다. 이는 일반적으로 인터체인지의 형식과 규모에 따라 정해진다. 따라서 연결로의 선형설계 시에는 우선 인터체인지의 성격(교차하는 도로의 등급, 교통량, 차종구성, 교통운용의 조건), 지형 및 지역여건을 감안해야 한다.

연결로는 일반적으로 그 양단이 그보다 높은 설계속도를 가진 본선에 접속하거나 일시정지 규제를 받는 교차부에 연결되므로, 이 구간 내에서는 항상 속도의 변화가 수반된다. 따라서 연결로의 선형은 이 주행속도의 변화에 적합하도록 설계되어야 하며, 특히 고속의 본선에서 유출할 경우에는 운전자의 속도감각마비 등을 고려하여 안전한 유출이 되도록 배려해야 한다. 즉, 좌회전 연결로는 가능한 한 지양하고 클로버형 루프에는 집산로를 설치하도록 한다.

③ 연결로의 설계속도

연결로의 설계속도는 연결되는 도로상호의 설계속도에 따라 교통량, 차종구성, 지형지물, 연결로상의 자동차 주행속도의 변화 및 교통의 운용조건을 감안하여 원칙적으로 표 4.28의 범위 내에서 적절하게 선택한다.

표 4.28 연결로의 설계속도 (단위 : km/h)

하급도로 설계속도 \ 상급도로 설계속도	120	110	100	90	80	70	60	50 이하
120	80~50							
110	80~50	80~50						
100	70~50	70~50	70~50					
90	70~50	70~40	70~40	70~40				
80	70~40	70~40	60~40	60~40	60~40			
70	70~40	60~40	60~40	60~40	60~40	60~40		
60	60~40	60~40	60~40	60~40	60~30	50~30	50~30	
50 이하	60~40	60~40	60~40	60~40	60~30	50~30	50~30	40~30

주) 루프 연결로의 경우는 10 km/h를 뺀 속도를 설계속도로 할 수 있다.

④ 연결로의 기하구조

연결로의 횡단구성 시에는 본선의 설계속도, 횡단구성 및 교통운용방법 외에 이용교통량 차종구성, 설계속도, 곡선부의 확폭 등을 고려하여 결정한다. 연결로에는 1차로와 2차로 연결로가 있으며, 1방향 또는 2방향으로 사용한다.

통상적으로 1방향에 1차로가 원칙이며, 이 경우에는 고장차발생에 대비하여 주차가능한 폭을 확보해야 한다. 1방향 2차로의 경우는 1차로만으로 부족할 때이며, 이때에는 주차가능한 길어깨를 반드시 설치할 필요는 없다.

횡단구성은 상기 기본적인 고려사항(상급도로의 등급)에 따라 표 4.29와 같이 A, B, C 3가지 표준기준으로 나누어 규정한다. A기준 1방향 1차로(그림 4.71) 연결로의 우측길어깨에 대해서는 축소규정을 두어서 터널, 구조물 등이 비교적 긴 구간에 걸쳐 연속되어 공사비에 막대한 영향을 미칠 때 적용한다.

연결로에서는 항상 최소정지시거가 확보되어야 하며, 이를 위해 노측의 장해물물을 후퇴시키거나 제거해야 한다. 연결로에서 사용되는 최소곡선반지름은 가능한 한 편경사와 횡방향 활동마찰계수의 최대값을 적용하여 산정한다.

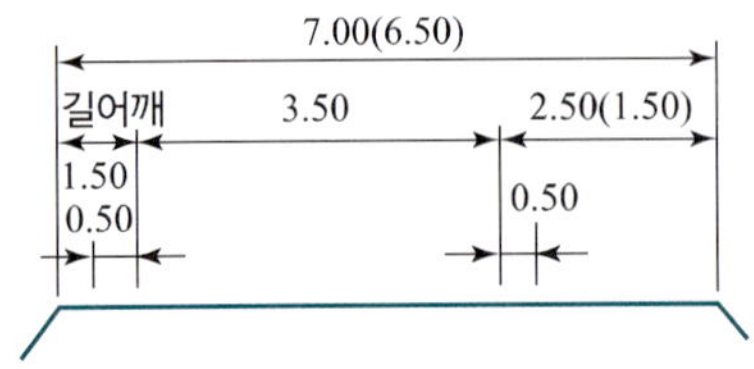

그림 4.71 A기준 1방향 1차로 연결로의 횡단면 구성

표 4.29 도로등급별 적용기준

상급도로의 도로등급		적용되는 연결로 기준
고속도로	지방지역	A 기준 또는 B 기준
	도시지역	B 기준 또는 C 기준
일반도로		B 기준 또는 C 기준
소형차도로		D 기준 또는 E 기준

A 기준 : 길어깨에 대형자동차가 정차한 경우 세미트레일러가 통과할 수 있는 기준
B 기준 : 길어깨에 소형자동차가 정차한 경우 세미트레일러가 통과할 수 있는 기준
C 기준 : 길어깨에 정차한 자동차가 없는 경우 세미트레일러가 통과할 수 있는 기준
D 기준 : 길어깨에 소형자동차가 정차한 경우 소형자동차가 통과할 수 있는 기준
E 기준 : 길어깨에 정차한 자동차가 없는 경우 소형자동차가 통과할 수 있는 기준

횡단구성 요소 / 연결로 기준	차로폭 (m)	길어깨폭(m)					중앙분리대폭 (m)
		1방향 1차로		1방향 2차로	양방향 2차로	가감속차로	
		오른쪽	왼쪽	왼쪽·오른쪽		오른쪽	
A 기준	3.50	2.50	1.50	1.50	2.50	1.50	2.50(2.00)
B 기준	3.25	1.50	0.75	0.75	0.75	1.00	2.00(1.50)
C 기준	3.25	1.00	0.75	0.50	0.50	1.00	1.50(1.00)
D 기준	3.25	1.25	0.50	0.50	0.50	1.00	1.50(1.00)
E 기준	3.25	0.75	0.50	0.50	0.50	0.75	1.50(1.00)

⑤ 연결로 접속부(Terminal) 설계 시 착안사항

연결로 접속부란 연결로(Ramp)가 본선과 접속하는 부분을 가르키는데, 변속차로, 테이퍼, 본선과의 분기단 등을 총칭한다. 연결로 접속부에서는 분기, 합류, 감속, 가속 등 복잡한 과정이 이루어지므로 교통의 안전과 효율적인 운영이 유지되도록 특별히 유의해야 한다.

설계상 주의할 기본사항을 유출부와 유입부로 나누어 열거하면 다음과 같다.

- 유출연결로 접속부
  - 유출연결로 접속부는 운전자에게 은폐되지 않도록 위치가 선정되어야 하며, 예고표지 등을 설치하여 쉽게 감지할 수 있도록 한다.
  - 감속차로는 직접식을 채택하여 본선상에서 감속으로 야기되는 문제점을 배제하는 것이 좋다.
  - 감속차로와 본선은 완전히 구분하여 연결로를 본선으로 착각하지 않도록 해야 하며, 유출각은 1/15～1/25 정도로 하여 유출궤적을 자연스럽게 하는 것이 바람직하다.
  - 본선과의 분기단에는 잘못하여 감속차로로 진입한 차가 다시 본선으로 복귀할 수 있도록 본선의 차도단에서 오프셋(offset) 할 필요가 있다.
  - 분기단 부근에는 큰 곡선을 설치해서 심리적인 안정과 속도조절면에서 여유를 두는 것이 바람직하다.

- 유입연결로 접속부
  - 유입부에서 합류각도를 작게 하여 운전자가 자연스럽게 본선으로 진입할 수 있도록 한다.
  - 본선과 연결로 상호의 투시를 양호하게 하는 것이 좋다. 본선상에서 100 m, 연결로상에서 60 m 상호 투시가 가능하도록 장애물을 제거한다(그림 4.72).

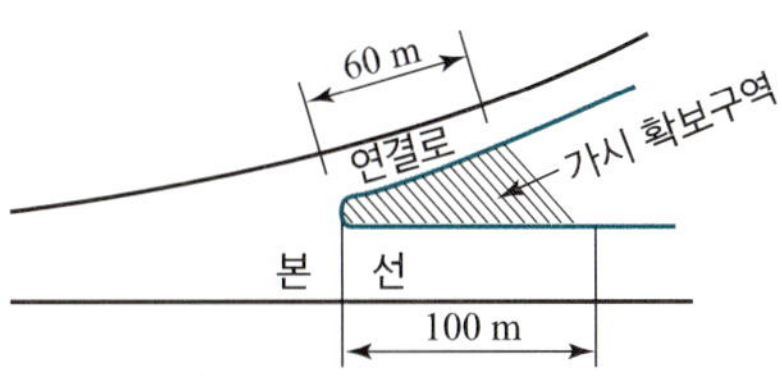

그림 4.72 유입연결로

  - 연결로의 합류단 앞쪽에 가속 테이퍼가 존재한다는 것을 운전자가 쉽게 인식할 수 있도록 한다.
  - 긴 오르막경사와 같이 속도가 저하하는 구간 직전에는 유입부를 두지 않는 것이 좋다.
  - 유입부의 구조는 종단부가 급변하는 것같이 보이는 등 강제로 합류화하는 인상을 주어서는 안 된다.
  - 가속차로의 형식은 평행식도 좋으나, 본선선형과의 관계에 따라서는(특히 본선에 비교적 작은 평면곡선이 들어가 있는 경우) 직접식으로 하는 편이 바람직한 경우도 있다.

• 감속차로

테이퍼 선단에서 노즈 선단(분기단)까지를 말하며, 그림 4.73과 같이 평행식과 직접식이 있다. 일반적으로 자동차는 직접유출의 궤적을 따라 주행하게 되므로 감속차로의 경우 평행식보다 직접식이 유리하다고 알려져 있다.

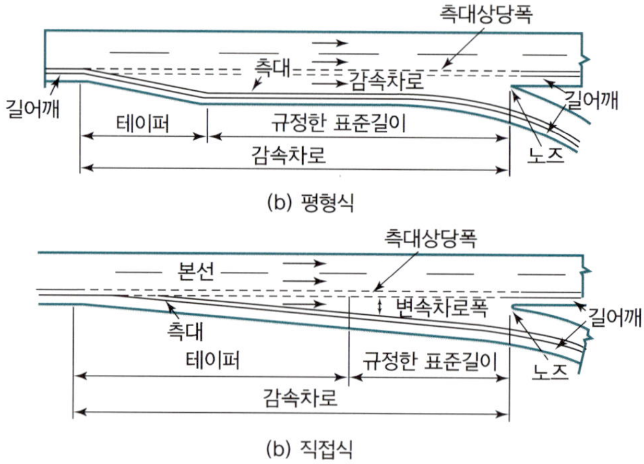

그림 4.73 감속차로

특히 설계속도가 높은 도로나 평면선형이 곡선일 경우에는 직접식을 원칙으로 한다.

- 평행식 감속차로의 경우 테이퍼의 길이는 규정된 값을 적용한다.
- 직접식 감속차로에서 소정의 감속차로폭이란 본선측대 가장자리로부터의 폭을 말한다(그림 4.74). 직접식 감속차로 테이퍼 길이는 어느 정도 자연적으로 결정되며, 테이퍼의 유출각은 1/15~1/25을 목표로 하는 것이 좋다. 일반적으로 직접식 테이퍼의 길이는 평행식의 경우보다 약간 긴경우가 많다.
- 연결로 접속부 설치 부근의 본선 종단경사는 상술한 제한을 받는데, 부득이하게 감속차로에 하향경사가 포함될 경우에는 감속차로의 길이를 보정, 연장해야 한다.
- 감속차로 설계 시 분류단에 주의해야 한다. 특히 노즈 오프셋(Nose Offset)을 취하는 방법을 연구할 필요가 있다. 유출연결로가 본선과 분리되는 개소에 생기는 분류단은 자동차가 잘못 주행하여 노즈와 충돌하는 것을 예방하기 위해 통상 차로의 가장자리에서 노즈 오프셋을 취하는 방식을 취한다. 또한 노즈의 후방에는 본선측에 테이퍼를 두는데, 분리형태를 쐐기형으로 함으로써 잘못하여 감속차로에 접근한 차량이 본선으로 복귀할 수 있도록 배려하기 위함이다.

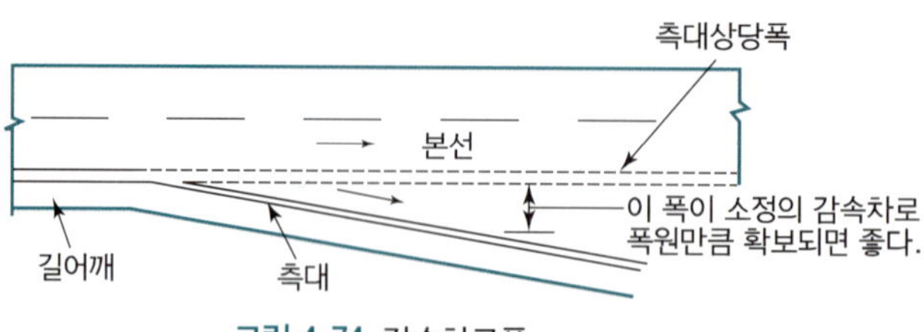

그림 4.74 감속차로폭

도로시설규칙에 규정된 소정의 감속차로폭이 확보되는 점으로부터 분류단까지의 길이 및 경사에 따른 보정율은 표 4.30, 4.31과 같다.

표 4.30 감속차로의 최소 길이

본선설계속도(km/h)			120	110	100	90	80	70	60
연결로 설계속도 (km/h)	80	변이구간을 제외한 감속 차로 최소 길이 (m)	120	105	85	60	–	–	–
	70		140	120	100	75	55	–	–
	60		155	140	120	100	80	55	–
	50		170	150	135	110	90	70	55
	40		175	160	145	120	100	85	65
	30		185	170	155	135	115	95	80

표 4.31

본선의 종단경사(%)	내리막 경사				
	0~2 미만	2 이상~3 미만	3 이상~4 미만	4 이상~5 미만	5 이상
감속차로의 길이 보정율	1.00	1.10	1.20	1.30	1.35

• 가속차로

합류단에서 테이퍼 선단까지를 말하며, 이 경우에도 평행식과 직접식 두 가지 형식이 있다. 가속차로에서의 직접식은 감속차로에서와 같이 좋은 효과를 나타내지 못한다. 그 이유는 가속차로가 감속차로보다 길며, 가속차로는 단순히 가속차로로서의 역할뿐만 아니라 대기차로의 역할도 겸하기 때문에 반드시 직접적인 유출궤적을 필요로 하지 않기 때문이다. 그러나 본선의 평면선형이 곡선형인 경우에는 평행식으로 하면 가속차로가 뒤틀려 보이는 경우가 있어 직접식으로 하는 것이 좋다. 대개의 경우 본선이 곡선형일 경우와 가속차로길이가 그다지 길지 않을 때는 직접식으로 하고, 그 외에는 평행식으로 하고 있다.

- 평행식 가속차로일 경우의 테이퍼 길이는 규정값을 적용한다.
- 직접식인 경우 테이퍼의 길이는 가속차로의 주요부 형상을 연장하여 자연스럽게 본선에 접속설치하는 길이를 취하면 되는데, 경험적으로는 규정값보다 다소 길어진다.
- 합류단 노즈에는 분류단 노즈와는 달리 오프셋을 둘 필요가 없고, 통상 본선에 붙여져 있는 길어깨단에 노즈를 둔다.
- 부득이 가속차로에 상향경사가 포함될 경우에는 가속에 영향이 있으므로 보정된 가속차로길이로 설계해야 한다.

합류단에서 소정의 가속차로폭이 확보되어 있는 점까지의 길이 및 경사에 의한 보정율은 표 4.32, 4.33과 같다.

또한 변속차로(가·감속차로 동일)의 변이구간(테이퍼)길이는 표 4.34의 값 이상으로 한다.

표 4.32 가속차로의 길이

본선설계속도(km/h)			120	110	100	90	80	70	60
연결로 설계속도 (km/h)	80	변이구간을 제외한 감속 차로 최소 길이 (m)	245	120	55	–	–	–	–
	70		335	210	145	50	–	–	–
	60		400	285	220	130	55	–	–
	50		445	330	265	175	100	50	–
	40		470	360	300	210	135	85	–
	30		500	390	330	240	165	110	70

표 4.33

본선의 종단경사(%)	오르막 경사				
	0~2 미만	2 이상~3 미만	3 이상~4 미만	4 이상~5 미만	5 이상
가속차로의 길이 보정율	1.00	1.20	1.30	1.40	1.50

표 4.34 변이구간 최소 길이

본선설계속도(km/h)	120	110	100	90	80	60	50	40
변이구간을 길이(m)	90	80	70	70	60	60	60	60

⑥ 연결로 접속단간의 거리

연결로의 분기단을 서로 근접하여 설치하면 운전자가 혼란을 가져오기 쉬우므로, 운전자가 여유를 갖고 판단할 수 있을 정도의 거리가 확보되어야 한다.

연결로의 합류단이 연속해서 본선에 접속할 때에도 가속합류가 가능한 소정의 거리가 필요하며, 합류단의 바로 뒤이어 분기단이 있는 경우에는 이들 사이에 Weaving을 위한 구간이 확보되어야 한다. 이와 같이 연결로의 접속단 사이에는 운전자의 판단, Weaving, 가속, 감속 등에 필요한 거리가 확보되어야 한다(그림 4.75).

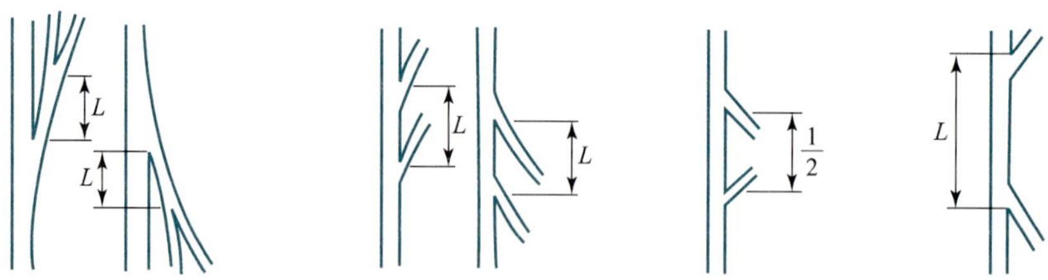

(a) 본선의 분기와 연결로의 분기가 계속하는 경우(합류도 마찬가지)　(b) 본선의 유출이 연속되거나 유입이 연속되는 경우　(c) 유입에 앞서 유출이 있는 경우　(d) 유출에 앞서 유입이 있는 경우

그림 4.75 연결로 접속단 형태

AASHTO에서는 운전자가 표지를 식별하여 반응하는데 필요한 시간과 자동차가 인접차로로 변경하는데 소요되는 시간의 합계를 근거로 책정된 값을 연결로 접속단간 거리의 표준값으로 하고 있다(표 4.35).

- 본선의 유출이 연속되거나 유입이 연속되는 경우 : 표 4.35를 참조하는 외에 변속차로길이 및 표지간의 거리 등을 감안하여 가장 긴 거리로 결정한다.
- 유입의 앞에 유출이 있는 경우 : 표 4.35를 참조하는 외에 위빙에 필요한 길이를 앞절에서 참조하여 가장 긴 쪽을 택한다. 또 위빙교통량 및 본선교통량이 많을 경우에는, 그림 4.76과 같은 집산로를 설치하는 것이 유리한 경우도 있다. 집산로란 그림에서와 같이 본선에 평행하고 분리된 차도로서, 본선상의 일조의 유출구와 유입구 사이에 여러 개의 유출입구를 설치해서 교통을 분산 및 도입하는 기능을 갖도록 하는 도로의 한 부분을 말한다.

표 4.35 연결로 접속단간 최소이격거리의 표준값(AASHTO)

유입 - 유입 또는 유출 - 유출		유출 - 유입		연결로 내		유입 - 유출 (엇갈림)			
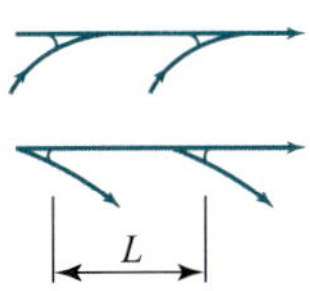		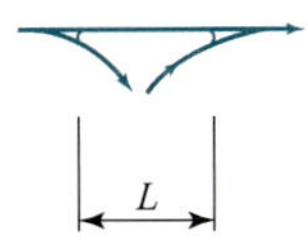		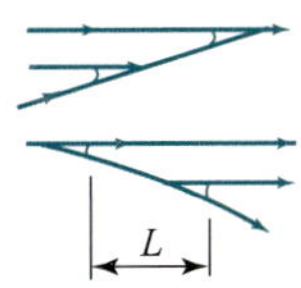		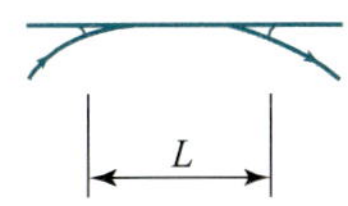 글로버형의 루프에는 적용 안 됨			
노즈에서 노즈까지의 최소이격거리(m)									
고속도로, 주간선도로	보조간선, 집산도로	고속도로, 주간선도로	보조간선, 집산도로	분기점 (JCT)	인터체인지 (IC)	분기점(JCT)		인터체인지(IC)	
						고속도로, 주간선도로	보조간선, 집산도로	고속도로, 주간선도로	보조간선, 집산도로
300	240	150	120	240	180	600	480	480	300

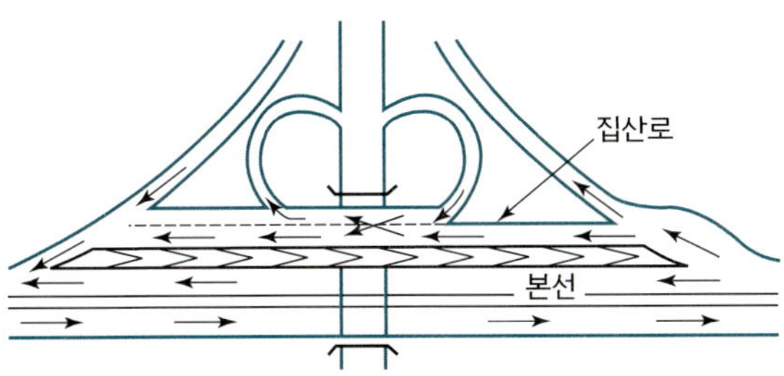

그림 4.76 집산로를 설치한 입체교차

4.7 교량

여기서는 교량의 역학적인 개념을 배제한 구조적 측면에서 도로와 연관지어 설계할 때 적용해야 할 기준 및 형식선정방법 등에 대해 설명한다.

4.7.1 적용기준

교량 등의 도로구조물을 신설하거나 개축하는 경우에는 내하력과 내구성을 만족시킬 수 있는 강구조, 콘크리트구조 또는 이에 준하는 구조로 해야 한다.

또한 이들의 설계 시 적용하는 설계기준자동차하중은 자동차 전용도로에서는 표준트럭하중(DB-24, DB-18) 또는 이에 준하는 차로하중(DL)을 적용하고, 기타의 도로에 있어서는 당해 도로의 자동차교통상황에 따라 DB-24, DB-18, DB-13.5 또는 이들에 준하는 차로하중을 적용하도록 한다(그림 4.77). 그런데 규격이 낮은 도로라 해도 교통량에 비해 대형차교통량이 특히 많을 경우에는 이를 감안하여 합당한 설계기준자동차하중을 적용해야 한다.

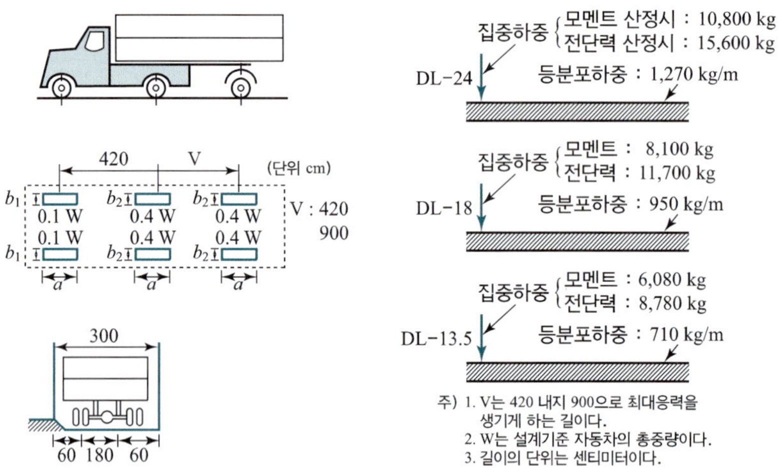

그림 4.77 설계기준자동차하중

설계기준자동차하중은 도로교 표준시방서에 규정된 표준트럭하중과 차로하중을 말하며, 위 시방서에서는 DB-24로 설계하는 교량을 1등교로, DB-18로 설계하는 교량을 2등교로, DB-13.5로 설계하는 교량을 3등교로 규정하고 있다.

(1) 슬래브 및 바닥틀을 설계할 경우

① 차도부분에서는 DB하중을 재하한다.

자동차는 1개 교량에 종방향으로 1대를 재하함을 원칙으로 하고, 횡방향에는 재하가능한 만큼 재하하여 설계부재에 최대응력이 생기도록 한다.

DB하중의 차륜중심 재하위치는 교축직각방향으로 볼 때 차도단부로부터 30 cm까지로 한다. 지간이 특히 긴 세로보나 슬래브교는 그림 4.78과 같이 운행자동차하중(횡방향으로 자동차 대수의 제한이 없음) 또는 DL하중으로 검토한 후 큰 쪽을 택하여 설계한다.

② 보도에는 500 kg/m²의 등분포하중을 재하한다.

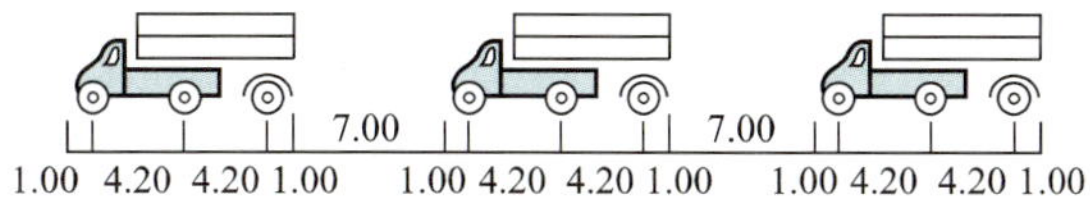

그림 4.78 연행(連行)자동차하중

(2) 주형(主桁)을 설계할 경우

① 단순교에서 지간이 40 m 이하인 경우에는 DB 하중을, 40 m 이상의 경우에는 DL 하중을 재하한다. DB 하중이나 DL 하중은 3 m 폭을 점유한다고 본다. 설계 시에 이 하중은 원칙적으로 표준 차로폭 3.6 m 안에 두어야 한다.

② DB 및 DL 하중은 다음 식에서 산출되는 차로폭 안에 두어야 한다. 한 교량의 단일 차로 내에는 DB 하중 1대 또는 DL 하중 한 차로분만 재하한다.

$$W = \frac{W_C}{N} = 3.6\ \text{m} \tag{4.28}$$

여기서 W_C : 연석간의 교폭　　　　W : 설계차로폭

N : 표 4.36에 표시된 차로의 수

표 4.36

W_C (m)	N	W_C (m)	N
6.00 이상~9.10	2	23.80 이상~27.40	7
9.10 이상~12.80	3	27.40 이상~31.10	8
12.80 이상~16.40	4	31.00 이상~34.70	9
16.40 이상~20.10	5	34.10 이상~38.40	10
20.10 이상~23.80	6		

③ 어느 부재의 활하중에 의한 최대응력이 3차로 이상에 동시에 일어나는 경우에는, 그 활하중응력을 다음 백분율에 의거 감소시켜 적용한다.

- 3차로 : 90%
- 4차로 이상 : 75%

④ 연속보에서 Dl하중에 의한 부모멘트 산정 시 고려하는 지점의 좌우 두 지간에 그림 4.77에 표시된 등분포 차로하중과 두 지간에서 가장 불리한 위치에 같은 크기의 집중하중을 각각 두어야 하며, 한 지간 건너씩 등분포 차로하중을 재하해야 한다. 한편 어떤 단면의 최대 정모멘트를 구할 때는 차로하중을 최대 정모멘트가 발생하도록 불연속으로 재하하고, 고려하고 있는 단면의 위치에 한 개의 집중하중을 놓는다.

⑤ 궤도의 차량하중은 대수에 제한이 없는 것으로 생각하며, 설계기준자동차하중 이외의 하중, 각종 재료의 허용응력도 등 교량, 고가도로와 기타 이에 준하는 구조의 설계에 필요한 기본사항은 다른 시방서 또는 지침 등을 참조한다(예 : 도로교하부구조설계지침, 철근콘크리트표준시방서, 도로교표준시방서, 콘크리트표준시방서, 토목공사일반표준시방서, 철근콘크리트설계편람).

4.7.2 설계순서

교량의 설계는 그 과정에 따라 다음 4단계로 분류한다.

(1) 일반도작성

구조물 전체적인 개념을 도면에 나타내는 정도의 설계를 말하며, 그 지점에서 비교대상이 되는 여러 가지 형식의 구조물 일반도를 작성하는 작업을 말한다.

참고자료로서의 재료수량 및 공사비는 기존자료에 의하여 추정해도 좋다.

(2) 계획설계

구조물의 형식비교에 필요한 자료를 작성하는 단계를 말하는데, 거더(girder)의 높이, 주형배치의 골조를 결정하여 주요 단면의 크기, 기초의 크기, 말뚝의 본수 등을 계산에 의하여 구하고, 개략적인 재료수량도 산출해야 한다. 기존 자료에 의하여 추정이 가능한 경우에는 계산은 생략해도 좋다. 일반도작성과 계획설계를 통틀어 기본계획이라고도 칭한다.

(3) 기본설계

프리스트레스트 콘크리트구조 및 강구조를 대상으로 한 것으로서, 구조주체 및 난간, 배수장치, 신축이음, 받침, 기타 부속구조물의 형식, 주요단면크기, 사용재료의 종별과 수량 및 시공법을 명확히 표시한 설계를 말한다. 중요하지 않은 세부설계는 생략하고, 재료수량은 추정해도 좋다.

(4) 상세설계(실시설계)

구조물을 정확히 시공하는 데 필요한 모든 설계를 말한다. 상세설계는 시공을 위한 설계이므로 시공에 필요한 주의사항을 시공계획서에 기술하여 시공담당자에게 설계자의 의도를 충분히 전해야 한다.

4.7.3 형식의 선정

교량의 구조, 형식을 선정할 경우에는 다음 요건을 고려하여 결정해야 한다.

(1) 교량가설상 최적의 위치 및 노선선형을 고려한다

교량설계 시는 교량구조물이 도로전체에 미치는 공사비 및 공정상의 영향을 고려하여, 도로의 노선결정에 교량의 존재를 충분히 반영함으로써 경제적으로 유리한 선형을 선정하도록 노력해야 한다. 물론 노선의 결정은 일반적으로 지형, 부지, 지상물 등 여러 가지 요소에 좌우되나 그중에서도 장대교, 장대고가는 공사비에 주는 영향이 크므로 노선선정 시 충분한 검토가 필요하다.

(2) 교량계획의 외부적 여러 요건을 충족시킨다

교량계획 시 문제가 되는 것은 교량의 길이, 지간, 교대, 교각의 위치 및 방향, 기초의 근입, 클리어런스(Clearance) 등인데, 이들은 지형, 지질 외에 하천과 도로관리 조건에 의해 좌우되므로 이들에 대해서도 충분한 조사가 필요하다(표 4.37).

표 4.37 지간에 따른 형식 선정 예

형 식		지 간 (50 m / 100 m / 150 m)	곡선적부 주구조	곡선적부 교 면	보의 높이
상로강교	트러스아치, 파이프아치		×	○	1/6·5
	동판아치		×	○	〃
	랭거트러스		×	○	〃
	랭거거더		×	○	〃
	단순트러스		×	○	1/8
	연속트러스		×	○	1/10
	연속합성박스		○	○	1/25
	연속박스		○	○	1/20
	단순박스		○	○	1/18
	단순합성거더		○	○	1/22
	연속합성거더		○	○	1/20
	연속거더		○	○	1/18
	절단합성보		○	○	1/20
	단순H형강보		×	○	
	사장교		×	×	
중하로강교	트러스아치		×	×	1/6·5
	강판아치		×	×	〃
	랭거트러스		×	×	〃
	랭거거더		×	×	〃
	단순트러스		×	×	1/8
	연속트러스		×	×	1/10
	단순거더		○	×	1/17
	연속거더		○	×	1/17

(계속)

형 식		지 간 50 m 100 m 150 m	곡선적부		보의 높이
			주구조	교 면	
PC교	연속박스(캔틸레비공법)		○	○	1/17
	연속박스		○	○	1/27
	단순합성거더		×	○	1/15
	연속합성거더		×	○	1/17·5
	단순거더		×	○	1/17·5
	연속거더		×	○	1/20
	단순박스		○	○	1/20
	속빈슬래브		○	○	1/22
	Pre-tension보		×	○	1/15
	π형 라멘		○	○	1/32
	(중앙경간)				
RC교	속빈슬래브		○	○	1/20
	라멘		○	○	1/12

주) 아치형식의 보높이는 Sag-ratio를 표시함.

(3) 구조상 안전하고 또 경제적이어야 한다

구조적으로 안정되어야 함은 물론 경제성 검토도 해야 한다. 실제로는 다음과 같은 방법을 사용하여도 좋다.

- 아주 일반적이고 단순한 형식의 비교는 일반도작성단계에서 기존 자료를 사용하여 결정해도 된다.
- 장대교에서 특히 지간이 긴 것 또는 기초, 하부조건이 복잡한 것 등은 2~3종의 형식에 대하여 계획설계를 하여 형식결정의 자료로 하는 것이 좋다.

(4) 시공의 용이성, 확실성 또는 급속성도 아울러 고려되어야 한다

구조물의 Prefabrication화 등 신공법에 대한 연구 및 검토로써 공기 및 공비를 줄이는 방안을 모색해야 한다.

(5) 구조물의 표준화를 도모한다

교량계획에서는 교량 1개마다 최적의 형식 및 교량을 검토하나, 계획의 최후단계에서는 총괄적으로 검토하여 획일화하는 것이 좋다. 예를 들면, 부정정구조의 소폭교량은 외적조건에 따라 교량의 길이를 각각 다르게 가설하는 것보다는 개소별로 공사비가 다소 증가하더라도 동일지간으로 가설하는 것이 설계비와 공사비를 합한 전체 비용면에서 볼 때 경제적이 되며, 시공상의 능률도 향상된다. 많은 교량을 계획할 경우는 형식 및 그 규격도 되도록 표준화하여 설계의 획일화, 설계검토의 간소화, 공사시공능률의 향상을 기하는 것이 바람직하다.

(6) 주행상의 안전성, 쾌적성을 고려한다

교량 위에서 주행의 안전성과 쾌적성에 영향을 주는 요소는 선형 외에 노면상에서의 시야의 양부, 신축이음장치 등으로 설계 시 다음 원칙을 고려해야 한다.

- 구조는 일반적으로 상로교 형식을 원칙으로 한다. 단 클리어런스나 경제성이 문제가 될 때에는 중로교 또는 하로교 형식을 채택해도 좋다.
- 신축이음장치는 주행중, 충격, 파손 등으로 인하여 보수가 문제되며, 이음장치가 적은 연속교가 바람직하다. 그러나 최근에는 설계, 시공상 유리한 단순보를 고가구조 등에 많이 사용하고 있으며, 신축이음장치도 개발되고 있지만 획기적인 발전은 이루어지지 않고 있다.

(7) 구조물자체 및 주위 경관에 대한 심미적 배려가 필요하다

4.7.4 육교

육교(Over Bridge)는 본선상에서 눈에 띄게 되므로 미려한 구조로 설계되어야 한다. 대표적인 형식으로는 경제적이고 주행 시 저항감이 적으며, 미관상으로도 양호한 π형 라멘교를 들 수 있다(그림 4.79).

그림 4.79 π형 라멘 육교

육교는 원칙적으로 분리대에 교각을 세우지 않으나 교각을 세우는 편이 경제적으로 유리할 경우(사교, 수로교 등)에는 예외로 한다. 다만 이 경우에도 될 수 있는 한 날렵한 유형으로 하여 주행 시에 느끼는 심리적인 부담을 덜게 하고 충돌사고를 대비하여 방호시설을 해야 한다. 육교의 경사는 수평에 근접할수록 안정감이 있고, 경사가 있는 경우에도 2~3% 이내이면 무난하다. 그러나 육교가 짧은 간격으로 설치되어 본선상에서 여러 개의 교량이 동시에 시야에 들어오는 경우에는 경사가 다르면 미관상 불리하게 되므로 되도록 경사를 일치시켜 주는 것이 바람직하다.

교량형식도 가능한 한 통일하여 획일화함으로써 경제성과 심미효과를 도모한다. 인터체인지의 연결로(Ramp)가 본선 아래를 통과하는 경우의 본선교도 육교가 되는데, 본선이 성토구간일 경우 연결로의 지반고가 종단계획에 영향이 크며, 이 경우에는 본선교의 종단을 낮출 수 있도록 빔의 높이가 낮은 교량형식을 채택하는 것이 좋다.

트럼펫형 등의 다층구조 인터체인지에서 연결로가 본선 밑을 통과할 때에 본선교는 최소한 15 m 이상이 되므로 때때로 3경간 연속 슬래브교가 사용되는데, 이는 시계도 좋고 미관상으로도 양호하다. 그러나 단순보를 사용할 경우 표면상의 공사비는 감소되나, 미관상 좋지 않고, 빔 높이가 높아져 소정의 클리어런스를 확보하기 위해서 공사비가 증대되는 단점이 있다.

4.8 터널

4.8.1 터널계획

터널의 위치 및 방향을 결정할 때에는 지질이 양호한 곳으로서 가장 경제적인 노선을 선정해야 한다. 단층이나 파쇄대를 피하는 것이 좋고, 여의치 않은 경우는 가능한 한 이들 방향에 직각으로 횡단해야 한다. 터널 연장은 짧은 것이 바람직하나 경사를 급하게 하여 연장을 줄이는 것보다는 다소 늘더라도 경사를 완만하게 하는 편이 환기설비 및 유지관리상 경제적인 경우도 있다.

터널 선형이 정해지면 터널 갱문의 위치는 연장이 줄어지도록 산을 파고 들어가는 것보다는 오히려 전방에 두는 것이 바람직하다. 그 이유는 갱구 부근은 대체로 지질이 불안전하여 비탈면의 활동 또는 붕괴될 위험을 안고 있기 때문이다.

고규격도로의 터널에서는 왕복차로가 분리되도록 계획하는 것이 유리하며, 이 경우 왕복차로 상호간에 악영향을 끼치지 않도록 그 중심간격을 경험적으로 30 m 정도 떨어져 설치하는 것이 원칙으로 되어 있다.

터널이 다른 도로, 철도 또는 수로 터널과 입체적으로 교차할 경우에는 암질에 의해 그 이격거리가 결정되나 대체로 구조의 외측에서 20 m 이상 떨어지는 것이 좋다. 만약 지형 및 기타 여건상 그 이하로 근접할 때는 다른 시설에 영향이 없도록 약액주입공법 등으로 지반을 고결시키는 등의 처리가 필요하다.

터널의 폭 구성계획을 상술하면 다음과 같다.

도로 터널에는 산악 터널, 시가지에서 토지이용목적상 설치하는 지하도 등이 있는데, 시공상 각각 기술적인 문제점을 안고 있어 이들의 구조기준에 대한 적용에 있어서는 융통성이 필요하다.

터널은 건설비, 공기, 시공상의 안전을 감안하더라도 소요내공단면이 얻어질 수 있는 범위 내에서 가능한 한 단면을 작게 하는 것이 유리하다. 일반적인 터널공법을 사용한 도로 터널에서 그 굴착단면이 100 m^2 이상되는 사례는 거의 없으므로 터널 폭은 2차로 단면을 기준으로 규정하였다.

터널이 내공단면은 환기방식에 따라 좌우되므로 그 폭구성 시에는 환기방식에 영향을 주는 계획노선의 설계속도와 터널의 연장, 추정교통량, 차종구성, 횡단경사 등의 여러 조건을 고려하여 결정해야 한다.

일반도로의 터널, 특히 연장 1 km 미만의 터널에서는 자동차 이외에 자전거 및 보행자를 동시에 통과시키는 것을 원칙으로 하여 계획한다. 단 터널에 근접하여 우회로가 있을 때에는 예외로 할 수 있다. 또 도시 주변에서 사람과 자전거의 교통이 아주 많은 경우에는 보도의 폭이 넓게 되고, 환기장치의 비용도 증대되므로 별도로 소단면의 터널을 건설하여 사람과 자전거를 분리시키는 것이 유리할 때도 있다.

개정된 도로시설규칙에는 터널의 폭구성에 대한 특별한 언급이 없고 일반도로의 폭구성에 준하도록 되어 있다.

4.8.2 터널의 일반적인 구조

터널단면은 필요한 내공단면과 그것을 구조적으로 지지하는 복공으로 구성된다.

내공단면은 시설한계로 표시되는 차도로서의 필요공간, 환기용 덕트의 설치공간, 방재설비와 교통안전설비의 배치공간, 내장을 위한 공간 등으로 구성된다.

그림 4.80은 반횡류식 환기방식에 의한 일반적인 터널 단면의 일례를 나타낸 것이다. 천정판은 시설한계(4.50 m)보다도 20 cm 떨어져 있는데, 이는 장래 포장의 Over Lay를 고려한 것이다.

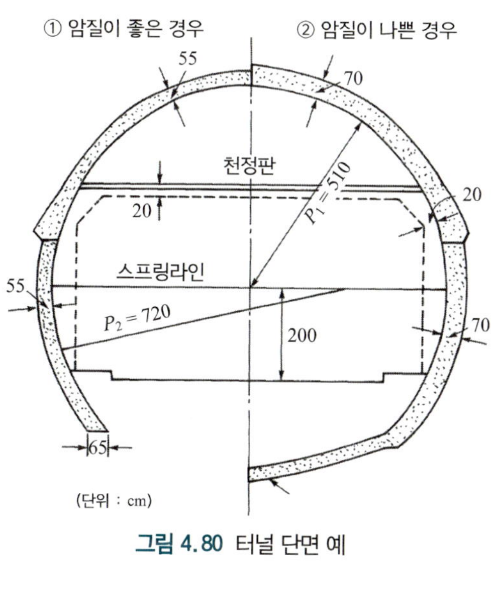

그림 4.80 터널 단면 예

내공단면적은 반횡류식 덕트를 설치하는 경우 약 60 m^2 정도, 환기장치가 설치되지 않는 경우는 약 50 m^2 정도가 된다.

복공은 내공단면을 구조적으로 지지하는 것으로, 일반적으로 현장타설 철근콘크리트 구조인데, 그 두께는 터널 단면의 크기 및 암질에 의해 좌우되며 통상 40~80 cm 정도이다. 풍화, 단층파쇄대 등 지반조건이 불량한 경우는 그 두께를 증가시키고, 인버트(Invert)를 설치해야 한다. 지질이 극히 불량하든지 편압이 큰 경우에는 철근 콘크리트로 하는 수가 있다.

4.8.3 터널의 출입구

터널 구조는 갱구보호 차원 및 운전자에 대한 심리적인 부담감과 미관을 고려하여 설계해야 한다. 전면에 큰 벽체가 나타나면 운전자는 압박감을 갖게 되고, 갱문의 벽면이 밝으면 어두운 터널 공간은 실제보다도 축소되어 보인다.

또한 터널 입구의 조명에 있어서는 갱구의 야외휘도가 높을수록 운전자의 반응이 둔화되어 더욱더 충분한 완화조명이 필요하게 되므로, 야외조명을 가능한 한 낮추는 것이 조명의 경제적 측면에서 유리하다.

입구벽면의 반사율을 낮추는 것도 도움이 되는데, 그 방법으로는 착색모르터에 의한 방법, 벽면에 구조적으로 요철을 만들어 음영을 주는 방법 등이 있다. 또한 갱문의 전면에 비늘살(Louver)을 설치하고 갱문 부근의 밝기를 점차 완화시키는 것도 한 방법이다. 이 방법은 운전자에 심리적인 부담감을 적게 하고, 특히 오염된 공기가 차도를 통하여 항구로부터 배기될 때 햇빛에 의한 광막현상을 차단시키는 효과가 크다.

4.8.4 터널의 환기

도로 터널 내에서 자동차 배기가스 및 먼지 시계를 불량하게 하고, 인체에도 유해하므로 환기는 상당히 중요하다. 터널의 연장이 짧으면 자연환기로도 충분하나 연장이 길어지면 기계에 의한 환기처리가 필요하다. 일반적으로 연장이 500 m 미만이면 자연환기가 가능하다.

대형차 매연발생에 따른 터널의 종단경사는 2% 이내가 바람직하나 기계식 환기시설을 설치할 경우에는 그 이상의 경사도 가능하다.

터널의 환기는 매연, 일산화탄소, 질소산화물에 대하여 검토해야 하며, 그 농도는 일산화탄소 100 ppm, 질소산화물 25 ppm 이하가 되어야 하고, 환기 시 터널 내 풍속은 초속 10 m 이하여야 한다.

기계식 환기방시기에는 종류식, 반횡류식, 횡류식 3종류가 있다(그림 4.81).

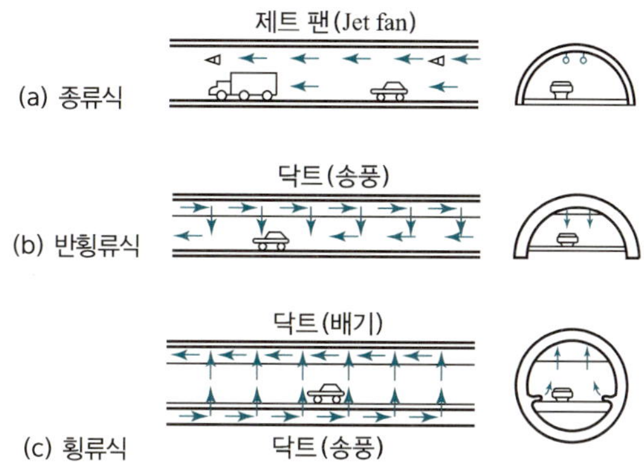

그림 4.81 터널 환기방식

(1) 종류식 환기방식

터널의 차도공간을 통풍로로 이용하고, 제트 팬으로 한쪽 갱구에서 반대쪽을 향하여 송풍, 배기하는 방식이다.

차도공간을 흐르는 공기의 최대풍속은 교통안전상 양방통행 기준 8 m/sec 이하가 바람직하다. 따라서 연장 1,000 m 이하의 터널에 적용된다. 고속도로와 같은 고규격도로의 터널은 양방향이 분리되는 것이 일반적이므로 일방통행교통류에 의해 발생하는 바람을 이용하기도 한다. 제트 팬은 교통개방 후에도 설치가 가능하므로 교통량의 증가에 따라 추후에 설치할 수도 있다.

(2) 반횡류식 환기방식

터널의 상부 또는 하부에 환기 덕트를 설치하고, 터널 밖에 설치된 송풍기를 이용, 덕트를 통해 터널 안에 신선한 공기를 공급받고, 오염된 공기는 차도를 통하여 배기하는 방법이다.

반대로 덕트에 의해 배기하는 방식도 있다. 이 반횡류식 환기방식도 차도공간이 이용되는 것은 종류식과 동일하고, 차도공간의 풍속이 양방통행 기준 8 m/sec 이하여야 하므로 그 연장은 최대 3,000 m로 한다.

교통량이 적고 연장이 1,000~1,500 m 정도가 되면 환기소는 1개소로도 가능하나 그 이상이 되면 환기소를 양쪽 갱구에 설치해야 한다.

(3) 횡류식 환기방식

터널 내에 송배기 덕트를 설치하여 한쪽에서 송풍하고, 다른 쪽으로 배기하는 방식이며, 연장 3,000 m 이상의 터널에 적용된다. 이 방식에서 차도공간에는 환기를 위한 바람은 생기지 않으나 연장이 너무 길게 되면 덕트의 단면이 과대하게 되므로 이러한 경우 터널을 여러 개의 구간으로 구분하여 환기하는 것이 바람직하다. 3구간 이상이 되면 중간부에서는 수직갱과 별

개의 환기용 터널을 설치하여 송배기하는 것이 좋다.

수직갱은 어떠한 환기방식의 터널에도 적용할 수 있는데, 지형조건을 감안해야 한다.

환기시설이 기본이 되는 환기량은 환기처리 후 배기가스 중의 매연 및 일산화탄소의 함유량에 의해 결정되며, 일산화탄소보다는 매연에 의한 시거장해를 복구시키는 데 필요한 환기량을 정하는 것이 바람직하다. 배출매연에 의한 터널 내에서의 시거의 저하에 대해서는 100 m 투과율로써 그 정도가 결정되는데, 과거에는 30%가 그 허용한계였으나 최근에는 시거장해를 중요시하여 설계허용치를 50%로 인상하였다. 또한 일산화탄소의 허용농도도 종래의 250 ppm에서 산간부엔 150 ppm, 도시부에는 100 ppm으로 하향조정하였다.

환기량은 교통량, 터널 연장, 디젤차 혼입률, 터널경사, 표고에 의해 좌우된다. 특히 상향경사에서는 경사 3%에서 수평부의 2배에 해당하는 환기량을 필요로 할 정도로 경사의 영향을 많이 받는다.

참고로 도로시설기준 해설 및 지침에서 제시하는 터널연장과 교통량에 따른 환기방식을 표 4.38과 그림 4.82에 나타내었다.

표 4.38 환기방식과 터널연장

환기방식	적용터널 연장
자연 환기	약 500 m 이하
종류식 환기	약 1,000 m 이하
반횡류식 환기	약 2,000 m 이하
횡류식 환기	약 2,000 m 이상

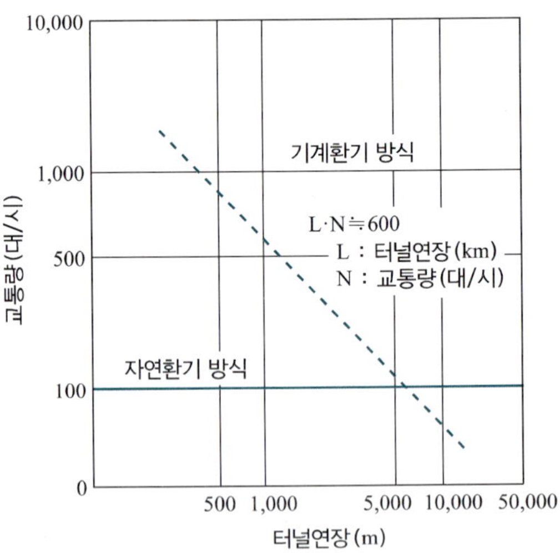

그림 4.82 도로터널의 연장과 교통량에 따른 환기방식

4.8.5 터널 조명 및 안전방재설비

터널 건설 공사비 구성을 살펴보면 환기시설을 필요로 하는 경우 환기, 조명, 방재설비 등에 소요되는 비용은 구조본체에 비하여 50~60% 정도이고, 환기시설이 없는 경우에도 25~30% 정도가 소요된다.

유지관리비용면에서도 환기시설이 필요한 터널의 경우, 구조본체와 부대시설에 소요되는 비요율은 거의 같다고 할 수 있다.

터널조명은 주간에 노면조도(照度)로 50~60 Lux가 적당하며, 입구에서는 운전자의 시력장애를 경감시키기 위해 시력회복시간을 고려한 증등(增燈)조명이 필요하다. 그 길이는 약 150 m 이내가 되며, 이러한 이유로 연장이 짧은 터널에서는 조명시설비가 증대한다.

방재시설설치를 위한 터널방재등급은 단순히 터널의 연장을 기준으로 하는 연장기준등급과 교통량 등 터널의 제반 위험인자를 고려한 위험도지수기준등급으로 구분하며, 등급별 위험도지수의 범위는 표 4.39와 같다. 위험도지수 기준등급은 일방통행의 경우 터널튜브별로 산정하여 상하행 노선 중 등급이 높은 것을 기준으로 터널방재등급을 정한다.

터널의 방재등급은 개통 후 최초 10년 향후 매 5년 단위로 실측교통량을 조사하여 재평가하며, 이에 따라 실측교통량을 조사하여 재평가하며, 이에 따라 방재시설의 조정을 검토할 수 있다.

표 4.39 터널등급구분

등급	터널연장(L)	위험도지수(X) 기준등급
1등급	3,000 m 이상(L ≧ 3,000 m)	X > 29
2등급	1,000 m 이상 3,000 m 미만(1,000 ≦ L < 3,000 m)	19 < X ≦ 29
3등급	500 m 이상 1,000 m 미만(500 ≦ ZL < 1,000 m)	14 < X ≦ 19
4등급	연장 500 m 미만(L < 500)	X ≧ 14

터널 위험도지수는 주행거리계(터널연장×교통량), 터널제원(종단경사, 터널높이, 곡선반지름), 대형차혼입률, 위험물의 수송에 대한 법적규제(대형차통과대수, 위험물수송차량에 대한 감시시스템, 위험물수송차량에 대한 유도시스템), 정체정도(터널 내 합류/분류, 터널전방교차로/신호등/TG), 통행방식(대면통행, 일방통행)을 잠재적인 위험인자로 하여 산정한다.

터널방재등급에 따른 방재시설의 설치는 다음과 같은 기준에 의한다.

(1) 터널방재시설은 연장기준등급에 의해서 설치하는 시설과 위험도지수기준등급에 의해서 설치하는 시설로 구분하며, 방재시설의 설치 기준은 표 4.40과 같이 정하며, 다음과 같이 설치한다.

① 소방관련법에 의한 설치대상 방재시설 및 피난연결통로(●로 표시)는 연장기준등급에 의해서 설치한다.
② 소방관련법에 의한 설치대상 시설이 아닌 방재시설(○로 표시)은 위험도지수기준등에 의해서 설치한다.

(2) 각 방재시설의 터널 내 설치위치 및 설치간격은 표 4.40을 적용한다.

표 4.40 등급별 방재시설 설치기준

방재시설 \ 터널등급			1등급	2등급	3등급	4등급	비고
조화설비	소화기구		●	●	●	●	
	옥내소화전설비		●	●			
	물분무설비		○				
경보설비	비상경보설비		●	●	●		
	자동화재탐지설비		●	●			
	비상방송설비		○	○	○		
	긴급전화		○	○	○		
	CCTV		○	○	△		
	영상유고감지설비		△	△	△		
	라디오재방송설비		○	○	○	△	△ : 200m 이상 4등급터널
	정보표시판		○	○			
	진입차단설비		○	○			
피난대피설비	비상조명등		●	●	●	△	△ : 200m 이상 4등급터널
	유도표지등		○	○	○		
	대피시설	피난연결통로	●	●	●		
		피난대피터널[(1)]	○				
		피난대피소[(1)]	○				
		비상주차대	○	○			
소화활동설비	제연설비		○	○			
	무선통신보조설비		●	●	●	△[(2)]	
	연결송수관설비		●	●			
	비상콘센트설비		●	●	●		
비상전원설비	무정전전원설비		●	●	●	△[(3)]	
	비상발전설비		●	●			

● 기본시설 : 연장기준등급에 의함
○ 기본시설 : 위험도지수기준등급에 의함
△ 권장시설 : 설치의 필요성 검토에 의함
(1) 피난연결통로의 설치가 불가능한 터널에 설치
(2) 4등급 터널의 경우 라디오재방송설비가 설치되는 경우에 병용하여 설치함
(3) 4등급 터널은 방재시설이 설치되는 경우에 시설별로 설치함

5
CHAPTER
토 공

5.1 개설

도로의 기반을 구축하기 위해서 가장 먼저 하게 되는 것이 흙깎기와 흙쌓기이며, 이를 토공 작업이라고 한다. 따라서 도로의 토공부는 포장과 일체로 되어 완공 후의 교통 하중이나 강우 등 외부 작용에 견딜 수 있어야 한다. 따라서 토공 각부의 설계나 시공에서는 각각의 부분이 맡고 있는 기능과 역할을 충분히 이해한 후 적절한 대책을 세우도록 한다.

5.2 토공부의 구성

도로 토공 부위의 각 명칭에 대해서는 다음과 같이 설명하고, 위치는 그림 5.1과 같이 구성되어 있다.

(1) 흙쌓기부

도로가 시공되는 원지반부터 노상면까지 흙을 쌓아올린 부분을 말한다.

(2) 땅깎기부

도로가 시공되는 원지반부터 노상면까지 원지반의 흙을 굴착한 부분을 말한다.

(3) 노체

흙쌓기부에서 포장 및 노상을 제외한 토공 부분을 말하고, 노상 및 포장층을 지지하는 기능을 한다.

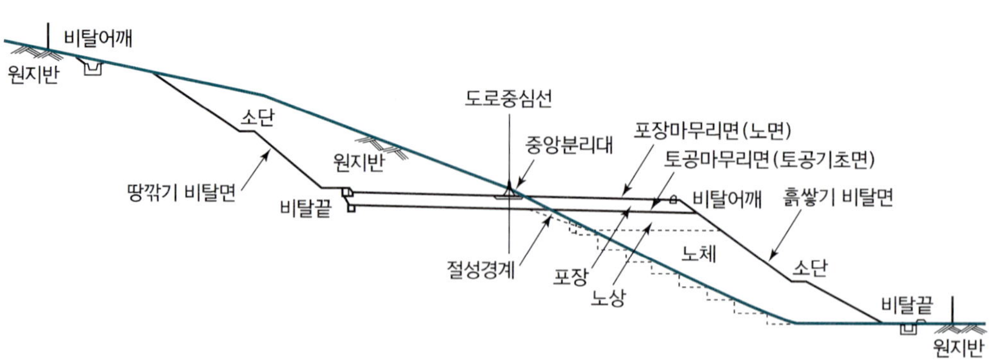

그림 5.1 토공 각부의 명칭

(4) 노상

포장층 아래 두께 약 1 m의 거의 균일한 토공부를 말하고, 포장층에 전달되는 교통하중을 지지하거나 보조기층에 대한 균등한 지지력을 확보하는 기능을 한다.

(5) 포장층

도로의 노면으로부터 노상 상부층까지의 부분을 말하며, 교통하중을 지지하고 하중을 분산시키는 역할을 하는 부분이다.

(6) 비탈면

흙쌓기 및 땅깎기에 의하여 형성되는 사면을 각각 흙쌓기 및 땅깎기 비탈면이라고 한다. 이들 비탈면에는 높이에 따라 소단을 설치하며, 비탈면의 상단을 비탈어깨라 하고, 하단을 비탈끝이라고 한다.

5.3 벌개제근

토취장과 흙쌓기에 사용되는 땅깎기부의 초목은 절취작업에 앞서서 벌채하여 나무뿌리 및 표토 부근의 유기질토와 함께 제거한다. 이 작업을 벌개제근이라 하는데, 이의 목적은 흙쌓기 중에 혼입된 초목, 나무 뿌리가 장차 부식하여 부등침하, 처짐 등의 원인을 제공하는 것을 방지하기 위한 것이다. 벌개제근의 범위는 그림 5.2와 같이 땅깎기부 외측 1 m까지로 한다.

벌개제근에는 보통 불도저가 사용된다. 작은 초목은 불도저를 주행시켜서 유해한 표토와 같이 제거시키면 간단히 시공할 수 있다. 불도저로 작업할 수 있는 최소 두께(0.20 m 정도) 이하의 두께로 표토를 깎는 것은 불가능하므로, 제거하여야 할 표토가 얇은 경우에도 설계에서는 최소 0.20 m를 제거하는 것으로 한다.

벌개제근이 광범위할 때에는 그 양도 방대하므로 미리 버릴 장소를 사전에 준비하여 둘 필요가 있다. 또한 벌개제근으로 제거된 토사를 공제하여 토량 배분계획을 세우지 않으면 흙쌓기한량에 부족이 생길 우려가 있으므로 주의하도록 한다.

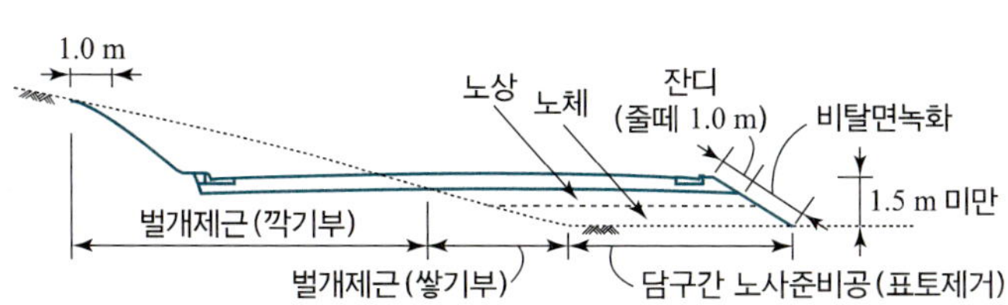

그림 5.2 벌개제근 폭

5.4 노체

5.4.1 노체시공

도로 흙쌓기의 대부분을 차지하는 것이 노체이며, 도로의 기초가 되는 부위이다. 따라서 노체 흙쌓기는 사용재료선정과 다짐관리에 유의해서 시공해야 한다.

노체에 사용되는 300 mm 이상의 암괴는 대형 다짐기계를 사용하여도 충분히 다져지지 않기 때문에 도로 흙쌓기에서 압축침하가 발생되기 쉽다. 이 때문에 암괴를 재료로 사용한 흙쌓기에 대해서는 시공층 두께에 상응하는 대형 다짐기계를 사용하는 것을 전제로 하고, 시공성을 위해서 최대 크기는 600 mm 이하로 하는 것이 바람직하다. 또한 박층으로 세밀히 시공하는 것이 보다 안정된 흙쌓기가 되기 때문에 입경이 작아지도록 굴삭 시에 배려하는 것을 잊지 말아야 한다.

한편 토사에 대해서는 300 mm 이상의 큰 덩어리가 혼입되어 있는 비율이 아주 적기 때문에, 그것이 원인으로 되어 관리에 지장을 초래한다고 생각하기 어려우므로 최대 크기의 규정은 특별히 두지 않는 것으로 하였다. 단 300 mm 이상의 전석이 다량으로 유입된 토사에 있어서는 시공성이나 경제성을 고려한 후, 전석의 처리방법을 결정하도록 하고 가능한 시공층의 두께인 300 mm 이하가 되도록 관리한다.

5.4.2 수정 CBR

(1) 노체는 다음 이유로 수정 CBR 2.5 이상의 재료를 사용하는 것이 바람직하다

① 노상의 바로 아래 면은 노상 및 포장시공 시의 교통하중의 영향을 다소라도 받기 때문에 이 부분의 강도를 규제하는 것이 일반적으로 경제적이다.

② 노상은 충분한 다짐을 필요로 하기 때문에 그 다짐의 기초가 되는 노체는 작고 가벼운 견인식 타이어 로울러로 전압이 가능한 강도, 즉 CBR 2.5 이상인 지지력을 필요로 한다. 단 현장 내에서 발생되는 흙이 수정 CBR 2.5 이하인 경우는 안정처리대책을 강구하여 사용하여도 무방하다.

(2) 노체에 있어서 수정 CBR 값은 다음 방법으로 구한다

① 흙의 다짐시험법(KS F 2312)에 따라서 정해진 최대건조 밀도의 90% 이상의 밀도가 현장에서 얻어지는 흙에 대해서는 그림 5.3(a)의 방법에 의한다.

② 공기간극율로 다짐 규정을 하는 흙에 대해서는 그림 5.3(b)의 방법에 의한다.

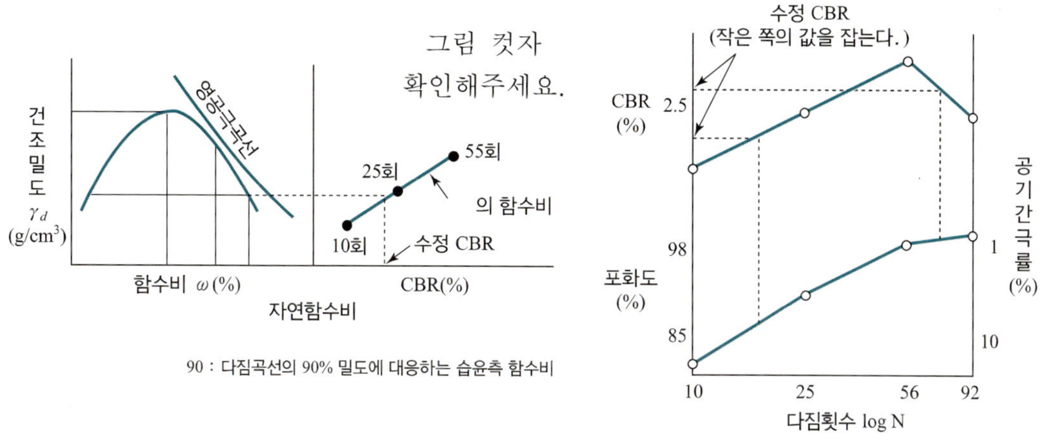

(a) 건조밀도로 관리할 때

(b) 공기간극율 또는 포화도로 관리할 때

그림 5.3 수정 CBR을 구하는 방법

5.4.3 노체의 품질과 다짐

(1) 재료의 품질과 다짐표준

노체는 토공부의 가장 아래층으로서, 도로의 침하 방지와 내구적인 구조를 얻기 위해서는 양질의 재료와 다짐관리를 잘해야 한다. 따라서 노체에 사용되는 재료와 다짐의 표준은 표 5.1과 같다.

표 5.1 노체재료의 품질 및 다짐

공종 항목	노체		시험법
	토사 [1]	암괴 [2]	
수정 CBR(시방 다짐)	2.5 이상	–	KS F 2320
다짐도	90% 이상	시험시공에 의하여 결정	KS F 2312 A, B 방법
시공함수비	다짐시험방법에 의한 최적함수비 부근과 다짐곡선의 90% 밀도에 대응하는 습윤측 함수비 사이	자연함수비	
다짐 후의 건조밀도	15 kN/m³ 이상	15 kN/m³ 이상	
시공층 두께	300 mm 이하	600 mm 이하	다짐 완료 후의 두께

주) 1. 토사란 암괴에 해당하지 않는 일반적인 흙쌓기 재료를 말한다.
2. 암괴란 단단한 암석으로 된 지반을 땅깎기 또는 터널굴착을 했을 때 발생하는 암석 조각을 말한다.
3. 이암, 혈암, 의회암 등의 재료를 사용한 흙쌓기 중에는 시공 후 큰 압축침하를 일으키는 것이 있으므로 충분한 대책을 강구해야 한다.
4. 수침 CBR 값이 2.5 이하인 토사의 경우라도 안정처리대책을 강구하여 사용할 수 있다.
5. 폐콘크리트 등의 건설부산물은 최대입경 100 mm 이하로 파쇄하여 사용한다.

(2) 다짐의 기준

흙쌓기 노체부의 1층 다짐 완료 후의 두께는 일반적으로 토사인 경우에는 300 mm, 암인 경우에는 600 mm 이하여야 한다. 각 층마다 KS F 2312의 A·B 방법에 의해 정해진 최대건조밀도의 90% 이상이 되도록 하고, 암괴의 경우에는 평판재하시험을 실시하여 표 5.2와 같이 다짐도 관리를 한다.

표 5.2 다짐시험의 판정기준

<table>
<tr><th colspan="3" rowspan="2">구 분</th><th colspan="2">노 체</th><th rowspan="2">비 고</th></tr>
<tr><th>암쌓기</th><th>일반쌓기</th></tr>
<tr><td colspan="3">1층 다짐 완료 후의 두께(mm)</td><td>600</td><td>300</td><td></td></tr>
<tr><td colspan="3">다짐도(%)</td><td>–</td><td>90 이상</td><td>KS F 2311
KS F 2312
AASHTO T224 – 86</td></tr>
<tr><td colspan="3">다짐방법</td><td>–</td><td>A, B</td><td>KS F 2312</td></tr>
<tr><td rowspan="4">평판재하 시험</td><td rowspan="2">아스팔트콘크리트 포장</td><td>침하량(mm)</td><td>1.25</td><td>2.5</td><td rowspan="2">KS F 2310</td></tr>
<tr><td>지지력계수(K_{30}, MN/m^3)</td><td>200</td><td>150</td></tr>
<tr><td rowspan="2">시멘트콘크리트 포장</td><td>침하량(mm)</td><td>1.25</td><td>1.25</td><td rowspan="2">KS F 2310</td></tr>
<tr><td>지지력계수(K_{30}, MN/m^3)</td><td>200</td><td>100</td></tr>
</table>

(3) 시공함수비

단기간에 대량의 토공공사를 실시해야 하는 도로 토공에 있어서는 대폭적인 함수비 조절은 어렵기 때문에 노체부의 시공함수비는 다짐시험방법에 의한 최적함수비 부근과 다짐곡선의 90% 밀도에 대응하는 습윤측 함수비를 기본적으로 적용하도록 한다.

(4) 시공층 두께

토사 다짐 시 한층당 마무리 두께는 다짐결과, 시공성, 균일성 등을 고려하여 300 mm 정도를 원칙으로 하며, 노체 완성면에서 깊이에 따라 다짐층의 두께를 조정하도록 한다. 암괴를 다질 때에는 적합한 다짐기계를 사용하도록 하고 한층당 마무리 두께는 암괴 최대입경의 1~1.5배를 목표로 하여 시험시공으로 결정하며, 600 mm 이하를 표준으로 하고, 최대 900 mm를 초과하지 않도록 한다.

(5) 암괴의 다짐도

암괴는 토사와 같이 건조밀도에 의한 다짐도 관리가 곤란한 재료이다. 이러한 재료에서는 시험시공을 하여 밀도나 표면 침하량 등으로부터 다짐기계나 다짐횟수 등을 결정한다.

표 5.3 암괴재료의 층당 마무리 두께에 따른 다짐기계의 선정

1층당 마무리 두께	다짐기계	비 고
300 mm 이하	진동 로울러 5 t 이상(단 진동 로울러가 적당치 않은 재료에서는 타이어 로울러 15 t 이상)	진동륜이 2축인 것에 대해서는 공칭 기진력 1축으로 환산해서 평가할 것
300~600 mm	진동 로울러 13t 이상	
0.60~1 m	진동 로울러 20t 이상	

5.5 노상

5.5.1 노상 시공

노상은 도로 토공부의 최상부층이며, 포장층을 직접 지지해 주기 때문에 노상의 흙쌓기 시에는 규격에 맞는 좋은 재료를 선정하고, 균질한 다짐이 되도록 시공해야 한다.

노상의 시공과정은 그림 5.4와 같이 진행하고, 상부노상과 하부노상으로 구분하여 설계 또는 시공되고 있다.

노상은 공용 중 상부층으로부터 전달되는 교통하중을 지지하며, 시공 중에는 대형 시공장비가 진입할 수 있어야 하므로 그 기능에 부합되게 균일한 지지력이 발휘되는 노상을 구축하는 것을 기본으로 한다.

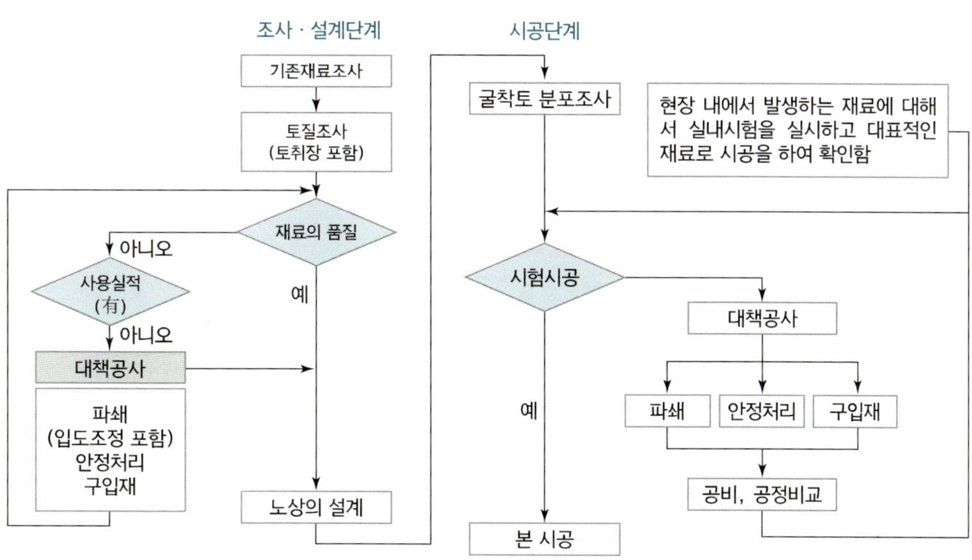

그림 5.4 노상의 시공과정

5.5.2 노상의 품질과 다짐

(1) 재료의 품질

노상에 사용하는 재료의 품질기준은 표 5.4에 나타낸 값을 표준으로 하여 적용하도록 한다.

표 5.4 노상 재료의 품질

항 목 / 구 분	최대치수 (mm)	수정 CBR (시방다짐)	5 mm 체 통과율(%)	0.08 mm 체 통과율(%)	소성지수
노 상	100 이하	10 이상	20~100	0~25	10 이하

주) 품질시험의 기준은 KS F 규정에 의거 시행하는 것을 원칙으로 한다.

(2) 다짐의 기준

노상의 흙쌓기는 1층 다짐 완료 후의 두께가 200 mm 이하여야 하고, 각 층마다 KS F 2312의 C, D 또는 E 방법에 의하여 정해진 최대건조밀도의 95% 이상의 밀도가 유지되도록 균일하게 다져야 한다. 표 5.5에 제시한 값을 표준으로 한다.

표 5.5 노상의 다짐

항 목 / 공 종	노 상	비 고
다짐도	95%	KS F 2312C, D또는 E 방법
시공 시의 함수비	다짐도 및 수정 CBR 10 이상을 얻을 수 있는 함수비 최적함수비 ±2%	KS F 2306 KS F 312
1층 다짐 완료 후의 두께(mm)	200	

(3) 시공함수비

노상에 사용되는 흙은 실내다짐시험에 의해 최적함수비를 구한다. 최적함수비로 다짐한 흙은 물의 침입으로 연약화되는 일이 적고, 흙구조물로서 가장 안정한 상태를 유지하므로 시공함수비는 최적함수비 부근에서 다짐하는 것을 원칙으로 한다.

(4) 시공층 두께

한층당 마무리 두께는 다짐효과 및 시공성 등의 시공경험에 의거하여 200 mm 이하를 원칙으로 한다. 또한 노상혼합방식에 의한 안정처리노상 등에 있어서는 혼합에 드는 비용도 크기 때문에, 소정의 다짐도를 얻을 수 있는 것이 확인되면 한층당 마무리 두께를 완화할 수도 있다.

(5) 노상강도의 평가 방법

노상의 강도는 포장설계의 중요한 입력변수이며, 기존의 TA 설계법이나 AASHTO 잠정지침 설계법에서는 노상강도를 CBR로 표현하고 있으나, 이론적 설계방법을 가미한 설계법이나 개정된 AASHTO 설계법(1986)에서는 노상의 강도를 회복탄성계수(M_R : Resilient Modulus)로 표현하고 있다.

동탄성계수는 포장체의 역학적 해석에 사용될 수 있는 탄성계수의 일종이며, 차량 하중을 묘사한 다양한 응력 상태에서의 탄성계수를 말한다. 즉, 입상재료는 재료의 습윤상태 및 응력수준에 따라 탄성계수가 변하기 때문에 탄성계수를 하나로 표현하기가 어렵다. 따라서 입상재료의 동탄성계수는 그 재료가 장래에 받게 될 응력상태와 습윤조건을 고려하여 구해야 한다. 동탄성계수 시험은 AASHTO 규정 : T274-82(1992)에 따라 실시하고, 식 5.1과 같이 나타낸다.

$$M_R = \frac{\sigma_d}{\varepsilon_R} \tag{5.1}$$

여기서 M_R : 동탄성계수(kg/cm^2)

ε_R : 회복변형률

σ_d : 반복축차응력(kg/cm^2)

5.6 토량 변화율

흙이나 암을 굴착하거나 다짐할 때의 토량변화율은 시험에 의해서 산정하는 것을 원칙으로 하지만, 소량이거나 부득이한 경우에는 표 5.6에 제시하는 토량변화율을 적용한다.

흙과 암은 자연 상태일 때와 굴착하여 흐트러질 때 또는 흐트러진 후 다질 때는 체적이 달라진다. 그러므로 토량을 계산하고 토량의 배분계획을 세울 때는 그 변화율을 알아야 한다. 토량을 자연 상태의 토량(굴착할 토량), 흐트러진 상태의 토량(운반할 토량), 다짐 상태의 토량(흙쌓기가 완료된 토량) 등 3가지 상태로 나누어서 생각하고 변화율은 다음 식으로 나타낸다.

L = 흐트러진 상태의 토량(m^3) / 자연 상태의 토량(m^3)
= 자연 상태의 밀도(g/cm^3) / 흐트러진 상태의 밀도(g/cm^3) (5.2)

C = 다짐 상태의 토량(m^3) / 자연 상태의 토량(m^3)
= 자연 상태의 밀도(g/cm^3) / 다져진 상태의 밀도(g/cm^3) (5.3)

표 5.6 토량 변화율

구분	L	C
경 암 보통암 연 암 풍화암	1.70~2.00 1.55~1.70 1.30~1.50 1.30~1.35	1.30~1.50 1.20~1.40 1.00~1.30 1.00~1.15
호박돌 자 갈 자갈질토 고결된 역질토	1.10~1.15 1.10~1.20 1.15~1.20 1.25~1.45	0.95~1.05 1.10~1.05 0.90~1.00 1.10~1.30
모 래 암괴, 호박돌 섞인 모래 모래질흙 암괴, 호박돌 섞인 모래흙	1.10~1.20 1.15~1.20 1.20~1.30 1.40~1.45	0.85~0.95 0.90~1.00 0.85~0.90 0.90~0.95
점질토 자갈이 섞인 점토 암괴, 호박돌 섞인 점질토	1.25~1.35 1.35~1.40 1.40~1.45	0.85~0.95 0.90~1.00 0.90~0.95
점 토 자갈이 섞인 점질토 암괴, 호박돌 섞인 점질토	1.20~1.45 1.30~1.40 1.40~1.45	0.85~0.95 0.90~0.95 0.90~0.95

주) 암(경암, 보통암, 연암)을 토사와 혼합 흙쌓기할 때에는 공극채움으로 인한 토사량을 계상할 수 있다.

5.7 비탈면

5.7.1 흙쌓기 비탈면 경사

흙쌓기 비탈면은 비탈면 경사의 선정, 소단의 설치, 식생토의 필요성, 비탈면 전압방법, 비탈면 배수처리 등의 기본적인 사항을 충분히 확인하여 설계한다. 비탈면의 경사는 흙쌓기 재료, 흙쌓기부의 기초지반 상황, 흙쌓기부의 지형적 위치 및 그 주위의 지형, 토질, 기상, 방재(특히 집중호우) 등을 충분히 고려한 후에 결정해야 한다.

- 비탈면의 최종경사는 안정성 해석을 수행하여 결정하는 것이 바람직하나, 10 m 미만의 소규모 비탈면의 경우에는 과거 경험에 의해서 설정된 표준경사를 적용할 수 있다.
- 대규모 흙쌓기 비탈면이나 배수조건 및 원지반 조건 등이 불량한 경우에는 현지 여건을 고려한 안정해석을 통하여 비탈면의 경사를 결정한다.
- 비탈면 경사를 급하게 하거나 지하수위가 높은 경우 등 필요시에는 별도의 보강이나 지중배수시설을 고려하여 안정성을 확보해야 한다.

• 흙쌓기 비탈면의 경사는 표 5.7을 표준으로 하며, 표준경사와 다른 경우 또는 10 m 이상의 높이를 초과한 경우는 별도의 안정해석을 통하여 경사를 결정한다.

표 5.7 흙쌓기 비탈면의 표준경사

쌓기 재료	비탈면 높이 (m)	비탈면 상·하부에 고정 시설물이 없는 경우(도로, 철도 등)	비탈면 상·하부에 고정 시설물이 있는 경우(주택, 건물 등)
입도분포가 좋은 양질의 모래, 모래자갈 암괴, 암버력	0~5	1 : 1.5	1 : 1.5
	5~10	1 : 1.8	1 : 1.8~1 : 2.0
	10 초과	별도 검토	별도 검토
입도분포가 나쁜 모래 점토질, 사질토, 점성토	0~5	1 : 1.8	1 : 1.8
	5~10	1 : 1.8~1 : 2.0	1 : 2.0
	10 초과	별도 검토	별도 검토

• 표준경사 기준값은 기초지반의 지지력이 충분한 경우에 적용하며, 비탈면의 높이는 비탈 어깨에서 비탈끝까지 수직높이를 말한다.

5.7.2 땅깎기 비탈면 경사

땅깎기 비탈면 경사는 지반을 구성하는 지층의 종류, 상태 및 땅깎기 높이에 따라서 표준값을 적용하도록 한다. 붕괴성 요인을 가진 토층부는 별도로 검토하여 종합적으로 판단해야 한다. 특히 암반 비탈면의 경우는 지표지질조사 및 시추조사에 의하여 파악된 절리의 방향성 및 발달상태에 따라 각각의 비탈면에 대하여 안정해석을 실시하여 비탈면 경사를 결정하는 것을 우선으로 한다.

(1) 원지반 토질에 따른 표준 비탈면 경사

땅깎기 시에 토질에 따른 비탈면의 경사는 표 5.8과 같다.

표 5.8 원지반 토질에 대한 표준 비탈면 경사의 범위

원지반의 토질		땅깎기 높이	경 사	분류기호(통일분류)
모 래	밀실하지 않고 입도분포가 나쁜 것		1 : 1.5~5	SW, SP
사질토	밀실할 것	5 m 이하	1 : 0.8~1 : 1.0	SM, SP
		5~10 m	1 : 1.10~1 : 1.2	
	밀실하지 않고 입도분포가 나쁜 것	5 m 이하	1 : 1.10~1 : 1.2	
		5~10 m	1 : 1.2~1 : 1.5	
자갈 또는 암괴 섞인 사질토	밀실하고 입도 분포가 좋은 것	10 m 이하	1 : 0.8~1 : 1.0	SM, SC
		10~15 m	1 : 1.0~1 : 1.2	

(계속)

원지반의 토질		땅깎기 높이	경사	분류기호(통일분류)
점성토		0~10 m	1 : 0.8~1 : 1.2	ML, MH, CL, CH
암괴 또는 호박돌 섞인 점성토		5 m 이하	1 : 1.0~1 : 1.2	GM, GC
		5~10 m	1 : 1.2~1 : 1.5	

주) 1. 실트는 점성토로 간주한다. 표에 표시한 토질 이외에 대해서는 별도로 고려한다.
2. 표 속의 경사는 소단을 포함하지 않는 단일 비탈면 경사이다.
3. 땅깎기 높이의 구체적인 예는 아래 그림과 같다.

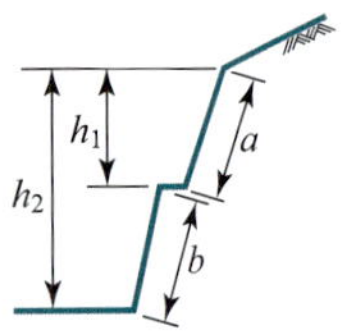

h_1 : a 비탈면 경사는 땅깎기 높이 h_1에 따라 결정된다.
h_2 : b 비탈면 경사는 땅깎기 높이 h_2에 따라 결정된다.

4. 대규모 땅깎기 비탈면에 대해서는 7.11항을 참조할 것
5. 1.1.5~란 1 : 1.5보다 완만한 경사를 말한다.

(2) 암반의 특성에 따른 표준 비탈면 경사

암깎기 시에 암반에 따라 비탈면의 경사는 표 5.9와 같다.

표 5.9 암반의 특성에 따른 표준 비탈면

암반 구분	암반 파쇄 상태 NX 시추 시(BX) TCR(%)	암반 파쇄 상태 NX 시추 시(BX) RQD(%)	굴착 난이도	경 사	소단 설치	비 고
풍화암 또는 연·경암으로 파쇄가 극심한 경우	20% 이하 (5% 이하)	10% 이하 (0%)	리핑암	1 : 1.0 ~1 : 1.2	H=5 m마다 1 m 폭	• 최하단 기준 매 20 m 마다 3 m 소단설치 • 발파암과 리핑암 사이에는 소단을 설치하지 않음 • 소단 사이에 토사와 리핑 구분선이 발생 시 많은 쪽 비탈면 경사를 적용
강한 풍화암으로 파쇄가 거의 없는 경우와 대부분의 연·경암	20~40% (10~30%)	10~25% (0~10%)	발파암 (연암)	1 : 0.8 ~1 : 1.0	H=10 m마다 1~2 m 폭	
	40~60% (30~50%)	25~50% (10~40%)	발파암 (보통암)	1 : 0.7		
	60% 이상 (50% 이상)	50% 이상 (40% 이상)	발파암 (경암)	1 : 0.5	H=20 m마다 3 m 폭	

5.7.3 비탈면 보호공

(1) 종류

① 비탈면 보호공 : 식생녹화, 표층개량제와 격자블록 붙이기, 숏크리트 낙석방지 울타리 등
② 비탈면 보강공 : 네일, 록볼트, 지반앵커 억지말뚝 등

③ **비탈면 구조물공 :** 돌망태 옹벽, 돌쌓기 보강토 옹벽(패널 및 블록식) 콘크리트 옹벽 등

(2) 시공 시 유의사항

① 식생공은 우수 침투의 방지, 지표면 온도의 완화 및 뿌리에 의한 표토의 강화로 동상 붕락의 억제, 녹화에 의한 미적 효과 등을 고려하여 시공한다.

② 구조물에 의한 비탈면 안정은 식생만으로 비탈면 안정이 유지될 수 없는 경우나 경제적, 지형적으로 법면 경사를 완화시키는 것이 부적절한 경우에 시공한다.

③ 식생공은 시공 후 살수 등 양생을 하여 활착이 잘 되도록 해야 하며 혹서기나 동결의 시기에는 시공을 피하도록 한다.

④ 격자공은 비탈면에 정착하여 활동하지 않도록 시공해야 하며, 기초 콘크리트 타설 및 앵커 장치를 설치한다.

⑤ 격자 내는 보통 토사를 채워 식생으로 보호하지만, 비탈면 구배가 급한 경우 또는 용수가 많은 경우에는 식생만으로 유출될 염려가 있으므로 잡석 등을 넣어서 보호한다.

⑥ 블록공은 접착력이 없는 토사 및 무너지기 쉬운 비탈면에 시공하며, 투수성이 양호한 뒷채움 조약돌을 부설하고, 배수용 PVC관을 삽입, 용수 및 침투수 배출에 유의하여 시공한다.

⑦ 숏크리트(시멘트모르터 뿜어붙이기공)는 용수가 많은 비탈면에서는 동상, 동결 및 수압에 의한 피해를 받기 쉬우므로 피해야 하며, 균열이 적은 암절취부에 풍화의 진행을 억제할 목적일 경우에는 두께 3 cm 정도, 균열이 많고 약간의 붕괴 우려가 있는 암깎기부에는 와이어매쉬를 보강하여 두께 5~10 cm 정도로 시공한다.

⑧ 비탈면에서 용수 및 표면수 처리는 세굴방지 및 비탈면 안정에 매우 중요하므로 유의하여 시공한다.

⑨ 비탈면은 기상조건에 의하여 여러 가지 피해를 받으나 배수를 충분히 하면 피해를 방지할 수 있는 경우가 많으므로, 비탈면 배수시설은 가능한 빨리 시공한다.

⑩ 표면수나 용수에 의하여 비탈면이 세굴되던가 붕괴될 염려가 있는 경우에는 비탈면 상단이나 소단에 배수구를 설치하며, 종배수구를 만드는 경우에는 유수가 노면에 떨어져 세굴되지 않도록 유의한다.

⑪ 깊은 지하로부터 용수가 표면으로 솟아나오는 경우에는 횡방향으로 뚫고 철제 유공관 또는 합성수지 파이프를 삽입한 수평배수공을 설치해야 하며, 이때 수평배수공의 길이는 2 m 이상 되도록 한다.

6
CHAPTER

배수와 동상

6.1 도로의 배수

6.1.1 배수시설 구분

배수시설 계획은 설계 시 지형, 토질, 기상 및 지하수의 상황 등을 충분히 조사하여 그 위치, 형식, 구조, 수량 등을 신중히 결정해야 한다. 도로에서 배수는 포장수명과 직결되는 중요한 요소이며, 도로배수의 원활성을 위해서 도로로 인한 인근 지역의 자연배수를 방해하거나 차단해서도 안 된다.

일반적으로 강우와 침투수 등이 원인이 되어 도로가 파손되는 경우가 많다. 따라서 도로구조의 안정을 확보하고, 항상 안전한 교통주행을 보호하기 위해서는 적절한 배수공을 설치해야 한다. 도로배수(Highway drainage)는 일반적으로 자연유하에 의한 배수방법이 있으며, 그림 6.1과 같이 표면배수, 지하배수, 횡단배수로 나누나, 그림 6.2와 같이 비탈면배수, 구조물뒷채움부배수 등에 대해서도 고려해야 한다.

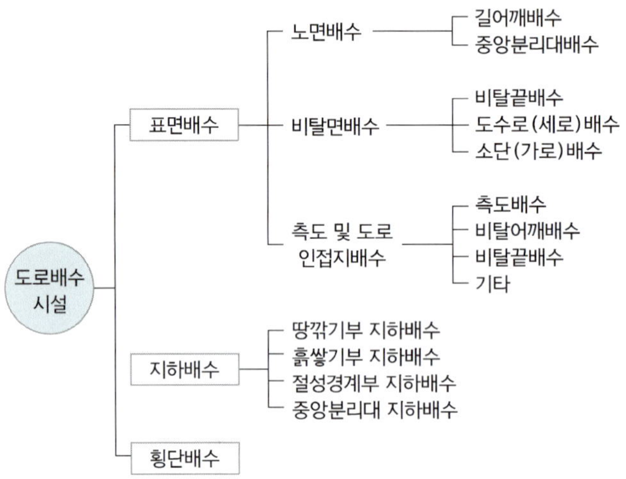

그림 6.1 도로배수시설 구분

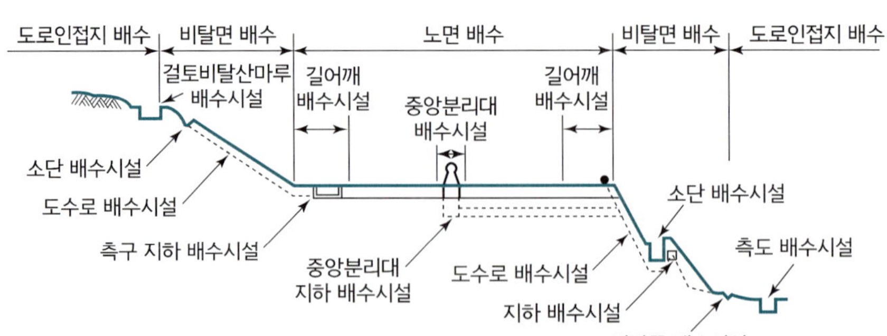

그림 6.2 도로 단면에 따른 배수시설의 명칭

6.1.2 조사

도로배수시설을 계획하고 설계하기 위해서는 배수목적에 부합하도록 합리적, 기능적 그리고 경제적으로 실시해야 하고, 동시에 시공성과 유지관리면에서도 고려해야 한다. 자료로서는 항공사진, 현장조사기록, 환경보고자료, 관련기관조사자료, 홍수발생 또는 강우 관련자료 등이 있으며, 실제조사에서는 다음과 같은 사항에 주의해야 한다.

- 표면수가 집중하여 흐르는 곳
- 지반으로부터 용수나 침투수가 많은 곳
- 지하수의 변동상태
- 모여진 물의 배수 유출부 상황

(1) 지형적 특성

집수구역 내의 지표면상황이나 주변개발 등으로 인위적 요인, 배수로 인한 슬라이딩, 사면 침식 등 지형에 관련한 배수조사

(2) 배수면적

주로 실측, 사진측량, 지질조사 등의 목적으로 만든 지형도로 이용한다. 토지이용도, 토질유형, 초목조성정도 그리고 댐의 유무 등과 강우강도에 따른 유출량과 유속·방향 등을 표시한 축척(1/1,200, 1/5,000)에 배수등고선도(drainage contour map)를 작성한다.

(3) 지하수 조사

- 계획단계 지하수 조사
- 지하수 조사방법

$$Q = k \cdot i \cdot A \quad (6.1)$$

여기서 Q : 유량(cm^3/sec) k : 투수계수(cm/sec)
A : 단면적(cm^2) I : 동수경사

투수계수 측정 : 실내시험과 현장시험이용, 개략적인 투수계수값(표 6.1) 이용

표 6.1 투수계수의 개략치

흙의 종류	투수계수(cm/sec)
쇄석(Crusher - run)	5×10^{-1}
조립인 자갈	1×10^{-1} 이상
자갈모래 #200(0.074 mm) 체 통과량 5%	5×10^{-3}
자갈모래 #200(0.074 mm) 체 통과량 10%	5×10^{-4}
모래 및 가는 모래	$1\times10^{-1} \sim 1\times10^{-3}$
사질 롬(loam)	$1\times10^{-3} \sim 1\times10^{-5}$
실트(silt)	$1\times10^{-5} \sim 1\times10^{-7}$
점토	1×10^{-7} 이하

6.1.3 수문조사

(1) 현지조사

1/5,000 또는 1/25,000 지형도를 이용하여 유역면적과 구조물 설치 위치별 유량산정을 위한 조사이다(상류조사, 하류조사, 합류조사, 하상조사, 최고홍수량 및 홍수위 등 관련조사).

(2) 기타자료조사

강우강도, 계획홍수량, 강우도달시간, 설계발생빈도 등 조사한다.

- 강우강도 : 전국주요지점별 강우도표이용(mm/hr 단위)
- 계획홍수량 : 계획홍수량 유역면적 4 km^2 이하에는 합리식적용(소하천), 4 km^2 이상에는 단위 유량도법 및 합성단위 유량도법을 적용
- 강우도달시간 : 유역면적 내 비가 내려 배수시설까지 도달하는 시간(유입시간+유하시간)
- 설계발생빈도 : 경제성 고려 구조물별 각각 설계발생빈도적용

6.1.4 표면배수

(1) 표면배수 산출

표면배수란 강우(또는 강설)에 의해 생긴 지표면을 흐르는 물을 배수하는 것을 말한다. 표면배수의 목적은 도로의 물을 안전하게 유지하고 노면교통에 장애를 주지 않는 데 있다. 표면배수를 위한 시설의 능력을 정하는데 있어서 그 시설로써 처리해야 할 빗물(및 눈녹은 물)의 양, 즉 일정한 집수역에서 유출하는 [유량]을 산정할 필요가 있다. 이 산정을 위한 이론적인 순서는 그림 6.3과 같다. 표면배수용량은 배수면적(집수면적), 강우강도 및 유출계수 인자의 크기에 의해 결정된다.

(2) 우수 유출량 계산

배수구조물의 단면을 결정하기 위한 유출량(설계유량)을 산출하는 방법으로는 합리식, 표준유출법 및 수문곡선추적법이 있다. 이 방법은 각각 우수 유출량의 유적면적(A)에 따라 적용한다.

① 합리식($A < 4$ km^2 경우)

$$Q = \frac{1}{3.6 \times 10^6} C \cdot I \cdot A \tag{6.2}$$

여기서 Q : 우수의 유량량(m^3/sec)　　C : 유출계수(표 6.2)
　　　I : 유달시간 내의 강우강도(mm/hr)　　A : 유역면적(m^2)

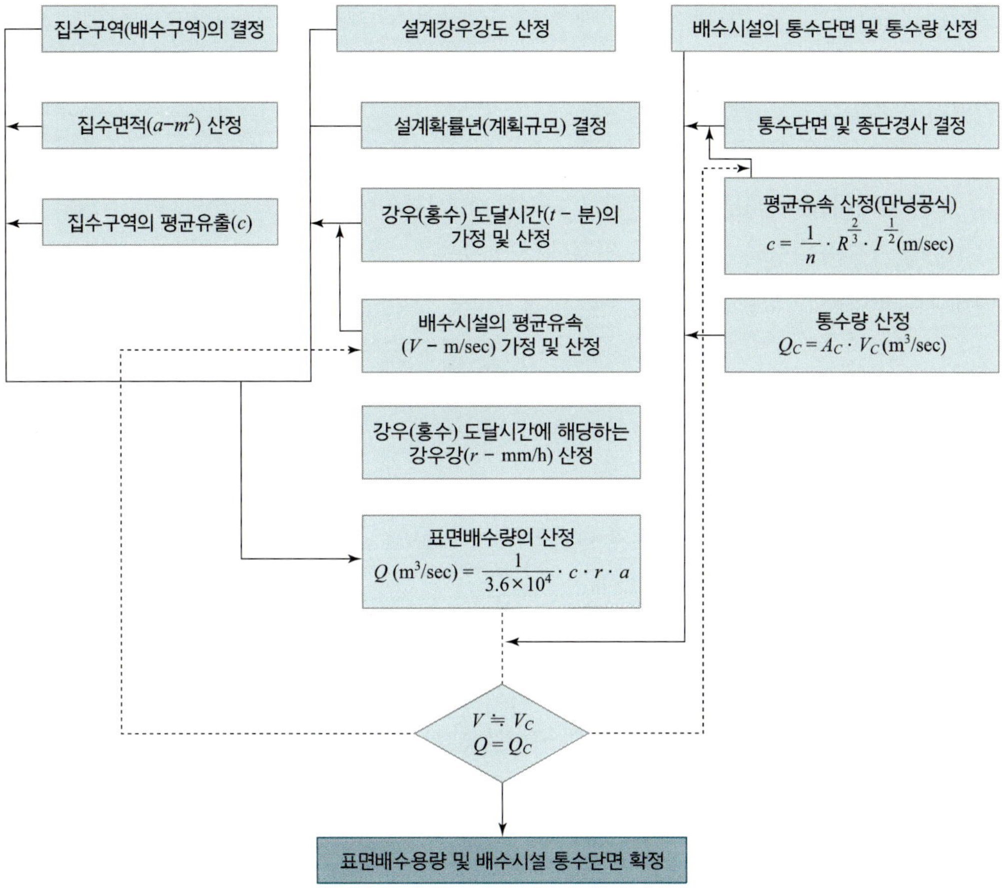

그림 6.3 표면배수용량의 산정절차 흐름도

강우강도는 식 (6.3)으로 구한다.

$$I = \frac{m}{t+n} \tag{6.3}$$

여기서 I : 강우강도(mm/hr)

m, n : 대상지역에 따라 주어지는 상수

t : 강우계속시간(min)

표 6.2 합리식에서의 C값

유역면적의 상태	C값	유역면적의 상태	C값
포장면 및 비탈면	0.9	도시지역	0.7
가파른 산지	0.8	잡지	0.6
가파른 계곡 경작지	0.8	경작하는 평작지	0.5
논	0.8	경작하는 평계곡	0.6
완만한 산지	0.7	수림	0.3
완만한 경작지	0.7	밀림수림과 덤불숲	0.2

유달시간(t)은 집수구역 제일 먼 곳에서 배수시설에 도달할 때까지 시간(유입시간 t_1)과 관거 등을 흘러 계획지점까지 도달시간(유하시간 t_2)으로 나누며, 노면배수는 $t = t_1$, 배수관이나 암거의 경우 $t = t_1 + t_2$로 설계한다.

유입시간(t_1)은 지표상황, 경사, 집수구역의 크기 등에 따라 좌우된다. 일반적으로는 경험에 비추어 산지에서 15~30분, 절토면에서 3~5분, 도시지역에서 5분의 값을 취하고 있다. 유하시간(t_2)을 우수유출량을 구하려는 지점에서 상류측구, 관거 등의 최연장구간 평균유속 v로 나눈값과 비슷하다. 평균유속(v)은 Manning식으로 구한다.

$$v = \frac{1}{n} \cdot R^{2/3} \cdot i^{1/2} \tag{6.4}$$

여기서 v : 평균유속(m/sec)
n : 조도계수
R : 경심(m)(A/P : A =통수단면적, P=윤변장)
i : 수면경사(유로경사)

② 단위유량도법

단위유량도법을 중규모 유역에 적용하기 위해서는 유역의 강수량 자료와 유출량 자료가 다수 존재해야 하고, 관측된 유출량 자료를 바탕으로 한 유역의 대표단위도가 존재하는 경우에 한하여 사용한다.

③ 합성단위유량도법

합성단위유량도법은 유역의 유출량 자료가 존재하지 않는 미계측 유역에서의 사용을 원칙으로 한다. 즉, 국내 실정상 대표단위도를 작성하기 어려운 경우가 많으므로 이러한 경우에는 합성단위유량도를 작성하여 사용하도록 하며, 주로 사용되는 합성단위도법으로는 Snyder, SCS, Nakayasu, Clark, Nash 방법이 있다. 적용의 절차는 단위유량도법 적용에 준하여 적용한다. 다만 미계측 유역에서 유출량 자료가 없는 경우 유효우량의 산정은 'SCS 유효우량 산정법'을 이용한다(도로배수시설 설계 및 유지관리지침 참조).

6.1.5 지하배수

도로에 침입하는 물은 인근지대나 노면으로부터 침투하는 것과 지하수면에서 상승하는 것으로서, 이러한 지하배수를 빠르게 배제하기 위해서는 침투 전에 차단하여 지하배수시켜야 한다. 일반적으로 지하배수는 보조기층배수(노반배수)와 노상배수로 나누어 생각할 수 있다.

(1) 보조기층배수

노상이 불투수성(침투계수가 10^{-6} cm/sec 이하)인 경우 주로 노면에서 침투한 물을 밖으로 배제하기 위하여 보조기층배수를 실시한다. 보조기층배수는 일반적으로 측구 또는 길어깨 아래에 설치한 유공배수관을 통하여 배수를 시행한다. 보조기층이 포화된 상태에서 보조기층 내의 배수가 50% 진행되기까지의 시간을 t_{50}이라 하며, t_{50}은 다음 식으로 구한다.

$$t_{50} = \frac{nL^2}{2R(H+L\tan\alpha)} = \frac{nL^2}{2RH_0} \tag{6.5}$$

여기서 t_{50} : 50% 배수에 요하는 시간(日)

n : 보조기층재료의 간극율

$$n = \frac{e}{1+e} \quad \text{또는} \quad n = 1 - \frac{\gamma_d}{G \cdot \gamma_w}$$

여기서 e : 간극비

G : 보조기층재료의 입자비중

γ_d : 다져진 보조기층재료의 건조밀도(g/cm^3)

γ_w : 물의 단위중량 1 g/cm^3

L : 배수대상으로 한 폭(m)

H : 보조기층두께

$\tan\alpha$: 노면의 횡단경사

위의 공식에서 $t_{50} \le 10$일이 바람직하다.

t_{50}이 10일 이상일 때에는 다음과 같은 방법이 강구되어야 한다.

- 보조기층배수구를 도로중심선 아래에 설치한다.
- 보조기층재료로서 투수성이 좋은 재료를 사용한다.
- 보조기층두께를 증가시킨다.

(2) 노상배수

노상배수는 지하수위가 낮고 노상재료가 투수성이 큰 경우에는 필요가 없다. 일반적으로 성토부의 노상배수는 거의 필요없으며, 다만 절토부의 노상배수가 주대상이 된다. 노상배수는 지하수위의 저하와 도로인접 시에서 침투수의 차단을 주목적으로 하며, 수위가 노면아래 50 ~100 cm 이하가 되도록 계획해야 한다. 노상배수구는 보통 길어깨측에 연하여 종방향으로 설치하나, 경우에 따라서는 횡방향으로 횡단배수구를 설치하기도 한다. 횡단배수구는 종단배수구보다 얕게 하여 종단배수구에 연결시켜야 한다. 배수구의 깊이는 다음 식으로 구한다.

$$H = \frac{(S_w - S)B}{200} + h + D_w + D \tag{6.6}$$

여기서 H : 배수구의 최소깊이(cm)

B : 배수구의 간격(cm)

S : 노면의 경사(%)

S_w : 지하수면의 최소경사(%)

h : 지하수위와 유공배수관 내의 수위와의 차(cm)

D_w : 노상면에서 지하수위까지의 깊이(cm)

D : 포장두께(cm)

표 6.3 S_w, h, D_w 값

노상의 종류	S_w	h (cm)	D_w (cm)
사질토	2	10	30～60
점성토	4	15	60～100

노상배수는 ① 지하수위가 높은 절토부, ② 도로인접지로부터 침투수가 침입하는 곳에서 노상과 보조기층의 연약화를 방지하기 위해 설치한다. 노상배수는 지하수위 저하량(보통 노면 아래 50～100 cm 이하)을 목표로 배수량을 결정한다. 배수량은 불투수층의 경사와 길이에 따라 구하는 식이 다르나 대표적인 것은 다음과 같다.

$$q = k \cdot i \cdot H_0 \tag{6.7}$$

여기서 q : 단위길이당 배수량(cm^3/sec/m)

k : 투수계수(cm/sec)

i : 경사

H_0 : 지하수위 저하량(cm)

지하배수구의 설치는 지형, 토질, 지하수위에 따라 다르나, 지하배수구 아래에 집수관을 두어야 한다. 집수관은 유공 콘크리트관이 많이 사용된다. 집수관은 양질의 필터로 보호해야 하는데 필터는 다음과 같은 조건을 만족한 것이어야 한다.

① 필터재료가 노상토에서 유입된 미립자로 막히지 않을 조건

$$\frac{\text{필터재료의 15\% 입경}}{\text{노상토의 85\% 입경}} < 5 \tag{6.8}$$

② 필터재료가 노상토에 비해 충분한 투수성을 가질 조건

$$\frac{\text{필터재료의 15\% 입경}}{\text{노상토의 15\% 입경}} > 5 \tag{6.9}$$

③ **필터재료가 유공관의 구멍을 통해 관 안으로 유입되지 않을 조건**

$$\frac{\text{필터재료의 85\% 입경}}{\text{유공관의 구멍}} > 2 \tag{6.10}$$

④ **필터재료의 입경가적곡선은 상기의 조건을 만족하면서 노상토의 입경가적곡선과 평행한 것이 좋다(그림 6.4).**

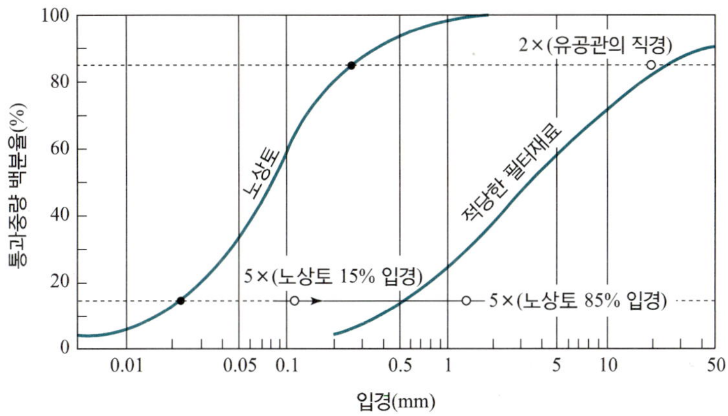

그림 6.4 필터재료의 선정

6.1.6 횡단배수

(1) 배수목적

도로암거(Highway Culvert)는 도로나 철도의 제방을 횡단하여 홍수를 배제하기 위해 통상 계곡부를 설치하는 비교적 짧은 배수구조물의 하나이다. 관수로형 방류관로와 수리학적으로 거의 비슷할 뿐 아니라 내륙 수운용 로크(lock)에 물을 채우거나 빼기 위한 관로라든지 관개수로에 급수원을 연결하는 관로 등 여러 가지 목적으로 사용되고 있다. 도로암거의 수리설계는 수문분석에 의해 결정되는 계획홍수량(통상 회기년도 25년)을 암거상류부의 수위(Head Water Level)를 과다하게 상승시키지 않는 상태에서 안전하게 하류로 소통시킬 수 있는 가장 경제적인 암거단면과 매설경사를 결정하는 것이다. 암거흐름의 특성은 암거의 폭(D), 모양, 경사(S_0) 및 조도라든가 입구부와 출구부의 기하학적 성질, 암거의 상류수심(HW)과 하류수심(TW) 등에 따라 개수로 혹은 상수로 흐름의 특성으로 나타나며, 관수로의 경우도 부분관류(Partial Full Pipe Flow) 또는 만수관류(Full Pipe Flow) 상태로 흐를 수 있다.

(2) 암거내 흐름의 분류와 수리특성

일반적으로 암거단면형은 원형관(Circular Pipe)과 구형관(Box Culvert) 두 가지로서, 암거

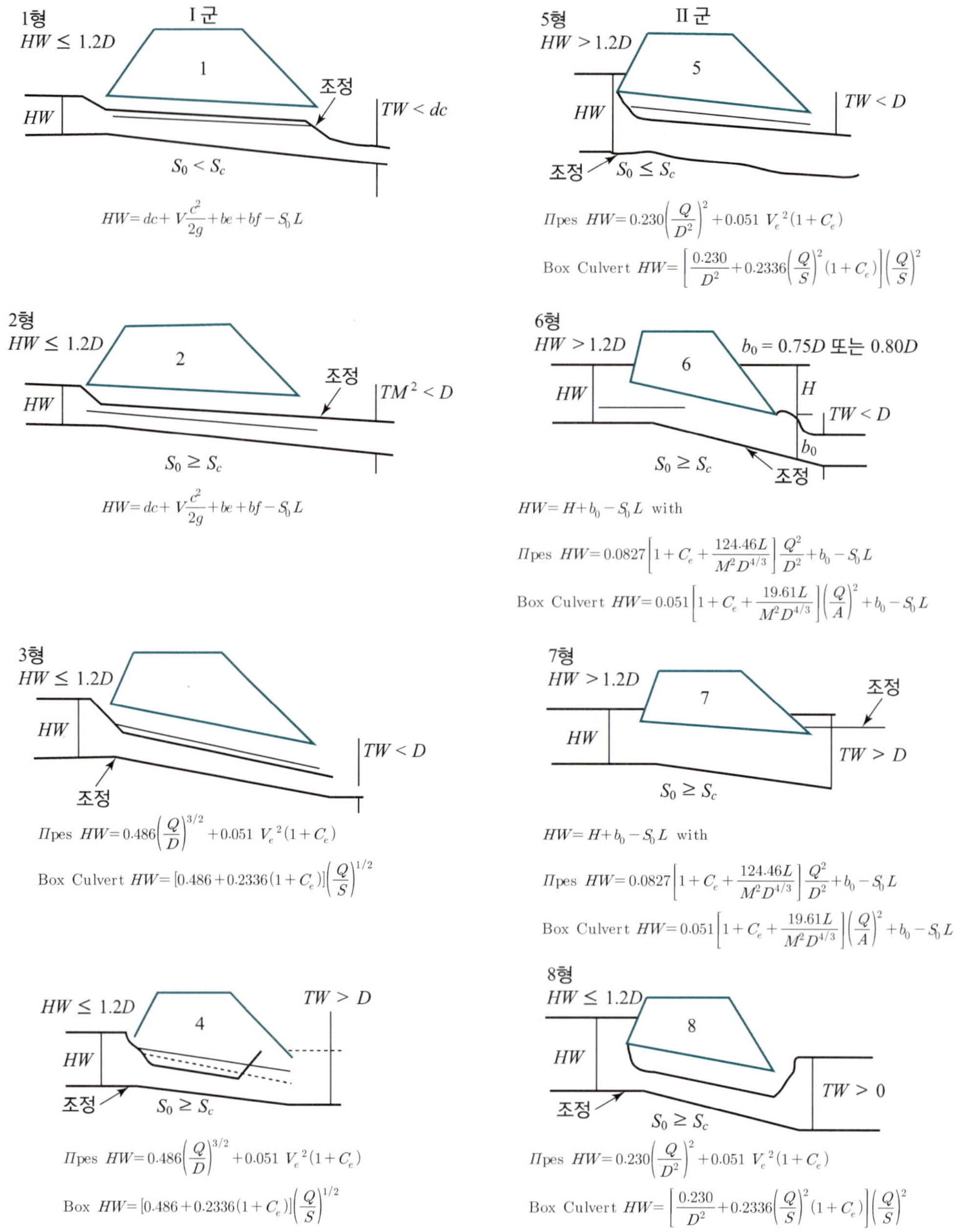

그림 6.5 배수암거 형태

내의 흐름은 암거상류부 수심(HW)과 암거직경(D : Box Culvert의 경우에 폭)의 상대적인 크기에 따라 두 가지로 분류할 수 있다.

즉,

- Class – Ⅰ

  $HW \leq 1.2D$인 경우로서 암거의 입구부가 잠수되지 않은 상태에서 흐르는 경우

• Class – II

$HW > 1.2D$ 인 경우로서 암거의 입구부가 완전히 잠수된 상태에서 흐르는 경우

Class – Ⅰ과 Ⅱ는 암거의 경사와 하류수심의 크기에 따라 다시 4가지형의 흐름 상태로 각각 분류할 수 있으므로 도합 8가지의 흐름상태가 가능하다(그림 6.5 참조).

그림 6.5와 같이 암거내 흐름을 살펴보면 지배단면이 입구부통제(Inlet Control)의 경우(Ⅰ–3, 4와 Ⅱ–5, 8)에 있어서 암거의 상류수심(HW)은 암거의 경사나 조도 및 길이에 전혀 무관하고 단지 유량과 암거단면의 크기에 의해서만 결정된다. 반면에 지배단면(Control Section)이 출구부통제(Outlet Control)의 경우(Ⅰ–1, 2와 Ⅱ–6, 7)에 있어서 상류수심(HW)은 유량, 암거의 단면크기뿐만 아니라 조도 및 길이 등에 의해 결정된다. 일반적인 배수구조물의 설계에 있어서 유량은 수문학적 통계로 산출되며, 도로의 기하학적 제원이 결정되고 난 후에 설계되므로 암거의 길이와 구배와 어느 한계 내에서 산정된다. 따라서 입구부통제부와 출구부통제의 두 경우 모두가 단면을 조정하는 계산으로서 설계를 수행한다.

6.2 동상

6.2.1 발생원인

아스팔트포장의 두께결정에 있어 기상조건(氣象條件)으로 고려해야 할 점은, 동상(凍上)을 방지하기 위한 동결심도(凍結深度)이다. 동상이란 겨울에 흙속에 포화되어 있는 수분이 얼어 체적이 팽창하여 지면(地面)이 부풀어오르는 현상을 말한다. 동상에 의한 포장피해의 형태로는 동상 그 자체에 의하여 포장면에 균열이 발생하여 포장이 파괴되는 것과 융해기(融解期)에 있어 흙의 전단강도가 저하하여 지지력이 약화됨에 따라 포장이 파괴되는 것이다(그림 6.6 동결(凍結) 및 융해에 의해 포장이 손상받는 상태를 동상(凍傷)이라 하며, Heaving을 의미하는 동상(凍上)과 혼용되기도 한다).

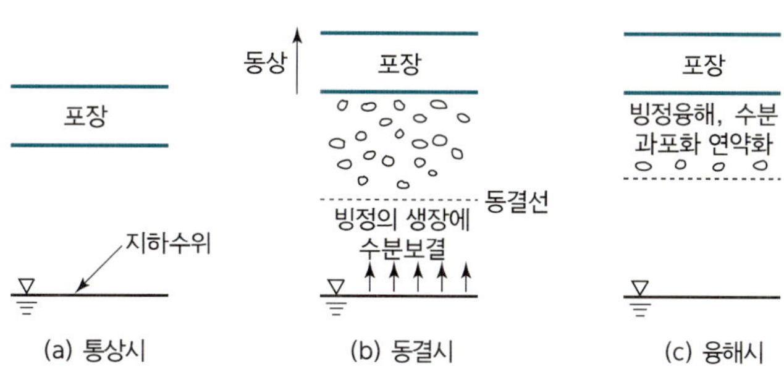

그림 6.6 동결과 융해

동상이 일어나는 원인은 다음과 같다.

- 지반이 동상을 일으키기 쉬운 토질로 되어 있을 때
- 동상에 필요한 물의 공급이 충분할 때
- 흙속의 온도가 빙정(氷晶)을 발생시킬 정도로 강하할 때

3가지 조건 중에 한 가지만 만족하지 않아도 동상은 일어나지 않는다.

동상을 방지하는 공법은 치환공법(置換工法), 단열공법(斷熱工法), 약제처리공법(藥劑處理工法), 차수공법(遮水工法) 등이 있으나, 이 중 확실성과 경제성을 갖는 공법은 치환공법이다. 즉, 동결깊이 내의 동상을 일으키는 흙을 동상이 일어나지 않는 재료로 치환하는 것을 말하며, 노상(路床) 위에 동상을 일으키지 않는 재료를 필요한 두께만큼 쌓아올리는 경우도 여기에 포함된다.

동상깊이에 대한 치환깊이의 비율을 치환율이라 하며, 이는 일반적으로 다음 두 가지 사항을 참고하여 경험적으로 정한다.

- 노상에 동결이 생겨 동상을 일으켜도 포장에 해로운 요철(凹凸)이 생기지 않을 것
- 융해기에 노상지지력이 저하해도 교통하중에 의해 포장이 상하지 않도록 할 것

이러한 조건을 만족하면서 될 수 있는 한 치환깊이를 적게 하기 위하여 각국에서는 경험에 의해 환경별 치환율을 정하고 있다. 외국의 조사에 따르면 빙정은 동결깊이의 60~70%까지 분포되어 있고, 동결깊이의 80에서 100 사이에는 거의 빙정이 없거나 미미하였다. 미공병단(美工兵團)에서는 공항활주로(空港滑走路)의 아스팔트 포장두께 설계 시 치환 후의 전(全)최대 동결깊이의 80%를 치환깊이로 하고 있다. 그러나 경험적으로 치환두께를 알고 있는 경우는 그 값을 채용한다. 치환두께는 시공성 등을 고려해서 최저 15 cm로 한다.

6.2.2 동결심도 결정방법

동결심도(凍結深度)를 결정하는 방법은 현지에서 직접 동결깊이를 실측하는 방법과 기상자료에 의해 동결지수(凍結指數)를 구해 공식(公式)에 의해 구하는 방법이 있다.

(1) 실측에 의하는 방법

동상의 유무를 판단하기 위하여 현지를 답사하여 기존도로 및 철도의 동상피해상황과 공사기록, 주민으로부터의 피해상황, 측구(側溝)의 요철 및 라이닝의 균열 등을 조사하고 동상최성기(凍上最盛基)인 2월 하순경에 원지반(原地盤)을 굴착해서 관찰한다.

동결깊이는 2월 하순의 최대동결기(最大凍結期)나 동절기동안 계속해서 다음과 같은 요령으로 측정한다.

① 동결깊이는 포장상부표면으로부터의 깊이로 한다.

② 직접 시굴(試掘)에 의해 빙정길이를 측정한다.
③ 봉상(棒狀)온도계를 사용, Boring Hole에 의해 측정한다.
④ 매설온도계(埋設溫度計)에 의해 측정한다.
⑤ 에틸렌 블루 동결온도계에 의해 측정한다.
※ ①~⑤ 중 어느 측정방법을 사용해도 된다.

(2) 동결지수에 의한 방법

① 동결깊이 예측식

최대 동결깊이는 새로 개발된 한국형 동결깊이 예측식인 식 6.11에 따라 산출하도록 한다.

$$Z = C\sqrt{F} \tag{6.11}$$

여기서 Z : 최대동결깊이(mm)
F : 설계동결지수(℃ · 일)
C : 동결지수에 따른 보정상수

설계동결깊이는 노상동결관입허용법에 따라 최대동결깊이의 75%를 사용한다.
동결지수에 적용되는 보정상수는 표 6.4와 같다.

표 6.4 동결지수에 따른 보정상수(C)값

설계동결지수(F) (℃ · 일)	0 이상 100 미만	100 이상 200 미만	200 이상 300 미만	300 이상 400 미만	400 이상 500 미만	500 이상 600 미만
동결지수에 따른 보정상수(C) 값	27.3	30.2	35.6	42.1	48.1	53.0

② 설계동결지수

동결지수는 포장 내의 동결깊이를 산정하기 위한 대표적 척도로서, 포장 구조와 노상토를 동결시키는 대기온도의 강도와 지속기간의 누가영향으로 표시된다. 동결지수의 단위는 온도 · 일(℃ · 일)이며, 동결 계절 동안의 누가 온도 · 일에 대한 시간 곡선상의 최고점과 최저점의 차이로 나타낸다.

설계 구간의 설계동결지수 산정은 대상 지역 인근 측후소에서 관측한 월 평균 대기온도의 크기와 지속기간에 대한 20년간의 기상자료에서 추위가 가장 심하였던 2년간(즉, 동결지수의 최대 2년치)의 평균동결지수로 정한다. 만일 20년간의 기상자료가 없으면 최근 10년간의 최대 동결지수를 설계동결지수로 산정한다.

표 6.5 20년 동결지수

지 역	측후소 지반고 (m)	동결지수 (℃·일)	동결기간 (일)	지 역	측후소 지반고 (m)	동결지수 (℃·일)	동결기간 (일)
속초	17.6	102.1	46.5	합천	32.1	109.8	49.0
대관령	842.0	697.0	121.5	거창	224.9	188.7	67.5
춘천	74.0	418.0	73.5	영천	91.3	127.3	39.0
강릉	26.0	85.2	31.0	구미	45.5	132.0	57.5
서울	85.5	278.9	68.0	의성	73.0	331.0	87.5
인천	68.9	203.4	55.5	영덕	40.5	72.6	29.5
원주	149.8	340.9	84.5	문경	172.1	212.5	69.0
울릉도	221.1	117.1	23.0	영주	208.0	246.8	79.5
수원	36.9	272.4	66.0	성산	17.5	0	0
충주	69.4	350.4	88.5	고흥	60.0	49.1	25.5
서산	26.4	195.7	55.0	해남	22.1	58.8	31.0
울진	49.5	65.3	28.5	장흥	43.0	63.6	33.5
청주	59.0	201.6	62.5	순천	74.0	117.4	40.5
대전	67.2	184.2	54.0	남원	89.6	224.7	66.0
추풍령	245.9	210.5	69.0	정읍	40.5	138.7	61.0
포항	2.5	57.6	27.0	임실	244.0	318.4	75.0
군산	26.3	139.0	61.0	부안	7.0	142.6	61.5
대구	57.8	72.0	30.5	금산	170.7	283.7	74.5
전주	51.2	95.8	46.0	부여	16.0	204.0	66.0
울산	31.5	59.5	27.0	보령	15.1	141.6	61.5
광주	73.9	82.5	38.0	아산	24.5	248.1	66.5
부산	69.2	53.2	5.0	보은	170.0	366.0	87.5
통영	25.0	43.2	19.0	제천	264.4	489.9	89.5
목포	36.5	51.6	20.0	홍천	141.0	464.3	89.0
여수	67.0	52.5	4.0	인제	199.7	475.3	96.5
완도	37.5	42.2	26.0	이천	68.5	356.7	69.5
제주	22.0	0	0	양평	49.0	381.5	87.0
남해	49.8	45.3	20.0	강화	46.4	355.2	68.0
거제	41.5	39.3	4.0	진주	21.5	83.2	39.0
산청	141.8	72.3	31.5	서귀포	51.9	0	0
밀양	12.5	93.2	38.5	철원	154.9	522.6	81.0
동해	40.0	67.8	42.0	봉화	320.0	401.9	91.0
안동	140.0	203.4	60.5	장수	406.0	337.4	87.0
태백	713.0	501.5	111.0				

설계구간에 표 6.5의 측후소가 있을 경우 표 6.5의 동결지수 및 동결기간을 이용하여 설계동결지수를 산정하며, 설계구간에 측후소가 존재하지 않으면 표 6.7의 좌표별 동결지수를 이용하고, 동결기간은 가까운 측후소 3개의 평균값 또는 가장 가까운 측후소의 값을 이용하여 설계동결지수를 산정한다.

표 6.5에서 얻어지는 동결지수 값은 측후소 위치에서 관측한 값을 토대로 한 것이며, 표 6.7의 동결지수는 지반고 100 m 기준의 값이므로 설계노선의 위치 및 표고에 대한 보정은 식(6.12)를 이용하여 계산한다.

$$\text{수정동결지수(℃ · 일)} = \text{동결지수(표 6.5 및 6.7)} + 0.5 \times \text{동결기간} \times \frac{\text{표고차}(m)}{100} \quad (6.12)$$

표고차 = 설계노선 포장계획면 최고표고(m) − 측후소 지반고(m)

6.2.3 설계 시 고려사항

(1) 동해(凍害)의 염려가 있는 노상(路床), 보조기층(補助基層)의 배수(排水)는 보통의 경우와 달리 다음의 사항에 대해 고려해야 한다.

① 지하배수구는 불연속구간에서 도로밖으로 배수가 되도록 성토부(盛土部)나 절토부(切土部) 다같이 설치한다.

② 피토(被土)두께가 적은 횡단관거(橫斷管渠) 등의 지하매설물(地下埋設物)은 주변의 함수비가 높아지는 경향이 있고, 또한 한기(寒氣)로 동결(凍結)깊이가 깊어져 부분적으로 노면이 동상을 일으킬 염려가 있으므로, Box형의 경우에는 상면에 횡단구배를 두거나 적당한 뒷채움재를 사용하는 것이 바람직하다.

(2) 동결을 피해야 할 지하매설물은 동결깊이 이하에 설치하는 것이 좋다.

(3) 치환폭은 인접부의 동상에 의해 영향을 받지 않을 정도의 여유를 둘 필요가 있으므로 포장폭보다 양쪽으로 30~50 cm씩 넓게 취한다.

(4) 동상방지층용 재료는 표 6.6에 적합하도록 한다.

표 6.6 재료 기준

구 분	기 준
골재최대치수(mm)	100 이하
유효입경, D_{10}(mm)	0.1 이상
0.08mm 통과율(%)	8 이하
2mm 통과율(%)	45 이하
소성지수(%)	10 이하
모래당량(%)	20 이상
수정 CBR(%)	10 이상

표 6.7 좌표별 동결지수(단위 : ℃·일)

동경	북위	34			35					36	
		0.4	0.6	0.8	0.0	0.2	0.4	0.6	0.8	0.0	0.2
126	0.4	89	84	61	99	133	153	165	174	181	184
	0.6	67	74	94	113	132	152	166	172	175	181
	0.8	67	84	96	113	107	151	161	171	166	203
127	0.0	92	85	96	118	121	159	169	160	180	214
	0.2	92	65	102	125	147	197	223	127	182	207
	0.4	96	81	104	128	157	207	212	193	219	224
	0.6	101	88	87	118	141	160	188	189	210	222
	0.8	100	78	66	102	117	89	147	167	188	203
128	0.0	103	87	66	99	103	111	140	157	175	162
	0.2	105	94	89	101	113	127	130	153	165	174
	0.4	104	87	55	82	112	128	136	142	156	172
	0.6	105	87	55	67	107	119	126	103	128	217
	0.8	109	97	82	85	100	114	121	129	144	208
129	0.0	115	107	96	70	73	111	122	132	133	166
	0.2	121	115	106	92	94	100	94	119	117	138
	0.4	127	122	117	113	110	107	84	108	74	116

동경	북위	36			37					38	
		0.4	0.6	0.8	0.0	0.2	0.4	0.6	0.8	0.0	0.2
126	0.4	189	210	218	232	247	262	334	347	301	287
	0.6	182	212	221	238	250	225	266	310	299	294
	0.8	210	222	236	252	268	265	276	291	303	309
127	0.0	219	236	257	263	288	286	285	303	333	349
	0.2	217	237	262	269	292	305	312	330	403	445
	0.4	199	218	244	282	339	358	356	350	406	444
	0.6	243	249	256	288	332	353	361	376	383	366
	0.8	271	272	274	309	313	327	392	402	391	348
128	0.0	208	222	274	347	324	321	361	370	368	346
	0.2	201	198	243	315	393	309	306	324	407	347
	0.4	208	217	223	251	283	271	264	271	279	215
	0.6	273	209	214	225	234	232	232	225	213	139
	0.8	252	206	233	248	204	198	204	152	188	189
129	0.0	189	197	226	231	164	148	139	139	177	195
	0.2	148	153	168	160	163	127	123	162	181	194
	0.4	108	99	127	74	141	154	158	171	184	193

주) 표고 100 m 기준

7
CHAPTER

포 장

7.1 포장의 종류와 구성

7.1.1 포장의 종류

포장은 표층의 재료, 공법 또는 기능이나 장소에 따라 각각 분류되고 있으나, 획일적으로 분류하기는 어렵다. 그러나 실용적이면서 일반적으로 널리 알려진 공법으로 대변하면 아스팔트 콘크리트포장(이하 아스팔트포장)과 시멘트 콘크리트포장(이하 콘크리트포장)으로 나눈다. 양자는 각각 사용재료도 다르며 하중전달 방법도 다르다. 아스팔트포장에서는 하중으로 발생하는 응력을 각 층(표층, 기층, 보조기층)에 상응하게 분담하여 하층부로 점차 그 응력을 감소시킨다. 그러므로 상층부는 부담응력이 크기 때문에 고급재료가 사용된다.

한편 콘크리트포장에서는 하중에 의한 응력은 표층인 콘크리트판에 의하여 대부분 분산된다. 표층 아래 보조기층은 표층을 균등하게 지지하는 역할을 해야 하므로 균질재료에 의한 균일한 지지력이 확보될 수 있도록 시공성도 확보되어야 한다. 또한 사용재료의 강성비로 아스팔트포장을 가요성포장(可撓性鋪裝 – Flexible Pavement)이라 하고, 콘크리트포장을 강성포장(剛性鋪裝 – Rigid Pavement)이라 한다. 그 외 아스팔트 혼합물을 모재로 하여 시멘트 밀크를 주입한 내유동과 내유성(耐油性)을 가진 반강성 포장도 있다.

표 7.1에서 분류한 바와 같이 재료, 등급, 공법, 기능, 장소 등에 따라서도 분류가 되며, 아스팔트포장에서도 아스팔트의 종류에 따라 구스 아스팔트포장, 개질 아스팔트포장, 세미브라운 아스팔트포장, 로울드 아스팔트포장, 전두께 아스팔트포장 등으로 분류한다. 콘크리트포장에

표 7.1 포장의 종류

구 분 / 포 장	강성 구분	표층재료	등급구분	공법구분	기능구분	장소구분
아스팔트 포장	가요성	아스팔트 혼합물	• 고급포장 • 간이포장	• 아스팔트포장 • 구스 아스팔트포장 • 개질 아스팔트포장 • 세미브라운 아스팔트포장 • 로울드 아스팔트포장 • 전두께(Full Depth) 포장	• 착색포장 • 미끄럼방지 포장 • 내수성 포장 • 명도(明度) 포장	• 차도포장 • 보도포장 • 주정차량 포장 • 버스정류장 포장 • 터널포장 • 교면포장
콘크리트 포장	강 성	시멘트 콘크리트	• 고급포장 • 저급포장	• 콘크리트포장 • 철근콘크리트포장 • 연속철근콘크리트포장 • 프리스트레스콘크리트포장 • 프리캐스트콘크리트포장		
기 타	반강성	• 아스팔트 혼합물 • 석괴(石塊) • 목괴(木塊)		• 돌포장 • 목괴포장		

서도 철근콘크리트포장, 연속철근콘크리트포장, 프리스트레스콘크리트포장, 프리캐스트콘크리트포장 등으로 분류하고, 기타 돌포장(鋪石鋪裝)이나 목괴포장(木塊鋪裝) 등도 있다.

7.1.2 포장의 구성

포장의 구조는 일반적으로 종류가 다른 재료가 층을 이루는 복합층을 구성하고 있으며, 아스팔트포장과 콘크리트포장에서는 층의 구성과 기능면에서 다소 차이가 있다.

일반적인 구성과 각 층의 명칭은 아스팔트포장에서는 그림 7.1과 같고, 콘크리트포장에서는 그림 7.2와 같다.

아스팔트포장은 노상 위에 보조기층, 기층, 표층의 순으로 구성된다. 노상이 연약한 경우에는 노상흙이 보조기층에 침입하는 것을 방지하기 위하여 양질의 모래 등으로 차단층을 설치한다. 또한 한랭지방에는 동해(동상 : 凍上)의 위험이 있는 경우 비동상성 재료(자갈, 모래, 슬래드 등)를 사용하여 동상방지층을 설치하기도 한다.

표층이나 중간층 위에 마모나 미끄럼 방지용으로 3 cm 전후에 마모층을 둘 경우 포장의 전두께(구조적 강성계산)에는 고려하지 않는다.

콘크리트포장에서는 노상 위에 보조기층, 중간층, 표층으로 구성되며, 아스팔트포장과는 다르게 기층이 포함되지 않는다. 이것은 콘크리트판에 하중작용 시 판하중으로 고려하기 때문에 콘크리트판이 기층역할까지 부담하는 것으로 고려하기 때문이다. 노상에 대한 차단층이나 동상방지층은 아스팔트포장과 같다.

(1) 보조기층

아스팔트포장에서는 기층과 노상 사이에 위치하고 있어서 위로부터 전달되는 교통하중을 다시 분산하여 노상으로 전달하는 역할을 한다.

콘크리트포장에서는 콘크리트포장판 아래에 위치하고 있어 판(slab)을 균일하게 지지하는 스프링 역할을 하는 동시에 동상작용을 억제하고, 펌핑(pumping)현상을 방지하는 역할도 한다. 우리나라의 경우 아스팔트포장이나 시멘트 콘크리트포장의 보조기층은 입상재료를 사용하고 있다.

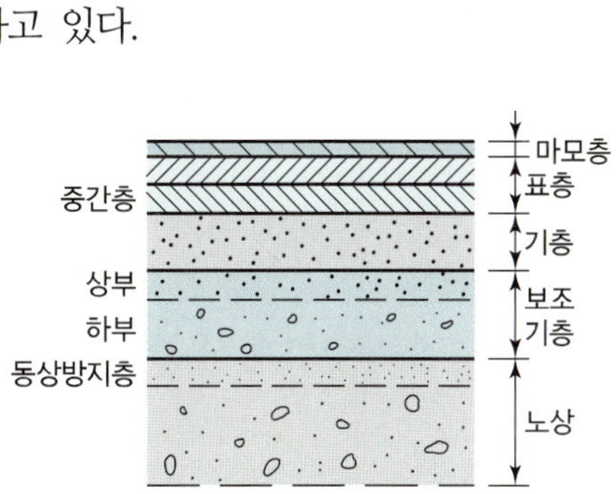

그림 7.1 아스팔트포장의 구성

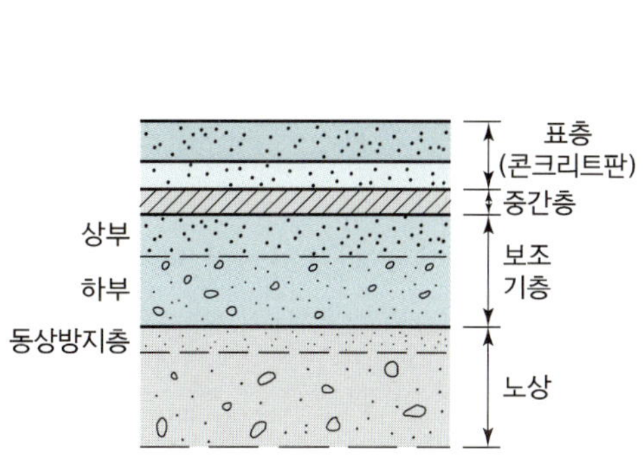

그림 7.2 콘크리트포장의 구성

(2) 기층

아스팔트포장에서 기층은 보조기층 위에 두어 보조기층의 요철(凹凸)을 정형하여 표층으로부터 전달되는 하중을 균일하게 보조기층으로 전달하는 역할을 한다. 보통 기층은 표층과 일체로 하여 하중을 분담하고, 특히 차량의 교통하중에 의해서 일어나는 최대전단력은 기층의 위치에 발생하므로 충분한 강도를 갖추지 않으면 안 된다.

기층에는 일반적으로 가열 아스팔트 혼합물을 사용하나 중(重)교통(T_A설계법의 D 또는 C)일 경우에는 시멘트콘크리트에 의한 화이트 베이스(White Base)로 한다.

(2) 중간층

중간층은 기층이 입상재표(입도안정처리)이고, 표층없이 마모층(2.5~3 cm)으로 구성되는 경우 입상재료에 의한 평탄성을 보완하고, 마모층만으로 직접 교통하중을 저항하기 위한 강성이 부족하므로 이를 보완하기 위하여 중간층($T=4\sim6$ cm)을 둔다.

또는 기층의 두께가 두꺼워서 기층을 2층으로 나눌 필요가 있을 때 상층을 중간층으로 하고, 그 위에 표층을 두는 경우도 있다. 특히 강상판 교면포장이나 경간이 장경간인 교면포장인 경우 그 두께가 6~10 cm일 때 하층을 중간층(5~6 cm)에 두고, 상층을 표층으로 하여 상하층이 일체가 되도록 시공하기도 한다.

시멘트 콘크리트포장의 중간층 빈배합 콘크리트를 사용하여 15 cm 정도 두께를 적용하고 있다.

(4) 표층

포장의 최상부이며 교통하중을 분산시켜 하층으로 전달하는 역학적인 기능을 가지는 동시에 쾌적한 주행성을 확보해야 하는 중요성이 있고, 다기능이 요구되는 중요한 층이다. 특히 콘크리트포장에서는 표층의 콘크리트판에 따라 노상흙의 허용강도 범위까지 교통하중을 분산시킴과 동시에 온도변화에 의해서 발생하는 응력에도 견디어야 한다. 또한 주행의 안전성을 위해서는 적당한 노면의 미끄럼 저항, 쾌적성을 위한 평탄한 노면뿐만 아니라 환경에 미치는 진동 및 소음을 최소화할 수 있는 평탄한 노면 등 어느 것 하나 결함이 있는 포장이 되어서는 안 된다.

(5) 마모층

마모층은 평탄성을 확보하거나 표면의 미끄럼 저항을 보완하는 등 중간층 또는 표층면을 보호하기 위한 마모층으로서의 기능을 갖는다. 이 마모층은 포장두께 설계 시 강도계산에는 고려하지 않는다.

7.1.3 포장 특성 비교

포장은 강성포장(剛性鋪裝 - Rigid)인 시멘트 콘크리트포장과 가요성포장(可僥性鋪裝 - Flexible)인 아스팔트 콘크리트포장으로 대별한다. 현장의 조건에 의해서 어떤 포장공법을 선택할 것인가는 전적으로 도로기술자의 판단에 따라서 공법들 중에 택일해야 한다. 물론 결정된 공법은 합리성이나 기술적인 타당성이 있어야 선택된 공법의 적합성이 인정된다.

만약 공법을 잘못 적용하는 경우에는 공용성이나 경제성에 있어서 상당한 손실을 초래할 수도 있기 때문에 공법선정에는 환경, 재료, 내구성, 공용성, 역학성, 경제성 등 여러 가지 면에서 종합적으로 검토하여 결정해야 한다.

표 7.2, 표 7.3, 표 7.4에서 보는 바와 같이 각 포장별로 장단점에 대하여 표기하였다.

표 7.2 포장의 비교(1)

구 분	콘크리트포장	아스팔트포장
하중전달	• 교통하중을 콘크리트 슬래브가 직접 지지하는 형식 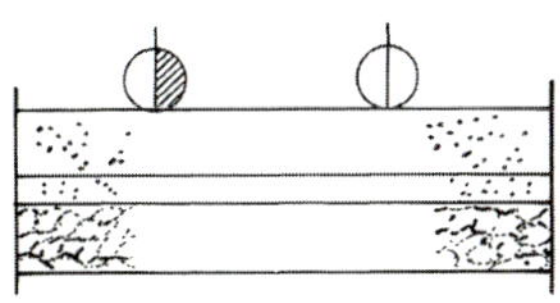	• 교통하중을 표층 → 기층 → 보조기층 → 노상으로 확산분포시켜 하중을 절감하는 형식 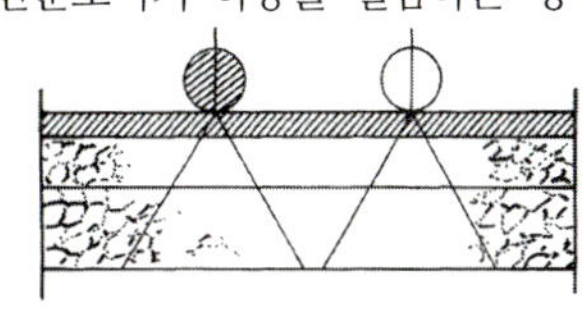
표 층	• 슬래브 자체가 빔으로 작용하여 교통하중에 의해 발생되는 응력을 휨저항으로 지지	• 교통하중을 일부 지지하며 하부층으로 전달 • 표면수의 침입을 방지하여 하부층 보호
기 층	• 표층에 포함됨	• 입도조정처리 또는 아스팔트 혼합물로 구성 • 표층과 일체가 되어 교통하중에 의한 전단에 저항하며, 하중을 분산시켜 보조기층으로 전달
보조기층	• 빈배합 콘크리트 또는 시멘트 및 아스팔트 안정처리로 구성 • 콘크리트 슬래브에 대한 균일한 지지력 확보 • 줄눈부 및 균열 부근의 우수침투 및 펌핑현상 방지 • 균등하고 안정적이며, 영구적인 지지력 제공 • 노상반력 계수 증대	• 입상재료 또는 토사 안정처리재료 등으로 구성 • 상부층에서 전달된 교통하중을 지지하며 노상으로 전달 • 포장층 내 배수기능 담당 • 미립질의 노반토사가 기층부로 침투하는 것을 방지 • 동결작용의 손상 효과를 최소화

표 7.3 포장의 비교(2)

평가항목	콘크리트포장	아스팔트포장
수 명	• 약 30~40년	• 약 10~20년
구조특성	• 노상강도가 강하면 유리	• 연약지반에 사용가능
유지보수	• 변동성 큼 • 유지관리비 저렴 • 국부적 파손 시 보수가 어려움	• 보수빈번 • 약 5년 후 덧씌우기 포장실시(교통지체현상 초래) • 유지관리비 고가 • 국부적 파손 시 보수 양호 • 잦은 유지보수로 교통 소통 지장

(계속)

평가항목	콘크리트포장	아스팔트포장
시공성	• 시공기계 대형화	• 단계시공 가능
시공기간	• 양생기간 필요	• 즉시 교통개방
미끄럼 저항성	• 유리함(초기)	• 강우 시 불리함
적용범위	• 신설도로	• 적용범위가 넓음
사용성	• 소음이 있어 승차감 다소 떨어짐 • 적설 시 결빙시간이 빠르고, 다소 늦게 녹음 • 회색으로 초기 반사도가 높으나 시간이 경과함에 따라 낮아짐	• 주행성 양호 • 개통 후 중차량에 의한 바퀴자국(요철) 발생
기술개발	• 콘크리트 품질관리, 양생, 평탄성, 줄눈시공 등 고도의 숙련 필요 • 양생기간이 필요	• 시공경험의 풍부로 시공용이 • 즉시 교통개방이 용이
재생이용	• 소요경비 과다 (파쇄에너지 크며 강도에도 문제가 있음)	• 가능성 있음 (여러 가지 방법으로 활용)

표 7.4 포장의 비교(3)

구 분	콘크리트포장		아스팔트포장
	무근 콘크리트포장	연속철근콘크리트포장	
단 면	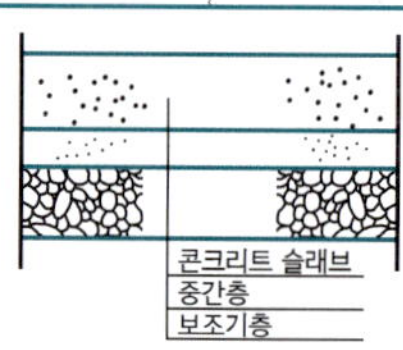		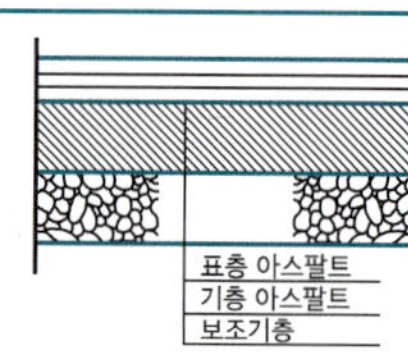
구조특성	• 콘크리트 슬래브 자체로 하중 및 온도변화에 대해 지지 • 슬래브에 불규칙한 균열방지를 위해 가로수축줄눈은 4~6 m 간격으로 줄눈설치 • 골재 맞물린 작용 및 다우웰바를 통해 슬래브간 하중 전달	• 콘크리트 슬래브 자체로 하중 및 온도변화에 대해 지지 • 슬래브에 발생하는 균열을 연속 철근으로 억제 • 팽창줄눈은 설치되나 수축줄눈은 불필요	• 포장층 일체로 하중을 지지하고 노상에 윤하중 분포 • 포장두께는 교통하중과 노상지지에 의해 설계 • 기층 또는 보조기층에도 큰 응력이 작용 • 반복되는 교통하중에 민감
공사실적	• 부산~마산 고속도로, 88올림픽 고속도록, 중부, 호남, 남해고속도로 확장 및 국도포장 다수	• 중부고속도록 일부구간 적용 (설계속도 120 km/hr 구간)	• 국내 포장도로의 주종
시공성	• 줄눈설치 및 콘크리트 양생으로 다소 불리 • 콘크리트 공급을 위한 별도의 도로 불필요	• 콘크리트 측방공급에 따른 작업공간 필요(확장 구간에 부적합) • 콘크리트 품질관리에 고도의 숙련 필요	• 신속성 및 간편성 측면에서 유리 • 단계시공 방식에 유리
내구성	• 중차량에 대한 적응도 양호	• 중차량에 대한 적응도 양호	• 중차량이 많은 도로에서 소성변형 발생
유지보수	• 유지관리비 저렴(단, 줄눈부의 정기적인 유지보수 필요) • 연속철근콘크리트포장에 비해 국부적인 파손보수가 용이	• 높은 시공수준이 요구되나 유지보수비 저렴 • 제설용 염화물에 의한 철근부식 우려	• 부분보수 용이 • 유지관리비 고가 • 잦은 보수로 교통소통에 지장초래 • 보수시기가 늦어지면 큰 하자 발생

(계속)

구 분	콘크리트포장		아스팔트포장
	무근 콘크리트포장	연속철근콘크리트포장	
공용성	• 장기간 양생 필요(보통 포틀랜드 시멘트 사용할 때 14일 이상 소요) • 수축줄눈의 설치로 승차감 불량 • 소음발생	• 장기간 양생 필요 • 무근콘크리트포장에 비해 승차감 양호 • 소음발생	• 공사 후 즉시 교통개방 • 평탄성 및 승차감 양호 • 소음이 적음
토질영향 (연약지반)	• 침하량이 크거나 부등침하 발생에 따른 조기파손	• 침하량이 크거나 부등침하 발생에 따른 조기파손	• 적응성 양호
적용도로	• 중차량의 구성비가 큰 도로 • 절성토 경계부가 많은 도로 • 신설도로 • 2차선 분리도로	• 4차로 이상 신설도로 • 지형이 평탄하고 선형이 좋은 본선구간 도로 • 양호한 주행성이 필요한 도로	• 연약지반에 축조된 도로 • 중차량의 구성비가 적은 도로 • 조기 교통 개방이 필요한 도로 • 교량, 암거, 터널 등 구조물이 많은 구간에서 경제성, 시공성 양호 • 승용차의 구성비가 높은 관광지에 인접한 도로 • 확장공사를 시행하는 도로
생 산	• 배치플랜트 • 공기량, 슬럼프치 관리	• 배치플랜트 • 공기량, 슬럼프치 관리	• 배치플랜트(가열혼합) • 온도관리
운 반	• 덤프트럭 • 아지테이터	• 덤프트럭, 아지테이터 • 2차선 동시포설 시 측면 공급(콘베이어벨트 추가설치)	• 덤프트럭
포장순서	• Dowel Bar 설치 • 포설 - 세트폼방식 - 슬립폼방식 • 평탄마무리 및 표면처리 - 인력 및 기계사용 • 양생 - 양생제 살포 및 비닐 깔기	• 철근배근 - 스페이서에 의한 사전 설치 • 포설 - 세트폼방식 - 슬립폼방식 • 평탄마무리 및 표면처리 - 인력 및 기계사용 • 양생 - 양생제 살포	• 프라임코팅 • 택코팅 • 포설 - 아스팔트 피니셔에 의한 기계포설

7.2 포장의 역학적 이론

7.2.1 포장시스템의 환경

포장시스템은 많은 환경인자의 영향을 받고 있으며 이러한 인자들로서는 윤하중을 받았을 때 포장의 손상과 파괴원인이 되고 있는 사항들을 규명할 필요가 있다. 포장은 자연의 부단한 여러 환경 속에서 파괴력에 저항해야 하는 동적구조체이다. 도로에 교통하중이 작용할 경우

교통하중의 크기가 각각 다르며, 속도에 따라서도 하중분포가 다르고, 종단경사에 따라서도 다르며, 접지압에 따라서도 각각 그 분포가 다르다.

사용재료 역시 공장생산품과는 현저한 차이가 있다. 균등한 품질균일성을 요구하고 있으나 우연성에 의한 상당한 편차를 허용하고 있다. 뿐만 아니라 기온의 변화에 따라 포장구조체의 역학성이 달라지며, 배수성에 대해서도 포장수명을 좌우할 만큼 중요한 영향인자로 취급하고 있다. 포장체를 구성하고 있는 각 층은 재료가 각각 다른 조합복합구성으로 역학적인 해석도 수학적 모델이나 이론적인 해석만으로 해결되지 않은 복잡한 메커니즘을 내포하고 있다. 또한 환경이 포장거동이나 퍼포먼스(Performance)에 영향을 미치는 일반적인 요소에는 다음과 같은 것이 있다.

- 물리적 강도나 견인저항과 같은 구성재료의 공학적 성질에 미치는 영향
- 내구성이나 물리화학적 붕괴와 같은 재료의 본질에 미치는 영향
- 포장시스템 내의 체적변화에 의한 내부응력의 평형조건에 미치는 영향

지금까지 표준적인 포장설계에는 이러한 요소가 퍼포먼스 해석상의 기후인자, 즉 온도와 배수조건에 밀접한 관계가 있다. 많은 연구자들은 포장시스템의 수분과 온도를 시간과 공간의 함수로 특성화하고 있다. 이러한 문제에 대한 포괄적인 연구가 M.R.Thompson에 의하여 보고되었다. 근대 공항건설에 있어서도 중요한 환경인자에 대해서 연구되고 있다.

- 노상의 압밀에 의한 체적변화
- 이착륙 속도에 대한 견인저항의 급격한 감소
- 고열 제트배기에 대한 표층재료의 안전성
- 포장표면과 그 주위에 대한 바퀴와의 화학적인 변질
- 포장표면 청결로서 항공기 엔진공기 흡입 시 미치는 영향

등이다.

각 환경인자의 성질을 계속 연구할 필요가 있으며, 최종적으로는 포장건설을 위한 실제적인 해를 유도하는 데 유익하게 할 것이다.

(1) 온도의 영향

포장시스템으로서 온도를 예측하는 방법은 복잡하므로 간편하게 온도상태를 나타내어 효과적으로 이용할 수 있는 단순한 시스템은 없다. 실제적인 목적으로 온도의 영향인자는 외적인 것과 내적인 것으로 나눌 수가 있다. 외적인자(External Factor)에는 보통 기온, 태양의 복사, 바람, 비, 증발 및 응축 등의 기후조건이다. 지리적인 위치가 그 지역의 기후에 큰 영향을 미치고 있는 것은 사실이다. 내적인자(Internal Factor)는 일반적으로 표면에서는 복사열, 포장재료와 노상의 열전도도(熱傳道度), 열용량을 위시하여 용해잠열을 포함한 온도특성을 말한다.

활동적인 영향으로서의 내적인자는 외적인자의 변동과 비교하여 상대적으로 일정하다. 포장체에 대하여 온도가 직접 영향을 미치는 형은 2가지로 대별할 수 있다.

- 온도 그 자체가 영향을 미친다. 즉, 온도의 고저에 따라 재료의 물성이 변하는 것이다.
- 온도변화의 영향이다. 온도의 고저에 따라 재료의 물성변화는 없으나 온도변화로 인한 신축으로부터 응력이 발생한다.

중교통도로포장(重交通道路鋪裝)에 있어서는 아스팔트 혼합물의 소성유동에 의한 바퀴자국에 대한 대책이 큰 과제로 대두되고 있다. 우리나라의 경우 여름철에는 노면의 온도가 60℃에 근접하는 경우가 있으며, 노면의 소성유도에 대해서도 빈번하게 나타나고 있는 현상이다.

그림 7.3은 아스팔트포장 단면에서 깊이별로 감온센서를 매설하여 관측한 결과이다.

포장의 온도는 기온과 함께 변화한다, 온도변화는 일반적으로 24시간을 주기로 일어나며, 대기기온보다 포장표면온도가 높고 깊이가 깊어질수록 같은 시각의 온도차이는 크게 나타난다. 이와 같이 노면온도가 변함으로 인하여 포장체는 교통하중에 의한 발생응력이 다르게 나타난다.

특히 콘크리트포장의 경우에는 판의 상하면 온도차이가 문제된다. 판의 상하면 온도차이가 일정하여 온도경사가 판두께 사이에서 직선적으로 변화한다는 가정하에서 판의 중앙부 온도응력은 식 (7.1)과 같이 나타낼 수 있다.

$$\sigma = \frac{E \cdot \alpha \cdot T}{2(1-\mu)} \tag{7.1}$$

여기서 σ : 포장판 상하면에 대한 인장응력(kg/cm^2)

E : 콘크리트의 탄성계수(kg/cm^2)

α : 콘크리트의 열팽창계수(10×10^{-6} ℃$^{-1}$)

T : 판상하면의 온도차이(℃)

μ : 콘크리트의 푸아송 비

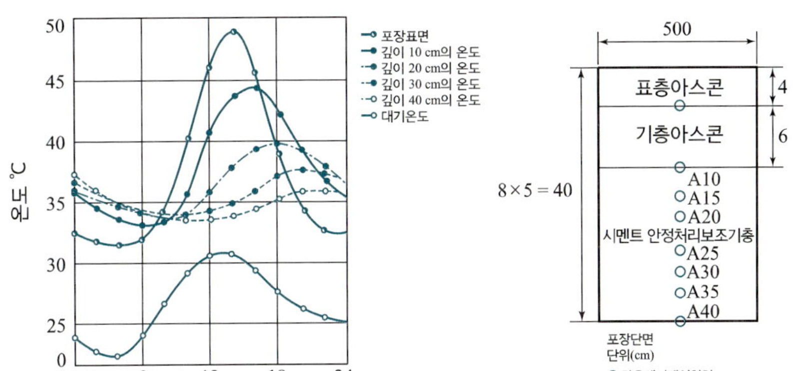

그림 7.3 온도변화 관측치

또한 휨의 구속응력 계산에는 식 (7.2)를 설계에 이용하고 있다.

$$\sigma_t = 0.35\, C_w\, \alpha\, E Q' \tag{7.2}$$

여기서 σ_t : 콘크리트 판종연부의 온도응력(kg/cm²)

C_w : 휨의 구속계수

α : 콘크리트의 팽창률(℃$^{-1}$)

Q' : 콘크리트판의 온도차(상하면 ℃)

아스팔트포장과 콘크리트포장의 온도에 의한 영향은 아주 다르다. 아스팔트포장의 체적팽창은 비선형이며, 시간에 따른 함수이다. 그러므로 온도상승에 따라 탄성계수가 급격히 감소하여 온도응력식이 적합하지 않다. 또한 태양열의 흡수력과 열전도도는 다른 재료보다 훨씬 크다. 즉, 아스팔트포장은 보다 많은 열흡수와 보다 큰 온도경사에도 견딜 수가 있다. 온도변화에 의해서 발생한 내부응력은 충분히 긴 타임스켈로 거의 완화된다. 따라서 균열이 발생하거나 큰 온도응력에 대한 부하는 없다.

그러나 한랭지와 같이 온도차이가 극심한 지역에서는 아스팔트포장도 온도응력으로 인하여 균열이 발생하는 경우도 있다. 콘크리트포장에서는 판이 얇은 경우 균열은 판밑에 대한 온도변화에 지배되기 쉽고, 두꺼운 판의 균열은 구성층 내의 온도경사에 지배된다.

표 7.5 표층재료온도특성

표면재료	태양흡수열(%)	열전도도	열용량
		Btu/(hr)(ft²)(°F)	Btu/(lb)(°F)
아스팔트포장	85 – 90	0.70 – 1.8	0.20 – 0.22
콘크리트포장(포틀랜드 시멘트)	60 – 70	0.54 – 2.0	0.20 – 0.25
습윤모래면	80 – 90	1.0 – 1.3	0.20 – 0.25
건조모래면	60 – 80	0.5 – 1.0	0.16 – 0.19
백색페인트	40	…	…
물	…	…	1.0

(2) 수분

수분은 흙의 안정에 관해서는 기본변수로 작용하여 포장시스템에 있어서도 중요한 의미를 갖고 있다. 소량의 강우량을 수반한 지하수위 변화에 따라 노상토의 함수량은 변동하며, 함수량이 많은 노상토는 강도가 현격하게 저하하여 포장의 구조적 안정에도 나쁜 영향을 미친다. 또한 적설 한랭지에서 함수량이 문제가 되는 것은 동상(凍上)작용과 동결융해에 의한 노상토의 강도변화이다.

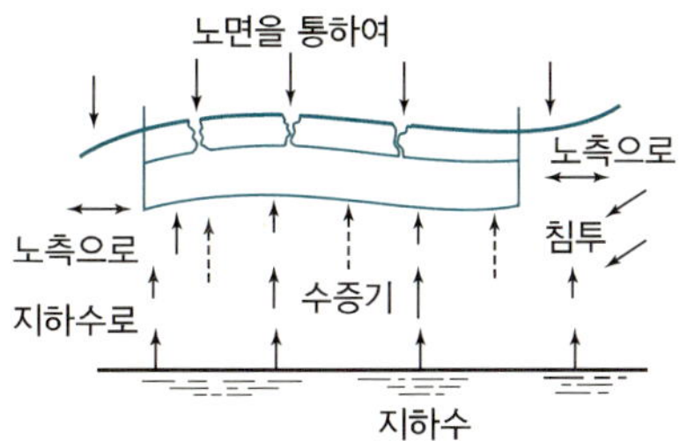

그림 7.4 수분공급메커니즘

포장시스템 내에 함수량이 변화하는 주된 조건은 그림 7.4와 같고 이것을 설명하면 다음과 같다.

- 인접한 높은 지대에서의 물의 침투
- 지하수위 상승과 하강
- 포장표면에서의 투수
- 노상에서의 수분이동
- 길어깨에서의 수분이동
- 노상으로부터 수증기에 의한 수분이동

침투수의 영향은 주로 동수경사로 결정되며, 동수경사는 인접지의 지하수위 및 노상이나 포장재료의 투수계수에 따라 다르다. 노상토가 수분에 의하여 포화된 상태이거나 지하수위가 한랭기에 동결깊이 이내에 있다면 기온의 변화에 따라 동결융해 현상을 일으킨다.

7.2.2 포장구조의 수학적 모델

(1) 포장시스템의 균형

포장시스템에서 수학적 모델을 구성하고자 하는 기술자들은 과거경험을 바탕으로 과학적 원리를 공학적 문제 해결에 적용할 수가 있다. 그 해는 예측한 하중, 예상되는 변형 및 요소(element) 내의 응력에 견디는 구조물의 물리적 필요조건에 만족해야 한다. 또한 운동과 힘을 지배하는 역학의 기본법칙에 따라 3가지 보조모델로 구성되고 있다.

- 하중영향 아래서 포장시스템의 균형
- 어느 지지조건에 대한 포장요소 내의 변형과 응력의 평가
- 포장재료의 기본적 성질 특성화 및 그것이 포장구조의 균형과 안정성에 미치는 영향

포장구조에 대한 수학적 모델의 초기개발은 1884년 Hertz가 액체에서 지지되고 있는 탄성판을 해석하는 수학적 방법을 제안했다. 1926년에 Westergaard는 그 수학적 기법을 실제의 설계문제에 적용하기 위하여 단순화시켰다. 1951년 Pickett과 Ray는 영향도를 이용하여 설계계산을 성역화하였다. Westergaard의 이론과 Pickett 및 Ray의 영향도는 수십 년 동안 포장의

수학모델의 동의어가 되었다. 그후 1945년에 Burmister는 포장시스템의 균형결함을 제기하여 다항식으로부터 균형방정식의 해를 구하였다. 그간 많은 연구자들은 꾸준한 연구실적으로 복잡한 다층구조 개발에 노력하였으며, 그 결과 오늘날 대형 컴퓨터의 활용단계까지 이르렀다.

층구조(Layered system) 사용만으로는 포장구조의 해로서 충분하지 못하다. 포장 각 구성요소의 상태를 해석하기 위하여 제2, 제3의 수학적 모델로 개량 보강하고 있다. 수학적 모델의 명제는 ① 시스템의 균형, ② 시스템 각 구성요소 내의 변화와 응력이다. 수학적 모델을 이와 같이 재검토하는 목적은 수학적으로 취급할 때 단순화하는 데 확실한 배경을 얻기 위한 것이다.

(2) 일반균형 방정식

물체에 작용하는 외력은 두 가지이다. 다른 물체에 작용하는 어떤 물체의 압력, 요컨대 정수압과 같이 물체의 표면에 분포하는 힘을 표면력이라 한다. 중력, 자력 또는 관성력(慣性力)과 같이 물체의 체적에 분포하는 힘을 물체력이라 한다. 정적 재하조건에서 물체의 균형을 연구할 경우 그 물체력은 무시되고, 표면력을 일반적으로 좌표축에 평행한 응력 성분으로 분해한다. 원통좌표 시스템에서는 입방요소의 6면에 작용하는 응력을 σ_γ, σ_θ 및 σ_z 3개의 수직응력과 $\tau_{\gamma\theta}$, $\tau_{\theta\gamma}$, $\tau_{z\gamma}$, $\tau_{\gamma z}$, $\tau_{\theta z}$ 및 $\tau_{z\theta}$ 6개의 전단응력으로 구성된다(그림 7.5).

요소의 균형을 고려하면 입방요소에 직교하는 2면 전단응력성분은 동일하다. 그러므로 응력성분의 총수는 σ_γ, σ_θ, σ_z, $\tau_{\gamma\theta}=\tau_{\theta\gamma}$, $\tau_{z\gamma}=\tau_{\gamma z}$, $\tau_{\theta z}=\tau_{z\theta}$ 6개의 양으로 줄어든다. 탄성체의 균형을 연구할 경우 물체는 강체로서 거동하는 것은 아니며, 물체 중 입자변위는 물체의 변형으로 생긴다고 가정한다. 입방요소의 반지름, 접선 및 z축방향의 성분을 각각 u, v, w로 표시할 때 요소의 변위성은 다음과 같다.

$$\varepsilon_\gamma = \frac{\partial u}{\partial \gamma} \quad \varepsilon_\theta = \frac{u}{\gamma} + \frac{\partial v}{\gamma \partial \theta} \quad \varepsilon_z = \frac{\partial w}{\partial z} \tag{7.3}$$

$$\gamma_{\gamma\theta} = \frac{\partial u}{\gamma \partial \theta} + \frac{\partial v}{\partial \gamma} - \frac{v}{\gamma} \quad \gamma_{\gamma z} = \frac{\partial u}{\partial z} + \frac{\partial w}{\partial \gamma} \quad \gamma_{\gamma\theta} = \frac{\partial u}{\partial z} + \frac{\partial w}{\gamma \partial \theta} \tag{7.4}$$

다음 균형미분방정식이 만족되므로 요소의 균형을 확립할 수가 있다.

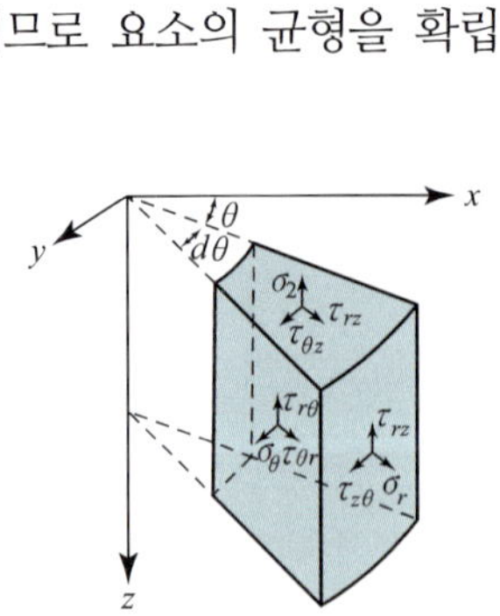

그림 7.5 원통좌표 요소의 일반응력상태

$$\frac{\partial \sigma_\gamma}{\partial \gamma}+\frac{1}{\gamma}\frac{\partial \tau_{\gamma\theta}}{\partial \theta}+\frac{\partial \tau_{\gamma z}}{\partial z}+\frac{\sigma_\gamma-\sigma_\theta}{\gamma}=0 \tag{7.5}$$

$$\frac{\partial \tau_{\gamma z}}{\partial \gamma}+\frac{1}{\gamma}\frac{\partial \tau_{\theta\gamma}}{\partial \theta}+\frac{\partial \sigma_z}{\partial z}+\frac{\tau_{\gamma z}}{\gamma}=0 \tag{7.6}$$

$$\frac{\partial \tau_{\gamma\theta}}{\partial \gamma}+\frac{1}{\gamma}\frac{\partial \sigma_\theta}{\partial \theta}+\frac{\partial \tau_{\theta z}}{\partial z}+\frac{2\tau_{\gamma\theta}}{\gamma}=0 \tag{7.7}$$

이 방정식을 풀기 위해서 응력함수 ϕ 및 ψ를 사용한다. 균형방정식은 다음 응력성분으로 나타낼 수 있다.

$$\sigma_\gamma=\frac{\partial}{\partial \gamma}\left(\mu\nabla^2\phi-\frac{\partial^2\phi}{\partial\gamma^2}\right)+\frac{2\partial}{\gamma\partial\theta}\left(\frac{\partial\psi}{\partial\gamma}-\frac{1}{\gamma}\phi\right) \tag{7.8}$$

$$\sigma_\theta=\frac{\partial}{\partial z}\left(\mu\nabla^2\phi-\frac{1}{\gamma^2}\frac{\partial^2\phi}{\partial\theta^2}-\frac{1}{\gamma}\frac{\partial\phi}{\partial\gamma}\right)+\frac{2\partial}{\gamma\partial\theta}\left(\frac{\partial\phi}{\partial\gamma}-\frac{1}{\gamma}\psi\right) \tag{7.9}$$

$$\sigma_z=\frac{\partial}{\partial z}\left[(2-\mu)\nabla^2\phi-\frac{\partial^2\phi}{\partial z^2}\right] \tag{7.10}$$

$$\tau_{\tau\theta}=\frac{1}{\gamma}\frac{\partial^2}{\partial\theta\partial z}\left(\frac{\phi}{\gamma}-\frac{\partial\phi}{\partial\gamma}\right)-2\left(\frac{\partial^2\psi}{\partial\gamma^2}-\frac{\partial^2\psi}{\partial z^2}\right) \tag{7.11}$$

$$\tau_{\theta z}=\frac{1}{\gamma}\frac{\partial}{\partial\theta}\left((1-\mu)\nabla^2\phi-\frac{\partial^2\phi}{\partial z^2}\right)-\frac{\partial^2\psi}{\partial\gamma^2} \tag{7.12}$$

$$\tau_{\gamma z}=\frac{\partial}{\partial\gamma}\left((1-\mu)\nabla^2\phi-\frac{\partial^2\phi}{\partial z^2}\right)+\frac{1}{\gamma}\frac{\partial^2\psi}{\partial\theta\partial z} \tag{7.13}$$

여기서 μ : 푸아송 비

기호 ∇^2은 다음 연산을 나타낸다.

$$\nabla^2=\frac{\partial^2}{\partial\gamma^2}+\frac{1}{\gamma}\frac{\partial}{\partial\gamma}+\frac{1}{\gamma^2}\frac{\partial^2}{\partial\theta^2}+\frac{\partial^2}{\partial z^2} \tag{7.14}$$

γ , ϕ 및 ψ에 대한 변위 u, v, ω는 다음과 같이 정한다.

$$u=\frac{1+\mu}{E}\left(-\frac{\partial^2\phi}{\partial\gamma^2}+\frac{2}{\gamma}\frac{\partial\phi}{\partial\theta}\right) \tag{7.15}$$

$$v=\frac{1+\mu}{E}\left(-\frac{1}{\gamma}\frac{\partial^2\phi}{\partial\theta\partial z}-2\frac{\partial\psi}{\partial\gamma}\right) \tag{7.16}$$

$$\omega=\frac{1+\mu}{E}\left[2(1-\mu)\nabla^2\phi-\frac{\partial^2\phi}{\partial z^2}\right] \tag{7.17}$$

여기서 E : 탄성계수

이러한 식의 유일해는 응력함수 ϕ 및 ψ가 균형방정식 및 적합방정식을 만족해야 한다.

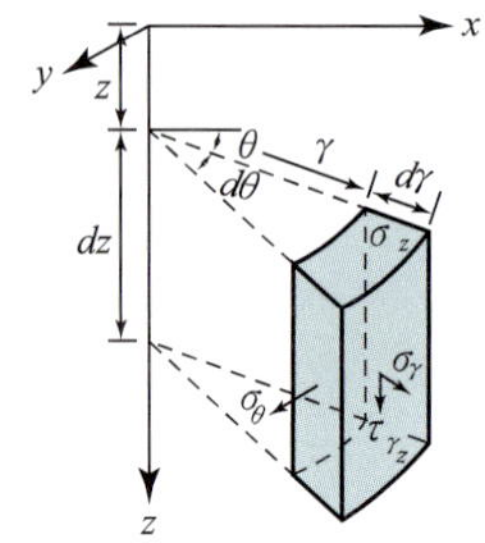

그림 7.6 대칭하중 시 원통좌표 내의 요소응력상태

$$\nabla^4 \phi = 0 \text{ 및 } \nabla^4 \psi = 0 \tag{7.18}$$

포장시스템에서 실제로 중요한 응력해석은 회전축에 관하여 대칭축으로 변형하는 회전체에 관계있다. 변형이 z축에 대해서 대칭이라면 응력성분은 당연히 각 θ에 대하여 독립하여 θ에 관한 모든 도함수는 0이다.

전단응력 $\tau_{\gamma\theta}$ 및 $\tau_{\theta\gamma}$의 성분도 대칭으로서 0이 된다(그림 7.6). 따라서 식 (7.5)~(7.7)은 다음과 같이 된다.

$$\frac{\partial \sigma_\gamma}{\partial \gamma} + \frac{\partial \tau_{\gamma z}}{\partial z} + \frac{\sigma_\gamma - \sigma_\theta}{\gamma} = 0 \tag{7.19}$$

$$\frac{\partial \tau_{\gamma z}}{\partial \gamma} + \frac{\partial \sigma_z}{\partial z} + \frac{\tau_{\gamma z}}{\gamma} = 0 \tag{7.20}$$

축대칭 변형에 대한 변위성분은 식 (7.3), (7.4)로부터 다음과 같이 된다.

$$\varepsilon_\gamma = \frac{\partial u}{\partial \gamma} \qquad \varepsilon_\theta = \frac{u}{\gamma} \qquad \varepsilon_z = \frac{\partial w}{\partial z} \qquad \gamma_{\gamma z} = \frac{\partial u}{\partial z} + \frac{\partial w}{\partial \gamma} \tag{7.21}$$

일반적으로 3차원 직교좌표의 경우 변위의 각 성분(3개의 수직 및 3개의 전단)은 3개의 변위성분으로 나타낸다. 따라서 이러한 방정식은 독립이 하나이며, 3개의 관계가 6개의 변위 성분 사이에 존재하고 있다. 이를 적합조건이라 하며, 그것은 훅의 법칙을 사용하여 응력성분으로 표시할 수 있다. 축대칭 원통좌표에 대한 적합조건은 다음과 같다.

$$\nabla^2 \sigma_\gamma - \frac{2}{\gamma^2}(\sigma_\gamma - \sigma_\theta) + \frac{1}{1+\mu}\frac{\partial^2}{\partial \gamma^2}(\sigma_\gamma + \sigma_\theta + \sigma_z) = 0 \tag{7.22}$$

$$\nabla^2 \sigma_\theta - \frac{2}{\gamma^2}(\sigma_\gamma - \sigma_\theta) + \frac{1}{1+\mu}\frac{1}{\gamma}\frac{\partial}{\partial \gamma}(\sigma_\gamma + \sigma_\theta + \sigma_z) = 0 \tag{7.23}$$

응력 및 변위성분은 식 (7.3), (7.4)를 동시에 만족하는 응력함수 ϕ로 나타낸다. 각 성분은 다음과 같이 표시된다.

응력

$$\sigma_z = \frac{\partial}{\partial z}\left[(2-\mu)\nabla^2\phi - \frac{\partial^2\phi}{\partial z^2}\right] \tag{7.24}$$

$$\sigma_\gamma = \frac{\partial}{\partial z}\left(\mu\nabla^2\phi - \frac{\partial^2\phi}{\partial\gamma^2}\right) \tag{7.25}$$

$$\sigma_\theta = \frac{\partial}{\partial z}\left(\mu\nabla^2\phi - \frac{1}{\gamma}\frac{\partial\phi}{\partial\gamma}\right) \tag{7.26}$$

$$\tau_{\gamma z} = \frac{\partial}{\partial z}\left[(1-\mu)\nabla^2\phi - \frac{\partial^2\phi}{\partial z^2}\right] \tag{7.27}$$

변위

$$\text{수직}\ \ w = \frac{1+\mu}{E}\left[(1-2\mu)\nabla^2\phi + \frac{\partial^2\phi}{\partial\gamma^2} + \frac{1}{\gamma}\frac{\partial\phi}{\partial\gamma}\right] \tag{7.28}$$

$$\text{수평}\ \ u = -\frac{1+\mu}{E}\frac{\partial^2\phi}{\partial\gamma\partial z} \tag{7.29}$$

다시 응력함수가 균형방정식 및 적합방정식을 만족할 경우에 한하여 유일해를 얻을 수 있다. 이것을 응력함수 ϕ가 다음 식으로 만족하는 조건에서 성립한다.

$$\left(\frac{\partial^2}{\partial\gamma^2} + \frac{1}{\gamma}\frac{\partial}{\partial\gamma} + \frac{\partial^2}{\partial z^2}\right)\left(\frac{\partial^2\phi}{\partial\gamma^2} + \frac{1}{\gamma}\frac{\partial\phi}{\partial\gamma} + \frac{\partial^2\phi}{\partial z^2}\right) = \nabla^2\nabla^2\phi = 0 \tag{7.30}$$

기호 ∇^2는 아래 연산을 나타낸다.

$$\nabla^2 = \frac{\partial^2}{\partial\gamma^2} + \frac{1}{\gamma}\frac{\partial}{\partial\gamma} + \frac{\partial^2}{\partial z^2} \tag{7.31}$$

문제는 이렇게 하여 표면, 경계면 및 무한깊이에서의 경계조건에 지배되는 편미분방정식의 해로 바뀐다.

(3) 반무한체의 경계에 대한 힘

식 (7.30)의 해는 응력함수 ϕ를 다항급수로 하여 얻어진다. 집중하중의 경우 응력함수는 다음 형식으로 된다.

$$\phi = B(\gamma^2 + z^2)^{1/2} \tag{7.32}$$

여기서 B : 상수(응력영역경계조건 만족을 위한 조정)

식 (7.24)~(7.29)에 대입하면 대응하는 응력성분은 다음과 같이 된다.

$$\sigma_\gamma = B\left[(1-2\mu)z(\gamma^2+z^2)^{-3/2} - 3\gamma^2 z(\gamma^2+z^2)^{-5/2}\right] \tag{7.33}$$

$$\sigma_\gamma = B(1-2\mu)z(\gamma^2+z^2)^{-3/2} \tag{7.34}$$

$$\sigma_\gamma = -B\left[(1-2\mu)z(\gamma^2+z^2)^{-3/2} + 3z^3(\gamma^2+z^2)^{-5/2}\right] \tag{7.35}$$

$$\tau_{\gamma z} = -B\left[(1-2\mu)\gamma(\gamma^2+z^2)^{-3/2} - 3\gamma^2 z(\gamma^2+z^2)^{-5/2}\right] \tag{7.36}$$

응력점이 집중응력이 걸리는 좌표원점에 가까우면 이러한 응력은 모두 무한대에 가깝고, 이 무한응력을 고려하지 않으려면 물체를 구면체로 가정하여 그 구면상의 힘을 위의 식으로부터 계산하도록 가정한다.

극좌표에 대한 구면체 내의 요소응력분포는 다음 식과 같이 나타낸다(그림 7.7).

$$\sigma_R = \frac{A}{R^3} \tag{7.37}$$

$$\sigma_t = \frac{\partial \sigma_R}{\partial R}\frac{R}{2} + \sigma_R = -\frac{1}{2}\frac{A}{R^3} \tag{7.38}$$

여기서 A : 상수

$$R = (\gamma^2 + z^2)^{1/2}$$

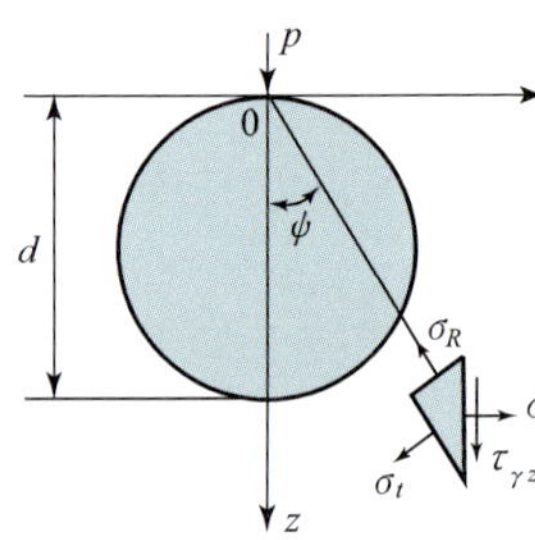

그림 7.7 구면체에 대한 응력상태

이 응력분포를 원통좌표로 바꾸어 z축에 대해서 $z=0$에서 $z=\infty$까지 적분하면 무한확대한 구면체 내의 응력성분은 다음과 같이 된다.

$$\sigma_\gamma = \frac{A}{2}\left[\frac{1}{\gamma^2} - \frac{z}{\gamma^2}(\gamma^2+z^2)^{-1/2} - z(\gamma^2+z^2)^{-3/2}\right] \tag{7.39}$$

$$\sigma_\theta = -\frac{1}{2}A\left[\frac{1}{\gamma^2} - \frac{z}{\gamma^2}(\gamma^2+z^2)^{-1/2}\right] \tag{7.40}$$

$$\sigma_z = \frac{1}{2}Az(\gamma^2+z^2)^{-3/2} \tag{7.41}$$

$$\tau_{\gamma z} = \frac{1}{2}A\gamma(\gamma^2+z^2)^{-3/2} \tag{7.42}$$

식 (7.3), (7.4)와 식 (7.39)~(7.42)의 적분은 반무한체 표면에서 $z=0$에 대한 응력성분 σ_θ와 $\tau_{\gamma z}$는 0으로서 같은 경계조건을 만족한다. 따라서 다음 관계가 상수 A, B에 대해서 존재한다.

$$A = 2B(1-2\mu) \tag{7.43}$$

이 식을 식 (7.39)~(7.42)에 대입하고, 응력방정식 (7.33)~(7.36)에 더하면 총응력 성분은 다음과 같이 된다.

$$\sigma_\theta = B(1-2\mu)\left[-\frac{1}{\gamma^2}+\frac{z}{\gamma^2}(\gamma^2+z^2)^{-1/2}+z(\gamma^2+z^2)^{-3/2}\right] \tag{7.45}$$

$$\sigma_z = -3Bz^3(\gamma^2+z^2)^{-5/2} \tag{7.46}$$

$$\tau_{\gamma z} = -3B\gamma z^2(\gamma^2+z^2)^{-5/2} \tag{7.47}$$

이 응력분포는 $z=0$에서 $\sigma_z=\tau_{\gamma z}=0$이므로 경계조건을 만족한다. 원점에 중심을 갖는 반구면상에 분포한 힘이 z축에 작용하는 힘 P와 정적으로 같도록 상수 B를 결정해야 한다. 반구면상의 힘의 z축방향의 성분은 다음과 같이 된다.

$$\overline{Z} = -(\tau_{\gamma z}\sin\psi+\sigma_z\cos\psi) = 3Bz^2(\gamma^2+z^2)^{-2} \tag{7.48}$$

$\overline{Z}$의 적분은 외력 P와 같다.

$$P = 2\pi\int_0^{\pi/2} Z\gamma(\gamma^2+Z^2)^{1/2}d\psi = 6\pi B\int_0^{\pi/2}\cos^2\psi\sin\psi\, d\psi \tag{7.49}$$

$$B = \frac{P}{2\pi} \tag{7.50}$$

결국 식 (7.44)~(7.47)에 식 (7·50)을 대입하면 반무한체의 경계 내 작용하는 외력 P에 의해서 발생하는 응력성분에 대하여 다음 식이 얻어진다.

$$\sigma_\gamma = \frac{P}{2\pi}\left\{(1-2\mu)\left[\frac{1}{\gamma^2}-\frac{z}{\gamma^2}(\gamma^2+z^2)^{-1/2}\right]-3\gamma^2 z(\gamma^2+z^2)^{-5/2}\right\} \tag{7.51}$$

$$\sigma_\theta = \frac{P}{2\pi}(1-2\mu)\left[-\frac{1}{\gamma^2}+\frac{z}{\gamma^2}(\gamma^2+z^2)^{-1/2}+z(\gamma^2+z^2)^{-3/2}\right] \tag{7.52}$$

$$\sigma_z = -\frac{3P}{2\pi}z^3(\gamma^2+z^2)^{-5/2} \tag{7.53}$$

$$\tau_{\gamma z} = -\frac{3P}{2\pi}\gamma z^2(\gamma^2+z^2)^{-5/2} \tag{7.54}$$

지금 하중 P에 의해서 반무한체에 일어나는 범위를 고려할 때 변위성분에 관한 식 (7.3), (7.4) 또는 (7.21)로부터 다음 식이 얻어진다.

$$u = \varepsilon_\theta\gamma = \frac{\gamma}{E}[\sigma_\theta-\mu(\sigma_\gamma+\sigma_z)]$$

식 (7.51)~(7.54)에서 응력성분값을 대입하면 다음 식을 얻는다.

$$u = \frac{(1-2\mu)(1+\mu)P}{2\pi E\gamma}\left[z(\gamma^2+z^2)^{-1/2}-1+\frac{1}{1-2\mu}\gamma^2 z(\gamma^2+z^2)^{-3/2}\right] \tag{7.55}$$

수직변위 ω를 결정하기 위해서는 식 (7.3), (7.4) 또는 (7.21)로부터 다음 식이 얻어진다.

$$\frac{\partial \omega}{\partial z} = \varepsilon_z = \frac{1}{E}[\sigma_z - \mu(\sigma_\gamma + \sigma_\theta)]$$

$$\text{또는} \quad \frac{\partial \omega}{\partial z} + \gamma_{\gamma z} - \frac{\partial u}{\partial z} = \frac{2(1+\mu)}{E}\tau_{\gamma z} - \frac{\partial u}{\partial z}$$

응력성분 및 변위 u에 대해서 위 식의 값을 대입하면 다음 식이 된다.

$$\frac{\partial \omega}{\partial z} = \frac{P}{2\pi E}\{3(1+\mu)\gamma^2 z(\gamma^2+z^2)^{-5/2} - [3+\mu(1-2\mu)]z(\gamma^2+z^2)^{-3/2}\}$$

$$\frac{\partial \omega}{\partial \gamma} = -\frac{P(1+\mu)}{2\pi E}[2(1-\mu)\gamma(\gamma^2+z^2)^{-3/2} + 3\gamma z^2(\gamma^2+z^2)^{-5/2}]$$

위 식을 적분한 것이 다음 식이다.

$$\omega = \frac{P}{2\pi E}[(1+\mu)z^2(\gamma^2+z^2)^{-3/2} + 2(1-\mu^2)(\gamma^2+z^2)^{-1/2}] \tag{7.56}$$

이 해는 1885년 J.Boussinesq에 의해서 최초로 제시하였으므로 식 (7.56)은 Boussinesq이론으로 알려져 있다.

7.2.3 층이론 해석

포장면에 작용하는 윤하중으로 인하여 포장체나 노상에 응력이나 변형이 일어난다는 것은 매우 중요하면서도 그것에 대한 정수화나 계수화를 정립한다는 것도 매우 어려운 문제이다. 이론적 설계법으로 노상면에는 압축응력이 작용하나, 아스팔트 혼합물 아랫면에서는 인장변위의 한계치를 이용하는 것이 일반적인 이론이다. 이러한 경우 이론적인 해석기법으로서 많은 경우 탄성론이 적용되며, 특히 콘크리트포장의 구조해석의 경우 다층 탄성이론에 대해서 연구되어 왔다. 1885년 J.Boussinesq는 반무한 탄성체 표면에 집중하중이 작용할 때의 탄성체 임의의 요소에 발생하는 응력성분을 다음과 같이 나타내었다.

그림 7.9와 같이 반무한 탄성체(Semi-Infinite Elastic Body)의 표면에 연직집중하중이 작용할 경우 발생하는 응력을 다음과 같이 해석하였다.

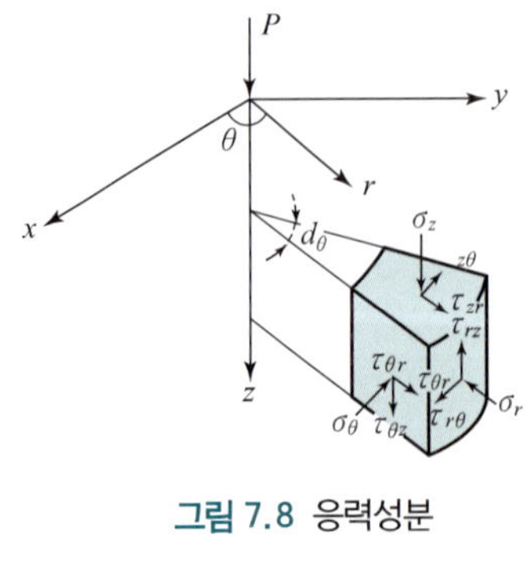

그림 7.8 응력성분

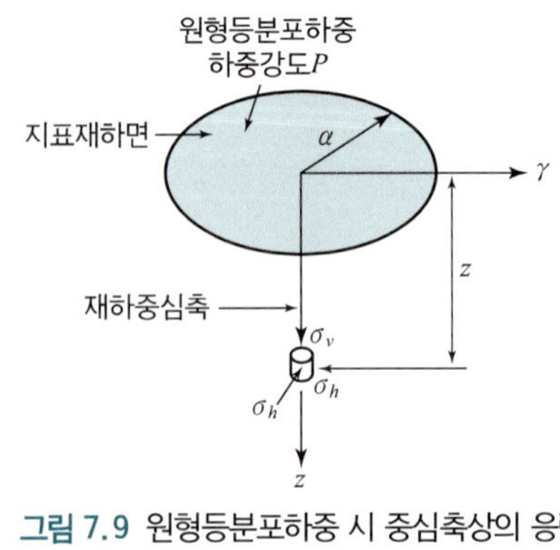

그림 7.9 원형등분포하중 시 중심축상의 응력

$$\sigma_z = \frac{P}{2\pi}\frac{3\pi^3}{(\gamma^2+z^2)^{5/2}} \tag{7.57}$$

$$\sigma_\gamma = \frac{P}{2\pi}\left\{\frac{3\gamma^2 z}{(\gamma^2+z^2)^{5/2}} - \frac{1-2\mu}{\gamma^2+z^2+z\sqrt{\gamma^2+z^2}}\right\} \tag{7.58}$$

$$\sigma_\theta = \frac{P}{2\pi}(1-2\mu)\left\{\frac{z}{(\gamma^2+z^2)^{5/2}} - \frac{1}{\gamma^2+z^2+z\sqrt{\gamma^2+z^2}}\right\} \tag{7.59}$$

$$\tau_{z\gamma} = \tau_{\gamma z} = \frac{P}{2\pi}\frac{3\gamma z^2}{(\gamma^2+z^2)^{5/2}} \tag{7.60}$$

여기서 σ_z : 연직방향 직응력

σ_γ : 반지름방향 직응력

σ_θ : 원주방향 직응력

$\tau_{\gamma z}$: 반지름방향에 수직인 면 위에 연직방향으로 움직이는 전단응력

$\tau_{z\gamma}$: z축에 수직인 면 위에 반지름방향으로 움직이는 전단응력

z : z축의 깊이

γ : z축(하중위치)에서의 수평거리

μ : 푸아송 비

위의 식을 적분하므로써 그림 7.9에 나타난 바와 같이 등분포하중 P인 원형등분포하중의 중심축의 깊이 Z에 대한 연직응력 σ_v, 수평응력 σ_h 및 최대전단응력 τ_{max}(중심축에서 45°방향으로 작용)은 다음과 같다.

$$\sigma_v = p\left\{1-\left[\frac{1}{1+(a/z)^2}\right]^{3/2}\right\} \tag{7.61}$$

$$\sigma_h = \frac{p}{2}\left\{(1+2\mu)-2(1+\mu)\left[\frac{1}{1+(a/z)^2}\right]^{1/2}+\left[\frac{1}{1+(a/z)^2}\right]^{3/2}\right\} \tag{7.62}$$

$$\tau_{max} = \frac{\sigma_v-\sigma_h}{2} = p\left\{\frac{1-2\mu}{4}+\frac{1+\mu}{2}\left[\frac{1}{1+(a/z)^2}\right]^{1/2}-\frac{3}{4}\left[\frac{1}{1+(a/z)^2}\right]^{3/2}\right\} \tag{7.63}$$

상하 2층으로 된 지반에 대한 탄성론에서 위의 식으로부터 중심축상의 수직응력은 지반의 탄성적인 성질에는 관계가 없다. 포장구조는 2층 이상으로 강도특성이 다른 재료로 구성되므로 식 (7.61), (7.62)와 같이 동일지반에는 적당하지 않다. 따라서 Westergaard 등이 취급한 문제는 2층으로 이루어진 포장구조의 경우 Lagrange의 미분방정식을 도입하여 식 (7.64)를 이용하였다.

$$\frac{Eh^3}{12(1-u^2)}\left(\frac{\partial^4 u}{\partial\chi^4}+2\frac{\partial^4 u}{\partial\chi^2\partial y^2}+\frac{\partial^4 u}{\partial y^4}\right) = \sigma_1 \tag{7.64}$$

여기서 u : z방향에 대한 중립면(포장판)침하

σ_1 : x, y축에 대한 판 위 임의의 지점 하중강도

h : 포장(상층)두께

E : 상층탄성계수

μ : 푸아송 비

하층흙에 의해서 가해지는 압력(반력)은 임의의 점에 대해서 침하에 비례하는 것으로 가정하면 다음 식과 같다.

$$\sigma_1 = -ku \tag{7.65}$$

이 식을 식 (7.64)에 대입하면 간단하게 정리되나 식 (7.65)는 하층이 완전 탄성체(스프링가정)일 때 성립한다.

탄성론에 의하면 탄성체 내의 횡방향 단위변위는 다음과 같다.

$$\varepsilon_3 = \frac{1}{E}[\sigma_3 - \mu(\sigma_1 + \sigma_2)] \tag{7.66}$$

무한 탄성체 내의 1점에 대해 횡방향 대칭 위치를 고려하면 다음과 같다.

$$\sigma_2 = \sigma_3$$

횡방향 변위는 없는 것으로 하면 다음 식과 같이 된다.

$$\varepsilon_3 = 0$$

$$\therefore \sigma_3 - \mu\sigma_1 - \mu\sigma_3 = 0$$

$$\therefore \frac{\sigma_3}{\sigma_1} = \frac{\mu}{1-\mu} = K_n \tag{7.67}$$

스프링의 경우 $\sigma_3 = 0$이므로 $\mu = 0$이 된다. 식 (7.65)의 가정은 하층흙의 푸아송 비가 0으로 되나, 실제 흙의 경우에는 반력 σ_1이면 그 점의 침하에 관련 있으므로 식 (7.65)의 가정은 성립하지 않는다. 그러나 상층과 하층의 탄성계수는 각각 E_1, E_2로 할 때 $E_1/E_2 > 100$일 때 근사적으로 식 (7.65)가 성립한다고 해도 별 차이가 없다.

콘크리트포장인 경우 흙의 변형계수는 $C = \sigma/\varepsilon$ 이다(그림 7.10).

지반변형계수 $C = 300\ \text{kg/cm}^2$ 콘크리트판 탄성계수 $E = 300{,}000\ \text{kg/cm}^2$ 하면

$$\frac{\text{상층탄성계수}}{\text{하층탄성계수}} = \frac{300{,}000}{300} = 1{,}000 > 100\text{이며}$$

콘크리트포장의 경우 식 (7.65)가 근사적으로 성립한다고 보아도 실제로 큰 차이는 없다.

그러나 아스팔트포장의 경우 아스팔트 혼합물의 변형계수는 평균 $1{,}000\ \text{kg/cm}^2$ 보조기층 변형계수 $300\ \text{kg/cm}^2$ 노상흙의 변형계수는 $100\ \text{kg/cm}^2$ 정도이므로 노상흙 위에 아스팔트 혼합물을 둔 극단적인 경우

$$\frac{\text{아스팔트표층 변형계수}}{\text{노상흙 변형계수}} = \frac{1{,}000}{100} = 10 < 100\text{이다.}$$

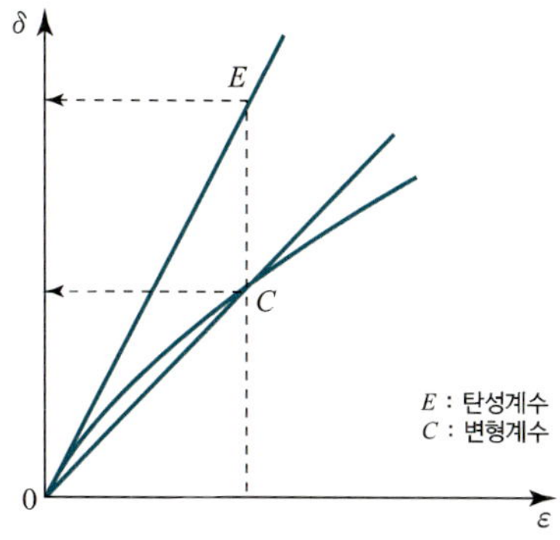

그림 7.10 변형계수

가요성포장인 경우 식 (7.65) 가정은 성립하지 않는다. 따라서 식 (7.64)의 해의 경우 콘크리트포장처럼 간단한 해(解)가 되지 않는다.

그림 7.10의 깊이 Z에 대한 침하를 $\triangle$로 하면 단위변위는 다음 식과 같다.

$$\varepsilon_z = \frac{d\triangle}{dz} = \frac{1}{E}(\sigma_2 - 2\mu\sigma_\gamma) \tag{7.68}$$

E 대신 C를 이용하면 식(7.69)이 된다.

$$\varepsilon_z = \frac{d\triangle}{dz} = \frac{1}{C}(\sigma_2 - 2\mu\sigma_\gamma) \tag{7.69}$$

따라서

$$d\triangle = \varepsilon_z dz = \frac{1}{c}(\sigma_2 - 2\mu\sigma_\gamma)dz$$

여기에 식 (7.61)과 (7.62)를 넣어 적분한다.

$$\triangle = \int_z^\infty \varepsilon_z dZ = \frac{p}{c}\left[(2-2\mu^2)(a^2+Z^2)^{1/2} - \frac{(1+\mu)Z^2}{(a^2+Z^2)^{1/2}} + (\mu+2\mu^2-1)Z\right]$$

지금 푸아송 비 $\mu = 0.5$로 하면

$$\triangle = \frac{3pa^2}{2c(a^2+z^2)^{1/2}}$$

따라서 $Z = \sqrt{\left(\frac{3pa^2}{2c\triangle}\right) - a^2}$

$P = \pi a^2 p$로 하면

$$Z = \sqrt{\left(\frac{3P}{2\pi c\triangle}\right)^2 - a^2} \tag{7.70}$$

식 (7.70)의 Z를 상층두께 T로 하고, 상층변형계수 C_1, 하층변형계수를 C_2로 하면 식 (7.70)의 C는 C_2로 된다.

상층과 하층은 재료가 다르므로 변형계수도 다르다. 즉, $C_1 > C_2$ 이므로 상층두께 T는 다음과 같다.

$$T = Z^3 \sqrt{\frac{C_2}{C_1}} = \sqrt[3]{\frac{C_2}{C_1}} \times \sqrt{\left(\frac{3P}{2\pi C_2 \Delta}\right)^2 - a^2} \tag{7.71}$$

포장구조가 3층 혹은 그 이상일 때 식 (7.71)을 이용하나 이론적으로는 의문이 있어도 실제에는 근사하게 허용된다. 또한 상층변형계수 C_1이 하층변형계수 C_2보다 조금이라도 크면 상층저부에는 인장응력이 발생하게 된다. 이 인장응력은 C_1/C_2가 크면 크게 된다. 또 T/a와 C_1/C_2의 조합에 의해서 σ_γ/p값에 따라 최댓점이 되고 있다.

콘크리트포장인 경우 $C_1/C_2 = 1{,}000$, 타이어 접지반지름(a) 20 cm, 타이어 접지압 6.4 kg/cm^{2}일 경우 콘크리트판 두께 20 cm일 때

$$\frac{T}{a} = \frac{20}{20} = 1$$

그림 7.11에서

$$\frac{\sigma_\gamma}{p} = 3.8$$

$$\therefore \sigma_\gamma = 3.8 \times p = 3.8 \times 6.4 = 24.3\text{kg/cm}^2$$

아스팔트포장인 경우 $C_1/C_2 = 10$, 아스팔트 표층 두께 5 cm일 때

$$\frac{T}{a} = \frac{5}{20} = 0.25$$

그림 7.11에서 $\frac{\sigma_\gamma}{p} = 1.5$

$$\therefore \sigma_\gamma = 1.5 \times p = 1.5 \times 6.4 = 9.6\ \text{kg/cm}^2$$

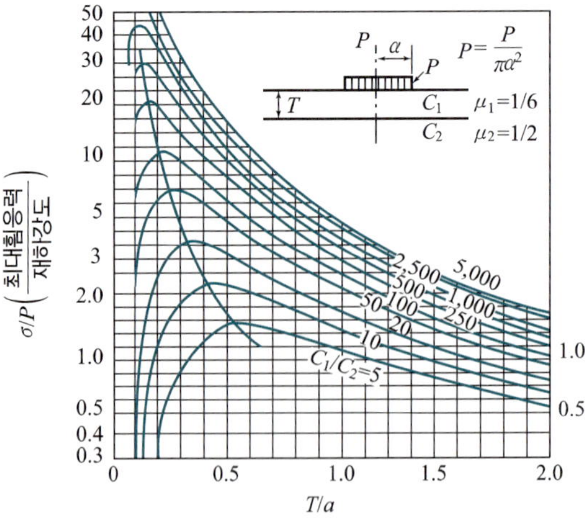

그림 7.11 휨 응력도

이와 같이 콘크리트판이나 아스팔트 표층에서도 상당한 인장응력이 발생함을 알 수가 있다. 그러나 아스팔트 표층은 탄성거동이 아니며 가요성(Flexibility)의 효과이므로 실제에는 콘크리트판 경우에 유효한 것이다.

7.3 아스팔트콘크리트포장

7.3.1 설계법

(1) 설계조건

① AASHO 도로시험

우리나라를 포함하여 세계적으로 널리 아스팔트포장설계에 채용되고 있는 포장두께 설계방법은 AASHTO에서 시행한 대규모 도로시험에 대한 성과를 도입한 것이다.

AASHO 도로시험은 미국 일리노이주 오타와 근교에 1951년에 조사·계획을 시작하여 10년간 약 300억 원의 예산을 투자한 시험이다. 이 목적은 아스팔트포장 및 콘크리트포장에 대하여 합리적이고 경제적인 설계를 하기 위하여 기초자료를 취득한 것이다. 도로시험의 규모는 폭 7.2 m(2차선), 약 2 km의 직선부 양 끝에 회전부분을 가진 4개의 루프(Loop)와 이보다 작은 2개의 루프로 이루어졌다. 포장구조는 약 30 m마다 단면을 변화시켜 설계하였다.

설계의 기본요소는 다음과 같다.

교통량 서비스지수 노상지지력 환경 요소	⇒ SN(포장두께지수 : Structure Number)

• 교통조건

도로에 통행하고 있는 교통은 혼합교통으로 구성되어 있어 규격과 중량이 매우 다양하다. 이와 같이 다양한 교통이 도로구조에 미치는 영향도 다양하므로, 다양한 영향인자를 일원화하기 위하여 기준축하중을 기준으로 영향계수(파괴계수)로 환산할 필요가 있다.

이 기준축하중으로서는 단축기준축하중을 8.2 t(18,000 lbs)으로 하여 환산계수(파괴영향계수)를 산출하는 기본식을 AASHTO에서 제안하였다.

$$\alpha_i = \left(\frac{Pa}{8.2}\right)^{4.2} = \left(\frac{Pw}{4.1}\right)^{4.2} \tag{7.72}$$

여기서 α_i : 하중환산계수

Pa : 차량축하중(t)

Pw : 차량바퀴하중(t)

포장설계 윤하중계산은 다음과 같은 단계별 절차에 의해서 계산한다.

혼합교통량추정(설계년수) → 단축기준축하중환산 → 중방향비 고려 → 차로분포율고려 ⇒ 설계윤하중

$$W_{8.2} = W \times D_D \times D_L \tag{7.73}$$

여기서 $W_{8.2} \fallingdotseq 8.2t$ 단축기준 환산 총윤하중

W : 단축기준환산 교통량

D_D : 중방향비

D_L : 차로분포율

중방향비(D_D)는 왕복차로에 대한 교통량의 분포비율로서 일반적으로 0.5~0.6으로 한다. 교통량 추정 시 혼합교통은 등가단축하중계수(Load Equivalency Factor)를 기준으로 환산하여 설계교통량으로 하며 하중별 계수는 표 7.6과 같다.

표 7.6 차로분포율에 대한 계수

일방향 차로수	계 수	비 고
1	1.0	
2	0.8~1.0	
3	0.6~0.8	
4	0.5~0.7	

표 7.7 아스팔트포장에 대한 차종별 8.2 t 등가단축하중계수

차 종		Pt	SN						평 균
			1	2	3	4	5	6	
승용차		2.0	0.000	0.000	0.000	0.000	0.000	0.000	0.000
		2.5	0.000	0.000	0.000	0.000	0.000	0.000	0.000
		3.0	0.001	0.001	0.000	0.000	0.000	0.000	0.000
버 스	소형 2A4T	2.0	0.001	0.001	0.001	0.000	0.000	0.000	0.000
		2.5	0.001	0.001	0.001	0.001	0.000	0.000	0.001
		3.0	0.002	0.002	0.001	0.001	0.001	0.000	0.001

(계속)

차 종		Pt	SN						평 균
			1	2	3	4	5	6	
버 스	소형 2A6T	2.0	0.001	0.001	0.001	0.000	0.000	0.000	0.000
		2.5	0.001	0.001	0.001	0.001	0.000	0.000	0.001
		3.0	0.002	0.002	0.001	0.001	0.001	0.000	0.001
	보통 2A4T	2.0	0.834	0.834	0.846	0.839	0.834	0.832	0.838
		2.5	0.837	0.860	0.872	0.852	0.836	0.833	0.849
		3.0	0.841	0.891	0.921	0.879	0.846	0.835	0.869
트 럭	소형 2A4T	2.0	0.005	0.005	0.004	0.004	0.004	0.004	0.004
		2.5	0.005	0.005	0.005	0.004	0.004	0.004	0.004
		3.0	0.006	0.007	0.005	0.004	0.004	0.004	0.005
트 럭	보통 2A6T	2.0	0.642	0.643	0.629	0.614	0.616	0.624	0.629
		2.5	0.647	0.634	0.614	0.584	0.584	0.601	0.612
		3.0	0.648	0.647	0.608	0.556	0.551	0.573	0.6597
	대형 3A10T	2.0	2.208	2.187	2.123	2.073	2.081	2.116	2.131
		2.5	2.205	2.161	2.034	1.932	1.946	2.012	2.048
		3.0	2.201	2.135	1.950	1.792	1.802	1.802	1.963
트랙터 +세미 트레일러	4A 이하	2.0	1.715	1.719	1,702	1.681	1.682	1.692	1.699
		2.5	1.718	1.733	1.703	1.651	1.648	1.668	1.687
		3.0	1.723	1.764	1.736	1.632	1.611	1.638	1.684
	5A	2.0	1.832	1.840	1.827	1.801	1.796	1.804	1.817
		2.5	1.836	1.861	1.842	1.781	1.763	1.777	1.810
		3.0	1.842	1.903	1.898	1.782	1.733	1.733	1.817
	6A 이상	2.0	0.765	0.779	0.827	0.812	0.788	0.773	0.794
		2.5	0.775	0.860	0.933	0.891	0.830	0.794	0.847
		3.0	0.789	0.960	1.115	1.106	0.892	0.824	0.933
트럭 트레일러	5A 이하	2.0	3.359	3.353	3.321	3.321	3.291	3.319	3.323
		2.5	3.359	3.351	3.289	3.289	3.222	3.273	3.288
		3.0	3.360	3.358	3.358	3.278	3.156	3.216	3.254

• 서비스 지수(Service Performance Index)

일본의 도로협회 설계법에서 서비스개념은 도입하지 않았으나 미국에서는 포장노후상태의 정도에 따라 포장의(도로노면) 공용기능정도를 평가할 수 있는 지표를 설정하여 이 값에 따라 도로노면의 우열상태를 평가한다. 즉, 이러한 평가지표는 AASHTO(America Association of State Highway and Transportation Officials)설계법의 기초가 되었다. AASHTO(당시 AASHO) 도로시험에서는 138구간의 평가반을 편성하여 시험도로의 주행이력에 따라 포장의 노후도(파괴)를 평가하는 회귀식을 발표하였다.

아스팔트 콘크리트포장

$$PI = 5.03 - 1.91\log(1 + \overline{SV}) - 0.01\sqrt{C + P} - 0.21\overline{RD}^2 \tag{7.74}$$

시멘트 콘크리트포장

$$PI = 5.41 - 1.80\log(1 + \overline{SV}) - 0.05\sqrt{C + 3.3P} \tag{7.75}$$

여기서 PI : 서비스 지수

$\overline{SV}$: 양쪽 차바퀴 통과위치에서의 요철(凹凸)의 분산평균

C : 포장의 균열(m/1,000 m^2 ; 콘크리트포장)(m^2/1,000 m^2 ; 아스팔트포장)

P : 패칭면적도(m^2/1,000 m^2)

$\overline{RD}$: 바퀴자국의 깊이(cm)

그림 7.12는 도로시험 구간에 실제 포장면에 나타난 PI값의 이력변화를 플로팅(plotting)한 것이다. PI의 초기값은 4.2~4.5 b 정도이며, 차량이 공용함에 따라 시일이 경과될수록 PI값은 저하된다. 이 곡선에서 공용이력이 급변하는 점이 공용한계점으로서 $PI=2.5$이며, 더 심하게 노후되면 파괴에 도달하는 점이 $PI=1.5$이다.

초기 PI값이 4.2~4.5는 포장완성 후 균열이나 패칭은 없으나 종단평탄성에 대한 요철의 분산이 있기 때문이다. 따라서 공용한계점으로서 5점법을 채택하고 있으며, 자동차 전용도로일 경우에는 $PI=2.5$, 지방도로에서는 $PI=2.0$, 읍면도로에서 $PI=1.5$를 공용기준한계로 설정하고 있다. 각각 도로기능별 공용한계점에 도달하면 공용성능을 회복시키기 위하여 덧씌우기 포장을 실시해야 한다.

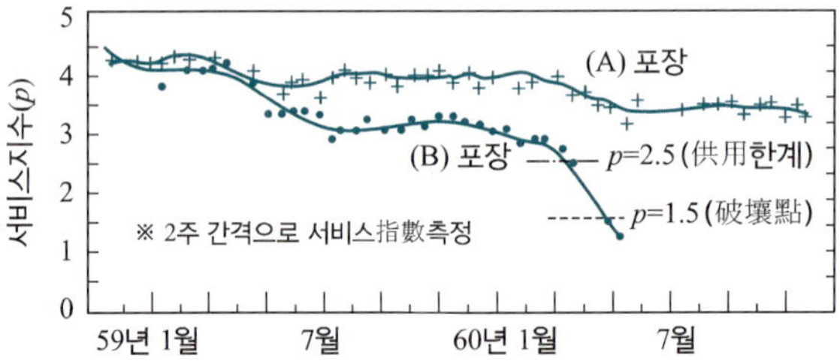

그림 7.12 서비스지수의 변화

표 7.8 공용평가지수표

공용지수(PI)	노면상태	적용구분(공용한계)
5~4	아주 좋음	
4~3	좋음	
3~2	보통	2.5 : 자동차 전용도로(고속도로)
2~1	나쁨	2.0 : 지방도
1~0	아주 나쁨	1.5 : 읍면도(설계속도 40 km/h 이하)

② 노상조건

다중층으로 이루어진 포장면에 차량하중이 통과할 때 이로 인하여 발생하는 응력은 하부로 전달된다. 포장 각 층을 통하여 전달되는 응력은 깊이에 따라 감소되나, 동시에 응력파동시간은 깊이에 따라 증가하게 된다. 각 층을 통하여 감소되는 응력은 그 층의 두께와 강성(剛性 – Stiffness)에 달려 있으며, 노상면에 허용변형 이내에서 소요의 지지력과 전단강도를 유지해야 한다. 또한 동상작용(凍上作用)이나 체적변화의 예민성이 적어야 하며, 다짐의 용이성, 다짐의 영구성, 배수의 용이성 등을 구비해야 한다.

노상은 토공에 속하는 공종으로서 포장의 기초가 되는 부분이며, 도로의 선형계획고에 따라 깎기(切土)를 하거나 쌓기(盛土)로서 이루어진다. 대부분 현지재료가 노상을 이룬다. 이러한 노상흙은 점토에서부터 자갈에 이르기까지 여러 가지 흙이 사용되며, 노상강도를 평가하기 위해서는 다음과 같은 방법이 있다.

노상강도 평가방법
- 노상흙의 성질
- 노상흙의 역학적 성상
- 노상지지력

• 노상흙의 성질에 의한 방법

이 방법은 흙입자의 특성에 따라 노상흙을 분류하며, 이 분류에 따라 노상흙의 강도를 추정한다. 주로 AASHTO의 분류법 및 군지수(*GI* : Group Index)에 의한 방법이다.

표 7.9 AASHTO에 의한 도로노상재료 분류방법

분 류	조립토 (0.074 mm 통과량은 35% 이하)							실트점토토질 (0.074 mm 통과량은 36% 이상)			
그 룹	A-1		A-3	A-2				A-4	A-5	A-6	A-7
	A-1-a	A-1-b		A-2-4	A-2-5	A-2-6	A-2-7				A-7-5 A-7-6
체분석시험											
2 mm 통과량(%)	50 이하										
0.42 통과량(%)	30 이하	50 이하	51 이상								
0.074 통과량(%)	15 이하	25 이하	10 이하	35 이하	35 이하	35 이하	35 이하	36 이상	36 이상	36 이상	36 이상
0.42 mm 이하의 재료시험											
LL(%)				40 이하	41 이상	40 이하	41 이상	40 이하	41 이상	40 이하	41 이상
PI(%)	6 이하		NP	10 이하	10 이하	11 이상	11 이상	10 이하	10 이하	11 이상	11 이상
군지수(GI)	0		0	0		4 이하		8 이하	12 이하	16 이하	20 이하
구성재료	자갈, 모래		가는 모래	실트질 또는 점토질 자갈과 모래				실트질 흙		점토질 흙	
노상으로서 적합성	우수 양호					보통 나쁨					

분류를 위한 시험종목은 입도, 액성한계(LL), 소성지수(PI)로서 이 3가지 값으로 분류한다. 군지수(GI)는 많은 흙의 사용경험을 기초로 하였기 때문에 이 값을 참고로 하면 흙의 분류만에 의존하지 않더라도 흙의 성질을 파악할 수 있다.

$$GI = 0.2a + 0.005ac + 0.01bd \tag{7.76}$$

여기서 a : 0.074 mm체 통과량(%)에서 35%를 뺀 값
단 통과량의 최대값은 75%로 한다($a = 0 \sim 40$의 정수).
b : 0.074 mm체 통과량(%)에서 15%를 뺀 값
단 통과량 최대값을 55%로 한다($b = 0 \sim 40$의 정수).
c : 액성한계(LL)에서 40% 뺀 값
단 액성한계 최대값은 60%로 한다($c = 0 \sim 20$의 정수).
d : 소성지수(PI)에서 10%를 뺀 값
단 소성지수 최대값은 30%로 한다($d = 0 \sim 20$의 정수).

위의 식에서 구한 GI값은 0~20 범위이며, $GI = 0$은 노상재료로서 매우 양호한 흙이며, $GI = 20$은 매우 나쁜 흙임을 나타낸다.

• 노상흙의 역학적 성질에 의한 방법

흙의 역학성을 구하기 위해서는 전단시험, 압축시험 등 여러 방법이 있으나 도로포장두께설계에서는 CBR 시험이 대표적으로 사용되고 있다.

CBR(California Bearing Ratio)시험은 미국 캘리포니아 주 도로국에서 개발한 시험방법으로, 노상의 지지력을 평가하는 공학적 판정기법으로 고안되었다. 초기에는 CBR값으로 포장의 소요두께를 구하였다. 지금에 와서는 세계적으로 널리 활용되고 있으며, 우리나라에서도 KSF 2320 노상지지력비 시험방법으로 규정되어 있다.

표 7.10 CBR 시험에 대한 표준하중강도 및 표중하중

관입량(mm)	표준하중강도(kgf/cm^2)	표준하중(kgf)
2.5	70	1,370
5.0	105	2,030
7.5	134	2,630
10.0	162	3,180
12.5	183	3,600

■ 시험방법

직경 50 mm 관입피스톤
↓
1 mm/min 속도로 관입
↓
12.5 mm까지 관입(지반 또는 다짐공시체 표면)

— 각 관입량과 하중과의 관계도 작성 표 7.10의 2.5 mm 관입 시 하중 또는 하중강도에 대응한 하중과의 백분율

(설계 CBR)

포장두께 결정 시 노상흙의 대표가 될 만한 CBR값이다. 설계 CBR 결정에는 극단적으로 흙이 다르지 않는 범위 내에서 균일한 포장두께 시공구간을 정하여 그 대상구간 내의 여러 지점의 CBR로부터 다음 식에 의하여 설계 CBR를 결정한다.

$$\text{설계 CBR} = \text{각 지정의 평균 CBR} - \frac{(\text{CBR의 최대값}) - (\text{CBR의 최소값})}{C} \tag{7.77}$$

여기서 C : 표 7.11에 나타난 계수

표 7.11 설계 CBR 계산 시 계수

개수(n)	2	3	4	5	6	7	8	9	10 이상
C	1.41	1.91	2.24	2.48	2.67	2.83	2.96	3.08	3.18

(수정 CBR)

수정 CBR은 보조기층 재료의 강도를 나타내며, KSF 2331에 나타낸 방법에 따라 3층으로 나누어 각 층 92회 다짐 시에 대응하는 최대건조밀도 시 소요의 다짐도에 상응하는 수침 CBR를 말한다.

시험은 40 mm 이하의 시료에 대하여 아래 순서에 따라 시행한다.

㉠ 다짐횟수 3층 각 층 92회에 대한 최적함수비를 구함(KSF 2331)

㉡ 시료의 약 50 kg을 최적함수비와의 차이가 1% 이내 함수상태로 하여 밀폐시료상자에 12시간 이상 보존한 후 시료로 사용한다.

㉢ 시료를 몰드에 3층으로 각층 92회, 42회, 17회로 다짐한 공시체를 각각 3개씩 만든다.

㉣ 각 공시체의 건조밀도를 구하고, 동시에 KSF 2320에 따라 4일간 수침 후 CBR를 측정한다.

㉤ 각각 3개의 평균값을 구하여 CBR－건조밀도곡선과 ㉠에서 구한 함수비－건조밀도곡선을 그림 7.13과 같이 그린다. 소요다짐도에 대응하는 건조밀도에서 수평선을 그어 CBR－건조밀도곡선과의 교점을 구한다. 이 교점에서 수선을 내려 횡축상 CBR값과 만나는 점이 수정CBR값이다.

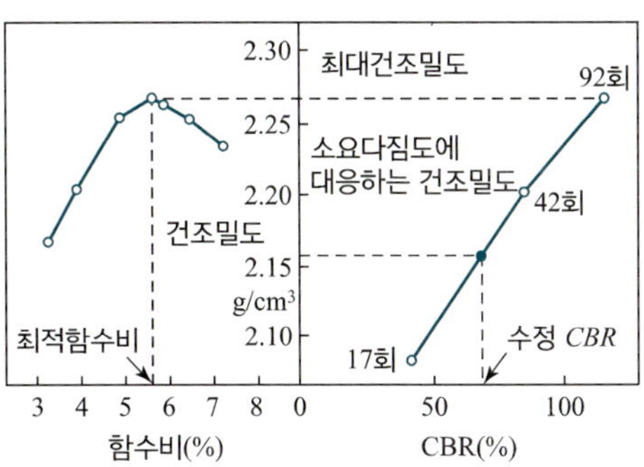

그림 7.13 건조밀도와 함수비 및 CBR의 관계

• 노상지지력에 의한 방법

시공된 현장 노상이나 보조기층의 지지력을 평가하기 위한 시험으로서 평판재하시험(Plate Bearing Test, KSF 2310)이 있다. 이 시험은 직경 30, 40, 50, 75 cm의 강제원판(두께 22 cm 이상)을 노상이나 또는 보조기층(원지반) 표면에 놓고 여기에 하중을 가하여 하중강도 P(kgf/cm^2)와 침하량 δ(cm)과의 관계로 구하는 시험이다.

즉, 지반계수 K(Modulus of Subgrade Reaction)는 다음과 같다.

$$K = \frac{P}{\delta}\,(\text{kg/cm}^3) \tag{7.78}$$

이 지반계수 K는 지지력계수(Coefficient of Subgarde Reaction) 또는 K값(K－value)이라 하며, 포장에 대해서는 0.125cm 침하량에 대한 값으로 나타낸다.

강성재하판에 재하된 경우 Timoshenko에 의한 침하량 식은 다음과 같다.

$$\delta = \frac{\pi}{4} W_f = \frac{\pi(1-\mu^2)a \cdot P}{2E} \tag{7.79}$$

$$\delta_f = \frac{2(1-\mu^2)a \cdot P}{E} \tag{7.80}$$

여기서 δ_f : 지표면의 탄성침하량　　μ : 푸아송 비
E : 지반탄성계수　　a : 접지면적 반지름
P : 하중강도

푸아송 비를 0.5로 하면 식 (7.79)와 식 (7.80)에서 K값은 다음과 같이 나타난다.

$$K = \frac{P}{\delta} = \frac{E}{1.18a} \tag{7.81}$$

즉, K값은 지반의 탄성적 성질이 일정하다면 재하판의 반지름에 반비례한다. 또 K값은 재하판의 반지름이 변하면 다르게 나타난다.

$$K_{75} = \frac{1}{2.2}K_{30} = \frac{1}{1.7}K_{40} = \frac{1}{1.3}K_{50} \tag{7.82}$$

K_{30}값은 경험적으로 아스팔트포장의 보조기층에서는 28 kgf/cm^3, 시멘트 콘크리트포장의 보조기층에서는 20 kgf/cm^3 이상 요구하고 있다. K값은 원래 시멘트 콘크리트판 설계에 사용되고 있으나, 평판재하시험장치가 번거로워 설계 CBR값과 K_{75}값과의 사이에는 그림 7.14와 같은 관계가 있으며, 토질조건에 따라서는 매우 다른 경우도 있다.

③ 환경조건

도로포장의 노후나 파손에 미치는 인자로서 토질, 강우, 연중기온 등에 따라서 각각 다르다. 이것은 일년간의 노상지지력 변화를 나타내는 계수로서, 아래의 값을 고려하여 연간의 대표적인 평균값을 취하고 있다.

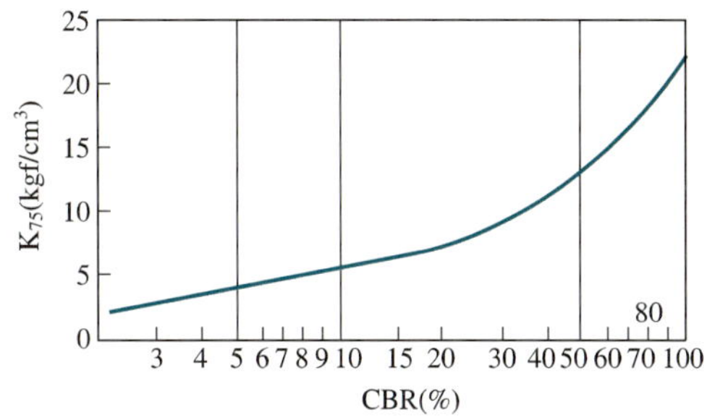

그림 7.14 CBR과 K값과의 관계

- 노상이 12.5 cm 이상 동결하는 기간 …… 0.2～1.0
- 여름과 가을에 노상흙이 건조해 있는 기간 …… 0.3～1.5
- 봄철 해빙기에는 노상이 젖어있는 기간 …… 4.0～5.0

AASHTO에서는 미국 내의 포장설계 시 지역계수(R_f : Regional Factor)를 0.5～4.0을 사용하고 있으나, 우리나라에서는 토질과 기후조건을 고려하여 평균 1.5～2.0을 사용하고 있다. 대전 이남은 1.5, 대전 이북은 2.0 그러나 해발이 높은(500 m 이상) 한랭지에서는 2.5를 사용하고 있다.

(2) AASHTO(72) 설계법

① 설계 기본식

AASHTO 72 설계법의 설계 기본식은 식 (7.83)과 같고, 소요 전체포장두께를 표시하는 포장두께지수(SN)는 식 (7.84)와 같다.

$$\log_{10}(W_{8\cdot2}) = 9.36\log_{10}(SN+1) - 0.2 + \frac{\log\{(4.2-P_t)/(4.2-1.5)\}}{0.4+\{1094/(SN+1)^{5.19}\}} + \log_{10}\frac{1}{R} + 0.372(S_i - 3.0) \tag{7.83}$$

여기서 $W_{8\cdot2} = 8.2t$ 등가단축하중의 예상통과횟수

$P_t =$ 최종설계서비스 지수

$R =$ 지역계수

$S_i =$ 노상지지력치

$$SN = a_1D_1 + a_2D_2 + a_3D_3 + \cdots \tag{7.84}$$

여기서 $a_1,\ a_2,\ a_3$ ……… : 표층, 기층, 보조기층의 상대강도계수

$D_1,\ D_2,\ D_3$ …… : 표층, 기층, 보조기층의 두께

설계기본식에 관련된 매개변수는 $W_{8\cdot2}$, P_t, R, S_i이며, 이러한 매개변수에 의하여 결정되는 두께지수(SN)는 포장의 각층과 두께를 결정하게 된다.

② 교통조건

도로에 공용되고 있는 교통은 혼합교통으로 구성되어 있다. 차종이 다른 혼합교통은 축하중이나 윤하중이 각각 다르므로 도로에 미치는 영향도 각각 다르다. 그러므로 AASHTO에서 제안한 기본식 (7.72)를 적용하도록 한다.

표 7.12는 서비스 지수별 축하중에 따른 환산계수표이며, 그림 7.15는 단축과 복축일 경우 환산계수를 실측한 비교그림이다.

두께설계용 교통량 산정은 다음 순서에 따른다.

- 도로의 기능 또는 경제성을 감안하여 공용연수를 결정
- 공용연수(설계연수)기간 추정교통량을 산정(교통종류별로 각각 추정)
- 교통종류별 추정교통량을 등가단축하중으로 환산하여 누적
- 설계차로수에 따라 중방향비와 차로분포율을 고려하여 설계윤하중대수 산정(식 (7.73), 표 7.6 참조)

표 7.12 축하중의 환산계수(기준 : 단축 8.2 t)

축하중		단 축		축하중		탄뎀축	
1,000 lbs	t	$p=2.0$	$p=2.5$	1,000lbs	t	$p=2.0$	$p=2.5$
2	0.91	0.0002	0.0003	10	4.54	0.01	0.01
4	1.81	0.002	0.004	12	5.44	0.02	0.02
6	2.72	0.01	0.02	14	6.35	0.03	0.04
8	3.63	0.04	0.05	16	7.26	0.05	0.07
10	4.54	0.09	0.12	18	8.16	0.08	0.11
12	5.44	0.19	0.23	20	9.70	0.12	0.16
14	6.35	0.35	0.40	22	9.98	0.18	0.23
16	7.26	0.61	0.65	24	10.89	0.26	0.31
18	8.16	1.00	1.00	26	11.79	0.36	0.42
20	9.07	1.56	1.49	28	12.70	0.49	0.55
22	9.98	2.35	2.17	30	13.61	0.65	0.70
24	10.89	3.43	3.09	32	14.52	0.84	0.89
26	11.79	4.88	4.31	34	15.42	1.08	1.11
28	12.70	6.78	5.90	36	16.33	1.38	1.38
30	13.61	9.24	7.94	38	17.24	1.73	1.69
32	14.52	12.37	10.52	40	18.14	2.15	2.06
34	15.42	16.30	13.74	42	19.05	2.64	2.49
36	16.33	21.16	17.73	44	19.96	3.23	2.99
38	17.24	27.12	22.61	46	20.87	3.92	3.58
40	18.14	34.34	28.51	48	21.77	4.72	4.25

③ 서비스 지수

앞절에서 설명한 바와 같이 도로포장의 노후도를 평가하는 지표이다. 즉, 포장수명의 한계를 나타낸다. 식 (7.74)에서 보는 바와 같이 서비스 지수(PI : Performance Index)에 관련한 매개인자는 노면 요철(凹凸)의 정도를 나타내는 분산치($\overline{SV}$), 포장의 균열(C), 포장의 패칭량(P) 그리고 바퀴자국($\overline{RD}$)이다. 이러한 인자의 상관성에 따라 5점법을 도입하고 있으며, 5에 가까울수록 노면상태가 양호함을 나타내고, 0에 가까울수록 노면의 상태가 불량함을 나타낸다.

그 한계값을 고급도로(기능이 높은 도로)에서 2.5, 일반도로는 2.0, 기능이 매우 낮은 도로는 1.5값을 기준으로 하고 있다. 따라서 설계두께시수(SN)산정을 위한 노모그래프도 $P=2.5$와 $P=2.0$으로 분류하여 두었다(그림 7.15).

④ 노상조건

포장설계 시 단면기초가 되는 부분이 노상이다. 노상의 지지력을 평가하는 방법은 앞절에서 설명하였다. SN 설계법에서는 노상지지력치(soilsupport value) S값을 기준으로 평가하고 있다.

노상지지력치 S값은 CBR, R치, 군지수, 회복탄성계수(M_R) 등을 이용하여 그림 7.16에서 구한다. 그림 7.16의 Ⓑ, Ⓒ, Ⓓ 스켈은 모두 CBR값을 이용한 것이나 시험방법이 다르므로 일률적으로 적용하기는 어렵다. 일반적으로 우리나라 KS시험법에 따라 구한 수정 CBR값이면 Ⓑ스켈의 Utah CBR값과 유사하다 하여 현재 사용하고 있다. 그러나 Utah CBR와 KS-

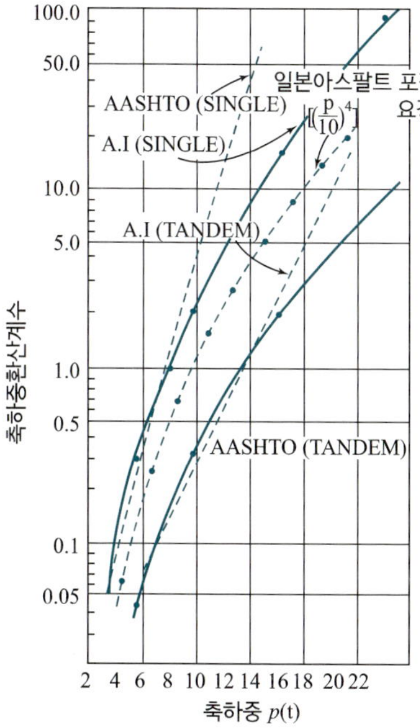

그림 7.15 단축과 복축의 비교

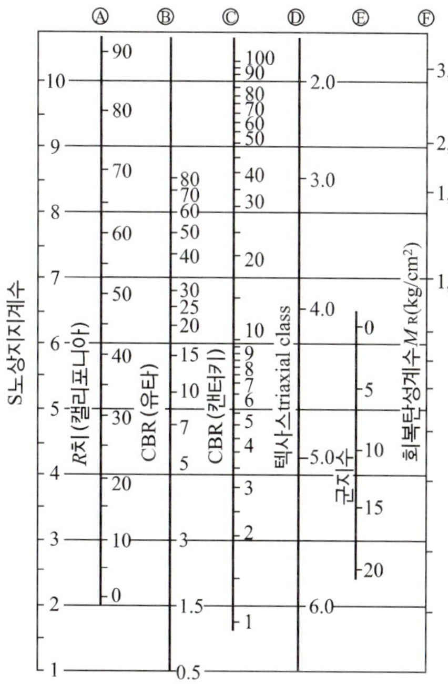

그림 7.16 노상지지력치 산정 도표

CBR과 에너지가 다르므로 여러 상관관계를 연구하여 실증적인 S값을 구하는 것이 연구과제이다.

Utah CBR과 노상지지력치 S와의 상관관계는 식 (7.58)과 같고, 이를 이용하기 쉽게 나타낸 것이 그림 7.17이다.

• 설계식 : $S = 3.8\log CBR + 1.3$ (7.85)

또한 표 7.13은 외국기준과의 CBR 시험방법의 비교표이다.

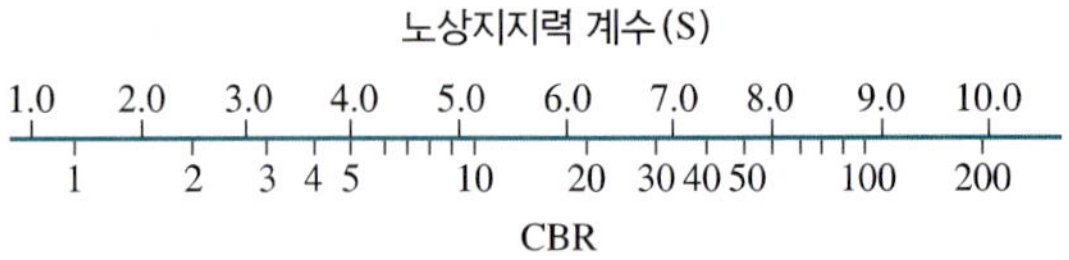

그림 7.17 노상지지력계수와 CBR의 관계도(Utah 도로국 개발)

표 7.13 외국기준과 CBR 시험의 비교

시험방법	시험조건	다짐방법	몰드용적	다짐에너지 (cmkg/cm²)	CBR 치의 결정방법	비 고
AASHTO	최 적 함수비	램머중량 : 5.5 lb	129.6 in³ (2,123.8 cm³)		CBR과 건조밀도와의 관계로부터 필요다짐에 상당하는 건조밀도에서 CBR을 결정	96시간수침
		(2.49 kg)				최대입경 20 mm
		낙 하 고 : 12 in				오버사이즈의 보정
		(30.5 cm)				AASHTO T 99 다짐
		다짐횟수 : 10회/3층		1.1		AASHTO T 193 CBR
		30회/3층		3.2		
		65회/3층		7.0		
ASTM	최 적 함수비	램머중량 : 10 lb	129.6 in³ (2,123.8 cm³)		계산으로 얻어진 CBR 사용	96시간수침
		(4.54 kg)				최대입경 20 mm
		낙 하 고 : 18 in				오버바이즈의 보정
		(45.7 cm)				ASTM D1883 다짐
		다짐횟수 : 56회/5층		27.4		ASTM D1557, 1883 CBR
		램머중량 : 5.5 lb	129.6 in³ (2,123.8 cm³)			ASTM D 558 다짐
		(2.49 kg)				ASTM D 698 CBR
		낙 하 고 : 12 in				
		(30.5 cm)				
		다짐횟수 : 56회/3층		6.0		
일본 포장 시험 편람	자 연 함수비	램머중량 : 4.5 kg	2,209 cm³		계산으로 얻어진 CBR 사용	96시간수침
		낙 하 고 : 45 cm				최대입경 40 mm
		다짐횟수 : 67회/3층		18.4		JIS A 1210 다짐
						JIS A 1211 CBR

(계속)

시험 방법	시험 조건	다짐방법	몰드용적	다짐에너지 (cmkg/cm²)	CBR 치의 결정방법	비 고
일본 포장 시험 편람	최 적 함수비	램머중량 : 4.5 kg	2,209 cm³		CBR과 건조밀도와의 관계로부터 필요다짐에 상당하는 건조밀도에서 CBR을 결정	96시간수침 최대입경 40 mm JIS 1211 수정 CBR
		낙 하 고 : 45 cm				
		다짐횟수 : 17회/3층		4.7		
		42회/3층		11.6		
		92회/3층		25.3		
영국	포설후 노상의 함수비 평가 조정	램머중량 : 4.5 kg	2,305 cm³		계산으로 얻어진 CBR 사용	96시간수침 최대입경 20 mm 오버사이즈 보정 다짐방법으로서 정적 3종류, 동적 3종류 BS1377(1924) 다짐 및 CBR
		낙 하 고 : 45 cm				
		다짐횟수 : 62회/3층		27.2		
		램머중량 : 2.5 kg	2,305 cm³			
		낙 하 고 : 30 cm				
		다짐횟수 : 62회/3층		6.1		
한국 KSF 2320	최 적 함수비	램머중량 : 4.5 kg	2,209 cm³		계산으로 얻어진 CBR 사용	96시간수침 최대입경 19.1 mm KSF 2312D 다짐
		낙 하 고 : 45 cm				
		다짐횟수 : 55회/5층		25.2		
		램머중량 : 4.5 kg	2,209 cm³		계산으로 얻어진 CBR 사용	96시간수침 최대입경 38.1 mm KSF2312E 다짐
		낙 하 고 : 45 cm				
		다짐횟수 : 92회/3층		25.3		

⑤ 지역계수

앞절의 환경조건을 말한다.
국내적용기준은 다음과 같다.

- 대전 이남 : 1.5
- 대전 이북 : 2.0
- 서울북부지역 및 표고 500 m 이상 지역 : 2.5

⑥ 포장단면 설계

- 노상지지력치(S)
- 8.2 t 단축하중 환산통과횟수($W_{8.2}$)
- 지역계수(R)
- 서비스 지수(P_t)

→ 포장두께지수(SN) 결정 (그림 7.18, 7.19 참조)

위의 상관인자로 구한 두께지수(SN)는 식 (7.86)에 의하여 포장 각 층의 두께를 계산할 수 있다.

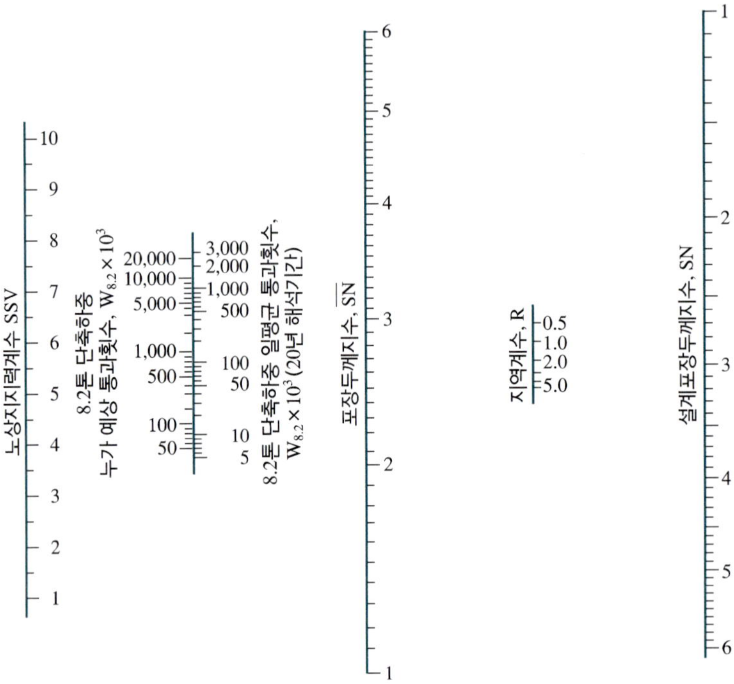

그림 7.18 아스팔트 포장구조 설계도포, $P_t = 2.5$

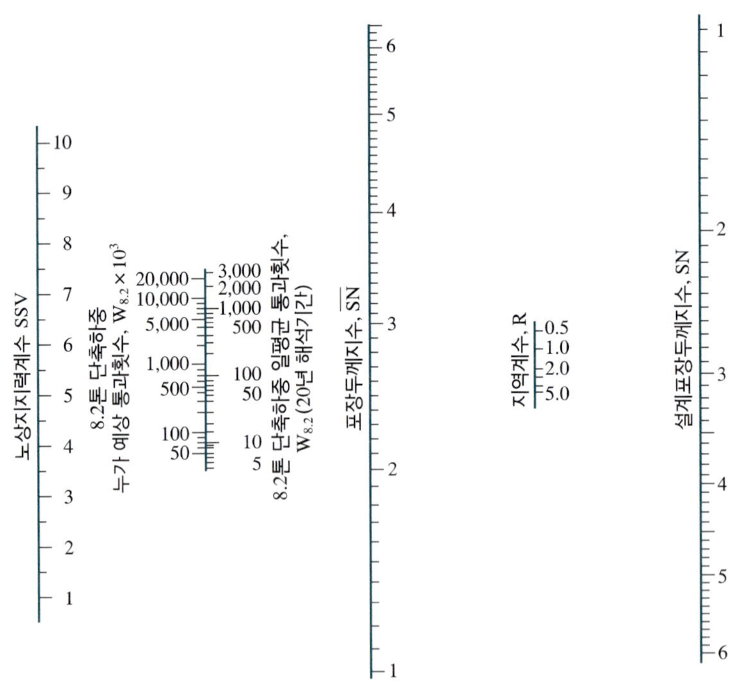

그림 7.19 아스팔트 포장구조 설계도포, $P_t = 2.0$

$$SN = a_1D_1 + a_2D_2 + a_3D_3 \tag{7.86}$$

여기서 a_1, a_2, a_3 : 표층, 기층, 보조기층 등 각 층의 상대강도 계수

D_1, D_2, D_3 : 표층, 기층, 보조기층 등 각 층의 두께(cm)

a_1, a_2, a_3의 상대강도계수는 AASHO 도로시험에서 자료분석으로 결정한 각 층의 재료별 상대적인 강도계수이다. 표 7.14는 지금까지 사용되고 있는 각 재료별 상대강도계수의 일반적인 일람표이다. 그러나 상대강도계수값이 일정하지 않기 때문에 그 값의 적용에 따라 포장 수명에 영향을 미치며, 경제성에도 영향을 미친다.

우리나라에서는 각 층의 재료별 결정계수에 대하여 연구된 바가 없으므로 막연하게 AASHTO의 값을 적용하였으나, 더 합리적인 방법으로 1987년 건설부에서 관계전문가의 회의를 통하여 우리나라 기후환경과 비슷한 미국의 4개 주 상대강도계수값을 평균하여 적용하고 있다(표 7.15 참조).

표 7.14 포장재료별 대표적 상대강도계수 적용 범위

<table>
<tr><th rowspan="2">구 분</th><th rowspan="2" colspan="2">재료종류</th><th colspan="3">재료품질조건</th><th colspan="3">상대강도계수(cm)</th><th rowspan="2">비 고</th></tr>
<tr><th>마샬 안정도 (MS), kg</th><th>CBR (%)</th><th>일축압축 강도(σ_γ) kg/cm²</th><th>a_1</th><th>a_2</th><th>a_3</th></tr>
<tr><td rowspan="3">표 층</td><td rowspan="3" colspan="2">아스팔트 콘크리트 표층(AC)</td><td>≥350</td><td></td><td></td><td>0.106</td><td></td><td></td><td rowspan="3">MS = 750 kg을 표준하면 좋다</td></tr>
<tr><td>500 ~1,000</td><td></td><td></td><td>0.124 ~0.176</td><td></td><td></td></tr>
<tr><td>750</td><td></td><td></td><td>0.157</td><td></td><td></td></tr>
<tr><td rowspan="7">기 층</td><td rowspan="3">입상 재료 기층</td><td>석산 쇄석</td><td></td><td rowspan="3">≥80</td><td></td><td></td><td>0.051 ~0.056</td><td></td><td rowspan="3">PI ≤ 4</td></tr>
<tr><td>강모래+ 파쇄자갈</td><td></td><td></td><td></td><td>0.048</td><td></td></tr>
<tr><td>선별(강모래 +하천자갈)</td><td></td><td></td><td></td><td>0.04 ~0.044</td><td></td></tr>
<tr><td colspan="2">아스팔트 안정 처리 기층(ATB)</td><td>≥350</td><td></td><td></td><td></td><td>0.096 ~0.132</td><td></td><td>PI ≤ 9</td></tr>
<tr><td>시멘트</td><td>아스팔트 포장용</td><td></td><td></td><td>≥30</td><td></td><td>0.072 ~0.132</td><td></td><td>PI ≤ 9</td></tr>
<tr><td rowspan="2">안정 처리기층 (CTB)</td><td>콘크리트 포장용</td><td></td><td></td><td>≥20</td><td></td><td>0.072</td><td></td><td rowspan="2">PI ≤ 9</td></tr>
<tr><td>빈배합 콘크리트</td><td></td><td></td><td>≥50</td><td></td><td>0.079 ~0.081</td><td></td></tr>
</table>

(계속)

구 분	재료종류		재료품질조건			상대강도계수(cm)			비 고
			마샬 안정도 (MS), kg	CBR (%)	일축압축 강도(σ_γ) kg/cm^2	a_1	a_2	a_3	
보조기층	선별 (강모래+강자갈)			≥30				0.043	
				≥50				0.048	PI ≤ 6
				≥70				0.050	
	석산 쇄석			≥80				0.052	
	석회 안정처리				≥7			0.044 ~0.048	
	슬래브 혼화재 안정처리				8~12			0.032	PI ≤ 10
	시멘트 안정처리			≥60	8~12			0.048 ~0.050	PI ≤ 8
덧씌우기를 고려하는 경우	AC 표층					0.096 ~0.155			
	콘크리트 포장	양호				0.16			
		손상				0.08 ~0.14			

표 7.15 국내에서 적용되고 있는 상대강도계수의 산정

각 주 / 각 층	오하이오	유타	와이오밍	일리노이	평균	AASHTO
표 층	0.157	0.157	0.137	0.127	0.145	0.176
기층(BB)	–	0.118	0.098	0.114	0.110	0.136
보조기층(Sand Gravel)	–	0.039		0.029	0.034	0.043

⑦ 포장층 해석

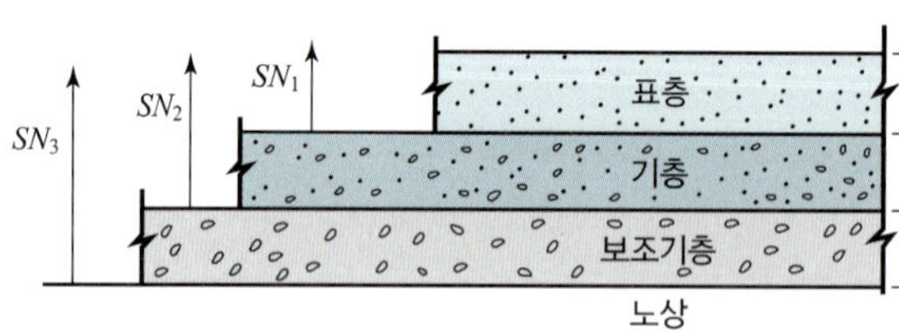

$$D^*_1 \geq \frac{SN_1}{a_1}$$

$$SN^*_1 = a_1 D^*_1 \geq SN_1$$

$$D^*_2 \geq \frac{SN_2 - SN^*_1}{a_2 m_2}$$

$$SN^*_1 + SN^*_2 \geq SN_2$$

$$D^*_3 \geq \frac{SN_3 - (SN^*_1 + SN^*_2)}{a_3 m_3}$$

주 1. a, D, m과 SN은 최소소요값
2. D^*와 SN^*은 실제 사용되는 값을 표시한 것으로 소요값 이상이어야 한다.
(탄성계수가 2,800 kg/cm^2 이상인 보조기층이나 기층에는 사용할 수 없음)

그림 7.20 층해석 방법에 의한 포장층 두께결정 순서

(3) AASHTO('86)설계법

① 설계기본식

AASHTO 86설계법의 포장설계 기본식은 식 (7.87)과 같으며 포장설계 과정은 그림 7.21과 같다.

$$\log_{10}(W_{8.2}) = Z_R \times S_O + 9.36 \times \log_{10}(SN+1) - 0.2 + \frac{\log_{10}\left[\dfrac{\nabla PSI}{4.2-1.5}\right]}{0.4 + \dfrac{1094}{(SN+1)^{5.19}}} + 2.32 \times \log_{10}(M_R) - 5.4 \tag{7.87}$$

여기서 $W_{8.2}$ =8.2 t 등가 단축하중의 예상통과횟수

Z_R =표준정규편차

S_O =교통량 예측과 공용성 예측에 대한 혼합표준오차

$\triangle$PSI=초기 설계서비스 지수 P_o와 최종 설계서비스 지수 P_t와의 차

M_R =회복탄성계수(kg/cm^2)

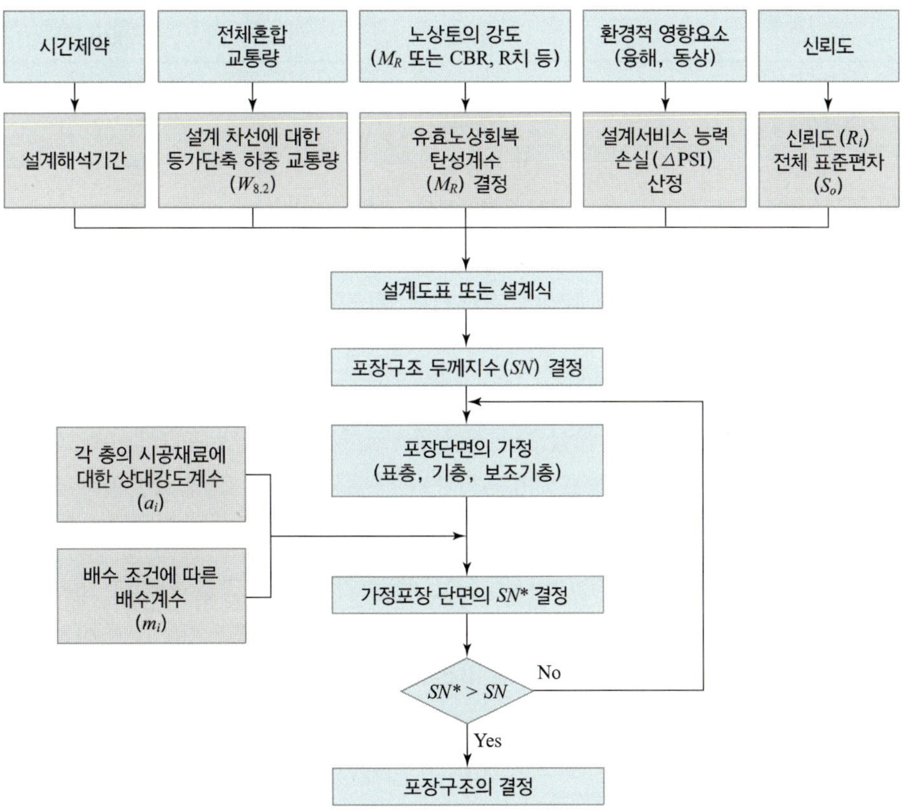

그림 7.21 AASHTO 86 포장설계 흐름도

$$SN = a_1D_1 + a_2D_2m_2 + a_3D_3m_3 + \cdots\cdots + a_iD_im_i \tag{7.88}$$

여기서 $a_i = i$번째 층의 상대 강도계수

$D_i = i$번째 층의 두께(cm)

$m_i = i$번째 층의 배수계수

② 입력변수

- 교통조건

교통조건은 AASHTO(1972) 설계법의 설계교통량 산정과 같은 방법으로 따르도록 한다.

- 신뢰도(R)와 표준편차(S_o)

– 신뢰도(R) : 도로기능의 중요성, 즉 포장내구년한의 보장을 위하여 도로기능별 포장수명이 확보되어야 할 조건에 부합되는 적절한 신뢰성을 나타낸다. 고속도로나 자동차 전용도로 등 기능이 높고 이용교통량이 많은 도로에서는 그 신뢰도가 95% 이상, 저급도로의 경우에는 50%의 신뢰도를 적용한다(표 7.16).

표 7.16 도로기능별 신뢰도 추천값

도로기능 분류	신뢰도	
	도시부	지방부
고속도로	80~99.9	85~99.9
주요간선도로	80~99	75~95
연결로	80~95	75~95
국지도로	50~80	50~80

– 표준편차(S_o) : 포장의 설계수명에 관련되는 중요한 인자이다. 주어진 설계환산교통량에 대하여 예측공용기간 내의 정상적인 변동과 예측교통량 변동가능성, 이 양자를 고려한 표준편차는 신뢰도에 영향을 미친다. AASHO의 도로시험에서 제안한 표준편차는 교통의 오차는 포함시키지 않았으나 공용예측오차는 아스팔트포장에서 0.35, 강성포장에서 0.25였다. 이 값은 강성포장 0.35와 가요성포장 0.45인 전체 표준편차에 해당한다.

- 설계서비스 지수 손실(△PSI)

노면의 공용성능력은 공용지수(PSI≒0~5)로서 평가한다. 포장을 완성한 초기에는 (P_o) =PSI=5에 가까우나 도로를 사용하게 되면 노면이 손상되어 공용지수는 5 이하로 저하하게 된다. 공용성의 한계는 도로의 기능에 따라 다르므로 설계대상도로의 한계 서비스 지수를 최종 서비스 지수 또는 터미널 서비스 지수(P_i : Terminal Performance)로 간주하여 초기의 서비스 지수와 최종 서비스 지수의 차이를 설계서비스 지수(△PSI)로 한다.

$$\triangle \text{PSI} = P_o - P_t \tag{7.89}$$

• 유효 회복탄성계수(M_R : effective resilient modulus)

노상흙이 항상 일정한 지지력을 보유하고 있다는 것은 불가능하다. 그 이유는 함수량의 변화, 강우, 강습 및 기온변동에 따라 달라질 수 있기 때문이다. 이러한 자연적인 조건에 따라 노상의 지지력은 가변성은 있다는 전제조건 아래서 포장구조의 기초가 되는 노상흙의 지지력은 자연조건을 감안하여 가장 합리적으로 고려되어야 할 노상흙의 지지력 평가에서 유효 회복탄성계수(M_R)를 도입한 것이다.

노상유효 회복탄성계수(M_R) 산정방법은 다음과 같다.

- 그림 7.22에 각 월별 노상의 회복탄성계수 측정
- 각 월별 탄성계수에 해당하는 노상 상대손상계수(U_f)를 도표(그림 7.22(a))에서 계산식으로 구함
- 각 월별(12개월) 상대손상계수를 합하여 12개월로 나누어 평균치를 구함
- 상대손상계수 평균치로 그림 7.22(a)나 계산식으로 회복탄성계수를 구하면 이 값이 **노상유효 회복탄성계수**(M_R)임

이러한 방법이 합리적으로 평가되나 포장설계 단계에서 각 월별 노상의 탄성계수 측정이 불가하며, 기존도로의 노상 위에 포장설계를 할 경우에는 가능하다. 그러나 결국에 가서는 CBR값으로 회복탄성계수로 환산하는 방법이 일반적인 수단이며, 각 월별 회복탄성계수 역시 노상흙의 OMC 상태에서 최적값으로 보고, 계절, 지역조건, 기온변화 등을 고려하여 가변치 적용으로 대표적인 유효 회복탄성계수를 산정하는 것이 수단이 될 것이다.

CBR과 R치로 회복탄성계수를 추정하는 방법을 제안하고 있다.

- Heukelom과 Klomp의 CBR와의 관계식(수침 CBR 10 이하인 세립토)

$$M_R(\text{kg/cm}^2) = 100\text{CBR} \tag{7.90}$$

- 미국 아스팔트협회의 R치와의 관계식

$$M_R(\text{kg/cm}^2) = \text{A}+\text{B}\times(R\text{치}) \tag{7.91}$$

여기서 A : 54~81

B : 26~39

$$M_R(\text{kg/cm}^2) = 70+39\times(R\text{치})(R=20 \text{ 이하 세립토}) \tag{7.92}$$

- NCHRP 보고서 $\begin{pmatrix} \text{양호한 노상} = 700\ \text{kg/cm}^2 \\ \text{불량한 노상} = 210\ \text{kg/cm}^2 \end{pmatrix}$

월	노상회복 탄성계수 M_R(kg/cm²)	상대손상 u_f
1	1,400	0.01
2	1,400	0.01
3	175	1.51
4	280	0.51
5	280	0.51
6	500	0.13
7	500	0.13
8	500	0.13
9	500	0.13
10	500	0.13
11	280	0.51
12	1,400	0.01
계$=\Sigma u_f=$		3.73

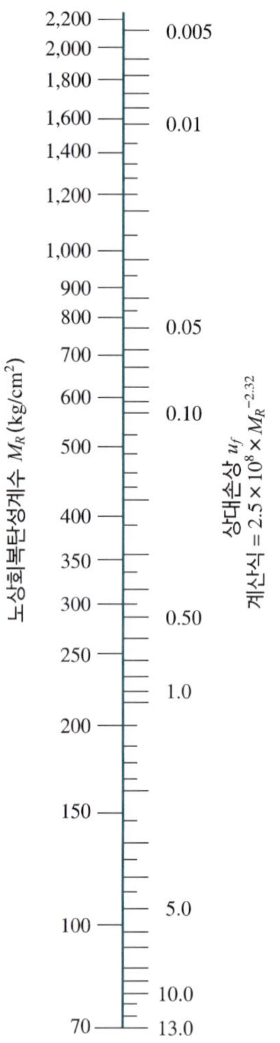

$$\text{평균}=u_f=\frac{\Sigma u_f}{n}=\frac{3.72}{12}=0.31$$

유효 노상 회복탄성계수 M_R(kg/cm²)= 350

그림 7.22 가요성포장에 대한 유효노상 회복탄성계수 산정 예

- 포장두께지수(SN : Structual Number) : 설계의 매개입력변수로부터 포장두께지수를 구한다.

신뢰도(R)
표준편차(S_o)
등가단축환산설계교통량($W_{8.2}$)
유효노상회복탄성계수
서비스손실($\triangle$PSI)

→ 포장두께지수(SN)

그림 7.23에서 구한 포장두께 관계식은 다음과 같다.

$$SN = a_1 D_1 + a_2 D_2 m_2 + a_3 D_3 m_3 \tag{7.93}$$

여기서 a_1, a_2, a_3 : 표층, 기층, 보조기층 등 각 층의 상대강도계수

D_1, D_2, D_3 : 표층, 기층, 보조기층 등 각 층의 두께(cm)

m_2, m_3 : 기층과 보조기층의 배수계수(표 7.17 참조)

- 층해석 각 층 두께 산정 : ②의 '포장두께지수'와 같다.

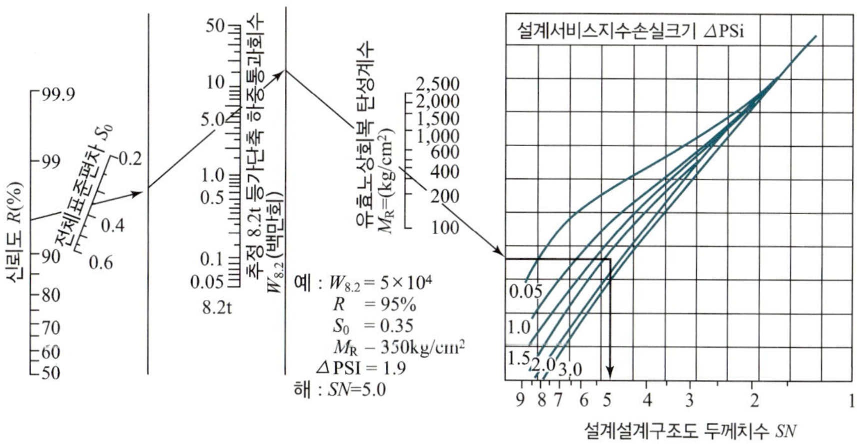

그림 7.23 가요성포장 설계포장(각 입력자료는 평균치를 적용한 것임)

표 7.17 가요성포장의 입상기층과 보조기층재료에 대한 배수계수(m_i)

배수상태	포장구조가 포화점에 근접한 수분상태를 나타내는 시간비율			
	1% 미만	1~5%	5~25%	25% 이상
매우우수	1.40~1.35	1.35~1.30	1.30~1.20	1.20
우 수	1.35~1.25	1.25~1.15	1.15~1.10	1.00
보 통	1.25~1.15	1.15~1.05	1.00~0.80	0.80
불 량	1.15~1.05	1.05~0.80	0.80~0.60	0.60
매우불량	1.05~0.95	0.95~0.75	0.75~0.40	0.40

(4) T_A 설계법

① 설계흐름도

T_A설계법이 근본적으로 AASHTO 설계법과 다른 것은 아니다. 원래 CBR 설계법에서 교통의 중량화(重量化)에 대응할 수 있는 방법을 AASHTO에 다년간 실험한 결과를 정리한 것이 SN설계법이다.

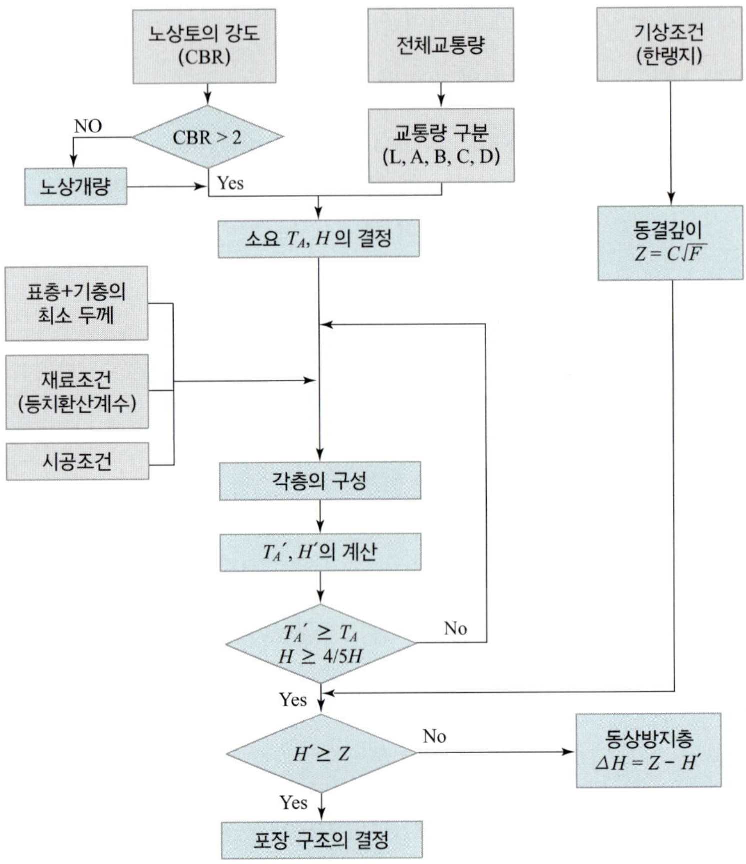

그림 7.24 T_A설계법에 의한 포장구조 설계 흐름도

T_A법은 일본에서 개발한 방법으로 다케시다(竹下春見)교수를 비롯하여 여러 연구자가 두께지수와 교통량과의 관계를 설정하고, 이것이 지지력과 상관성이 있다는 것을 별도의 연구과제로 시험한 결과치이다.

② 교통량의 구분

설계에 반영하는 하중조건은 5년 후의 대형차의 1일 1방향 교통량을 추정해서 표 7.18과 같이 5종으로 구분하였다. 여기서의 대형차란 화물자동차(經量級 제외), 버스, 특수자동차를 말한다.

현재의 일반적인 교통상황은 어느 나라나 대형차 혼입비율이 크고, 그 변동도 심하며, 포장파괴에 기여하는 정도도 축하중이 클수록 증대하므로, 대형차의 교통량만을 설계에 반영시켰다. 설계기간은 통상 10년으로 하며, 공용개시부터 평균시점인 5년 후 대형차의 1일 1방향을 추정하여 설계교통량으로 하였다.

또한 1방향 3차선 이상인 도로에서는 그 교통량의 80%를 적용할 수 있다.

표 7.18 교통량 구분

교통량 구분	5년 후의 대형차교통량(대/일 · 1방향)	해당설계윤하중	5 t 윤하중환산통과횟수 N/윤/1방향
L	100 미만	–	3×10^4
A	100~250 미만	3 t	15×10^4
B	250~1,000 미만	5 t	100×10^4
C	1,000~3,000 미만	8 t	700×10^4
D	3,000 이상	12 t	$3,500\times10^4$

표 7.18에서 대형차교통량이란 일반적으로 축하중 10 t, 윤하중 5 t 이상을 의미하며, 임의의 윤하중에 대한 환산계수는 다음과 같다.

$$\alpha_i = \left(\frac{P_i}{5}\right)^4 \tag{7.94}$$

여기서 α_i : 기준윤하중 5 t에 대한 임의의 P_i 하중에 대한 환산계수(표 7.19)

P_i : 임의의 윤하중(t)

표 7.19 α_i 환산표

$P_i(t)$	0.5	1.5	2.5	3.5	4.5	5.5	6.5	7.5	8.5	9.5	10.5
α_i	0.0001	0.008	0.06	0.25	0.65	1.5	2.8	5.0	8.5	13.0	20.0

설계윤하중 P가 1,000,000회 통과경우의 환산횟수는 $\left(\frac{P}{5}\right)^4\times1,000,000$이며, 1일 1방향당 5 t 윤하중 환산통과수를 N, 교통량의 증가율을 a, 설계기간을 10년으로 하면 다음 식이 성립한다.

$$\left(\frac{P}{5}\right)^4 \times 1,000,000 = N\times a\times 365\times 10 \tag{7.95}$$

따라서 설계윤하중은

$$P = 5\times\sqrt[4]{\frac{365\times N\times a}{10^5}} \fallingdotseq 1.23\sqrt[4]{N\cdot a} \tag{7.96}$$

위의 공식에 나타난 기호를 다시 정리해보면

여기서 P : 설계윤하중 (t)

N : 설계윤하중의 통과횟수를 5 t 윤하중의 통과횟수로 환산한 값(륜/일 · 1방향)

$$N = \sum n_i \cdot \alpha_i$$

여기서 n_i : P(t) 윤하중에 대한 환산계수 $\left(\frac{P_i}{5}\right)^4$

P_i : 실측윤하중

a : 초년도에 대한 5년 후 교통량의 증가비

5년 후의 교통량 증가비를 1.6으로 해서 $P = 1.23\sqrt[4]{N \cdot a}$ 식으로부터 설계윤하중과 5년 후의 추정대형차교통량과의 관계를 구한 후 도식화하면 그림 7.25와 같다.

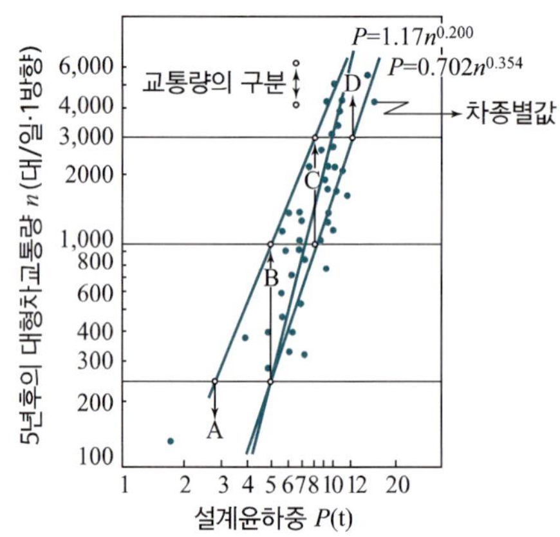

그림 7.25 대형차량교통량과 설계윤하중의 관계

$$\left[\ P = 1.23 \times 1.6^{1/4} \times \sum (n_i \cdot \alpha_i)^{1/4} = 1.23 \times 1.6^{1/4} \times \left(\frac{1}{5}\right)^{1/4} \times \sum (n_i \cdot P_i)^{1/4} \right.$$

$$= 0.925 \times \sum (n_i \times P_i)^{1/4}$$

에서 P_i값에 대형차 실측치를 대입하고 P와 n_i와의 관계를 구함]

표 7.19의 설계윤하중은 식 (7.95)에 의해서 L교통에서 D교통량을 적용하였을 때 그 해당 교통량에 대응하는 설계윤하중을 의미한다.

③ 노상 조건

T_A법의 노상지지력 평가방법은 CBR값으로 평가한다. 설계구간 각 지점의 CBR값을 측정하여 설계 CBR값에 따라 교통구분별 두께를 각각 산정한다.

$$\text{설계 CBR} = \text{최대 CBR} - \frac{\text{최대 CBR} - \text{최소 CBR}}{\text{C}} \tag{7.97}$$

여기서 C값은 표 7.11을 참조한다.

각 지점의 CBR값은 노상깊이 1 m로 가정하여 1 m 깊이 내의 몇 개소에 대한 CBR값의 대표성을 나타낸다.

$$\text{CBR}_\text{m} = \left(\frac{h_1 \text{CBR}_1^{1/3} + h_2 \text{CBR}_2^{1/3} + \cdots h_n \text{CBR}_n^{1/3}}{100} \right)^3 \tag{7.98}$$

여기서 CBR_m : 노상 1 m 깊이 내 평균 CBR

$\text{CBR}_1 \text{CBR}_2 \cdots \text{CBR}_n$: 노상깊이 내 각 층별 CBR

$h_1 h_2 \cdots h_n$: 노상깊이 내 각 층의 두께

$\sum h_i = h_1 + h_2 + \cdots + h_n = 100$

식 (7.97)은 가장 합리적인 CBR값이나 비포장도로의 노상에 대하여 각 지점의 각 깊이별 CBR를 측정하였을 때 사용이 가능하나, 현실적으로 매우 어려운 방법이므로 신설도로에서는 적용하기가 곤란한 방법이다.

④ 포장두께 설계

종래 CBR 설계법의 설계곡선을 수식화하고, AASHO 도로시험결과를 이용해서 다께시다(竹下)교수가 연구한 결과를 참고하여 일본 고유의 방법으로 정식화하였다.

CBR과 설계하중과의 관계 또는 5 t 윤하중으로의 환산횟수로서 포장전체두께(H)와 두께 속의 각 층재료의 등치환산계수 곱의 합에 의한 소요두께의 관계식은 다음과 같다.

$$H = \frac{58.5 P^{0.4}}{\text{CBR}^{0.4}} \tag{7.99}$$

$$T_\text{A} = \frac{12.5 P^{0.64}}{\text{CBR}^{0.3}} \tag{7.100}$$

여기서 H : 포장전두께(cm)　　　P : 설계윤하중(표 7.18)

T_A : 포장 전 단면을 표층용 가열 아스팔트 혼합물로 설계 시의 소요두께(cm) 또한 대형차의 교통량과 무거운 윤하중이 많은 경우에 윤하중 실측자료를 이용하여 다음 식으로 포장구조를 계산할 수가 있다.

$$H = \frac{20.0 N^{0.1}}{\text{CBR}^{0.6}} \tag{7.101}$$

$$T_\text{A} = \frac{3.84 N^{0.16}}{\text{CBR}^{0.3}} \tag{7.102}$$

여기서 N : 공용예정기간(10년)에 있어서 통과전체 윤하중을 5 t 윤하중으로 환산한 수(윤/1 방향)

N : $N_5 \times a \times 365 \times 10$

N_5 : 측정지점의 통과전체 윤하중을 5 t 윤하중으로 환산한 수(윤/일 · 1방향)

a : 5년 후의 교통량 증가율(증가율 직선변화)

CBR : 설계 CBR

표 7.20 T_A와 H의 목표값

설계 CBR	목표로 하는 값(cm)									
	L 교통		A 교통		B 교통		C 교통		D 교통	
	T_A	전두께	T_A	전두께	T_A	전두께	T_A	전두께	T_A	전두께
2	17	52	21	61	29	74	39	90	51	105
3	15	41	19	48	26	58	35	70	45	83
4	14	35	18	41	24	49	32	59	41	70
6	12	27	16	32	21	38	28	47	37	55
8	11	23	14	27	19	32	26	39	34	46
12	–	–	13	21	17	26	23	31	30	36
20 이상	–	–	–	–	–	–	20	23	26	27

주) 설계 CBR 3이란 3 이상 4 미만의 경우를 의미한다.

설계 CBR과 표 7.18의 교통구분에서 표 7.20에서 목표로 하는 T_A보다 적지 않다. 또한 합두께(H)는 표 7.20에서 목표로 하는 합 두께의 80% 이상의 두께가 되도록 포장 각 층의 두께를 결정한다.

설계에 사용될 재료가 결정되면 표 7.21의 등치환산계수 및 식 (7.103)을 이용하여 포장 구조를 최종 결정한다.

$$T_A = a_1 T_1 + a_2 T_2 + \cdots\cdots + a_n T_n \tag{7.103}$$

여기서 $a_1 a_2 \cdots a_n$: 등치환산계수

$T_1 T_2 \cdots T_n$: 포장구성 각 층의 두께(cm)

한랭지에 동결깊이가 포장전두께 혹은 차단층을 합한 두께보다 큰 경우에는 동결깊이까지 동상(凍上)이 일어나지 않는 재료로 치환할 필요가 있다. 이때 치환하는 층을 **동상방지층**이라 하며, T_A의 계산에는 제외한다.

표 7.22는 표층과 중간층의 두께를 합한 최소값을 규정한 것으로, 여기서 표층 및 중간층은 모두 가열 아스팔트 혼합물을 말한다.

표 7.21 T_A 계산용 등치환산계수

포장층 구분	공법 · 재료	조 건	동치환산계수
표층 · 중간층	표층, 중간층용 가열 아스팔트 혼합물		1.00
기 층	역청안정처리	안정도 350 kg 이상	0.80
		안정도 250~350 kg	0.65
	시멘트안정처리	1축 압축강도 30 kg/cm^2	0.55
	입도조정	수정 CBR 80 이상	0.35

(계속)

포장층 구분	공법 · 재료	조 건	동치환산계수
기 층	역청침투식		0.55
	매카담		0.35
	고로슬래그	입도조정 고로슬래그 부순돌(MS)	0.35
	고로슬래그	수경성 고로슬래그 부순돌(HMS)	0.55
보조기층	막부순돌, 자갈, 모래 등	수정 CBR 30 이상	0.25
		수정 CBR 20~30	0.25
	시멘트안정처리	일축압축강도(7일), 10 kg/cm^2	0.25
	석회안정처리	일축압축강도(10일), 7 kg/cm^2	0.25
	고로슬래그	고로슬래그 크라샤런(CS)	0.25

주) 1. 위의 등치환산계수는 각 공법, 재료의 1 cm 두께가 표층용 가열 아스팔트혼합물 몇 cm에 상당하는가를 나타내는 값이다.
2. 기층에 사용하는 시멘트 안정처리층의 최소두께는 L, A, B 교통에서 15 cm, C, D 교통에서 20 cm가 좋다. 또한 L, A, B 교통에는 경험상 위 표의 1축 압축강도 및 등치환산계수를 작게 하여 쓰는 일이 있다.
3. 시가지 등의 포장을 할 경우 총두께를 확보하는 것이 곤란하며, 노상의 설계 CBR이 5 이상일 때에는 목표로 하는 T_A는 모두 가열 아스팔트 혼합물로 하는 것으로 한다.

표 7.22 표층+중간층의 최소두께

교통량 구분	표층 + 중간층의 최소두께(cm)
L, A	5
B	10(5)
C	15(10)
D	20(15)

주) ( ) 안은 기층에 아스팔트 안정처리를 택했을 때의 최소두께임.

7.3.2 재료

(1) 층별 구성재료

① 보조기층

보조기층에는 시공현장 가까이에서 경제적으로 얻을 수 있는 수정 CBR 20 이상의 재료를 활용한다. 보조기층재료에서 No.40 체통과분의 소성지수(PI)는 6 이하여야 한다.

교통량이 많은 경우에는 보조기층재료의 수정 CBR은 30 이상이 좋으며, 막자갈이나 산자갈 또는 막부순돌 등에 해당된다. 수정 CBR이 20 이하의 재료나 소성지수가 6 이하의 재료를 사용할 경우에는 소량의 시멘트나 소석회 등으로 안정처리해야 되며, 그 혼합량은 수정 CBR이 소성지수가 필요한 값 이상이 되도록 결정한다. 시공관리상 재료의 최대입경은 50 mm로 하는 것이 좋으며, 부득이한 경우에는, 1층마무리 두께의 1/2 이하로 100 mm까지 허용해도 된다. 보조기층재료의 수정 CBR은 최대건조밀도의 95%에 해당하는 CBR값으로 한다.

② 기층

표 7.21과 같이 기층에는 입도조정, 시멘트안정처리, 침투식 등의 공법이 있다. 침투식 공법을 제외하고는 재료의 최대입경은 40 mm 이하로 하며, 1층 마무리두께의 1/2 이하여야 한다. 입도조정을 한 재료는 수정 CBR의 80 이상이고, No.40 체통과분이 소성지수는 4 이하여야 한다.

시멘트안정처리로 할 경우의 시멘트량은 6일 양생, 1일 수침 후의 일축압축강도가 3.0 MPa가 되도록 정한다. 역청안정처리용 혼합물은 배합설계에 의해 결정되며, 설계 시 마샬안정도가 교통량 구분에 따라 250 kg 이상 또는 350 kg 이상의 것이어야 한다.

자갈, 모래, 세립토의 혼합물은 입도 및 세립토의 성질이 양호하다 해도 기층재료로 사용될 수 없고, 반드시 시멘트나 역청으로 안정처리하여 사용해야 한다. 밀도조정기층의 수정 CBR도 보조기층과 같이 최대건조밀도의 95%에 해당하는 밀도의 CBR값으로 한다.

③ 중간층

보통 가열 아스팔트 혼합물로 만들어지며, 간혹 중간층을 2층 이상으로 시공하는 수도 있다. 두께를 일정하게 하고 강성을 증대시켜야 할 경우에는 시멘트 콘크리트로 중간층을 만드는 경우가 있는데, 이를 보통 White base라 한다.

④ 표층

표층은 가열 아스팔트 혼합물로 만들어지는데 교통차량에 대한 마모와 전단, 미끄럼에 대한 저항이 커야 하며, 우수침투에 대한 방수기능을 가져야 한다. 따라서 표층에는 밀입도 아스팔트 콘크리트, 수정 Topeka가 사용되나, 현장 조건 및 경제성을 고려해서 선택한다.

적설한랭지에서 타이어체인에 의한 마모를 방지할 목적으로 아스팔트 모르타르 등을 표층 위에 비교적 많은 층으로 시공하는 경우와 급경사 등에서 미끄럼 방지층을 시공하는 경우 이와 같은 층을 마모층이라 하며, 포장구조해석 시에는 그 두께를 포함시키지 않는다.

(2) 포장재료의 특성

재료의 사용에 대해서는 사전에 적절한 시험방법이나 과거의 경험, 사용방법, 조달방법, 저장방법, 경제성 등에 대해 검토해야 한다.

① 역청재료

역청재료에는 포장용 석유아스팔트, 아스팔트, 커트백아스팔트, 포장 타르 등이 있다. 각각 특성이 있으므로 포장의 종류, 시공방법, 교통량, 기상조건 등에 적합한 것을 사용해야 한다. 특히 점성, 감온성, 내구성, 골재와의 부착성은 포장혼합물의 변형 및 강도에 큰 영향을 미친다.

• 포장용 석유아스팔트

석유아스팔트는 원유의 증류잔사 또는 이들을 조합한 것이나 그 성상은 원유나 제조방법 등에 따라 달라진다. 포장용 석유아스팔트는 KS M 2201(도로포장용 아스팔트)로 규정되며, 그 품질은 표 7.23과 같다.

표 7.23 포장용 아스팔트 규격(침입도 분류)

<table>
<tr><th rowspan="2">항 목
종 류</th><th rowspan="2">침입도
(25℃)</th><th rowspan="2">연화점
℃</th><th colspan="2">신 도</th><th rowspan="2">톨루엔
가용분
무게
(%)</th><th rowspan="2">인화점
℃</th><th colspan="2">박막가열</th><th colspan="2">증 발</th><th rowspan="2">밀도
(15℃)
kg/m³</th></tr>
<tr><th>15℃</th><th>25℃</th><th>질량
변화율
(무게 %)</th><th>침입도
잔유율
(%)</th><th>질량
변화율
(무게 %)</th><th>후의
침입도비
(%)</th></tr>
<tr><td rowspan="2">0~10</td><td>0 이상</td><td rowspan="4">55.0
이상</td><td rowspan="2">-</td><td rowspan="2">-</td><td rowspan="20">99.0
이상</td><td rowspan="14">260
이상</td><td rowspan="2">-</td><td rowspan="2">-</td><td rowspan="6">0.3
이하</td><td rowspan="2">-</td><td rowspan="20">1,000
이상</td></tr>
<tr><td>10 이하</td></tr>
<tr><td rowspan="2">10~20</td><td>10 초과</td><td rowspan="2">-</td><td rowspan="2">5
이상</td><td rowspan="2">-</td><td rowspan="2">-</td><td rowspan="2">-</td></tr>
<tr><td>20 이하</td></tr>
<tr><td rowspan="2">20~40</td><td>20 초과</td><td rowspan="2">55.0
~65.0</td><td rowspan="2">-</td><td rowspan="2">50
이상</td><td rowspan="2">-</td><td rowspan="2">-</td><td rowspan="2">-</td></tr>
<tr><td>40 이하</td></tr>
<tr><td rowspan="2">40~60</td><td>40 초과</td><td rowspan="2">47.0
~55.0</td><td rowspan="2">10
이상</td><td rowspan="2">-</td><td rowspan="8">0.6
이하</td><td rowspan="2">58
이상</td><td rowspan="2">-</td><td rowspan="8">110
이하</td></tr>
<tr><td>60 이하</td></tr>
<tr><td rowspan="2">60~80</td><td>60 초과</td><td rowspan="2">44.0
~52.0</td><td rowspan="12">100
이상</td><td rowspan="2">-</td><td rowspan="2">55
이상</td><td rowspan="2">-</td></tr>
<tr><td>80 이하</td></tr>
<tr><td rowspan="2">80~100</td><td>80 초과</td><td rowspan="2">42.0
~50.0</td><td rowspan="2">-</td><td rowspan="4">50
이상</td><td rowspan="2">-</td></tr>
<tr><td>100 이하</td></tr>
<tr><td rowspan="2">100~120</td><td>100 초과</td><td rowspan="2">40.0
~50.0</td><td rowspan="2">-</td><td rowspan="2">-</td></tr>
<tr><td>120 이하</td></tr>
<tr><td rowspan="2">120~150</td><td>120 초과</td><td rowspan="2">38.0
~48.0</td><td rowspan="2">-</td><td rowspan="4">240
이상</td><td rowspan="2">-</td><td rowspan="2">-</td><td rowspan="2">0.5
이하</td><td rowspan="2">-</td></tr>
<tr><td>150 이하</td></tr>
<tr><td rowspan="2">150~200</td><td>150 초과</td><td rowspan="4">30.0
~45.0</td><td rowspan="2">-</td><td rowspan="2">-</td><td rowspan="2">-</td><td rowspan="4">1.0
이하</td><td rowspan="2">-</td></tr>
<tr><td>200 이하</td></tr>
<tr><td rowspan="2">200~300</td><td>200 초과</td><td rowspan="2">-</td><td rowspan="2">210
이상</td><td rowspan="2">-</td><td rowspan="2">-</td><td rowspan="2">-</td></tr>
<tr><td>300 이하</td></tr>
</table>

비고) 도로포장용 아스팔트의 종류 40~60, 60~80, 80~100 및 100~120에 대하여는 120℃, 150℃, 180℃의 각각 동점도를 시험표에 부기해야 한다.

• 유화아스팔트

이는 비교적 연질인 석유아스팔트를 유화제와 안정제가 첨가된 수중에 분산시킨 것으로서, Cation계(양이온계)와 Anion계(음이온계)로 분류되며, 침투용과 혼합용이 있다. 유화아스팔트는 골재와 만나 피막을 형성하며, 그 부착성이 좋고 물에 재유화하지 않아야 한다.

종류는 표 7.24와 같고, 기준은 표 7.25, 7.26과 같다.

표 7.24 유화아스팔트의 종류

종류			용도
양이온계 유화아스팔트	음이온계 유화아스팔트	비이온계 유화아스팔트	
RS(C) - 1	RS(A) - 1	-	보통 침투용 및 표면처리용(겨울철용은 제외)
RS(C) - 2	RS(A) - 2	-	겨울철 침투용 및 겨울철 표면처리용
RS(C) - 3	RS(A) - 3	-	프라임 코트용 및 시멘트 안정처리층 양생용
RS(C) - 4	RS(A) - 4	-	택 코트용
MS(C) - 1	MS(A) - 1	-	조립도 골재 혼합용
MS(C) - 2	MS(A) - 2	-	밀입도 골재 혼합용
MS(C) - 3	MS(A) - 3	-	흙덩어리(토양) 골재 혼합용
-	-	MS(N) - 1	시멘트 유화아스팔트 안정처리 혼합용

비고) C : 양이온계 유제(Cationic Emulsion)
A : 음이온계 유제(Anionic Emulsion)

표 7.25 양이온계 유화 아스팔트의 품질기준

항목 \ 종류		RS(C)				MS(C)		
		1	2	3	4	1	2	3
엥글러도(25℃) (점도)		3~15		1~6		3~40		
체잔류분(1.18 mm)질량 %		0.3 이하						
저장 안정도(24 hr) 질량 %		1 이하						
부착도		2/3 이상				-		
동결 안정도(-5℃)		-	거친입자, 덩어리가 없을 것	-				
조립도 골재 혼합성		-				균등할 것	-	
밀립도 골재 혼합성		-					균등할 것	-
흙덩어리 골재혼합성 질량 %		-						5 이하
입자의 전하		양 (+)						
증발 잔류분 질량(%)		60 이상		50 이상		57 이상		
증발 잔류물	침입도(25℃) 1/10 mm	100~200	150~300	100~300	60~150	60~200	60~200	60~300
	신도(15℃) cm	40 이상						
	톨루엔 가용분 질량(%)	98 이상				97 이상		

비고) 엥글러도가 15 이하인 유화아스팔트에 대하여는 KS M 2203의 6.3에 따라 구하고, 15를 초과하는 유화아스팔트에 대하여는 KS M 2203의 6.4에 따라 점도를 구하여 엥글러도로 환산한다.

표 7.26 음이온계 유화아스팔트의 품질기준

항 목 \ 종 류		RS(A)				MS(A)		
		1	2	3	4	1	2	3
엥글러도(25℃) (점도)		3~15		1~6		3~40		
체잔류분(1.18 mm)질량 %		0.3 이하						
저장 안정도(24 hr) 질량 %		1 이하						
골재 피막도(40 ℃, 5 min)		2/3 이상						
동결 안정도(- 5℃)		–	거친입자, 덩어리가 없을 것	–				
조립도 골재 혼합성		–				균등할 것	–	
밀립도 골재 혼합성		–					균등할 것	–
흙덩어리 골재혼합성 질량 %		–						2 이하
입자의 전하		음 (−)						
증발 잔류분 질량(%)		60 이상		50 이상		57 이상		
증발 잔류물	침입도(25℃) 1/10 mm	100~200	150~300	100~300	60~150	60~200	60~200	60~300
	신도(15℃) cm	40 이상						
	톨루엔 가용분 질량(%)	98 이상				97 이상		

비고) 엥글러도가 15 이하인 유화아스팔트에 대하여는 KS M 2203의 6.3에 따라 구하고, 15를 초과하는 유화아스팔트에 대하여는 KS M 2203의 6.4에 따라 점도를 구하여 엥글러도로 환산한다.

② 굵은골재

골재는 산지에 따라 성상이 다르고 이 성상의 차이는 포장의 특성에도 큰 영향을 미친다. 골재에 대한 품질 및 입도규격은 일반적인 표준을 나타내는 것이므로, 여기에 적합지 않은 골재라도 현장의 경험이나 실내시험 등으로 소요품질의 포장이 얻어질 수 있다고 판단될 경우에는 그 재료를 사용할 수가 있다. 따라서 각각의 사용목적에 따라 경제성을 감안하여 그 사용여부를 검토해야 한다. 특히 역청재료와 혼합하여 사용되는 골재는 역청재료와의 부착성이 좋아야 한다. 굵은골재의 품질기준은 표 7.27과 같고, 입도는 표 7.28과 같다.

표 7.27 굵은골재의 품질기준

항 목	시험방법	기준치
마모율(%)	KS F 2508	기 층 용 : 40 이하 중간층, 표층용 : 35 이하 S M A : 30 이하
안정성(Na_2SO_4)[1] (%)	KS F 2507	12 이하
파쇄면 2면 이상 비율(%)	ASTM D5821	85 이상

(계속)

항목	시험방법	기준치
피막박리시험에 의한 피복면적(%)	KS F 2355	95 이상
흡수율(%)	KS F 2503	3.0 이하
절대건조밀도(kg/m³)	KS F 2503	2,500 이상
편장석 함유량[2] (%)	KS F 2575	1등급 : 10 이하 2등급 : 20 이하 3등급 : 30 이하

주) 1. 안정성 시험은 황산나트륨으로 5회 반복 시험한다.
2. 1등급 골재는 고속도로 본선, 길어깨(인터체인지, 분기점 포함)
2등급 골재는 국도이설 교통우회용 도로(가도)
3등급 골재는 지방도, 군도이설, 부체도로 등에 적용한다.

표 7.28 굵은골재의 입도

골재 번호	체의 호칭치수[1] (mm) / 입도범위 (mm)	각 체를 통과하는 것의 질량백분율(%)									
		65	50	40	25	20	13	10	5	2.5	1.2
3	50~25	100	90 ~100	35 ~70	0 ~15		0 ~5				
4	40~20		100	90 ~100	20 ~55	0 ~15		0 ~5			
5	25~13			100	90 ~100	20 ~55	0 ~10	0 ~5			
5-1	25~20			100	90 ~100	0 ~10					
6	20~10				100	90 ~100	20 ~55	0 ~15	0 ~5		
6-1	20~13				100	90 ~100	0 ~10				
7	13~5					100	90 ~100	40 ~70	0 ~15	0 ~5	
8	10~2.5						100	85 ~100	10 ~30	0 ~10	0 ~5

주) 1. 여기에서 체는 각각 KS A 5101에 규정한 표준망체 63, 53, 37.5, 26.5, 19, 13.2, 9.5, 4.75, 2.36, 1.18 mm에 해당한다.

③ 잔골재

천연모래는 채취지에 따라 강모래, 산모래, 바다모래로 분류되며, 인공모래는 암석이나 호박돌을 파쇄할 때 생긴 것을 말한다. 모래는 용도에 따라 깨끗하고, 강하고 내구적이며, 적당한 입도를 갖고 먼지나 흙, 유기물 등을 유해량 이상 함유하지 않아야 한다. 잔골재의 품질기준은 표 7.29와 같고 입도는 표 7.30과 같다.

표 7.29 잔골재의 품질기준

항 목	시험방법	기준치
모래당량(%)	KS F 2340	최소 50
잔골재 입형(%)	KS F 2384	최소 45
절대건조밀도(kg/m³)	KS F 2504	2,500 이상
흡수율(%)	KS F 2504	3.0 이하
안정성[1](%)	KS F 2507	15 이하

주) 1. 안정성 시험은 황산나트륨으로 5회 반복 시험한다.

표 7.30 잔골재의 입도

체의 호칭지수[1]	각 체를 통과하는 질량백분율 (%)				
	입도 No.1	입도 No.2	입도 No.3	입도 No.4	입도 No.5
10 mm	100			100	
5 mm	95～100	100	100	80～100	100
2.5 mm	70～100	75～100	95～100	65～100	80～100
1.2 mm	40～80	50～74	85～100	40～80	
0.6 mm	20～65	28～52	65～90	20～65	25～55
0.3 mm	7～40	8～30	30～60	7～40	15～40
0.15 mm	2～20	0～12	5～25	2～40	7～28
0.08 mm	0～10	0～5	0～5	0～10	0～20

비고) 다른 종류의 잔골재와 혼합 사용할 때 입도는 혼합한 후 위 규격에 만족해야 한다.
주) 1. 여기에서 체는 각각 KS A 5101에 규정한 표준망체 9.5, 4.75, 2.36, 1.18, 0.6, 0.3, 0.15, 0.075 mm에 해당한다.

④ 채움재

석분은 석회암 또는 화성암류를 분쇄한 것으로서, 수분은 1.0% 이하여야 하며, 입도기준은 표 7.31과 같다.

표 7.31 채움재의 입도기준

호칭치수(mm)	공칭입경에 대한 체통과 질량백분율(%)
0.6	100
0.3	95～100
0.15	90～100
0.08	70～100

만약 화성암 석분을 아스팔트 혼합물에 사용할 때에는 표 7.32의 규정에 맞아야 한다. 석분의 역할은 혼합물의 강도를 증진시키고, 교통하중 충격에 대한 저항을 크게 하며, 혼합물의

표 7.32 채움재의 품질기준

항 목	기 준
소성지수	6 이하
흐름시험(%)	50 이하
침수팽창(%)	3 이하
박리 저항성	1/4 이하

온도에 대한 감응성을 둔화시켜 고온 시 아스팔트가 연화된다든지 한랭 시 아스팔트가 파쇄되는 것을 감소시키는 것이다.

⑤ 시멘트

포틀랜드 시멘트를 사용하며 동일공사 중에는 동일공장의 시멘트를 사용하는 것이 좋다.

⑥ 재료의 저장

• 역청재료

재료의 현장 반입 시 수량 및 품질을 평가한다. 역청재료는 제조자의 시험성적서로서 그 품질을 대신하는데, 제조자의 시험성적서가 없는 경우나 육안관찰로 품질에 이상이 있다고 판단하는 경우는 반드시 시험을 실시하여 반입의 가부를 결정한다.

드럼통에 들어있는 역청재료는 입하 시마다 식별할 수 있도록 분류하여 저장한다. 석유아스팔트유제의 저장기간은 2개월 이내로 하고, 동계에는 동결을 방지하는 조치를 취해야 한다. 커트백아스팔트나 포장 타르는 비교적 인화점이 낮으므로 특별한 주의를 요한다.

• 골재

골재도 반입 시 수량과 품질을 관찰, 평가하고 입도시험을 행한다. 관찰에 의해 품질에 이상이 있다고 판단되는 경우에는 필요시 시험을 행하여 반입의 가부를 결정한다. 골재는 각각 그 종류별로 저장해서 서로 섞이거나 먼지, 흙 등이 혼입되지 않도록 해야 하며, 굵은골재는 대소립이 분리되지 않도록 조심해야 한다. 석분은 절대로 젖지 않도록 통풍이 잘되는 창고 안에 보관하고, 잔골재는 천막 등으로 덮어 비를 맞지 않도록 하는 것이 바람직하다.

7.3.3 배합설계

(1) 개 설

아스팔트 콘크리트(Asphalt Concrete)는 다음의 재료를 혼합한 것이다.

- 아스팔트 + 채움재 → 아스팔트페이스트 (asphalt paste 또는 filler bitumen)
- 아스팔트페이스트 + 잔골재 → 아스팔트 모르터 (asphalt mortar)
- 아스팔트 모르터 + 굵은골재 → 아스팔트 콘크리트

여기에서 말하는 아스팔트 콘크리트는 가열혼합식 아스팔트 콘크리트포장(Hot-mix asphalt concrete pavement)에 사용되는 아스팔트 콘크리트 혼합물을 가리키며, 줄여서 아스팔트 혼합물(Asphalt mixture)이라 한다.

아스팔트 자체가 지탱할 수 있는 하중은 그다지 크지 않다. 특히 온도가 높을 때나 하중이 정지하고 있는 상태에서는 거의 지지력이 없다고 말할 수 있다. 아스팔트 혼합물이 포장의 표층과 기층으로 교통하중을 지지하여, 그 이하의 층에 하중을 전달할 수 있는 것은 아스팔트의 점착력이 상당히 기여하고 있다고 말할 수 있으나, 주로 혼합물 중 골재의 작용에 의한 것이다. 오히려 아스팔트는 골재가 재하능력을 충분히 발휘할 수 있도록 골재상호간을 결합시켜 주는 역할을 하고 있다. 이러한 의미에서 아스팔트를 바인더(Binder)라고 하는 것이다.

아스팔트 혼합물이 아스팔트와 골재로 구성되는 것이므로 알맞은 배합비를 정해야 할 필요성이 있으며, 아스팔트 혼합물의 배합설계는 적정아스팔트량의 설계이다. 여기에는 아직도 이론적으로 해결되지 않은 문제가 있으며, 경험에 기초를 둔 설계법이 확립되어 있다.

(2) 표층용혼합물에 필요한 성질

① 개설

표층용가열 아스팔트 혼합물이 갖추어야 할 성질은 크게 나누어 다음과 같다.

- 교통차량이 안전하고 쾌적하게 주행할 수 있는 노면을 제공한다.
- 혼합물 자체가 장기간 수명을 유지한다.

위의 요구를 만족시키기 위해서는 주의깊은 시공은 물론이고, 재료의 선정과 함께 적절한 배합설계가 필요하다.

표층용 혼합물로서의 기능을 만족시키기 위해서는 다음과 같은 성질이 필요하다.

- 안정성(Stability)
- 내구성(Durability)
- 가요성(Flexibility)
- 미끄럼저항성(Skid resistance)
- 피로저항성(Fatigue resistance)
- 불투수성(Permeability or imperviousness)
- 인장강도(Tensile strength)

그 밖에 한랭지의 혼합물에 내마모성도 필요하다.

② 안정성

안정성이란 외력에 의하여 혼합물에 일어나려고 하는 변형에 대한 저항성이라고 할 수 있다. 혼합물이 외력에 대하여 어떠한 기구로 저항하는가에 대해서는 2개의 서로 다른 견해가 있다. 제1의 견해는 골재상호간의 맞물림(Inter-locking) 마찰에 의한 것이라고 보는 견해이다. 이에 의하면 골재상호가 맞물려 있는 상태에 외력이 작용하면 골재입자는 이동하려고 한다(그림 7.26). 입자가 이동하기 위해서는 국부적인 체적팽창이 필요하나 주위의 구속에 방해를 받는다. 외력이 적용해도 이 맞물림을 풀 정도로 크지 않으면 혼합물은 변형을 일으키지

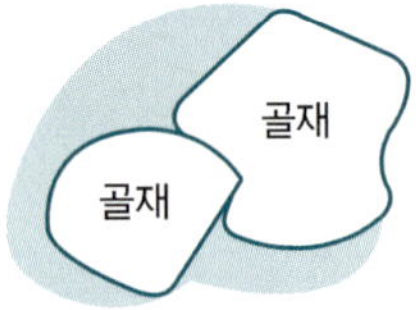

그림 7.26 맞물림상태

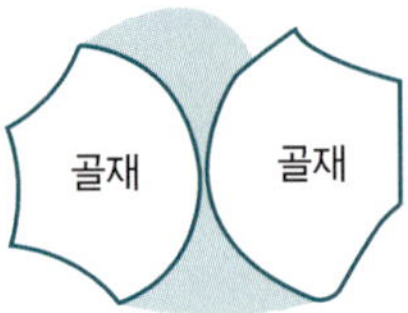

그림 7.27 접촉상태

않는다. 즉, 맞물림에 의하여 외력에 대항한다는 생각이다. 이러한 견해에 의하면 양호한 맞물림을 이루는 골재의 선택이 가장 중요하며, 아스팔트는 단순히 골재를 피복하여 내구성을 준다든지, 골재가 이동하지 않도록 결합하는 역할을 하고 안정성에 대해서는 그다지 효과가 없는 것으로 된다.

제2의 견해는 골재입자상호간의 표면에서 접촉마찰이 외력에 저항한다고 보는 견해이다(그림 7.27). 이것은 골재상호간의 접촉면을 중심으로 생각하기 때문에 골재표면의 조도, 접촉점을 많게 하는 입도가 바람직하다. 또한 접촉점에 존재하는 아스팔트의 질과 양도 중요한 요소가 된다.

어느 견해가 타당한가는 아직 분명치 않으나 현실적으로는 골재의 맞물림도 중요하고, 아스팔트의 질과 양도 중요하여 위의 두 가지 견해를 같이 고려하고 있는 형편이다.

안정성시험은 여러 가지 방법이 있으나 대표적인 것으로 마샬안정도시험이 있다. 현재로서는 이 마샬안정도가 혼합물의 안정성을 나타내는 최선의 것은 아니며, 오히려 아스팔트량 결정을 위한 시험방법으로 많이 쓰이고 있다.

혼합물에 있어서 안정성부족으로 일어나는 대표적인 파손은 소성변형(일명 바퀴자국, 측방유동)이다. 최근 우리나라 고속도로에서 소성변형이 큰 문제점으로 되고 있으며, 그 원인은 다음과 같은 것들을 들 수 있다.

- 여름철 고온이 계속되므로 혼합물이 유동하기 쉽게 된다.
- 마킹으로 구획된 차선을 따라 차륜이 일정한 위치를 주행한다.
- 중차량의 주행이 많고, 저속주행이 많다.

소성변형이 크게 되면 물보라와 진동이 발생하고, 하이드로플래닝(hydroplaning, 수막) 현상을 일으키기도 하고, 핸들을 놓친다든지 하여 운전자에게 상당히 위험하다. 이러한 소성변형을 일으키지 않는 배합에 관한 연구결과로는 골재입도의 최대입경을 크게 한다든지, 침입도가 적은 아스팔트나 점도가 큰 개질아스팔트를 사용한다든지, 배합설계 시에 마샬안정도시험 외에 휠트랙킹시험을 실시하는 등의 방법을 취하고 있다.

③ 내구성

표층혼합물의 표면은 항상 태양광선과 풍우에 노출되어 있다. 내구성이란 이와 같은 자연의 힘에 대한 저항성을 말한다. 아스팔트는 공기와의 접촉과 태양광선에 의해 휘발분이 날아가기도 하고, 산화되어 점차로 굳어지고 딱딱해진다. 이와 같은 현상을 아스팔트의 노화

(aging)라 한다. 또한 물이 혼합물에 오랫동안 접촉하면 아스팔트와 골재 사이에 약간씩 스며들어가 아스팔트와 골재를 분리시킨다. 이를 박리(剝離, stripping)라 한다.

이들 현상은 단시간에 일어나는 것은 아니나 항상 발생가능성은 있는 것이다. 배합설계에서 내구성을 증대시키는 방법으로서 골재는 조립분을 많게 하고, 아스팔트량은 될 수 있는 대로 많게 하여 치밀한 혼합물을 만드는 것이 좋다고 할 수 있다.

④ 가요성

시멘트 콘크리트포장을 강성포장이라 하고, 아스팔트포장을 가요성포장이라 한다. 일반적으로 아스팔트포장에서는 기층 이하도 충분히 다져져 있으나 교통하중과 기상작용으로 오랜 기간 동안에 부등침하가 일어나는 수가 많다. 기층 이하가 부등침하를 일으키면 아스팔트 혼합물층은 이에 따라 변형할 수 있는 유연성(柔軟性)을 갖고 있다. 이것이 가요성(可撓性)이다. 혼합물이 가요성을 크게 하기 위해서는 일반적으로 아스팔트량을 많게 하고, 골재입도는 밀립도보다 개립도가 좋다고 할 수 있다.

⑤ 미끄럼저항성

자동차의 타이어와 노면과의 사이에는 적당한 미끄럼마찰저항성이 있어야 하며, 미끄럼저항성이 적은 혼합물을 표층에 사용하면 운전자가 예기치 못한 사고를 일으킬 수 있다. 미끄럼저항성을 크게 하기 위해서는 아스팔트량은 적게 하는 것이 좋다. 아스팔트량이 과다하게 되면 노면에 아스팔트가 스며올라와(이를 블리딩 현상이라 한다) 자동차주행에 있어 대단히 위험한 상태로 된다.

골재입도에 대해서는 명확한 것은 없으나 미끄럼저항성에 우수한 혼합물로서 개립도아스팔트 콘크리트와 밀립도아스팔트 콘크리트를 들 수 있다.

⑥ 불투수성

아스팔트 혼합물은 내구성으로 보아 물과 공기와의 접촉을 싫어하나 노면에 있어서는 이들을 피할 수가 없다. 그러나 혼합물 내부로의 침투는 배합설계에 주의하여 될 수 있는 대로 이들을 피하지 않으면 안 된다. 이를 위해서는 아스팔트량을 많게 하고, 골재배합도 치밀한 것이 좋다.

물의 침입은 혼합물 내부뿐만 아니라 기층 이하에도 매우 나쁜 영향을 미친다. 오히려 기층 이하에 미치는 영향이 더 커서 혼합물의 불투수성이 요구된다. 이것은 기층 이하에서는 물의 침입에 의해 재료의 지지력이 저하한다든지 물에 의하여 재료가 빠져나가 공동이 생긴다든지 하기 때문이다. 표층혼합물은 빗물로부터 포장을 보호하는 역할도 하고 있는 것이다.

⑦ 인장강도 및 피로저항성

아스팔트포장에 교통하중이 작용했을 경우 아스팔트 혼합물은 그림 7.28과 같이 변형한다고 생각할 수 있다. 즉, 중립축을 경계로 하여 위쪽은 압축, 아래쪽은 인장으로 되고, 상연, 하연에서 각각 최대의 압축응력과 인장응력이 생긴다. 아스팔트 혼합물의 인장강도는 압축강

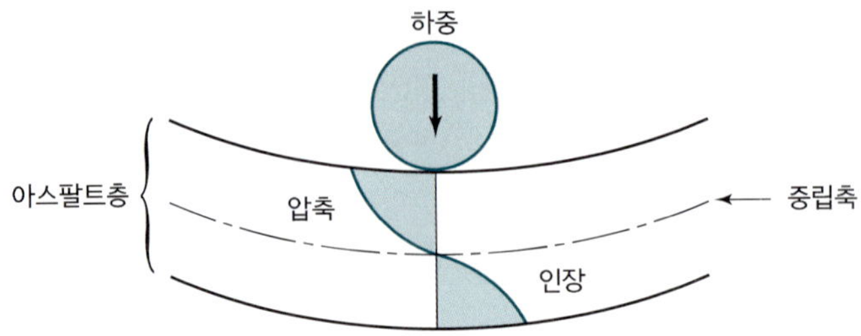

그림 7.28 아스팔트 혼합물층의 판작용

도의 1/10 정도 밖에 되지 않기 때문에 하연의 인장응력이 포장파괴의 주원인으로 된다. 만약 아스팔트 혼합물층의 아래에 어떤 원인으로 공동이 생긴다든지, 과대한 하중이 걸린다든지 하여 하연에 발생하는 인장응력이 한계를 넘으면 혼합물은 파괴되고 노면에 균열로 나타난다.

한편 한 번의 재하로 파괴하지 않는다 하더라도 재하가 10만회, 100만회, ……로 반복되면 혼합물은 차츰 피로해져서 최종적으로 하연에 균열이 발생한다. 이 균열은 계속 재하함으로써 서서히 진전해서 상연(포장표면)에 도달하여 선상균열로 나타나고, 다시 이것이 진행되면 거북등균열로 된다. 피로파괴는 반복재하를 받는 모든 재료에 공통된 것이며, 이를 완전히 피할수는 없으나 재료의 선정과 배합설계에 의해 수명을 연장할 수는 있다.

인장강도와 인장에 대한 피로저항성을 높이는데에는 아스팔트량은 많은 쪽이 좋고, 골재입도는 치밀한 것이 좋다.

⑧ 내마찰성

적설이 있는 한랭지에서는 타이어체인과 스파이크타이어에 의한 표층이 마모가 큰 문제로 되고 있다. 타이어체인과 스파이크타이어가 직접 노면을 두드리게 되면 표면의 모르터분이 조금씩 깎이어 표면이 거칠어지게 되고, 나아가 굵은골재도 떨어져나가 포장두께가 감소된다.

내마찰혼합물을 만들기 위해 배합은 아스팔트량과 필러량을 많게 하고 No. 200체통과량의 아스팔트량에 대한 비 F/A를 1.3～1.6 정도(통상은 0.8～1.2 정도)로 취하는 수가 많다. 골재입도는 치밀한 것이 좋다.

⑨ 종합

표층용가열 아스팔트 혼합물에 필요한 성질에 대하여 배합설계를 고려하여 고찰해 보았으나, 위와 같은 요구(아스팔트량, 골재입도)를 모두 만족할 수 있는 배합설계는 있을 수 없다. 각 인자로부터의 요구에 모순이 있기 때문이다. 예컨대 포장의 파손으로서 대표적인 균열과 소성변형을 생각해보아도 전자는 아스팔트량이 많은 것이 좋고 후자는 적은 것이 좋다. 서로 상반된 성격을 양자는 갖고 있는 것이다. 각 인자로부터의 요구사항을 정리하면 표 7.33과 같다.

표 7.33 각 인자로부터의 요구사항

인 자 \ 배합설계	아스팔트량		골재배합	
	다	소	밀	개
안정성	×	○	○	×
내구성	○	×	○	×
가요성	○	×	×	○
피로저항성	○	×	○	×
미끄럼저항성	×	○	–	–
불투수성	○	×	○	×
인장강도	○	×	○	×

(3) 아스팔트 혼합물의 특성치

① 혼합물의 조성

아스팔트 혼합물은 여러 종류의 골재, 필러 및 아스팔트로 구성된다. 통상적으로 혼합물은 굵은골재에도 2종류 이상의 재료를 조합하여 사용하나 여기에서는 단순하게 다져진 혼합물이 그림 7.29와 같이 구성되어 있는 것으로 하여 기본적인 여러 가지 양을 계산한다.

	용 적	중 량	비 중
공 극	V_v	–	–
아스팔트	V_a	W_a	G_a
필 러	V_f	W_f	G_f
잔골재	V_s	W_s	G_s
굵은골재	V_g	W_g	G_g
(합계)	V	W	

그림 7.29 아스팔트 혼합물의 조성

지금 혼합물의 용적, 중량 및 비중을 각각 V, W, G라 하고, 굵은골재, 잔골재, 필러, 아스팔트, 공극에 대응하는 양에는 각각 g, s, f, a, v문자를 붙여 나타내면 다음과 같이 된다.

$$V = V_v + V_a + V_f + V_s + V_g \tag{7.104}$$

$$W = W_a + W_f + W_S + W_g \tag{7.105}$$

$$G = \frac{W}{V},\ G_a = \frac{W_a}{V_a},\ G_f = \frac{W_f}{V_f},\ G_s = \frac{W_s}{V_s},\ G_g = \frac{W_g}{V_g} \tag{7.106}$$

여기서 혼합물을 만들기 이전에 시험하여 알 수 있는 양은 각 재료의 중량과 비중이다.

② 밀도

밀도 d는 다음 식으로 정의된다.

$$d = \frac{W}{V} \cdot \gamma_w \tag{7.107}$$

여기서 γ_w : 상온에서의 물의 밀도(≒1g/cm^3)

혼합물의 밀도는 시험실에서 다져 만든 공시체 또는 포장에서 절취한 코어의 형태로 측정되나, 물로 치환하여 용적을 구하기 때문에 공시체의 흡수상태에 따라 여러 가지 방법이 있다. 밀도는 공극률과 포화도의 계산, 아스팔트량의 설계, 포장 다짐도의 판정 등에 중요하게 쓰이므로 이를 구하는 데 주의해야 한다.

- 공시체의 표면이 치밀하여 흡수하지 않는 경우(Apparent density)

$$d_A = \frac{A}{A-C} \cdot \gamma_w \tag{7.108}$$

- 공시체의 표면이 매끈하나 흡수하는 경우(Bulk density)

$$d_B = \frac{A}{B-C} \cdot \gamma_w \tag{7.109}$$

- 공시체의 표면이 거칠고 공극도 많은 경우

이와 같은 공시체는 파라핀으로 피복한 후 다음 식으로 밀도를 구한다.

$$d_p = \frac{A}{D-E-\left(\frac{D-A}{F}\right)} \tag{7.110}$$

여기서 A : 건조공시체의 공기 중 중량(g), 실온의 공기 중에 1시간 이상 방치한 것
B : 공시체의 표면건조포화상태의 중량(g), 건조공시체를 수중에 1분간 넣었다가 표면의 물을 닦아낸 것
C : 공시체의 수중중량(g), 상온의 물속에 1분 이상 담근 것
D : 파라핀으로 피복한 공시체의 공기 중 중량(g)
E : 피복한 공시체의 수중중량(g)
F : 파라핀의 겉보기비중(보통 0.95 g/cm^3 정도)
γ_w : 상온에서의 물의 밀도(≒1 g/cm^3)

③ 이론최대밀도

다져진 혼합물에 전혀 공극이 없다고 가정할 때 밀도를 이론최대밀도(Theoretical maximum density)라 하고, 공극률계산에 쓰인다.

이론최대밀도 $d_{max} = \dfrac{W}{V-V_v} = \dfrac{W_g + W_s + W_f + W_a}{V_g + V_s + V_f + V_a}$

$$= \frac{W_g + W_s + W_f + W_a}{\dfrac{W_g}{G_g} + \dfrac{W_s}{G_s} + \dfrac{W_f}{G_f} + \dfrac{W_a}{V_a}} \cdot \gamma_w \tag{7.111}$$

$W_g + W_s + W_f + W_a = 100(\%)$이라 하면

$$d_{max} = \frac{100}{\dfrac{W_g(\%)}{G_g} + \dfrac{W_s(\%)}{G_s} + \dfrac{W_f(\%)}{G_f} + \dfrac{W_a(\%)}{G_a}} \tag{7.112}$$

또 $W_g + W_s + W_f = 100(\%)$일 때 골재의 배합을 일정하게 하고 아스팔트량만 여러 가지로 변하게 할 때는(배합설계에서) 다음 식이 쓰기에 편리하다.

$$d_{max} = \frac{100}{\left(\dfrac{W_g(\%)}{G_g} + \dfrac{W_s(\%)}{G_s} + \dfrac{W_f(\%)}{G_f}\right) \times \left(1 - \dfrac{W_a(\%)}{100}\right) + \dfrac{W_a(\%)}{G_a}} \tag{7.113}$$

식 (7.113)에서 알 수 있듯이 이론최대밀도는 각 골재와 아스팔트의 중량, 비중으로부터 계산으로 구할 수 있다, 아스팔트의 비중은 아스팔트공급자가 제출한 시험성적서의 값을 사용하면 좋다. 골재에 대해서는 식 (7.114)으로 구한 겉보기비중(Apparent specific gravity)을 원칙으로 사용하고, 흡수율이 1.5%를 넘는 굵은골재에 대해서는 식 (7.115)로 구한 표면건조포화상태비중(Saturated surface dry basis specific gravity)과 겉보기비중과의 평균치를 사용한다.

$$g_a = \frac{A}{A-C} \tag{7.114}$$

$$g_{ssd} = \frac{B}{B-C} \tag{7.115}$$

여기서 A : 골재시료의 건조중량(g)

B : 표면건조포화상태에서 측정한 중량(g)

C : 24시간 수침 후의 수중중량(g)

계산에 사용하는 비중의 값은 소수점 이하 3자리 숫자까지 구하는 것이 좋다.

■ 비중의 선별사용문제

아스팔트 혼합물에 있어서 골재의 단체는 그림 7.30과 같은 개념도를 근거로 하여 그림 7.31과 같이 흡수아스팔트, 흡수 및 골재로 구성된다.

각 비중은 다음 식으로 표시된다.

겉보기비중(Apparent specific gravity), $g_a = \dfrac{W}{V_1}$

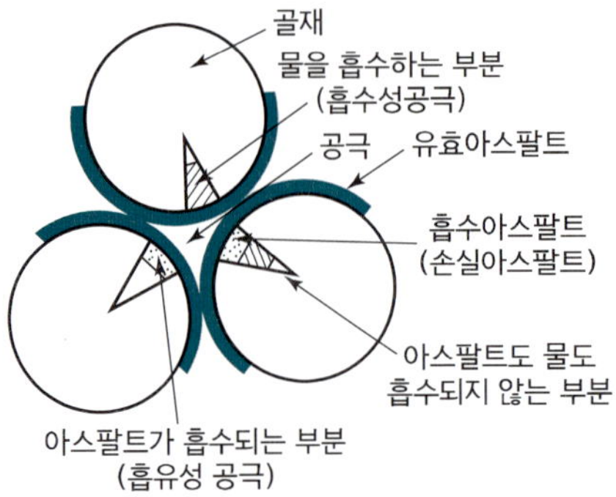

그림 7.30 골재의 흡수와 흡수아스팔트

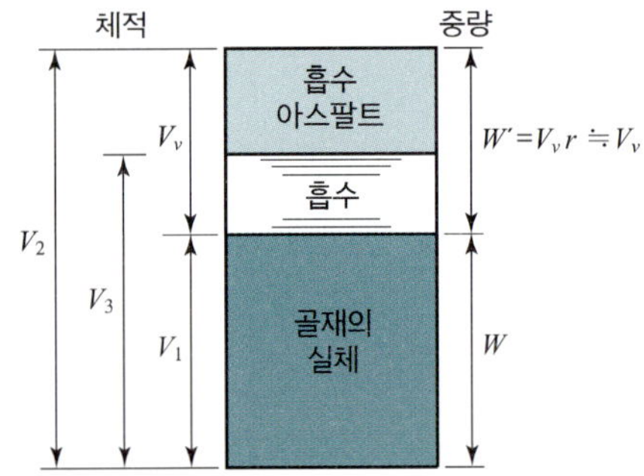

그림 7.31 아스팔트 혼합물용 골재구성

$$\text{건조겉보기비중(bulk specific gravity)}, \ g_b = \frac{W}{V_2}$$

$$\text{표면건조포화상태의 비중}, \ g_{ssd} = \frac{W+W'}{V^2}$$

이론최대밀도의 계산에 겉보기비중 g_a를 사용하면 흡수공극이 수침 시와 같이 아스팔트로 채워진다고 가정한 것이며, bulk비중 g_b를 사용하면 아스팔트는 공극에 흡수되지 않는다는 가정에서 계산되는 것이다. 그러나 실제로 아스팔트는 그림 7.31과 같이 일부 침투한다. 여기에서 유효비중(Effective specific gravity, virtual sp. gr.)이라는 개념이 필요하게 된다.

이 흡수아스팔트량은 골재의 종류, 입경, 아스팔트의 점성 등에 따라 달라지며, 골재의 흡수율과도 일정한 상관성이 없다.

앞의 세 가지 비중을 비교하면 비흡수성골재에서는 겉보기비중과 bulk비중이 같으나 일반적인 흡수성골재에서는 겉보기비중 > effective비중 > bulk비중이다. 설계아스팔트량을 선정할 때 공극률의 한계는 설계방법에 명시된 골재비중을 사용하여 작성된 관계치이므로 비중선택에 있어 주의해야 한다.

흡수율이 큰 골재의 경우 겉보기비중을 사용하여 계산한 공극률 및 포화도로부터 최적아스팔트량을 구하면 혼합물의 혼합상태에서 판단할 때 아스팔트량이 과잉으로 나타났고, 다음과 같은 결론에 따라 평균비중을 사용하고 있다.

- 골재에 있어 아스팔트의 흡수는 물의 경우보다 적다.
- 아스팔트가 어느 정도 골재에 흡수되는 것은 분명하므로 공극률계산에 사용하는 비중은 겉보기비중보다 적고, bulk비중보다 크게 보는 것이 타당하다.
- 따라서 아스팔트흡수율을 정확히 알 수 없고 그 골재를 사용한 공용성적이 없는 한 평균비중을 취하는 것이 겉보기비중이나 bulk비중 어느 한쪽을 사용하는 것보다 실제적이고 오차가 적다.

겉보기비중과 평균비중을 사용할 때 아스팔트량의 차는 동일한 공극률일 때 0.3~0.7 % 만큼 평균비중을 사용한 쪽이 적게 계산된다. bulk비중을 적용할 때는 이보다 더 적게 된다.

④ 공극률

공극률은 다져진 혼합물의 용적 중 그 안에 포함되어 있는 공극량의 용적비를 백분율로 나타내는 양이다. 직접 측정할 수 없는 것이므로 공시체의 밀도와 이론최대밀도로부터 계산으로 구한다.

식 (7.107)과 식 (7.111)으로부터

$$\frac{1}{d} = \frac{V}{W}$$

$$\frac{1}{d_{max}} = \frac{V - V_v}{W} = \frac{V}{W} - \frac{V_v}{W} = \frac{1}{d} - \frac{V_v}{W}$$

$$\therefore V_v = W\left(\frac{1}{d} - \frac{1}{d_{max}}\right) \tag{7.116}$$

공극률을 v라 하고 식 (7·116)을 대입하면

$$v = \frac{V_v}{V} \times 100 = \frac{W}{V}\left(\frac{1}{d} - \frac{1}{d_{max}}\right) \times 100$$

$$= \left(1 - \frac{d}{d_{max}}\right) \times 100(\%) \tag{7.117}$$

⑤ 골재간극율

혼합물의 전체용적 중 골재용적을 제외한 부분, 즉 아스팔트와 공극이 차지하고 있는 용적의 전용적에 대한 백분율을 골재간극율(Voids in mineral aggregate, VMA)이라 한다.

$$VMA = \frac{V_v + V_a}{V} \times 100 = \frac{V_v}{V} \times 100 + \frac{V_a}{V} \times 100$$

$$= v + \frac{V_a}{W} \cdot \frac{W}{V} \times 100 = v + \frac{W_a}{G_a W} \cdot d \times 100$$

$$= v + \frac{A \cdot d}{G_a}(\%) \tag{7.118}$$

여기서 A : 아스팔트 혼합률 = $\frac{W_a}{W} \times 100(\%)$

⑥ 포화도

포화도(VfA)는 골재간극 중에 아스팔트가 차지하고 있는 용적의 비율을 백분율로 나타낸 것이다. 이것은 혼합물 전체로 보면 골재의 간극을 아스팔트가 몇 % 채우고 있는가를 나타낸다(VfA : Voids in aggregate mass filled with asphalt).

$$VfA = \frac{V_a}{V_v + V_a} \times 100(\%) \tag{7.119}$$

$$= \frac{V_a/V}{(V_v + V_a)/V} \times 100 = \frac{VMA - v}{VMA/100}$$

$$= 100\left(1 - \frac{v}{VMA}\right)(\%) \tag{7.120}$$

(4) 혼합물의 구분

표층용 가열혼합식 아스팔트 혼합물은 골재입도에 따라 많은 종류로 나눌 수 있으나, 표 7.34와 같이 골재의 혼합입도에 따라 구분된다.

표 7.34 아스팔트 표층용 혼합골재의 입도기준

구 분		WC-1	WC-2	WC-3	WC-4	WC-5	WC-6
		밀입도	밀입도	밀입도	밀입도	내유동성	내유동성
호칭입경(mm) \ 공칭 최대치수		13	13F	20	20F	20R	13R
공칭 입경에 대한 체 통과 질량백분율 (%)	25	–	–	100	100	100	–
	20	100	100	90~100	95~100	90~100	100
	13	90~100	95~100	72~90	75~95	69~84	90~100
	10	76~90	84~92	56~80	67~84	56~74	73~90
	5	44~74	55~70	35~65	45~65	35~55	40~60
	2.5	25~58	35~50	23~49	35~50	23~38	25~40
	0.6	11~32	18~30	10~28	18~30	10~23	11~22
	0.3	5~21	10~21	5~19	10~21	5~16	7~16
	0.15	3~15	6~16	3~13	6~16	3~12	4~12
	0.08	2~10	4~8	4~8	4~8	2~10	3~9

(5) 배합설계의 순서

혼합물의 배합설계는 소요품질의 재료를 사용하여 안정성, 내구성과 함께 표층에서 미끄럼 저항성이 좋고, 혼합, 포설, 다짐, 표면마무리 등 시공성이 용이한 혼합물이 되도록 해야 한다.

배합설계는 원칙적으로 안정도시험을 이용하나 동일재료와 배합을 사용하여 좋은 결과를 얻은 과거의 시공 예가 있는 경우나 소규모 포장공사 등에는 안정도시험을 생략할 수가 있다. 특별히 내유동성을 필요로 하는 혼합물을 위한 배합설계에서는 안정도시험과 함께 휠트랙킹(Wheel tracking) 시험을 시행하는 수도 있다.

안정도시험방법으로는 하바드 필드(HubbardField), 마샬(Marshall), 비임(Hveem) 등의 방법이 있으나, 여기에서는 가장 많이 쓰이는 마샬시험방법을 적용키로 한다.

혼합물의 배합설계는 다음 순서에 따라 실시한다.

- 아스팔트 혼합물의 종류를 결정한다.
- 사용할 재료에 대한 선정시험을 실시한다.
- 입도범위에 들고, 완만한 입도곡선이 되도록 각 골재의 배합비를 결정한다.
- 마샬시험을 실시한다.
- 설계아스팔트량을 결정한다.
- 대규모의 포장공사에서는 설계아스팔트량의 혼합물을 실제의 아스팔트 플랜트로 시험혼합하여 최종적으로 현장배합(Job – mix formula, JMF)을 결정한다.

실제 배합설계의 순서를 흐름도로 나타내면 그림 7.32와 같다. 이 가운데 아스팔트 혼합물의 종류선정에 있어서는 그 혼합물이 사용될 지역, 사용목적, 사용되는 층에 따라 다르므로 위의 (4)에 따라 신중하게 선정한다. 시방서에 명기되어 있는 경우는 그에 따른다.

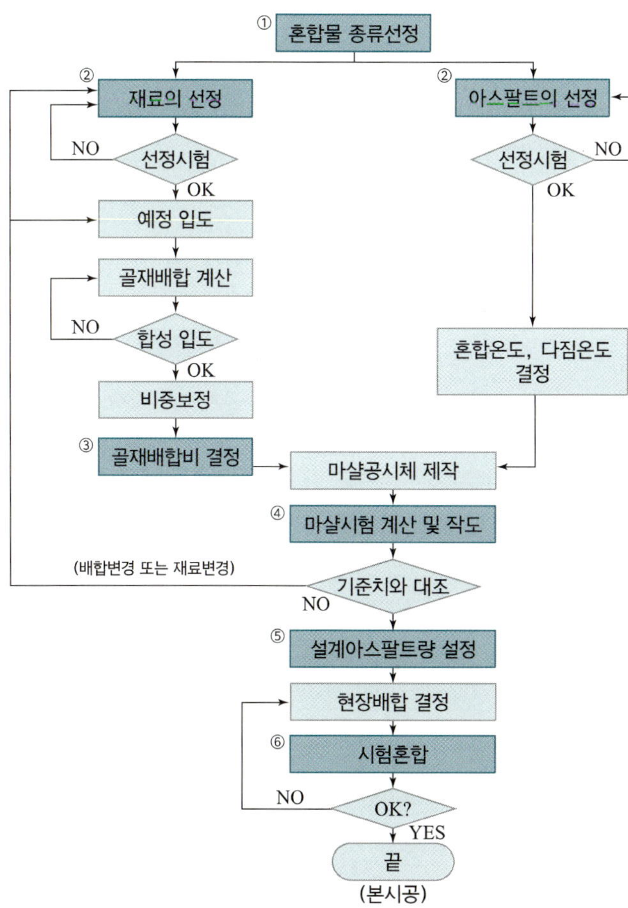

그림 7.32 배합설계순서의 흐름도

표 7.35 아스팔트 혼합물용 재료의 선정시험

재료	시험항목	시험방법	목적
골재	입 도	KS F 2502	골재의 적부, 배합설계
	비중, 흡수량	KS F 2503	
		KS F 2504	〃
	마모감량	KS F 2508	굵은골재의 적부
	안정성	KS F 2507	골재의 적부
	유해물함유량		〃
	피막박리	KS F 2355	굵은골재의 적부
석분	수 분	KS F 3501	석분의 적부
	입 도	KS F 3501	〃
	비 중	KS F 3501	〃
		KS L 5110	
아스팔트	침입도	KS M 2252	아스팔트의 적부
	신 도	KS M 2254	〃
	인화점	KS M 2010	〃
	비 중	KS M 2002	〃
	박막가열후 침입도비	KS M 2258	〃
		KS M 2252	
	박막가열후 신도	KS M 2258	〃
		KS M 2254	
	3염화에틸렌가용분	KS M 2256	〃

아스팔트 혼합물에 사용되는 재료는 아스팔트, 굵은골재, 잔골재, 필러이나 각각 요소의 품질을 가지며, 필요한 양을 확보할 수 있는 재료를 선정해야 한다. 이들 재료에 요구되는 품질에 대해서는 앞의 (2)에서 기술한 바와 같으며, 사용재료의 결정에는 표 7.35와 같은 선정시험을 실시하여 재료의 사용 여부를 결정한다.

(6) 골재배합비

사용골재의 배합비를 결정하는데 있어서는 도표법, 계산법 등이 있으나 일반적으로 도표법이 쓰인다.

① 도표법에 의한 골재합성방법(Rothfuchs - Faury 방법)

- 예정입도를 정한다 : 예정입도는 보통 사용할 골재입도범위의 중앙점의 입도를 택한다. 그러나 중앙점의 입도가 이상적인 골재입도라는 의미는 아니고, 각 골재의 배합비를 구하는 수단으로 택해질 뿐이다.

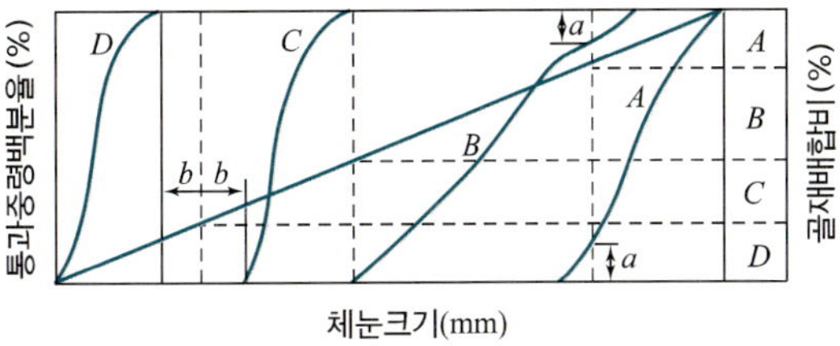

그림 7.33 골재배합비를 정하는 작도법

- 사용예정골재의 입도를 구한다 : 사용할 굵은골재, 잔골재 및 필러를 체가름하여 각각의 입도를 구한다.
- 예정입도와 사용예정골재의 입도그래프를 그린다 : 먼저 보통 방안지에 그림 7.33과 같이 사각형을 그리고, 종축에 통과중량 백분율을 잡고 대각선을 긋는다. 다음에 예정입도의 체크기와 통과율과의 관계로부터 대각선을 이용하여 횡축 위에 체눈크기의 위치를 정한다. 예컨대 체크기 5 mm 때의 통과율은 65%이므로 65% 통과율의 수평선을 긋고, 대각선과의 만난 점에서 수선을 그어 횡축 위의 점을 체눈크기 5 mm로 한다.
- 사용예정골재의 각 입도를 그린다.
- 에서 그린 그래프 위에 사용예정골재의 각 입도의 입도곡선을 그린다.
- 사용예정골재의 배합비를 정한다 : 각 골재의 이웃하는 입도곡선과의 관계는 그림 7.33과 같이 세 가지 경우가 있다. 각각의 경우에 따라 다음 요령으로 수직선을 긋는다.
  - 서로 중복하는 경우(A의 밑점과 B의 윈점) : 두 개의 입도곡선과 위 또는 밑의 횡축과의 거리가 같도록(길이 a)수직선을 긋는다.
  - 서로 상대하여 있는 경우(B의 밑점과 C의 윗점) : 두 개의 입도곡선의 위 또는 아래의 횡축과의 만난 점을 통하는 수직선을 긋는다.
  - 서로 떨어져 있는 경우(C의 밑점과 D의 윗점) : 두 개의 입도곡선의 위 또는 아래의 횡축과의 만난 점에서 수평으로 같은 거리의 점($b=b$)을 통하는 수직선을 긋는다.

  이상과 같이 그은 수직선과 대각선과의 만난 점이 골재배합비를 나타내게 된다.
- 골재배합비를 써서 합성입도를 계산한다.
- 필요에 따라 합성입도를 수정한다 : 합성입도가 소요의 골재입도범위 안에 있는가를 입도곡선을 그려 확인한다. 합성입도가 예정입도에서 크게 벗어나 있을 경우는 필요에 따라 합성입도를 수정한다.
- 필요하면 비중에 따라 골재배합비를 보정한다 : 사용예정골재에서 비중의 차가 0.2 이상인 것이 두 개 이상 있을 때는 골재배합비를 보정한다.

② 방안지도해법에 의한 골재합성방법(Driscoll 방법)

골재입도가 서로 중복하는 경우에 사용하기에 편리하다. 예로서 표 7.36과 같이 3종의 골재를 합성하여 표의 시방입도범위에 들도록 합성하려고 한다. Driscoll 방법을 써서 이들 각 골재의 배합비를 구하는 방법을 예를 들어 기술한다.

표 7.36 각 골재의 입도

체크기	굵은골재	중간골재	잔골재	시방범위
19 mm	100	(100)	(100)	100
13 mm	74	100	(100)	80~100
10 mm	12	90	(100)	70~90
No.4	3.0	52	100	55~73
No.8	2.5	18	98	40~55
No.30	2.0	4	55	20~30
No.100	1.8	3.2	30	10~18
No.200	1.5	2.0	15	4~10

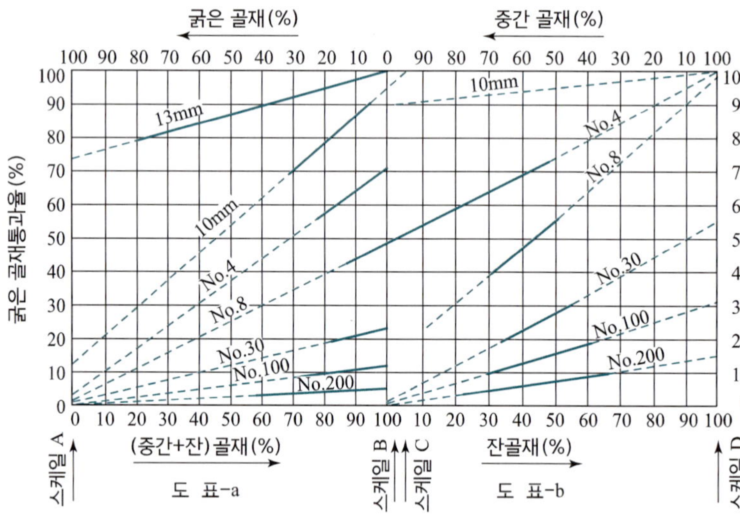

그림 7.34 Driscoll방법에 의한 골재합성

먼저 방안지를 써서 그림 7.34와 같이 다음 순서에 따라 도표를 작성한다.

㉠ 그림 7.34 도표-b의 D스케일에 잔골재의 통과중량백분율, C스케일에 중간골재의 통과중량백분율을 각각 잡는다.

㉡ 같은 체크기의 통과중량백분율끼리 직선으로 연결하되, 점선으로 긋는다.

㉢ 각 체크기의 시방입도범위를 ㉡에서 그은 직선 위에 굵은 실선으로 표시한다. 이 실선들은 시방입도범위에 맞는 혼합비의 범위를 나타낸다.

㉣ 각각의 실선들을 전부 통과하고 가장 시방범위의 중앙값이 되는 수직선을 긋는다. 도표-b에서 잔골재 40%, 중간골재 60%가 되는 수직선을 선정하였다.

㉤ 위의 실선과 수직선과의 만나는 점들을 도표-a의 B스케일에 수평으로 이동시켜 표시한다. 이렇게 해서 얻은 B스케일 위의 점들은 잔골재 40%와 중간골재 60%를 혼합한 합성입도를 나타내는 것이다.

㉥ 도표-a의 A스케일 위에 굵은골재의 통과중량백분율을 잡아 ㉡~㉣의 과정을 되풀이한다. 예에서는 10%의 굵은골재와 90%의 (잔골재+중간골재)와의 합성입도가 되는 수직선을 그었다.

이때 각 골재의 배합비는 다음과 같이 된다.

굵은골재	=	10%
중간 골재	60% × 0.9 =	54%
잔 골재	40% × 0.9 =	36%
계		100%

㉦ 도표-a에서 각 체의 실선과 수직선과의 만나는 점을 수평으로 A스케일에 옮겨 읽은 값은 합성입도가 된다. 이와 같이 얻은 전체 합성입도는 A스케일에 직접 얻을 수도 있고, 또한 표 7.37과 같이 계산으로 얻을 수도 있다.

표 7.37 입도합성의 계산

체크기	통과중량 백분율								
	배 합 재 료			시방입도	시방입도 중 앙 값	입 도 합 성			합성입도
	조	중간	세			조×0.10	중간×0.54	세×0.36	
19 mm	100	(100)	(100)	100	100	10	54	36	100
13 mm	74	100	(100)	80~100	90	7.4	54	36	97.4
10 mm	12	90	(100)	70~ 90	80	1.2	48.6	36	85.8
No.4	3.0	52	100	55~ 73	64	0.3	28.1	36	64.4
No.8	2.5	18	98	40~ 55	47.5	0.3	9.7	35.3	45.3
No.30	2.0	4	55	20~ 30	25	0.2	2.2	19.8	22.2
No.100	1.8	3.2	30	10~ 18	14	0.2	1.7	10.8	12.7
No.200	1.5	2.0	15	4~ 10	7	0.2	1.1	5.4	6.7

(7) 설계아스팔트량의 결정

선정된 합성입도의 골재에 대하여 설계아스팔트량을 다음과 같은 방법(미국 Asphalt Institute)으로 결정한다.

- 선정된 혼합물의 종류에 따라 추정되는 아스팔트량이 대략 중앙이 되도록 0.5% 간격으로 아스팔트량을 5단계 정도 변화시켜 마샬시험용 공시체를 만든다.
- 공시체의 밀도, 안정도 및 플로(flow)값을 측정하고, 공극률과 포화도를 산출한다.
- 각 공시체의 아스팔트량을 횡축에, 밀도, 안정도, 플로값, 공극률 및 포화도를 종축에 잡아 각 값을 플롯하여 완만한 곡선으로 연결한다.
- 이들 그래프에서 표 7.36과 같은 기준치를 만족하는 아스팔트량의 범위를 구한다.

• 모든 기준치를 만족하는 아스팔트량의 범위에서 중앙값을 설계아스팔트량으로 한다. 일반지역에서 소성변형이 크게 될 것으로 예상되는 장소에서는 중앙값과 하한값의 범위에서 설정할 수 있다. 이때에는 골재간극율(VMA)의 최소점과 안정도/플로값(S/F)의 최대점과의 범위에서 아스팔트량을 선정한다. 그러나 중앙값의 아스팔트량보다 0.5% 이상 적게 하는 것은 좋지 않다. 또한 다우, 다설지역, 교통량이 적은 도로, 한랭 시 시공에는 중앙값과 상한치와의 범위 안에서 증가시킬 수 있다.

그림 7.35 마샬안정도시험기

표 7.38 표층용 혼합물의 마샬시험 기준

혼합물의 종류	WC - 1~4	WC - 5, 6
안정도(N)	7,350 이상	5,880 이상
흐름값(1/100 cm)	20~40	15~40
공극률(%)	3~6	3~5
포화도(%)	65~80	70~85
골재간극율(VMA) (%)	아래 표값 이상	아래 표값 이상
인장강도비	0.75 이상	0.75 이상
다짐횟수	양면 각 75회	양면 각 75회
동적안정도(회/mm)	750 이상	1,000 이상

※ 소성변형에 대한 저항성 향상을 위해서는 공극률과 포화도, VMA를 고려하여 최적 아스팔트 함량을 결정하며, 안정도, 흐름값 등은 참고값으로 한다.

** 물의 영향을 받기 쉽다고 생각되는 혼합물 또는 그와 같은 장소에 포설되는 혼합물에 대해서는 다음 식으로 구한 잔류안정도가 75% 이상이 바람직하다.

$$\text{잔류안정도}(\%) = \frac{60℃,\ 48\text{시간 수침 후의 안정도}(kg)}{\text{안정도}(kg)} \times 100$$

- 마샬시험의 결과 모든 기준치를 만족시키는 아스팔트량의 범위가 구해지지 않는 경우는 표 7.39를 참고하여 재료와 배합을 바꾸어 다시 시험한다. 또한 최적아스팔트량 부근에서 약간의 아스팔트량의 변동으로도 안정도와 플로값이 크게 변하는 불안정한 혼합물은 표 7.40을 참고하여 재료와 배합을 수정한다.

표 7.39 혼합물의 특성에 영향을 미치는 요인

특성 \ 요인	최대 입경	능각이 많은 골재량	세사량	석분량	아스팔트 침입도	골재간극율
안정도	+	+		+	−	−
플로값	−	−		+	+	+
공극률		+	+	−		+
포화도		−	−	+		−
골재간극율		+	+	−		
시공성	−	−		−	+	±

주) 혼합물의 특성치와 요인의 일반적인 관계를 나타낸다. +는 요인을 증가시키므로 특성치와 존재하는 것을 나타낸다.

표 7.40 불안정한 혼합물의 배합수정지침

구 분	안정도가 만족할 때	안정도가 낮을 때
공극률이 적은 경우	• 아스팔트량을 줄이거나 필러량을 줄인다. 또는 두 가지를 줄인다. • 골재의 공극률이 크게 되도록 골재배합을 수정한다.	• 필러량을 늘리거나 아스팔트량을 줄인다. 또는 두 가지를 시행한다. • 굵은골재를 늘린다.
공극률이 만족스런 경우	−	• 아스팔트량을 줄이거나 필러량을 늘린다. 또는 두 가지를 시행한다. • 굵은골재를 늘린다.
공극률이 높은 경우	• 아스팔트량을 늘리거나 필러량을 늘인다. 또는 두 가지를 늘린다. • 골재공극이 적게 되도록 골재배합을 수정한다.	• 필러량을 늘리거나 아스팔트량을 늘린다. 또는 두 가지를 늘린다. • 골재공극이 적게 되도록 골재배합을 수정한다.

① 각종 안정도시험에 의한 설계법

현재 배합설계의 주류를 이루고 있는 것은 여러 가지 역학적시험을 중심으로 한 방법이다. 이들은 일반적으로 적당하다고 생각되는 아스팔트량의 전후로 아스팔트량을 조금씩 바꾸어 여러 종류의 혼합물을 만들고, 역학적시험으로 최적치를 구하도록 하는 것이다. 대표적인 시험법으로는 다음과 같은 것을 들 수 있다.

- 마샬(Marshall)시험
- 하바드 필드(Hubbard-Field)시험
- 비임 스태빌로미터(Hveem Stabilometer)시험

이 가운데 마샬시험 외에는 우리나라에서는 거의 사용되지 않고 있어 여기에서는 구체적인 기술은 생략한다.

마샬시험은 미시시피주 도로국의 Bruce G. Marshall에 의해 고안된 것으로, 그 뒤 미 공병단의 비행장포장에 채용된 이래 널리 발전된 방법이다. 이 시험방법은 시험기구도 간단하고 조작도 쉽고, 세계적으로도 관련자료가 많아 이용도가 가장 높다.

Asphalt Institute에서는 각 시험의 적용범위를 표 7.41과 같이 제시하고 있다.

표 7.41 각종 시험방법의 적용 범위

혼합물의 종류	No.8체 통과율(%)	하바드 필드	마 샬	비 임
Ⅰ. 개립도	5~ 20	×	×	△
Ⅱ. 조립도	20~ 35	×	△	○
Ⅲ. 밀립도	35~ 50	×	○	○
Ⅳ. 세립도	50~ 65	×	○	○
Ⅴ. 토페카	65~ 80	○	○	○
Ⅵ. 샌드아스팔트	80~ 95	○	○	○
Ⅶ. 시트아스팔트	95~100	○	○	○

○ : 적당, △ : 의문, × : 부적당

② 경험식에 의한 산정법

이미 동일한 재료와 배합을 써서 양호한 결과를 얻은 시공 예가 있을 경우 그때의 아스팔트량을 설계아스팔트량으로 할 수가 있다. 또한 소규모공사에서는 골재입도에 의해 다음 식으로 설계아스팔트량을 계산으로 구할 수가 있다.

$$P = 0.023a + 0.065b + 0.130c + 0.11d + 1.13$$

여기서 P : 혼합물 전체에 대한 아스팔트중량백분율(%)
a : No.8체에 잔류하는 부분의 중량백분율(%)
b : No.8체를 통과하고, No.50체에 잔류하는 부분의 중량백분율(%)
c : No.50체를 통과하고, No.200체에 잔류하는 부분의 중량백분율(%)
d : No.200체를 통과하는 부분의 중량백분율(%)

③ 표면적설

경험에 의한 산정식을 더욱 이론적으로 발전시켜 고안한 것이 표면적설이다. 이것은 적정아스팔트량이 전골재의 표면적의 함수로 주어진다는 것이며, 가장 간단한 형식은 다음과 같이 표시된다.

$$P = \alpha A$$

여기서 P : 전골재에 대한 아스팔트중량백분율(%)
A : 전골재의 단위중량당의 표면적
α : 정수

소요의 아스팔트량이 골재의 표면적과 밀접한 관계가 있다는 것은 쉽게 생각할 수 있다. 그로 인해서 표면적에 기초를 둔 산정법이 옛부터 많이 발표되었으나 그대로 현실의 배합설계에 이용되고 있는 것은 거의 없다. 이것은 다음과 같은 표면적설이 안고 있는 몇 가지 문제점 때문이다.

첫째 표면적을 구하는 방법이다. 통상 이용되는 방법으로는 골재를 각 체크기의 지름을 갖는 구의 집합으로 보아 계산하는 방법이다. 입경의 크기가 표면적을 크게 좌우하므로 필러와 같은 세립분의 표면적측정에 문제가 있다. 또한 구의 표면은 요철(凹凸)이 없는 것으로 계산되나 실제는 육안으로도 볼 수 없는 미세한 요철이 있어 골재와 같이 형태가 정해져 있지 않은 표면적을 구하는 것은 매우 어려운 문제이다.

둘째로 아스팔트피막두께에 관한 문제이다. 아스팔트와 골재를 혼합하면 아스팔트는 얇은 막으로 되어 골재를 피복한다. 이때 막의 두께는 일반적으로 수 미크론(μ)이라고 하나 골재의 피막두께가 모두 같다고는 말할 수 없는 것이다.

예를 들어, 지금 A골재(지름 5 mm)와 B골재(지름 0.05 mm)를 각각 1,000 g을 취하여 각각 표면적을 구해본다. A골재, B골재 모두 밀도는 2.6 g/cm^{3}이다.

A골재 : 1,000 g 중에 들어있는 골재의 개수를 N_1개라 하면

$$\frac{4}{3}\pi(0.25)^3 \times 2.6 N_1 = 1{,}000$$

$$\therefore N_1 \fallingdotseq 5{,}880\text{개}$$

표면적을 A_1이라 하면

$$A_1 = 4\pi(0.25)^2 N_1 \fallingdotseq 4{,}600\ \text{cm}^2$$

B골재 : 골재의 개수를 N_2개라 하면

$$\frac{4}{3}\pi(0.0025)^3 \times 2.6 N_2 = 1{,}000$$

$$\therefore N_2 \fallingdotseq 5{,}880{,}000\text{개}$$

표면적을 A_2라 하면

$$A_2 = 4\pi(0.0025)^2 N_2 \fallingdotseq 460{,}000\ \text{cm}^2$$

아스팔트의 밀도를 1.0 g/cm^3, 막두께를 10μ라 하면, 소요아스팔트량 P_1, P_2는

$$P_1 = 1.0 \times 0.001 \times 4{,}600 = 4.6\ \text{g}$$

$$P_2 = 1.0 \times 0.001 \times 460{,}000 = 460\ \text{g}$$

으로 된다.

위의 계산 예에서는 골재입경이 5 mm에서 0.05 mm으로 바뀌면 소요아스팔트량은 100배로 되는 것을 알 수 있다. 바꾸어 말하면 총중량이 일정할 때 골재입경이 $1/n$로 되면 표면적은 n배로 된다. 이 예에서는 입경이 5 mm의 굵은골재에서 0.05 mm의 필러 정도로 되면 소요아

스팔트량은 100배로 된다. 이렇게 생각하면 필러 10 g과 굵은골재 1 kg에 필요한 아스팔트량은 같다는 말이 되나, 현실로서는 이와 같은 일은 있을 수 없다는 것은 쉽게 알 수 있다. 이와 같이 실제와 계산치가 다른 것은 모든 골재의 아스팔트피막두께가 같은 것으로 가정하였기 때문이다. 결국 표면적설은 표면적이라고 하는 인자를 내놓고 있으나, 그 밖의 모든 미지의 인자를 α에 포함시키고 있는 것이라고 생각할 수 있는 것이다.

골재입경에 따른 비표면적을 보이면 표 7.42와 같다.

표 7.42 골재입경과 비교면적

체크기 mm	평균경 d mm	비표면적 A_0 cm²/g
$l_1 \sim l_2$	$d = \frac{l_1 + l_2}{2}$	$A_0 = 1.85 A_r \cdot N$
40~19	28.6	1.563
19~10	14.3	3.150
10~No.4	7.2	6.2
No.4~No.8	3.6	12.4
No.8~No.16	1.85	21.0
No.16~No.30	0.90	39.0
No.30~No.50	0.45	71.0
No.50~No.100	0.225	133.0
No.100~No.200	0.112	250.0
No.200~		3,250.0

주) A_0 : 평균입경 d의 골재 1 g 당의 비표면적
$A\gamma$: 지름 d인 구 1개당의 표면적(cm^2) $A\gamma = \pi d^2$
N : 1 g 중의 평균입경 d인 쇄석의 수 $N \fallingdotseq 0.650 \times d^{-3}$ (d = cm)

7.3.4 시공

(1) 아스팔트포장의 구분

포장재료 혼합 및 그 시공방법에 따라 다음과 같이 구분한다.

① 가열혼합식

플랜트(Plant)에서 아스팔트, 골재 등을 고온으로 가열한 후 혼합하여 포설현장에 운반, 전압 후 양생하는 포장방식이다.

② 상온혼합식

플랜트 또는 포장현장에서 커트백아스팔트 또는 아스팔트유제와 골재를 상온상태로 혼합하여 포설, 전압후 양생하는 포장방식으로 간이포장에 적용한다. 외국에서는 이와 같이 제조

된 혼합물을 Poly-pack하여 구내도로포장 및 포장긴급보수용으로 사용하고 있으며, 우리나라에서도 일부회사에서 생산되고 있다.

③ 침투식

노면상의 골재의 맞물림에 의해 하중을 지지하고, 산포하여 침투시킨 역청재료의 접착성과 점성에 의해 골재의 이동을 방지하며, 안정성이 있는 표층을 만드는 것을 말한다. 그 외에 재료 및 포장 목적에 따라 다음과 같은 것들이 있다.

- Guss asphalt : 고온 시 혼합물의 유동성을 이용하여 유입시키고, 피니셔나 흙손으로 편평하게 고르는 것이다. 불투수성으로 방수의 효과가 크고 저온 시에 균열이 적고 타이어체인에 대해서도 비교적 안정하다(강상판 교면포장에 많이 이용됨).
- 내마모용 혼합물 : 적설, 노면이 결빙된 한랭지에서 Tire chain에 의한 마손에 견디는 혼합물
  - 아스팔트 모르타르 : Ap량(11.0~12.5%), 필러량이 많아 마모저항이 크며, 아스팔트, 모래, 석분으로 구성됨
  - 내마모용 토페카 : Ap량(8.0~9.5%), 필러량이 많아 마모저항이 크다.
- 고무아스팔트포장 : 결합재(Binder)로서 아스팔트에 천연 또는 합성고무를 첨가하여 소성에 대한 저항력, 미끄럼에 대한 저항력, 균열에 대한 저항력의 증가를 기대하는 포장.
- 에폭시수지포장 : 가요성을 갖는 에폭시수지를 결합재로 사용하는 포장으로, 일반적으로 부착성이 크고, 강도도 우수하며 착색이 가능함

(2) 포장준비공

① 노상의 정비

노상면은 최적함수비 정도에서 규정밀도가 되도록 고르게 다져서, 완성후 소정의 종횡단형상이 되어야 한다. 노반공 착수전 손상받은 노상면은 흙을 보충 또는 치환하여 복구함으로써 계획고를 맞춰야 한다. 지지력이 작은 노상토에서는 대형장비의 투입이 곤란하므로 소형기계나 인력으로 작업한다.

노상이 연약하여(설계 CBR=2~2.5) 차단층을 둘 경우에는 두께가 균등하게 되도록 재료를 포설하고, 가벼운 롤러, 불도저, 수형 Soil-compactor 등으로 범벅이 되지 않도록 가볍고 균등하게 다지는 것이 좋다. 만일 장비의 투입이 곤란하면 그 위에 막자갈 등 보조기층재료의 일부는 10~15 cm 정도 놓고 동시에 다지는 방법을 이용한다. 차단층에는 다짐도를 규정하지 않는다. 차단층재료로는 강모래, 막자갈 또는 양질의 산모래 등을 사용한다. 노상을 최종 마무리하기 전에는 노상면 전체에 걸쳐서 Proof rolling을 실시한다(부록 '도로, 교통용어해설' 참조).

② 보조기층공

- 재료

보조기층의 재료는 CBR값이 8 이상이면 사용할 수 있으나 보통 10~30 이상의 재료가

표 7.43 보조기층 입도기준(통과중량백분율 %)

구 분 \ 체크기(mm)	75	50	40	20	5	2	0.4	0.08
SB - 1	100	–	70～100	50～90	30～65	20～55	5～25	0～10
SB - 2	–	100	80～100	55～100	30～70	20～55	5～30	0～10

많이 사용된다. 최대 입경은 50 mm 정도가 주로 사용되나, 소요지지력만 나오면 전압 1층 두께의 1/2 이하로서 80～100 mm까지도 사용된다. 보조기층 재료의 입도는 표 7.43과 같다.

• 시공

– 재료는 강우에 의해 함수비가 과도하게 되지 않도록 하고, 점토분이 유해량에 혼입되지 않고, 재료분리가 일어나지 않도록 취급해야 한다.

– 재료의 부설에는 불도저, 그레이더, Aggregate spreader가 사용되며, 1층 다짐두께는 20 cm 이하로 한다.

– 다짐장비로는 10 t 이상의 머캐덤 롤러 또는 8～15 t의 타이어 롤러 또는 동등한 효과를 나타내는 진동 롤러를 사용하며, 소정의 밀도를 나타낸다. 만족스러울 만한 Interlocking이 될 때까지 충분히 다져야 한다.

– 다짐작업도중에 너무 건조했을 때는 살수해서 최적함수비 정도로 만들어 다지는 것이 좋다. 반대로 강우 등으로 현저하게 수분이 많아 다짐이 곤란한 경우에는 긁어 일으켜(통상 '밭갈이 한다'로 표현함) 자연건조시키거나 경제성이 있는 경우 소량의 시멘트 또는 소석회 등을 살포하여 혼합한 후 다진다.

– 만약 재료의 대소입자가 분리되어 다짐효과가 적을 때에는 그레이더 등으로 다시 파서 고른 후 다지는 것이 효과적이다.

③ 기층공

여러 가지 공법이 있으나 교통량의 증대와 자동차의 중량화에 대응하기 위해 기층의 강성을 높인 역청안정처리공법이 많이 적용되고 있다.

• 입도조정공법

이미 설명한 바와 같이 기층의 역할을 표층에서 전달된 윤하중을 분산시켜 보조기층에 고르게 전달시키는 것이므로, 지지력이 커야 하고 그 지지력이 함수량 및 동결융해의 영향을 받지 않는 재료로 구성되어야 한다. 따라서 몇 종류의 재료를 합성하여 양호한 입도로 한 다음 포설하여 다지는 공법을 입도조정공법이라 한다. 이공법은 입도가 양호하여 포설 및 다짐이 쉽고 기계화시공에 적합하다.

– 재료 : 부순돌, 막부순돌, 슬래그, 산모래, 모래 및 Screenings 등을 사용하여 적정 비율로 혼합한 후 표 7.44와 같은 입도로 한다.

또한 혼합골재의 수정 CBR은 80 이상이어야 하며, No.40체 통과분의 *PI*(소성지수)는 4 이하여야 한다. No.200체 통과분은 동결 및 지지력 약화(수분 과다시)의 요인이

표 7.44 입도조정기층 입도(통과백분율 %)

구 분 \ 체크기(mm)	50	40	25	19	5	2	0.4	0.08
B - 1	100	95~100	–	60~90	30~65	20~50	10~30	2~10
B - 2	–	100	80~95	60~90	30~65	20~50	10~30	2~10

되므로 적을수록 바람직하다. 부순자갈을 이용할 때는 5 mm체에 남는 재료 중 중량으로 60% 이상이 적어도 2면 이상의 파쇄면을 갖도록 하여 Inter-locking을 양호하게 해주는 것이 좋다. 기층의 최대 입경은 다짐효과 및 입도분리의 균질성을 감안하여 50 mm 이하(최대 입경 40 mm)로 하는 것이 바람직하다. 강자갈 사용 시 주의할 것은 풍화된 것이 많을 경우, 시간이 경과됨에 따라 지지력이 약화되어 포장의 수명을 단축시키게 된다는 사실이다. 실제로 건설초기 서울~부산간 고속도로의 일부구간(강자갈입도조정기층)에는 계속된 Overlay에도 불구하고 입도조정공법기층의 지지력 감소로 포장파손이 계속 일어난 바 있다.

- 시공

시공방식은

<혼합>		<포설>
Road-stabilizer / Grader ─ 노상혼합	+	Grader
Mixing plant(중앙혼합)		Aggregate spreader

의 조합이다.

재래의 기층이나 보조기층에 보충재료를 가하여 혼합할 경우에는 노상혼합방식이 간단하고, 효율적이다. 재료전량을 포설할 경우 중앙 플랜트 혼합방식이 혼합의 균질성, 시공두께의 관리, 함수비 조절 등의 관점에서 유리하며, 특히 대규모공사일 경우에는 경제적이다.

(Road stabilizer에 의한 혼합) 장비에 따라 횡축식과 종축식이 있다. 종축식은 보조기층 위에 미리 혼합할 재료를 밭고랑 모양으로 배열하고, 이를 진행방향으로 축을 가진 믹서 안에 끌어들여 혼합한 후 다시 내보내는 방식이다. 혼합능력은 좋으나 재료의 배열에 경비가 많이 들고, 작업에 넓은 축이 필요하므로 실용적이 되지 못한다. 횡축식은 층별로 재료를 포설한 후 그림 7.36과 같이 진행방향에 직각인 축에 설치된 Tine으로 혼합하는 방식이다. 재래의 노반 위에 보충재료를 가해서 혼합할 경우에는, 우선 노면의 요철(凹凸) 수정 후 보충재료를 혼합비대로 대입경재료(大粒經材料)부터 포설한다. 함수량이 커지면 혼합비율이 저하하므로 살수가 필요할 경우에는 우선 혼합한 후 살수하고 다시 재혼합한 후 포설한다.

(중앙 플랜트에 의한 혼합) 연속식 믹서와 배치믹서가 있으며, 재료를 계량하고 믹서 내에서 혼합(필요시 물 투입)한 후 덤프트럭으로 운반, 포설한다.

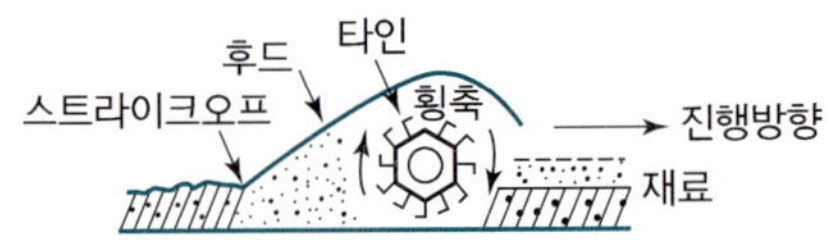

그림 7.36 횡축식 Road stabilizer의 혼합장치

(포설 및 다짐) 포설은 Aggregate spreader나 그레이더 또는 인력으로 재료분리가 일어나지 않도록 한다. 포설두께는 1층의 마무리두께가 15 cm 이하가 되도록 한다. 포설 후 롤러로 우선 가볍게 다진 후 그레이더로 정형하여 소정의 밀도를 얻을 때까지 최적함수비로서 충분히 다진다. 다짐장비는 8~10 ton 머캐덤 롤러, 10 ton 이상의 타이어 롤러 또는 이와 동등한 진동 롤러를 사용한다.

- 시멘트 안정처리공법 : 현지재료 또는 반입된 입상재료의 입도상에 문제가 있을 때 여기에 보충재료를 가한 후, 시멘트를 첨가하여 강도를 높이는 공법을 말하며, 현지재료가 흙인 경우 처리된 혼합물을 Soil cement라고도 한다. 이 공법은 재료의 Inter-locking에 의한 지지력과 시멘트에 의한 콘크리트로서의 강도를 어느 정도 기대할 수 있다.
  - 재료 : 시멘트는 포틀랜드 시멘트를 사용하는데, 플라이애시 등을 시멘트와 같이 사용하면 시멘트의 절약, 건조수축 시의 균열예방 등을 기대할 수 있다. 사용되는 골재는 현지재료나 여기에 부순돌, 자갈, 슬래그, 모래 등의 보충재를 가한 것으로서, No.40체 통과분의 소성지수가 9 이하여야 한다.
    바람직한 입도는 표 7.45와 같다.
  - 배합설계 : 배합설계는 다음과 같이 한다.
    - 골재에 최적예상시멘트량을 가하여 최적함수비를 구한다(통상 4%).
    - 최적예상시멘트량을 중심으로 -2%, +2%, +4%씩 시멘트량을 변화시켜 공시체를 만든다. 6일간 양생, 1일 수침후 1축압축시험을 행하여 이 결과를 그림 7.37과 같이 플롯한 후 1축압축강도 $q_{u7} = 30\ \text{kg/cm}^2$에 해당하는 시멘트량을 구한다.

표 7.45 시멘트 안정처리재료의 입도

체크기	50 mm	40 mm	19 mm	No. 8 2 mm	0.08 mm
통과중량 백분율(%)	100	90~100	50~100	20~60	0~15

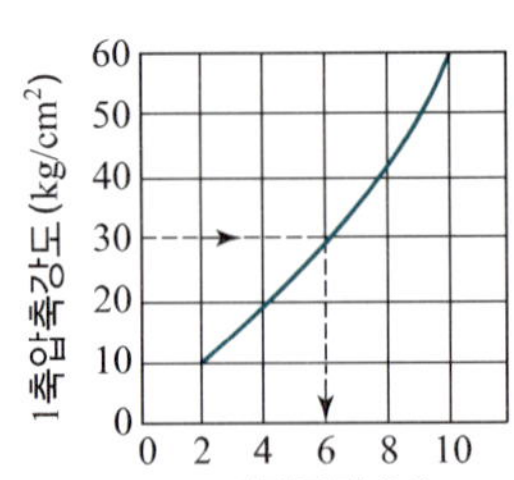

그림 7.37 시멘트량-일축압축강도

- 시공 : 성능이 우수한 혼합장비를 사용해야 하며, 다짐 후의 1층 마무리두께는 10~20 cm를 표준으로 한다. 1층 다짐이 곤란하면 동일두께로 하여 2층으로 다진다. 1층 두께가 10 cm 미만이 되면 바람직하지 못하다. 아래에 기술하는 시멘트 첨가, 시공이음의 사항 외에는 전술한 입도조정방법을 참조한다.

(시멘트의 첨가) 노상혼합방식에서 횡축식 Road stabilizer를 사용할 때는 포설한 재료 위에 배합비에 따라 소정 간격으로 시멘트포대를 놓고, 균일하게 살포한 후 장비를 사용하여 1~2회 마른 비빔후 살수와 동시 혼합해 나간다.

종축식 Road stabilizer를 사용할 경우에는 성형한 고랑 위에 시멘트포대를 소정의 간격으로 배열한 후 고랑의 재료를 장비에 담아 살수하면서 혼합해 나간다. 중앙 플랜트 혼합식인 경우에는 재료와 시멘트를 Mixing plant 내에서 계량, 마른비빔, 살수, 젖은비빔, 운반, 포설순으로 시공한다.

(시공이음) 횡축방향 시공이음부는 직각으로 잘라내고 다시 시공해 나간다. 종방향은 미리 마무리두께와 같은 거푸집을 설치, 다짐한 후에 제거한다.

(Prime coat) 마무리 직후 표면의 손상을 방지하기 위하여 유화아스팔트, 커트백아스팔트 등을 0.5~1 ℓ/m^2 정도 살포한 후 가능한 한 빨리 중간층이나 표층을 시공한다. 표층 시공 전에 부득이 교통을 개방해야 할 경우에는 역청재 살포 후 왕모래를 살포한다.

(석회안정처리공법) 현지재료 또는 이에 보충재료를 첨가하여 안정처리재료 중의 점토와 석회와의 화학반응에 의해 발생하는 경화작용을 기대하는 공법이다.

- 재료 : 사용되는 석회는 소석회이며, 골재는 소정의 입도(표 7.46 참조)로서 NO.40체 통과분의 PI가 6~18이어야 한다.
- 배합설계 : 시멘트 안정처리와 동일한 방법으로 하는데, 9일간 양생, 1일 수침 후 공시체의 일축압축강도 $q_{\mu 10} = 7$ kg/cm^{2}에 해당하는 석회량을 구한다(최적예상 석회량 : 보통 8%).
- 시공 : 시멘트 안정처리공법과 비슷하며, 1층 마무리두께는 10 cm 이상으로 한다. 다짐시 함수량은 최적함수량보다 약간 많은 것이 좋다.

표 7.46 석회 안정처리재료의 입도

체크기	50 mm	40 mm	19 mm	2 mm	0.08 mm
통과중량 백분율(%)	100	90~100	50~100	20~60	5~15

(역청침투식공법) 부설된 골재 위에 Straight asphalt, 유화아스팔트, 커트백아스팔트 및 포장 타르 등의 역청 재료를 살포, 침투시켜 골재의 Inter-locking과 역청재료의 결합력(점성력 및 부착력)에 의해 안정성이 있는 층을 만드는 공법을 말한다. 역청재료의 점성에 따라 가열하여 살포하는 방식과 상온으로 살포하는 방식이 있다.

- 재료 및 사용 예 : 주골재 및 쐐기골재는 각각 단입도의 것을 사용하는데, 쐐기골재의 사용량은 주골재의 간극을 채워서 역청재료의 유출을 방지할 정도면 된다. 사용되는 골재의 치수 및 사용량의 예는 전술한 머캐덤공법을 참조하기 바란다. 가열하여 사용하

는 Straight asphalt는 시공시기 및 기온에 따라 더운 지방에서는 AC 85~100, AC 100~120을, 추운 지방에서는 AC 100~120, AC 120~150을 사용하며, 상온 살포용의 유화아스팔트로는 RS(C)-1, RS(A)-1을, 특히 겨울철에는 RS(C)-2, RS(A)=2를 사용한다.

이에 대한 사용량의 예를 표 7.47에 제시한다.

- 시공 : 전술한 쐐기돌머캐덤 공법에 따라 주골재 부설, 다짐, 역청재 살포, 채움골재 살포, 다짐, 역청재 살포, 채움골재 살포, 다짐순으로 사용한다.

역청재료는 다져진 골재의 표면에 소정량을 균일하게 살포하여 충분히 침투시켜야 하며(살포 시 점도 : Saybolt Furol도 25~100초), 역청재료는 사용 전에 점도와 온도와의 관계를 알아두어야 한다. 살포장비는 Asphalt distributor나 인력 Sprayer를 사용한다. 기온이 낮으면 가열하여 사용하는 역청재는 충분히 침투되기 힘들고, 상온용 역청재는 액체 증발에 의한 양생이 불량하게 되므로 일반적으로 7℃ 이하에서는 시공하지 않는 것이 바람직하다.

표 7.47 역청재료 침투식 공법의 역청재 사용 예(100 m^2)

역청재 종류 / 사용량		스트레이트 아스팔트		유화아스팔트		커트백 아스팔트		포장탈	
포장두께(cm)		5	7	5	7	5	7	5	7
골재치수 (mm)	60~40 mm(m^3)	5.0	5.0	5.0	5.0	5.0	5.0	5.0	5.0
	역청재료(ℓ)	230	230	250	250	250	250	250	250
	40~30 mm(m^3)	-	-	-	-	-	-	-	-
	역청재료(ℓ)	-	-	-	-	-	-	-	-
	30~20 mm(m^3)	1.5	2.0	-	3.0	1.5	3.0	1.5	3.0
	역청재료(ℓ)	130	200	-	200	140	220	140	220
	20~13 mm(m^3)	-	1.5	1.5	1.5	-	1.5	-	1.5
	역청재료(ℓ)	-	120	200	200	-	120	-	120
	13~5 mm(m^3)	1.0	1.0	1.0	1.0	1.0	1.0	1.0	1.0
	역청재료(ℓ)	100	100	150	150	110	110	110	110
	5~2.5 mm(m^3)	0.5	0.5	0.5	0.5	0.5	0.5	0.5	0.5
골재사용량(m^3)		8.0	11.0	8.0	11.0	8.0	11.0	8.0	11.0
역청재료사용량(ℓ)		460	650	600	800	500	700	500	700

주) Prime coat, Seal coat 재료의 손실량은 포함되지 않음.

- 가열아스팔트 콘크리트기층
  - 구성요소 : 골재는 견고하고 내구적인 쇄석, 자갈, 슬래그(Slag), 모래 석분 및 기타 양질의 재료를 사용하고, 이들의 혼합물에는 점토, 유기불순물, 먼지 등 기타 유해물이 함유된 것을 사용하지 않도록 한다.
  - 사용재료 : 아스팔트, 굵은골재, 잔골재 및 채움재의 품질기준과 입도는 포장용 재료의 규격과 동일하게 적용한다.

- 골재의 합성 입도 : 굵은골재, 잔골재 및 채움재를 혼합하여 사용 시에는 종류별로 표 7.48의 입도기준 중에서 적합한 것을 선정하여 적용하도록 한다.
- 혼합물 품질기준

(마샬시험 기준) 아스팔트 콘크리트 혼합물은 KS F 2337에 따라 시험하고, 마샬시험 기준은 표 7.49와 같다. 다짐은 양면 각각 75회로 관리하도록 한다.

(허용오차 범위) 혼합물의 현장배합 시 허용오차는 표 7.50과 같다.

표 7.48 가열아스팔트 안정처리 기층용 골재의 입도기준

체의 크기(mm) \ 종류		BB - 1	BB - 2	BB - 3	BB - 4
통과중량 백분율 (%)	50	100	–	–	–
	40	95~100	100	–	–
	30	80~100	95~100	100	100
	25	70~100	80~100	90~100	95~100
	20	55~90	55~90	71~90	80~90
	13	40~80	46~80	56~80	60~78
	10	30~70	40~70	45~72	45~68
	5(No.4)	17~55	28~55	29~59	25~45
	2.5(No.8)	10~42	19~42	19~45	15~33
	0.6(No.30)	5~28	7~26	7~25	6~18
	0.3(No.50)	3~22	4~19	5~17	4~14
	0.15(No.100)	2~16	2~13	3~12	3~10
	0.08(No.200)	1~10	1~7	1~7	2~8

표 7.49 마샬기험 기준

구 분	단 위	기준값
안정도	N	5,000 이상
흐름값	1/100 cm	10~40
공극률	%	4~6
포화도	%	65~75

표 7.50 현장배합 허용오차 범위

항 목		현장배합의 허용오차
골재의 체통과 중량백분율(%)	0.08 mm(No.200)를 제외한 전체	±8
	0.08 mm (No.200)	±3
아스팔트 함량(%)		±0.3
혼합물의 온도(℃)		±15

– 혼합물의 기준밀도 : 아스팔트 혼합물의 기준밀도는 현장배합설계기준에 의해 제조한 혼합물을 실내에서 3개의 마샬공시체를 제작하고, 다음 식 (7.121)에 따라 구한 밀도를 평균한 값을 기준밀도로 한다.

$$\text{밀도}(25^\circ\text{C 기준, g/cm}^3) = \frac{\text{건조공시체의 공기중 질량}}{\text{공시체의 표면건조질량}(g) - \text{공시체의수중질량}(g)} \times \text{상온에서의 물의 밀도}(\text{g/cm}^3) \quad (7.121)$$

– 시공 : 가열아스팔트 콘크리트 기층의 시공은 표층공의 시공과 동일하게 혼합물을 생산 관리하고 포설하도록 한다.

(3) 표층시공

표층은 교통하중이나 기상작용의 영향을 직접 받는 부분이므로 여기에 사용하는 아스팔트 혼합물(가열 혼합물)은 필요한 성상을 가져야 하며, 각 재료는 적정온도로 가열 후 충분히 혼합, 운반, 포설, 전압하여 소정의 밀도 및 평탄성이 얻어지도록 해야 한다. 대체로 표층에는 일반지역에서 대형차교통량이 많은 도로에는 내유동성(耐流動性)을 갖는 혼합물을, 교통량이 적은 도로에는 가요성과 내구성을 모두 보유한 혼합물을 선정하여 사용하며, 적설지역의 도로에는 내마모성을 중시한 혼합물을 선정하면 좋다.

① 시공계획

도로공사의 특성은 작업구간이 길다는 것과 대개의 공종이 일기의 영향을 많이 받는다는 것이다. 따라서 포장공사도 다음과 같이 면밀한 시공계획을 수립하여 관리해 나가야 한다.

- 우선 과업지시서, 시방서 등을 파악하여 해당사업의 공기, 물량, 사용재료 및 그 수량과 조달방법, 공사의 특기사항 등을 숙지한다.
- 공사현장을 답사하여 대상노선의 토질조건, 기상, 교통상황, 골재원과 토취장, 노무상황, 가용부지 등에 대하여 알아본다.
- 위의 사항을 고려하여 계획공정을 수립하고, 이에 대한 각 세부공정을 작성하여 검토한다.
- 각 공정에 따라 작업계획, 자재계획, 장비사용계획, 노무계획, 자금계획 등을 세운다.
- 일작업량(또는 플랜트 일생산량)의 산정 : 공기 및 장비 등을 감안하여 다음 식에서 1일 작업량을 산정한다.

$$W = \frac{AdH(1+\beta)}{T \cdot \alpha} \ (\text{t/일}) \quad (7.122)$$

여기서 W : 일작업량(t/일)
T : 공사일수(일) (공기 및 피니셔 대수와 포설능력으로 결정)
A : 1일작업면적(m^2)　　d : 혼합물의 현장밀도(t/m^3)
H : 혼합물의 다짐후 두께(m)　　β : 혼합물의 손실률(0.02～0.05)
α : 작업가동률(0.6～0.7)

② 혼합 및 운반

가열아스팔트 혼합물은 중앙 플랜트에서 제조되어 덤프트럭으로 포설현장에 운반된다. 플랜트는 혼합물생산에 있어 품질 및 능력에 따른 여러 조건을 갖추어야 하는데, 그 종류는 각 재료를 중량 또는 용적으로 계량해서 배치단위로 생산하는 배치식과 피더에 의해 용적계량된 재료를 연속적으로 혼합, 생산하는 연속식이 있다.

현재는 시방상에 규정화하여 놓을 정도로 품질관리의 측면에서 유리한 배치식을 많이 사용하고 있다. 플랜트의 능력은 규격에 따라 100 t/h까지 있으며, 현지여건 및 수요정도에 따라 그 규격이 결정된다.

• 플랜트장의 부지선정

부지의 선정에는 다음의 사항을 고려한다.

- 공사규모, 플랜트 규격 등에 따라 차이가 나나 골재저장소, 아스팔트저장소, 플랜트, 시험실, 경우에 따라서는 크러셔(Crusher)를 설치하는 데 충분한 면적이 확보되어야 한다. 일반적으로 재료의 저장소는 5일분 이상의 사용량을 저장할 수 있어야 한다.
- 인근에 소음, 먼지, 수질오염 등의 공해가 발생해도 별 문제가 없어야 한다.
- 가능한 한 포설현장과의 거리가 가깝고(1시간 이내가 바람직) 차량의 출입이 용이해야 한다.
- 급수, 동력 등의 설비가 용이하고 배수가 양호해야 한다.

• 골재저장소

골재저장소는 지표면을 Soil cement 등으로 처리하여 토사 등의 혼입을 방지하고 배수가 양호해야 한다. 골재는 종류별로 저장하여 섞이지 않도록 구획의 크기 및 칸막이의 높이를 정하고, 골재, 특히 Screenings에는 우수 등이 침투하지 않도록 천막 등으로 덮어두는 것이 바람직하다. 참고로 골재생산 및 저장계획표 작성방법을 그림 7.38에 나타내었다.

작성순서는

- 횡축에 공기, 종축에 골재량을 나타내는 도표를 준비한다.
- 해당 골재의 사용예정총량과 사용완료일과의 교점, 골재량 0과 최초 사용일과의 교점을 직선으로 잇는다.

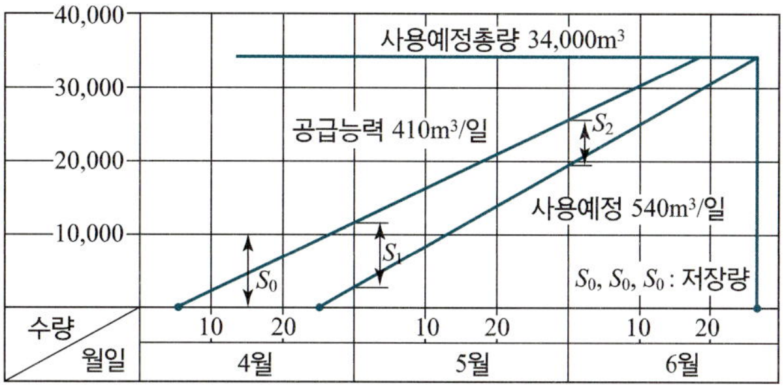

그림 7.38 골재생산계획표 작성 예

- 사용완료일보다 5～10일 전의 어느 일자를 골재생산완료일로 하여 사용예정총량(총생산량)과의 교점에서 생산 또는 납품상의 문제를 고려하여 공급예정(또는 생산예정)선을 긋는다(직선의 기울기는 공급(생산) 가능량/일이 된다).
- S_0는 사용개시일 전에 확보해야 할 저장량이다.
- S_1, S_2는 각 월말을 기준으로 확보해 놓아야 할 저장량이다.

• 플랜트

플랜트는 재료의 운반, 가열, 체가름, 계량장치를 갖추고 있어야 하며, 그 능력은 앞에서 제시한 일작업량 산정공식을 참고하나 시공일정과의 관계 및 기계의 작업효율 등을 감안, 일생산량(t/일)/1일 가동시간(h/일)＝시간당 생산량(t/h)보다 얼마간 여유(통상 10～40%)를 두어 플랜트의 용량을 결정한다. 일반적으로 사용되는 배치식 플랜트의 구조는 그림 7.39와 같다. 현재 시판되고 있는 플랜트는 구조의 각부가 서로 균형이 잡혀있고 거의 규격화(각국의 표준규격 내지 시방과 동등한 성능)되어 있어 이들에 대한 관리상의 조작방법만 주의하면 된다.

그 구조에 대해 설명하면 다음과 같다.

- Cold bin : Cold feeder의 유출량을 일정하게 유지하기 위해 설치한 것으로, Cold feeder와 일체로 된 것, 골재저장소 전체를 Cold bin으로 한 Silo형 및 골재저장소의 일부에 출입구를 내고, Feeder를 연결하여 Cold bin을 생략한 것 등이 있다.
- Cold feeder : 각 골재의 유출량을 항상 균일하게 공급할 수 있도록 하는 장치이며, 벨트 콘베이어와 조합하여 사용한다.
- Cold elevator : Cold feeder에 의해 보내진 골재를 Drier에 투입하는 장치이다.

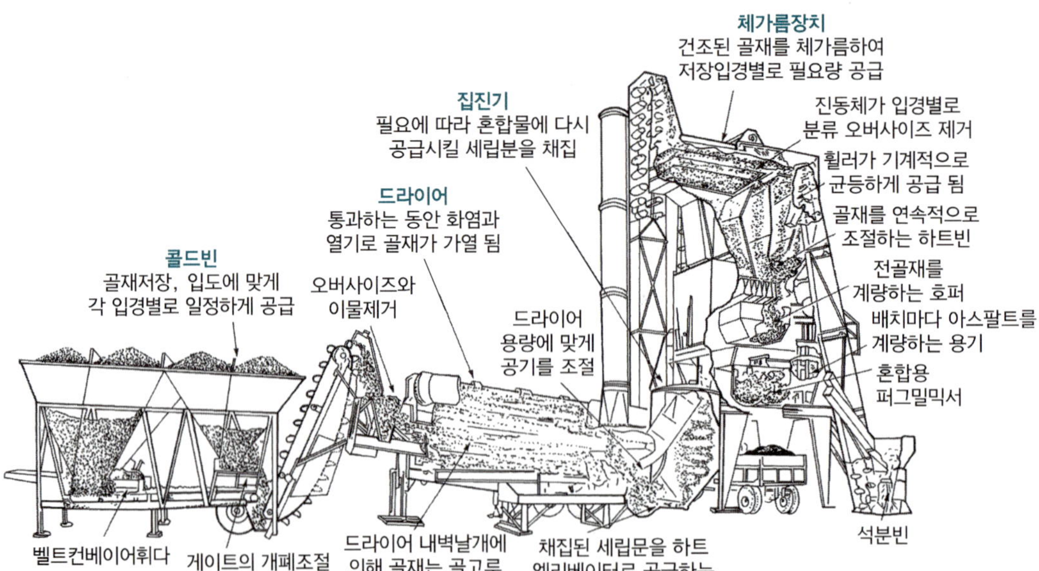

그림 7.39 Batch-type asphalt mixing plant

- Drier : Drier는 Cold elevator에서 투입된 골재를 가열 건조시키는 장치로서, 회전하는 드럼에 골재를 균등하게 이동시키면서 Burner를 이용, 소정의 온도까지 건조가열하는 능력을 가진 것이어야 한다. 골재가 젖어 건조능률이 저하되면 골재의 수송량을 줄여야 한다.
- Dust collecrot(집진장치) : Drier 등에서 발생되는 연소 가스 및 먼지를 모아서 제거하는 장치인데, 건식에 의한 것이 일반적이고 습식에 의한 방법도 있다. 건식에 의해 채집된 먼지의 재사용에 대해서는 보고서마다 차이가 있으나, 이 먼지 내에는 Drier에서 유분의 불연소에 의한 탄소분이 포함되어 있으며, 이는 아스팔트와 친화력이 불량하므로 다짐불량으로 인한 강도저하, 골재의 피막박리 등 포장의 내구성을 감안한다면 이의 재사용은 별로 권장할 사항이 되지 못한다.
- Hot elevator : Drier에서 배출된 가열골재를 체에 보내는 장치로서, Bucket elevator와 4각기둥으로 되어있다. Cold elevator보다 다소 큰 수송능력을 갖는 것이 바람직하다.
- 체가름장치 : Hot elevator에서 수송된 합성골재를 소정의 입경별로 체가름하는 장치로서, 적어도 3종류 이상으로 체가름할 수 있어야 한다. Over size 배제를 위한 철관이 설치되어 있다. 이 장치에는 회전식과 진동식이 있는데, 진동식의 효율이 좋다. 통상 체눈의 크기는 체가름하려는 골재의 최대 크기보다 10～20% 여유를 두어 제작, 사용한다.
- Hot bin : 체가름한 골재를 입경별로 저장하는 것으로서 보통 3개 이상의 Bin으로 구성된다. 각 Bin은 5배치(Batch)분 이상의 용량이어야 하며, 만약 용량이 넘치면 다른 Bin으로 흘러들어가지 않도록 Overflow chute를 설치해야 한다. 또한 체가름시험용 시료채취가 용이하도록 시료채취구가 설치되어 있어야 한다.
- 석분 Bin : 석분 Bin은 방습되어야 하고, 5배치분 이상의 용량을 가져야 한다.
- 골재, 석분, 아스팔트계량용기 : 한 배치의 재료를 한꺼번에 계량할 수 있는 용량을 가져야 한다.
- 골재, 석분, 아스팔트저울 : 저울은 한 배치의 재료를 한 번에 계량할 수 있는 용량이어야 하며, 저울의 최소눈금은 저울용량의 1/200 이하여야 한다.
- Asphalt kettle과 Tank : 드럼아스팔트를 사용할 경우에는 일반적으로 Burner가 설치된 탕관을 사용하며, 탕관 용해 능력은 1일 작업량 이상이어야 한다. 벌크아스팔트를 사용할 경우에는 보온장치를 갖추고 작업에 지장이 없는 저장용량을 갖춘 탱크를 배치해야 한다. 통상적으로 대규모의 플랜트에서는 Oil heater를 사용하며, 이 경우 아스팔트의 온도를 일정하게 하기 위한 자동온도조절장치를 설치하고 있다.
- 아스팔트 살포장치 : Spray bar는 아스팔트를 균일하게 살포할 수 있는 노즐수와 길이를 가져야 한다.
- 믹서(Mixer) : 계량된 재료를 균일하게 혼합하는 장치로 2축식 Pug-mil형의 배치믹서를 사용하는데, 날개와 믹서내벽과의 사이는 2 cm 이하가 좋다. 플랜트 능력별 믹서용량은 플랜트 능력 40～50, 60～70, 70～90 t/h에 대해 믹서용량은 750, 1,000, 1,300 kg이

된다. 기타 Drier의 배출구, Asphalt kettle, Hot bin 등에 각각 온도계 센서를 설치하고 지시반은 확인하기 쉬운 곳에 부착한다. 현재 시판중인 플랜트의 대부분에는 자동온도 기록장치가 설치되어 있다.

• 플랜트 현장배합비 결정

- Cold feeder의 Gate 열림과 골재의 배출량과의 관계도를 사전에 시험을 통하여 작성한다.
- 위의 관계도에 의거, 실내시험에서 결정된 배합비대로 각 Cold feeder gate의 열림정도를 결정한다.
- 각 Hot bin으로부터 시료를 채취하여 입도시험을 행한 후 그 결과를 이용, 시방입도 내에 들어가도록 합성함으로써 각 Bin별 배합비를 구한다.
- 아스팔트, 석분은 당초 시험실배합비로 계량한다.
- 생산된 혼합물로서 실내 마샬시험을 실시한 후 그 결과가 시방범위 내에 들어가는가를 확인하고, 벗어나거나 치우치면 배합비를 수정하여 시방범위 내에 들도록 한다.
- 위와 같이 수정배합된 혼합물로 시험포장을 실시한 후 다짐효과 및 Hair crack 발생여부를 검토하여 필요시, 배합비 및 생산 시의 혼합물온도를 조정한다. 이때 최종적으로 결정된 배합비를 현장배합비라 한다.

• 혼합물의 생산 시 주의사항

플랜트(배치식)에서 혼합물을 생산할 때에는 다음 사항에 주의해야 한다.

- 골재저장소에서 Cold bin에 골재를 투입하는 과정에 있어, 재료가 입도분리된다든가 이물질이나 다른 종류의 골재가 혼입되는 일이 없도록 조치해야 한다.
- Cold feeder gate가 막히지 않도록 작업원이 항시 관찰해야 하며, 특히 함수비가 높은 잔골재에 주의해야 한다.
- Cold bin의 골재량에 따라 Cold feeder의 유출량변화가 크므로 Cold bin 깊이의 반이상은 항상 확보되도록 유지해야 한다.
- 각 Hot bin에 저장되는 골재의 양이 Hot bin별 배합비와 균형이 되도록 계속적인 입도시험과 Cold feeder의 관리를 해야 한다.
- 믹서의 혼합량은 믹서 날개가 완전히 파묻힐 정도로 많아서는 안 된다.
- 아스팔트의 가열온도는 혼합 시 온도를 표준으로 하며, 혼합온도는 Saybolt Furol 점도가 75~150초인 온도범위 중에서 정한다. 단 가열 시 변질을 감안하여 185℃를 넘게 해서는 안 된다.
- 믹서 내의 혼합은 5초 이상 마른 비빔을 실시한 후 아스팔트를 살포해서 골재가 완전히 피복될 때까지 혼합하며, 그 혼합시간은 40~50초 정도가 바람직하다. 세립분이 많든지 아스팔트가 비교적 적은 배합비로 혼합되는 경우에는 혼합시간을 늘려야 하지만, 과도한 혼합은 좋지 않다.

- 최초의 한 배치는 아스팔트 및 세립분이 믹서내면과 날개에 부착되어 배합이 불량한 상태이므로 버리는 것이 좋다.
- 작업종류 후에는 반드시 믹서를 청소하여 내부에 부착된 아스팔트 모르타르 등을 제거한다.

• 운반

혼합물운반은 덤프트럭을 사용하며, 천막 등을 덮어 보온 및 이물질혼입방지의 효과를 높인다. 또한 혼합물의 부착을 방지하기 위하여 적재극 내면에 경유 등을 도포해 놓으면 좋다.

③ 포설 및 다짐

아스팔트 혼합물의 포설 및 다짐작업에 의해 포장의 수명 및 교통의 안전도가 결정되므로, 포설 및 다짐 시에는 종횡단형상의 정확한 마무리, 평탄성, 밀도의 증대, 표면조직의 균일성 등에 유의하여 시공해야 한다.

• 장비

- Asphalt distributor : 역청재료를 트럭 또는 Trailor의 보온 탱크에 적재하여 소정의 속도로 주행하면서 후미에 장치된 Spray, bar로부터 노면에 역청재료를 살포하는 장비이다. 대규모공사에 적당하다(그림 7.40).

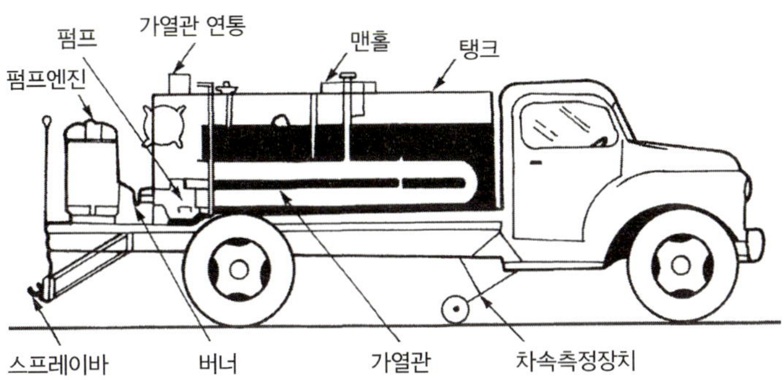

그림 7.40 Asphalt distributor

- Asphalt sprayer : 동력은 엔진 또는 인력을 이용하는데, 단일 노즐이 선단에 설치된 Hand bar를 인력으로 조작하면서 살포한다. 살포능력이나 균일성에 있어 Asphalt distributor보다 상당히 떨어진다.
- Asphalt finisher : 크롤러형(무한궤도형)과 타이어형이 있으며, 혼합물의 포설두께를 조정하고, 평탄성을 유지할 수 있도록 장치되어 있다. 구성은 혼합물을 받는 Hopper, 혼합물을 전진시키는 Bar feeder, 보내진 혼합물을 균등하게 배분하는 Screw spreader, 혼합물을 다지는 Tamper, 혼합물의 두께를 조절하여 표면을 고루는 Screed 등으로 되어 있다. 이 장비의 측면도 및 평면도는 그림 7.41과 같다.

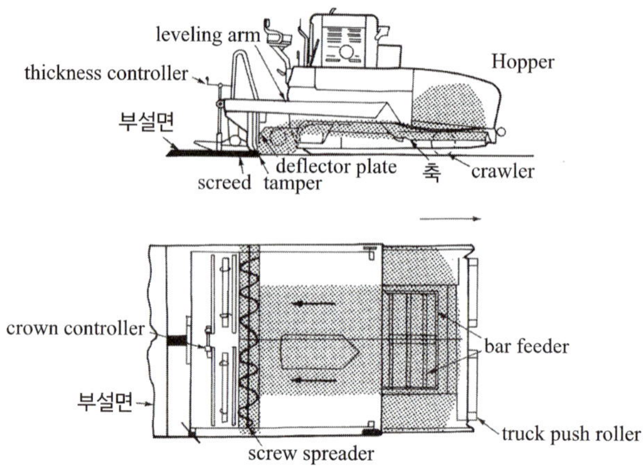

그림 7.41 아스팔트 피니셔

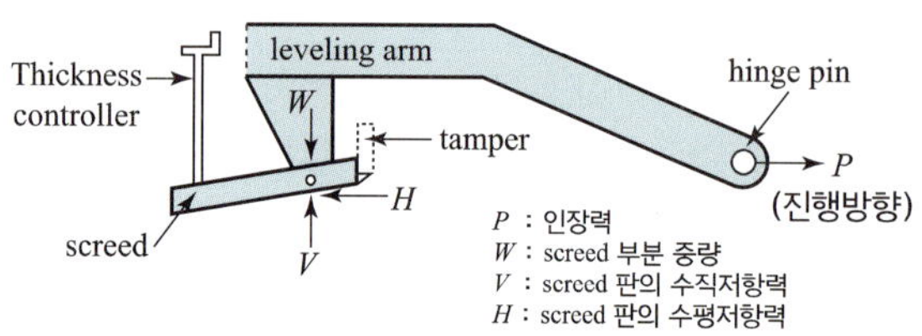

그림 7.42 Screed의 거동

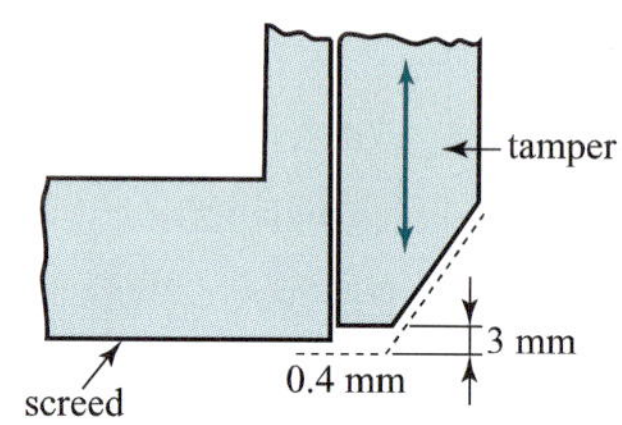

그림 7.43 Tamper와 Screed

- 포설두께의 조절장치 : 포설두께는 Screed의 경사, 혼합물의 온도, 피니셔의 속도, 바닥의 평탄성, 혼합물의 종류에 의해 결정된다. 포설 중에 Screed의 거동은 그림 7.42와 같은데, Screed의 뒷부분을 내려서 경사를 급하게 하면 Screed의 하부에 몰입되는 혼합물량은 증가하면서 Screed를 들어올리려는 힘(V)이 Screed 부분의 무게(W)를 초과하게 되므로 두께가 증가한다. 두께가 증가된 후 W와 V가 균형을 이루면서 일정한 포장두께를 유지하게 된다.

  포설두께는 수동 및 자동조절장치에 의해 조절된다. 그림 7.43은 Tamper와 Screed의 작동상태를 나타내는데, 그림에서와 같이 Tamper의 Stroke는 3 mm 정도이고, 아래로 내려갈 때는 Screed의 저면보다도 0.4 mm 더 내려가도록 되어 있다.
- 다짐장비 : 혼합물의 다짐에는 로드 롤러 및 타이어 롤러가 사용되며(그림 7.44 참조), 그 사용대수는 공사의 규모, 플랜트의 능력, 롤러의 다짐효과 등을 감안하여 결정한다. 1차다짐에는 탠덤(Tandem) 또는 머캐덤 롤러(Macadam roller)가 사용되는데, 이때 롤러의 선압력은 40 kg/cm 이상을 표준으로 하며, 8 t 탠덤 롤러가 이에 해당된다. 2차다짐에는 타이어 롤러 또는 머캐덤 롤러가 사용되며, 이때 로드 롤러의 선압력은 50~65 kg/cm가 바람직한데, 8 t 이상 머캐덤 롤러가 해당된다. 마무리다짐에는 탠덤 롤러 또는 머캐덤 롤러가 사용된다.

(a) 3륜 머캐덤롤러　(b) 탄뎀롤러　(c) 3축 탄뎀롤러　(d) 타이어롤러

그림 7.44 롤러의 형태

타이어롤러는 각 타이어의 공기압이 동일해야 하며, 최근 많이 사용되는 3축 탠덤 롤러는 평탄성 확보에 효과가 크다. 앞에서 선압력이란 후륜 1개에 걸리는 중량을 후륜의 폭으로 나눈 값이다.

• 포설준비

– 장비의 점검 : 혼합물의 포설 전에 사용장비의 수량, 가동상태, 부속품의 마모정도, 예비품의 유무 등을 조사해 둔다. 중요설비별로 확인해야 할 사항은 다음과 같다.

‣ Asphalt distributor

◦ 히터, 펌프, 속도계, 각종 게이지의 상태

◦ 스프레이, 노즐의 작동

‣ Asphalt finisher

◦ Bar feeder, Hopper gate, Screw spreader의 상태

◦ 크롤러의 조정 또는 타이어의 공기압

◦ Screed heater의 작동

◦ Tamper의 마모정도, 진폭

◦ Screed 저면의 상태

◦ Screed Vibrator 작동상태 및 조정

◦ 자동조절장치의 작동상태

‣ 롤러

◦ 하중 및 타이어 공기압의 적합성

◦ 방향전환 및 주행의 작동상태

– 기구의 예열 : 삽, Rate, Tamper, Smoother 등은 혼합물이 붙지 않도록 사용 전에 가열해 두고, 100℃ 이상을 유지해야 하며, 가열하는 대신 기름을 사용할 경우에는 기름걸레로 닦는 정도로 한다.

– 포설 전 노면의 청소 : 혼합물의 포설 전에 노면의 흙, 뜬돌 등을 제거하고, 스펀지가 일어난 곳, 요철이 있는 곳은 손질해야 한다.

• 시험포장

대규모의 공사에서는 시험포장을 실시해야 한다. 시험혼합에 의해 결정된 배합비(플랜트에서 결정된 비율)를 갖는 혼합물로서, 사용예정장비 및 해당시공방법에 따라 본포장공사에 앞서 시행한다. 그 면적은 공사규모, 시험포장의 주목적에 따라 차이가 나지만, 최대

150 m^2 정도가 바람직하다. 시험포장결과로부터 다음 사항을 결정할 수 있다.

- 혼합물의 최종적인 현장배합비
- 플랜트에서의 혼합물생산관리기준(혼합시간, 아스팔트 가열온도, 혼합물생산온도 등)
- 포설현장에서의 시공기준(포설 및 다짐온도, 다짐장비의 조합, 다짐횟수, 속도, 기타)

• Tack coat

역청재료 또는 시멘트 등을 사용한 층(역청안정처리, 역청혼합물, 시멘트 안정처리, 시멘트 콘크리트 등)과 그 위에 포설되는 역청혼합물층과의 부착을 좋게 하기 위해 역청재료를 살포하는 것을 말한다. Tack coat는 가능한 한 소량을 균일하게 살포하는 것이 바람직하며, 양생이 된 후 이물질이 부착하지 않도록 조속히 표층을 포설한다. Tack coat용 역청재료로는 RC-0, RC-1, RS(C)-4(또는 RS(A)-4), Straight asphalt 등이 사용된다.

• 포설

포설은 보통 아스팔트 피니셔에 의하나 소규모 공사에는 인력에 의하는 경우도 있다. 포설 시의 주의사항은

- 포설 시의 혼합물온도를 110℃ 이하로 떨어뜨려서는 아니 된다.
- 기온이 5℃ 이하인 때는 한냉기포설방법에 의해 시공한다.
- 포설작업 도중에 비가 내리면 즉시 작업을 중지하고, 포설된 부분은 빨리 다져서 마무리해야 한다. 그 이유는 혼합물 내에 수분이 침투하면 골재와 아스팔트의 부착력이 저하되어 강도의 저하 및 내구성의 감소를 가져오기 때문이다. 따라서 젖어있는 노면도 포설 전에 완전히 건조시킬 필요가 있다.
- 아스팔트 피니셔에 의한 작업과정
  - 포설작업에 앞서 도로중심선이나 외연에 유도선을 설치한 후, 피니셔는 Hopper 양쪽의 Guide bar를 이 유도선에 맞추어 전진 유도선은 노면에 표시하든가 나일론줄로 설치하며, 피니셔보다 150 m 이상 앞서 나가야 한다.
  - 필요시 포설폭의 외연에는 거푸집을 마무리두께보다 10 mm 정도 낮게 설치하는 수가 있으나, 통상 거푸집없이 포설한 후 가열된 인두(Smoother)를 사용하여 마무리한다.
  - 피니셔를 정치한 후 피니셔의 기종, 혼합물의 종류, 온도 등에 따라 마무리두께보다 약간 두꺼운판을 Screed 하부에 넣고, Screed를 조용히 내려서 그때의 높이를 Screed의 높이로 한다.
  - 포설두께는 다음과 같이 구한다.

$$T = D \times \frac{T'}{D'} \tag{7.123}$$

여기서 D : 규정된 구께(cm)

T : 시험포설의 평균포설두께(cm)

D' : 시험포설 다짐 후의 평균두께(cm)

T' : 규정두께를 얻기 위한 소요 포설두께(cm)

- 덤프트럭은 후진하여 피니셔와 조금 떨어져서 정지한 후 적재함을 약간 올리고, 기어를 중립에 놓는다. 피니셔는 즉시 운전을 시작하여 트럭을 밀면서 전진하고, 이때 덤프트럭은 적재함을 서서히 들면서 혼합물 Finisher hopper에 조용히 쏟아놓는다.
- 포설작업은 가능한 한 연속적으로 실시하여야 하며, 이때 피니셔의 작업속도는 포설두께, 포설폭, 플랜트 능력, 혼합물종류에 따라 조정해야 한다.
- Finisher hopper내의 혼합물량은 큰 변동이 없도록 해야 하며, Screw spreader 양단에 Screw 깊이의 2/3 이상이 유지될 수 있도록 해야 한다.
- 덤프트럭의 혼합물공급이 중단되면 Hopper 내의 혼합물잔량을 전부 포설하고, 마무리해야 한다.
- 혼합물사용량에 의한 실포설두께를 확인해 나가려면, 다음 식에 의해 산출된 트럭 1대분의 포설연장을 노면에 표시해 두는 것이 좋다.

$$L = \frac{Q}{r \times D \times W} \tag{7.124}$$

여기서 Q : 트럭 1대분의 혼합물중량(t)

r : 다져진 혼합물의 밀도(t/m^3)

W : 포설폭(m)

L : 트럭 1대분의 예정포설연장(m)

D : 다짐 후의 평균 마무리두께(m)

- Thickness gauge를 사용하여 끊임없이 소요두께를 확인해야 하며, 포설연장과 투입된 혼합물량과의 관계에서 필요시 Screed를 조절한다. 두께조정을 갑자기 하면 표면에 불규칙한 파형이 생기게 되므로, 두게 1 cm의 조절이 연장 10~20 m 구간에서 시행되도록 하는 것이 바람직하다.
- 피니셔로 포설이 되지 않는 부분은 혼합물을 인력으로 포설하여 피니셔와 병행해 나가면 된다. 이 경우에는 피니셔를 사용할 때보다 다소 두껍게 깔아야 한다.
- 만약 피니셔로 포설한 면의 조직이 엉성하게 되면 혼합물의 배합이나 온도, Tamper나 Screed에 문제가 있는 것이므로 원인을 제거해야 하며, Rake 사용은 피해야 한다.
- 포설 후 다짐작업 전에는 표면을 점검하여 종횡단, 평탄성, 혼합물에서 이상이 발견되면 그 부분을 즉시 제거하고, 새로운 혼합물로 대체, 수정해야 한다.

– 인력에 의한 포설

- 포설 시 두께의 기준이 되고 다짐 시 외측으로의 유동을 방지하기 위하여, 포설 전에 거푸집을 설치한다. 연석이나 측구 등을 이용할 수 있을 경우에는 거푸집을 생략할 수 있다.
- 장비를 사용한 경우보다 혼합물의 온도강하가 빨라질 염려가 있으므로 서둘러 마무리할 필요가 있다.

‣ 플랜트에서 운반된 혼합물은 포설장소 가까이에 철판을 깔고 그 위에 쏟아놓는다.
‣ 철판 위의 혼합물은 Raker작업원이 지시하는 장소에 가열된 삽을 이용, 운반하여 삽을 뒤집어 쏟아놓는다. 작업시간의 경과로 철판 위의 혼합물이 식을 염려가 있을 경우에는 천막으로 덮어두는 것이 좋다.
‣ 삽으로 운반하여 쏟아놓은 혼합물은 균일한 밀도와 소정의 두께 및 형상이 얻어지도록 Rake 등으로 펴 고른다.
‣ Rake 작업 중인 곳에 들어가서는 아니 되며, 작업이 완료된 곳에 다시 손질할 필요가 발생될 경우에는 판자 등을 깔고 작업해야 한다.
‣ 포설작업은 연속하여 실시해야 하나 작업중단으로 포설된 혼합물이 식을 염려가 있을 경우에는 그 부분을 일단 마무리한다.
‣ 포설완료 후 다짐작업 전에 표면을 점검하여 혼합물의 이상이 있는 부분이나 요철(凹凸)이 있는 곳은 곧 수정한다.

• 다짐

포설작업이 끝나면 소정의 밀도가 얻어지도록 즉시 충분한 다짐을 해야 한다. 1차다짐은 혼합물이 변위를 일으키거나 Hair crack이 생기지 않을 정도의 고온에서 다지며, 2차다짐은 1차다짐에 계속해서 소정의 밀도가 나올 수 있도록 다진다. 마무리다짐은 롤러 자국이 없어질 정도로 다진다. 로드 롤러의 속도는 2～3 km/h, 타이어 롤러의 속도는 6～10 km/h가 적당하다. 일반적으로 다짐온도는 Joint 다짐에서는 높을수록 좋고, 1차다짐에서는 110～140℃, 2차에서는 끝날 때가 70～90℃, 마무리다짐에서는 60℃가 되도록 한다. 1차다짐 시 Hair crack을 없애려면 롤러의 선압력 또는 타이어의 공기압을 낮추거나, 직경이 큰 바퀴를 사용하든가 주행속도를 낮추든가 또는 혼합물의 온도가 다소 낮아질 때까지 기다려야 한다. 로드 롤러는 반드시 구동륜을 앞세워서 다져야 하는데, 그 이유는 구동륜을 뒤로 하면 수직하중이 적을 뿐만 아니라 혼합물이 앞으로 밀리기 때문이다. 다짐 시엔 혼합물의 부착을 방지하기 위하여 소량의 물을 뿌리든가, 온도저하가 예상되는 경우는 경유를 바퀴에 겨우 묻힐 정도로 바르면 좋다.

마무리가 끝난 직후에 포장 위에 장시간 롤러를 올려놓으면 장비중량으로 인해 포장면에 요철(凹凸)이 발생하게 되므로 주의해야 한다. 통상 다짐의 4원칙이라면 Joint부터 다질 것, 낮은 쪽에서 높은 쪽으로 다질 것, 롤러의 구동륜을 앞세워서 다질 것, 방향전환 시 동일 위치에 서지 말 것 등을 들 수 있다.

- Joint다짐 : 나중에 언급할 'Joint'를 참조하기 바람
- 1차다짐

‣ 통상 로드 롤러를 사용하며, 중량은 혼합물의 온도, 안정성, 두께 등에 따라 차이가 나나 일반적으로 8 t 정도가 무난하다.
‣ 다짐작업은 도로횡단상으로 보아 낮은 쪽에서 높은 쪽으로 이동하면서 실시하며, 2회(1왕복) 정도가 적당하다.

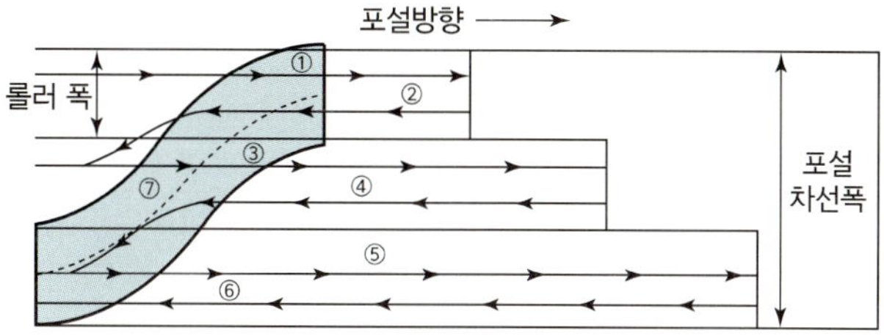

그림 7.45 대표적인 다짐순서

- 외연부를 다질 경우에는 롤러의 차륜이 연부로부터 5~10 cm 정도 외측으로 나가도록 하여 다진다.
- 측방에 거푸집을 사용할 경우에는 1차다짐 완료 후 혼합물이 별로 변위를 일으키지 않으면 연부의 다짐을 위해 빨리 거푸집을 제거하는 것이 좋다.
- 1차다짐후 노면을 점검하고 필요시에는 정형한다.

－2차다짐

- 타이어 롤러를 주로 사용하나 경우에 따라서는 8 t 이상의 머캐덤 롤러를 사용해도 된다. 타이어 롤러는 골재의 Inter－locking을 좋게 하고, Hair crack을 없애며, 깊이 방향으로 균일한 밀도를 얻을 수 있으므로 유리하다.
- 타이어 롤러는 서로 겹쳐서 다지고, 머캐덤 롤러는 구동륜폭의 1/2 정도만 겹쳐서 다지면 된다.

－마무리 다짐 : 탠덤 또는 머캐덤 롤러를 사용하여 전면에 롤러 자국이 없어질 때까지 다진다.

• Joint

Joint는 가로방향 Joint, 세로방향 Joint 및 구조물과의 접속부 등으로 나눌 수 있다. 가로방향 또는 세로방향 Joint의 시공방법에는 그림 7.46과 같은 2가지 방법이 있으며, (a) 방법에서는 Joint부의 다짐불충분, (b) 방법에서는 Joint의 요철(凹凸)에 주의해야 한다. 또한 하층과 상층의 Joint가 겹쳐서는 안 된다.

－가로 Joint

- 가능한 한 그 발생을 적게 하며, 특히 표층에서는 평탄성에 유의해야 한다.
- 포설이 장기간 중단될 경우에는 포설부분 전체를 충분히 다진다.
- 완전히 식은 부분에 잇대어 시공할 때는 소정두께가 확보되어 있는 곳에서 전폭에 걸쳐 수직으로 잘라내고 새 혼합물을 접속시키는데, 이때 Rake 등을 사용해서 평탄성을 유지해야 한다.

(a) butt joint　(b) lap joint

그림 7.46 Joint의 모양

- Joint다짐 직후 신구층간에 고저차가 생기면 Rake를 사용하여 혼합물을 느슨하게 하고, 고른 후 다시 다진다.

– 세로 Joint

- 세로 Joint는 가능한 한 도로중심선과 나란하게 설치하며, 가로이음의 경우에 준해서 마무리한다.
- 세로 Joint는 개설포장에 5 cm 정도 중복시켜 포설하며, 중복부분의 굵은골재는 Rake 등으로 긁어내고, 즉시 충분히 다진다.
- 세로 Joint는 새로 포설한 혼합물에 롤러의 구동륜을 15 cm 정도 겹쳐서 다진다.
- 두 대의 피니셔가 거의 동시에 시공하는 경우에는 앞 피니셔의 가장자리에서 5～10 cm의 폭은 다지지 않은 상태로 두었다가 뒤따르는 혼합물의 다짐 시에 한꺼번에 다진다.

– 구조물과의 접속부 : 연석, 측구, 맨홀, 기타 구조물과의 접속부분은 Tamper, Smoother 등을 사용하여 잘 다져야 한다.

– Joint부의 Tack coat : 세로 Joint, 구조물접속면은 그 접속면을 청소한 후 적당한 역청재료(RC－1, RS－4) 등으로 Tack coat하고, 혼합물이 충분히 밀착되도록 한다.

• 한냉기의 시공

한냉기의 시공은 다짐효과가 적어 소요밀도를 얻기 힘들다. 따라서 내용연수가 감소되므로 되도록 피하는 것이 바람직하나, 부득이한 경우에는 다음 사항에 주의하여 시공해야 한다(통상 5℃ 이하의 기온에서 포설할 때를 한랭기 포설이라 한다).

– 사용아스팔트의 침입도는 석유아스팔트의 규격 내에서 평상 시보다 1등급 큰 것으로 한다. 또한 AP 및 석분 배합비를 늘리는 것이 좋다.

– 현장다짐온도를 고려하여 플랜트의 혼합물 온도를 다소 올려야 하며, 185℃ 이하로 한다. 한랭기의 혼합물 현장도착온도는 트럭 위의 혼합물 표면에서 6 cm 정도의 깊이에서 160℃ 이상이 바람직하다.

– 운반트럭에는 천막을 2～3매 겹쳐서 덮든가 나무상자를 덧붙이는 등 보온조치를 해야 한다.

– 포설 시에는 피니셔의 Screed를 계속해서 가열해야 하며, 작업을 중단한 후 다시 혼합물을 포장할 경우에는 이미 포설해 놓은 포장의 단부폭 20～30 cm 정도에 가열혼합물을 놓아서 보온한 후 포설이 시작되었을 때 제거한다.

– 다짐작업 시에는 최소 범위로 포설하여 즉시 다짐을 시작한다. 다지지 않은 혼합물의 연장이 10 m 이상 되지 않도록 한다.

롤러에의 혼합물 부착을 방지하기 위해서는 유화아스팔트의 희석액을 사용한다. 타이어 롤러는 1차다짐에서 발생한 Hair crack을 없앨 수 있고, 작업속도가 빨라서 한랭기 포장의 다짐에 매우 적합하다.

7.4 시멘트 콘크리트포장

7.4.1 설계이론

아스팔트포장은 근본적으로 작용하중이 포장 각 층을 통하여 점차적으로 분산되나, 콘크리트포장은 탄성기초 위에 판구조로 작용한다. 그래서 탄성이론, 즉 단순이론으로부터 스프링으로 설계한다.

Timoshenko의 3가지 판휨의 종류로는 다음과 같다.

- 미소처짐을 갖는 얇은 판
- 큰 처짐을 갖는 두꺼운 판
- 두꺼운 판

판의 휨에 대한 이론전개로서 수직하중일 때 다음과 같이 가정한다.

- 판의 중앙부는 변형이 없다.
- 판의 중앙부는 처음이나 휨 후에도 정상이다.
- 판에 횡방향으로 작용하는 응력은 무시할 수 있다.

이러한 가정하에서 판의 처짐을 나타낼 수 있다. 처짐 w는 선형편미분방정식을 만족해야하며, 이것은 경계조건으로 처짐을 정리한다. 판에 등분포하중 q가 판에 수직으로 작용 시 처짐을 미분방정식으로 나타내면 다음과 같다. 라그랑주(La Grang'e)의 식으로부터

$$\frac{\partial^4 w}{\partial x^4} + 2\frac{\partial^4 w}{\partial x^2 \partial y^2} + \frac{\partial^4 w}{\partial y^4} = \frac{q - Kw}{D} \qquad (7.125)$$

여기서 K : 노상박력계수　　　D : 판의 휨 강성 $= \dfrac{Eh^3}{12(1-\mu^2)}$

w : 판의 처짐

(1) Westergaard의 해

Westergaard는 강성포장의 설계에 대하여 이론적인 해석을 위하여 계속 연구하였다. 1920년 그는 다음과 같이 중요한 가정을 설정했다.

- 콘크리트의 판은 균등하게 무한탄성체로 작용한다.
- 노상반력은 오직 수직으로만 작용하며 판의 처짐과 비례한다.
- 한 지점에서 단위면적당 노상반력은 그 지점의 처짐과 노상반력계수(K)와의 곱과 같다.
- 판의 두께는 균등하다.
- 판의 우각부와 내부의 하중은 원형접지면적에 걸쳐 균등하게 분포하며, 우각부에 하중작

용 시 접지면적 경계부는 판의 단부와 접선이다.

- 판의 단부하중 반원접지면적에 걸쳐 균등하게 분포한다.

Westergaard는 다음과 같은 경우를 고려했다.

- 판의 저부 최대인장응력은 중심하중으로 고려한다.

$$f_t = 0.31625\frac{P_i}{h^2}\left[4\log_{10}\left(\frac{L}{b}\right)+1.0693\right] \quad (7.126)$$

여기서 L : 강비반지름= $\sqrt[4]{\dfrac{E_c h^3}{12(1-\mu^2)K}}$

P_i : 충격계수에 의한 증가 하중 p(lb)

μ : 푸아송 비

h : 판 두께(in)

K : 노상지지력 계수(pci)

a : 접지면적 반지름(in)

E_c : 콘크리트의 탄성계수(psi)

b : 판 저부의 등분포 압력 반지름= $\sqrt{1.2a^2+h^2}-0.675h^2$

f_t : 하중 시 인장응력(psi)

- 연단부와 평행방향으로 내측단부 하중작용 시 판 저부의 최대인장응력

$$f_t = 0.57185\frac{P_i'}{h^2}\left[4\log_{10}\left(\frac{L}{b}\right)+0.3593\right] \quad (7.127)$$

여기서 P_i' : 충격하중에 의한 증가 반원하중(하중 P의 절반)(lb)

- 우각부 하중작용 시 우각 2등분선에 평행방향으로 판의 상부에서의 최대인장응력

$$f_t = \frac{3P_i}{h^2}\left[1-\left(\frac{a\sqrt{2}}{L}\right)^{0.6}\right] \quad (7.128)$$

(2) Pickett의 해

1951년에 두 조건을 고려하여 우각부 하중 경우에 개발한 수식이다.

① 보강된 우각부

골재 맞물림이나 혹은 다른 적절한 장치로 적어도 20% 하중전달장치가 있는 경우

$$f_t = \frac{3.36P_i}{h^2}\left(1-\frac{\sqrt{a/L}}{0.925+0.22a/L}\right) \quad (7.129)$$

② 비보강된 우각부

하중전달에 적절한 장치가 없고 한 우각부가 하중 80% 이상의 전달되는 경우

$$f_t = \frac{4.2P_i}{h^2}\left(1 - \frac{\sqrt{a/L}}{0.925 + 0.22a/L}\right) \tag{7.130}$$

여기서 a : 단륜하중 접지반지름(in) 또는 복륜인 경우 단륜접지면적이다. 단륜접지면적의 직경과 같은 폭 그리고 복륜의 중심과 중심거리와 같은 길이의 4각면적을 합한 원형면적의 반지름

식 (7.129)와 (7.130)은 우각부 와핑(Warping) 하중을 고려한 응력의 영향까지 포함한다.

표 7.51 우각공식

제안자	우각공식	비 고
Older	$\frac{\sigma_c h^2}{3P} = 1$	비교형식으로 변형
Pearl	$\frac{\sigma_c h^2}{3P} = \frac{2}{\pi}$	어느 식도 우각부는 보강되지 않은 경우임
Westergaard	$\frac{\sigma_c h^2}{3P} = 1 - \left(\frac{a_1}{L}\right)^{0.6}$	
Sheets	$\frac{\sigma_c h^2}{3P} = \frac{2}{3}C$	
Bradbury	$\frac{\sigma_c h^2}{3P} = 1 - \left(\frac{a_1}{\sqrt{2L}}\right)^{0.6}$	
Kelly	$\frac{\sigma_c h^2}{3P} = 1 - \left(\frac{a_1}{L}\right)^{1.2}$	
Spangler	$\frac{\sigma_c h^2}{3P} = \frac{3.2}{3}\left(1 - \frac{a_1}{L}\right)$	
Pickett	$\frac{\sigma_c h^2}{3P} = \frac{4.2}{3}\left(1 - \frac{\sqrt{a_1/L}}{1.1 + 0.185a_1/L}\right)$	

변수값 σ_c : 콘크리트의 휨응력, h : 판두께(in), P : 우각부 하중, L : 강비반지름, α_1 : 단부에서 접지면적 중심까지의 거리

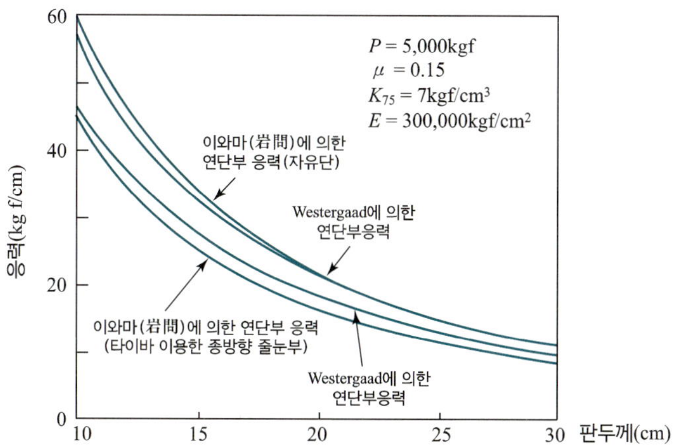

그림 7.47 판두께와 응력과의 관계

(3) 온도응력

콘크리트판의 온도는 1일주기 또는 연간주기로 기온의 변화에 따라 계속 변화한다. 콘크리트판은 온도변화에 따라 열팽창 또는 수축이 발생되며, 어떠한 조건에 따라 이 변화를 방해하면 온도응력이 발생한다.

예를 들면, 탄성계수 E, 열팽창률 α인 L길이 콘크리트판의 온도가 θ℃ 온도상승을 받게 되면 자유롭게 팽창할 수 있는 길이는 $L(1+\alpha\theta)$이다. 그러나 단위면적당 $\alpha\theta E$ 크기인 압축력이 작용하면 온도팽창과 압축이 균형을 이루어 판의 길이변화는 일어나지 않는다.

이와 같은 상태를 완전구속이라 하고, $\alpha\theta E$는 구속응력이라 한다. 구속이 불완전하여 판이 $L(1+\beta)$까지 팽창한다면 구속정도는 $\alpha\theta-\beta$이며, $(\alpha\theta-\beta)/\alpha\theta$를 구속계수라 한다. 이러한 온도응력에는 내부응력, 단부구속응력, 굽음응력이 있다.

- 내부응력(Internal Stress)이란 판의 온도분표는 표면에서 저면으로 갈수록 곡선분포를 나타내나 판은 직선적으로 구속되므로 생기는 응력이다. 내부응력은 낮에는 압축응력, 밤에는 인장응력으로 되는 경우가 많다. 일반적으로 도로포장과 같이 슬래브의 두께가 얇을 때는 문제되지 않으나, 공항포장과 같이 두께가 두꺼워지면 특히 고려해야 할 문제이다.
- 단부구속응력(End Restraint Stress)이란 온도변화에 따라 콘크리트 슬래브가 수평으로 자유로이 신축되어야 하나, 이를 방해받을 때 생기는 응력이다. 팽창할 때는 인접한 슬래브에 의해 구속되므로 압축응력이 생기나 수축할 때는 노반과의 마찰에 의해 인장응력이 생긴다. 이의 인장응력은 굽음응력(Warping Stress)에 비해 작은 값이고, 또 수축줄눈을 설치하여 응력을 경감시킴으로써 해결가능한 응력이다.
- 굽음응력(Warping Stress)은 콘크리트 슬래브의 표면과 저면의 온도차에 의해 판이 굽거나 슬래브의 자중에 의해 구속을 받음으로써 생기는 응력이다. 낮에는 슬래브의 표면의 온도가 저면보다 높으므로 양단이 구속되지 않으면 응력이 생기지 않으나, 실제는 자중에 의해 구속되므로 표면에는 압축응력, 저부에는 인장응력이 생긴다. 야간에는 낮과 반대가 된다.

상술한 세 가지의 응력 중 콘크리트포장에서 특히 고려해야 할 것은 굽음응력이다. 이 굽음응력에 대한 해석은 Westergaad를 비롯한 연구자에 의해 수행되었는데, 그 후 Bradbury는 응력해석을 간략화하기 위해 계수를 이용하는 방법을 발표하였다.

판의 내부나 연단부의 굽음응력은 식 (7.131), (7.132)와 같이 각각 계산할 수 있다.

$$\text{연단부응력} : f_{\triangle t} = \frac{\alpha_c E_c \triangle t}{2} \cdot C \tag{7.131}$$

$$\text{내부응력} : f_{\triangle t} = \frac{\alpha_c E_c \triangle t}{2(1-\mu_c^2)}(C_1 + \mu C_2) \tag{7.132}$$

여기서 α_c : 콘크리트의 열팽창계수(5×10^{-6} in/°F)

E_c : 콘크리트의 탄성계수(psi)

μ_c : 콘크리트의 푸아송 비

$L_x L_y$: 판의 자유길이와 폭(ft)

C_1 : 굽음응력이 발생하는 방향에 대한 계수(그림 7.48)

C_2 : 직각방향에 대한 계수(그림 7.48)

Δt : 판의 상·하부 온도차이(°F)=3×판두께(in)

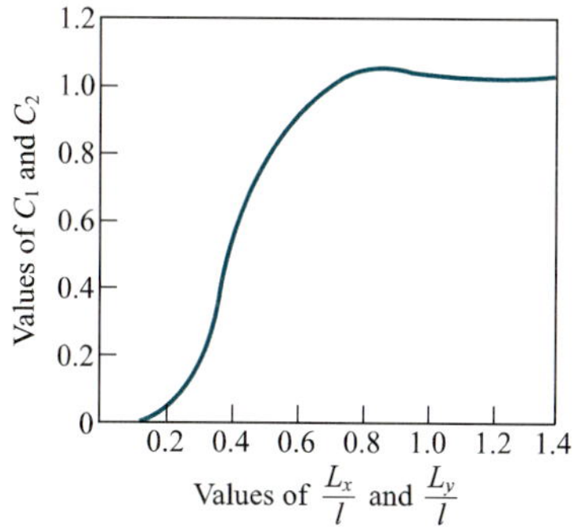

그림 7.48 굽음응력계수

예제 7.1

판 두께 9 in, 줄눈 간격 20 ft, 판의 폭 12 ft일 때 굽음응력을 계산하시오(단 노상 K = 200 pci, 콘크리트 탄성계수 = 4×10^6 psi).

풀이 $l = 33.39(\text{in})$ $\Delta t = 3\times9(\text{in}) = 27°\text{F}$

$\frac{L_x}{l} = \frac{20}{33.39} = 0.6$ $\frac{L_y}{l} = \frac{12}{33.39} = 0.36$

- 종방향 연단부응력$= \frac{5\times10^{-6}\times4\times10^6\times27}{2}\times0.89 = 240$ psi
- 횡방향 단부응력$= \frac{5\times10^{-6}\times4\times10^6\times27}{2}\times0.4 = 108$ psi
- 종방향 내부응력$= \frac{5\times10^{-6}\times4\times10^6\times27}{2(1-0.15^2)}\times(0.89+0.15\times0.4) = 276\times0.95 = 263$ psi
- 횡방향 내부응력$= \frac{5\times10^{6}\times4\times10^6\times27}{2(1-0.5^2)} = 276\times0.533 = 147$ psi

※ 긴 판(slab)일수록 굽음응력이 더 크다.

마찰응력(Friction stress)은 온도변화에 따라 판은 수축 또는 팽창한다. 이때 표층(slab)과 그 아래층과는 온도가 다르므로 층 사이에 마찰력이 일어난다. 마찰계수의 최대값은 판의 변이량 크기에 따라 변한다. 짧은 판(18 m 이하)일 경우 마찰응력이 위험한 것은 아니며, 일반적으로 계산에서 무시하나 마찰응력을 계산할 때에는 식 (7.133)을 사용한다.

$$f_F = \frac{Fr'L}{2 \times 144} \tag{7.133}$$

여기서 f_F : 콘크리트판의 마찰응력(psi) r' : 콘크리트의 단위중량(1 b/ft^3)

F : 층 사이 평균마찰계수(=1.5) L : 줄눈 사이 판의 길이(ft)

기타 물의 침투에 의한 펌핑현상으로 영향을 미치는 침투응력(Infiltration stress)과 줄눈과 같이 판의 절단에 따라 하중전달 영향이 다른 하중응력(Load stress) 등이 있다.

7.4.2 설계법

(1) AASHTO(1981) 설계법

① 설계기본식

AASHTO의 기본식은 도로시험에서 정립된 서비스능력과 공용성 개념을 기초로 만들어진 경험적 공용방식으로서 식 (7.134)와 같다.

$$\log(W_{8.2}) = 7.35 \times \log_{10}(D + 2.54) - 3.04 \frac{G_t}{1 + \dfrac{4.32 \times 10^{10}}{(D+2.54)^{8.46}}} + (4.22 - 0.32P_t)\log_{10}\left[\frac{Sc' \times (D^{0.35} - 2.28)}{15.16 \times J \times \left[D^{0.75} - \dfrac{46.79}{\left[\dfrac{E_c}{K_c}\right]^{0.25}}\right]}\right] \tag{7.134}$$

여기서 $W_{8.2}$: 설계기간 동안의 8.2 t 등가단축하중(ESAL)의 설계차선당 누가통과횟수

P_t : 설계최종서비스 지수

J : 콘크리트포장 형식에 따른 연속성을 반영하는 하중전달계수

E_c : 콘크리트 슬래브 설계탄성계수(kg/cm^2)

K_c : 콘크리트 슬래브와 접속면에서의 노상반력계수(kg/cm^3)

D : 포장 슬래브 두께(cm)

② 교통량

교통량은 아스팔트포장편에서 환산교통량 원칙과 동일하나 하중계수는 가요성포장과 강성포장에 따라 다소 차이가 있다. 환산교통량(ESAL 8.2 t)은 설계기간 교통량이 50,000대 이상인 경우에 적용하는 것이 바람직하며, 그 이하의 교통량에 대해서는 포장요강법에 따라 적용하고 있는 것이 일반적인 통례이다.

표 7.52는 우리나라에서 사용되고 있는 차종별 등가단축기준하중(ESAL 8.2 t) 환산계수의 적용 예이다.

표 7.52 강성포장에 대한 차종별 8.2 t 등가단축하중계수(전체평균)

차 종		차축 구성	Pt	D(cm)									
				15.0	17.5	20.0	22.5	25.0	27.5	30.0	32.5	35.0	평 균
승용차		2A 4T	2.0	0.0002	0.0001	0.0001	0.0001	0.0001	0.0001	0.0001	0.0001	0.0001	0.0001
			2.5	0.0002	0.0002	0.0001	0.0001	0.0001	0.0001	0.0001	0.0001	0.0001	0.0001
			3.0	0.0002	0.0002	0.0002	0.0001	0.0001	0.0001	0.0001	0.0001	0.0001	0.0002
버 스	소 형	2A 4T	2.0	0.001	0.001	0.001	0.001	0.001	0.001	0.001	0.001	0.001	0.001
			2.5	0.001	0.001	0.001	0.001	0.001	0.001	0.001	0.001	0.001	0.001
			3.0	0.001	0.001	0.001	0.001	0.001	0.001	0.001	0.001	0.001	0.001
	소 형	2A 6T	2.0	0.001	0.001	0.001	0.001	0.0005	0.0005	0.0005	0.0005	0.0005	0.001
			2.5	0.001	0.001	0.001	0.001	0.001	0.0005	0.0005	0.0005	0.0005	0.001
			3.0	0.001	0.001	0.001	0.001	0.001	0.001	0.0005	0.0005	0.0005	0.001
	보통	2A 6T	2.0	0.843	0.838	0.837	0.836	0.837	0.837	0.837	0.837	0.837	0.838
			2.5	0.852	0.841	0.836	0.836	0.836	0.837	0.837	0.837	0.837	0.839
			3.0	0.865	0.844	0.837	0.836	0.836	0.836	0.837	0.837	0.837	0.841
트 럭	소 형	2A 4T	2.0	0.004	0.004	0.004	0.004	0.004	0.004	0.004	0.004	0.004	0.004
			2.5	0.004	0.004	0.004	0.004	0.004	0.004	0.004	0.004	0.004	0.004
			3.0	0.004	0.004	0.004	0.004	0.004	0.004	0.004	0.004	0.004	0.004
	보 통	2A 6T	2.0	0.621	0.615	0.617	0.622	0.627	0.629	0.631	0.632	0.632	0.625
			2.5	0.609	0.595	0.599	0.610	0.619	0.625	0.628	0.630	0.631	0.616
			3.0	0.597	0.572	0.579	0.596	0.610	0.619	0.625	0.628	0.630	0.606
	대 형	3A10T	2.0	3.531	3.450	3.462	3.523	3.585	3.632	3.665	3.687	3.700	3.582
			2.5	3.316	3.152	3.177	3.301	3.430	3.530	3.599	3.645	3.674	3.425
			3.0	3.066	2.815	2.855	3.047	3.249	3.407	3.520	3.594	3.642	3.244
트랙터+ 세미트레일러		4A 이하	2.0	2.342	2.312	2.328	2.359	2.384	2.399	2.407	2.411	2.413	2.373
			2.5	2.260	2.196	2.227	2.293	2.346	2.378	2.396	2.405	2.410	2.323
			3.0	2.166	2.062	2.109	2.212	2.299	2.352	2.381	2.397	2.405	2.265
		5A	2.0	3.114	3.068	3.091	3.139	3.179	3.205	3.221	3.229	3.234	3.164
			2.5	2.971	2.874	2.921	3.021	3.106	3.162	3.196	3.215	3.226	3.077
			3.0	2.806	2.652	2.723	2.881	3.017	3.109	3.165	3.197	3.215	2.974
		6A 이상	2.0	1.540	1.527	1.532	1.541	1.547	1.550	1.551	1.552	1.553	1.544
			2.5	1.527	1.498	1.508	1.527	1.539	1.546	1.549	1.551	1.552	1.533
			3.0	1.518	1.465	1.479	1.509	1.530	1.541	1.547	1.550	1.551	1.521
트 럭 트레일러		5A 이하	2.0	4.514	4.458	4.487	4.549	4.599	4.629	4.645	4.653	4.657	4.577
			2.5	4.346	4.229	4.288	4.416	4.522	4.587	4.622	4.641	4.650	4.478
			3.0	4.153	3.967	4.055	4.256	4.427	4.534	4.593	4.624	4.641	4.361

표 7.53 차종, 포장구도 및 도로등급별 평균 ESALF 산정결과

차 종		차축구성	전체평균 ESALF				고속국도 평균 ESALF		일반국도+지방도평균 ESALF	
			가요성		강 성		가요성	강 성	가요성	강 성
승 용 차		2A 4T	0.0002		0.0001		0.0002	0.0001	0.0002	0.0002
버 스	소 형	2A 4T	0.001		0.001		0.001	0.0004	0.001	0.001
		2A 6T	0.001		0.001		0.001	0.001	0.001	0.001
	보 통	2A 6T	0.852		0.839		1.403	1.041	0.762	0.746
트 럭	소 형	2A 4T	0.004		0.004		0.015	0.015	0.001	0.001
	보 통	2A 6T	0.613	1.122	0.616	1.638	0.781	0.783	0.602	0.605
	대 형	3A10T	2.047		3.417		1.472	2.407	2.392	4.022
트랙터+세미트레일러		4A 이하	1.690	2.130	2.320	3.266	1.734	2.399	1.547	2.068
		5A	1.815		3.072		1.292	2.139	2.422	4.156
		6A 이상	0.858		1.533		0.471	0.756	1.676	3.173
트럭+트레일러		5A 이하	3.288		4.472		2.977	4.022	3.768	5.165

③ 서비스지수

아스팔트포장편 참조.

④ 하중전달계수(Load transfer factor : J)

표 7.54 콘크리트 형식별 포장 하중전달계수

구 분		아스팔트 길어깨	콘크리트 길어깨(타이바로 연결)
JCP 또는 JRCP	다우웰바 사용	3.2	2.5~3.1
	다우웰바가 없을 경우	3.8~4.4	3.6~4.2
CRCP		2.9~3.2	2.3~2.9

⑤ 콘크리트 휨강도(Concrete flexual strength)

포틀랜드 시멘트 콘크리트의 15℃에서 재령 28일에 얻어지는 휨강도(KSF 2403, KSF 2408)를 말하며, 콘크리트포장에서는 45 kg/cm^2 이상을 원칙으로 한다.

$$\sigma_f = \frac{S_c}{F_s} \quad \text{또는} \quad \sigma_f = S_c + C \cdot S \tag{7.135}$$

여기서 σ_f : 설계 휨강도

S_c : 재령 28일에 대한 파괴강도의 평균값

F_s : 안전계수(1.33 또는 75%)

C : 시험결과값에 대한 신뢰수준에 따른 계수(표 7.55)

S : 시험결과값의 표준편차

표 7.55 휨강도 시험 신뢰수준에 따른 계수(C)

시험결과의 신뢰수준(%)	C
75	0.676
80	0.842
85	1.037
90	1.282
95	1.645
99	2.326

⑥ 콘크리트의 탄성계수

콘크리트는 응력과 변형관계가 비선형으로 나타난다. 그러므로 탄성계수는 변형정도에 따라서도 다르고, 콘크리트의 강도에 따라서도 다르다. 변형과 응력과의 관계그림에서 최대강도의 절반아래 40~50%에서는 거의 직선에 가깝다. 그리고 이러한 범위에서 콘크리트는 거의 탄성적인 거동을 한다.

콘크리트의 탄성계수는 접선탄성계수(Tangential elastic modulus)와 할선탄성계수(Secant modulus of elasticity)로 구분한다. 일반적으로 할선탄성계수를 사용하며, 이 값은 압축강도의 30~50% 범위에서의 계수이다.

탄성계수의 경험식은 다음과 같다.

$$E_c = W^{1.5} \times 4,270\sqrt{\sigma_{ck}} \tag{7.136}$$

(단위중량이 1.45~2.5 t/m^3 범위에서 사용)

$$E_c = 15,000\sqrt{\sigma_{ck}} \tag{7.137}$$

여기서 W : 콘크리트의 단위중량(t/m^3)

σ_{ck} : 콘크리트의 설계 기준강도(kg/cm^2)

콘크리트의 전단탄성계수 G_s는 이론식으로부터 다음과 같다.

$$G_s = \frac{E_c}{2(1+\mu)} \tag{7.138}$$

여기서 μ : 푸아송 비(0.15~0.20)

표 7.56 강도별 탄성계수

E_c (×10^5 kg/cm^2)	σ_{ck}(kg/cm^2)	180	240	300	400
	보통 콘크리트	2.2	2.5	2.8	3.1

⑦ 합성지지력계수

합성지지력계수는 콘크리트판(표층)을 지지하는 중간층, 보조기층 및 노상지지력을 합성한 지지력계수(Composite bearing Coefficient)를 말한다.

포장두께 설계의 기초가 되는 노상지지력은 콘크리트포장이 판하중으로 작용하므로 원칙적으로는 평판재하시험에 의한 지지력계수를 적용한다. 그러나 편의상 또는 현장여건상 CBR을 측정하여 K값으로 환산하여 적용할 수 있다. 그림 7.49는 CBR값을 노상지지력계수로 환산할 수 있는 그림이다.

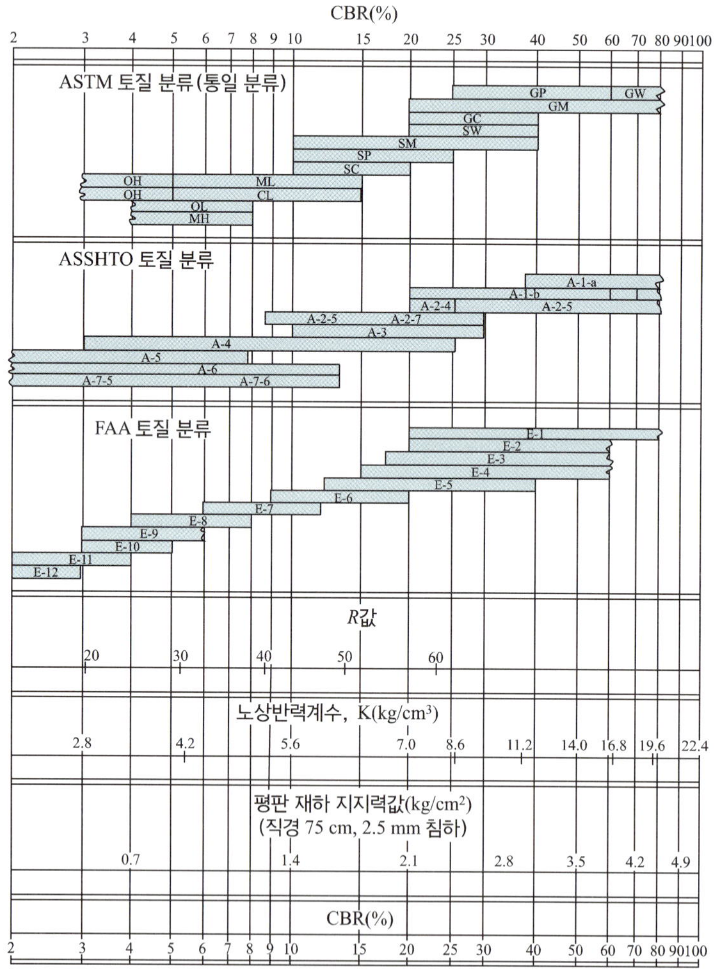

그림 7.49 토질분류와 노상반력계수 상관관계

합성지지력을 구하는 방법은 그림 7.50을 이용한다. 구하는 방법은 그림 7.50에서

- 설계한 보조기층두께와 보조기층재료 회복탄성계수선과의 교점에서 위로 수선을 올려 노상지지력선과의 교점에서 수평으로 연장할 때 종좌표의 지지력계수를 구한다.
- 종좌표의 지지력계수점에서 보간법으로 노상지지력 선형으로 긋고, 다시 중간층 두께와 중간층 재료의 회복탄성계수의 선과의 교점에서 위로 수선을 올려 보간법 선과의 교점에 수평으로 연장할 때 종좌표와 만나는 점이 구하고자 하는 합성지지력계수(K_c)이다.

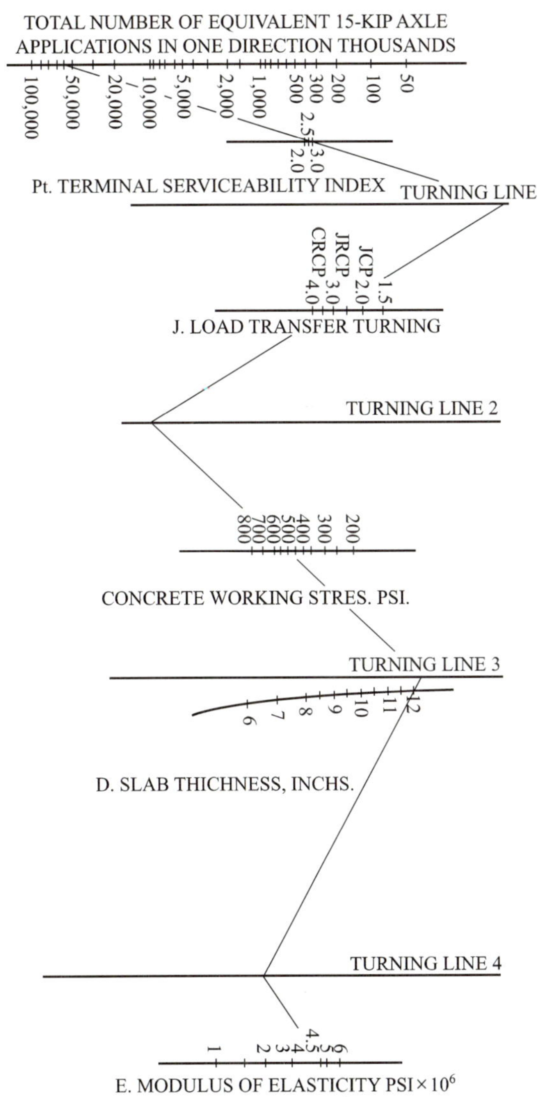

그림 7.50 설계노상반력계수 산정도표(K_c)

⑧ 포장두께 설계

앞에서 ②~⑦항까지 입력변수를 구하여 그림 7.51의 노모그래프로 포장판의 두께를 구한다.

- 교통량(설계 등가단축 환산교통량)
- 하중전달계수(J)
- 탄성계수(E_c)
- 서비스 지수(2.5 또는 2.0)
- 휨강도(f_c)
- 합성지지력계수(K_c)

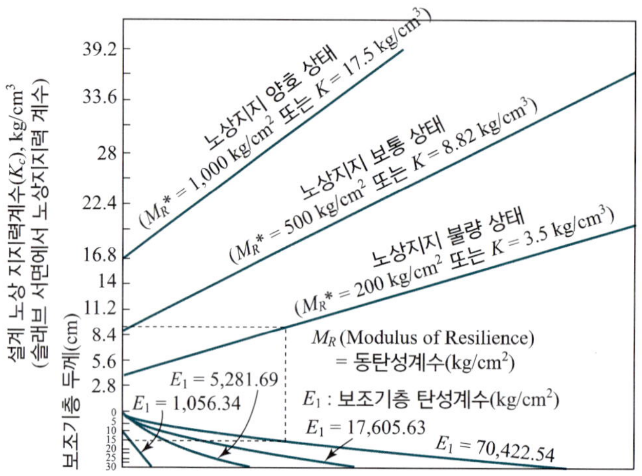

그림 7.51 합성지지력 계산 노모그래프

(2) AASHTO(1986) 설계법

본 설계법은 콘크리트 슬래브 두께설계와 보강철근의 설계로 나뉜다.

① 설계 기본식

AASHTO 86 설계법의 설계 기본식은 식 (7.139)와 같고 설계과정은 그림 7.52와 같다.

$$\log_{10}(W_{8.2}) = Z_R \times S_o + 7.35 \times \log_{10}(D+2.54) - 3.04 + \frac{\log_{10}\left[\dfrac{\Delta PSI}{4.5-1.5}\right]}{1+\dfrac{4.32\times 10^{10}}{(D+2.54)^{8.46}}}$$

$$+ (4.22 - 0.32P_t)\log\left[\frac{S_c' \times C_d \times \left[D^{0.75} - 2.28\right]}{15.16 \times J \times \left[D^{0.75} - \dfrac{46.79}{(E_c/K)^{0.25}}\right]}\right] \tag{7.139}$$

여기서 $W_{8.2}$: 8.2 t 등가단축하중의 예상통과 횟수

Z_R : 표준편차

S_o : 교통량 예측과 공용성 예측에 대한 혼합표준오차

D : 포장슬래브 두께(cm)

ΔPSI : 초기설계서비스지수 P_o와 최종설계서비스 지수 P_t와의 차

Sc' : 시멘크콘크리트의 파괴계수(kgf/cm^2)

J : 하중전달계수

C_d : 배수계수

E_c : 시멘크콘크리트의 탄성계수(kgf/cm^2)

K : 노상반력계수(kgf/cm^2)

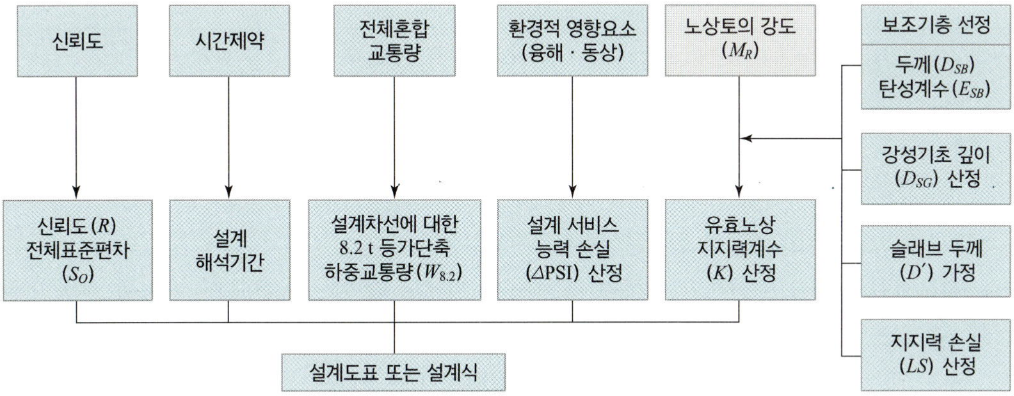

그림 7.52 강성포장설계 흐름도

② 입력변수

식 (7.139)에서 시멘트 콘크리트포장의 두께를 결정하기 위해서는 각 입력변수가 필요하다. 이 중에서 교통조건과 신뢰도(Z_R), 전체표준오차(S_o), 설계서비스지수 손실량(ΔPSI)은 아스팔트포장 설계의 AASHTO 86 설계법에서의 내용과 동일하게 적용하도록 한다.

■ 설계 유효노상지지력계수(K)

콘크리트 슬래브를 지지하는 지지력은 노상토의 지지력뿐만 아니라 보조기층, 강성기초의 깊이 및 지지력손실 등 여러 가지 요소들을 고려하여 결정한다. 포장슬래브의 두께를 결정하는 설계도표를 이용하기 위해서는 노상토의 지지력과 보조기층, 강성기초의 깊이 및 지지력 손실 등 여러 가지 요소들이 고려된 설계 유효노상지지력계수(K)를 구해야 한다. K값은 표 7.58과 그림 7.53 – 56을 이용하여 다음 절차를 통해 구할 수 있다.

- 단계 1 : K값에 영향을 주는 요소들의 결정
  - 보조기층의 두께 및 탄성계수 : 보조기층의 두께 및 탄성계수는 콘크리트 슬래브의 지지력에 영향을 준다. 보조기층의 재료별 탄성계수는 표 7.57을 참조한다.
  - 국부적인 지지력 손실(LS : Loss of Support) : 포장의 시공 후 노상의 국부적인 침하나 보조기층의 침식(Erosion)에 의해 포장체에 공극이 발생할 경우를 고려하여 K값을 실제보다 약간 줄여주는데, 줄여주는 정도는 LS값으로 표시하며, 보조기층의 사용재료에 따라 다르다(표 7.57 참조).

표 7.57 보조기층의 재료에 따른 탄성계수 및 *LS*값

보조기층재료	탄성계수(psi)	*LS*
시멘트 안정처리	1,000,000～2,000,000	0.0 – 1.0
빈배합 콘크리트	1,000,000～3,000,000	0.0 – 1.0
아스팔트 안정처리	350,000～1,000,000	0.0 – 1.0
석회 안정처리	20,000～70,000	1.0 – 3.0
입상재료	15,000～45,000	1.0 – 3.0
자연노상토	3,000～40,000	2.0 – 3.0

주) 표 7.57의 값들은 AASHTO에서 추천한 값으로서 우리나라에서 실제 시험한 값이 있으면 그 값을 사용하는 것이 좋다.

– 기반암의 깊이 = 강성기초의 깊이(D_{SG}) : 노선을 따라 상당한 구간에 기반암(Bedrock)이 노상면으로부터 3 m 이내에 있을 경우 기반암은 노상의 지지력에 영향을 줄 수 있다.

- 단계 2 : 노상토의 계절적 회복탄성계수(M_R) 결정

계절적인 영향을 고려하기 위하여 가능한 한 세분된 각 계절(AASHTO)에서는 매월 또는 매 1/2개월 간격을 추천)의 노상토의 회복탄성계수를 산정하여 표 7.58의 (2)란에 기재한다.

주1 회복탄성계수 시험이 어려울 경우 CBR(ASTM D1183 또는 AASHTO T193) 값을 구하여 다음 식에 의해 회복탄성계수 (M_R)을 구할 수 있다.

$$M_R\text{=1,500 CBR(단위 : psi)}$$

이 경우 계절적인 영향은 동결융해가 없는 계절은 CBR 시험 시 함수량을 변화시키므로 얻을 수 있는데, 세분된 각 계절의 그 지역의 포장체 하부에 있는 노상토의 대표 함수량을 구하거나, 가정하여 시료의 함수량으로 사용한다.

동결 및 융해가 있는 계절의 경우 M_R나 CBR을 구하기 힘들면 AASHTO가 추천하는 다음 값을 사용할 수 있다.

노상토 동결 시 : M_R = 20,000～50,000 psi

노상토 융해 시 : M_R = 여름이나 가을철 M_R의 약 20～30% 값

주2 FWD(Falling Weight Deflectometer)나 다이나플랙트(Dynaflect) 등을 이용한 비파괴 시험으로도 계절적인 회복탄성계수는 얻을 수 있다.

주3 콘크리트포장의 두께설계에 있어서 노상지지력의 영향은 아스팔트포장에 비해 훨씬 적으므로 계절적 회복탄성계수 결정에 있어서 기술자의 판단에 따라 가정할 수 있는 폭이 크다.

- 단계 3 : 보조기층의 계절적 탄성계수(E_{SB}) 결정

각 계절별로 보조기층의 탄성계수를 산정하여 표 7.58의 (3)란에 기재한다.

주1 시멘트 안정처리 보조기층 등 계절적 영향이 거의 없는 경우는 계절에 관계없이 일정한 값을 사용할 수 있다.

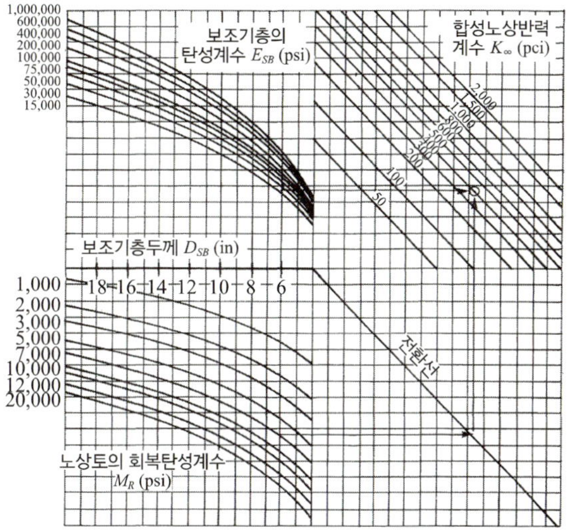

그림 7.53 반무한 노상깊이로 가정한 합성노상지지력계수(K_∞ =pci) 추정도

주2 입상보조기층의 경우 노상토의 경우와 같이 계절적 영향을 고려해야 하는데, 동결 및 융해 시의 탄성계수는 50,000 psi와 15,000 psi를 각각 사용할 수 있다.

단 입상보조기층의 경우 시공을 가능하게 하기 위하여 보조기층의 탄성계수가 노상토의 회복탄성계수의 4배를 초과하지 않도록 설계한다.

• 단계 4 : 계절적 합성노상지지력(K) 결정

그림 7.53을 이용하여 노상토와 보조기층을 동시에 고려한 합성노상지지력계수를 계절별로 구분하여 표 7.58의 (4)란에 기재한다.

주1 그림 7.53의 이용방법은 보조기층의 두께(D_{SB})에서 출발하여 시계방향과 반시계방향으로 각각의 탄성계수를 거쳐 합성노상지지력계수(K_∞)에서 만나는 점을 읽는다.

주2 보조기층 없이 노상토 위에 포장슬래브가 설치되는 경우 다음 식에 의해 노상지지력계수를 직접 구할 수 있다.

$$K_\infty = \frac{M_R}{19.4} \quad \text{단위 : } K_\infty\text{(pci)}, \ M_R\text{(psi)}$$

(예) D_{SB} = 6 inches　　E_{SB} = 20,000 psi　　M_R = 7,000 psi

(해) K_∞ = 400 pci

• 단계 5 : 강성기초의 영향을 고려한 합성노상지지력계수의 수정

암반 등의 강성기초가 일정깊이 내에 있을 경우 합성노상지지력계수는 약간 증가하게 되는데, 그림 7.54를 이용하여 각 계절별로 단계 4에서 얻은 값을 수정하여 표 7.58의 (5)란에 기재한다.

주1 강성기초의 깊이가 10 feet(약 3 m) 이상일 경우는 수정이 필요없다.

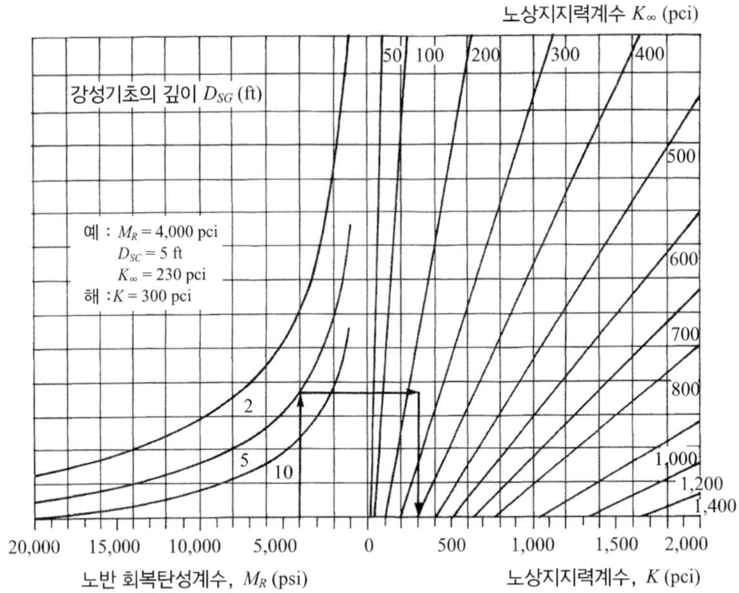

그림 7.54 강성기초의 영향을 고려한 노상지지력계수 산정도

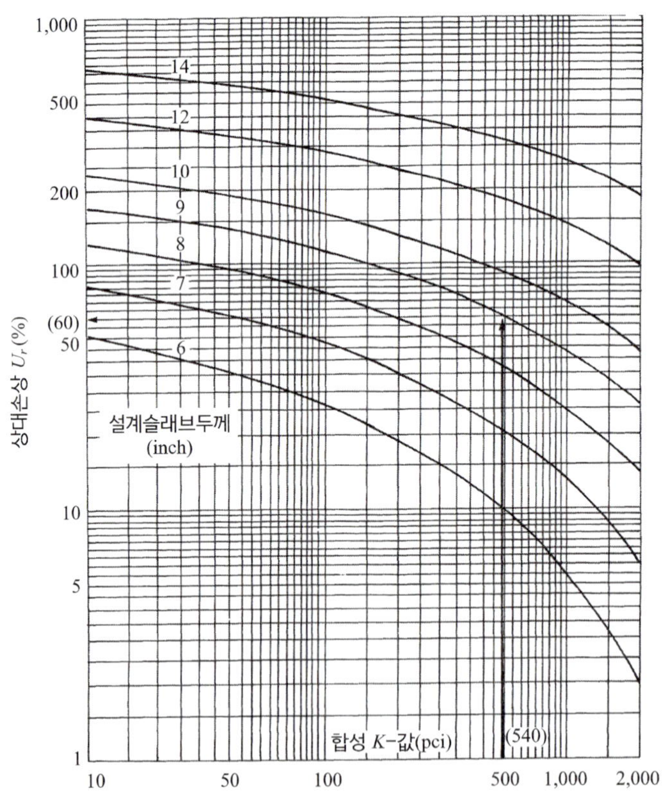

그림 7.55 슬래브두께와 하부지지에 따른 강성포장의 상대손상 추정도

• 단계 6 : 계절별 상대손상도(U_r)결정

먼저 예상되는 콘크리트 슬래브의 두께를 가정한 후 그림 7.55를 이용하여 각 계절별로 상대손상도를 결정하여 표 7.58의 (6)란에 기재한다.

주1 가정한 콘크리트 슬래브의 두께와 설계 후의 슬래브의 두께가 큰 차이를 보이면 단계 6부터 다시 한다. 그러나 차이가 기술자의 판단으로 그리 크지 않다고 판단되면 다시 할 필요가 없다.

주2 그림 7.55에서 사용된 합성 K값은 강성기초를 고려한 경우는 단계 5에서 수정된 값을 사용한다.

• 단계 7 : 유효노상지지력계수의 결정

먼저 단계 6에서 결정된 계절별 상대 손상도 값의 연평균(U_r)을 구하고, 이 값을 이용하여 그림 7.55에서 유효노상지지력계수를 역으로 구한다. 표 7.58의 예에서 평균 상대손상도는 0.6이고, 이에 상응하는 유효노상지지력계수는 그림 7.55에서 540 pci이다.

• 단계 8 : 설계 유효노상지지력계수(K)의 결정

단계 7에서 결정된 유효노상지지력계수는 그림 7.56을 이용하여 예상되는 국부적 지지력에 대한 수정을 가하여 설계에 사용한다. 국부적 지지력 손실값(LS)은 보조기층의 재료에 따라 표 7.57에 주어진 값을 사용한다. 표 7.58의 예에서 단계 7에서 구한 유효노상지지력계수가 540 pci이고, LS가 1.0인 경우 설계 유효노상지지력계수(K)는 170 pci이며, 이 값을 콘크리트 슬래브두께 설계 시 작용한다.

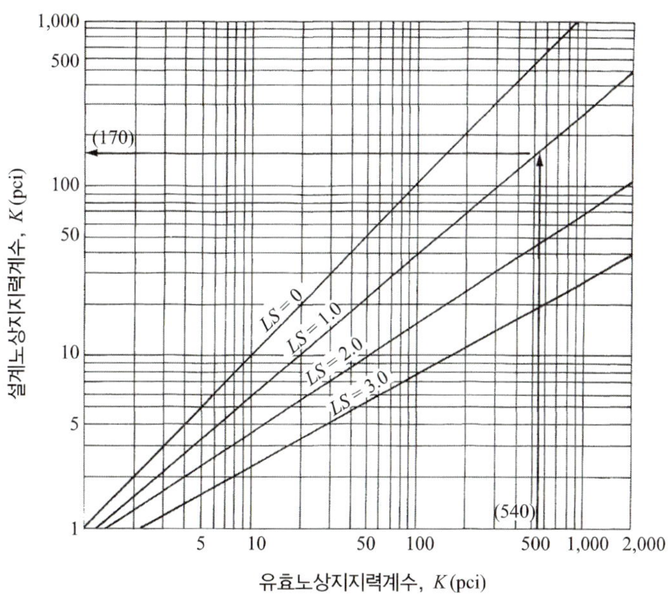

그림 7.56 보조기층지지력 손실에 대한 설계 노상지지력계수 추정도

표 7.58 유효노상지지력계수 산정 예

시험보조기층	형태	입상재료
	두께(inches)	6
	지지력 손실 LS	1.0
	강성기초의 깊이(feet)	5
	설계슬래브 두께(inches)	9

(1) 월	(2) 노상토의 회복탄성계수 M_R(psi)	(3) 보조기층의 탄성계수 E_{SB}(psi)	(4) 합성 K값(pci) <그림 7.53 >	(5) 강성기초를 고려한 합성 K값(pci)<그림 7.54>	(6) 상대손상 <그림 7.55>
1	20,000	50,000	1,100	1,350	0.35
2	20,000	50,000	1,100	1,350	0.35
3	2,500	15,000	160	230	.86
4	4,000	15,000	230	300	0.78
5	4,000	15,000	230	300	0.78
6	7,000	20,000	410	540	0.60
7	7,000	20,000	410	540	0.60
8	7,000	20,000	410	540	0.60
9	7,000	20,000	410	540	0.60
10	7,000	20,000	410	540	0.60
11	4,000	15,000	230	300	0.78
12	20,000	50,000	1,100	1,350	0.35
				ΣU_r	7.25

평균 $U_r = \frac{\Sigma U_r}{n} = \frac{7.25}{12} = 0.60$

유효노상지지력계수 = 540 pci

지지력손실에 대한 수정노상지지력계수: K = 170 pci

■ **콘크리트의 탄성계수(E_c)**

콘크리트의 탄성계수는 시험에 의해 구하거나 또는 압축강도로부터 다음 식을 이용하여 간접적으로 구할 수 있다.

$$E_c = 57,000(f_c)^{0.5} \tag{7.140}$$

여기서 E_c : 콘크리트의 탄성계수(psi)

f_c : 콘크리트의 압축강도

주1 위 식은 ACI(American Concrete Institute)에서 추천한 식이다.

주2 1 kg/cm^2 = 14.2 psi

■ **콘크리트의 휨강도(S_c)**

콘크리트의 휨강도는 28일 강도로서 삼분점하중(Third-point loading)에 의해 시험한 값들의 평균치를 사용한다. 단위는 psi를 사용한다.

주1 신뢰도(R)를 고려하므로 안전율을 따로 고려하지 않고 그냥 평균치를 사용하는 데 유의한다.

■ **하중전달계수(J)**

하중전달계수는 줄눈, 균열 또는 포장과 길어깨 사이 등 콘크리트포장 슬래브의 불연속 지점에서 하중전달의 능력을 나타내는 계수로서, 하중전달이 잘 될수록 작은 값을 사용한다. AASHTO에서 추천하는 포장의 형태별 하중전달계수는 표 7.59와 같다.

표 7.59 포장의 유형별 하중전달계수값

		아스팔트 길어깨	콘크리트 길어깨(타이바로 연결)
JCP 또는 JRCP	다우월바 사용	3.2	2.5 - 3.1
	다우월바가 없을 경우	3.8 - 4.4	3.6 - 4.2
CRCP		2.9 - 3.2	2.3 - 2.9

주) 하중전달계수는 주어진 하중에서 콘크리트에 발생하는 응력에 비례한다. 따라서 하중전달계수값이 클수록 콘크리트 응력도 크며, 결과적으로 설계될 슬래브 두께도 커진다. 표 7.59에서 CRCP의 경우 하중전달계수값이 JCP나 JRCP의 경우보다 작으므로 같은 조건에서 슬래브두께를 약간 줄일 수 있음을 알 수 있다.

■ **배수계수(C_d)**

배수조건이 포장수명에 미치는 영향을 나타내는 계수로서, 계획된 배수시설에 대해 설계자가 주관적인 판단에 의해 결정한다. 배수계수는 배수조건이 좋을수록 큰 값을 사용한다. AASHTO에서 추천하는 배수계수는 표 7.60과 같다.

표 7.60 배수계수

배수상태	포장체가 거의 포화상태에 있을 시간			
	1% 이하	1~5%	5~25%	25% 이상
우 수	1.25~1.20	1.20~1.15	1.15~1.10	1.10
양 호	1.20~1.15	1.15~1.10	1.10~1.00	1.00
보 통	1.15~1.00	1.10~1.00	1.00~0.90	0.90
불 량	1.10~1.00	1.00~0.90	0.90~0.80	0.80
	1.00~1.90	0.90~0.80	0.80~0.70	0.70

주) 1. 표 7.60은 AASHO도로시험의 배수계수를 1.0으로 보고, 상대적으로 작성된 표이다.
2. 배수상태는 표 7.61과 같은 기준으로 결정한다.

표 7.61 배수상태 결정기준

배수상태	우 수	양 호	보 통	불 량	극히 불량
배수에 소요되는 시간	2시간 이내	1일 이내	1주일 이내	1개월 이내	1개월 이상

③ 콘크리트 슬래브 두께의 결정

콘크리트포장의 슬래브 두께는 그림 7.57의 강성포장 설계도표 또는 앞에서 기술한 설계 기본식(7.139)을 이용하여 결정한다.

④ 철근량 설계

JRCP나 CRCP 등 철근의 보강된 콘크리트포장에 있어서 철근의 역할은 균열발생 자체를 막는 것이 아니라, 균열이 발생한 경우 그 균열이 과도하게 벌어지는 것을 막는 데 있다. 균열이 과도하게 벌어지는 경우 균열을 통하여 물이 침투하여 철근의 부식, 노상토의 강도저하, 펌핑 등이 발생할 가능성이 커진다. 또한 넓은 균열틈으로 인해 골재간의 맞물림이 저하되어 인접한 슬래브간의 하중전달의 효과가 급격히 감소되어 펀치아웃, 스폴링, 철근의 절단 등을 야기시킬 수 있다.

철근 보강은 종방향 철근(길이방향)과 횡방향 철근으로 나눌 수 있는데, 종방향 철근의 경우 철근량 설계에 있어서 JRCP와 CRCP가 많은 차이가 있으나, 횡방향 철근량은 JRCP와 CRCP에서 동일한 방법으로 구하며, JRCP의 종방향 철근량 설계와도 동일하다.

모든 경우에서 있어서 철근량은 콘크리트 단면적 중에 철근단면적이 차지하는 비를 퍼센트로 나타낸다.

■ JRCP의 종방향 철근량 설계

이 방법의 기본개념은 JRCP의 종방향 철근량 설계뿐만 아니라 JRCP 및 CRCP의 횡방향 철근량 설계에서도 사용된다.

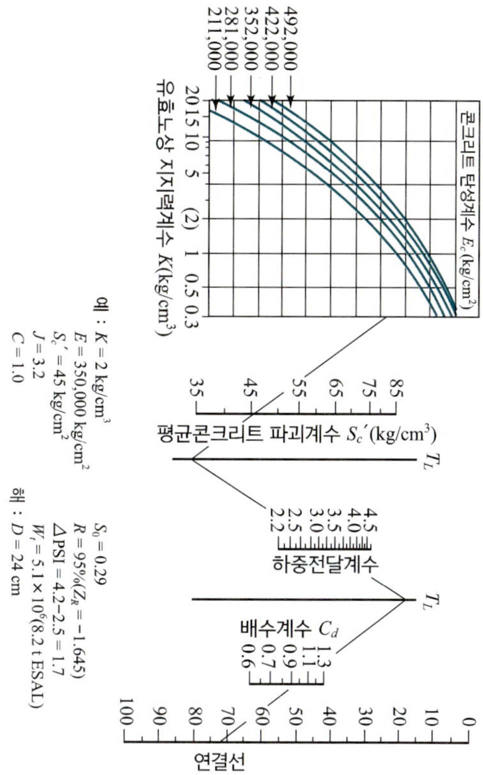

그림 7.57 강성포장 설계도표(1) (각 입력자료는 평균값을 적용한 것임)

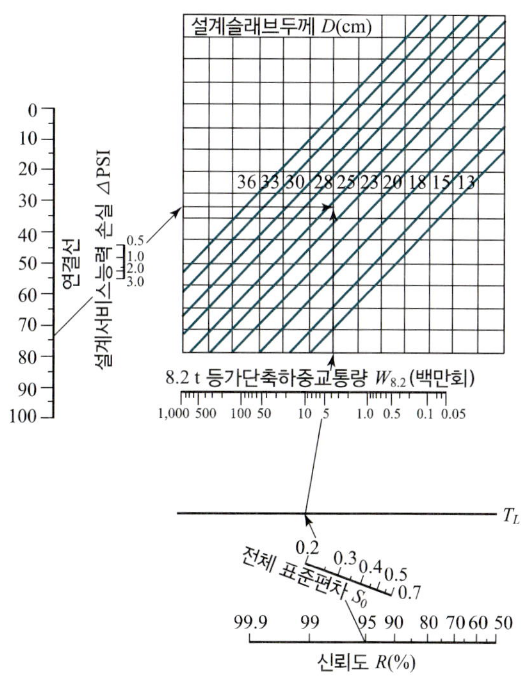

그림 7.58 강성 포장 설계도표(2) (각 입력자료는 평균값을 적용한 것임)

철근량을 구하는 데 필요한 입력변수는 다음과 같다.

- 슬래브길이(L)

 종방향철근 설계의 경우 줄눈간격을 사용하며, 횡방향 철근의 경우 슬래브의 폭을 사용하는데, 여기서 슬래브폭은 자유단부(longitudinal free edge)간의 거리를 말한다. 타이바로 연결된 것은 자유단부가 아님을 주의해야 한다.

- 철근의 작용응력(Working stress, F_s)

 철근의 허용응력을 말하며, 일반적으로 항복강도(Yield Strength)의 75% 값을 사용한다.

- 마찰계수(F)

 여기서 사용되는 마찰계수는 콘크리트 슬래브 하부와 보조기층 상부(보조기층이 없는 경우는 노상면)간의 마찰계수를 말하며, AASHTO에서 추천한 값들은 표 7.62와 같다.

위의 입력변수들을 이용하고, 다음 식을 이용하여 필요한 철근량을 계산할 수 있다.

$$P_s = \frac{L \cdot F}{2F_s} \times 100(\%) \quad (7.141)$$

여기서 P_s : 필요철근량(콘크리트 단면적 중 철근이 차지하는 비율, %)

L : 슬래브길이(feet)

F : 마찰계수

F_s : 철근의 작용응력(psi)

표 7.62 슬래브 아래의 재료에 따른 마찰계수

슬래브 아래의 재료	표면 처리	빈배합 콘크리트	석회 안정처리	아스팔트 안정처리	시멘트 안정처리	강자갈	쇄석	사석 (Sandstone)	자연 지반
마찰계수	2.2	1.9	1.8	1.8	1.8	1.5	1.5	1.2	0.9

예제 7.2

$L = 36$ ft, $F = 1.5$, $F_s = 30{,}000$ psi인 경우

$$철근량\ P_s = \frac{36(1.5)}{2(30{,}000)} \times 100 = 0.09\%$$

주 위의 계산식 사용 시 단위 사용에 주의해야 한다.

■ **CRCP의 종방향 철근량 설계**

- 기본개념 : 일반적으로 CRCP에 있어서 철근량이 많아지면 온도 및 습도변화에 따른 콘크리트의 미세 움직임에 대한 구속력이 증가하므로 균열이 더 많이 발생하며(균열과 균열 간의 간격은 작아진다), 균열의 벌어진 틈은 작아진다. 균열간격이 너무 작을 때에는 펀치아웃 등 CRCP의 치명적인 파손이 발생할 확률이 높아진다. 반대로 철근을 적게 쓸 경우 균열의 발생은 줄어드나 균열이 벌어지는 것을 막아줄 철근의 양이 적으므로, 균열틈은 더 많이 벌어지고, 철근의 응력도 증가한다.

따라서 CRCP의 종방향 철근의 설계에서는 다음 세 가지 사항을 만족하는 철근량을 구한다.

- 균열간격이 너무 작으면 펀치아웃의 확률이 커지며, 균열간격이 너무 크면 스폴링 발생 확률이 커진다. 경험에 의하면 균열간격은 1~2.5 m(3.5~8 ft)로 유지하는 것이 좋다. 일반적으로 철근량이 증가하면 균열간격은 줄어든다.
- 균열틈은 1 mm(0.04 inch) 이하로 유지하는 것이 좋은데, 이는 물의 침투와 스폴링을 방지하기 위함이다. 철근량이 증가하면 균열틈은 작아진다.
- 철근의 응력이 어느 값 이상 증가하면 철근이 영구적인 변형을 일으키거나, 심하면 전단이 되는 경우도 있다. 일반적으로 철근의 응력은 철근강도(Ultimate strength)의 75% 이하가 되도록 한다.

- 입력변수 : CRCP의 종방향 철근량 산정에 필요한 입력변수는 다음과 같다.
  - 콘크리트의 28일 인장강도(f_t) : AASHTO T198 또는 ASTM C496에 의한 28일 간접인장시험(Indirect tensile test)결과를 사용한다. 인장강도를 얻기 어려운 경우 28일 휨강도의 86%에 해당하는 값을 인장강도 대신 쓸 수 있다.
  - 콘크리트의 28일 건조수축계수(Z) : 콘크리트의 건조수축계수는 골재의 종류, 물시멘트비, 시멘트량, 혼화제, 양생방법 등 여러 가지 요인에 따라 달라지는데, 일반적으로 28일 건조수축계수는 0.0002~0.0008의 값을 가진다.
  - 콘크리트의 열팽창계수(α_c) : 콘크리트의 열팽창계수에 가장 큰 영향을 주는 요소는 조골재의 종류이다. 왜냐하면 조골재는 콘크리트에 있어서 가장 많은 부피를 차지하기 때문이다. 열팽창계수 시험이 어려운 경우는 AASHTO에서 조골재의 종류별로 추천하는 표 7.63의 값을 사용할 수 있다.
  - 철근의 직경(ϕ): 종철근의 직경을 mm 단위로 나타내며, 19 mm 직경의 이형철근이 가장 널리 사용된다.

표 7.63 조골재의 종류별 콘크리트의 열팽창계수

조골재의 종류	석 영	사 석	자 갈	화강암	현무암	석회석
콘크리트 열팽창계수(10^{-6}/°F)	6.6	6.5	6.0	5.3	4.8	3.8

- 철근의 열팽창계수(α_s) : 일반적으로 5.0×10^{-6} in/in/°F를 사용한다.
- 온도강하(DT) : 콘크리트의 평균 양생온도와 포장의 공용기간동안 예상되는 콘크리트의 최저온도와의 차이를 말한다. 콘크리트의 평균 양생온도를 구하기 어려운 경우는 콘크리트가 포설되는 달의 예상 최고기온들의 평균치를 사용할 수 있다.

  주 평균 양생온도로서 최고기온들의 평균치를 사용하는 이유는 콘크리트의 수화열로 인해 콘크리트의 양생온도는 포설당시의 기온보다 대체로 높기 때문이다.
- 마찰계수(F) : CRCP의 마찰계수 결정방법은 JCP의 철근량 설계의 경우와 같다.
- 철근의 허용응력(σ_s) : 철근의 허용응력은 콘크리트와 철근 사이의 접착력이 반복하중에 견딜 수 있는 정도를 고려하여 결정되며, AASHTO에서는 철근의 굵기와 콘크리트의 강도에 따라 표 7.64의 값을 추천하고 있다.

표 7.64 철근의 허용응력(σ_s) ×100 psi (1 kg/cm^2 = 14.2 psi)

콘크리트의 28일 인장강도, psi (Indirect Tensile Strength)	종철근의 굵기		
	ϕ13	ϕ16	ϕ19
300 이하	65	57	54
400	67	60	55
500	67	61	56
600	67	63	58
700	67	65	59
800 이상	67	67	60

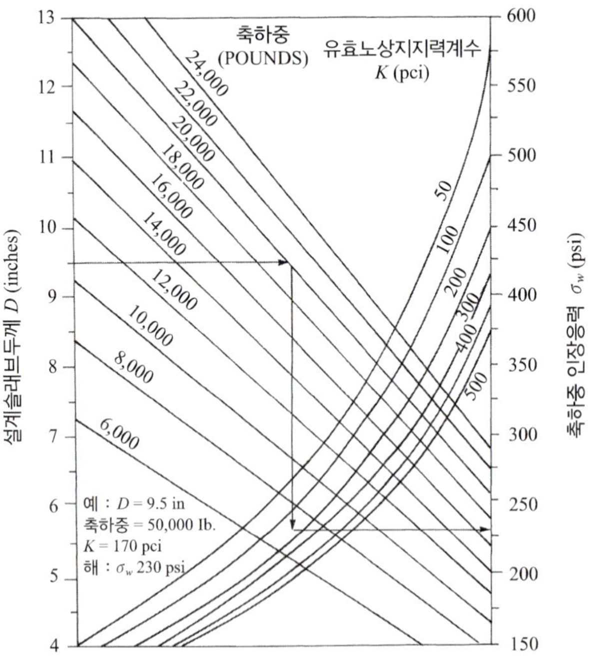

그림 7.59 축하중에 의한 인장응력 추정도

- 축하중에 의한 콘크리트의 인장응력(σ_w), psi

  축하중과 설계유효노상지지력계수(K)를 이용하여 그림 7.59에 의해 구한다.

• 철근량 설계방법 및 설계 예 : CRCP의 종방향 철근량 설계는 다음과 같은 요령으로 한다. 설계 예의 입력변수조건은 다음과 같다.

- 콘크리트의 인장강도, $f_t = 550$ psi
- 콘크리트의 28일 건조수축, $Z = 0.0004$
- 축하중에 의한 콘크리트의 인장응력, $\sigma_w = 230$ psi
- 철근과 콘크리트의 열팽창 계수비, $\alpha_s/\alpha_c = 1.32$
- 온도강하, $DT = 55°\text{F}$
- 철근의 직경, $\phi = 19$ mm, 또는 3/4 inch

단계 1 : 그림 7.60, 그림 7.61, 그림 7.62를 이용하여 설계균열간격(3.5~8 ft), 설계균열폭(0.04 in 이하), 설계철근응력(ϕ19 mm 철근의 경우 57 ksi 이하)을 모두 만족하는 철근량의 범위를 구한다.

$$\text{계산식 : } X = \frac{1.32\left(1+\frac{f_t}{1{,}000}\right)^{6.70} \times \left(1+\frac{\alpha_s}{2\alpha_c}\right)^{1.15} \times (1+\phi)^{2.19}}{\left(1+\frac{\sigma_w}{1{,}000}\right)^{5.20} \times (1+P)^{4.60} \times (1+1{,}000Z)^{1.79}}$$

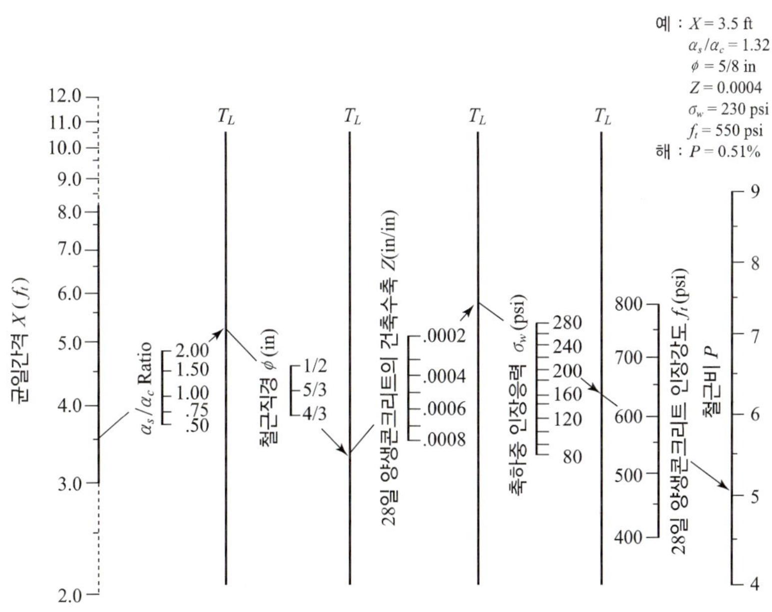

그림 7.60 균열간격의 기준을 만족할 수 있는 철근비

$$\text{계산식 : } CW = \frac{0.00932\left(1+\dfrac{f_t}{1{,}000}\right)^{6.53} \times (1+\phi)^{2.20}}{\left(1+\dfrac{\sigma_w}{1{,}000}\right)^{4.91} \times (1+P)^{4.55}}$$

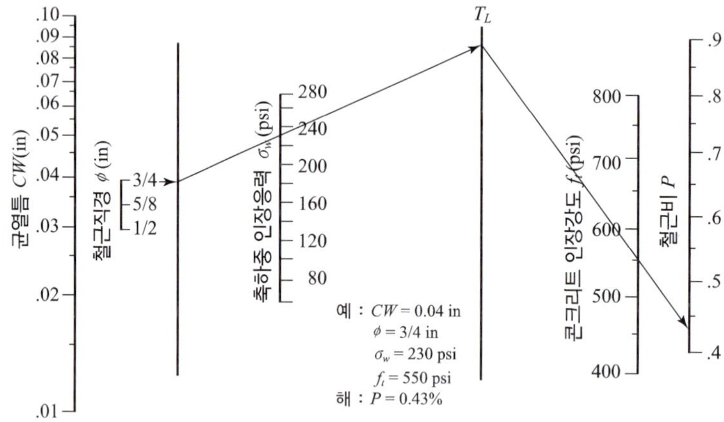

그림 7.61 균열폭의 기준을 만족할 수 있는 최소 철근비

$$\text{계산식 : Nomograph Solves} \cdot \sigma_s = \frac{47{,}300\left(1+\dfrac{DT_D}{1{,}000}\right)^{0.425} \times \left(1+\dfrac{f_t}{1{,}000}\right)^{4.09}}{\left(1+\dfrac{\sigma_w}{1{,}000}\right)^{3.14} \times (1+1{,}000Z)^{0.494} \times (1+P)^{2.74}}$$

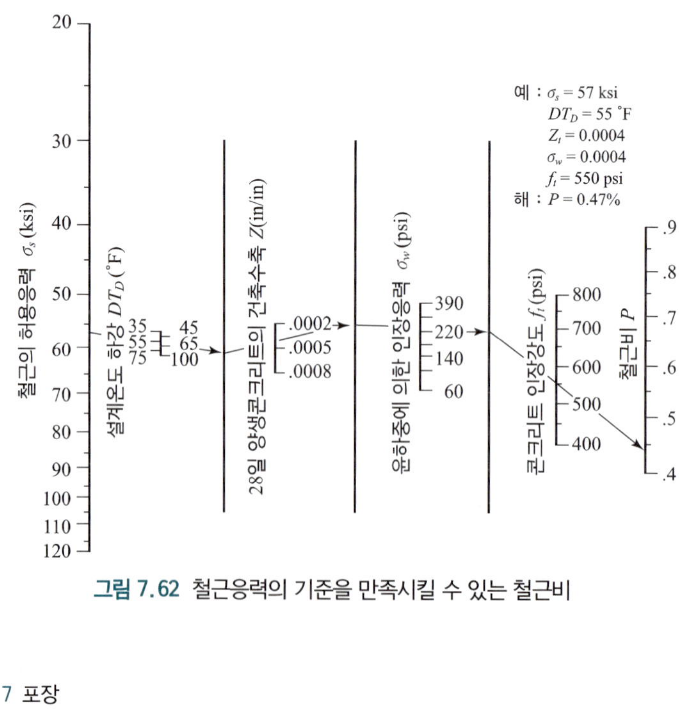

그림 7.62 철근응력의 기준을 만족시킬 수 있는 철근비

예제 7.3

그림 7.60에서 철근량이 0.57%인 경우 균열간격은 3.5 ft이고, 철근량이 약 0.35%인 경우 균열간격은 8 ft가 되고, 설계 균열간격을 만족하는 철근량의 범위는 0.35~0.57%가 된다. 같은 방법으로 그림 7.61에서 설계 균열틈을 만족하는 철근량은 0.43% 이상이고, 그림 7.62에서 설계 철근응력을 만족하는 철근량은 0.47% 이상이다.
그러므로 설계 균열간격, 설계 균열틈, 설계 철근응력을 모두 만족하는 철근량의 범위는 0.47~0.57%가 된다. 이를 그림으로 나타내면 다음과 같다.

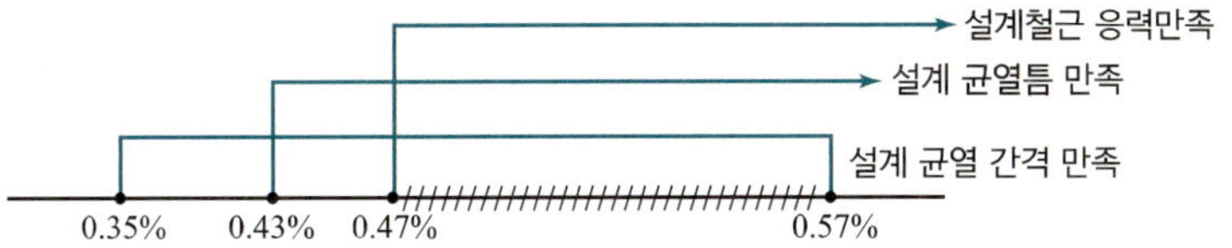

주1 만일 위의 세 가지 조건을 만족하는 철근량의 범위가 없을 경우에는 입력변수들을 다시 검토하여 필요한 수정을 한 후 다시 철근량의 범위를 구한다.

주2 1 ksi=1,000 psi, 1 kg/cm^2=14.2 psi, 1 inch=25.4 mm, 1 ft=0.3048 m

단계 2 : 필요한 철근의 개수는 다음과 같은 요령으로 구한다.

$$N = 0.01273\frac{PWD}{\phi^2}$$

여기서 N : 필요 철근수
P : 철근량, %
W : 콘크리트 슬래브의 폭, inch
D : 콘크리트 슬래브의 두께, inch
ϕ : 철근의 직경, inch

예제 7.4

앞의 예제 7.3에서 철근량의 범위는 0.47~0.57%였다.
콘크리트 슬래브의 폭과 두께를 각각 12 ft(144 in)와 9.5 in로 가정하면

$$N_{\min} = 0.01273\frac{0.47(144)(9.5)}{(0.75)^2} = 14.6$$

$$N_{\max} = 0.01273\frac{0.57(144)(9.5)}{(0.75)^2} = 17.6$$

그러므로 철근 개수의 범위는 14.6과 17.6 사이의 정수값, 즉 15, 16 또는 17이 된다. 여기서 경제성을 고려하여 최소치인 15개를 채택한다. 철근과 철근 사이의 간격은 9.6 inch(144 inch/15=9.6 inch)가 된다.

단계 3 : 결정된 철근량을 이용한 균열간격, 균열틈, 철근응력의 추정

앞에서 콘크리트 횡단면의 철근 개수는 15개로 결정된다. 이는 0.48%의 철근량을 의미한다. 그림 7.60, 그림 7.61, 그림 7.62에서 균열간격은 4.6 ft, 균열틈은 0.032 inch, 철근응력은 55 ksi로 추정된다.

이상의 방법으로 철근규격을 변화시켜 가며 각 철근규격마다의 필요철근 개수를 산정하고, 그중 경제성과 시공성을 고려하여 최종적으로 철근의 규격 및 개수를 결정한다.

■ 횡방향 철근의 설계

횡방향 철근은 JRCP나 CRCP에 공통으로 사용하며, 주목적은 종방향 균열 발생 시 균열이 과도하게 벌어지는 것을 방지하는 데 있다.

철근량의 산정방법은 JRCP의 종방향 철근량의 설계법과 동일하다. 단 철근량 계산 시 슬래브의 길이 대신 슬래브의 폭을 이용한다. 여기서 슬래브의 폭은 슬래브 양쪽의 자유단(free edge)에서 자유단까지의 횡방향 거리를 말하며, 타이바로 연결된 곳은 자유단에 포함되지 않음을 주의해야 한다(그림 7.63).

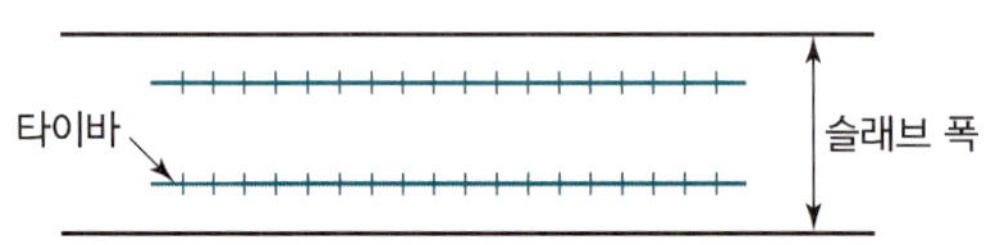

그림 7.63 횡방향 철근량 계산 시 이용하는 슬래브폭

철근량 산정은 JRCP의 종방향 철근량 설계의 경우와 같이 다음 식을 이용한다.

$$P_s = \frac{LF}{2F_s} \times 100(\%) \qquad (7.142)$$

여기서 P_s : 철근량(콘크리트 단면적에 대한 철근단면적의 비, %)

L : 슬래브 폭(feet)

F : 슬래브 밑의 마찰계수(JRCP의 종방향 철근계산 시와 같은 값 사용)

F_s : 철근의 허용응력(psi)

주 위의 식을 사용할 때 꼭 지시된 단위를 사용해야 한다.
1 m = 3.28 ft, 1 kg/cm^2 = 14.2 psi

일단 철근량이 계산되면 철근간의 간격을 다음 식에 의해 산출한다.

$$Y = \frac{A}{P_s D} \times 100$$

여기서 Y : 철근과 철근간의 간격　　A : 철근 한 개의 단면적

P_s : 철근량(%)　　D : 슬래브 두께

주 여기서 Y, A, D의 단위는 inch든 cm든 통일하여 사용하기만 하면 된다.

예제 7.5

슬래브 폭=23.6 ft(7.2 m), 슬래브와 슬래브 아래층 간의 마찰계수=1.5, 철근의 허용응력=30,000 psi, 철근의 직경=0.5 in(1.27 cm)

슬래브 두께=12 in(30.5 cm)인 경우

$$\text{횡방향 철근량 } P_s = \frac{LF}{2f_s}\times 100 = \frac{23.6(1.5)}{2(30{,}000)}\times 100 = 0.06\%$$

$$\text{철근간의 간격 } Y = \frac{A}{P_s D}\times 100 = \frac{\pi(0.25)^2}{0.06(12)}\times 100 = 27.3\ \text{inch}$$

$$\text{또는 } Y = \frac{\pi(0.64)^2}{0.06(30.5)}\times 100 = 69.2\ \text{cm}$$

시공상 철근간의 간격은 70 cm로 한다.

■ 타이바의 설계

타이바의 주기능은 종방향 줄눈에서 발생하는 균열이 과도하게 벌어지는 것을 막는데 사용한다. 때로는 CRCP에서 시공줄눈 부분에 건조수축이나 윤하중에 의해 종방향 철근에 걸리는 과부하를 덜기 위해 종방향 철근과 같은 방향으로 설치하여 사용하는 경우도 있다.

타이바는 콘크리트와의 부착력을 높이기 위해 주로 이형철근을 사용하며, 직경을 13 mm(0.5 inch) 또는 16 mm(0.675 inch)의 것을 주로 사용한다. 타이바의 길이는 콘크리트와의 부착이 유지될 수 있도록 충분한 길이를 가져야 한다.

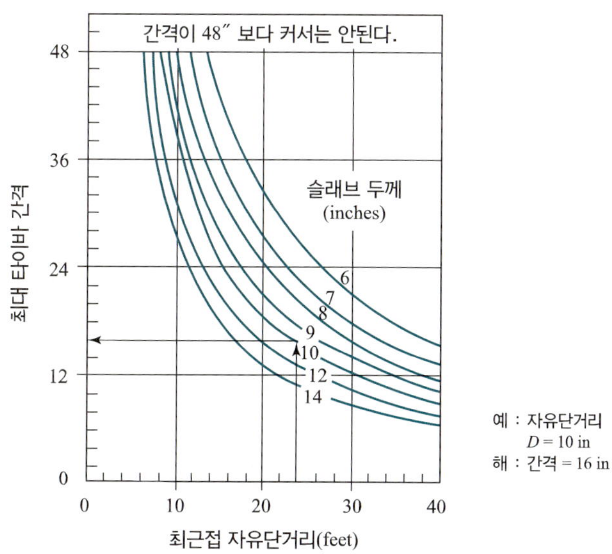

그림 7.64 ϕ13 mm, SD 30 철근과 보조기층 마찰계수 1.5일 때 최대 타이바 간격의 권장값

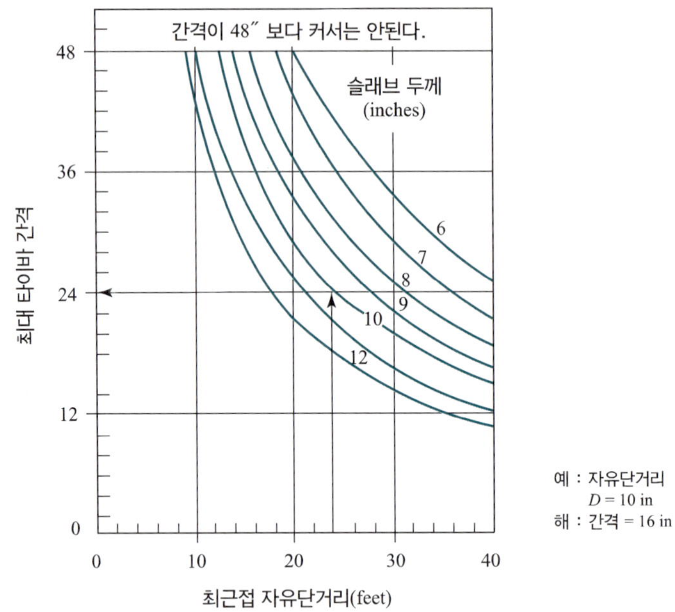

그림 7.65 ϕ16 mm, SD 30의 철근과 보조기층 마찰계수 1.5일 때 최대 타이바 간격의 권장값

타이바는 콘크리트와의 부착력을 높이기 위해 주로 이형철근을 사용하며, 타이바 설치간격 결정의 기본개념은 횡방향 철근량 및 철근간격 산출방법과 동일하다. 단 횡방향 철근량 계산식에서 슬래브의 폭 대신 가까운 자유단까지 거리의 두 배를 사용한다.

콘크리트 슬래브와 보조기층 간의 마찰계수가 1.5인 경우의 타이바 간격을 구하는 방법이 그림 7.64와 그림 7.65에 설명되어 있다. 마찰계수가 크게 다른 경우는 앞에서 설명한 바와 같이 횡방향 철근량 산정방법과 동일한 방법으로 구한다.

(3) 콘크리트포장 요강 설계법

① 보조기층의 설계

보조기층두께는 노상(路床)의 지지력계수 또는 설계 CBR을 기초로 하여 설계한다. 동결융해(凍結融解)를 받는 한랭지방에서는 그 지역의 동결깊이를 구하여 지지력계수 또는 설계 CBR로부터 구한 포장두께에 필요한 차단층의 두께를 더한 것과 비교하여, 만일 동결깊이 쪽이 큰 경우에는 그 두께의 차이만큼 동상(凍上)을 일으키지 않는 재료로 두껍게 한다.

주 콘크리트 슬래브와 보조기층 사이는 지지력계수로 관계지워져 있으므로 보조기층은 지지력계수에 의하여 설계하는 것이 좋다. 따라서 보조기층의 지지력계수가 사전에 구해질 경우(대규모공사, 형도로개량 등)에는 지지력계수에 의하여 설계한다. 한편 CBR은 샘플링한 흙에 대해서 측정할 수 있으므로 지지력계수에 비하여 사전에 구하기 쉬운 이점이 있고 CBR에 의하여 보조기층을 설계하는 것도 가능한 것이다.

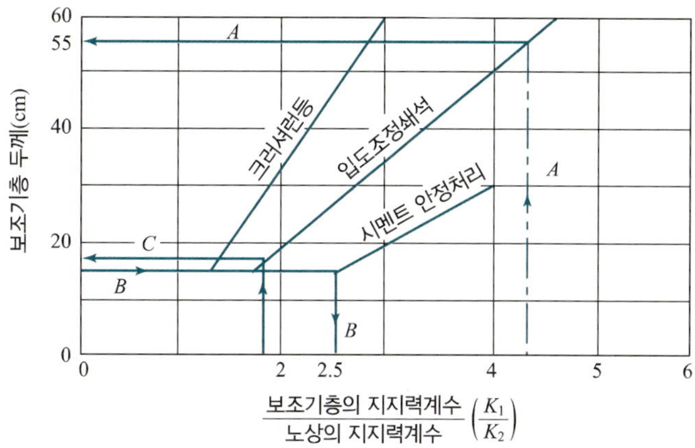

그림 7.66 보조기층두께의 설계곡선

- 지지력계수에 의한 보조기층두께의 설계 : 보조기층의 설계는 보조기층의 지지력계수가 20 kg/cm^{3}가 되도록 시험보조기층을 만들어 결정하는 것이 좋다. 시험보조기층에 의하는 것이 곤란한 경우에는 그림 7.66에 표시한 설계 곡선을 사용하여 그 두께를 결정한다.
  지지력계수는 KSF 2310(도로의 평판재하 시험방법)에 따라 구한다.

주1 노상지지력계수는 함수량의 변화에 따라 변화하는 것으로, 계절적인 변동이 적다고 생각되는 면까지 파내려서 평판재하시험을 하여 구한다. 땅깎기 구간의 경우에는 땅깎기면에서 직접 평판재하시험을 실시해도 좋다.

주1 그림 7.66은 시험결과에 따라 대체로 80%가 안전측에 들도록 만든 설계곡선이다. 실제로 시공한 보조기층의 지지력계수가 15~20 kg/cm^{3}의 경우에는 보통 설계를 변경할 필요는 없다. 15 kg/cm^{3}를 하회할 경우에는 안정처리 등의 수단으로 설계를 변경해야만 한다.

주1 설계에 사용하는 지지력계수는 그와 동일재료로 노상을 시공한 구간에 대해서 땅깎기구간 3개소 이상, 흙쌓기구간 3개소 이상의 실측치에 기초하여 다음 식에 의하여 구한다.

$$\text{지지력계수} = \text{각 지점의 지지력계수의 평균} - \frac{\text{지지력계수의 최대치} - \text{지지력계수의 최소치}}{C}$$

여기서 C : 표 7.65에 표시한 계수를 사용한다.

표 7.65 지지력계수 계산에 사용되는 계수

계수(n)	3	4	5	6	7	8	9	10 이상
C	1.91	2.24	2.48	2.67	2.83	2.96	3.08	3.18

예제 7.6

노상의 지지력계수를 6개소에서 측정하였는데, 6.8, 6.5, 5.6, 5.2, 4.5 및 4.3이었다.

$$\text{노상의 지지력계수} = 5.5 - \frac{6.8-4.3}{2.67} = 4.5$$

$$\frac{\text{보존기층의 지지력계수}}{\text{노상의 지지력계수}} = \frac{20}{4.5} = 4.4$$

이므로, 보조기층재료로 입상재료를 이용하는 것으로 한다면 그림 7.66에서 A의 화살표를 따라가면 55 cm의 보조기층두께가 필요하게 된다.

예제 7.7

예제 7.6의 경우에 상층보조기층에 두께 15 cm의 시멘트 안정처리를 채택한다고 하면 시멘트 안정처리층의 밑면에 필요한 지지력계수는 그림 7.66에서 종축의 15 cm에서 B의 화살표를 따라가면 K_1/K_2 =2.5를 얻는다.

따라서 시멘트 안정처리층의 밑면에서 필요한 지지력은 $\frac{20}{2.5} = 8\ \text{kg/cm}^3$로 된다. 여기서 하부보조기층에서의 지지력을

$$\frac{\text{보존기층의 지지력계수}}{\text{노상의 지지력계수}} = \frac{8}{4.5} = 1.8\text{배}$$

하면 된다.

그림 7.66의 횡축이 1.8배에서 C의 화살표를 따라가면 시멘트 안정처리층의 밑에 사용할 입상재료의 두께는 약 20 cm가 된다. 따라서 입상재료 20 cm, 시멘트 안정처리재료 15 cm, 합계 35 cm의 보조기층두께로 설계하면 된다.

예제 7.8

노상의 설계지지력계수가 5.0이고, 크러셔런(Crusher run), 입도조정쇄석, 시멘트 안정처리 보조기층재료를 사용하여 3층으로 하고, 크러셔런 보조기층의 두께가 15 cm, 입도조정쇄석 보조기층의 두께를 20cm로 하면 시멘트 안정처리 보조기층은 어느 만큼의 두께가 필요한가?

$$\frac{K_1}{K_2} = \frac{20}{5} = 4$$

우선 그림 7.67 종축의 15 cm에서 수평선을 그어서 크러셔런선과의 교점을 ℓ로 한다. ℓ에서부터 입도조정쇄석선은 평행선을 그어서 20 cm의 두께에 상당하는 점을 m으로 한다.

다음의 m에서부터 시멘트 안정처리선에 평행선을 그어서 $K_1/K_2 = 4$로부터 수직선과의 교점을 n으로 한다. n에서 수평선을 그어서 종축과 교차하는 48 cm가 구하는 보조기층두께이다. 그런데 시멘트 안정처리 보조기층의 두께는 48 − 20 − 15 = 13 cm → 15 cm.

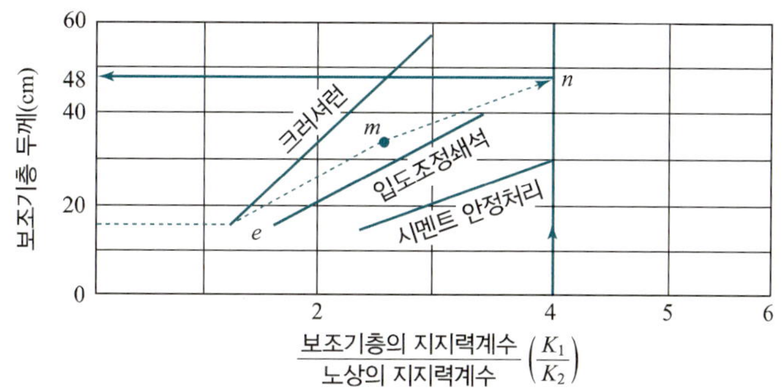

그림 7.67 보조기층두께의 설계곡선

주4 시멘트 안정처리 보조기층의 최소두께는 15 cm로 한다. 차단층 위에 직접 시멘트 안정처리재료로 시공하는 것은 시공상 또는 구조상으로 문제가 있으므로 좋지 못하다. 일반적으로 보조기층은 밑에서 위에 걸쳐 단계적으로 강도를 증가시키는 구조가 좋다.

주5 아스팔트 중간층을 사용할 경우에는 아스팔트 중간층 4 cm에 해당하는 두께로서, 지지력계수 또는 후술한 CBR에 의하여 설계한 보조기층두께보다 입상재료의 경우에는 10 cm, 시멘트 안정처리의 경우에는 5 cm의 두께를 절감한다.

주6 입상재료 또는 시멘트 안정처리재료 등에 보통 사용하는 이외의 재료에 의한 보조기층두께의 설계는 시험보조기층에 의한다.

주7 노상의 지지력계수가 20 kg/cm^3 이상의 경우에는 지지력의 균일성과 노상(路床)상부 15 cm 재료의 품질을 시험한다. 어느 쪽이든 불충분할 경우에는 지지력의 여하에 불구하고 15 cm 두께의 보조기층을 두는 것이 좋다.

- CBR에 의한 보조기층두께의 설계 : 노상의 CBR에 의하여 보조기층두께를 결정하기 위해서는 우선 노상토의 설계 CBR을 구한다. 다음에 그 설계 CBR에 따라 표 7.66에 의하여 보조기층두께를 결정한다.

주1 표 7.66에 표시한 보조기층두께는 입도조정에서 보조기층을 사용하였을 경우이다. 또한 하부보조기층과 상부보조기층으로 나눌 경우 그림 7.67에 표시된 방법을 사용하면 좋다.

주2 노상의 깊이 방향으로 토질이 상이한 몇 개의 층을 이루고 있을 경우의 설계 CBR은 아스팔트포장편 설계 CBR에 표시한 방법에 의하여 구한 노상면으로부터 깊이 1m까지 평균 CBR을 사용한다.

표 7.66 설계 CBR과 보조기층두께(cm)와의 관계

교통의 구분 \ 노상의 설계 CBR	2	3	4	6	8	12 이상
L, A 교통	50	35	25	20	15	15
B, C, D 교통	60	45	35	25	20	15

주3 노상토의 설계 CBR이 2.0 이하의 경우에는 연약한 노상토로 취급하여 그 부분에 대해서는 특별한 설계를 해야 한다.

- 보조기층면의 분리막(Separation Membrane) 설치
  - 일반적으로 분리막의 기능은 다음과 같다.
    - 콘크리트 슬래브의 온도변화 또는 습도변화에 따른 슬래브의 팽창작용을 원활하게 하도록 슬래브 바닥과 보조기층면과의 마찰저항을 감소시키기 위하여 설치한다. 이는 슬래브가 경화중인 시공 직후에 특히 필요하게 된다.
    - 콘크리트 중의 모르타르가 공극이 많은 보조기층으로 손실됨을 방지한다.
    - 보조기층 표면의 이물질이 콘크리트에 혼입됨을 방지한다. 일반적으로 분리막은 보조기층면과 슬래브면과의 사이에서 마찰저항이 구조적으로 필요한 연속철근콘크리트포장(CRCP)공법을 제외하고는 모두 사용한다.
  - 분리막의 재료 : 분리막으로 보통 폴리에틸렌 시트(Polyethylene Sheet)를 사용한다. 시트를 콘크리트 포설 전에 설치하거나, 타이바(Tie bar)를 둔 뒤틀림 줄눈을 두는 무근콘크리트포장에서는 120 μm 두께가 적합하다. 다만 시트에 손상이 없도록 설치되어야 한다. 시트의 겹이음폭은 300 mm 이상이어야 하고, 강우 시에도 우수가 시트 아래로 스며들지 않도록 겹이음한다. 기타 재료로는 방수지(Water proof paper)가 이용될 수 있으나, 이 목적으로 역청재(瀝靑材)를 살포하는 방법은 부적합하다. 이 경우에는 보조기층면의 마찰저항을 증가시키게 되어 슬래브의 초기균열 발생의 원인이 될 수 있다. 시멘트 안정처리 보조기층의 양생목적으로 아스팔트 유제를 이용함을 허용할 수 있다. 다만 이 경우 콘크리트 포설 전에 분리막을 설치해야 한다.

- **원지반이 암반인 경우의 보조기층**

터널 또는 절취부에서 노상이 암반일 경우에는 지지력을 균등하게 하기 위하여 일반적으로 면고르기 콘크리트를 타설하는 방법이 좋다. 그러나 암반의 연장, 용수상태 등 제반조건에 따라 입상보조기층재료로 시공하는 편이 경제적인 경우도 있으므로 비교검토하는 것이 좋다.

  - 일반 절취부의 경우(Open cut)
    - 양질의 암(岩) 절취면은 원칙적으로 마무리면(노상면)으로 한다(그림 7.68).
    - 절취 후 연약화되기 쉬운 암은 충분한 풍화대책을 강구해야 한다.
    - 용수가 발생되지 않고, 60 m 이상의 연장일 경우에는 경제성을 고려해 보조기층 밑에 요철채움 외에 입상보조기층 재료로 1층(20 cm)만 부설할 수 있다.

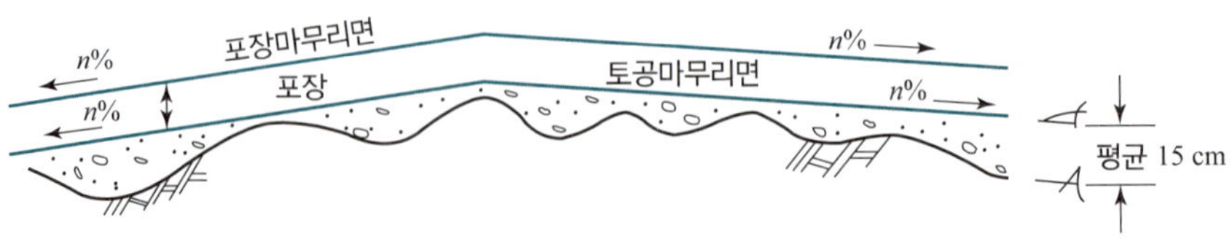

그림 7.68 암절취면 마무리

- 터널 내 포장의 경우 : 터널은 출입구 외에는 동상에 의한 피해 가능성은 거의 없으므로, 동상방지보다는 요철부의 균일한 지지력 확보와 침투수의 원활한 배수 목적의 입상재료층이 필요하다.
  - 암반 자체의 지지력은 매우 크고, 요철부만 입상재료를 채울 경우 암과 입상재료의 이질성으로 균일한 지지력을 확보하기가 어려우며 푸르프롤링(Proof rolling) 시 밀림현상이 발생하게 된다.
  - 암반에서의 지하수 침투는 균열 등 암반 내 불연속면을 따라 발생하므로 토사층의 침윤선과는 그 성격이 다르므로, 도로 양측에 설치된 맹암거만으로는 이를 해결할 수 없다. 지형 및 암반조건에 따라 매우 높은 침투압이 발생할 수 있다.

  상기 내용을 고려할 때 암반터널에서는 포장층 하부암반 요철부에 입상재료층을 채우고, 그림 7.69와 같이 그 위에 1층(입상재료 : 20 cm 정도) 포설이 필요하다.

그림 7.69 터널 내 포장 단면(예)

② 콘크리트 슬래브의 성격

콘크리트 슬래브는 횡단경사가 직선인 동일두께의 단면으로 설계한다.

- 교통량의 구분 : 설계에 사용하는 교통량의 구분은 공용개시 5년 후에 있어 대형차의 1일 1방향당 교통량에 의하는 것으로 하며, 표 7.67에 표시한 5가지의 구분 중 어느 하나를 사용한다.

주1 대형차란 보통화물자동차, 보통합승자동차 및 특수자동차를 말한다.

주2 장래 토지이용의 변화에 의하여 교통량의 대폭적인 변동이 예측될 경우 5년 후의 추정교통량으로 결정하는 구분보다도 한 단계 위의 구분을 사용해도 좋다.

주3 1방향 3차선 이상의 도로에 있어서는 대형차교통량의 80% 정도를 사용하여 표 7.67을 적용해도 좋다.

표 7.67 교통량의 구분

교통량의 구분	대형차교통량(대/일, 1방향)
*L*교통	100 미만
*A*교통	100 이상 250 미만
*B*교통	250 이상 1,000 미만
*C*교통	1,000 이상 3,000 미만
*D*교통	3,000 이상

표 7.68 콘크리트 슬래브의 두께

교통량의 구분	콘크리트 슬래브의 두께(cm)
*L*교통	15(20)
*A*교통	20(25)
*B*교통	25
*C*교통	28
*D*교통	30

주) ( )안은 *L*, *A*교통으로 휨강도를 4.0 MPa로 한 경우이다.

- 콘크리트의 설계기준 휨강도 : 콘크리트 슬래브의 설계에 사용할 콘크리트의 강도는 휨강도로 4.5 MPa로 한다.

  주1 콘크리트의 휨강도는 재령 28일에서 KS F 2403(시험실에서 콘크리트의 압축 및 휨강도시험용 공시체를 제작하고, 양생하는 방법) 및 KS F 2408(콘크리트의 휨강도 시험방법(단순보의 3등분점 하중법)에 의하여 구한 값으로 한다.

  주2 *L*, *A*교통에서 양질의 골재가 구입되지 않았을 경우 설계기준 휨강도 4.5 MPa을 얻기 위하여 시멘트량이 현저하게 증가되는 경우 설계기준 4.0 MPa로 해도 좋다.

- 콘크리트 슬래브의 두께 : 콘크리트 슬래브의 두께는 교통량에 따라 표 7.68의 값을 표준으로 한다.

  주1 콘크리트 슬래브의 두께는 교통량이나 윤하중(輪荷重) 콘크리트 슬래브 온도 분포의 제조건을 추정하여 부록에 의하여 슬래브 두께를 계산할 수가 있지만, 모든 요소를 정확히 설정하는 것은 실제상 곤란하기 때문에 실태조사의 결과 등을 기초로 하여 표 7.68에 표시된 바와 같이 표준화를 도모한 것이다.

  주2 중요한 도로의 포장단면은 20년간 누적교통량을 단축하중으로 환산한 교통량을 근거로 하여 AASHTO 노모그래프(Nomograph)를 이용한 설계방법으로 산출함이 타당하다.

  주3 노체에 큰 부등침하나 잔류침하가 예상되는 구간에는 잠정적으로 아스팔트 포장으로 하는 것이 좋다.

③ 철망

무근 콘크리트 슬래브에는 원칙으로 철망을 사용하나 슬립폼페이버로 포설할 경우 철망을 생략할 수도 있다. 철망의 폭은 콘크리트 슬래브의 폭보다 10 cm 정도 좁게 한다. 철망의 길이는 겹침이음을 20 cm 정도로 하여 수축줄눈 간격의 사이에 꼭 들어맞도록 또는 운반이 편리하도록 정한다.

철망의 철근량은 1 m^2당 3 kg을 표준으로 하며, 보통 6 mm의 원형철근 또는 이형철근(異形鐵筋)을 사용한다. 콘크리트 슬래브의 세로방향 가장자리(종선부)를 보강하기 위하여 세로방향 가장자리에 직경 13 mm의 이형철근을 3본 결속하는 것이 좋다. 또한 1매의 콘크리트 슬래브에 사용할 철근량은 종횡 양방향의 철근 총단면적을 대개 같게 되도록 결정하는 것이 좋다.

철망은 가능한 한 용접에 의하여 조립하는 것으로 한다.

철망의 매설깊이는 시공법을 고려하여 정한다. 콘크리트를 2층으로 나누어 깔아나갈 경우에는 표면에서 콘크리트 슬래브 두께의 1/3의 위치로 하면 좋다. 철망삽입기(Mesh installer)를 사용할 경우에는 콘크리트 슬래브의 표면에서 5~7 cm로 하는 것이 좋다.

그림 7.70에 철망의 설계 예를 나타내었다.

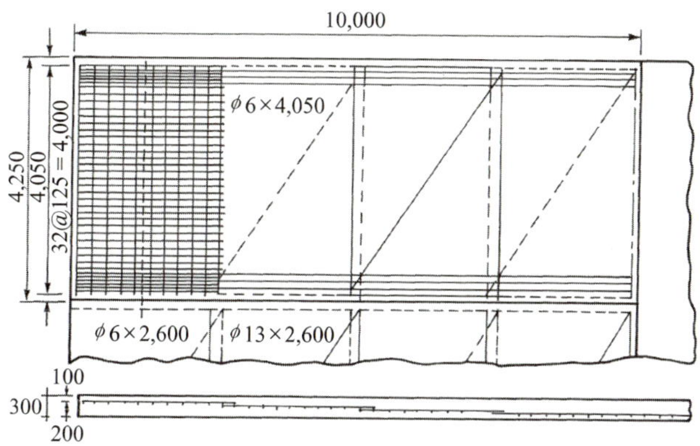

그림 7.70 철망 및 연단부보강철근의 설계 예(단위 : mm)

주1 철망은 콘크리트 슬래브에 균열이 생겼을 경우에 이것이 벌어지지 않도록 보존하는 효과가 있다. 따라서 철망을 넣은 콘크리트 슬래브는 일단 균열이 발생하기 시작하더라도 급속히 발전되지 않는 특징을 가지고 있다. 따라서 덧씌우기(Over lay)의 시기가 다소 지연되더라도 치명적인 영향은 없다.

주2 철망은 가로줄눈으로 자르는 것이 보통이지만 시공형편상(예를 들면, 철망삽입기로 연속하여 매설할 경우, 빗줄눈으로 철망을 마름모꼴로 만드는 것이 형편이 나쁜 경우 또는 슬립폼페이버(Slip form paver)로 시공할 경우 등) 가로 맹줄눈을 통하여 철망의 사이를 떼는 경우가 있다. 이 경우 철망은 커터(Cutter)로 자르는 것이 좋다. 자르지 않으면 맹줄눈은 비틀림줄눈(Warping joint)으로 되지만, 초기균열이 맹줄눈 이외의 위치에 생길 위험성이 다소 높게 된다.

주3 철망의 철근량은 경험적으로 정해지고 있다고 해도 좋으나 이론적으로는 보조기층 마찰력에 저항하는 양에 거의 필적하는 것으로 하고 있다. 보조기층 마찰력의 합계는 가로균열이 슬래브의 중앙에 생긴 때도 세로균열(종균열)이 슬래브의 중앙에 생겨도 같다. 따라서 종횡 양방향의 철근총단면적은 거의 같도록 결정한다.

주4 슬래브 두께가 15 cm의 경우에는 슬래브 두께의 약 1/2 위치에 철망을 넣는다.

주5 L, A교통으로 시공상 철망을 사용하기가 곤란할 경우에는 철망을 생략하는 일도 있다. 또 이 경우 수축줄눈 간격은 5 m 이하로 한다.

주6 슬립폼페이버로 포설할 시 슬래브의 세로방향 가장자리를 보강하는 수단으로 본선포장 포설 시 측대를 25 cm 이상 두는 것이 좋다.

④ 철근

연속철근콘크리트포장은 연속된 세로방향 철근을 사용하여 콘크리트 슬래브의 가로줄눈을 (구조물 접속부의 팽창줄눈을 제외하고) 전부 생략하므로 인하여 생기는 콘크리트 슬래브의 가로균열을 세로방향 철근에 의하여 분포시켜 개개의 균열복을 좁게 한 것이다.

• 세로방향 철근

연속철근콘크리트포장에서 세로방향 철근의 첫째 목적은 가로방향 균열(crack)이 더 이상 벌어지지 않도록 발달을 억제시키는 것이며, 이형 철근을 사용한다.

– 사용철근량 : 최소 철근비는 0.6%이며, 기온의 변화가 심하거나 기온이 대단히 낮은 지역은 0.7%로 한다.

– 부착면적 : 콘크리트 단위체적에 대한 최소면적비는

$0.0012\ cm^2/cm^3$: 여름

$0.0016\ cm^2/cm^3$: 늦은 가을과 이른 봄

– 철근강도 : 종방향 철근의 항복강도는 $4{,}000\ kg/cm^2$ 이하로 한다.

– 배근 위치와 간격 : 철근은 슬래브 두께 중앙이나 중앙 바로 위에 배근하는 것이 바람직하며, 배근간격은 10∼22.5 cm, 콘크리트 덮개는 6.5 cm 이상으로 한다.

– 이음 : 철근이음은 연속철근콘크리트포장에서 아주 중요한 사항인 바 직경의 30배 이상으로 하되, 겹침부는 여러 방향으로 엇갈려 있거나 경사지는 것이 좋다(그림 7.71).

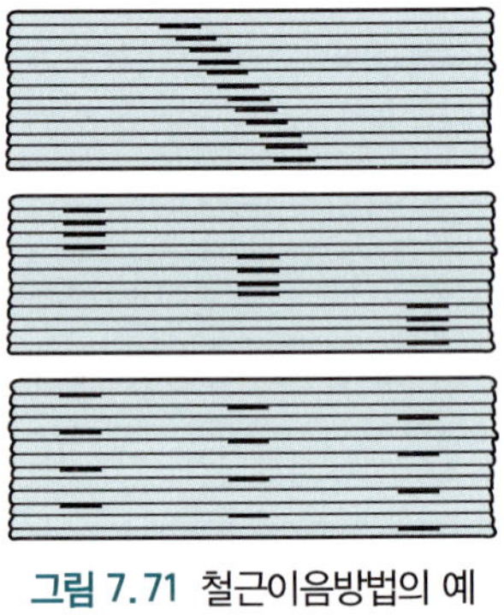

그림 7.71 철근이음방법의 예

• 가로방향 철근

가로방향 철근은 여러 가지 목적 때문에 사용되지만, 최근 발달된 시공법에서는 세로방향균열의 발달이 억제된다고 보며, 튜브(Tube)식 포설에서는 가로방향 철근을 생략할 수도 있다. 배근간격은 직경의 70배 또는 70∼120 cm이다.

• 슬래브 단부처리(端部處理)

단부처리는 연속철근콘크리트포장의 자유단(自由端)에 필요하다. 유동은 연간 25∼50 mm 일어난다. 단부는 그 팽창을 억제(Anchoring)하도록 설계되거나 신축장치(Expansion system)를 사용하도록 설계한다.

주 경우에 따라 상기(上記) 2가지 공법을 혼합해서 사용할 수도 있다(그림 7.72).

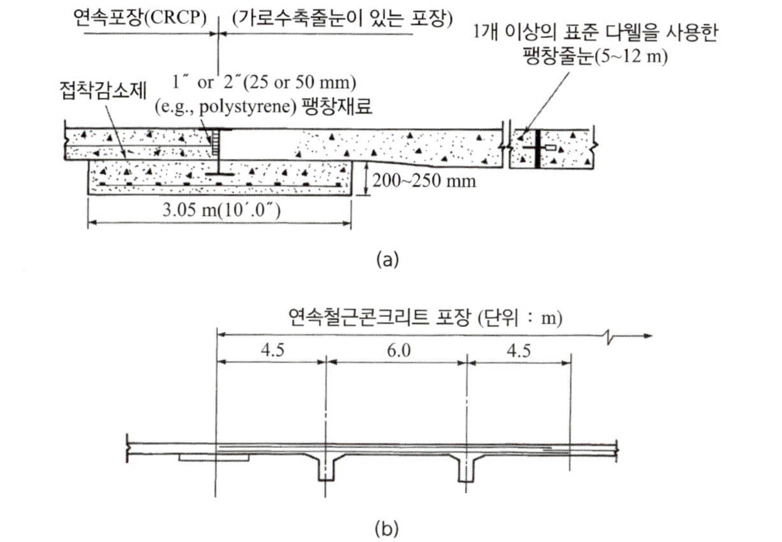

그림 7.72 와이드플랜지임 이음설계 예

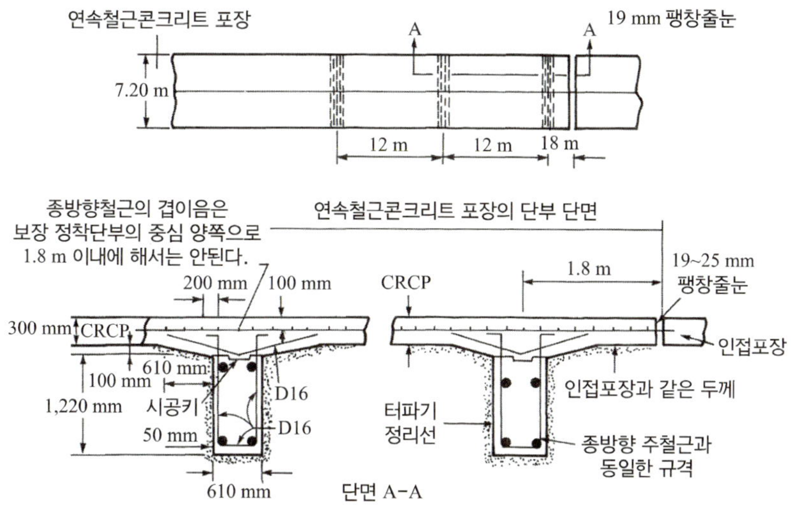

그림 7.73 정착단부의 설계 예

- 정착단(Anchor) : 정착장치는 충분한 철근량으로 보강해야 하며, 연속철근콘크리트 슬래브에 견고하게 결속시켜야 한다. 정착단은 통상 5～12 m 간격으로 2～6개를 설치한다(그림 7.73).
- 신축장치(Expansion System) : 가장 좋은 방법은 와이드플랜지빔 단부이음(Wide flange-beam terminal joint)이 개발되어 사용되는 바, 이것은 와이드플랜지빔이 있는 콘크리트 보강슬래브로 구성되어 있다. 빔 규격으로는 여러 가지가 시도되고 있으나 그중에서는 W 12×58이 가장 많이 쓰인다.

7.4.3 재료

(1) 콘크리트 슬래브의 재료

① 강재

강재는 KS D 3504(철근콘크리트용 봉강), KS D 3527(콘크리트용 재생봉강)에 적합한 것이어야 하며, Chair 등 콘크리트 슬래브의 구조보강을 목적으로 하지 않는 강재는 이러한 규정에서 제외된다.

② 줄눈재료

• 줄눈판

줄눈판 콘크리트 슬래브의 팽창수축에 잘 순응하며, 슬래브의 팽창 시에 빠져나오거나 변형이 생기지 않고 수축 시에 공극의 발생을 방지한다. 내구성이 크고 콘크리트 타설 시에도 큰 변형을 일으키지 않는 재질이어야 한다.

현재 제품화되어 사용되고 있는 것은 삼(杉) 나무판, 고무스펀지, 수지발포재, 역청섬유, 역청질재료 등이며, 이 중 목재는 압축저항 및 구부림저항이 상당히 크고 취급이 용이한 반면, 건조 시 두께의 복원율이 만족스럽지 못한 결점이 있다.

역청질재료는 빠져나오는 양이 너무 많아 적합하지 않으며, 나머지 재료는 수축팽창에 대한 순응은 양호하지만 유연하기 때문에 시공에 지장이 많다.

• 주입줄눈재

주입줄눈재는 콘크리트 슬래브의 팽창수축에 순응하며, 콘크리트와의 부착성이 좋고, 물에 용해되지 않으며, 불투수성이고 고온 시에 흐르지 않으며, 저온 시엔 충격이 강하고, 내구성이 커야 한다. 현재 활용 중인 주입줄눈재는 그 시공법에 따라 가열식과 상온식이 있다.

가열식은 일반적으로 역청재에 고무를 섞어 탄성을 보강시킨 재료를 시공 시 가열하여 주입하고 냉각시키는 방식으로서, 고온 시엔 점성체로 되어 흘러나오기 쉽고 토사 등의 이물질이 침입하기 쉬운 결점이 있으나, 가격이 저렴하여 과거에 많이 사용되어 왔다.

상온식은 사용재료의 형태에 따라 유제형(역청재 등), 반죽형 및 2성분혼합경화형(에포시 주제와 경화촉진제 등)이 있다. 이 중 2성분혼합경화형은 주입 후 중합하여 고무상의 탄성체로 되므로 슬래브의 팽창수축에 대한 순응성이 좋을 뿐 아니라 고온 시에도 유동이 적고, 토사 등의 침입에 대한 저항성이 큰 것 등의 장점이 있으나 가격이 비싼 것이 흠이다.

또한 최근에는 개스킷형의 속빈 고무성형품이 개발되어 시공 시 접착제를 발라 줄눈홈에 삽입하는 방법 및 슬래브 콘크리트 타설 전에 설치한 후 콘크리트를 타설하는 방법이 있는데, 주로 고급포장에만 사용된다.

③ 분리막

시멘트 콘크리트 타설 시 시멘트 Paste의 보조기층침투 및 다짐 시 중간층의 혼합을 방지하기 위하여 중간층면에 분리막을 깔아야 하는데, 추후 슬래브의 슬립을 원활히 함으로써 콘크리트의 건조수축 및 온도변화에 따른 수축팽창으로 슬래브에 발생되는 균열을 사전에 예방하는 효과가 있다. 분리막은 취급이 용이하고 수분이 잘 흡수되지 않으며, 콘크리트의 타설 및 다짐 시에 파손되지 않는 것이어야 한다.

일반적으로 폴리에틸렌 필름(KS M 2503, 두께 0.1 mm 이상의 것)과 Kraft지(KS M 7501)가 사용된다.

④ 재료저장 시 유의사항

• 시멘트

- 벌크시멘트를 저장하는 사일로(Silo)는 방습되어야 하며, 시멘트의 용량을 확인할 수 있는 장치가 설치되어야 한다.
- 포장시멘트는 통풍이 잘되는 창고에 12포대 이하로 쌓아야 한다.
- 시멘트는 반입된 순서대로 사용해야 한다.
- 포장시멘트의 경우 3개월이 경과한 것은 소정의 시험을 거쳐 변화유무를 확인한 후에 사용해야 한다.

• 골재

- 골재는 이물질이 혼합되지 않도록 잔골재, 굵은골재를 분리 저장하고, 취급 시 대소립이 분리되지 않도록 주의해야 한다. 굵은골재는 40 mm 이상의 경우 2종으로 분리하여 저장하는 것이 바람직하다.
- 골재의 표면수량이 일정하지 않으면 콘크리트의 사용수량이 자주 변경되어야 하므로, 골재의 입하 후 적어도 24시간 이상 탈수시킨 후 표면수량을 거의 일정하게 하는 것이 중요하며, 저장능력을 크게 하는 것이 바람직하다. 우천 시에는 우수침투 시와 건조 시 저장된 잔골재의 표면과 내부에서의 잔골재표면수량의 차이가 크게 되므로 천막 등으로 덮는 것이 좋다.

• 혼화제

먼지 등의 이물질이 혼입되지 않도록 주의하여 저장해야 한다. 분말로 된 것은 방습된 창고 안에 저장해야 하며, 액상으로 된 것은 그 내용물과 반응하지 않고 장기보관이 가능한 용기를 사용해야 한다. 특히 직사광선과 화기를 피하고 한랭 시 동결되지 않도록 하는 것이 중요하다.

• 강재

토사 등이 묻지 않고 변형이 되지 않도록 받침각목 등으로 받쳐서 보관하며, 장기간 보관 시에는 덮개를 덮어서 부식을 방지한다.

• 줄눈재로

- 줄눈판과 주입줄눈재는 창고 내에 또는 적당한 덮개로 씌워 보관한다.

- 줄눈판은 편평한 판 위에 보관하여 변형되지 않도록 한다.
- 주입줄눈재 중 상온식재료는 보관 중에 경화될 우려가 있으므로 유효기간 내에 사용토록 해야 한다.
- 기타 보조기층지는 창고 내 또는 적당한 덮개로 씌워 저장해야 한다.

⑤ 레디믹스트 콘크리트(Ready mixed concrete)

- KS F 4009(Ready mixed concrete)에 적합해야 한다.
- 생산공장의 선정 시에는 공급이 원활한 KS 지정공장을 선정하는 것이 좋다. 여건상 KS 지정공장을 구할 수 없는 경우에는 사용재료의 품질, 제조설비, 생산공정상황, 콘크리트의 품질을 고려하여 공장을 선정해도 된다.
- 레미콘을 사용할 때는 사용재료의 시험결과, 콘크리트의 배합표, 배합결정에 필요한 자료를 생산자에게 제시하고, 원활한 공급방법, 현장과의 연락방법 등에 대해 생산자와 사전에 협의해야 한다.

7.4.4 배합설계

(1) 개설

콘크리트 슬래브에 사용되는 포장용 콘크리트의 배합설계라는 것은 필요한 품질(소요강도를 갖고 내구성, 마모저항성이 크며, 품질의 변화가 적은 것)과 시공에 적합한 워커빌리티를 확보할 수 있는 범위 내에서 가장 경제적인 제품이 되도록 각 재료의 배합비율을 결정하는 것이다.

콘크리트의 품질과 워커빌리티에 가장 관계가 깊은 것은 콘크리트 속에 있는 시멘트 풀의 품질(주로 물-시멘트 비) 및 그 양, 즉 단위수량과 단위시멘트량이다. 단위수량이 적으면 필요한 품질을 갖는 콘크리트를 만드는데 필요한 단위시멘트량이 적게 됨과 동시에 콘크리트의 균열에 대한 걱정도 적게 된다. 즉, 포장용 콘크리트에 배합설계는 포장작업에 적합한 범위에서 될 수 있는 한 단위수량을 적게 하는 배합으로 선정하는 것이다.

포장용 콘크리트는 AE감수제 또는 AE제를 사용하는 것을 원칙으로 한다.

(2) 배합설계 순서

포장용 콘크리트의 배합설계를 실시할 때 그 순서는 다음과 같다.

① 사용재료를 선정하고 품질을 확인한다.

② 사용장비의 성능시공의 난이도 및 과거자료를 근거로 하여 변동계수를 설정하여 할증계수를 정하고, 배합강도를 결정한다.

③ 슬럼프값과 공기량을 정한다.

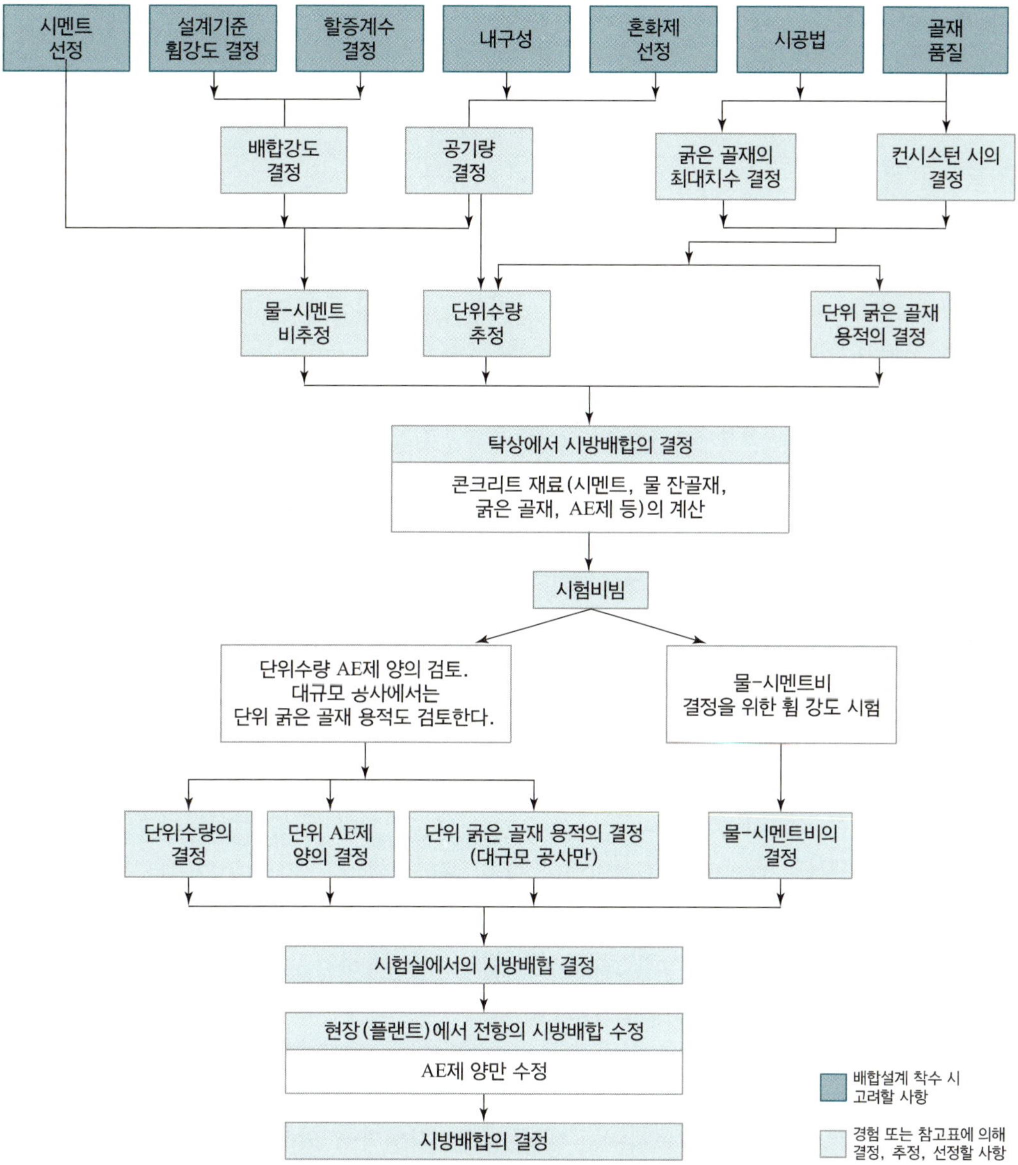

그림 7.74 배합설계의 순서

④ 굵은골재의 최대치수를 정한다.
⑤ W/C비(물결합재)를 정한다.
⑥ 단위수량 및 단위시멘트량을 산출한다.
⑦ 잔골재율을 정한다.
⑧ 각 재료의 소요중량을 산출하여 배합을 정하고, 시험배치를 실시하면서 슬럼프, 공기량, 워커빌리티가 만족하도록 수정하여 최종적으로 시방배합을 정한다. 이들 관계를 도시하면 그림 7.74와 같다.

(3) 재료의 선정

① 시멘트는 일반적으로 보통 포틀랜드 시멘트(Ⅰ종)가 사용되나 균열발생을 최소화하기 위하여 수화열이 적은 중용열시멘트(Ⅱ종)가 사용되고 있다.
② 포장용 굵은골재는 대부분 석산쇄석을 많이 사용하고 있으며, 내마모성이 좋은 것을 사용하도록 하고 모래는 입도분포가 양호하고 유기불순물이 혼입되지 않은 하천골재를 사용하는 것이 좋다.
③ 혼화재료는 품질의 변화가 크고 관리가 어려우므로 사전에 품질시험을 실시하고, 시험배합을 통해서 성능을 확인해야 한다.

(4) 배합강도

콘크리트의 배합강도 σ_{br}는 설계기준 휨강도 σ_{bk}에 적당한 증가계수 α를 곱해서 증가한 값이라야 한다. 증가계수 α는 지정된 콘크리트의 품질을 보증할 수 있도록 배합설계자가 정하는 것으로 한다.

주1 도로포장에서 사용하는 포장용 콘크리트의 증가계수 α는 동시에 만든 공시체의 휨강도의 평균치가 $0.8\sigma_{bk}$이하로 되는 일이 1/30 이상의 확률로 일어나지 않을 것 또 σ_{bk}이하로 되는 일이 1/5 이상의 확률로 일어나지 않을 것 2가지 조건을 만족하도록 한다.

주2 콘크리트의 변동계수를 적절하게 예상할 수 있으면 변동계수에 따르는 α의 값을 써서 배합강도를 증가시키는 것이 합리적인 것은 물론이지만, 변동계수를 현장에서의 각 재료의 관리상태, 각 재료의 계량방법과 장치, 혼합장치, 시공자의 콘크리트 기술 및 지식의 정도 등 여러 조건에 따라 달라지므로, 공사의 초기에는 변동계수를 알맞게 예상하는 것은 곤란하다. 또 공사기간도 3개월 정도 이하의 것이 많으므로 공사말기에 있어서도 변동계수를 정확하게 추정하는 것이 어려운 경우가 많다.

따라서 실제에는 안전을 위해 충분히 큰 변동계수를 가정하고, 그에 따른 α를 사용하여 배합을 정하고, 그 배합을 그대로 공사기간 중 사용하는 실정이다.

콘크리트 휨강도의 변동계수에 대한 실태조사결과에 의하면 변동계수는 10% 이하가 80% 정도를 차지하고 있으며, α를 1.1 정도로 취하면 안전할 경우가 많이 있지만, 더욱 안전한 값으로, 일반적인 경우 1.15(변동계수 약 16%)로 해도 좋다.

한편 공항콘크리트포장에 대해서는 아직 설계요령 등의 규정이 없기 때문에 KS F 4009 '레디믹스트콘크리트'에 준한 품질규정, 즉 3회의 시험결과의 평균치가 σ_{bk}이상이어야 하고, 어떤 1회의 시험결과의 평균 $0.85\sigma_{br}$ 이상이어야 한다는 2조건을 만족하도록 배합강도를 정하면 된다.

콘크리트 슬래브는 온도변화 및 교통하중에 의한 휨응력을 주로 받고 있기 때문에 설계기준강도는 일반적으로 재령 28일에서의 휨강도 4.5 MPa 이상을 기준으로 배합설계하고 있다. 다만 장기강도발현이 좋은 시멘트를 사용할 경우 90일 강도기준으로 설

표 7.69 할증계수(α)

변동계수(%)	7.5	10	12.5	15	16
도로포장	1.06	1.09	1.12	1.14	1.15
공항포장	1.15	1.21	1.36	1.55	1.63

계하고 있다. 벨기에는 고급도로의 경우 90일 압축강도로 관리하나 그밖의 국가에서는 대개 28일 휨 또는 압축강도로 배합설계를 하고 있다.

(5) 워커빌리티(Workability)

① 콘크리트는 포설(鋪設)기계에 알맞은 워커빌리티를 가지며, 소요의 평탄성을 용이하게 얻을 수 있는 피니셔빌리티를 갖는 것이어야 한다.
② 콘크리트는 작업이 가능한 범위에서 되도록 컨시스턴시가 적은 것(침하도가 큰 것 또는 슬럼프가 작은 것)이어야 한다.
③ 워커빌리티 측정은 슬럼프론, 진동대식 컨시스턴시 측정기, 켈리볼 시험기(Kelly Ball Tester)에 의하여 측정한다.

주1 슬래브의 콘크리트로서는 체적변화가 작고, 마모저항이 큰 것이 좋으므로, 기계에 의한 시공에 지장이 없는 한 시멘트풀의 양을 되도록 적게 할 필요가 있으며, 당연히 된비빔 콘크리트가 좋다. 그러나 포설기계의 성능에 비하여 된비빔이 지나치면 다짐이 불충분하게 되고, 콘크리트 중에 공극이 남는다. 공극이 1% 증가하면 휨강도에서는 4% 정도 감소하므로 결과적으로 물-시멘트비가 약 4% 커진 것과 같다.

현재 사용하고 있는 포설기계로는 전술한 컨시스턴시의 콘크리트를 사용하면 충분히 다져질 수 있는 것이 종래의 경험으로 확인되어 있다.

주2 침하도는 KS F 2427(진동대에 의한 콘크리트의 컨시스턴시 시험방법(포장용))에 의하여 얻어진 값이다. 이 값은 진동대의 회전수에 따라 변화한다.

침하도 30초란 전력주파수가 50사이클의 경우로서, 전력주파수가 60사이클의 경우는 60사이클용으로 설계된 진동대를 사용할 때를 제외하고, 상기의 표준값을 20초로 한다.

주3 현장에서 켈리볼 시험기를 이용한 워커빌리티 측정은 가장 신속하고 능률적인 방법이다. 따라서 사전에 슬럼프시험과의 상관관계를 명확히 한 후 사용하도록 한다.

(6) 골재의 최대치수

굵은골재의 최대치수는 강도와 워커빌리티와 균형이 유지되도록 결정해야 한다. 일반적으로 19－40 mm까지 사용이 가능하나 현재는 40 mm를 가장 많이 사용하고, 고속도로에서는 32 mm가 사용되고 있다. 굵은골재의 입도기준은 표 7.70과 같다.

표 7.70 포장용 콘크리트의 굵은골재 입도기준

입자크기의 범위(mm) \ 체의 호칭 치수(mm)	체를 통과하는 질량 백분율(%)								
	50	40	30	25	20	13	10	5	2.5
30~5		100	95~100	-	40~75	-	10~30	0~10	0~5
20~5	-	100	-	95~100	-	25~60		0~10	0~5

(7) 단위수량

소요의 컨시스턴시를 갖는 콘크리트를 만드는데 필요한 단위수량은 굵은골재의 최대치수, 골재의 입도 및 형상, 단위 굵은골재용적, 컨시스턴시, 혼화제의 종류 및 콘크리트 온도 등에 따라 달라지는 것으로, 운반시간에 따른 컨시스턴시의 변화도 고려해야 하므로 단위수량은 사용재료를 사용하여 시험을 하여 정해야 한다.

주1 소요의 반죽질기를 얻는데 필요한 콘크리트의 단위수량은 시멘트의 품질, 굵은골재의 최대치수, 골재의 입도 및 형상, 혼화제의 종류, 콘크리트의 공기량 등에 따라 틀리기 때문에, 사용하는 재료에 대하여 시험을 해서 이것을 정하도록 규정한 것이다. AE제, 감수제 및 AE감수제 등을 적당히 사용하면 단위수량을 상당히 감소시킬 수 있다.

주2 슬래브용 콘크리트의 단위수량은 실례에 의하면 굵은골재의 최대치수 40 mm, 슬럼프 2.5 cm이고, 양질의 감수제를 쓴 공기량 4% 정도의 콘크리트인 경우 하천자갈을 사용하면 110~120 kg/m^3 정도이며, 부순돌을 사용하면 이보다 10 kg 정도 증가한다. 단위수량이 150 kg/m^3 이상이 되었을 때에는 골재의 입도 형상들이 적당치 않다고 보아도 좋다.

(8) 단위결합재비

① 단위결합재량은 소요의 품질을 얻을 수 있도록 정해야 한다. 단 단위결합재량은 소요의 강도에 알맞도록 정해야 한다.

② 강도를 기준으로 하여 단위결합재량을 정할 경우에는 KS F 2408에 의한 휨강도 시험에 의해야 한다.

③ 포장용 배합기준은 표 7.71과 같다.

표 7.71 포장용 시멘트 콘크리트의 배합기준

항 목	시험방법	단 위	기 준
설계기준 휨강도(f_{28})	KS F 2408	MPa	4.5 이상
물/결합재 비		%	45 이하
굵은골재의 최대치수		mm	32 이하
슬럼프값	KS F 2402	mm	10~60
AE콘크리트의 공기량 범위	KS F 2409	%	5~7

(9) 단위혼화제량

① 단위혼화제량은 소요의 콘크리트의 품질을 얻을 수 있도록 정해야 한다.

② 내구성을 기초로 다짐 후의 공기량을 정할 경우의 표준은 3~6%로 한다. 단위혼화제량은 시험에 의하여 정해야 한다.

주1 슬래브의 콘크리트는 AE콘크리트로 하는 것을 원칙으로 한다. 심한기상작용을 받는 콘크리트 슬래브에 대해서는 AE제를 사용하여 공기량을 4% 정도로 한다. 온난한 지역에서는 공기량을 4%로 할 필요는 없다.

주2 공기량 4%의 값은 콘크리트 포설 후의 값이므로 플랜트에서 혼합한 직후의 공기량은 운반 중의 손실량을 예상해 둘 필요가 있다. 그림 7.75는 운반 중의 공기량 변화의 한 예를 표시한 것이다. 이 변화는 운반거리, 기온, 습도 등에 따라서 달라지므로 미리 포장현장마다 시험하여 구해둘 필요가 있다.

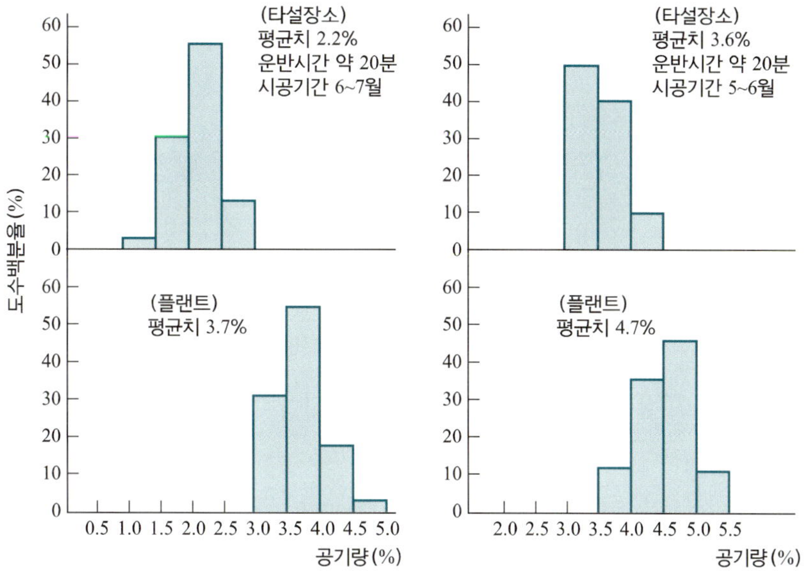

그림 7.75 운반에 따른 공기량변화의 한 예

(10) 배합의 표시방법

시방배합의 표시방법을 표 7.72에 의하는 것으로 한다.

주1 시방배합에 표시한 잔골재는 4.75 mm(No. 4)체를 전부 통과하는 것, 굵은골재는 4.75 mm(No. 4)체에 전부 남는 것으로서, 모두 표면건조포화상태에 있는 것으로 한다.

주2 시방배합에 표시한 단위혼화제량은 희석하거나 용해하지 않은 것을 표시하는 것으로 한다.

표 7.72 시방배합의 표시방법

<table>
<tr><td rowspan="2">굵은 골재의 최재치수</td><td colspan="2">슬럼프(또는 침하도)의 목표치</td><td colspan="2">공기량의 목표치</td><td rowspan="2">물·시멘트비 W/C (%)</td><td rowspan="2">단위 잔골재율</td><td colspan="5">단위량(kg/m³)</td></tr>
<tr><td>플랜트 (cm 또는 sec)</td><td>현장 (cm 또는 sec)</td><td>플랜트 (%)</td><td>현장 (%)</td><td>물 W</td><td>시멘트 C</td><td>잔골재 S</td><td>굵은골재 G</td><td>혼화제</td></tr>
<tr><td></td><td></td><td></td><td></td><td></td><td></td><td></td><td></td><td></td><td></td><td></td><td></td></tr>
<tr><td>비고</td><td colspan="11">(1) 설계기준휨강도 = MPa
(2) 배합강도 = MPa
(3) 시멘트의 종류 =
(4) 잔골재의 FM =
(5) 굵은골재의 종류 =
(6) 굵은골재의 공극률 =
(7) 혼화제의 종류 =
(8) 운반시간 =
(9) 시공시기 =
(10) 기　타 =</td></tr>
</table>

(11) 현장수정배합(現場修正配合)

시방배합에서의 골재는 모두 표면건조포화상태이고, 굵은골재는 4.75 mm(No. 4)체에 남는 것을 말하며, 잔골재는 4.75 mm(No. 4)체를 전부 통과하는 것을 말한다. 그러므로 현장의 골재상태가 상기의 조건과 다를 때는 이를 현장배합을 수정하여 배합해야 한다. 모래 및 자갈의 표면수량은 야적부위별로 차이가 심하므로, 수시로 측정하여 표면수량을 보정하여 반죽질기가 균질한 콘크리트가 생산되도록 해야 한다.

주 시방배합을 현장배합으로 수정하는 방법은 다음과 같이 한다.

① 현장의 골재상태

잔골재중 4.75 mm(No. 4)체에 남는 양 : a

굵은골재 중 4.75 mm(No. 4)체에 통과하는 양 : b

잔골재의 표면수량 : c

굵은골재의 표면수량 : d

② 입도를 고려한 수정

$$\text{잔골재의 중량 } x = \frac{100s - b(S+G)}{100-(a+b)}$$

$$\text{굵은골재의 중량 } y = \frac{100G - a(S+G)}{100-(a+b)}$$

여기서 S : 단위 잔골재량

G : 단위 굵은골재량

③ 표면수를 고려한 수정

$$x' = \frac{x(100+c)}{100}$$

$$y' = \frac{y(100+d)}{100}$$

$$z' = \frac{100W-(Cx+dy)}{100}$$

x' = 계량해야 할 현장의 잔골재

y' = 계량해야 할 현장의 굵은골재

z' = 계량해야 할 현장의 물

(12) 빈배합 콘크리트(Lean concrete)의 배합설계

빈배합 콘크리트는 시멘트 콘크리트포장의 기층재료로 사용되고 있으며, 시공방법에 따라 건식(dry type)과 습식(wet type) 2가지 방법이 있다. 습식배합은 본포장 배합설계와 동일한 방법으로 실시한다. 따라서 이 장에서는 건식배합설계에 대해서 설명하도록 한다.

① 배합설계 순서

빈배합 콘크리트의 배합설계는 다음과 같이 진행한다.

- 사용재료의 선정과 품질을 확인한다.
- 시공 정도에 따라 할증계수를 정하고, 배합강도를 결정한다.
- 굵은골재의 최대치수를 정한다.
- 시방 입도에 따라 골재를 합성하여 굵은골재와 모래의 배합비를 산출한다.
- 다짐시험을 실시하여 최적함수비(OMC)와 최대건조밀도(γ_{dmax})를 구한다.
- 1 m^3당 각 재료의 소요중량을 구하고 시험배치를 실시하여 공시체를 제작한다.
- 제작된 공시체를 재령 7일 후 강도를 측정한다.

② 재료의 선정

- 시멘트는 보통 포틀랜드 시멘트를 사용하나 중용열시멘트 등을 사용할 수 있다.
- 굵은골재·잔골재 및 물은 품질규격에 적합한 것을 사용하고, 해수는 혼합용수로 사용하지 않도록 한다.

주1 시멘트 품질은 KS 규격에 합격한 것이어야 한다.

주2 골재의 품질규격은 도로공사 표준시방서 「4.43.4」, 「4.43.5」에 맞는 것을 사용하도록 한다.

③ 배합강도의 결정

빈배합 콘크리트의 설계기준강도는 재령 7일에 압축강도 5.0 MPa로 한다. 따라서 배합강도는 할증계수를 적용시킨 값을 사용하도록 한다.

주 할증계수는 1.1~1.3 정도로 하고, 1.2를 적용할 때 배합강도는 5.0×1.2=6.0 MPa가 된다.

④ 골재의 최대치수

굵은골재의 최대치수는 25 mm와 40 mm 중에서 현장 여건에 따라 선정하여 사용하도록 한다.

주 국내고속도로의 빈배합기층의 최대골재는 40 mm를 적용하고 있다.

⑤ 다짐시험

다짐시험은 사용될 혼합물의 단위수량을 구하고, 다짐도를 확인하기 위한 최대건조밀도(γ_{dmax})를 얻기 위해서 실시한다.

주1 다짐시험은 흙다짐시험 방법(KS F 2312)에 따라 실시하고, 여기서 구한 최적함수비(OMC)를 단위수량으로 한다.

주2 골재 배합비는 도로공사 시방서 「4.43.6」의 합성입도에 의하여 구하고, 시멘트량은 최소 150 kg/m^3 이상이 되어야 한다.

⑥ 시험배합

각 재료의 계량은 산출된 각 재료의 단위량을 표 7.73과 같이 계량표를 작성하여 관리하도록 한다.

표 7.73 재료계량표(m^3 당)

최대골재 치수(mm)	최대건조밀도 (g/cm^3)	시멘트 (kg)	최적함수비 (%)	단위수량 (kg)	굵은골재(kg)		모래(kg)	비 고
					A	B		

⑦ 공시체 제작

- 공시체의 규격은 압축강도용 $\phi 15 \times 30$을 사용한다.
- 공시체는 시멘트량별로 각 1조씩 제작한다.

주1 공시체 제작 시 시료량은 공시체의 체적에 습윤밀도를 곱하여 산출하고, 3층 25회씩 봉다짐을 하여 전량이 들어가도록 제작해야 한다.

주2 양생은 7일을 기준으로 하고 6일은 상온에서 최종 1일은 수침하여 양생한 후 압축강도를 측정하도록 한다.

⑧ 시방배합의 결정

각 시멘트량별로 압축강도를 측정한 후 이를 그래프에 플롯(Plot)하여 배합강도에 맞는 단위시멘트량을 구하고, 이를 기준으로 하여 시방배합을 작성한다.

7.4.5 시공

(1) 노상준비공

① 노상면은 소정의 종횡단 형상으로 마무리해야 한다.

② 반드시 프루프롤링(Proof rolling)을 실시하여 다짐부족이나 재료불량 부분을 찾아내 적절한 조치를 취한다.

③ 차단층을 설치할 경우에는 두께가 균등하게 되도록 재료를 깔고 불도저, Soil compactor, 경량의 롤러 등으로 가볍게 다진다. 이때 노상토와 섞이지 않도록 해야 하며, 필요시 그 위에 막자갈 등 보조기층재료의 일부(보조기층 두께에 가산되는 층)를 10～15 cm 정도 깔아 동시에 다져도 좋다. 차단층의 다짐도는 노상다짐도와 동일하다(95% 이상).

④ 다짐장비의 종류, 중량 및 다짐횟수는 노상토의 성질과 함수량을 감안하여 결정한다.

⑤ 성토와 절토의 접속부에는 30 m 정도의 경사연결부를 두는 것이 좋다.

(2) 보조기층공

보조기층은 소정의 높이와 형상으로 평탄하게 마무리되어야 하며, 규정에 맞는 재료를 사용하여 충분한 지지력이 확보되도록 해야 한다.

- 하부보조기층에는 시공현장에서 경제적으로 구할 수 있는 막자갈, 산자갈, 강모래 등을 사용하는데, 품질규정에는 벗어난다 해도 시멘트와 석회 등으로 안정처리하여 품질규정에 들도록 한 후 사용할 수 있다.
- 재래의 사리도를 하부보조기층으로 이용할 경우에는 그 노면을 얇게 긁어 일으켜 요철(凹凸)을 정정하고, 필요시 골재를 보충하여 소정의 지지력을 확보해야 한다.
- 상부보조기층에는 시멘트 안정처리재료, 입상재료 등을 사용하며, 보조기층의 최상부에는 가열아스팔트 혼합물 중간층을 사용하기도 한다.
- 보조기층 마무리면의 요철(凹凸) 수정에는 부순돌, Screenings 등을 사용하여 충분히 다진다.
- 구조물에 접속된 부분에는 다짐이 불충분하게 되기 쉬우므로 양질의 재료를 사용하여 잘 다져야 한다.

① 하부보조기층

- 재료
  - 수정 CBR 20 이상, No. 200체 통과량이 10% 이하 또는 No. 40체 통과분의 소성지수가 10 이하여야 하며, 일반적으로 산자갈, 막자갈 등을 사용한다.
  - 상기조건에 맞지 않더라도 시멘트나 석회로 안정처리하여 사용할 수 있다. 시멘트 안정처리의 배합은 6일 양생, 1일 수침 후의 1축압축강도가 1.0 MPa 정도가 되도록 결정한다. 석회의 경우에는 9일 양생, 1일 침수후의 1축압축강도가 0.5 MPa 정도가 되도록 결정한다.

• 시공

- 재료는 불도저, 그레이더 등에 의하여 깔며, 한 층의 포설두께는 20 cm 이하가 되도록 한다.
- 다짐은 일반적으로 8～15 t의 타이어 롤러 또는 이와 동등한 효과가 있는 진동 롤러 등을 사용한다.

② 상부보조기층

• 입도조정공법 : 아스팔트포장의 입도조정공법에 따르도록 한다.

• 시멘트 안정처리공법 : 배합비 결정의 기준인 일축압축강도의 차이는 3.0 MPa, 여기서는 2.0 MPa를 적용한다.

③ 아스팔트중간층

최대 골재치수 19 mm 이하의 가열아스팔트 혼합물을 사용하며, 아스팔트 피니셔, 8 t 이상의 롤러를 이용한 아스팔트표층 시공방법에 준하여 시공한다.

(3) 시공계획

소정품질의 재료를 사용, 적절한 설비 및 장비와 인력을 배치함으로써 요구된 품질 및 형태의 포장이 공기 내에 완성되도록 하기 위하여는 완벽한 시공계획을 수립해야 한다. 시공계획에는 재료사용계획, 공정계획, 노무계획, 장비사용계획, 가설계획, 품질관리계획 등이 포함된다. 도로공사는 타건설분야와는 달리 현장의 연장이 길므로 포장공사의 시공계획수립에 있어서는 포장구조가 변하는 개소, 횡단구조물, 교차점 등으로 공사구간을 구분하면 편리하다. 계획수립 사전에 공사내용, 공종마다의 공사량 및 공기, 시방서를 면밀히 파악해야 하며, 현지의 여건도 충분히 조사해 두어야 한다.

① 재료사용계획

공사에 필요한 재료조서를 작성하는데 특히 제작(철망, 콘크리트 2차제품 등)이나 준비(콘크리트 배합설계 등)에 시간을 요하는 것에 대해서는 공정에 차질을 초래하지 않도록 발주시기를 결정해야 한다.

사용재료는 세부공정에 의해 반입기간, 1일의 반입량, 구입처, 운반거리 등을 파악하여 기록한다.

② 공정계획

㉠ 공정간의 우선순위를 정하여 평행시공이 가능한 공정과 가능하지 않은 공종을 구분하여 작성한다.

㉡ 각 공정에 대한 세 부공종마다의 소요장비, 인원 등을 구한다. 이 경우 1일작업량과 작업시간이 결정되면 그 범위 내에서 각 기계의 시공능력이 균형을 이루도록 기종, 대수를

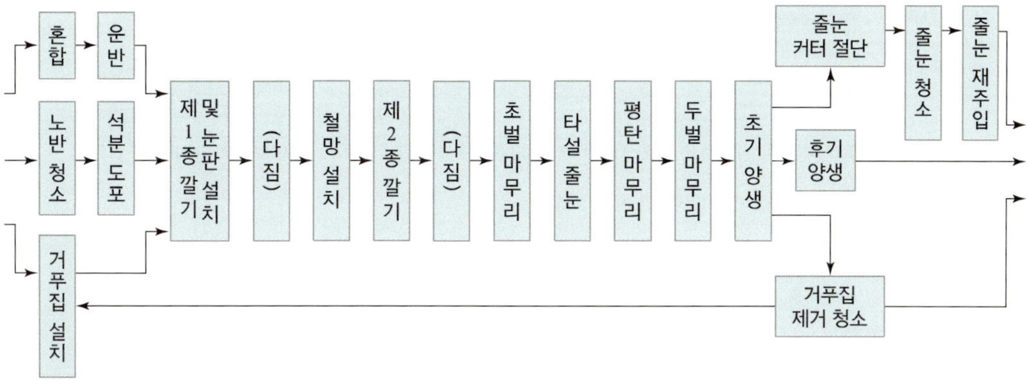

기계	믹싱 플랜트 1대 / 덤프트럭 6대 소형트럭 1대 / 소형트럭 1대 진동거푸집 판타입기 1대	스프렛터 1대	다짐기계 (표면 또는 내부진동기 1대)		스프렛터 1대	피니셔 1대 봉진동기 2대	진동줄눈 절단기 1대	표면 마무리기 1대	두벌 마무리기 1대		줄눈커터 살수차	공기 압축기	조인트 시일러
기구	석분조 고무 레이키댁기 블러쉬 거푸집 4일분	줄눈판지판 거푸집					보도관, 인두, 준눈판 삽입물	플로트	보도관	지붕 30 m분	마대 7일분		

그림 7.76 콘크리트 슬래브의 포장공정 예

선정한다. 작업원은 한 공종에 대해서는 공정에 따라 인원을 증감하기 곤란하므로 그 공정에 필요한 반단위의 편성이 이루어져야 한다. 콘크리트 슬래브의 포설공정의 예를 그림 7.76에 제시한다.

㉢ 각 공정에 대한 1반의 편성으로 며칠의 공정을 요하는가를 구하여 전공정의 소요일수를 구한다.

㉣ ㉢에서 구한 일수에 대하여 기상통계자료(강우, 강설일수, 기온, 일조시간 등)와 작업 휴지일수를 구하여 소요일수에 가산한다.

㉤ 공종마다의 가설, 준비 및 뒤처리 등을 검토하여 소요일수에 감안한다.

㉥ 이들을 ㉠에서의 공종우선순위에 의해 플로차트에 넣어 공기를 검토하고, 공기 내 완성이 어려운 경우 그중 가장 여유가 없는 공정에 대해서는 시공조건을 재검토하여 공기 내에 마칠 수 있도록 수정한다. 이 경우 작업반의 수, 구성인원, 장비의 종류 및 대수 등을 고려할 필요가 있다. 대규모공사인 경우에는 공정계획은 PERT 등을 사용하면 편리하다.

③ 노무계획

확정된 공정표에서 각 공종별 시점의 작업원수를 찾아내어 월, 일별의 작업인원을 산출한다. 산출된 월, 일별의 작업인원의 급격한 변화를 없애기 위해 공종의 중복수를 조정하든가 여유공종의 공정을 연장하든가 하여 작업인원의 평균화를 도모한 후, 그 결과에 의해 공정표를 다시 작성한다. 노무계획의 예를 그림 7.77에 제시한다.

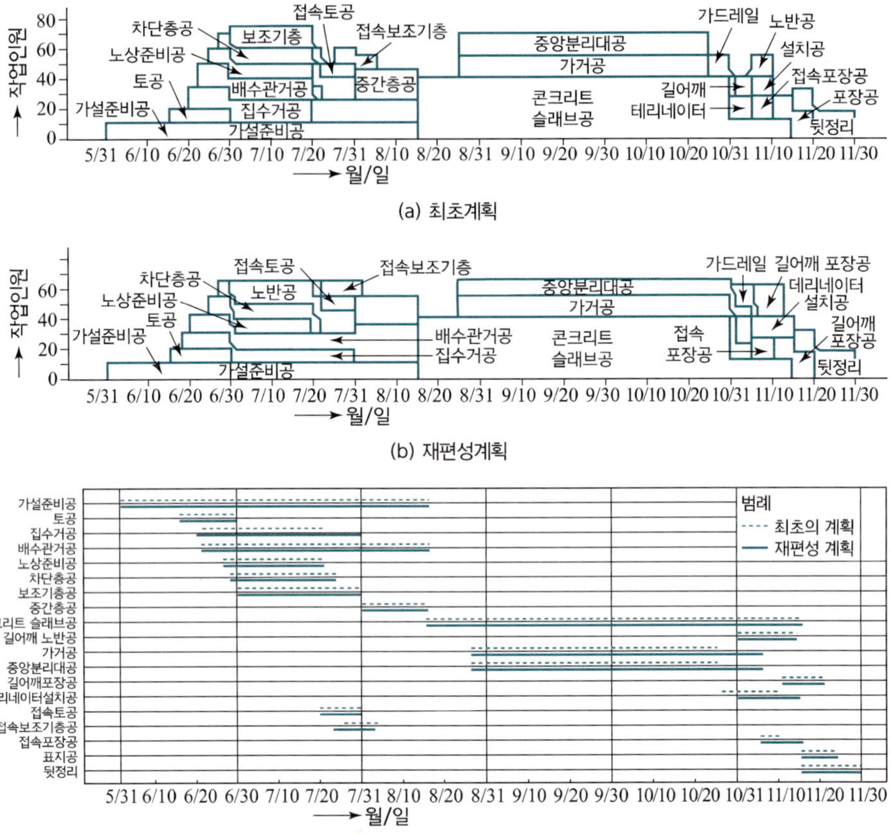

(a) 최초계획

(b) 재편성계획

(c) 노무계획의 재편성에 따른 공정의 변화

그림 7.77 노무계획의 예

④ 장비사용계획

앞에서의 공정표에 따라 각공정의 시점에서는 장비의 종류, 대수 등을 파악한 후 그의 반입, 가동 및 반출계획을 작성한다. 또한 장비를 효율적으로 가동하기 위해서는 공정계획에서 장비의 작업시간에 충분한 정비시간을 감안함으로써 계획적인 정비를 하는 것이 좋다.

⑤ 가설계획

플랜트의 가설 시에는 동력원, 급수원, 부지, 출입 및 운반로, 배수, 공해 등을 검토하여 가설물 배치계획을 수립한다. 또한 노무계획에 의한 작업원숙소, 사무실, 시험실 등에 대한 가설계획도 동시에 수립해야 한다.

⑥ 품질 및 규격 관리계획

품질 및 규격의 관리계획은 항목, 빈도, 시기 등에 대한 실시계획을 말한다. 관리와 검사에 있어 그 적정시기를 놓쳐 차기공정에 지장을 초래하지 않도록 공종의 우선순위가 기록된 플로차트에 관리시기를 기입해 놓는 것이 좋다.

이상의 시공계획을 시공공정의 각 시점에서 재검토하여 차질이 발생할 때는 작업편성팀의 증강, 작업시간의 연장 등 구체적으로 시공계획을 재검토하여 공기를 단축할 수 있도록 시공계획을 변경해야 한다. 이를 공정관리라 한다.

(4) 콘크리트 슬래브의 포설

콘크리트의 포설방식에는 거푸집을 사용하는 사이드폼(Side form)방식과 거푸집을 사용하지 않는 슬립폼(Slip form)방식이 있는데, 일반적인 사이드폼방식과 슬립폼방식에 대해서 설명한다. 사이드폼방식의 콘크리트 포설순서를 그림 7.78에 도시한다.

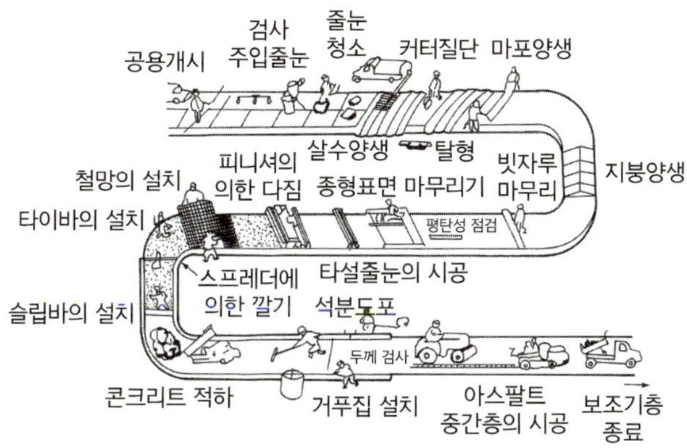

그림 7.78 콘크리트포장 슬래브의 포설순서

① 혼합

• 혼합방식 선정

공사량과 공기, 포설 및 운반장비 등을 감안하여 콘크리트의 혼합방식을 선정하며, 이에 의해 운반계획이 수립된다. 1일 혼합량 결정 시에는 보조기층의 요철(凹凸) 및 슬래브 마무리면의 오차로 인한 손실량 3% 정도를 감안해야 한다. 콘크리트의 혼합방식은 일반적으로 표 7.74와 같으며, 전 공정에 대한 경제성을 검토하여 결정하게 된다. 만약 부근에 레디믹스트 콘크리트 공장이 있는 경우에는 그 이용의 타당성에 대해서도 검토한다.

표 7.74 콘크리트의 혼합방식

방식	방법	이점	결점
중앙혼합방식	현장부근의 적당한 장소에 계량과 혼합설비를 설치, 콘크리트를 혼합하여 덤프트럭 등으로 포설현장까지 운반한다. 레디믹스트 콘크리트도 이 방법에 속한다.	• 재료의 계량이 정확하다. • 혼합작업을 관리하기가 쉽다.	운반가능 거리가 멀다.
중앙계량현장 혼합방식	배치플랜트에서 계량한 재료를 덤프트럭으로 운반하여 타설현장에 설치되어 있는 믹서로 혼합하는 방법으로, 페이버방식은 여기에 속한다.	• 혼합, 타설이 관리하기 쉽다. • 운반에 따른 콘크리트의 분리가 없다.	포설기계가 크기 때문에 포설현장에서 여유폭이 필요하다.

• 계량

물 및 혼합제를 제외한 각 재료의 양은 중량으로 계량하는 것이 원칙이다. 계량오차는 1회 계량에 대해 골재 및 혼화재의 경우 3% 이내, 시멘트의 경우 2% 이내여야 한다. 물과 혼화제용액은 용적이나 중량으로 1회계량분량에 대해 1% 이내어야 한다.

혼화제를 용해 또는 희석하는데 사용되는 물은 단위수량의 일부로 본다. 계량오차 중 계량기 자체의 오차는 계량기의 정비에 의해 줄일 수 있고, 재료를 계량기에 투입할 때 발생되는 오차는 계량장치를 부착함으로써 최소화할 수 있다.

각 재료는 허용오차범위 내에서 계량될 수 있도록 관리해야 한다.

• 혼합

포장용 콘크리트는 통상 슬럼프가 작기 때문에(된비빔) 균등질의 콘크리트를 얻기 위해서는 다음 사항에 유의해야 한다.

- 믹서는 성능이 좋은 강제혼합 믹서 또는 가경식 믹서를 사용해야 하며, 불경식 드럼믹서는 된비빔이 힘들고 배출 시 분리되거나 장시간을 요하므로, 포장용으로는 사용하지 않는 것이 좋다. 단 Paver용의 수평동 믹서 또는 혼합효율증대를 위하여 사용되는 가경식 믹서에 조합된 수평동 믹서는 사용해도 된다.
- 충분한 혼합에 필요한 시간은 믹서형식, 배치량, 재료투입순서 및 반줄질기 등에 따라 달라지는데, 이 혼합시간은 콘크리트의 공기량에 큰 영향을 미치므로 반드시 시험을 실시하여 혼합시간을 결정한다('믹서로 혼합한 콘크리트 중의 모르타르의 단위중량차의 시험방식<KS F 2455>'에 의한 모르타르의 단위용적중량 차이가 0.8% 이하이고, 단위 굵은골재량의 차이가 5% 이하로 시험결과가 나오면 일반적으로 만족한 혼합이라고 할 수 있다). 시험을 실시하지 않을 경우에는 그 최소시간을 가경식 믹서에서는 1분 30초, 강제혼합 믹서를 사용할 경우는 1분으로 한다.
- 재료의 바람직한 믹서 투입순서는 믹서형식, 골재입도 및 종류, 단위수량, 단위시멘트량, 혼화제종류 등에 따라 차이가 나므로, 여러 시험에 의해 균등질의 콘크리트를 가장 단시간에 혼합할 수 있도록 정해야 한다.
- 소정의 혼합시간을 3배 이상 길게 해서는 안 된다. 혼합시간이 너무 길면 골재가 파쇄되어 워커빌리티가 변화하고, AE콘크리트에서는 공기량이 변하게 된다.
- 혼합 중에는 항상 믹서내부, 배출된 콘크리트의 상태 등을 파악하여 품질의 균일성을 유지해야 한다.
- 혼합작업을 일시 중지할 경우 그 시간이 1시간 이내이면 믹서의 개구를 막아 믹서내부의 건조를 방지하고, 1시간 이상인 경우에는 믹서를 청소해 두어야 한다.
- 혼합개시에는 1/3 배치 정도의 콘크리트나 적당량의 모르타르를 혼합 배출해서 믹서내부에 모르타르를 부착시킨 다음, 이후부터 소정배합의 콘크리트를 혼합, 생산한다.

강제혼합 믹서 및 가경식 믹서의 형태와 포설조건을 고려치 않은 혼합능력을 그림 7.79, 그림 7.80 및 표 7.75, 표 7.76에 나타내었다.

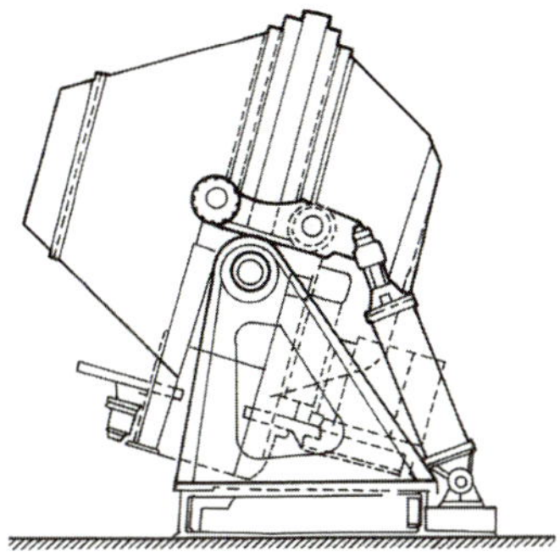

그림 7.79 가경식 믹서

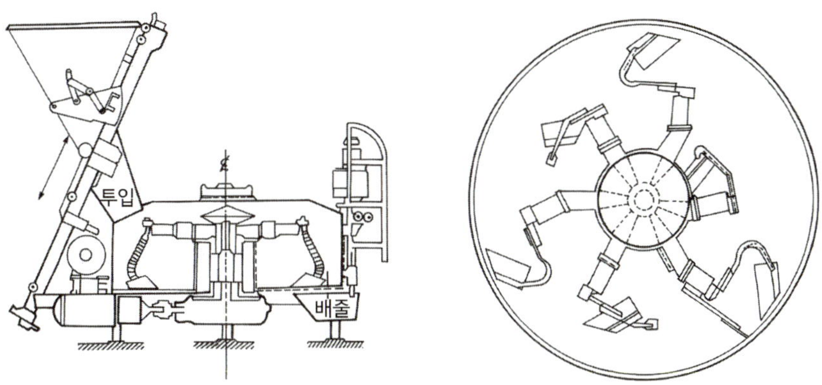

(a) 측면도 (b) 평면도

그림 7.80 강제혼합믹서

② 운반

콘크리트는 재료분리가 일어나지 않는 방법으로 운반하며, 타설까지의 시간은 1시간 이내여야 하는데, 보통의 경우 운반에는 덤프트럭을 사용한다(덤프트럭 운반인 경우 1시간 내에서는 품질이 불변).

표 7.75 가경식 믹서 혼합방식

믹서의 공칭용량(m^3)		0.5	0.75	1.0	1.5	3.0
믹서 1대	실용량(m^3)	0.5	0.75	1.0	1.5	3.0
	혼합능력(m^3/h)	15	22.5	25	38.5	67.5
믹서 2대	실용량(m^3)	0.5	0.75	1.0	1.5	3.0
	혼합능력(m^3/h)	30	45	58	77	135
비 고		투입 15초 혼합 90초 배출 15초		투입 15초 혼합 90초 배출 20초	투입 20초 혼합 90초 배출 20초	

표 7.76 강제혼합 믹서의 혼합능력

믹서의 공칭용량(m^3)		0.5	0.75	1.0	1.5	1.75	2.25	2.5	3.0
슬럼프 2.5(cm)	실용량(m^3)	0.38	0.56	0.75	1.13	1.31	1.69	1.88	2.25
	혼합능력(m^3/h)	15	22.5	30	45	52.5	67.5	75	90
슬럼프 5.0(cm)	실용량(m^3)	0.50	0.75	1.00	1.50	1.75	2.25	2.50	3.00
	혼합능력(m^3/h)	20	30	40	60	70	90	100	120
비 고		투입 15초 혼합 60초 배출 15초							

덤프트럭 이용 시 주의할 사항은 다음과 같다.

- 믹서에서 덤프트럭에 적재할 경우에는 될수록 낙하고를 낮게 함과 동시에 덤프트럭을 전후로 이동하여 편평하게 싣도록 해야 한다.
- 운반 중에는 천막 등을 덮어 콘크리트의 건조를 막는다.
- 덤프트럭에서 콘크리트를 내릴 때에는 재료분리가 일어나지 않도록 한꺼번에 쏟지 말고 천천히 적재함을 들면서 전진하며 쏟는 것이 좋다.
- 덤프트럭은 계속적으로 청소하여 적재함 내부에 시멘트 모르타르가 부착되는 것을 방지해야 한다.

③ 포설 및 다짐

콘크리트 슬래브의 포설과 다짐에는 원칙적으로 스프레더와 피니셔를 사용한다.

- 거푸집 : 콘크리트포장에서는 잘 휘지 않고 잘 된 거푸집을 계획고에 맞추어 정확히 고정해야만 평탄성이 좋은 포장을 기대할 수 있다.
  - 거푸집(side form)은 강제로서 취급상 3 m 정도가 바람직하며, 본체와 레일이 분리된 것이 좋다.
  - 거푸집두부 수직방향 변형은 3 mm 이하여야 하며, 거푸집 내면의 길이방향 변형은 6 mm 이하가 바람직하다. 또한 거푸집을 양단지지의 단순보로 생각하여, 사용될 장비의 최대윤하중이 재하된 경우 중앙부의 처짐량은 6 mm 이내로 하는 것이 좋다.
  - 콘크리트 포설 및 다짐을 인력으로 시공할 경우에는 목재거푸집을 사용해도 좋으나, 거푸집 두께는 5 cm 이상으로 하여 콘크리트자중에 의한 변형을 최대한 줄여야 한다.
  - 거푸집은 콘크리트 슬래브보다 양단으로 50 cm 정도 넓은 보조기층상에 단단히 설치하며, 그 상단은 포장설계고와 일치하도록 해야 한다.
  - 거푸집은 먼저 규준틀을 바르게 설치하고, 이에 의해 소정위치에 바르게 설치한다. 거푸집 상호간의 높이차는 3 mm 이하가 좋고, 거푸집 위의 간격 6 m인 어느 두 점 위에 실을 당겼을 때 거푸집과의 틈은 3 mm 이하가 좋다.

- 거푸집은 콘크리트 타설 후 60시간 경과 후에 떼어낸다. 단 콘크리트 슬래브상에 차량의 왕래가 없는 경우는 기온이 10℃ 이상인 경우 20시간, 10℃ 이하인 경우에는 36시간으로 단축해도 좋다. 여기서 20시간은 거푸집의 회전을 빠르게 하기 위한 최소단축시간으로 1일의 콘크리트 타설 종료 후부터의 시간을 의미한다.

- 포설준비 : 콘크리트의 타설 전에는 거푸집, 보조기층 등을 다음과 같이 점검한다.
  - 거푸집 간격 및 판두께
  - 거푸집 상단부의 요철, 거푸집의 고정상태, 박리제도포상태
  - 줄눈의 삽입위치
  - 보조기층의 다짐상태
  - 보조기층저하의 모래살포여부
  - 아스팔트 중간층의 경우 석분도포여부
  - 조합장비의 정비 및 응급처치 대책
  - 양생용 자재의 확보여부
- 포설 및 다짐장비
  - 스프레더(Spreader) : 브레이드형, 박스형 및 스크루형이 있다(그림 7.81, 7.82, 7.83).

브레이드형은 스프레더 자체가 거푸집 위를 자유로이 전후진하며 전면에 설치된 가이드파이프를 따라 블레이드가 좌우로 움직이고, 블레이드 자체도 회전이 가능하여 보조기층에 쌓여진 콘크리트를 어느 방향으로도 포설할 수 있는데, 다른 형과 비교하여 중량이 가볍고 조작하기 쉬운 반면 부설능력은 다소 작다.

박스형은 콘크리트를 강제 박스에 받아 진행방향에 직각으로 이동시키면서 콘크리트를 박스의 하부에서 잘라 펴면서 포설해 나가는 것으로서, 전취식과 횡취식이 있다. 콘크리트를 한 번에 박스에 받으므로 중량이 커지는 결점이 있으나, 포설능력이 크고 고장도 적으며, 균일하고 정확한 시공을 기대할 수 있다.

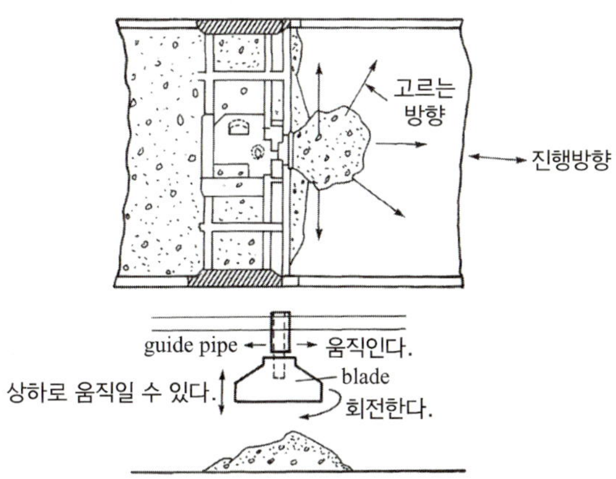

그림 7.81 브레이드형 스프레더

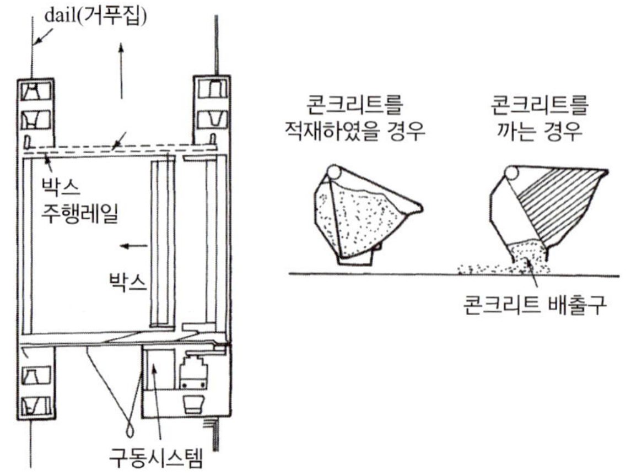

그림 7.82 박스형 스프레더

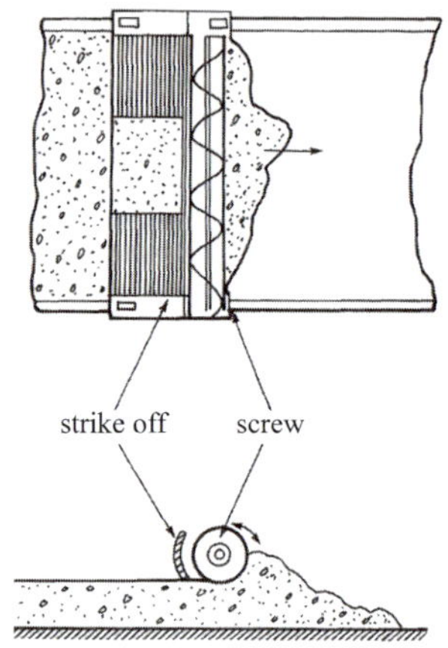

그림 7.83 스크루형 스프레더

스크루형은 직경 50 cm의 스크루가 중앙에서 1/2씩 나뉘어 장치되어 있어 이들이 반대로 회전할 수 있도록 된 것으로, 콘크리트를 좌우 어느 방향으로도 부설할 수 있으며 스트라이크 오프를 이용하여 높이를 조정한다. 이 스프레더는 포설능력이 크다.

- 횡취기 : 횡취식 박스형 스프레더를 사용할 경우 사이드덤프로 운반하면 편리하나, 리어덤프를 사용할 경우에는 횡취기가 필요하다(그림 7.84). 또한 상층콘크리트부설 시(콘크리트를 2차에 나누어 시공) 블레이드형이나 스크루형 스프레더를 사용할 경우에도 이들 장비와 분리된 횡취기가 필요하다.

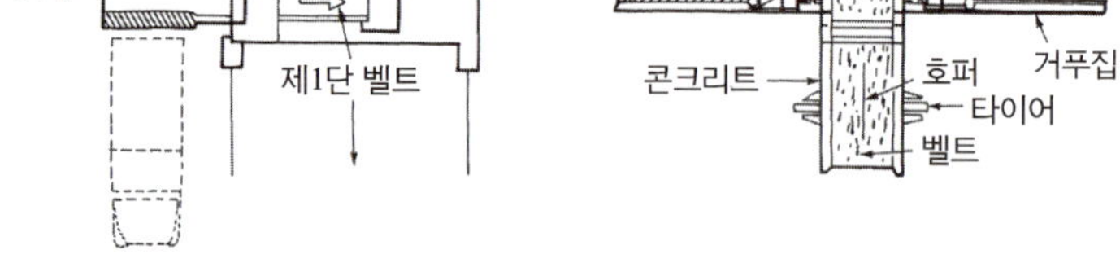

그림 7.84 횡취기

- 피니셔(Finisher) : 콘크리트 피니셔는 스프레더로 부설한 콘크리트를 재차 잘라펴서 다지며 초벌마무리하는 장비이다. 그 구성은 그림 7.85와 같으며, 진동판의 진동으로 표면이 다져지는데 특히 다음과 같은 사항에 주의해야 한다.
  - 되도록 한층으로 다지며 2층을 동시에 시공할 때에는 피니셔 2대를 사용하는 것이 좋다.

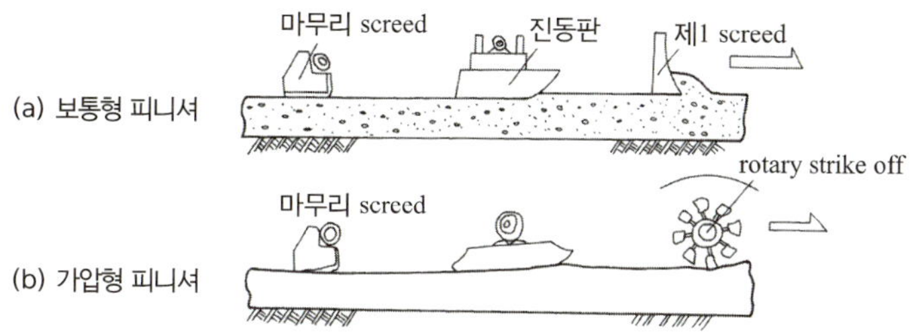

그림 7.85 피니셔의 구성

- 진동판의 밑면이 콘크리트에 일정하게 접하여 콘크리트면을 눌러내리면서 다질 수 있도록 더돋기를 해야 한다.
- 진동판의 다짐 후 피니싱 스크리드(폭 20~25 cm)가 좌우로 8 cm 정도 움직이면서 마무리하나, 스크리드의 폭이 좁아 평탄성이 충분치 않으므로 반드시 표면마무리기로 마무리하는 것이 바람직하다.

- 내부진동식 다짐기 : 주로 병렬로 장치한 봉상 Vibrator를 콘크리트에 삽입하여 다지도록 된 것인데, 차륜이 붙은 프레임에 장치되어 레일 위를 주행할 수 있는 자주형과 피니셔가 견인하도록 된 것이 있다.

철망(Steel mesh)을 사용할 경우 봉상의 형태에 따라 시공방법이 약간 차이가 난다. 그림 7.86과 같은 진동기에서 L형 봉상 Vibrator를 그대로 비스듬히 삽입하여 철강의 상부(1.5 cm 이상이격)에서 콘크리트를 다진다. 또 다른 방식은 직선으로 된 봉상 Vibrator를 수직으로 철망을 관통하여 보조기층면 직전까지 삽입하여 다진 후 수직으로 뽑아올려 다음 개소로 이동해 나가는 방식이다.

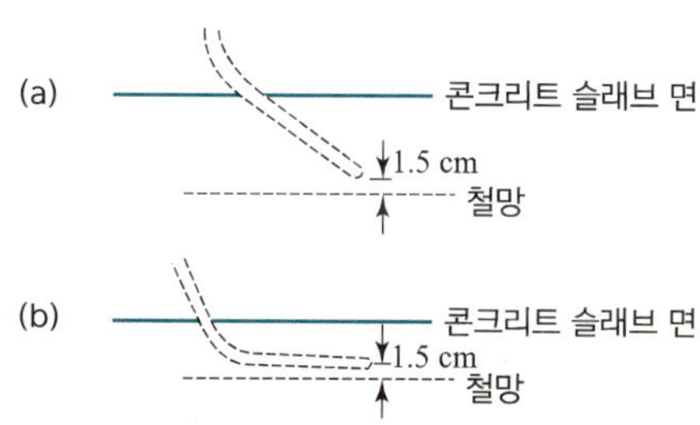

그림 7.86 피니셔의 구성

- 페이버(Paver) : 사전에 계량된 재료를 혼합, 부설하는 장비로서, 고가이므로 대규모 공사에만 사용 가능하다. 일반적으로 포설현장에서 떨어진 곳에 골재 플랜트를 설치, 여기서 1배치분의 골재와 시멘트를 계량하여 덤프트럭으로 운반, 자주식 페이버에 투입 후 물을 첨가하여 혼합한다. 혼합된 콘크리트는 페이버에 부속된 길이 10 m 정도의 암 위를 주행하는 버킷에 공급되어 보조기층 위에 부설된다. 이 장비의 장점은 가장 신선한 콘크리트를 얻을 수 있고 상층, 하층에 구분없이 필요량을 재료분리 없이 부설할 수 있는 점을 들 수 있다(그림 7.87).

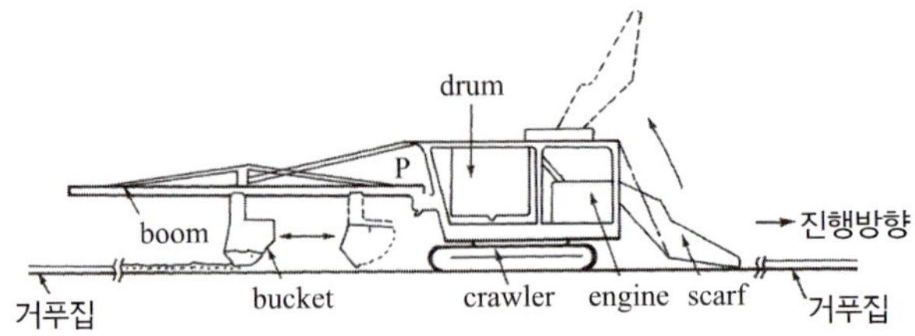

그림 7.87 페이버

- 철망가드(Mesh guard) : 대규모공사에서는 철망(Steel mesh)의 소운반을 위해 그림 7.88과 같은 대차를 만들어 스프레더 뒤에 배치하여 콘크리트면 위에 인력으로 철망을 내리도록 한다. 이때의 대차를 철망가드라고 한다.

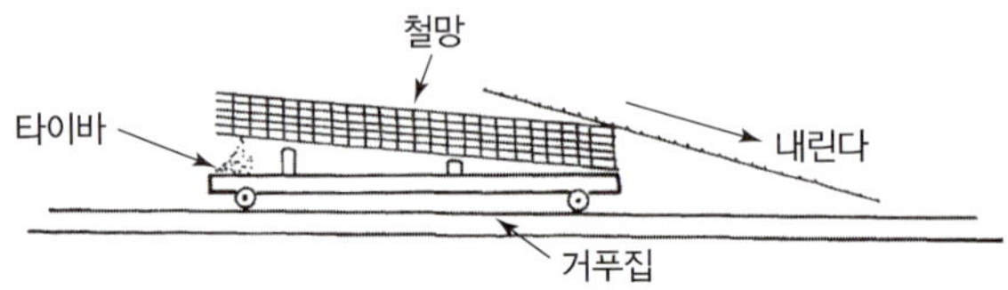

그림 7.88 철망가드

- 철망 인스텔러(Mesh installer) : 콘크리트 슬래브 시공방법 중 하층콘크리트를 타설하고, 철망을 설치한 후 상층콘크리트를 타설하는 방법은 작업능률이 저하된다. 콘크리트 전두께를 일시에 타설하고 그 위에 철망을 놓아 메시 인스텔러로 콘크리트 중에 압입시키는 방법이 효과적이다. 압입은 그림 7.89에서와 같이 병렬로 배치된 디프레서 블레이드(Depressor blade)에 진동이나 상하운동을 줌으로써 이루어진다.

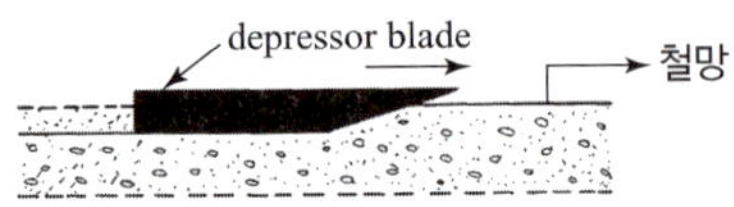

그림 7.89 철망의 압입

- 진동줄눈 절단기 : 진동줄눈 절단기는 가로수축줄눈을 맹줄눈으로 할 경우 절단기로 자르기 전에 발생할지도 모르는 균열을 예방하기 위하여 절단나이프를 압입하여 줄눈을 만드는 장비이다(그림 7.90).

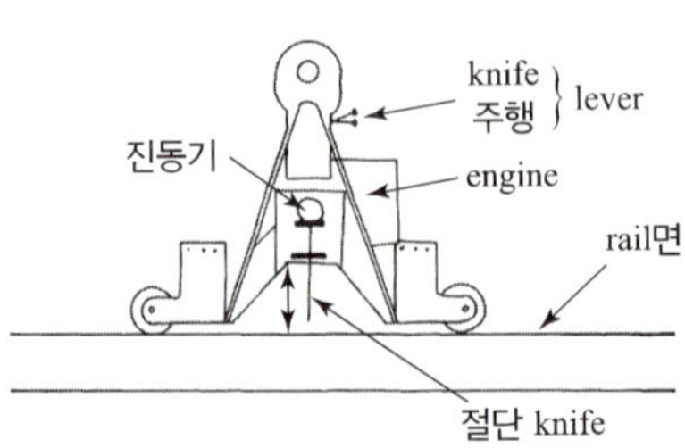

그림 7.90 진동줄눈 절단기

④ 장비에 의한 부설 및 다짐

- 장비의 조합 : 포설장비는 효율적인 시공이 되도록 조합되어야 한다. 이때 고려할 사항은 1일 시공연장, 콘크리트 타설방식(1층 혹은 2층), 포장 슬래브 측방의 활용여부, 확보가 가능한 장비의 기종 및 수량 등이다. 이들의 조합에는 여러 가지가 있으나 공사규모, 슬래브 시공방법 등을 고려한 대표적인 시공방법의 장비조합 예를 들면 그림 7.91과 같다.

  그림에서 (a)는 측방에 여유가 없어 콘크리트 전량을 연장정면에서 공급받는 경우로서, 하층콘크리트 타설, 철망설치, 상층콘크리트 타설의 순서인데, 장비의 대수도 적어 소규모공사에 적용된다. (b)는 2대의 스프레더를 사용하는 경우로서 능률은 (a)에 비해 크고, 상층콘크리트의 공급은 횡취식으로 되어 하층콘크리트는 후속작업과 관계없이 진행해 나갈 수 있다. (c)는 (b)를 대규모공사에 적합하도록 한 것으로 이상적인 조합이 된다. 그 순서는 제 1스프레더의 하층콘크리트부설, 제 1피니셔의 다짐, 철망설치, 제2스프레더의 상층콘크리트포설, 제 2피니셔의 다짐이 된다. 이 방법은 다짐의 확실성, 평탄성의 확보, 포설능력상으로 가장 훌륭한 조합이며, 장비가 많은 것이 흠이나 포설능력은 (a)에 대해 약 3배가 되므로 대규모공사이고, 측방여유가 충분한 현장에 적합하다. (d)는 콘크리트를 일시에 전두께로 포설하고 철망을 안입하는 방법으로, 능률이 좋으나 메시 인스텔러와 같은 특수장비가 필요하다.

- 콘크리트 하차 및 포설 : 콘크리트의 균등성 및 슬래브의 평탄성에 대한 양부를 좌우하는 공종은 콘크리트를 내리는 작업과 그 포설작업이라 해도 과언이 아니다.

  덤프트럭에서 직접 보조기층상에 콘크리트를 내릴 때는 될수록 더미의 양을 작게 하여 여러 개의 더미로 나누어 내리는 것이 좋다. 또한 덤프트럭에서 바 어셈블리에 직접 내려서도 아니된다.

  횡단구배가 높은 곳은 처음부터 더돋기를 많이 하여 다짐 후에 콘크리트가 낮은 곳으로 쏠리는 점을 미리 감안할 필요가 있다.

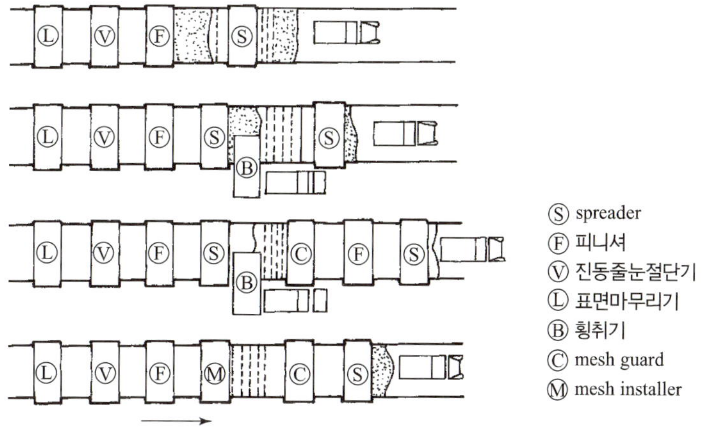

그림 7.91 장비조합의 예

현장에 도착한 콘크리트는 반죽질기나 재료분리 등을 수시로 확인하여 균등질의 콘크리트가 얻어질 수 있도록 플랜트와 긴밀한 연락을 해야 한다.

- 철근 및 철근공 : 철근은 콘크리트 슬래브에 균열이 발생할 경우 벌어짐을 막아 수밀성을 유지하고, 동시에 골재의 Inter-locking에 의한 하중의 전달을 기대하여 요철을 방지하기 위한 것이므로, 슬래브의 상부에 설치하는 것이 일반적이며 삽입깊이별 오차는 ±3 cm가 바람직하다. 철근의 이음은 겹이음으로 하며, 겹침길이는 1망눈 또는 20 cm 정도로 하여 철선으로 결속한다. 철근의 취급 시에는 접거나 높이 쌓아 변형시켜서는 안 되며, 녹이 심하게 슬지 않도록 보관해야 한다. Chair를 슬래브의 하부에 설치할 때에는 우선 하층콘크리트를 부설하고, Chair를 설치한 후 상층콘크리트를 부설한다.
- 다짐 : 콘크리트는 피니셔 또는 내부진동기를 사용하여 다지는 것을 원칙으로 한다.
  이 경우 거푸집, 줄눈, 구석 등의 부근은 미리 봉상 Vibrator를 이용하여 다져두는 것이 좋으며, 피니셔의 고장에 대한 대비책으로 평면 Vibrator를 준비해 둘 필요가 있다.

⑤ 인력에 의한 포설 및 다짐

장비의 고장 또는 장비가 들어갈 수 없는 곳에는 인력에 의한 포설과 다짐이 필요한 경우가 있는데, 이 경우에는 충분한 주의가 필요하다.

인력포설 시에는 평균질의 콘크리트를 먼저 거푸집 주위, 구석, 줄눈부 등에 타설하고, 굵은 골재가 많이 몰린 콘크리트는 양질의 콘크리트 속에 분산시켜 포설하는 것이 좋다.

콘크리트를 포설하면 즉시 평면 Vibrator를 사용하여 균등히 다지며 특히 거푸집 주위, 구석 등은 봉상 Vibrator를 병용하여 충분히 다진다. 포장용 콘크리트는 반죽이 되므로(슬럼프가 작음) 인력작업의 경우라도 2인용 평면 Vibrator를 사용하지 않으면 시공이 곤란하다. 다질 때는 시멘트 모르터가 스며올라올 때까지 다져야 한다.

⑥ 측대부의 시공

측대부의 보조기층은 본선 슬래브의 보조기층공과 동시에 시공하여 본선과 동일한 지지력과 평탄성이 확보되도록 해야 한다.

노견측 측대의 콘크리트 슬래브는 본선콘크리트 슬래브와 일체로 타설함을 원칙으로 하며, 중앙의 측대도 본선과 동시에 타설하는 것이 좋다. 만약 분리하여 타설하는 경우 대개 폭이 25～75 cm 정도로 좁으므로 될수록 많은 수의 타설줄눈을 설치하여 불규칙한 균열을 예방해야 한다. 이때 본선의 줄눈과 만나는 곳은 타설줄눈(맹줄눈의 일종)으로 하고, 그 중간은 타설줄눈 또는 커터줄눈(맹줄눈의 일종)으로 해도 좋다.

측대와 본선콘크리트 슬래브와는 어느 것을 먼저 시공해도 되나 타이바를 설치하는 경우에는 본선을 먼저 시공하는 것이 여러 면에서 유리하다.

측대만을 시공할 경우는 콘크리트를 일단 철판에 받아 놓고 삽으로 뒤엎으면서 타설하여 평면 Vibrator, 봉상 Vibrator를 사용하여 다지는 것이 좋다. 표면마무리는 본선콘크리트 슬래브에 준하며, 세로줄눈과 가로줄눈도 본선콘크리트 슬래브에 준하여 시공한다.

(5) 줄눈시공

줄눈은 온도변화나 함수량변화에 따른 응력을 경감시키고, 윤하중에 의해 콘크리트에 발생되는 균열을 미리 보강된 개소로 유도하는 등의 목적으로 설치된다. 그러나 주행 시 쾌적성이 나쁘게 될 우려가 있으므로 주의하여 시공해야 한다. 줄눈은 설계서에 표기된 종류, 위치, 구조 등을 미리 정확히 숙지하여 면밀한 시공계획을 수립한 후 시공한다.

슬립바는 도로중심선에 평행하게 삽입하여 콘크리트 슬래브의 수축에 의한 균열이 바 단부에 발생하지 않도록 한다.

바 어셈블리는 콘크리트 타설 중에 이동하지 않도록 보조기층에 단단히 고정시켜야 한다.

줄눈은 노면에 수직이 되도록 시공해야 하며, 가로줄눈의 경우 인접 슬래브 상호간의 높이의 차는 2 mm 이하여야 한다. 줄눈 부근의 콘크리트는 인접 슬래브의 강도가 같도록 해야 하므로, 흙손작업은 가능한 한 줄인다. 줄눈의 모서리는 면흙손을 사용하여 반지름 5 mm 정도의 모따기를 한다.

① 세로줄눈

세로줄눈은 맞댄줄눈과 맹줄눈 2종류가 있다. 2차선폭의 콘크리트 슬래브를 일시에 시공할 경우에는 맹줄눈 구조로 하며, 하층콘크리트 부설, 타이바 배치, 상층콘크리트 부설순으로 시공한다(그림 7.92(a)). 1차선씩 시공하는 경우에는 맞댄줄눈으로 하며, 미리 타이바, 크로스바를 함께 조립한 타이바 어셈블리를 설치하고 콘크리트를 타설한다. 이때 타이바는 그림 7.92(b)와 같이 나사가 붙은 것을 사용하든가, 거푸집의 구멍을 관통하여 타이바를 반정도 걸치도록 한다. 거푸집을 관통하는 방법은 추후 거푸집제거 시 곤란하게 되므로 바람직하지 못하다. 맞댄 줄눈 상부의 홈은 시공 중에 가삽입물을 매입하여 두고 콘크리트의 경화를 기다려 빼내고 성형하는 방법과 콘크리트 경화 후 절단기로 절단하여 성형하는 방법이 있다(그림 7.93).

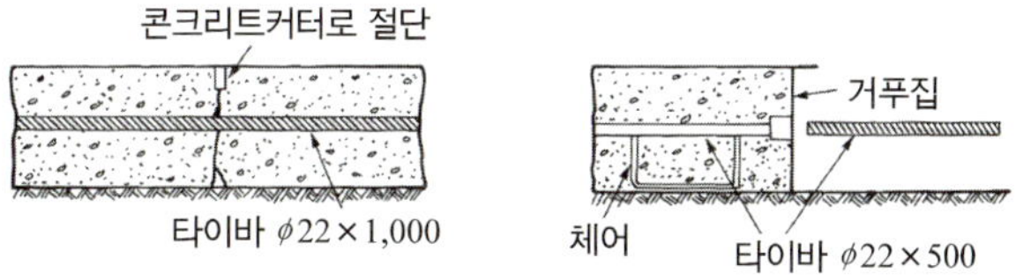

(a) 맹줄눈 (b) 맞댄줄눈

그림 7.92 세로줄눈

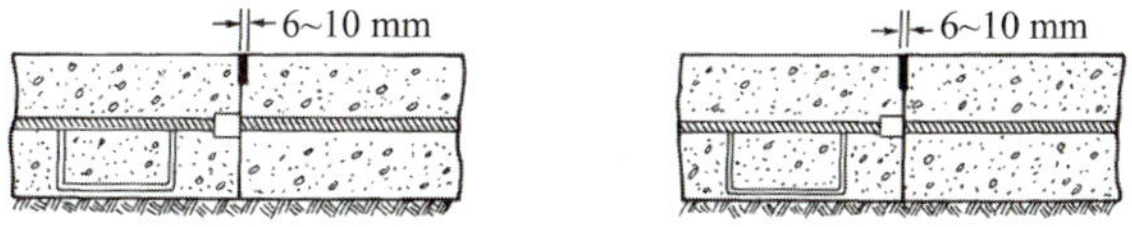

(a) 가삽입물을 매입하는 방법 (b) 절단하는 방법

그림 7.93 맞댄줄눈 상부의 홈 성형

② 가로팽창줄눈

가로팽창줄눈은 1일의 콘크리트 타설마감에 설치하는 경우(시공줄눈)와 도중에 설치하는 경우가 있다. 1일의 타설마감 시에 팽창줄눈을 설치할 경우에는 다음과 같이 한다.

- 팽창줄눈용 슬립바 어셈블리(캡달린 슬립바, Chair, 크로스바, 줄눈판)와 실(Seal)부분에 넣을 가삽입물을 타설마감거푸집에 잇대어 설치한다(그림 7.94, 7.95 참조).
- 슬립바가 움직이지 않도록 줄눈부에 먼저 콘크리트를 부설하여 봉상 Vibrator로 다진 후 나머지 부분에 콘크리트를 타설한다.
- 다음날 시공 전에 타설마감거푸집을 제거하고, Chair를 설치한 후 가삽입물을 콘크리트에서 떼내었다가 다시 잇대어 놓고 콘크리트를 타설해 나간다.

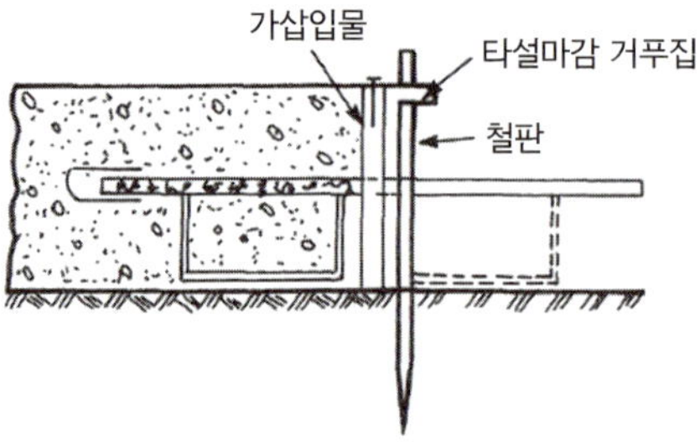

그림 7.94 시공줄눈(팽창줄눈)

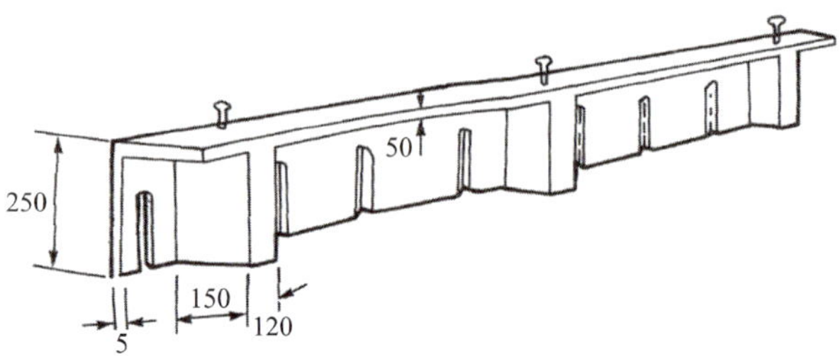

그림 7.95 타설마감거푸집

도중에 설치하는 팽창줄눈의 시공밥법에는 마감판을 사용하는 경우와 사용하지 않는 경우가 있다. 마감판을 사용하는 경우는 다음과 같이 한다.

- 그림 7.96(a) 같이 팽창줄눈용 슬립바 어셈블리를 마감판(그림 7.95 참조)과 철판을 사용하여 설치하고, 삽 등으로 줄눈판의 양단에 균등하게 판의 표면까지 콘크리트를 부설한다.
- 봉상 Vibrator 2대를 사용하여 줄눈판의 앞뒤를 균등히 다진후 피니셔에 의한 다짐마무리 작업에 들어간다(그림 7.96(b) 참조). 이때 줄눈부의 전후 0.5～1.0 m에서 피니셔의 진동판 및 마무리 Screed를 올려 Vibrator에 의한 다짐을 중지하고 피니셔를 전진시킨다.
- 피니셔가 통과한 후 철판과 마감판을 떼어내고, 떼어낸 자리에 콘크리트를 추가로 타설하여 봉상 Vibrator로 다짐한 후 인력 플로트(Float) 및 흙손으로 초벌마무리를 한다. 그 다음 표면마무리로 마무리한다(그림 7.96(c) 참조).
- 표면마무리 후 콘크리트가 어느 정도 경화되면 가삽입물을 제거한다. 이때 콘크리트가 변형되어 줄눈홈이 좁아지거나 단부가 파손되지 않도록 주의한다.
- 가삽입물의 치수는 설계줄눈폭보다 5 mm 정도 넓게 하고, 높이는 마무리면보다 5 mm 정도 낮게 하도록 한다. 또 가삽입물은 상부를 약간 넓게 하여 테이퍼를 붙여서 경화 후 빼어내기 쉽도록 한다.

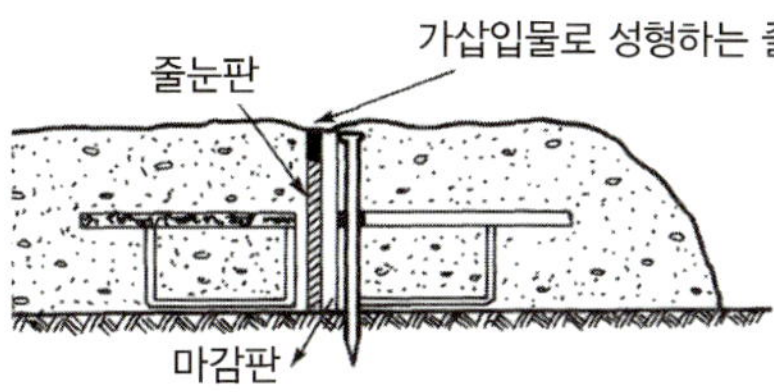

(a) 줄눈판의 콘크리트부설

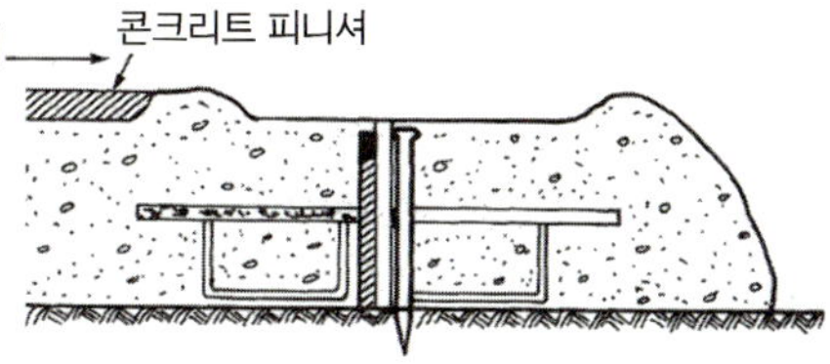

(b) 줄눈부의 콘크리트다짐

(c) 줄눈부의 표면마무리

그림 7.96 콘크리트 포설 도중의 팽창줄눈 시공방법(마감판 사용 경우)

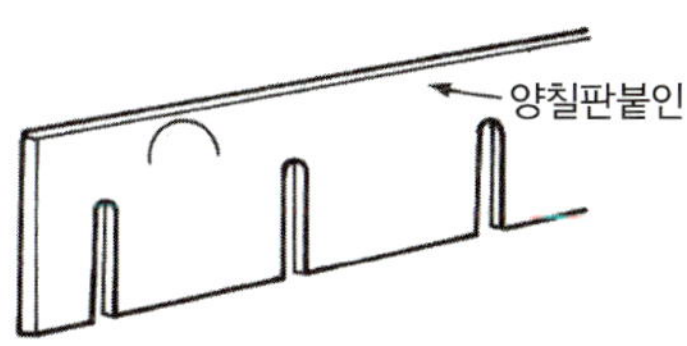

목재 마감판의 예

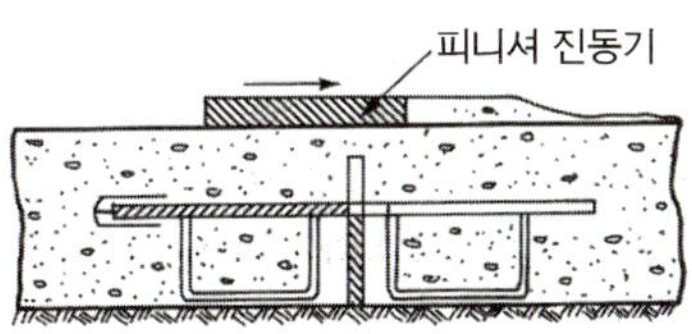

(a)

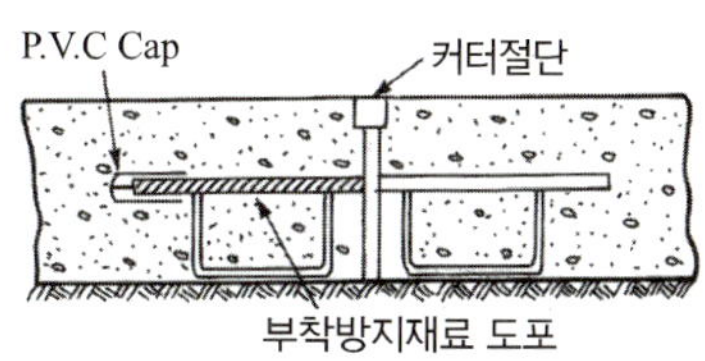

(b)

그림 7.97 콘크리트 포설 도중의 팽창줄눈 시공방법(마감판 미사용 경우)

마감판을 사용하지 않는 경우에는 다음과 같이 한다.

- 콘크리트 슬래브 두께보다 약 1cm 낮고 강성이 비교적 높은 줄눈판을 사용하여 줄눈판의 전후에 균등히 콘크리트를 타설한다(그림 7.97 참조).
- 봉상 Vibrator 2대를 사용하여 줄눈판 전후의 콘크리트를 동시에 균등히 다진다.
- 피니셔 작업은 줄눈판의 0.5～1.0 m 앞에서 일단 정지하여 진동판을 올리고 진동판이 줄눈판의 바로 위에 올 때까지 피니셔를 이동하여 진동판을 내려서 수십 초간 다진다(그림 7.97(a) 참조).
- 피니셔의 진동판을 다시 올려 줄눈판에서 0.5～1.0 m 뒤로 피니셔를 이동시킨 후 진동판을 내려서 피니셔의 일반 작업으로 되돌아간다.

- 콘크리트가 경화하면 상부 약 4 cm를 줄눈판을 포함하여 절단기로 잘라 홈을 만든다(그림 7.97(b) 참조)

  또한 팽창줄눈에서 가장 주의해야 할 점은 슬립바가 슬래브의 팽창을 허용해야 하므로 슬립바의 한쪽에 캡을 씌우고, 타르, 아스팔트, 페인트 등을 칠하여 콘크리트와의 부착을 방지하는 것이다. 이때는 슬래브 단부의 파손을 방지하기 위해 슬립바를 고정한 슬래브쪽으로 4~5 cm 연장하여 도포하는 것이 좋다(그림 7.97(b) 참조).

③ 가로수축줄눈

가로수축줄눈은 시공줄눈과 겹칠 때를 제외하고는 맹줄눈(슬래브의 일부는 그대로 연결되어 있는 것)구조로 하는데, 콘크리트 경화 후 절단기로 절단하는 방식과 콘크리트 타설 중에 설치하는 타설줄눈(가삽입물을 사용했다가 제거하는 줄눈) 방식을 병용한다.

- 절단기를 사용하여 절단하는 방법은, 수축줄눈의 위치에 슬립바 어셈블리를 설치하여 위치가 이동되지 않도록 유의하여 콘크리트를 타설한 후 표면마무리를 한다.

  콘크리트가 경화되면 즉시(표면마무리후 4~5시간이면 적당) 다이아몬드 절단기 등을 이용하여 줄눈을 절단한다. 이 방법의 장점은 줄눈부의 평탄성이 좋고 콘크리트의 품질이 균등하게 되는 점을 들 수 있다.
- 시공 중 절단기에 의한 맹줄눈 절단 전에 맹줄눈의 설계위치 부근에 콘크리트건조수축으로 불규칙한 균열이 생길 염려가 있으므로, 절단기에 의한 줄눈 3~4개소에 1개소 이상의 타설줄눈을 두어야 한다.

  이 방법은 피니셔통과 후 우선 진동줄눈 절단기를 사용하여 설계위치에 홈을 파고, 가삽입물을 메워 넣고 표면마무리한 다음 콘크리트경화 후 절단기로 자르는 방법과 홈속에 발포 스티렌 등의 가삽입물을 매입하고 마무리한 다음 경화 후 뽑아내는 방법 그리고 홈속에 주입줄눈재와 같은 특수한 성형줄눈재를 삽입하는 방법이 있다(그림 7.98 참조).

  맹줄눈에 사용되는 슬립바도 팽창줄눈에서와 같이 직경 13 mm 정도의 Chair로 고정하여 도로중심선에 평행하게 매입하고, 그 끝을 매끈하게 다듬은 다음 콘크리트와의 부착방지재료를 2회 이상 도포하여 슬립을 원활히 한다.

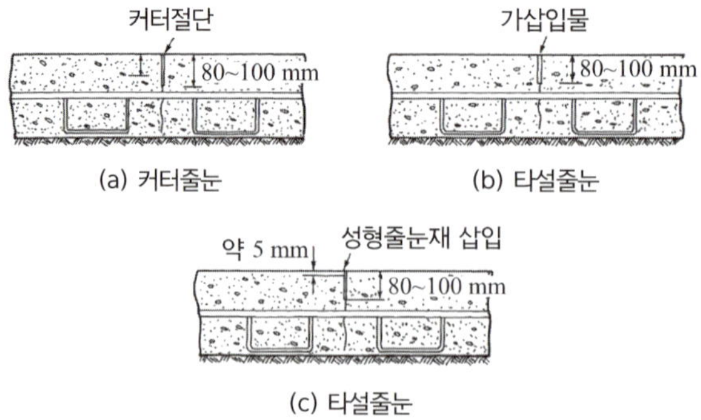

그림 7.98 가로수축줄눈(맹줄눈) 시공

• 시공줄눈 : 시공상 불가피하게 설치하게 되는 줄눈을 말하며, 가로줄눈은 다음과 경우에 발생된다.
  - 팽창줄눈의 위치에서 타설을 끝내는 경우(타설계획대로 순조로히 진행될 때)
  - 시공능력상 수축줄눈의 위치에서 타설을 끝내는 경우
  - 콘크리트 타설 중에 갑작스런 강우 또는 장비가 고장이 나서 수축줄눈의 위치에서 타설을 끝내는 경우(만약 설계상의 수축줄눈위치에서 끝낼 수 없을 때는 그 위치에서 3 m 이상 벗어나지 않도록 하고, 그 구조는 타이바를 맞댄 형식으로 한다)

④ 주입줄눈재의 주입

줄눈은 우수의 침입에 의한 보조기층의 약화 또는 펌핑에 의한 보조기층재의 유출을 막기 위해 틈새를 막아야 한다. 사용되는 주입줄눈재는 가열주입식과 상온주입식이 있는데, 그 성상 및 특징에 따라 적정한 방법을 택한다.

• 슬래브양생이 끝난 후 에어 컴프레셔 등으로 청소하고, 콘크리트가 건조되면 프라이머(Primer)를 스프레이로 도포하고 프라이머 건조 후 주입줄눈재를 주입한다.
• 가열주입줄눈재는 Joint sealing machine을 사용하여 줄눈의 상연까지 주입하고 상면이 침하하면 추가 주입토록 한다.

⑤ 성형줄눈재의 삽입

성형줄눈재는 그림 7.99와 같은 모양의 고무성형품인데, 이 재료를 삽입할 때에는 양질의 접착제를 적당히 도포하여 콘크리트 슬래브에 잘 접착시켜야 한다.

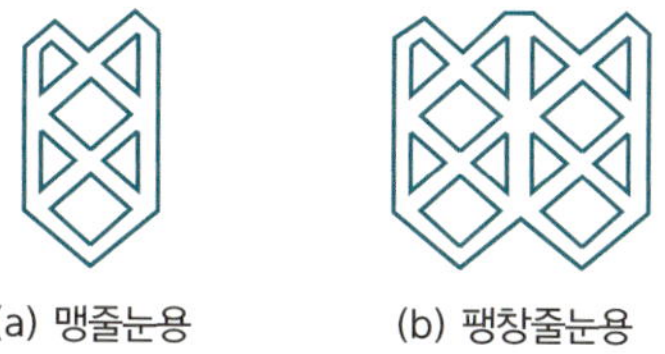

(a) 맹줄눈용 (b) 팽창줄눈용

그림 7.99 속빈줄눈재

(6) 표면마무리

콘크리트 슬래브의 표면은 조직이 치밀하고 평탄해야 하며, 차량의 미끄럼과 광선의 반사를 방지하기 위하여 적당히 마무리되어야 한다. 표면마무리작업은 장비를 이용하여 초벌마무리, 평탄마무리, 조면마무리순으로 실시한다. 마무리기가 들어가지 못할 장소, 공사규모가 작은 경우 및 마무리기의 고장 시에는 인력마무리기를 한다.

① 초벌마무리(Vibrating 이전의 마무리. 장비 또는 기구의 진행은 도로방향과 일치)

피니셔에 의한 기계마무리 또는 간이 피니셔나 템플릿 템퍼(Template tamper)에 의한 인력마무리로 한다. 피니셔에 의한 초벌마무리는 앞의 콘크리트부설 및 다짐기계(Finisher) 편에서

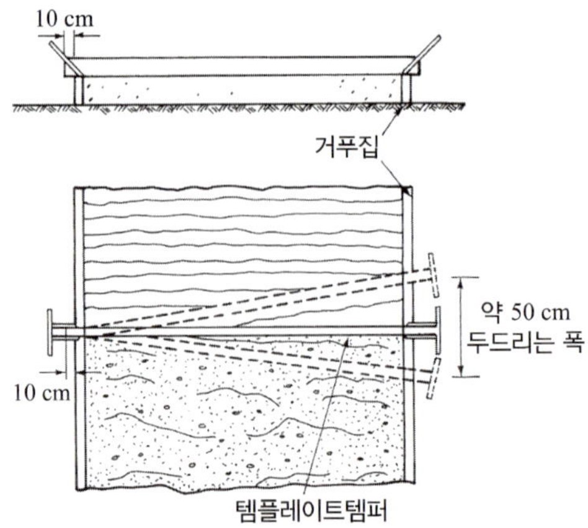

그림 7.100 템플릿 템퍼

이미 설명하였다. 인력에 의한 초벌마무리의 경우에는 Vibrator의 다짐에 이어 간이 피니셔나 템플릿 템퍼로 초벌마무리를 한다.

- 간이 피니셔를 이용하는 경우

간이 피니셔는 양쪽의 거푸집에 걸치는 철제 빔을 말하는데, 콘크리트의 표면에 진동을 주어 소정의 횡단면으로 마무리하게 되어 있다.

- 템플릿 템퍼(Template tamper)를 이용하는 경우

템플릿 템퍼는 그림 7.100과 같이 콘크리트의 표면을 두드려서 마무리하는 목제 규준대를 말한다. 템플릿 템퍼는 중심선에 거의 직각으로 놓아 한쪽 끝을 거푸집에 눌러대고 다른 끝을 들어 낙하시켜 콘크리트 면을 두드리면서 시공방향으로 진행한다. 이때 두드리는 폭은 50 cm 정도로 하며 거푸집에 맞추어 콘크리트를 펴면서 여분의 콘크리트는 깎아낸다. 계속하여 반대쪽을 같은 방법으로 전진시킨다. 이를 교대로 반복한다.

② 평탄마무리(Vibrator 이후의 마무리. 장비 또는 기구의 진행은 도로와 직각 또는 사방향)

평탄마무리는 초벌마무리에 연이어 실시하며, 표면마무리기에 의한 기계마무리와 플로트에 의한 인력마무리가 있다.

표면마무리기에는 Screed를 도로에 직각방향으로 끌어서 마무리하는 것과 사방향으로 끌어서 마무리하는 것이 있다. 이들의 사용에 있어 마무리속도는 콘크리트 피니셔빌리티(Finishability)와 기계의 특성을 고려하여 정하며, 표면이 낮은 곳에 모르타르를 보충해서도 안 된다. 또한 마무리작업 중에 콘크리트표면에 물을 가해서도 안 되며, 아주 건조한 경우에는 Fog spray를 사용하는 것이 좋다. 마무리한 후 평탄성점검을 하여 필요시 요철수정을 한다.

인력에 의한 평탄마무리는 플로트를 사용하여 세로방향의 소파를 정정하면서 실시한다. 플로트는 반씩 겹치도록 하여 도로에 직각방향으로 적당한 규준대를 대어 평탄성을 점검하면서 마무리하는데, 콘크리트면이 낮아서 플로트가 닿지 않는 곳이 있으면 콘크리트를 보충하여

콘크리트 전면에 플로트가 닿을 때까지 마무리한다. 플로트 마무리 후에는 흙손을 사용하지 않는 것이 좋다.

③ 거친면마무리(미끄럼을 방지하기 위한 마무리. 도로와 직각방향의 조면형성이 목적이나 곡선부 등에는 도로방향 또는 사방향의 조면을 만들기도 함)

평탄마무리가 완전히 끝나 표면의 물기가 없어지면 거친면마무리를 하는데, 거푸집 위를 주행하는 프레임이 브러시나 마포 등을 장치하여 도로에 직각방향으로 끌면서 파형의 조면을 만드는 방법과 빗자루나 솔 등을 이용, 도로와 직각되게 끌어서 인력으로 거친면을 만드는 방법이 있다.

(7) 양생

표면마무리가 끝난 콘크리트 슬래브가 소요강도 이상이 나올 수 있도록 하는 과정을 양생이라 하며, 초기양생과 후기양생으로 나누어진다. 콘크리트에 충분한 강도가 발생되기 전까지는 건조에 의한 수축균열이 발생하지 않도록 수분의 증발이나 바람을 막아주어야 하며, 과대한 온도응력이 발생하지 않도록 보온조치해야 한다.

① 초기양생

표면마무리가 끝난 후 콘크리트 슬래브 표면의 양생작업으로 인해 손상이 가지 않을 정도로 경화하기까지 행하는 양생을 말한다. 초기양생에는 수분증발, 직사광선, 바람, 갑작스런 비를 막기 위해 이동이 가능한 3각지붕덮개를 사용하는 것이 좋다.

막양생은 콘크리트 슬래브의 표면에 막을 형성하기 위해 양생제를 살포하는 방법이다. 초기양생에서 후기양생까지 계속 사용할 수 있으므로 콘크리트타설 작업효율이 증대되는데 이 방법을 사용할 때에도 삼각지붕덮개를 병용하는 것이 좋다. 막을 만들기 위해서는 충분한 양의 막양생제를 살포해야 하며, 온도변화를 줄이기 위해서는 백색안료를 혼합하면 좋다. 막양생제는 콘크리트 슬래브 표면의 물기가 사라진 직후에 종횡 양방향으로 2회 이상 충분히 살포해야 하며, 사용량은 비닐유제의 경우 1 l/m^2 이상(규정농도)으로 하는 것이 좋다.

② 후기양생

초기양생에 이어 콘크리트의 경화를 촉진하기 위하여 수분의 증발을 막는 양생을 말하며, 매트, 마대, 가마니 등을 콘크리트 슬래브 표면에 덮어 살수하는 방법이 있다. 현장에 비닐관을 가설하여 스프링쿨러 등으로 살수하는 방법이 바람직하다. 현장여건상 살수가 곤란할 경우에는 초기양생에서 시행한 피막양생을 계속하여 후기양생까지 할 수도 있다.

양생기간은 시험에 의해 정하는데 현장양생 공시체의 휨강도가 3.5 MPa 이상될 때까지로 한다. 시험에 의하지 않을 때에는 보통 포틀랜드 시멘트를 사용한 경우 2주간, 조강 포틀랜드 시멘트를 사용한 경우 1주간, 중용열 포틀랜드 시멘트 및 플라이애시 시멘트를 사용한 경우 3주간을 표준으로 한다.

(8) 연속철근콘크리트 슬래브의 포설

앞에서 설명한 바와 같이 연속철근콘크리트포장은 콘크리트 슬래브의 가로줄눈을 전부 생략하고, 이로 인해 발생되는 응력을 세로방향철근에 부담시킴으로써 가로방향균열의 폭을 최소화한 것이다. 줄눈이 없어 주행 시 쾌적성을 향상시키며, 줄눈보수비가 소요되지 않는 장점이 있어 최근 일반국도, 고속도로 등에 많이 적용되고 있다. 시공은 사이드폼 또는 슬립폼공법에 따라 연속적으로 철근을 조립하면서 포설해 나간다.

① 철근조립 및 설치

철근의 설치방법은 철근망을 다른 장소에서 미리 제작하여 현장에서 조립하는 방법과 보조기층위에 직립 조립 설치하는 방법이 있으며, 상술하면 다음과 같다.

- 철근의 이음길이는 종, 횡방향철근 모두 직경의 25배 이상 또는 410~510 mm 이상이어야 하며, 맞대용접 또는 철선으로 결속한다.
- 횡방향철근을 설치할 경우에는 철근망을 Chair로 고정해야 하며($1m^2$당 4~6개), 횡방향철근을 생략할 경우에는 스프레더에 장치된 튜브를 통해 종방향철근을 삽입 설치한다.
- 철근망을 미리 제작할 경우 1세트의 크기는 150 kg 정도가 무난하다.
- 종방향철근은 횡방향으로 보아 이음의 위치가 어긋나도록 조정한다.

② 포설

콘크리트 슬래브의 포설은 전단면을 동시에 시행하는 방법과 2층으로 나누어 시공하는 방법이 있다. 콘크리트를 전단면으로 포설하고 다짐을 할 경우는 물론 2층으로 부설 시 상층을 다짐하는 경우에도 철근의 설치가 변하지 않도록 주의한다.

슬래브를 2층으로 시공할 경우 하층콘크리트포설 후 30분 이내에 상층콘크리트를 쳐야 하며, 철근의 위치는 슬래브의 중앙보다 약간 위에 설치하는 것이 바람직하다.

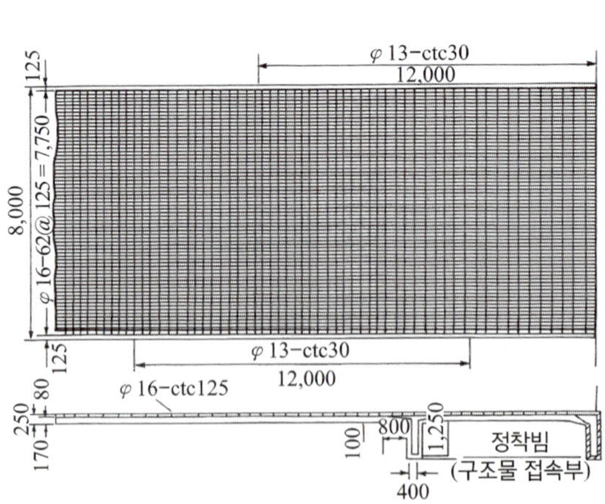

그림 7.101 현장조립 슬래브 배근 예

③ 기타

시공줄눈은 맞댄줄눈으로 설치하며 기종점부 및 구조물접속부에 설치하는 팽창줄눈부분은 철근을 보강하거나 슬래브 하부에 그림 7.101과 유사한 이음 슬래브를 설치하기도 한다.

(9) 슬립폼 페이버에 의한 콘크리트 슬래브의 포설

콘크리트 슬래브의 포설에는 시공량의 증대, 품질의 개선 등을 이유로 슬립폼 공법이 적용되기도 한다. 슬립폼 페이버는 부설, 다짐, 표면마무리 등의 기능을 겸비하여 거푸집을 설치하지 않고, 콘크리트 슬래브를 연속적으로 포설하는 기계이다. 슬립폼 공법은 공사규모가 크고 작업이 연속적으로 되는 현장에서 콘크리트 공급이 원활한 경우에 그 효과가 잘 발휘된다.

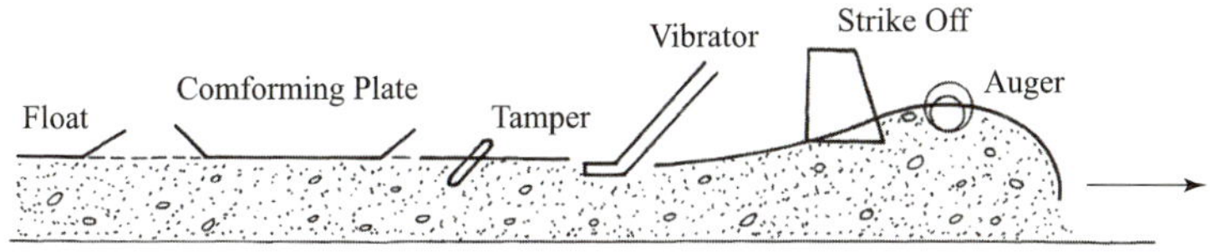

그림 7.102 슬립폼 페이버 기능별 조직

① 구조설계

- 보조기층 : 사이드폼으로 시공하는 포장구조와 동일하게 설계하며, 보조기층 위에는 아스팔트 중간층을 두는 것을 원칙으로 한다.
- 콘크리트 슬래브
  - 슬래브 두께 : 계산에 의해서 구하되 최소 두께는 25 cm로 한다.
  - 줄눈 : 팽창줄눈간격은 1일의 시공연장마다 1개 정도로 하며, 될수록 길게 하는 것이 좋다(단 동기시공에 있어서는 팽창줄눈을 중간에 설치하는 것이 필요하다). 팽창줄눈, 맹줄눈 구조는 사이드폼 공법의 경우와 같다. 철망을 사용하지 않는 경우의 가로수축줄눈간격은 3.5 m와 4.5 m를 교대로 사용하며, 이 경우 사줄눈으로 하는 공법도 있다.

② 콘크리트의 배합

슬립폼 공법에 있어서 콘크리트의 배합은 마무리하기 좋고, 성형 후 변형되기 어려운 콘크리트가 얻어지도록 해야 한다.

배합설계상 유의할 점은 다음과 같다.

- 잔골재의 입도는 각 표준입도 중에 세립부분이 비교적 많은 것이 좋다.
- 타설장소에서 콘크리트의 컨시스턴시는 침하도로 15~20초(슬럼프로는 4~5 cm)를 표준으로 한다.
- 보통 포틀랜드 시멘트를 사용할 경우 콘크리트 단위시멘트량의 표준은 280~340 kg인데, 상한값 부근을 사용하는 것이 좋다.

• 세립부분이 많은 잔골재를 얻을 수 없는 경우 플라이애시나 양질의 석분 등의 혼합재를 시멘트 중량의 10~20% 정도 가하는 것이 좋다. 단위시멘트량이 많아지면 경화에 따른 콘크리트의 온도상승이 커져서 균열이 많아질 우려가 있으므로 중용열 시멘트 또는 플라이애시 시멘트를 사용하는 것이 좋다.

③ 시공

• 시공계획

- 기계의 조합 : 슬립폼 공법에는 1층식 시공법과 2층식 시공법이 있다. 1층식 시공법은 콘크리트 슬래브의 전두께를 한 번에 부설하는 것이고, 슬래브 양쪽에 일련의 기계 주행에 필요한 폭(50 cm)이 필요하며, 콘크리트 부설량의 조정이 어렵다. 2층식 시공법은 철망의 위치에서 상층과 하층으로 나누어 콘크리트를 부설하는 것으로, 철망 인스텔러(Mesh installer)는 필요하지 않으나 상층의 콘크리트를 부설하기 위한 횡취기가 필요하다. 이 공법은 콘크리트를 횡취기까지 운반하기 위한 여유폭이 필요하며, 콘크리트 부설량의 조정은 비교적 용이하다.
  - 스프레더 : 스프레더는 전면에서 받아넣은 콘크리트를 성형부설하는 것으로, Vibromotor를 장치하여 콘크리트의 전단저항을 경감하도록 되어 있다.
  - 벨트프레서(Belt Pressor) : 횡치기의 일종으로 Hopper에 받은 콘크리트를 벨트컨베이어로 보조기층의 중앙에 보내는 것이다.
  - 슬립폼 페이버(Slip Form Paver) : 오거 및 스트라이크 오프로서 콘크리트를 적당한 높이로 부설한 후 바이브레이터, 템퍼, Conforming Plate, Side Plate로 다지고, 플로트(Float), 에저(Edger)로 마무리하면서 연속적으로 포설하는 기계이다.

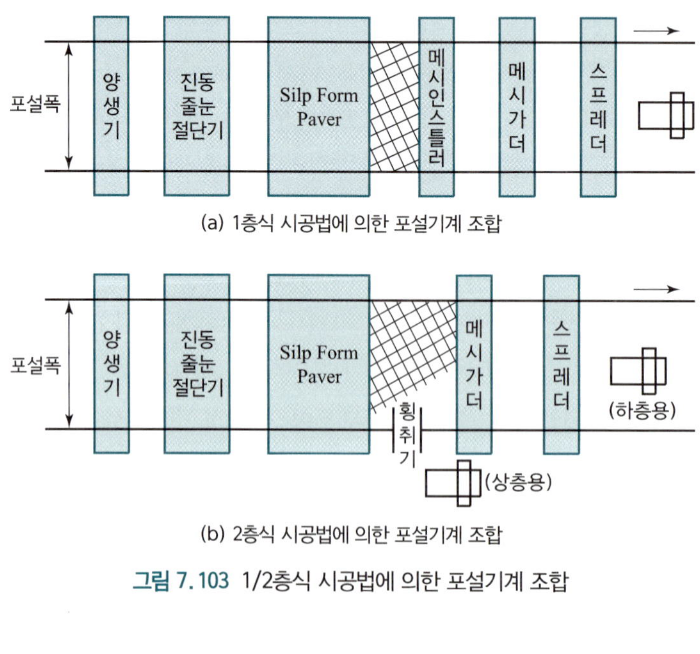

그림 7.103 1/2층식 시공법에 의한 포설기계 조합

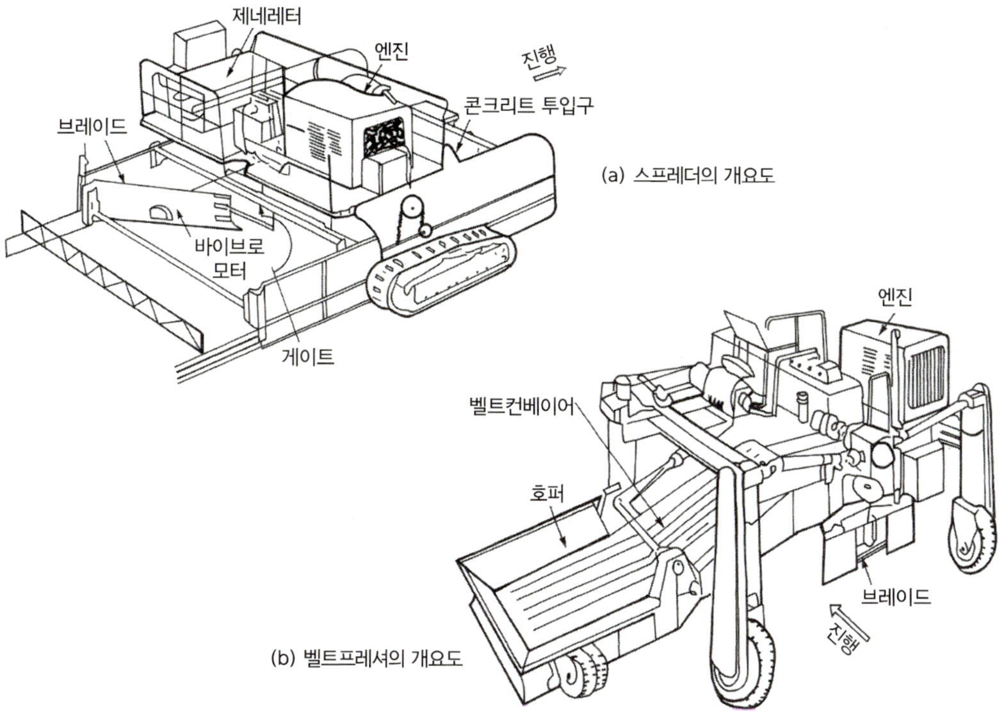

그림 7. 104 슬립폼 방식에 사용되는 주요장비-1

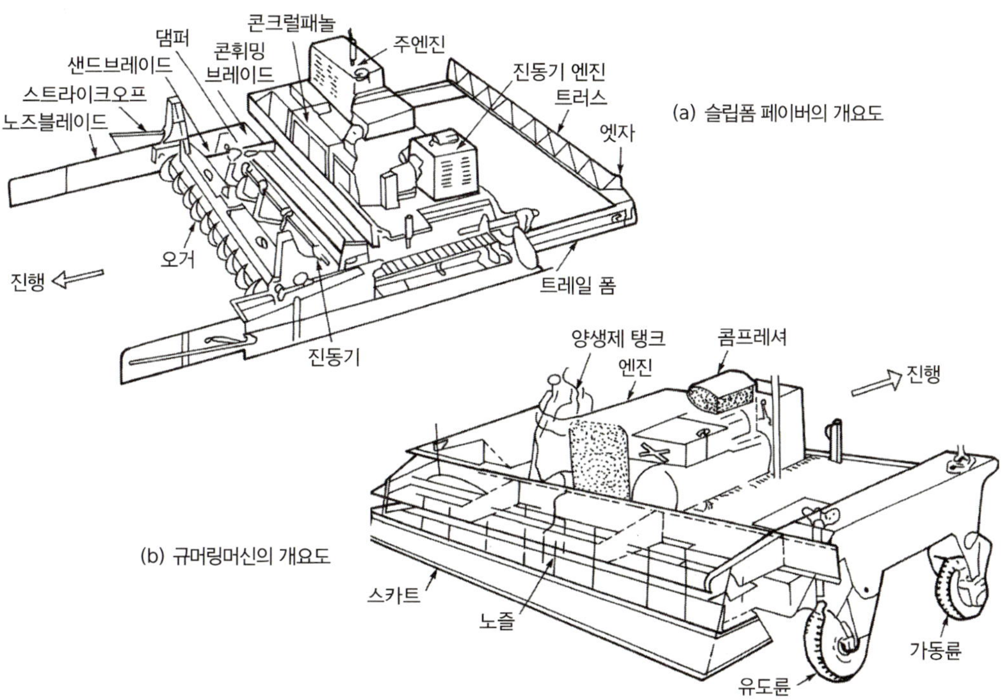

그림 7. 105 슬립폼 방식에 사용되는 주요장비-2

‣ 메시 인스텔러(Mesh Installer) : 철망에 압력을 주어 이를 콘크리트 중의 소정의 위치에 정착시키는 기계이다.

‣ 철망가드(Mesh Guard) : 철망을 운반하여 설치하는 기계이다.

‣ Curing Machine : 복렬로 배치한 노즐에서 양생제를 가압 살포하는 구조로 된 것

– 시공상의 주의

‣ 슬립폼 페이버의 시공능력은 대단히 크므로 포설량은 주로 콘크리트의 공급능력에 따라 좌우되는 일이 많아, 기설의 플랜트를 이용할 경우에는 공급가능량 등을 사전에 조사할 필요가 있다.

‣ 구조물 접속부는 슬립폼 페이버의 시공불능구간이 생기게 되는데, 이 구간은 별도의 공법을 시공한다.

• 포설

– 준비

‣ 포설기계가 주행할 보조기층면의 평탄성은 콘크리트 슬래브의 평탄성에 미치는 영향이 크므로 따로 점검해야 한다.

‣ 포설방향 및 슬래브 두께를 통제하기 위한 와이어를 설치한다.

‣ 콘크리트의 타설에 앞서 줄눈 어셈블리, 철망 등의 재료를 미리 적소에 배치하여 두는 것이 좋다.

– 부설 : 콘크리트 부설은 스프레더, 벨트프레서, 슬립폼 페이버 본체의 3단계로 나누어 생각할 수 있다. 각 단계별 주의사항은 다음과 같다.

‣ 스프레더(Spreader) : 전면에 부설된 콘크리트량은 적당해야 하고, 이의 부설이 너무 선행될 시엔 콘크리트가 건조하여 다짐, 마무리가 곤란하게 되므로 페이버와의 간격을 너무 띄우지 않도록 한다.

‣ 벨트프레서(Belt Pressor) : Hopper에 다량의 콘크리트를 한꺼번에 쏟아넣지 않도록 양을 가감하면서 짐내리기를 하고, 전면의 양이 항상 적당하도록 콘크리트를 횡취한다.

‣ 슬립폼 페이버(Slip Form Paver) : 슬립폼 페이버 전면 오거에 의해 콘크리트를 보급할 때에는 콘크리트 슬래브의 양쪽부까지 충분히 보급되도록 해야 한다. 특히 곡선부 등에서 편구배가 급한 구간에 부설할 때에는 내측에 모르타르가 모이기 쉬우므로 주의해야 한다.

• 철망공

슬립폼 공법에 있어 철망공작업 시 주의할 점은 다음과 같다. 메시 인스텔러로 철망을 삽입할 경우 철망이 다시 앞으로 이동하는 경향이 있으므로 미리 5 cm 정도의 이동량을 예상하여 철망을 설치하는 것이 좋다.

• 다짐

슬립폼 페이버에 의한 콘크리트의 Vibrator에 의한 다짐과 Conforming Plate 및 Side Plate의 밀어내기 다짐으로 구분된다. 따라서 다질 때에는 더돋기량을 적당히 보존하여 속도를 일정하게 하고, 작업이 중단되지 않도록 유의해야 한다.

• 줄눈의 시공

- 가로줄눈 : 줄눈판이나 바 어셈블리는 콘크리트의 타설 중에 변형이나 이동이 없도록 보조기층 위에 고정시켜야 한다.
- 세로줄눈 : 타이바의 설치는 보통 슬립폼 페이버에 장치된 타이바 인스텔러로 행한다.

• 표면마무리

주로 슬립폼 페이버의 Conforming Plate 및 플로트로 행해지며, 보통 인력 플로트를 병용한다.

• 양생

슬립폼 페이버에 의해 시공할 경우 1일의 시공연장이 길므로 초기양생은 막양생으로, 후기양생은 혼합양생으로 하는 것이 좋다. 그리고 슬립폼 페이버 통과 후 막양생을 실시하기까지는 3각지붕 등 적당한 시설을 이용하여 양생하는 것이 좋다.

7.5 국내포장 설계법

7.5.1 일반사항

국내에서 적용해온 미국의 AASHTO 도로포장 구조설계는 1950년대에 이루어진 AASHO 도로시험을 통해서 얻어진 경험적 결과를 기반으로 구축된 설계법이다.

그러나 우리나라의 교통과 환경조건들이 다양해지면서 국내 포장의 파손이 심화되고, 국내의 포장 재료와 교통하중의 차이 등 현실을 고려하지 않은 기존의 도로포장 설계 적용은 실제로 공용수명을 저하시키는 주요 원인이 되어 왔다.

따라서 이러한 문제를 해결하기 위해 역학적 - 경험적(ME : Mechanic - Emperical) 설계 개념을 도입하여 국내에 적합한 도로포장 구조설계법을 개발하였다.

표 7.77은 기존의 AASHTO 포장설계법과 새로 개발된 한국형(ME) 포장설계법과의 차이를 비교하였다.

표 7.77 포장별 설계법 비교

입력변수	아스팔트포장		콘크리트포장	
	기존(AASHTO)	한국형	기존(AASHTO)	한국형
재료물성	상대강도계수(a_i)	동탄성계수(E *)	콘크리트 탄성계수(E_c) 콘크리트 파괴강도(S_c)	휨(R), 쪼갬(S) 압축강도(C) 탄성계수(E) 열팽창계수 건조수축계수
노상재료물성	노상층 강도	회복탄성계수(M_R)	노상반력계수(k)	복합 지지력 계수
환경조건	배수 특성계수 (m)	포장층 내부 온도 노상층 함수량 변화	배수 특성계수 (m)	콘크리트 슬래브 온도차
교 통	등가단축하중 (ESAL)	차종별 축하중 분포	등가단축하중 (ESAL)	차종별 축하중 분포 차축간 길이

7.5.2 적용방법

(1) 적용과정

역학적 - 경험적 설계법(M - E Design)은 그림 7.106과 같이 포장설계의 조건에 필요한 입력변수들을 통해서 포장구조체의 역학적인 분석을 실시하고, 포장체의 거동상태와 공용성 간의 경험적인 예측방정식을 통해서 공용성이 만족하도록 포장단면을 설계하게 된다.

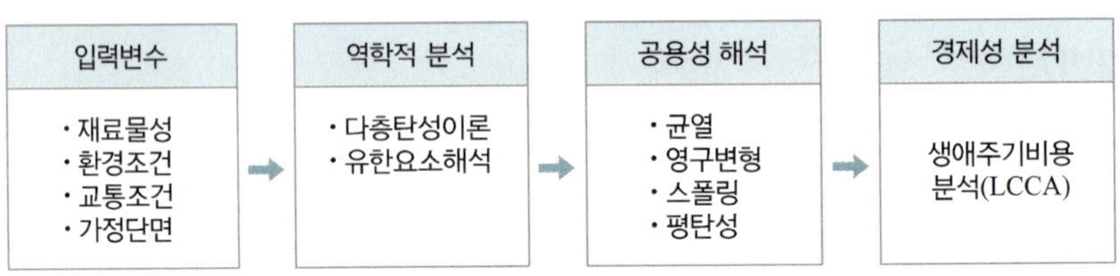

그림 7.106 적용과정

(2) 설계절차

역학적 - 경험적 설계법을 시행하기 위한 절차는 그림 7.107과 같다.

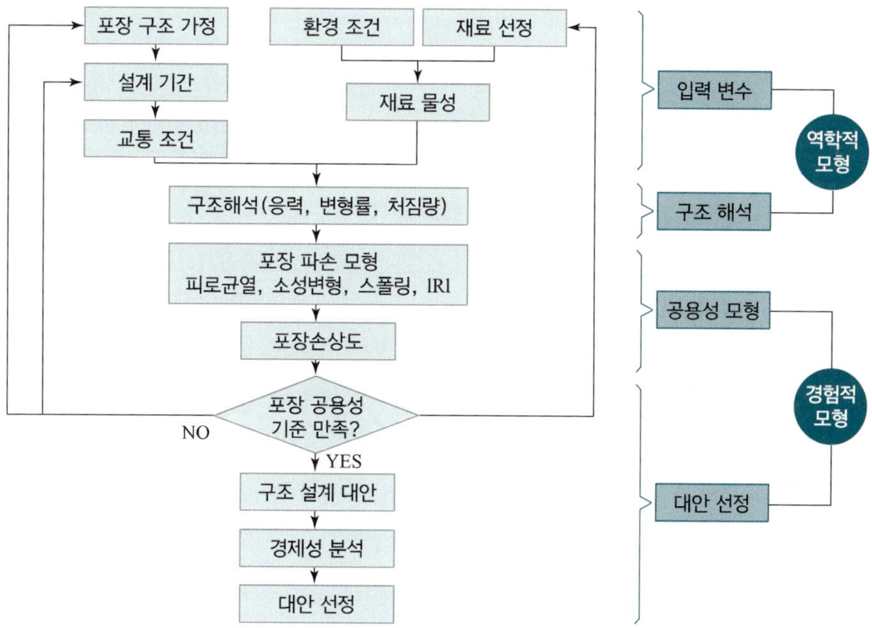

그림 7.107 설계절차

7.5.3 포장의 설계등급 분류

(1) 도로등급

도로의 중요도와 교통량 등을 감안하여 도로포장의 설계등급을 표 7.78과 같이 3등급으로 구분한다. 설계등급 1의 경우 고속국도 및 일반국도와 같이 교통량 및 중차량이 많은 도로의 포장설계에 적용되며, 2등급과 3등급도 교통량별로 구분하여 적용된다. 그리고 교통량 조사자료를 바탕으로 해당 설계구간의 AADT 혹은 AADT 중 5종 이상의 중차량 대수에 따라서도 설계등급을 구분한다.

표 7.78 도로등급

설계 등급	도로등급	설계차량대수	비 고
1	고속국도	150,000대 이상	5종 이상의 중차량 대수가 50,000대 이상일 경우에도 설계등급 1로 설계
	일반국도	35,000대 이상	5종 이상의 중차량 대수가 12,000대 이상일 경우에도 설계등급 1로 설계
2	고속국도	150,000대 미만	-
	일반국도	7,000대 이상 35,000대 미만	-
	지방도 및 기타도로	7,000대 이상	기타도로는 도로법에 명시된 특별시도, 광역시도, 시도, 군도 및 구도를 의미함
3	일반국도, 지방도 및 기타도로	7,000대 미만	기타도로는 도로법에 명시된 특별시도, 광역시도, 시도, 군도 및 구도를 의미함

(2) 등급별 설계

도로등급별 설계는 기본적으로 동일한 개념에 의해 수행하지만 도로의 중요도에 따라 설계에 필요한 설계입력변수(교통, 환경 및 재료물성)를 결정하는 방식에 차이가 있다. 도로의 중요도가 상대적으로 낮은 경우에는 재료물성 시험이나 교통량 정보수집 등에 있어 상대적으로 간편하게 입력변수를 결정하게 되고, 도로의 중요도가 높을수록 보다 많은 실내시험과 교통특성에 대한 세밀한 자료가 필요하다.

표 7.79는 설계등급별 포장재료의 물성 및 교통량 정량화, 설계방법을 정리한 것이다. 설계등급 1과 2에서는 설계 해석 프로그램을 사용하며, 설계등급 3에서는 국내의 대표적인 포장재료와 교통 특성에 따른 표준 설계단면을 사용한다. 단 설계등급 1의 경우 포장재료의 물성 결정 시 실내시험을 원칙으로 하나, 실내 시험기 구축 및 포장 전문 인력의 공급이 부족한 국내 여건 등을 감안하여, 설계 요령에 제시되어 있는 포장재료에 한하여 동일한 조건의 경우라면 데이터베이스(DB, Data Base)화되어 있는 제안값 및 예측방정식을 사용할 수 있다.

표 7.79 도로등급에 따른 포장 구조 설계

설계등급	물성 측정	교통량 측정	설계방법
1	실내시험을 통한 재료의 물성 측정	차종별 교통량 분포 및 축하중 분포 측정	설계 프로그램 사용
2	재료의 종류에 따라 간단한 물성 D/B 및 예측방정식을 사용	축하중과 종류별 교통량 분포나 중차량 교통량에 따라 설계 DB의 축하중별 교통량 분포	설계 프로그램 사용
3	포장재료의 일반적인 물성 사용	중차량 교통량에 따라 설계DB의 축하중별 교통량 분포	표준 설계단면 사용

7.5.4 입력변수

포장체의 입력변수는 크게 교통하중, 환경하중, 재료 물성, 불연속면(시멘트 콘크리트포장) 등이 있다. 정확한 포장의 거동을 분석하기 위해서는 이들을 정량적으로 타나내고, 설계에 반영해야 한다. 포장 설계 시 필요한 입력변수의 값을 얻기 위해서 경우에 따라 매번 실험을 하는 경우도 있지만, 효율성, 경제성 등이 낮기 때문에 간단한 모형에서부터 복잡한 수식을 사용한 모형 등을 개발하여 사용하는 경우가 많이 있다. 모형은 많은 횟수의 실험을 하지 않고도 기본 실험을 통해서 필요한 데이터를 획득할 수 있는 장점이 있지만, 모형 자체가 실제와 상이한 결과가 보인다면 포장 설계에 적용하기에는 불가능하다.

(1) 교통하중

교통하중은 포장 설계 및 해석에 가장 민감한 영향을 주는 입력변수로서 포장 파손의 주요 원인이 된다. 교통하중을 정량화하는 방법에는 등가단축하중(Equivalent Single Axle Load :

ESAL)을 이용하는 것과 실제 축하중을 포장 해석에 사용하는 방법이 있다. 기존의 경험적인 설계에서는 등가단축하중은 일반 승용차의 복륜의 단축에 80 kN의 축하중이 재하될 때를 기준으로 하여 축하중 및 축 종류에 따른 상대적인 포장의 영향정도를 나타내었다.

이는 AASHO 도로시험에서 만들어진 경험적인 방법으로써, 국한된 재료와 환경 조건에서 이뤄진 실험의 결과를 다른 환경과 조건의 포장체에 적용 시 예상하지 못한 결과를 유발할 수 있다. 실제 축하중은 최근에 사용하는 방법으로 도로를 주행하는 차량의 축하중을 직접 측정하여 설계에 적용하게 된다.

(2) 환경하중

환경하중은 온도와 함수비 변화에 따라 포장체 거동에 영향을 미치는 중요한 요소이다. 온도 변화는 아스팔트 콘크리트포장에서 표층 및 기층의 물성 변화에 영향을 주며, 시멘트 콘크리트포장에서는 슬래브의 수평 및 수직방향의 거동에 영향을 미친다.

함수비 변화는 표층 및 기층의 함수비 변화에 따른 물성 변화를 일으키며, 잠재적인 포장 파손의 원인이 된다. 계절에 따른 하부 구조의 함수비 변화에 따라 포장의 지지력이 달라지는 특성이 있다. 특히 봄철 융해기나 여름철 장마기에는 하부층의 지지력 약화로 인해 포장 파손이 다른 기간에 비해 더 많이 발생할 가능성이 높다. 이러한 함수비 변화는 실제 계측기를 매립하고, 시간에 따른 변화 추이를 관찰하여 모형을 개발하는 것이 일반적인 방법이다.

환경하중 모형을 개발하는 방법은 경험적인 것과 이론적인 것으로 구분할 수 있다. 경험적인 방법은 위도, 경도, 포장형식, 하부조건, 기상조건 등을 고려하여 실제 계측기(온도계, 함수량계)를 매립하고, 1년 혹은 그 이상을 모니터링한다. 계측 데이터를 각 인자들로 구분하고, 회귀분석을 통해 하나의 온도 및 함수량 변화 예측 모형을 개발한다.

역학적 이론에 근거한 모형은 새로운 이론이나 개선된 사항이 있을 시 이를 반영할 수 있는 장점이 있다. 하지만 실제와의 거동 차이가 있을 경우 항상 현장 데이터를 이용한 보정이 필요하다.

(3) 재료물성

포장재료물성은 포장의 구조해석에 필요한 입력변수로서, 모형에서 포장층의 거동을 분석하기 위해 사용된다. 기존에는 포장층에 따라, 포장 형식에 따라 각각 다른 값을 사용하였다. 흙이나 입상재료들은 기존의 CBR, M_R, R 값, N 값 등 다양한 물성으로 정량화하였다. 기존 설계에서 아스팔트포장은 M_R값을 사용하여 물성을 정의한 반면, 콘크리트포장에서는 M_R값을 근거로 복합 지지력 계수를 산정하여 설계에 사용하였다. 최근 하부구조의 물성을 M_R과 포아송 비로 정의하여 설계에 적용하는 추세이다.

아스팔트 혼합물의 경우 일반적으로 사용되는 물성은 동탄성계수이다. 이는 혼합물, 온도와 하중재하속도 등의 함수이므로 이에 대한 고려가 필요하다. 시멘트 콘크리트포장의 경우 슬래브의 강도, 탄성계수, 건조수축, 열팽창계수 등이 있다. 아스팔트나 콘크리트의 재료 물성을 예측하기 위한 모형은 탄성 모형, 점성 모형, 점탄성 모형, 점소성 모형으로 세분화된다. 이러한 구분은 시간 의존 및 과거 이력의 영향 여부에 따라 각각 달라진다.

무근 및 연속철근콘크리트포장에서는 하중 전달 장치 및 철근을 사용하는데, 이는 일반적으로 탄성계수와 포아송 비로 그 물성을 정의한다.

(4) 불연속면

불연속면은 무근 콘크리트포장에 있는 것으로 콘크리트포장이 건설초기 수화 반응이 진행됨에 따라 슬래브가 수축되고, 이로 인해 무작위 균열이 발생한다. 이러한 균열들은 포장 수명을 단축시키는 주요 원인이 되므로, 이를 최소화하기 위해서 슬래브의 소요 강도가 발현되고, 수축이 시작되기 직전에 인위적인 줄눈을 만들어 균열을 유도하는 것이 불연속면이다. 불연속면은 줄눈 절삭 깊이, 하중전달 장치 관련 설치 기준, 줄눈 간격 등에 대한 고려가 필요하다. 불연속면은 경험적이거나 역학적으로 해석하여 관련 물성을 제안하거나, 카달로그 식으로 간격이나 설계 단면을 제시하는 방법을 사용하고 있다.

7.5.5 역학적 구조해석

(1) 아스팔트 콘크리트포장

아스팔트 콘크리트포장의 구조해석은 다층탄성 해석 프로그램을 이용하며, 설계해석 프로그램 내에서 교통하중에 따라 자동 수행되므로 도로포장 구조 설계 시에는 직접적으로 요령을 참조하지 않아도 된다. 구조해석의 입력값에는 자동적으로 입력된 도로포장을 구성하는 층의 두께와 물성, 교통하중(차간거리와 타이어 압력), 프로그램 내 자동설정 해석위치 등이 있다. 해석 프로그램 내 자동 설정된 포장층 내의 해석위치들에서 응력과 변형률이 산정된 후 최대응력과 최대변형률이 나타나는 한계점을 찾게 된다. 한계점에서의 응력과 변형률은 탄성계수 예측모형 및 공용성 모델의 입력변수로 사용되며, 한계점에서의 포장거동은 다음과 같다.

- 아스팔트 혼합물층에서 수평 인장변형률(아스팔트 혼합물의 피로균열)
- 아스팔트 혼합물층 및 포장 하부구조에서의 수직 압축변형률(아스팔트 혼합물 및 포장 하부구조의 영구변형)

① 구조해석과정

도로포장 구조 설계에서 개발한 해석 프로그램 내에서 자동적으로 계산되는 다층탄성 해석 프로그램은 탄성모델의 중첩효과를 이용하여, 다양한 축 종류 및 축간 거리를 고려할 수 있으며, 포장재료의 온도와 응력의 비선형성을 고려할 수 있다. 다층탄성 해석 프로그램을 이용한 아스팔트 콘크리트포장 구조해석의 과정은 그림 7.108과 같다.

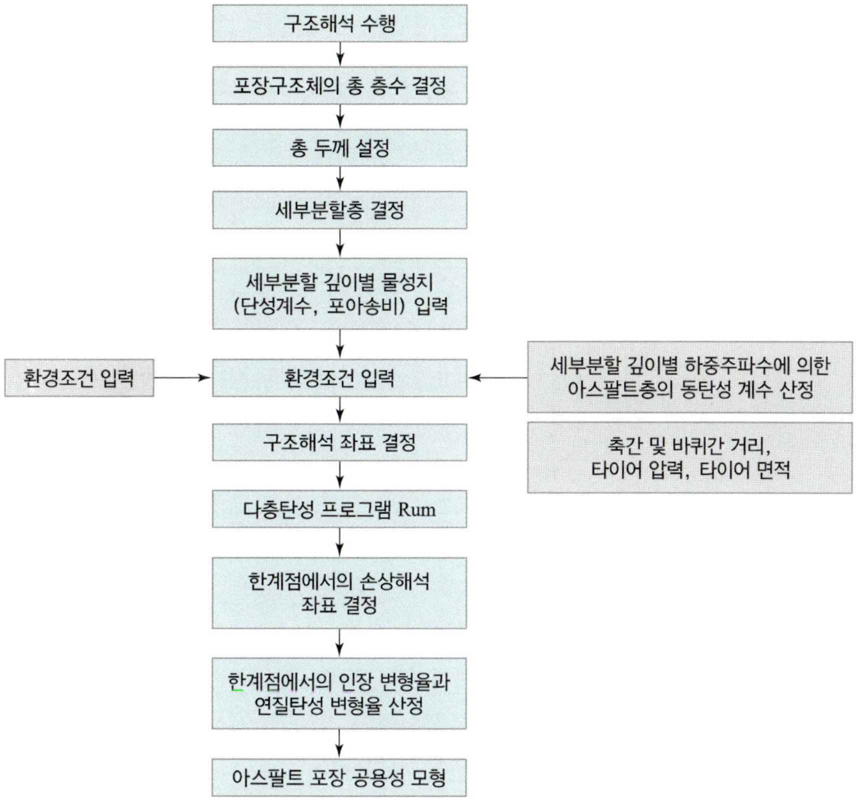

그림 7.108 아스팔트 콘크리트포장 구조해석 과정

② 구조해석결과

다층탄성 프로그램으로부터 구한 포장구조해석 결과는 공용성 모형의 입력자료로 사용된다. 아스팔트포장의 구조적인 파손은 상향균열, 하향균열, 연구변형 등이 있으며, 이를 예측하기 위해 구조해석 결과값을 사용한다.

- 상향균열 해석 : 다층탄성 프로그램을 통해 그림 7.109와 같이 아스팔트 표층 하단과 아스팔트 기층 하단의 인장변형율을 산정한다. 가장 큰 인장변형율을 보이는 한계점(critical location)에서의 결과값을 상향균열 예측모형에 사용하게 된다. 일반적으로 단륜일 경우 타이어 중앙부를 한계점으로 설정하고, 반응값을 산출한다. 다축 다륜을 이용할 경우 그림 7.108과 같이 여러 지점의 인장변형율을 비교하여 가장 큰 값을 해석에 계산한다.
- 하향균열 해석 : 다층탄성 프로그램을 통해 그림 7.109와 같이 아스팔트 표층 상단의 인장변형율을 산정한다. 가장 큰 인장변형율을 보이는 한계점에서의 결과값을 하향균열의 예측모형에 사용하게 된다. 상향균열과는 반대로 타이어 중앙부에서 가장자리로 이동할수록 표층 상단에서의 인장변형율은 증가한다. 하향균열 해석에서도 그림 7.108과 같이 아스팔트 표층 상단부의 여러 지점의 인장변형율을 비교하여 가장 큰 값을 해석에 사용한다.

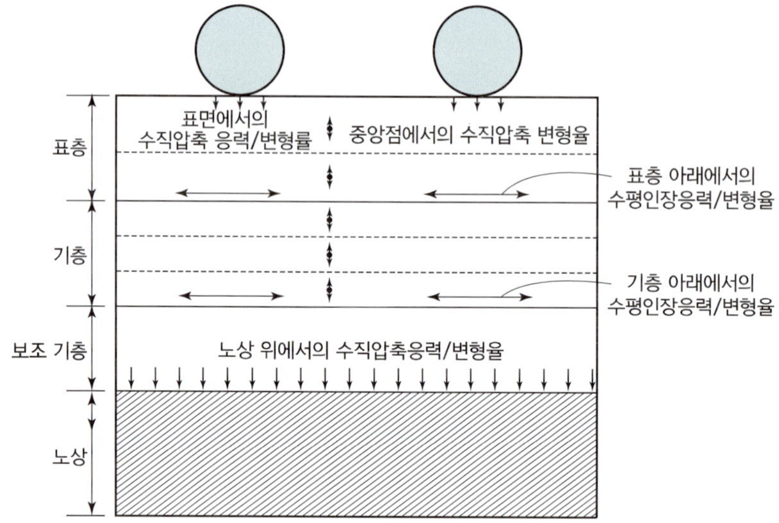

그림 7. 109 아스팔트포장의 구조해석결과

- **영구변형 해석** : 다층탄성 구조해석을 통해 그림 7.109와 같이 아스팔트 표층과 아스팔트 기층의 세부 분할층 중간지점에서 연직변형율을 산정한다. 아스팔트 표층과 기층의 세부 분할층은 층별로 나누어 해석을 실시한다. 일반적으로 단륜인 경우 타이어 중앙지점이 한 계점으로서 가장 큰 연직변형율을 나타내나, 다축 다륜인 경우 그림 7.108과 같이 여러 지점(총 30)에서의 연직변형율을 비교하여 가장 큰 변형율을 해석에 사용한다.

(2) 시멘트 콘크리트포장

시멘트 콘크리트포장의 설계는 주어진 형상과 물성을 갖는 포장체에 교통하중과 환경하중이 작용하여 발생하는 응력을 이용하여, 공용성을 예측하는 과정을 거치게 된다. 우선 예측된 콘크리트 슬래브의 깊이별 온도를 이용하여 상부와 하부의 온도차이를 계산한 후 컬링의 형태를 판단하여 최대 인장응력이 발생하는 위치를 결정한다.

그림 7.110과 같이 하향컬링이 발생하거나 컬링이 전혀 발생하지 않는 경우에는 종방향 줄눈부의 중앙에 작용하는 차륜하중으로 인하여, 슬래브 하부에 최대 인장응력이 발생한다. 상향컬링이 발생하면 횡방향 줄눈 양끝단에 재하된 축하중으로 인하여 슬래브 상부에 최대 인장응력이 발생한다. 이와 같이 온도하중과 차륜하중에 의하여 슬래브의 상부와 하부에 발생한 최대 인장응력을 각각 계산하여 피로균열을 예측할 수 있도록 한다. 따라서 포장의 장기 공용성이 중요한 인자가 되는 시멘트 콘크리트포장의 설계에서는 유한요소해석 프로그램을 이용한 결과를 이용하여 구축된 회귀분석식을 이용한다.

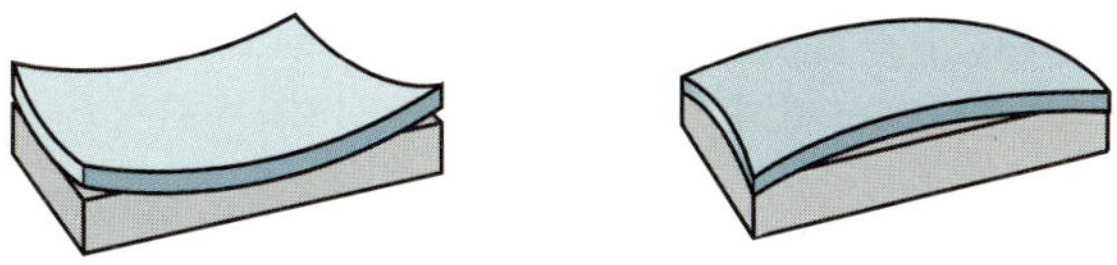

(a) 상향컬링　　　　　　(b) 하향컬링

그림 7.110 슬리브 상하부 간의 온도 차이에 의한 컬링형태

① 구조해석과정

시멘트 콘크리트포장의 구조해석의 과정은 그림 7.111과 같다.

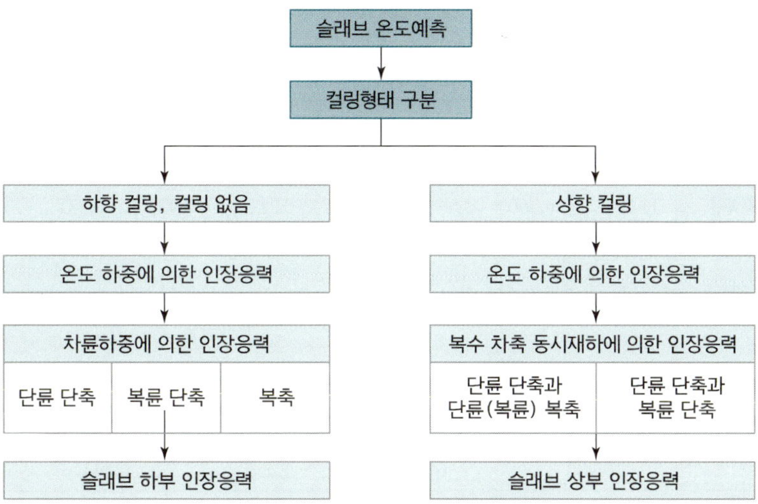

그림 7.111 콘크리트포장 구조해석 과정

② 유한요소해석

시멘트 콘크리트포장의 유한요소해석은 포장체가 수많은 요소로 구성되었다고 가정한 후 절점을 이용하여 요소들을 상호연결하고, 이들 절점이 갖고 있는 물리량에 대한 연립방정식을 작성하여 중첩함으로써 콘크리트포장 전체에 대한 해를 찾는 기법을 일컫는다.

외부로부터 가해지는 환경하중, 교통하중에 대한 응답으로서 변형과 응력의 결과를 나타낸다. 이 중 슬래브에 발생하는 인장응력이 콘크리트의 인장강도보다 커질 경우 균열을 발생시킨다. 인장응력의 크기에 영향을 미치는 각종 변수의 민감도분석과 회귀분석을 이용한 인장응력 예측 회귀식을 개발하여 사용하게 된다.

③ 회귀 분석식

유한요소해석은 주어진 조건에서 시멘트 콘크리트포장의 거동을 정확하게 예측하는 것으로 알려져 있으나, 다양한 포장층 재료의 물성, 하중조건을 장기간으로 해석하는 포장설계에서는 이 해석을 실용적으로 사용하기에 어려운 점이 있다. 따라서 도로포장 구조 설계에서 다양한 조건에 대한 유한요소해석결과를 바탕으로 한 회귀분석식은 표 7.80과 같다.

표 7.80 다중회귀분석식

상향컬링 시 교통하중에 의한 응력	$\sigma = a_1 \times k^{a_2} \times P_1^{a_3} \times P_2^{a_4} \times E^{a_5} \times h^{a_6} \times LTE^{a_1} \times L^{a_8} \times AXL^{a_9}$
하향컬링 시 교통하중에 의한 응력	$\sigma = b_1 \times k^{b_2} \times P^{b_3} \times E^{b_4} \times h^{a_6}$
온도하중에 의한 응력(상향, 하향컬링 동일)	$\sigma = 10^{c_1} \times L^{c_2} \times \Delta T^{c_3} \times k^{c_4} \times h^{c_5} \times E^{c_6} \times \alpha^{c_7}$

여기서 회귀분석식에 적용되는 회귀계수 a_n, b_n, c_n은 표 7.81, 표 7.82, 표 7.83과 같다.

표 7.81 다중회귀계수(상향컬링 시 교통하중에 의한 응력)

회귀계수	a1	a2	a3	a4	a5	a6	a7	a8	a9
뒷축형태 - 복축복륜	10.209	−0.217	0.381	0.618	0.248	−1.330	−0.073	−0.240	N/A
뒷축형태 - 단축복륜	11.830	−0.350	0.562	0.345	0.381	−0.933	−0.131	−0.499	−0.618

표 7.82 다중회귀계수(하향컬링 시 교통하중에 의한 응력)

회귀계수	b1	b2	b3	b4	b5
단축단륜	99.236	−0.159	0.999	0.159	−1.604
단축복륜	54.241	−0.187	1.000	0.188	−1.497
복축복륜	10.982	−0.247	1.000	0.242	−1.309

표 7.83 다중회귀계수(온도에 의한 응력)

회귀계수	c1	c2	c3	c4	c5	c6	c7
하향컬링	1.665	1.477	0.648	−0.822	0.124	0.450	0.572
상향컬링	1.824	1.976	0.471	−0.849	0.084	0.342	0.426

또한 회귀분석식에 사용된 재료의 물성, 하중조건, 포장체의 길이 및 두께 등의 유효 범위는 표 7.84와 같다.

표 7.84 다중회귀 모형계수 결정된 주요 변수의 범위

슬래브 길이	4∼6 m	슬래브 열팽창계수	7.2×10^{-6}∼14.4×10^{-6}/℃
슬래브 두께	25∼35 cm	유효복합강성	54∼433 MPa/m
슬래브 탄성계수	20∼40 GPa	슬래브 상하부 온도차	−25∼+25℃

7.6 포장의 유지관리

7.6.1 포장의 유지관리 개념

일반적으로 포장구조물의 평균수명은 아스팔트포장의 경우 10년, 시멘트 콘크리트포장은 20년으로 보지만, 포장구조물은 시간이 경과함에 따라 노후도가 심해져 반복수선이 불가피한 일종의 소모성 구조물이다.

포장의 큰 특징 중의 하나가 그림 7.112와 같이 공용개시 시점에서부터 점차로 공용성(供用性)이 낮아져 어느 수준에 도달하면 보수를 해야 한다. 이것이 라이프 사이클의 기본개념이다. 따라서 포장에서는 유지관리가 중요한 문제로 대두되며, 그 실시방법에 따라서 포장의 공용성에 막대한 영향을 미친다.

일반적인 포장의 유지관리 순서는 그림 7.113과 같고, 이 흐름은 대표적인 예를 나타낸 것이다. 도로의 유지관리는 도로의 종별, 교통량, 연도상황 등을 고려하여 운영된다.

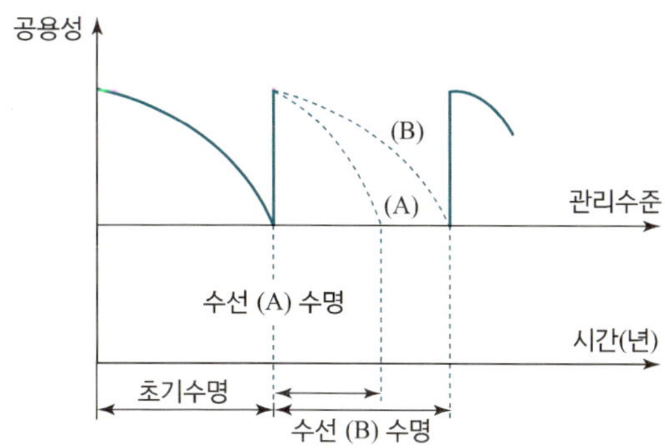

그림 7.112 포장의 라이프 사이클 개념

7.6.2 유지관리 시스템

포장의 기능은 이용자의 통행에 있어서 안전성과 신속성을 제공하기 위한 것이다. 근래에 와서는 이를 위하여 노면의 유지관리가 매우 중요한 과제로 등장하고 있다. 선진국에서는 전 도로망을 체계화함으로써 비용효과를 높이고, 유지관리에 신속성을 기하고, 적절한 보수 기법을 도입하기 위하여 여러 가지 시스템의 분석 및 개발 연구가 이루어지고 있다. 미국에서는 도로포장의 급격한 파손에 대처하기 위하며 국가적으로 거시적인 계획하에 도로정책 연구계획(SHRP – Stragic Highway Research Program)을 세워 앞으로 20년 동안 5년마다 매번 1,000만 달러의 자금을 투입할 계획이다. 또한 금세기 말까지 미국의 각종 연구기관으로 하여금 재포장과 포장의 회복성 연구를 위하여 4천억 달러가 소요될 것으로 전망하고 있다.

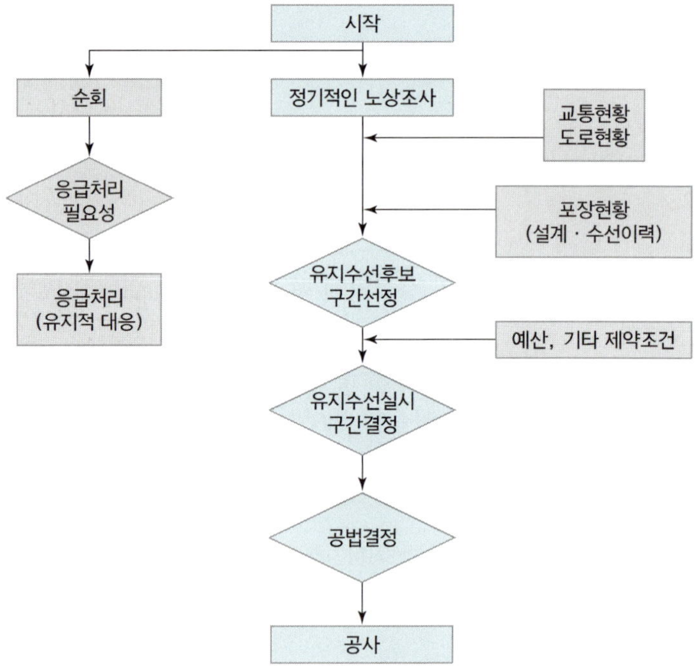

그림 7.113 유지관리 실시 흐름

또한 장기포장성능연구(LTPP - Long Term Pavement Performance)로 공용수명과 포장성능을 증대시키기 위하여 필요한 장비들도 개발하고 있다. 이러한 공익성에 대해서는 자금소요에 상관없이 공용성이나 좋은 포장을 유지하는 데 최선의 목표를 두고 있다.

LTPP의 기본수행목표는 다음과 같다.

- 기존포장 설계법의 평가
- 기존포장의 회복성을 위한 개량정책과 설계의 개발
- 신설 및 개량도로에 대한 개정설계법의 개발
- 노화포장에 대한 성능유지수준과 시공상의 품질, 포장재료의 특성과 변화 환경 및 하중조건의 영향 측정
- 합리적인 계획과 장래 필요성에 대한 국제간의 장기포장자료 설정계획

특히 포장에 대한 조사자료는 각종 설계의 다양성, 재료, 교통하중, 환경조건, 시공조건 및 유지관리수행 등 포장의 공용이력과 확실한 정보를 제공하게 된다. 포장 노화현상의 분석은 포장이력에 대한 각종 조사자료를 바탕으로 합리적이고, 경제적이며, 신속한 포장의 유지보수를 위한 공용성을 이용자에게 제공하게 된다. 이를 원활하게 수행하기 위해서는 포장의 유지관리체계(PMMS : Pavement Maintenance Management System)를 수립하여 대처해야 한다. PMMS에서는 포장노면의 노화현상뿐만 아니라 장기간 포장수명과 비용까지도 검토할 수 있는 합리적인 포장유지관리를 포함하고 있다.

포장에서의 유지관리는 적절한 시기를 선택하는 것이 매우 중요한 요소가 되기 때문에, 일상관리에서부터 장기계획에 이르기까지 합리적인 조사단계를 거쳐서 과학적이고 순리적인 기법으로 계획되어야 한다. 그림 7.113은 유지관리 개요와 실시 기본 흐름도를 나타낸 것이다.

7.6.3 유지보수 기준

(1) 노면평가

아스팔트포장은 시멘트 콘크리트포장에 비하여 비교적 유지관리가 쉬우며, 많은 유지보수 공법이 있다. 아스팔트포장에 어떠한 결함이 발생하며, 그곳에 적절한 공법을 어떻게 선택할 것인가에 대하여 노면을 평가하는 기준으로서 PSI를 산정하고 있다,

$$\Psi = 4.53 - 0.518 \log \sigma - 0.371 \sqrt{C} - 0.174 D^2 \qquad (7.143)$$

여기서 PSI : 공용성 지수 σ : 종단 요철(凹凸)의 표준편차(mm)

C : 균열률$= \dfrac{\text{균열면적} + \text{패칭면적}}{\text{조사대상전면적}} \times 100$ D : 바퀴자국(cm)

이와 같은 노면의 결함요소에 따라 공용지수를 나타내어 그 값의 구분에 따라 표 7.85와 같이 처리한다.

표 7.85 공용성 지수와 대책공법

PSI	3~2.1	2~1.1	1~0
대책공법	표면처리	덧씌우기	치환 또는 재포장

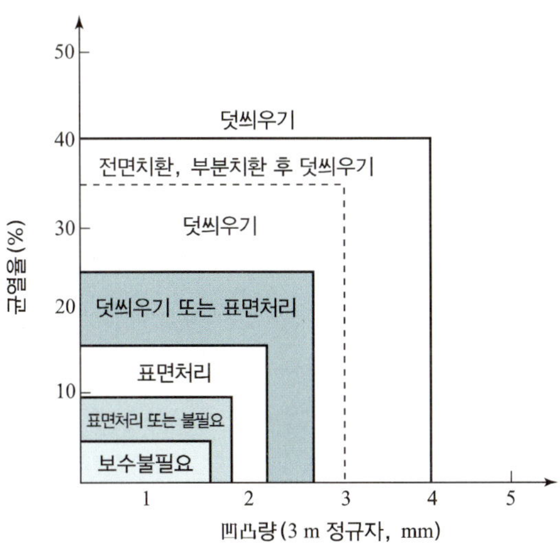

그림 7.114 아스팔트포장의 보수공법 선택방법

균열률에 따라 보수공법이 달라지며, 공법도 다양하다. 아스팔트포장에 어떠한 결함이 발생할 때 유지보수공법 중 어떠한 공법을 채용할 것인가는 포장의 유지수선을 실시하는 데 중요한 과제이다. 아스팔트 콘크리트포장에 적용할 치환, 덧씌우기 또는 표면처리 등의 보수공법을 결정하기 위한 방법으로 아스팔트포장의 균열이나 요철(凹凸)량 등으로 판정하는 방법이 있다. 포장의 파손은 요철(凹凸)량이 심하면 균열률도 높으므로, 이러한 일반적인 포장파손의 경향을 감안하여 그림 7.114와 같이 보수공법을 선택한다.

(2) 포장평가 지표

포장평가는 개념적으로 지지력, 쾌적성, 노면손상, 미끄럼저항 등으로 나누어서 생각할 수 있다. 그림 7.115에서 횡축에는 연수, 종축에는 각각의 평가지표를 나타내고 있으며, 정기적인 자료수집으로부터 평가지표의 시계적(時系的) 변화를 예측할 수 있다. 여기서 지지력은 처짐

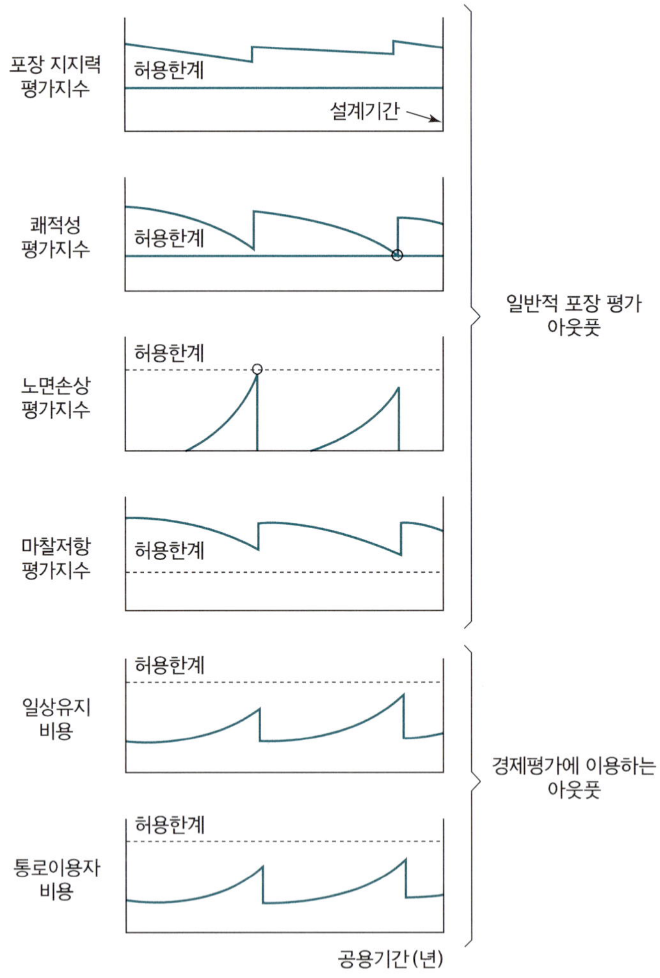

그림 7.115 포장평가와 시간적 추이에 대한 출력

량을 포함한 평가이며, 쾌적성은 종단방향의 요철(凹凸)이 주요 요인으로 작용되는데 이용자들에 의해서 평가되며, 노면손상은 균열, 바퀴자국량 등의 표면적인 손상을 단독 또는 가중치를 고려하여 구한 평가지표이다. 또한 일상적인 유지비용과 이용자 비용은 경제성평가에 사용된 지표로서, 일상유지비용은 패칭 등의 보수에 대하여 도로관리자가 정기적으로 지출하는 비용이다. 한편 이용자 비용은 연료나 차량의 감가상각 등 도로이용자측의 비용으로서 노면상태가 악화에 따라 상승한다. 그림 7.115에서 ○표시는 보수를 실시할 시기가 되었음을 나타내는 평가치이다.

포장의 종합적인 평가지표는 AASHTO의 PSI가 있으나, 일본에서는 노면손상의 3가지 요인(균열, 바퀴자국, 종단 요철량)을 유지보수의 기준이 된다는 관점에서 종합적으로 작성한 MCI(유지관리 지수)라는 지표를 이용하고 있다. MCI는 다음 식으로 산출된다.

$$\mathrm{MCI} = 10 - 1.48C^{0.3} - 0.29D^{0.7} - 0.47\sigma^{0.2} \qquad (7.144)$$

$$\mathrm{MCI}_0 = 10 - 1.51C^{0.3} - 0.3D^{0.7} \qquad (7.145)$$

$$\mathrm{MCI}_1 = 10 - 2.23C^{0.3} \qquad (7.146)$$

$$\mathrm{MCI}_2 = 10 - 0.54C^{0.7} \qquad (7.147)$$

여기서 MCI : 세 가지 변수에 의해서 구한 MCI

$\mathrm{MCI}_0 \sim \mathrm{MCI}_2$: 두 가지 변수 또는 단독변수로 구한 MCI

σ : 종단방향 요철량(mm)

C : 균열률(%)

D : 바퀴자국(mm)

노면형상의 측정치 중 균열률, 바퀴자국, 종단 요철량의 3가지 특성이 모두 구해질 때에는 식 (7.144), (7.146), (7.147) 3개의 식에서 MCI, MCI_1, MCI_2를 계산하여 그중에서 최소값을 평가치로 한다.

균열률, 바퀴자국 이 두 가지만 구해지는 경우에는 식 (7.144) , (7.145), (7.146) 3개의 식으로 계산한 값 중에서 최소값을 평가치로 한다. MCI를 사용한 유지보수 여부 판단은 표 7.86을 참고하여 결정한다.

표 7.86 MCI에 의한 유지보수 여부 판단

MCI	필요한 유지보수의 규모
5~10 이하	일상 유지
3~5 미만	소규모 보수필요
3 미만	대규모 보수필요

주) 이와 같은 수치는 일반적 표면이며, 주행속도가 높은 도로 등에서는 이 값보다 높은 수준에 목표를 두는 것이 바람직하다.

(3) 포장결함 분석 및 등급 결정

포장결함은 노면상에 나타나는 외형적 형상과 구조적인 결함의 원인에 의해서 발생되는 것으로, 이것은 포장파손까지 이르게 된다. 이와 같은 파손원인에 관련한 종합적인 조사를 위한 노면의 상황조사에는 기존노면 파괴상태(변형, 균열, 붕괴, 탈리비산)의 관찰에 의해서 평가하는 것과 기존노면의 질을 평가하기 위하여 노면상의 처짐 측정에 의해 조사하는 방법이 있다.

① 분석 및 등급

육안조사를 통하여 결함의 분포면적과 정도는 2개의 계수로 결함등급을 결정하며, 이들 계수들은 각각 3단계로 나타낸다. 결함에 대한 총체적인 평가는 이들의 등급을 서로 조합하여 평가한다.

- 변형(Deformation) : 변형정도와 분포면적 조사
  - 변형정도 : 변형깊이별로 결정
    - 정도 1 : 변형깊이 1.5 cm 이하
    - 정도 2 : 변형깊이 1.5∼3.0 cm 사이
    - 정도 3 : 변형깊이 3.0 cm 이상
  - 분포면적
    - <10 : 분포면적이 전체의 10% 이하
    - 10∼50 : 분포면적이 전체의 10∼50% 사이
    - >50 : 분포면적이 전체의 50% 이상
- 균열(Cracks) : 균열발생 정도와 발생 분포면적을 각각 조사
  여기서 균열은 거북등 균열을 제외한 헤어크랙, 선상균열, 종횡방향 균열을 말한다.
  - 균열정도 : 균열단부의 손상정도
    - 정도 1 : 바퀴자국을 따라 발생한 미세한 균열이며, 균열단부가 마모되지 않은 상태
    - 정도 2 : 마모가 약간 발생한 상태(50% 미만)
    - 정도 3 : 마모가 심하게 발생된 곳(50% 이상)
  - 균열분포 : 분포면적을 대상
    - <10 : 분포면적이 전체의 10% 이하
    - 10∼50 : 분포면적이 전체의 10∼50% 사이
    - >50 : 분포면적이 전체의 50% 이상
- 거북등 균열(Alligator cracks) : 거북등 모양으로 발생한 균열
  - 균열정도 : 균열단부의 손상정도
    - 정도 1 : 마모가 발생하지 않은 상태
    - 정도 2 : 마모가 약간 발생한 상태(50% 이하)
    - 정도 3 : 마모가 심하게 발생된 상태(50% 이상)

② 품질등급 결정

그림 7.116의 결함등급 결정 흐름도에서 결정된 육안조사 등급(VI등급)은 전포장표면상태를 특정지우는 것이다. 디플렉토그래프(Deflectograph)에 의하여 측정된 값과 함께 품질등급은 포장의 표면결함 및 구조적인 상태를 나타내는 데 다음과 같은 절차로 결정한다.

- 균열로 인한 결함의 정도와 분포면적으로 조합하여 균열등급 결정
- 변형으로 인한 결함의 정도와 분포면적으로 조합하여 변형등급 결정
- 균열등급과 변형등급을 조합하여 초기 육안조사 등급 결정
- 소규모 수선 분포면적으로 고려한 초기 육안조사 등급 결정
- 육안조사 등급과 처짐량을 조합하여 품질등급 결정

균열등급 - Cg

정도 \ 분포	0~10%	10~15%	> 50%
0	1	2	3
< 50%	2	3	4
> 50%	3	4	5

거북등 균열이면 +1
최대등급 = 5

균열부 및 변형무: 1

변형등급 - Dg

정도 \ 분포	0~10%	10~15%	> 50%
1.5 cm	2	2	3
1.5~3 cm	2	3	4
3 cm	3	4	4

초기 Dreciroute 조사 등급

Dg \ Cg	1~2	3	4~5
1~2	1	2	4
3	3	4	5
4	5	6	7

소파수선을 고려한 등급

소파수선이 5~10%이면 +1
소파수선이 50% 이상이면 +2
최대등급 = 7

최종 Decriroute 조사 등급

육안조사등급 1-7

그림 7.116 결함등급 결정흐름도

이상의 절차를 통하여 주어진 구간에 대한 포장상태를 표 7.87과 같이 9가지로 품질등급을 구분한다.

표 7.87 품질등급(Q) 결정기준표

VI등급 \ 처짐등급	등급 1	d2	등급 2	d3	등급 3
균열변형 없는 상태 1	$Q1$		$Q2$ ↑	←	$Q6$ ↓
균열과 미소변형 2	$Q2$ ↑	←	$Q5$ ↓	→	
균열과 변형 4-5-6-7	$Q4$	→	$Q7$		$Q9$

③ 보수 및 보강공법 결정

앞에서 언급한 품질등급 범위는 $Q1$부터 $Q9$까지인데, 다음 3개의 주요그룹으로 구분한다.

- $Q1$, $Q2$, $Q3$은 변형량이나 포장외관이 양호 내지 보통임을 나타내고, 여기에는 통상적인 유지보수 작업만이 요구될 것이다.
- $Q7$, $Q8$, $Q9$는 포장 처짐과 포장 표면외관이 불량 내지 극히 불량에 해당하며, 포장구조와 표면이 약한 것으로 반드시 보강작업을 해야 한다(두꺼운 덧씌우기).
- $Q4$, $Q5$, $Q6$은 불확실한 상태로 표 7.88과 같이 유지보수 보강작업으로 분류한다.

표 7.88 보수 및 보강공법 결정기준표

VI등급 \ 처짐등급	1	d1	2	d2	3
A	$Q1$		$Q3$ ↑	←	$Q6$ ↓
B	$Q2$ ↑	←	$Q5$ ↓	→	
C	$Q4$	→	$Q7$		$Q9$

상기 고려사항으로부터 탄성포장이론을 근거로 개발한 ALIZE-3 모델을 적용하여 교통량(환산축하중)을 고려한 다음, 표 7.89와 같은 설계기준표를 적용하여 기술적으로 보수 및 보강공법을 결정한다.

표 7.89 설계기준표

품질등급 \ 교통량		0~500	500~1,000	1,000~2,000	>2,000
유지보수작업	$Q1$	ST	ST	4AC	5AC
	$Q2$	ST	ST or 4AC	4AC	5AC
	$Q3$	ST or 4AC	4AC	7AC	7AC
보강작업	$Q7$	7AC	7AC	101AC	10BB+5AC
	$Q8$	7AC	10AC	7BB+5AC	10BB+5AC
	$Q9$	10AC	7BB+5AC	10BB+5AC	15BB+5AC

주) • ST는 다음과 같이 표면처리를 말한다.
① 1회 또는 2회 역청표면처리
② 슬러리 실
③ 실코팅
• AC는 두께를 cm로 표시한 아스팔트 덧씌우기.
• BB는 역청기층으로 두께는 cm임.

7.6.4 포장기능의 새로운 평가방법

포장은 여러 가지 요인에 의해서 노화되고 파손된다. 즉, 지지력 부족이나, 초과하중의 반복작용에 의한 포장구조의 파괴로 수명단축 및 재료의 분실에 의한 파손, 시공불량에 의한 파손 등 이러한 요인들에 의해서 파손이 발생하면, 그 정도에 따라 다소 다르기는 하지만 포장의 공용성은 저하된다. 따라서 도로가 그 기능을 다하지 못할 때에는 여러 가지 직접 또는 간접으로 많은 손실을 초래하게 된다. 포장의 공용성이 설정된 기준 이하로 저하될 경우에 발생하는 불이익과 손실을 방지하기 위하여 파손정도에 적합한 공법을 사용하여 공용성을 회복시키는 것이 유지보수의 기본 목적이다.

지금까지 우리나라의 도로건설현황이나 유지보수실태를 감안할 때 효율적인 포장보수를 위해서는 원인규명을 위한 접근방법에서부터 공법개발, 재료개발, 장비개발에 이르기까지 다양하게 연구되어야 할 과제들이다. 이러한 현안은 우리나라뿐만 아니라 선진국에서도 도로포장의 유지관리, 즉 공용성 회복에 대하여 많은 연구가 이루어지고 있는 실정이다. 포장의 기능평가에 있어서도 종래의 노면상태만을 위주로 하던 방법에서 벗어나, 포장구조와 총체적인 원인규명을 통한 근본적이고 합리적인 방법으로 발전하고 있다.

(1) 포장기능평가 시험기의 조사연구

① 구조적인 건전도 평가

외력이나 자연환경의 결과로 포장이 어느 정도 노화되는가를 포장 표면에 그 증상이 나타나기 전에 장기적으로 조사하는 방법이다. 포장의 유지보수시기나 공법은 경제적이고 과학적으로 수행되어야 한다. 포장의 구조적 손상정도를 진단하기 위하여 평판재하시험과 같이 외력을 가하여 포장체의 반응거동(Response)을 지표로 정하는 방법과 처짐량 측정에 의한 방법, 노면을 통하여 전파되는 파동특성으로 진단하는 방법도 연구되고 있다.

- 정적하중 또는 지속이동하중 이용
  - Benkelman Beam
  - Deflectometer
  - Traveling Deflectometer
- 정상파 진동하중 전달
  - Road Rater
  - Dynaflect
  - 16 kip Vibrator
- 임의 하중
  - FHWA 선파

- 충격하중
  - Falling Weight Deflectometer(FWD)
- 주행시험하중
  - 멀티뎁스 디플렉터미터

② 포장두께 측정장치

측정된 처짐량을 기초로 하여 포장을 구성하고 있는 각 층의 탄성계수를 추정하는 '역해석' 기법이 연구되고 있다. 그 외에 지중 레이더로 포장을 파괴하지 않고 고속 이동하면서 두께를 조사하거나, 보어홀 카메라를 이용하여 층두께를 정확히 측정하는 장치도 개발되고 있다.

③ 자동노면 형상측정

포장의 노면손상은 균열, 바퀴자국, 평탄성의 3대 요소로 표현될 수 있으며, 이러한 노면손상의 발생요인은 교통과 환경으로 대별할 수 있다. 균열에는 많은 종류가 있는데, 그중에서 시공줄눈에 의한 균열, 한랭지의 수축균열, 그 외의 요인에 의한 거북등 균열 등이 파괴요인 중의 하나이다. 바퀴자국은 아스팔트 혼합물층의 유동, 입상보조기층의 소성변형, 노상의 소성변형, 한랭지의 스파이크타이어에 의한 마모 등에 의한 원인이다. 한편 평탄성 상실은 노체의 부등침하, 노상 및 보조기층의 지지력 불균일성, 아스팔트 혼합물층의 히빙 등에 기인한다. 이러한 노면손상자료는 각각 균열률, 바퀴자국, 종단 요철량으로 나타내며, 인력에 의한 수집에서부터 자동측정기로 옮겨가고 있다. 그 이유는 다음과 같다.

- 작업이 신속하다.
- 안전하다.
- 측정완료 시기에 예측이 가능하다.
- 대규모 대상구간 선정이 가능하다.
- 작업의 일관성(오차가 적음)이 있다.
- 통과교통에 영향을 주지 않는다.
- 정도가 높다.
- 자료처리를 자동화할 수 있다.

최근 미국 SHRP 및 연방도로국에 속한 각 주에 PMS 도입의무를 요구하고 있으며, 각종 자동노면 형상 측정차량의 개발이 진행되고 있다.

④ 동하중 측정장치

포장을 파괴시키는 가장 큰 외력은 차량의 축하중이며, 영향력은 축하중의 4제곱에 비례한다. 포장의 성능을 파악하는데는 등치환산축중수의 누적을 정도 높게 추정하는 것이 필요하며, 도로 위를 주행하고 있는 차량의 중량(weigh-in-motion : WIM)을 직접 측정할 목적으로 여러 가지 동하중 측정장치가 개발되고 있다. 그중에서도 포터블 측정계가 주목되고 있다. 이러한 WIM 측정장치는 1990년 ASTM에 의해서 규격화되었다. 최근에 와서는 단순히 WIM 뿐만 아니라 축간거리의 자동측정, 차종의 자동분류 등의 기능을 계속해서 추가하여 개발할 것인가에 대해서도 논의되고 있다.

(2) 포장표면 평가방법 연구

① 노면기능 및 평가에 필요한 요인

도로, 공항 등의 포장은 교통을 지지하는 기능 외에도 여러 가지 기능을 가지고 있으며, 그 평가의 척도는 도로관리자의 입장, 도로 이용자의 입장, 연도 주민의 입장에 따라 다르다. 포장 또는 주위환경이 도로 이용자의 평가에 미치는 영향요인은 다음과 같다.

- 포장의 종류
- 노면의 텍스처(Texture)
- 노면의 종단평탄성
- 노면의 횡단평탄성
- 단차
- 균열
- 도로구조 조건
- 기상
- 계절
- 시각
- 배수, 적설조건

② 노면평가의 개념

아무리 아름다운 도로라 하더라도 쾌적성이 나쁘면 차도로서는 가치가 없다. 반대로 승차감이 좋더라도 위험한 도로라면 역시 가치가 없다. 도로를 주행하는 차량을 운전하는 이용자로서는 다음 사항을 기대한다.

- 요동하지 말 것
- 진동이 없을 것
- 미끄러지지 말 것
- 핸들조작이 쉬울 것
- 물이 고이지 말 것
- 교통량이 적당할 것
- 연도에 위험물이 없을 것

자동차의 승차감은 도로조건만이 아니고 도로를 통과하는 차량의 특성과 진동을 받을 때의 승객의 감성에도 좌우된다. 그러므로 노면의 물리적인 종합평가 수단으로 IRI 지표와 같은 주행차량의 진동가속도를 고려한 기준이나, ISO의 경우와 같이 얼마동안 견딜 수 있는가, 즉 허용 폭로시간이라는 진동상태로 평가하는 방법이 있다.

③ 노면평가의 새로운 관점

지금까지 도로에 대한 단순한 물리량으로 포장 파손 정도를 평가하는 것이 노면평가의 대표적인 방법이었다. 그러나 노면에만 한정하지 않고 모든 요인을 종합하여 직간접으로 이용자의 승차감에 미치는 거시적 관점에서 평가하려고 노력하고 있다. 퍼지 이론을 응용한 평가방법이 제안되고 있고, 프렉탈 이론을 응용한 새로운 관점에서 노면의 손상결함을 평가하려는 연구가 계속되고 있다.

8

CHAPTER

품질관리와 가치공학

8.1 품질관리

8.1.1 개설

건설공사에서는 공사의 결함을 미연에 방지하고, 공정에 대한 신속성 도모, 공사의 작업표준 확립, 문제점 색출 및 개선책 강구를 목적으로 품질관리를 실시한다. 건설공사에서의 품질관리란 '발주자가 요구하는 설계시방서에 적합한 품질을 갖는 구조물 등을 경제적으로 축조하기 위해, 공사의 단계로 통계적수법을 적용하는 체계'라고 정의할 수 있다. 즉, 공사중 일정한 빈도로 품질에 대한 각종 시험을 통해 객관적으로 계속 확인하고, 그 결과를 통계적으로 처리함으로써 다음 공정 또는 공사에 활용할 수 있도록 하는 것을 말한다.

일반적으로 일상품질관리는 시공자가 시행하며, 검사는 발주자가 시행하는데, 여기서 다루는 내용에는 두 가지 다 해당된다. 현재의 일정규모 이상 정부발주공사는 감리제도에 의해 감리자가 검사업무를 대행하고 있다.

선정시험은 공사를 개시하는데 있어서 사용하는 재료나 장비가 적정한 것인가를 확인하고 관리하는 데 필요한 기준치를 얻기 위하여 실시하는 것이다.

8.1.2 품질관리의 순서

품질관리를 실제로 적용할 경우는 일반적 관리원칙인 관리 서클에 의한다.

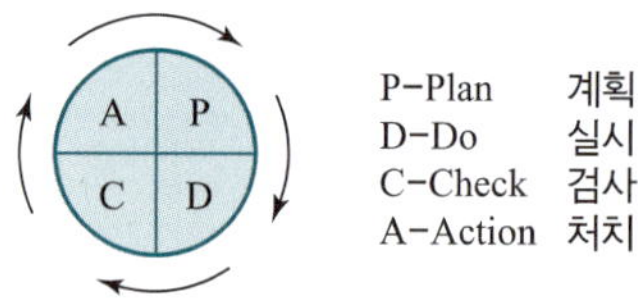

그림 8.1

이를 세부적으로 나열하면 다음과 같다.

(1) 품질표준 책정

품질의 허용범위, 즉 상하한 규격치를 이용하여 그 공사의 품질목표를 정한다.

(2) 작업표준 결정

품질표준에 합격하기 위한 공사시행방침을 결정한다. 시방서, 경험, 기타 관련자료를 검토하여 장비운용지침, 작업원 사용지침을 정한다.

(3) 작업표준 교육 및 훈련

현장작업원 전원을 대상으로 해당업무에 대한 작업표준을 교육하고, 작업내용을 훈련시킨다.

(4) 품질조사

시험 등을 실시하여 품질의 표준에 합치되고 있는가와 작업이 안정상태로 시행되고 있는가를 조사한다. 이를 위해서는 공정능력도를 이용하는 것이 좋다.

(5) 작업표준의 수정

품질이 표준치에 합치되지 않는다든가 작업상태가 불안정하다고 판단이 되면 즉시 필요한 조치를 취한다.

(6) 수정에 대한 재확인

품질시험을 다시 실시하여 작업표준의 수정이 적정한가를 재확인한다.

도로공사의 공정 중 주공정인 포장공사는 공기가 비교적 짧아 충분한 검토가 불가능하므로 과거의 경험과 자료를 확보하여 시험결과로부터 적절한 조치가 즉시 취해질 수 있도록 해야 한다.

8.1.3 통계적 품질관리

앞에서도 언급한 바와 같이 품질관리의 시행에 있어서는 다음의 두 가지 조건을 만족시켜야 한다.

- 제품규격이 허용범위 내에 들 것
- 작업공정이 안정상태에 있을 것

작업공정이 안정상태에 있는가를 점검하기 위해서는 관리도가 이용되며, 이는 현재까지 입수된 데이터를 근거로 하여 이후의 작업공정에 대한 안정상태를 점검하는 데 기준이 된다. 규격이 어느 허용범위에서 만족하고 있는가를 조사하는 데 히스토그램이 이용된다.

일반적으로 공정이 불안정한 상태에서는 두 가지 변동요인이 존재한다. 즉, 이상원인(異常原因)과 우연원인(偶然原因)으로 이들을 분리시켜 이상원인을 찾아내 조치함으로써 우연원인에 의한 변동만을 허용케 되는데, 이러한 상태를 안정상태라 한다.

- 이상원인 : 반드시 발견될 수 있으며, 재발하지 않도록 조치하는 것이 경제적인 변동원인
- 우연원인 : 발견되기도 어렵고 재발하지 않도록 조치한다 해도 경제적이 되지 못하는 변동원인

참고로 품질관리의 통계적방법의 계통도를 그림 8.2와 같이 나타낸다.

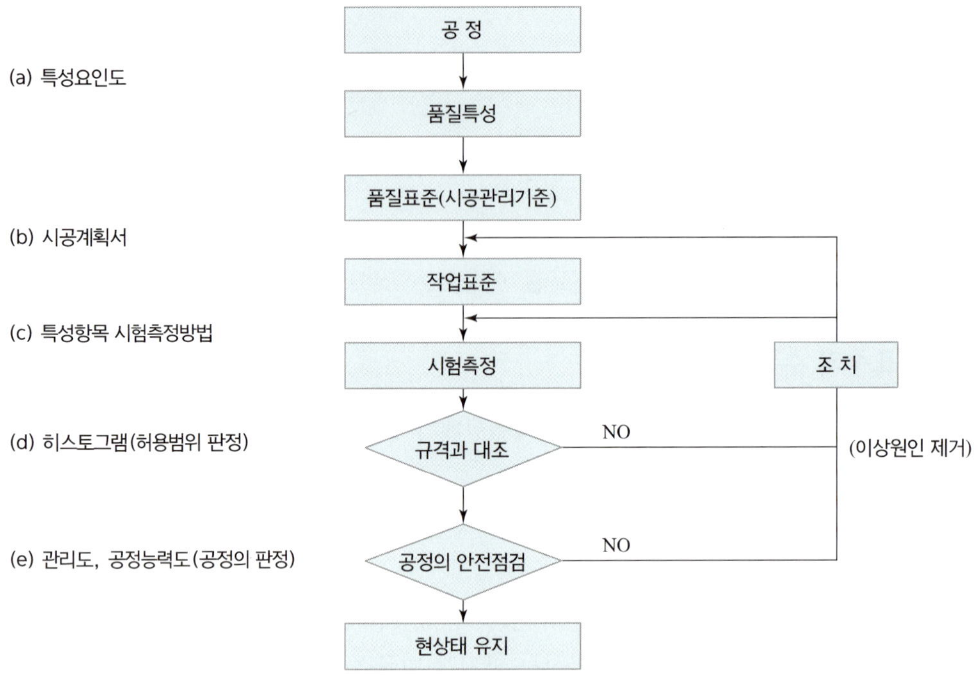

그림 8.2 품질관리 통계적방법 계통도

(1) 관리도

관리도는 공사 등이 계속하여 실시될 경우에 시간의 경과에 따라 데이터를 기록하여 공정 안정상태로 유지시켜 품질의 향상을 도모하기 위해 사용된다.

관리도에서 규격치 전부를 만족한다 해도 불합격품이 전혀 생산되지 않는다고는 볼 수 없고, 관리도로서 이를 판정하는 것도 불가능하다. 관리도는 다만 공정이 안정되어 있는가를 확인하고 이상원인을 찾아내어 조치하고, 우연원인에 의한 변동만을 허용하여 안정상태로 공정을 유지하려는 것이 그 목적이다.

관리도에는 관리한계선이 있는데, 이의 근거를 알기 위하여 먼저 통계량분포의 하나인 정규(正規)분포의 개념에 대해 설명하기로 한다. 집단의 측정치를 일정 간격으로 조를 짜서 도수분포를 작성해 볼 때 그의 변동치가 우연원인만으로 되어 있으면 그 분포의 형태는 어떤 값을 중심으로 거의 좌우대칭이 되고 종을 엎어놓은 모양이 된다. 이러한 분포를 정규분포라 하며, 이때 평균치에서 집단의 표준편차의 1배 이내에 측정치가 들어갈 확률은 68.30%이고, 2배 이내에 측정치가 들어갈 확률은 95.44%, 3배 이내에 들어갈 확률은 99.73%이다. 그런데 표준편차의 3배 이내를 벗어날 확률은 0.27% 밖에 안 되므로 이를 허용하고, 이 범위에 의해 관리할 경우 이를 벗어나는 것은 이상원인에 의한 것으로 간주할 수 있다. 일반적으로 3σ 관리한계(σ : 표준편차)가 많이 이용되고 있으며, 이를 3σ관리도라 한다(그림 8.3 참조).

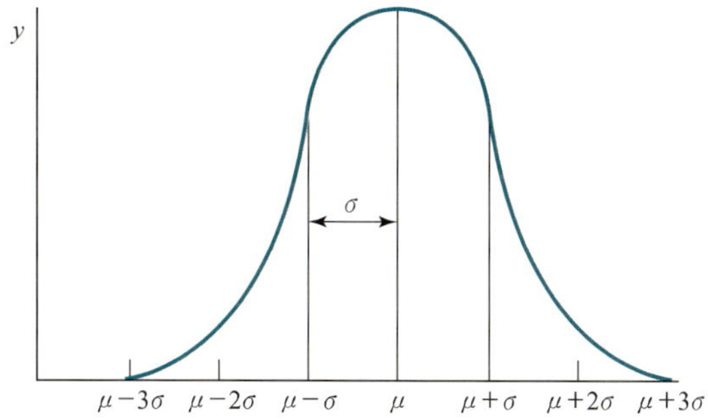

그림 8.3 정규분포형태

관리도에는 그 용도와 목적에 따라 몇 가지가 있으나 건설공사의 품질관리에 적합한 것은 다음과 같다.

- $\overline{x}-R$ 관리도 : 길이, 무게, 강도, 두께 등과 같은 연속분포가 가능한 계량치의 관리에 쓰인다. $\overline{x}$의 관리도는 집단의 평균치변화를 관리하기 위해, R관리도는 집단의 분포폭을 관리하기 위해 사용된다.

  $\overline{x}$관리도와 R관리도를 합성한 것은 위의 2가지 내용을 동시에 확인해 나감으로써 공정상태의 변화를 점검할 수 있는 가장 기본적인 관리도라 할 수 있다.
- P관리도, P_n관리도 : 제품 또는 샘플(Sample) 중 불량품이 몇 개 있는가를 확인하는 등의 불연속분포의 계수치 관리에 이용된다. P관리도는 불량률, P_n관리도는 불량수로서 관리한다.
- C관리도 : 일정 단위의 제품 중에 결점수(缺點數)가 얼마나 되는가를 알려고 할 경우에 이용된다.

(2) $\overline{x}-R$ 관리도 작성법

건설공사의 품질관리에 가장 많이 활용되는 $\overline{x}-R$ 관리도의 작성방법에 대해 알아본다.

① 데이터의 수집 및 조(組)분할

최근의 데이터를 수집하여 합리적인 방법으로 조분할을 실시한다. 데이터는 60개 이상으로 통상 100개 정도를 로트(Lot)별, 용량별, 시간별로 순서대로 모으는데, 1개 조의 데이터수는 4~5개가 적당하다.

② $\overline{x}$(평균치)의 계산

각 조마다 $\overline{x}=\sum ni=1x_i/n$을 계산한다. 여기서 x_1, x_2,······, x_n은 각 조의 측정치이고, n은 해당조의 데이터수이다. 일반적으로 $\overline{x}$의 계산시 자릿수는 데이터의 경우보다 1자리 아래까지로 한다.

③ R(범위)의 계산

각 조마다 $R = x_{\max} - x_{\min}$을 계산한다. 여기서 $x_{\max}$는 해당조의 데이터 중 최대값, $x_{\min}$은 최소값이다.

④ $\overline{\overline{x}}$ (총평균치)의 계산

$\overline{\overline{x}} = \sum_{i=1}^{k} \overline{x_i}/k$를 계산한다. 여기서 k는 조의 수이다.

⑤ $\overline{R}$(범위의 평균)의 계산

$\overline{R} = \sum_{i=1}^{n} R_i/k$를 계산한다. k는 조의 수이다.

⑥ 관리한계선의 계산

- $\overline{x}$관리도의 관리한계
  - 중심선 $\mathrm{CL} = \overline{\overline{x}}$
  - 관리상한선 $\mathrm{UCL} = \overline{\overline{x}} + A_2\overline{R}$
  - 관리하한선 $\mathrm{LCL} = \overline{\overline{x}} - A_2\overline{R}$
- R관리도의 관리한계
  - 중심선 $\mathrm{CL} = \overline{R}$
  - 관리상한선 $\mathrm{UCL} = D_4\overline{R}$
  - 관리하한선 $\mathrm{LCL} = D_3\overline{R}$

여기서 A_2, D_3, D_4는 데이터수 n에 의해 결정되는 계수로서 표 8.1과 같다.

표 8.1

시료의 수(n)	A_2	D_3	D_4
2	1.880	0	3.268
3	1.023	0	2.574
4	0.729	0	2.282
5	0.577	0	2.114
6	0.483	0	2.004
7	0.419	0.076	1.924
8	0.373	0.136	1.864
9	0.337	0.184	1.816
10	0.308	0.223	1.777

⑦ 관리도의 기입

두루마리 방안지 등을 사용하여 $\overline{x}$관리도를 위에, R관리도를 아래에 배치하고, 조번호순으로 $\bar{x}$와 R값을 맞추어 기입한다. 이때 관리한계선의 폭은 3~5 cm, 점(点)간의 횡간격은 2~5 mm로 하는 것이 좋다. $\bar{x}$관리도 좌상(左上)에 데이터수 n을 기입하고, 관리선은 중심선을 실선으로, 한계선은 파선(破線)으로 한다. $\bar{x}$는 1 mm 직경의 「•」으로, R는 선길이 2 mm의 「×」표로 플롯(Plot)한다.

관리한계선을 벗어난 점은 「◉」「⊗」 등 적색으로 표시하고, 한계선상의 점도 벗어난 것으로 간주한다. 플롯한 점은 조번호순서대로 가는 실선으로 연결한다.

⑧ 안정상태의 판정

플롯한 $\bar{x}$, R가 각각 관리한계선 내에 들어있으면 안정상태에 있다고 판정하고, 벗어나면 그 점에 대하여 원인을 분석, 조치하여 재발을 방지한다.

⑨ 관리한계선의 연장

관리한계선의 조치가 이루어지면 이 점을 제외하고 관리선을 다시 계산하여 중심선과 관리한계선을 다시 긋는다. 한계를 벗어난 점이라도 원인규명이 안 되거나, 알고 있더라도 조치가 불가하면 그 점은 제외하지 않고 재계산에 사용한다. 처음에는 관리한계 내에 있었던 점이 재계산으로 인하여 새로운 관리한계에서 벗어나더라도 그대로 사용한다. 당초 관리한계선의 마지막 조 다음에는 마감선을 긋고 수정된 관리한계선은 일점쇄선(一点鎖線, - · - · -)으로 긋는다.

⑩ 규격에 대한 검토

관리선계산에 사용된 규정치 x를 사용하여 히스토그램을 작성하고 규격과 비교 검토한다.

⑪ 관리한계선의 결정

품질특성치가 충분한 여유를 갖고 규격을 만족하고, 안정상태에 있다고 판단되면 ⑨에서의 관리한계선을 연장하여 공정에 대한 당분간의 관리한계로 하고, 이 상태를 유지해 나가도록 관리한다.

①에서의 데이터는 예비측정치를 이용해야 하나 건설현장여건이 여의치 않을 때는 본공사의 측정치를 사용하여 다음과 같은 방법으로 관리하면 된다.

최초의 5조로 관리선을 설정하여 다음 5조를 관리하고, 다음에는 그때까지의 10조의 측정치로 다음 10조를 관리하며, 이때까지의 20조로 다음의 20~30조를 관리한다. 이 방법은 5-5-10-20 방법이라 하며, 20~30조를 잡을 때까지 공사가 종료된다 해도 이 방법이 적용될 수 있다.

(3) $\bar{x}-R$ 관리도 작성 예

본 공사에서의 측정치를 사용하여 5-5-10-20 방법으로 아스팔트혼합물의 온도에 대한 $\bar{x}-R$ 관리도를 작성해 나가는 과정을 예시한다(그림 8.4, 표 8.2 참조).

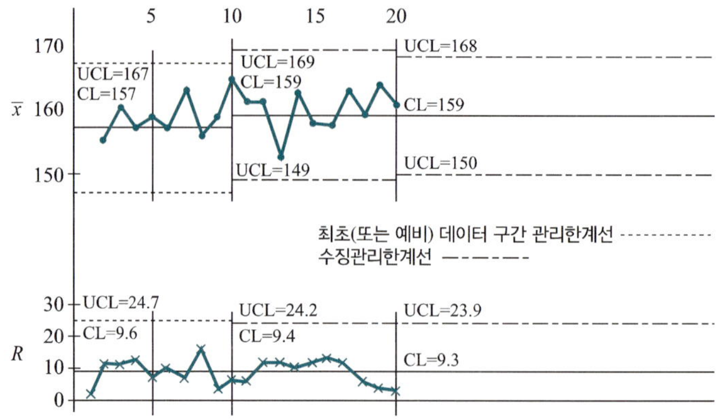

그림 8.4 $\bar{x}-R$ 관리도 예

표 8.2 $\bar{x}-R$ 관리 데이터 sheet 예

월 일	시료조 NO.	측정치 x_1	측정치 x_2	측정치 x_3	계 Σx_i	평균치 $\bar{x}$	범위 R	비 고		
7.8	1	154	156	156	466	155	2	• 지정온도 : 160℃		
9	2	156	148	160	464	155	12	• 1일 6회, 1회 1측정(1시간마다)		
〃	3	160	156	168	484	161	12	• 오전, 오후로 나누어 조분할 $\bar{\bar{x}}\pm A_2\bar{R}=157\pm10=167\sim147$ $D_4\bar{R}=2.57\times9.6\fallingdotseq24.7$		
10	4	150	164	158	472	157	14	평 균	$\bar{\bar{x}}=157$	$\bar{R}=9.6$
〃	5	162	160	154	476	159	8	누 계	787	48
	소 계					787	48	소 계	787	48
11	6	158	152	162	472	157	10	$\bar{\bar{x}}\pm A_2\bar{R}=159\pm10=169\sim149$		
〃	7	158	164	166	488	163	8	$D_4\bar{R}=2.57\times9.4\fallingdotseq24.2$		
13	8	146	160	162	468	156	16			
14	9	156	158	160	474	158	4	평 균	$\bar{\bar{x}}=159$	$\bar{R}=9.4$
〃	10	164	166	172	502	167	8	누 계	1,588	94
	소 계					801	46	소 계	801	46
15	11	158	164	160	482	161	6			
〃	12	162	166	154	482	161	12			
18	13	148	160	158	466	155	12			
〃	14	158	168	164	490	163	10	$\bar{\bar{x}}\pm A_2\bar{R}=159\pm9=168\sim150$		
19	15	164	152	158	474	158	12	$D_4\bar{R}=2.57\times9.3\fallingdotseq23.9$		
〃	16	162	148	164	466	155	14			
20	17	158	170	158	490	153	12			
〃	18	156	162	156	478	159	6			
21	19	166	164	162	492	164	4	평 균	$\bar{\bar{x}}=159$	$\bar{R}=9.3$
〃	20	158	162	160	480	160	4	누 계	3,187	186
	소 계					1,599	92	소 계	1,599	92

(4) 공정능력도(工程能力度)

공정능력도는 관리도의 일종으로, 규모가 작은 공사나 공사초기에 데이터수가 적은 경우에 시방서상의 규격한계선에 의해 품질을 관리하는 방법이다. 이 방법에 의하면 시간 또는 거리에 따른 측정치의 변동상태, 규격을 벗어나는 점의 유무와 공정의 현상과 능력을 될 수 있는 한 조기에 간단히 알아 볼 수 있으나, 통계적 사고방식이 아니므로 공정상의 이상을 판단할 수는 없다. 작성방법은 조사하려는 대상의 집단을 구간으로 분할하고, 각 구간에 대해 시간순으로 측정치를 기입해 나간다.

작성방법을 좀 더 상세히 설명하면 다음과 같다.

방안지의 횡축에는 데이터의 번호를, 종축에는 품질특성치를 잡아 규격한계선을 그려넣고 각 데이터를 그대로 플롯한다. 규격한계선으로는 시방서에서 제시한 값을 적용하며, 그때까지의 시험 데이터로부터 $\bar{x}$와 불편분산(不偏分散)의 평방근 $\sqrt{V}$를 계산하여 다음 식을 만족하는가를 확인한다.

$$\bar{x}+2\sqrt{V}<U \qquad \bar{x}-2\sqrt{V}<L$$

($\bar{x}$: 평균치, $\sqrt{V}$: 불편분산의평균치, U : 상한규격치, L : 하한규격치)

이때 데이터수가 적은 공정의 초기에 규격 밖으로 벗어나는 점이 발생하면 시험빈도를 늘여 데이터수가 10개 정도 된 후에 다시 계산한다. 이 방법에서는 전체 측정치 중 95%가 품질관리 규격을 만족한다고 가정된 것이므로, 일상관리에서의 규격을 벗어날 확률은 5% 미만으로 기대된다. 공정이 많거나 품질관리 항목이 너무 많고, 수시로 플랜트장비의 조정이 필요하고, 공기가 짧은 포장공사 등에서 품질관리도란 통상 이 공정능력도를 의미한다.

(5) 공정능력도 작성 예

배합설계상의 최적아스팔트 함량이 6.0%이고, 시방서상의 아스팔트함량 오차 허용범위는 ±0.5%이다. 이때

$$\text{상한규격치(U)} = 6.0+0.5 = 6.5\%$$
$$\text{하한규격치(L)} = 6.0-0.5 = 5.5\%$$

아스팔트추출시험을 실시한 바(규정대로 1일 2회 실시) 2일째는 5.5%로서 규격을 벗어났으므로 3일째에는 시험빈도를 늘여 표 8.3과 같이 10개의 데이터를 구하였다.

표 8.3 시험 결과

일 자	7월 8일		7월 9일			7월 10일				
시료 NO.	1	2	3	4	5	6	7	8	9	10
아스팔트함량 %	5.9	6.2	5.7	5.5	5.8	5.9	6.0	5.8	5.9	5.8

이때 평균치 $\bar{x}$는 5.85%, 또 불편분산의 평방근은

$$\sqrt{V} = \sqrt{\frac{(5.85-5.9)^2+(5.85-6.2)^2+(5.85-5.7)^2+\cdots\cdots+(5.85-5.8)^2}{10-1}} = 0.18$$

그러므로

$$\bar{x}+2\sqrt{V} = 5.85+2\times0.18 = 6.21 < 6.50(\mathrm{U})\ \mathrm{O.K}$$

그러나

$$\bar{x}-2\sqrt{V} = 5.85-2\times0.18 = 5.49 < 5.50(\mathrm{L})\text{이므로}$$

시방 허용범위에는 모두 합격한다 해도 관리 하한선에는 벗어난다. 즉, 관리 중심선이 아래로 치우친 결과가 되므로 아스팔트량을 0.2% 정도 증가시켜 6.0%에 가깝게 되도록해야 한다(그림 8.5 참조).

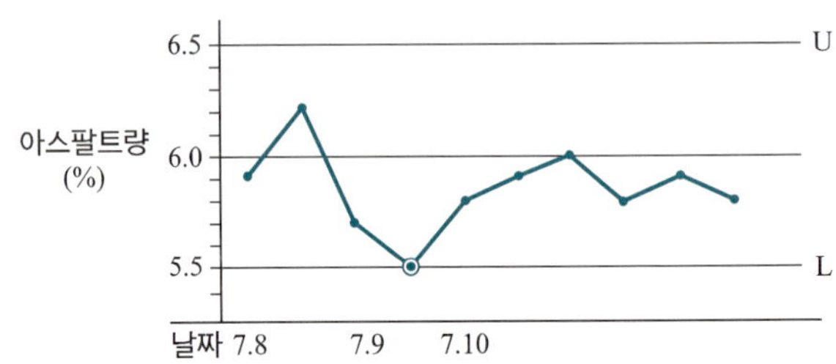

그림 8.5 공정능력도 예

(6) 히스토그램(Histogram)

앞에서 언급한 바와 같이 관리도의 작성 시 관리한계선을 결정하는 데 있어서는, 품질특성치가 충분한 여유를 갖고 규격을 만족하며, 공정이 안정상태에 있어야 하므로, 품질특성치에 대해 각각의 측정치를 전부 사용하여 히스토그램을 작성한 후 규격과 대조해야 한다.

그 작성법을 상세히 설명하면 다음과 같다.

① $\bar{x}-R$관리도에서와 같이 최소 60개 이상, 보통 100개 정도의 데이터를 수집한다.

② 도수분포도(度數分布度) 작성

- 전 데이터를 통털어 최대값(L_T)과 최소값(S_T)을 구한다. 표 8.4에서 우선 각 열(列)의 최대값, 최소값을 구하고, L_T, S_T를 나타낸다.

표 8.5에서 $L_T=750$, $S_T=562$를 구한다.

- 전 데이터의 범위 R_T를 구한다.

  $R_T = L_T - S_T = 750 - 562 = 188$

- 데이터 분류 폭 C를 구한다. 통상적으로 R_T를 10으로 나눈 값과 가장 가까운 적당한 값

으로 한다. 즉, 188 ÷ 10 = 18.8 그러므로 $C = 18$로 한다.

- 최대값 L_T와 최소값 S_T를 포함하도록 분류할 수를 정하고, 각 구간에 해당되는 데이터의 수를 확인한다. 이때 구간의 경계는 측정치 끝자릿수의 반(半)단위로 정하는 것이 통례이며, 각 구간의 대표치는 구간의 중앙치(中央値)로 한다. 이와 같이 데이터수를 각 구간에 배분한 결과를 도수분포도라 한다(표 8.6 참조).

표 8.4 시험 결과

시료 No. \ 시료조 No.	1	2	3	4	5	6	7	8	9	10
x_1	628	688	670	748	722	684	666	688	640	562
x_2	650	686	656	722	706	720	644	694	664	584
x_3	620	678	612	750	714	736	638	672	652	600
시료 No. \ 시료조 No.	11	12	13	14	15	16	17	18	19	20
x_1	726	684	662	656	700	636	660	658	698	594
x_2	722	632	686	672	696	654	666	648	692	630
x_3	702	670	694	644	682	644	620	670	682	626

표 8.5 각 열의 최대, 최소치

구 분 \ 열	1	2	3	4	5	6	7	8	9	10
각 열의 최대치	726	688	694	750	722	736	666	694	698	630
각 열의 최소치	620	632	612	644	682	636	620	648	640	562

표 8.6 도수 분포 현황

No.	구 간	중앙값	데이터배분	도 수
1	561.5～579.5	571	一	1
2	579.5～597.5	589	丁	2
3	597.5～615.5	607	丁	2
4	615.5～633.5	625	正 一	6
5	633.5～651.5	643	正 下	8
6	651.5～669.5	661	正 正	10
7	669.5～687.5	679	正 正 丁	12
8	687.5～705.5	697	正 正	9
9	705.5～723.5	715	正 一	6
10	723.5～741.5	733	丁	2
11	741.5～759.5	751	丁	2

③ 히스토그램 작성

방안지의 횡축에 품질특성치를 종축에 도수를 잡아 표 8.6의 도수분포결과를 히스토그램으로 그리면 그림 8.6과 같다. 이 히스토그램의 모양을 보고 공정과 개략적인 관리상태를 유추할 수 있다.

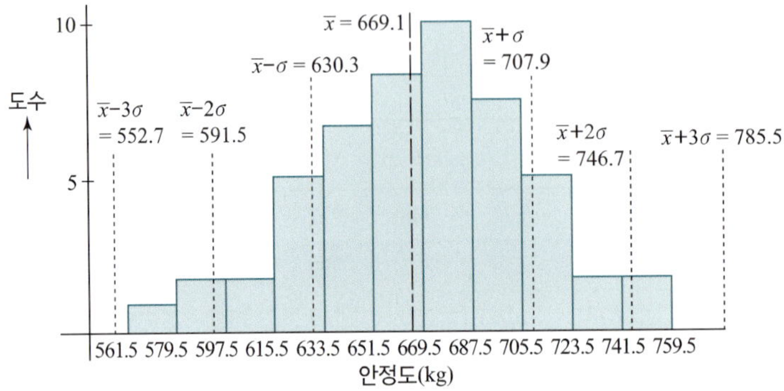

그림 8.6 히스토그램

④ 도수분포의 수량화

도수분포를 수량화하여(즉, 평균치 $\bar{x}$와 표준편차 σ를 구하여) 데이터의 분포상태를 수치적으로 검토해야 한다.

- 평균치 $\bar{x}$: 데이터의 중심적 경향을 나타내는 것으로서는 평균치, 중앙치, 최다치(最多值)가 있으나 통상 평균치가 이용된다.

$$\text{즉, } \bar{x} = \frac{1}{N}\sum_{i=1}^{k} x_i f_i \tag{8.1}$$

여기서 x_1, x_2,⋯⋯, x_k : 각 구간의 중앙치

f_1, f_2,⋯⋯, f_k : 각 구간의 도수

k : 구간의 수

$N = \sum_{i=1}^{k} f_i$

- 데이터 변동의 척도로서 이용되는 표준편차는

$$\sigma = \sqrt{\frac{1}{N}\sum_{i=1}^{k}(x_i - \bar{x})^2 f_i} \tag{8.2}$$

가 되고,

$$= \sqrt{\bar{x}^2 \sum_{i=1}^{k} x_i^2 f_i - \bar{x}^2} \tag{8.3}$$

으로 바꾸어 쓸 수 있다.

• 도수의 변환 : 계산을 편리하게 하기 위해 식 (8.1), (8.2)를 변환시킨다. 평균치와 가장 근사한 값인 도수가 가장 높은 구간의 중앙치를 도입하여 그 값을 x_0, 구간폭을 c라 하면,

$$x_i - x_0 = u_i c \tag{8.4}$$

로 쓸 수 있다.

여기서 u_i는 x_i구간과 u_0구간과의 구간차(區間差)를 나타낸다.

따라서 식 (8.1), (8.2)는 다음과 같이 된다.

$$\begin{aligned} x &= \frac{1}{N}\sum_{i=1}^{k} x_i f_i = \frac{1}{N}\sum_{i=1}^{k}(x_0 + u_i c) f_i = x_0 + c\frac{1}{N}\sum_{i=1}^{k} u_i f_i \\ &= x_0 + c\overline{u} \end{aligned} \tag{8.5}$$

여기서 $\overline{u} = \frac{1}{N}\sum_{i=1}^{k} u_i f_i$

$$\begin{aligned} \sigma &= \sqrt{\frac{1}{N}\sum_{i=1}^{k}(x_i - \overline{x})^2 f_i} = \sqrt{\frac{1}{N}\sum_{i=1}^{k}(x_0 + u_i c - x_0 - c\overline{u})^2 f_i} \\ &= c\sqrt{\frac{1}{N}\sum_{i=1}^{k}(u_i^2 f_i - 2u_i f_i \overline{u}^2 f_i)} = c\sqrt{\frac{1}{N}\sum_{i=1}^{k}(u_i^2 + \overline{u}^2) f_i - 2\overline{u}^2} \\ &= c\sqrt{\frac{1}{N}\sum_{i=1}^{k} u_i^2 f_i - \overline{u}^2} \end{aligned} \tag{8.6}$$

• 계산 : 식 (8.5), (8.6)을 사용하여 표 8.6을 계산하면 표 8.7과 같다.

표 8.7 계산 결과표

No.	x_i	f_i	u_t	$u_i f_i$	$u_i^2 f_i$	$u_i + u_i^2$	$(u_i + u_i^2) f_i$
1	571	1	−6	−6	36	30	30
2	589	2	−5	−10	50	20	40
3	607	2	−4	−8	32	12	24
4	625	6	−3	−18	54	6	36
5	643	8	−2	−16	32	2	16
6	661	10	−1	−10	10	0	0
7	679	12	0	(−68)	(214)	↔	(146)
8	697	9	1	9	9	2	18
9	715	6	2	12	24	6	36
10	733	2	3	6	18	12	24
11	751	2	4	8	32	20	40
$x_0 = 679$ $c = 18$		60		(35)	(83)	↔	(118)
			계	−33	297	↔	264
			평균	−0.55	4.95		

표 8.7의 우측 2열은 검산을 위한 것이다.

따라서

$$\bar{x} = x_0 + c\bar{u} = 679 + 18 \times (-0.55) \fallingdotseq 669.1$$

$$\sigma = c\sqrt{\frac{1}{N}\sum_{i=1}^{k} u_i^2 f_i - \bar{u}^2} = 18\sqrt{4.95 - (-0.55)^2} \fallingdotseq 38.8$$

위의 값을 이용하여 $\bar{x} \pm \sigma$, $\bar{x} \pm 2\sigma$, $\bar{x} \pm 3\sigma$를 구한 다음 그림 8.6에 대해 검토해보면 $\bar{x} \pm 2\sigma$에는 일부 벗어나나 $\bar{x} \pm 3\sigma$에는 전부 포함됨을 알 수 있다.

⑤ 히스토그램과 규격치와의 대조

작성된 히스토그램에 규격치를 기입하여 보아 히스토그램이 규격한계선 이내에 충분한 여유를 갖고 있으면, 관리도의 관리한계선을 그대로 결정하여 사용하면 되지만, 규격에서 벗어나 있으면 조치를 강구하고 관리한계선을 재검토해야한다.

일반적으로 히스토그램과 규격과의 관계에서 나타날 수 있는 양상은 그림 8.7과 같다.

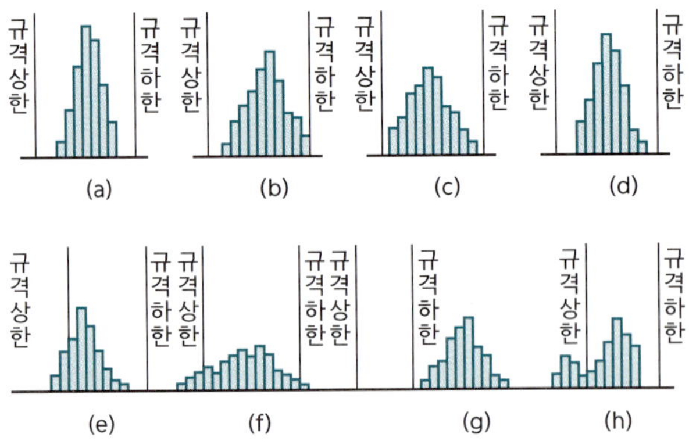

그림 8.7 히스토그램

그림 8.7에서 (a)~(d)는 어느 것이나 규격을 만족하고 있으나 (b)와 (c)는 규격에 여유가 충분치 못하므로 주의를 요한다. (e)~(h)는 어느 것이나 규격을 벗어나 있으므로 조치가 필요한데, (e)는 평균을 규격하한쪽으로 이동시켜야 하며, (g)는 전체가 규격하한선에 미달되므로 전체를 상한쪽으로 이동시켜야 한다. (h)는 히스토그램형태상 비정상이므로 이상원인을 제거하는 조치를 취해야 한다.

히스토그램이 규격을 벗어나는 경우 위의 조치가 기술적이나 경제적으로 곤란하면 규격을 변경하는 등의 수정이 필요하다. 규격이 상하한(上下限) 중 한쪽만 규정되어 있는 경우에도 양측 규격과 동일하게 취급한다. 히스토그램이 규격한계선과 어느 정도의 여유를 갖는 것이 이상적인가는 수치에 의해 별도로 검토한다.

8.2 가치공학(VE : Value Engineering)

8.2.1 일반사항

가치공학이란 '최소의 생애주기비용으로 시설물의 필요한 기능을 확보하기 위하여 설계내용에 대한 경제성 및 현장적용의 타당성을 기능별, 대안별로 검토하는 것'이다. 보다 구체적으로 '최소의 생애주기비용(Life-Cycle Cost)으로 최상의 가치를 얻기 위한 목적으로 수행되는 기능분석을 통한 대안창출 노력으로 여러 전문분야의 협력을 통하여 수행되는 체계적인 프로세스'라고 할 수 있다.

가치공학(VE)은 미국에서 제2차 세계 대전 중 GE(General Electric)사의 로렌스 마일즈(Mr. Lawrence D. Miles)에 의해 물자 부족 상황에서 대체 재료를 연구하면서 시작되었다. 이것이 대상물품의 기능분석을 통한 혁신적인 프로세스로 구체화되면서 널리 알려지게 되었다. 우리나라에서는 1980년대에 민간 건설업체에서 일부 시행한 적은 있었지만, 제도적 근거 및 인식부족 등으로 실시되지 못하다가 1999년에 '공공 건설사업 효율화 종합대책'에서 적극적인 비용절감 방법으로 소개되면서 건설분야에 처음으로 운용되기 시작했다.

(1) 기본원칙

가치공학은 비용절감을 하기 위해 새로운 사고와 방법을 강구함으로써 수요자의 욕구를 충족시킬 수 있어야 한다. 따라서 적은 비용으로 동일한 기능과 성능을 얻어야 하고, 같은 비용으로 기능을 개선할 뿐만 아니라 불필요한 기능과 비용을 없앰으로써 운영비용이나 수익을 최적화하기 위해 대안을 개발해야 한다. 그러므로 가치는 기능과 비용의 관계를 식 8.7과 같이 나타낼 수 있으며, 마일스(Miles)는 이를 가치분석이라 하였다.

$$V = \frac{F}{C} \tag{8.7}$$

여기서 V : Value(가치)
F : Function(기능)
C : Cost(비용)

(2) 가치공학의 활용분야

가치공학을 효율적으로 운용함으로써 비용절감과 수익성을 향상시킬 수 있으며, 활용분야는 일반적으로 다음과 같다.

- 엔지니어링 분야 : 설계, 공법 개선 등
- 건설분야 : 공정계획, 장비 및 인력투입 등

- 제조분야 : 도구의 설계 및 제작 등
- 구매 및 판매분야 : 새로운 제품정보 등
- 유지운영분야 : 절차, 사용자재, 작업계획 등
- 시스템 및 절차 : 문서작업, 양식처리, 재생산서비스 등

(3) 건설분야 적용

① 시행근거

- 건설기술진흥법 시행령 제75조
- 민간투자사업 기본계획
- 설계의 적정성 등 검토에 관한 시행지침

② 대상공사

- 총공사비 100억 이상인 건설공사의 기본 및 실시설계(일괄, 대안 입찰공사 포함)
- 공사 시행 중 공사비 증가가 10% 이상 발생되어 설계 변경이 요구되는 건설공사
- 기타 발주기관이 설계의 경제성 등 검토가 필요하다고 인정되는 건설공사

③ 시행 시기

기본 및 실시설계에 대하여 각각 1회 이상

(4) 활용 시 이점

① 사업의 품질을 향상시키고 성과를 최적화할 수 있다.
② 불필요한 공법을 제거하거나 개선하여 설계과정에서 비용을 최소화시켜 준다.
③ 사업의 기능적인 신뢰성과 시스템의 성과를 단순화하고 개선시켜 준다.
④ 잠재적인 위험성을 확인하고 완화시켜줄 수 있는 해결방안을 제시한다.

8.2.2 직무계획

(1) 실행단계

가치공학을 수행하기 위해서는 체계적으로 문제를 해결할 수 있는 작업계획을 수립해야 한다. 이러한 작업계획은 표준화된 직무계획(VE Job Plan)으로서 그림 8.8과 같이 이루어진다.

가치영역을 나타내는 VE Job Plan의 단계가 연속적으로 이루지지만 그 과정은 반복적으로 시행된다. 즉, 부가적인 정보나 이슈가 발생되면 그 전단계로 다시 되돌아가는 과정이 필요하게 되지만, 한 단계를 뛰어넘거나 앞으로 나아가서는 안 된다.

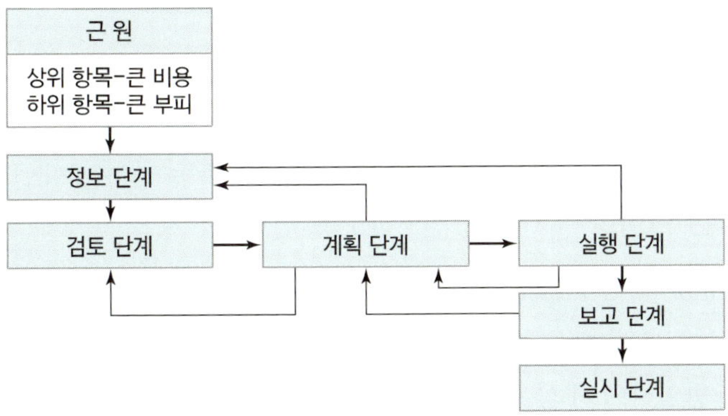

그림 8.8 실행과정

그림 8.9는 고속도로(한국도로공사)의 설계 VE 수행단계에 따른 주요업무를 나타낸 것이다.

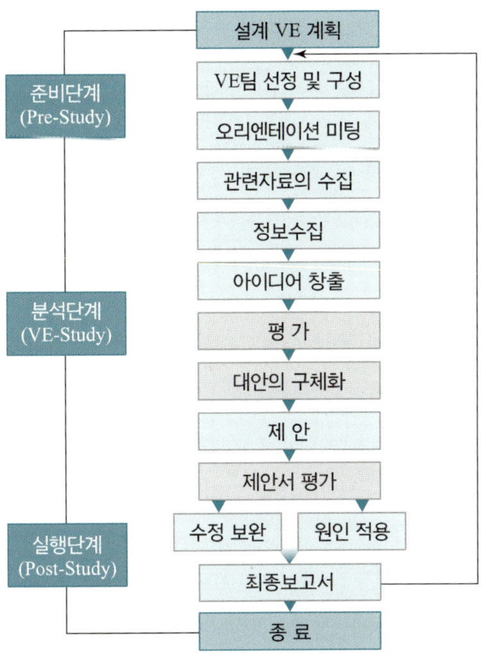

그림 8.9 단계별 주요 업무

(2) 실행내용

① 정보단계(The Information Phase)

문제점 등 항목에 대한 모든 정보를 수집하고 이때 자세한 사양과 비용에 대한 자료와 내용도 포함된다. 또한 해결해야 할 문제를 정의하고, 문제에 대한 가치공학 연구실행의 타당성을 평가한다.

② 검토단계(The Speculation Phase)

좀 더 비용을 절감할 수 있도록 기능을 제공하는 대안의 접근 방법을 개발하도록 하고, 이를 위해 기능분석시스템 기법(FAST, Function Analysis Systems Technique)을 적용하여 기능적 분석을 수행하도록 한다. 이러한 기본기능을 충족하거나 능가하는 대안을 찾기 위해 브레인스토밍 또는 다른 아이디어 기법을 선택하도록 한다.

③ 계획단계(The Planning Phase)

계획단계는 심사와 분류 및 조합의 과정으로서 제품에 대한 충족 요건과 마케팅 여건 그리고 기능의 특성을 반영하여 구상을 구체화하는 과정이다. 따라서 새로운 아이디어에 대한 방법과 수단을 개발하고, 비용과 시간을 측정하는 방법을 제안한다. 여러 가지의 대안을 마련하여 선택할 수 있도록 한다.

④ 실행단계(The Execution Phase)

계획단계에서 대안적인 방법을 선택하기 위한 검토를 할 수 있도록 조사 프로그램을 정립하고, 기술적인 타당성을 평가하고 대안에 관계되는 추가적인 정보를 획득하는 데 있다. 또한 제안된 해법에 대해서 시장에서의 수용성을 시험하고, 이익과 위험성에 대해 분석한다.

⑤ 보고단계(The Reporting Phase)

제안된 대안을 세부평가하고 구체화하는 실행단계의 연장선이라 할 수 있다. 기능의 요구사항을 충족시키기 위해 제안서를 제출하고, 모든 비용과 시행 시 얻을 수 있는 것을 강조하도록 한다.

VE팀은 보고서를 작성하게 되며, 이는 추진위원회에 정식 발표 전에 다음과 같은 몇 가지 이점이 있다.

- VE 태스크팀은 권장안이 수용될지 여부에 대해 시험할 기회를 가지게 되고, 정식 발표 이전에 해결이 필요한 사안을 분리하게 된다.
- 제안이 적절하면 추진위원회에서는 권장안을 사전에 미리 조정함으로써 그것의 채택가능성을 높인다. 위원회의 구성원들은 제안을 받아들이고 관심을 갖기 시작할 것이며, 정식 발표는 형식적인 행사에 그치지 않고 권장안이 채택되도록 성사시키는 기회가 된다.
- 권장안과 관련자료의 수준(품질)은 한 주간의 발표단계를 거쳐 크게 향상되게 된다.

⑥ 실시단계(The Implementation Phase)

아무리 훌륭한 구상이나 계획이더라도 행동이나 실시를 하지 않는다면 가치가 없다. VE 제안의 성공적인 실시는 그 효율성의 실제 측정이며, 가치과정의 중요한 부분으로 고려되어야 한다.

VE 제안의 실시로서 VE 구상은 프로젝트로서의 과정을 마치고, VE 투자로서 정당성을 갖게 된다. 실행과 보고단계에서 제품을 판매하고 활용하는데 많은 중점을 두고 있으며, 이를 통해서 판매되고 활용되면 반드시 효과가 있어야 하며, 이것이 실시단계의 기능이다.

9
CHAPTER

부 록

9.1 도로 · 교통 주요 용어 해설

설계기준 자동차

도로설계 시 기초가 되는 자동차를 말한다. 설계자동차의 종별로서는 승용자동차, 소형자동차, 대형자동차, 세미트레일러가 있다.

소형차도로

소형차도로는 수도권 등 도심지 교통 과밀지역의 용량 확대 및 교통시설 구조개선 등 도로정비 차원에서 자동차의 우회가 가능한 구간에 소형자동차만의 통행이 가능한 도로이다. 이는 용지제약 등으로 인해 용량 확보가 어려운 구간에 통행차량을 일정 규모 이하로 제한하여 운행토록 함으로써 교통 혼잡 완화가 기대되며 일반도로와 비교하여 효율적인 도로 구조로서 건설비용 및 보상비용의 절감을 기대할 수 있다.

다만, 소형차도로의 설치시 효율적 운영을 위하여 소형자동차 규모 이상의 자동차 통행을 제한해야 하며, 이를 위해 일반차량의 통행이 가능한 우회도로를 확보하여야 한다.

계획교통량

계획·설계하는 도로의 계획목표연도에 통행할 자동차의 1년간 평균 1일 교통량(AADT : Annual Average Daily Traffic)을 계획교통량이라 한다.

이 계획교통량은 건설할 도로의 규모를 결정하는 요소로서 매우 중요하기 때문에 당해 도로의 발전 동향, 장래의 자동차 교통상황 등을 감안해서 결정하여야 한다. 계획교통량을 추정하는 계획목표연도를 몇 년으로 하느냐의 문제는 그 계획도로의 기능이나 위치에 따라 다르겠으나 일반적으로 지방지역의 도로에 대해서는 장기계획으로서 계획시점으로부터 최대 20년으로 본다. 그러나 도시지역에 대해서는 도시교통의 변화가 여러 가지 상황에 따라 변화가능성이 많으므로 노선의 성격과 중요성을 고려하여 계획목표연도를 10년으로 할 수도 있다. 그 외에도 하나의 노선만을 대상으로 하는 것이 아니라 노선이 통과하는 지역에 대해서 도시발전의 경향, 시가화의 상황, 특히 토지이용계획이나 대규모 주택단지, 공업단지계획 등을 고려하여 계획교통량을 결정해야 한다.

설계시간교통량

계획교통량은 그 노선의 계획목표연도에서 예측되는 연평균 일교통량으로서 시간대별 교통량의 변화가 반영되어 있지 않으므로 도로설계의 기초가 되는 교통량은 시간당으로 표시하는 설계시간교통량이다.

도로의 시설규모를 설계하기 위한 설계시간교통량으로는 1년 중 30~50번째 큰 시간교통량이 널리 사용되고 있다. 이것은 설계목표연도의 첨두시간 예상교통량으로 이를 설계 시 간교통량(DHV : Design Hourly Volume)이라고 부른다.

Set Back(연석선의 후퇴량)

도류로 또는 본선차도 외연선(外緣線)과 연석선과의 간격 ·연석선은 통상 도류로 바깥 가장자리에 접해서는 안 된다.

Nose Offset

도류섬 및 중앙분리대의 접근단(接近端)과 도류로 외연과의 간격을 말한다.

Zoning

OD조사를 기초로 하여 지역간의 거래에 대한 질적 및 양적 특성을 정확히 구분할 수 있도록 대상지역을 적절한 크기로 분리하는 작업이다. 일개 지역에 출발지 또는 목적지를 가진 왕래는 되도록 그 지역을 대표하는 일점에 발착하는 것으로서 취급한다. 이와 같은 Zoning은 대상도로선, 지역의 크기, 상호조화, 토지이용, 행정구역 등을 고려하여 행한다.

OD조사(Origin-Destination Survey)

자동차, 인간 또는 사물에 대한 기종점조사로서, 여행목적, 승차인원, 유통품목, 적재중량 등을 총괄 조사하여 교통현황분석 및 계획의 기초자료로 이용한다. 인간을 대상으로 한 조사를 여행조사, 물질을 대상으로 한 조사를 물질유통조사라 한다. 조사의 방법에는 가정방문조사, 노변OD조사 등의 여러 방법이 있으며, 조사목적이나 대상 등에 따라 이들을 단독 또는 조합하여 조사한다. 예를 들어, 도시간 자동차 교통의 OD를 대상으로 하는 경우에는 그 지역의 등록자동차에 대한 가정방문조사를 하고, 이외에 Cordon Line 상의 OD조사, OD조사의 정도검사를 위한 스크린라인(Screen Line)상의 조사 등을 실시하여 그 결과를 OD표로 정리한다.

ALL or Nothing법

교통량배분 수법의 하나로, 지역간 교통에 대한 최단시간 또는 최단거리의 선로를 대상거래선에서 찾아내어 전체의 지역간 교통량을 그들의 선로에 배분집계하여 배분교통량을 구하는 수법이다.

시간비용(Time Cost)

시간의 소비에 따라 발생하는 손실비용이다. 통상 화폐단위로 나타낸 단위시간당 가치에 대상소비 시간수를 곱하여 평가한다. 자동차 교통에 대한 시간가치의 평가는 차종마다 여러 가지 방법이 사용되지만, 주로 단위시간당 소득(임금)을 적용한다. 건설, 운수업자는 유료도로의 요금 문제와 관련하여 차종별 시간당 평가액을 설정하고 있다.

시간편익(Time Benefits)

도로정비 등에 따라 절감되는 시간비용을 말한다.

주행비용(Travel costs)

자동차 주행에 소요되는 비용으로서, 연료비, 유류비, 타이어 튜브비, 차량유지수선비, 차량상각비, 인건비(자신이 운전하는 경우에는 포함되지 않음) 및 일반관리비를 합계한 비용이다.

국지(局地)교통(Local Traffic)

출발지 또는 목적지 모두가 동일지역에 위치하고 있어 그 지역만을 이용하는 교통을 말한다.

통과교통(Through Traffic)

일개지역을 단순히 통과하는 것으로서, 그 지역 내에는 기종점을 갖지 않는 교통을 말한다.

장래교통량(Future Traffic Volume)

장래의 어느 시점에 일개도로를 이용하게 되리라 예측되는 교통량이다. 장래교통량은 기본교통량과 증가교통량으로 구성된다. 기본교통량에는 기존교통량, 전환교통량이 있고, 증가교통량에는 자연증가교통량, 유발교통량 및 개발교통량이 포함된다. 장래교통량 추정방법에는 이 교통량의 구성요소들을 추정, 합계하는 개별적 추정방법과 OD표를 기초로 하여 발생교통량 및 분포교통량을 추정, 특정도로 또는 도로선에 교통량 배분을 행하는 종합적인 방법이 있다.

기본교통량(Elementary Traffic Volume)

기준년도에 대한 신설 또는 개축도로의 예상교통량이라. 주로 장래교통량 추정에 인용되며, 기존교통량, 전환교통량 및 전이교통량으로 구성된다.

설계기준교통량(Standard Design Volume)

도로설계에 기준이 되는 1차로(2차로 도로에서는 2차로) 교통용량(日)으로서 도로의 구조 및 교통조건을 감안하여 구해진다.

Cordon Line

교통조사 대상지역을 둘러싸면서 조사지점을 연결한 선이다. 코돈라인 내 지역에 출입하는 차량은 조사지점을 통과하도록 설정된다. 대상지역과 그 주위와의 교통관계를 분석하는 경우에 설정한다.

Cordon Traffic Survey

교통조사의 대상지역에 출입하는 차량에 대하여 코돈라인과 교차하는 도로를 대상으로 행하는 조사이다. 조사의 목적에 따라 방향별 교통량을 관측하고, 출발지나 목적지 등의 도로 OD조사 등을 행한다.

도시지역과 지방지역

일반적으로 도시지역이란 주택·건물이 연속되어 시가지를 형성하고 있는 지역으로서, 논밭이나 산지가 토지이용의 대부분인 지방지역과는 다르다. 도시지역에 속하면서도 주택이나 건물이 많지 않은 지역은 도시지역과 지방지역 구분이 문제가 되어, 이런 지역에 대해서는 단순하게 구분하는 것은 곤란하므로 각각 지역의 상황을 고려하여 도시지역이나 지방지역으로 결정해야 할 것이다.

「국토의 계획 및 이용에 관한 법률」에서도 인가가 없더라도 도시관리계획으로 고시된 지역은 도시지역으로 정의하고 있다. 따라서 도시와 지방지역의 구분에 대해서는 발주자의 지침이나 설계자의 판단에 재량이 주어지며, 그 지역의 조건이나 도로의 연계성 등을 고려하여 결정해야 한다.

도로는 본질적으로 지방지역이나 도시지역에 따라 변할 수는 없지만 도시지역에서는 지방지역에 비해서 보행자의 교통이 많고 도로 주변의 출입이나 정차도 많다. 그리고 교차점도 많이 있으므로 일반적으로 건설비도 지방지역에 비해서 많이 소요된다. 또한 도로의 구조, 특히 폭 구성이 다르게 되므로 설계요소가 다르게 된다.

설계속도

설계속도는 설계구간 내에서 도로조건, 기후 등이 양호한 상태에서 승용자동차가 안전하게 달릴 수 있는 최고 속도이다. 설계속도는 선형설계를 하는 데 있어서 기본이 되는 속도이다. 이 속도에 따라 구체적인 선형요소, 즉 곡선반지름, 곡선의 길이, 곡선부의 확폭, 시거, 종단곡선, 종단경사, 오르막 차로 등이 결정된다. 또한 차로 및 길어깨의 폭도 설계속도와 밀접한 관계가 있다. 이들을 결정하기 위해서 사용되는 공식이나 허용 한계값은 연속류 상태의 주행조건에서 충분히 안전성을 가질 수 있는 값으로 해야 한다.

설계구간

도로가 통과하는 지형 및 지역의 상황과 계획교통량에 따라 동일한 설계기준을 적용하는 구간이다.

출입제한

도로의 구조상 완전 또는 부분적으로 도로의 유·출입을 특정지점으로 제한하는 것을 의미한다. 완전출입제한이라 함은 해당도로에 자동차 교통을 우선시키기 위하여 다른 도로나 철도 등과는 입체교차 시키는 한편 특정한 지점에 연결된 도로로만 정해진 차량출입을 허용하는 경우이다. 불완전출입제한이란 특정한 지점에 연결된 인터체인지에 의한 출입이 허용되는 경우 외에 당해 도로의 자동차 교통을 방해하지 않는 범위에서 다른 도로와 상호평면 교차 또는 접속되는 지점에서 차량출입이 허용되는 경우를 말한다.

차로

자동차가 한 줄로 안전하고 원활하게 주행하기 위해서는 자동차의 크기 및 그 속도에 따라 상응한 소정의 폭이 필요하며 일정폭으로 형성된 이 부분을 차로라 한다. 특별한 목적을 가진 차로로는 오르막차로, 회전차로 및 변속차로 등이 있다. 차도 중에 노면표시선의 중심과 중심 사이 폭을 차로폭으로 한다.

차도

차도라 함은 자동차의 통행에 사용되는 도로의 부분으로서 보도, 자전거도로, 중앙분리대, 길어깨를 제외한다.

양보차로

2차로 도로에서 앞지르기 시거가 확보되지 않는 구간에 필요하다고 인정되는 경우 앞지르기를 위하여 설치하는 차로를 말한다.

양보차로를 설치하는 지역에는 그 진입 전에 운전자들이 충분히 인식할 수 있도록 노면표지, 표지판 등을 설치하여 양보차로를 효율적으로 이용할 수 있도록 해야 한다. 양보차로는 도로조건과 교통조건을 감안하여 적절한 길이 및 간격이 유지되도록 해야 한다.

오르막차로

대형차와 같이 단위중량당 마력수가 작은 차량은 급한 상향경사에서 속도가 뚜렷하게 저하된다. 교통량이 많은 경우에는 속도가 저하된 차량 때문에 다른 자동차들이 추월할 수가 없고 속도가 저하된 차량의 뒤를 따르게 되며, 그 결과 도로교통 용량의 감소를 초래하게 되고, 경우에 따라서는 교통사고의 원인이 되기도 한다.

따라서 이와 같이 속도가 저하된 차량을 분리하여 주행시키기 위하여 본선에 부가하여 설치하는 차로를 오르막차로라 한다.

회전차로

교차로에서 좌·우회전하려는 자동차를 위해서 직진차로와는 별도로 설치하는 차로이며, 좌회전차로와 우회전차로가 있다. 회전차로는 직진하는 자동차를 위한 차로와 인접하여 설치되는 부분도 있으나 교통섬 등으로 분리하여 설치되는 부분도 있다.

변속차로

고속 주행하는 자동차가 감속해서 다른 도로로 유입할 경우 또는 저속의 자동차가 고속 주행하고 있는 자동차군(自動車群)으로 유입할 경우에 본선의 다른 고속 자동차의 주행을 방해하지 않고 안전하게 감속 또는 가속하도록 설치하는 차로를 말한다. 일반적으로 전자를 감속차로, 후자를 가속차로라 한다.

측대

길어깨 또는 중앙분리대의 일부분으로서 차도와 같은 두께로 포장을 실시하며 노면표시나 포장의 착색으로 구분될 수 있다.

측대는 포장 끝 부분 보호, 측방 여유 확보, 운전자의 시선 유도 기능을 갖는다.

분리대

아래 그림과 같이 차로를 왕복방향으로 분리하거나 자전거도로와 같이 성질이 다른 도로와 분리하기 위하여 설치하는 띠 모양의 도로부분으로서, 중앙분리대에서 측방여유를 확보하기 위하여 설치하는 측대를 제외한 부분을 말한다.

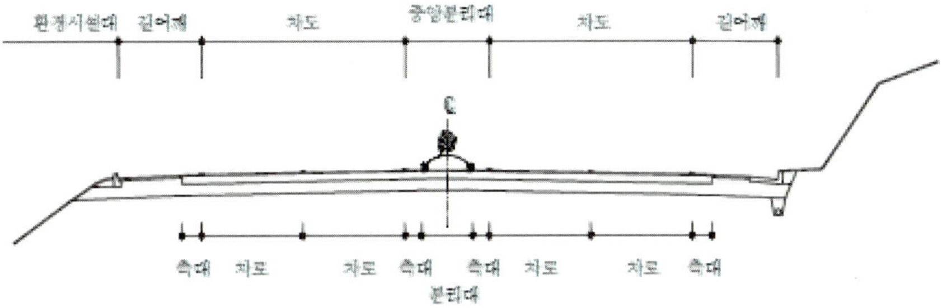

중앙분리대

중앙분리대라 함은 안전하고도 원활한 교통의 확보를 도모하기 위하여 차로를 왕복방향별로 분리시키고, 또 측방 여유를 확보하기 위하여 도로 중앙부에 설치하는 띠 모양의 부분을 말하며 아래 그림과 같이 분리대와 측대로 구성된다. 그러나 중앙분리대 개구부나 터널, 교량과 같은 구간 등에서 중앙분리대를 설치하지 않는 경우에는 차도의 좌측부에 길어깨를 설치한다.

길어깨

길어깨라 함은 도로의 주요 구조부를 보호하거나, 차도의 효율성을 증대시키기 위하여 차도에 접하여 설치하는 부분을 말한다.

길어깨의 설치목적으로서는 첫째, 도로의 주요 구조부 보호, 즉 도로의 본체를 보호하기 위한 것이다. 두 번째는 차도의 효용성 유지, 즉 차량의 주행에 필요한 측방여유를 확보하며 고장차 등의 비상주차 장소로 제공하는 것이다. 또한 보도가 없는 도로에서는 보행자의 통행공간으로도 이용된다.

정차대

도시내 도로에서는 차량이 도로 주변에 정차하는 빈도가 매우 높다. 특히 여유가 없는 2차로 도로에서는 1대의 차량 정차시에 주행이 불가하여 도로용량을 저하시키고, 불안전한 추월시에는 대향차와 충돌하여 사고원인이 되기 쉽다. 그러므로 도시지역에 있어서는 차도의 일부로서 정차에 필요한 정차대를 설치할 필요가 있다.

노상시설

노상시설이라 함은 도로의 부속물로서 보도, 자전거도로, 중앙분리대, 길어깨, 보행자 전용도로에 설치되는 것이다. 예를 들면, 도로표지 등과 같은 교통안전시설, 방제시설, 방음시설, 교통관제시설 등이 있다.

여기서 특히 도로의 부속물과는 별도로 보도나 분리대에 설치되는 것으로 전주, 신호등, 버스정류장 표지, 조명시설, 가로수, 기타 점유물(모두 관리자가 설치한 것) 등이 있다. 이러한 것은 공공적인 성격을 가지고 있으므로 도로 점용이 불가피하나 원칙적으로 도로상에 이러한 것을 설치하는 것은 바람직하지 못하다. 다만 노상시설이라도 시설한계 내에 설치하는 것은 허용하지 않는다. 중앙분리대, 보도, 길어깨 등에 노상시설을 설치할 경우에는 시설한계를 고려하여 그 폭을 정하여야 한다.

시설한계

도로 위에서 자동차나 보행자 등의 교통안전을 확보하기 위하여 일정한 폭과 높이 안쪽에는 시설물을 설치하지 못하게 하는데, 그 공간 확보와 한계를 말한다.

자전거도로

자전거도로라 함은 자전거의 통행을 위하여 연석, 노면표시 및 이와 유사한 공작물로 차도와 구별하여 설치되는 도로의 부분을 말한다.

자전거도로의 폭은 자전거의 왕복교통 또는 추월이 가능한 폭을 원칙으로 확보해야 한다. 자전거도로를 설치한 경우에는 연석 또는 울타리 등의 공작물로서 차도 및 보도와 분리할 필요가 있다.

자전거전용도로

자전거만이 통행할 수 있도록 분리대, 연석 기타 유사 시설물에 의하여 차도 및 보도와 구분되도록 설치한 도로를 말한다. 하천, 공원 등에 설치하여 자전거만의 통행에 이용되는 경우와 도시부에 연석, 식수대 등을 설치하여 입체적으로 분리한 도로가 있다.

자전거·보행자 겸용도로

자전거 보행자도로는 자전거 및 보행자의 통행에 사용하기 위한 도로로서 도로 교통안전상으로는 보행자 및 자전거를 각각 분리하는 것이 바람직하다. 그러나 교통상황에 따라 어느 쪽을 혼합교통으로 처리하더라도 교통상 지장이 없으면 자동차와 자전거를 혼합교통으로 하는 경우보다 보행자와 자전거를 혼합교통으로 하는 편이 바람직하다. 따라서 이러한 혼합교통을 목적으로 자전거도로와 마찬가지로 연석 또는 울타리 등의 공작물로서 자동차 교통과 구획 분리되는 부분을 말한다.

자전거·자동차 겸용도로

자전거 외에 자동차도 일시적으로 통행할 수 있도록 차도에 노면표시로 구분하여 설치한 도로를 말한다. 도시부의 경우 자전거도로가 설치된 도로구간 중 자동차의 회전이나 교행이 발생하는 교차로 구간이 해당하며 지방부의 경우 보도가 설치되지 않은 구간 중 길어깨를 자전거도로로 설치한 도로가 해당된다.

보도

보도는 사람의 통행에만 사용하는 목적으로 설치되는 도로의 일부분이며, 차도 등 다른 부분과 연석이나 울타리 등의 공작물을 이용하여 물리적으로 분리시킨 부분 또는 노면표시로 평면적으로 차도와 분리한 부분을 말한다. 또한 보도 전체가 차도면 보다 높지 않더라도 공작물 또는 노면표시로서 분리되어 있으면 보도로 규정한다.

정지시거

시거는 평면곡선의 경우와 종단곡선의 경우가 있으며 다음 그림과 같다. 시거는 물체를 인지한 이후 그곳까지 정지하는 데 필요한 거리며, 자동차의 운전자가 1.0 m 눈높이로 주행하면서 차로 중심선상 15 cm 높이의 장애물 맨 윗부분을 인지하고 충돌하지 않도록 제동을 걸어 정지할 수 있는 거리를 말한다. 시거의 종류에는 정지시거, 앞지르기시거, 피주시거가 있다.

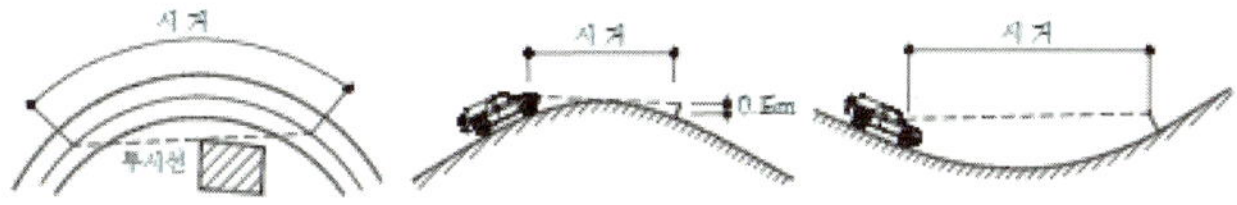

앞지르기 시거

2차로 도로에서 저속자동차를 안전하게 앞지를 수 있는 거리를 말한다. 차로의 중심선산 1.0 m의 높이에서 대항차로의 중심선에 있는 높이 1.2 m의 대항자동차를 인지하고, 앞차를 안전하게 앞지를 수 있는 거리를 도로중심선에 따라 측정한다.

교통섬

교차로에 있어서 좌회전자동차, 우회전자동차, 직진자동차를 각각 규칙적으로 도류(導流) 시키기 위하여 설치하는 섬을 말한다.

교통섬의 설치목적은 ① 도류로를 설치하여 교통흐름을 안전하게 유도하고 ② 보행자 횡단 시에 안전섬 역할을 하며 ③ 신호등, 도로표지, 안전표지, 조명 등 노상시설의 활용장소로 제공하고 ④ 교차로에서는 정지선 간격을 좁히는 역할 등을 한다. 보행자를 위한 안전섬과 교통 유도를 위한 도류섬이 있으며 양자를 총칭하여 교통섬이라 한다. 교통섬은 연석 등으로 주행차로와 물리적으로 분리 설치된다.

도류로(導流路)

주로 주류(主流) 아니 좌우회전교통을 위한 설계상의 주행로이다. 연석, 노면표지 등으로 명확하게 구분하여 독립된 차도 또는 차선으로 하는 경우와 설계 시에 고려할 뿐이고 완성 시에는 나타내지 않는 경우가 있다.

연결로

도로가 서로 입체적으로 교차할 때 2개의 도로를 출입시킬 목적으로 서로 연결하는 도로이다.

입체교차

도로가 상호 교차하거나 접속할 경우 전부 또는 일부 교통이 동일평면에서 교차하지 않도록 설치한 도로의 부분을 말한다.

도로교통용량

주어진 도로조건, 교통조건 및 교통관제 특성 하에서 한 시간 동안 동일한 특성을 갖는 도로구간을 무리하지 않고 통과할 것으로 기대되는 최대 교통량(차량, 보행자)을 말한다.

서비스 수준

서비스수준이란 통행속도, 통행시간, 통행 자유도, 안락감 그리고 교통안전 등 도로의 운행 상태를 설명하는 개념이다. 서비스수준은 A~F까지 6등급으로 나눌 수 있으며, A수준은 가장 좋은 상태, F수준은 가장 나쁜 상태를 나타낸다. 서비스 수준을 평가하는 효과 척도(MOE : Measures of Effectiveness)는 운행속도, 교통밀도, 교통량 대 교통용량비(V/C : Volume Capacity Ratio) 등 여러 가지가 있다.

환경시설대

환경시설대라 함은 간선도로 도로 주변의 생활환경을 보전하고 도로용지의 확보 및 관리를 위하여 도로 바깥쪽에 설치되는 녹지대 등의 시설이 설치된 범위 또는 구역을 말한다. 일반적으로 도로 환경문제로서는 소음, 배기가스에 의한 대기오염, 진동, 일조 및 경관 등 여러 가지가 있으나, 소음, 배기가스 및 진동에 대해서는 환경시설대를 설치하여 거리 감쇄의 효과를 기대할 수 있다. 또한 도로와 인접한 주택의 일조확보와 함께 적절한 식수를 하여 대기의 정화나 도로경관의 향상도 도모한다.

도로안전시설

도로안전시설이라 함은 도로의 안전도를 높이고 운전자를 보호하기 위하여 설치하는 방호울타리, 중앙분리대, 충격흡수시설 등을 말한다.

교통약자

교통약자라 함은 「교통약자의 이동편의 증진법」 제2조에 따라 장애인, 고령자, 임산부, 영유아를 동반한 자, 어린이 등 생활을 영위함에 있어 이동에 불편을 느끼는 자를 말한다.

이동편의시설

이동편의시설이라 함은 「교통약자의 이동편의 증진법」 제2조에 따라 휠체어 탑승설비, 장애인용 승강기, 장애인을 위한 보도 등 교통약자가 교통수단·여객시설 또는 도로를 이용함에 있어 이동의 편리를 도모하기 위한 시설 및 설비를 말한다.

보도의 유효폭

보도의 유효폭은 보도 폭에서 노상시설이 차지하는 폭을 제외한 공간으로 보행에 실질적으로 이용되는 폭이다. 보도는 가로수, 가로등 등 노상시설의 설치에 필요한 폭과 보도의 유효폭을 더한 값으로 한다.

접근관리 설계기법

도로의 접근관리는 공공도로 주변에 신설이나 증축 등 개발 사업이 이루어져 새로운 도로를 접속하려고 할 때, 해당 도로를 계획, 설계, 운영 관리하는 각 기관들이 도로간 접속을 잘 관리하여 도로를 주행하는 차량과 보행자에 대한 안전을 확보하고 더불어 차량 흐름의 효율성을 확보하기 위해 사용할 수 있는 종합적 도로 설계기법이다.

생활도로

주거지역이나 상업지구내 국지도로 중 보행권 확보 및 안전하고 쾌적한 보행환경 조성이 필요한 도로로서 속도제어를 통해 이동성 보다는 공간기능, 접근기능을 제공하는 보행이 우선되는 도로를 말한다.

동결깊이

노면에서 지중의 수분이 결빙되는 가장 깊은 곳까지의 깊이를 말한다.

동결지수(凍結指數)

동결기간 중의 기온과 시간을 곱한 값의 누계를 말한다.

머캐덤(Macadam) 공법

한 층의 마무리 두께와 거의 같은 입경의 부순돌을 깔아서 충분히 전압하고, 그 간격을 채움골재로 채워서 마무리하는 공법을 말한다.

시방배합

시방서 또는 설계도서에 나타난 혼합물의 배합을 말한다.

설계배합

시방배합에 따라 사용예정인 재료를 사용하여 실내시험 등에 의해서 구한 배합을 말한다.

현장배합

설계배합을 근거로 사용재료 및 기계 등을 고려하여 최종적으로 결정한, 실제로 사용하는 배합을 말한다.

Prime Coat

입도조정공법이나 머캐덤 공법으로 된 기층의 방수성을 높이고, 그 위에 포설하는 아스팔트 혼합물층과의 부착이 잘 되게 하기 위하여 기층 위에 역청재료(아스팔트 또는 타르)를 살포하는 과정을 말한다.

Primer

Prime Coat에 사용되는 유화(乳化)아스팔트, 커트백(Cut Back)아스팔트 또는 포장용 타르(Tar) 등의 역청재료를 말한다.

필러(Filler)

No.200체를 통과하는 광물질분말을 한다.

9.2 도로의 구조 · 시설 기준에 관한 규칙

[시행 2014.7.15.] [국토교통부령 제111호, 2014.7.15., 타법개정]

제1조(목적) 이 규칙은 「도로법」 제48조 및 제50조에 따라 도로를 신설 또는 개량하거나 자동차 전용도로를 지정하는 경우 그 도로의 구조 및 시설에 적용되는 최소한의 기준을 규정함을 목적으로 한다. <개정 2014.7.15.>

제2조(정의) 이 규칙에서 사용하는 용어의 뜻은 다음 각 호와 같다. <개정 2014.7.15.>

1. "자동차"란 「도로교통법」 제2조 제17호에 따른 자동차(이륜자동차는 제외한다)를 말한다.
2. "설계기준자동차"란 도로 구조설계의 기준이 되는 자동차를 말한다.
3. "승용자동차"란 「자동차관리법 시행규칙」 제2조에 따른 승용자동차를 말한다.
4. "소형자동차"란 승용자동차와 「자동차관리법 시행규칙」 제2조에 따른 승합자동차 · 화물자동차 · 특수자동차 중 경형(輕型)과 소형을 말한다.
5. "대형자동차"란 「자동차관리법 시행규칙」 제2조에 따른 자동차(이륜자동차는 제외한다) 중 소형자동차와 세미트레일러를 제외한 자동차를 말한다.
6. "세미트레일러"란 앞 차축(車軸)이 없는 피견인차(被牽引車)와 견인차의 결합체로서 피견인차와 적재물 중량의 상당한 부분이 견인차에 의하여 지지되도록 연결되어 있는 자동차를 말한다.
7. "고속도로"란 「도로법」 제10조 제1호 및 제11조에 따른 고속국도로서 중앙분리대에 의하여 양 방향이 분리되고 입체교차를 원칙으로 하는 도로를 말한다.
8. "일반도로"란 「도로법」에 따른 도로(고속도로는 제외한다)로서 그 기능에 따라 주간선도로(主幹線道路), 보조간선도로, 집산도로(集散道路) 및 국지도로(局地道路)로 구분되는 도로를 말한다.
9. "자동차 전용도로"란 간선도로로서 「도로법」 제48조에 따라 지정된 도로를 말한다.
10. "소형차도로"란 제5조 제1항 단서에 따라 설계기준자동차가 소형자동차인 도로를 말한다.
11. "접근관리 설계기법"이란 주도로(主道路)와 부도로(副道路)가 접속하는 지점에서 주행하는 모든 자동차의 안전성과 효율성을 확보하기 위하여 주도로에 접속하는 부도로의 접속 위치, 간격, 기하구조 설계, 교통제어방식 등을 합리적으로 관리하는 설계기법을 말한다.
12. "도로의 계획목표연도"란 도로를 계획하거나 설계할 때 예측된 교통량에 따라 도로를 건설하여 적절하게 유지 · 관리하는 경우 적정한 수준 이상의 기능이 유지될 수 있을 것으로 보는 기간(도로의 공용개시 계획연도를 시점으로 한다)을 말한다.

13. "도로의 설계서비스수준"이란 도로를 계획하거나 설계할 때의 기준으로서 도로의 통행 속도, 교통량과 교통용량의 비율, 교통 밀도와 교통량 등에 따른 도로운행 상태의 질을 말한다.
14. "계획교통량"이란 도로의 계획목표연도에 그 도로를 통행할 것으로 예상되는 자동차의 연평균 1일 교통량을 말한다.
15. "설계시간교통량"이란 도로의 계획목표연도에 그 도로를 통행할 시간당 자동차의 대수를 말한다.
16. "도시지역"이란 시가지를 형성하고 있는 지역이나 그 지역의 발전 추세로 보아 시가지로 형성될 가능성이 높은 지역을 말한다.
17. "지방지역"이란 도시지역 외의 지역을 말한다.
18. "설계속도"란 도로설계의 기초가 되는 자동차의 속도를 말한다.
19. "차로"란 자동차가 도로의 정해진 부분을 한 줄로 통행할 수 있도록 차선에 의하여 구분되는 차도의 부분을 말한다.
20. "차로 수"란 양 방향 차로(오르막차로, 회전차로, 변속차로 및 양보차로는 제외한다)의 수를 합한 것을 말한다.
21. "차도"란 자동차의 통행에 사용되며 차로로 구성된 도로의 부분을 말한다.
22. "차선"이란 차로와 차로를 구분하기 위하여 그 경계지점에 표시하는 선을 말한다.
23. "오르막차로"란 오르막 구간에서 저속 자동차를 다른 자동차와 분리하여 통행시키기 위하여 설치하는 차로를 말한다.
24. "회전차로"란 자동차가 우회전, 좌회전 또는 유턴을 할 수 있도록 직진하는 차로와 분리하여 설치하는 차로를 말한다.
25. "변속차로"란 자동차를 가속시키거나 감속시키기 위하여 설치하는 차로를 말한다.
26. "측대"란 운전자의 시선을 유도하고 옆 부분의 여유를 확보하기 위하여 중앙분리대 또는 길어깨에 차도와 동일한 횡단경사와 구조로 차도에 접속하여 설치하는 부분을 말한다.
27. "분리대"란 차도를 통행의 방향에 따라 분리하거나 성질이 다른 같은 방향의 교통을 분리하기 위하여 설치하는 도로의 부분이나 시설물을 말한다.
28. "중앙분리대"란 차도를 통행의 방향에 따라 분리하고 옆 부분의 여유를 확보하기 위하여 도로의 중앙에 설치하는 분리대와 측대를 말한다.
29. "길어깨"란 도로를 보호하고 비상시에 이용하기 위하여 차도에 접속하여 설치하는 도로의 부분을 말한다.
30. "주정차대(駐停車帶)"란 자동차의 주차 또는 정차에 이용하기 위하여 도로에 접속하여 설치하는 부분을 말한다.
31. "노상시설"이란 보도, 자전거도로, 중앙분리대, 길어깨 또는 환경시설대(環境施設帶) 등에 설치하는 표지판 및 방호울타리, 가로등, 가로수 등 도로의 부속물[공동구(共同溝)는 제외한다. 이하 같다]을 말한다.

32. "교통약자"란 「교통약자의 이동편의 증진법」 제2조에 따른 교통약자를 말한다.
33. "이동편의시설"이란 교통약자가 도로를 이용할 때 편리하게 이동할 수 있도록 하기 위한 시설 및 설비를 말한다.
34. "보도의 유효폭"이란 보도폭에서 노상시설 등이 차지하는 폭을 제외한 보행자의 통행에만 이용되는 폭을 말한다.
35. "보행시설물"이란 보행자가 안전하고 편리하게 보행할 수 있도록 하기 위하여 설치하는 속도저감시설, 횡단시설, 교통안내시설, 교통신호기 등의 시설물을 말한다.
36. "시설한계"란 자동차나 보행자 등의 교통안전을 확보하기 위하여 일정한 폭과 높이 안쪽에는 시설물을 설치하지 못하게 하는 도로 위 공간 확보의 한계를 말한다.
37. "완화곡선(緩和曲線)"이란 직선 부분과 평면곡선 사이 또는 평면곡선과 평면곡선 사이에서 자동차의 원활한 주행을 위하여 설치하는 곡선으로서, 곡선상의 위치에 따라 곡선 반지름이 변하는 곡선을 말한다.
38. "횡단경사"란 도로의 진행방향에 직각으로 설치하는 경사로서, 도로의 배수(排水)를 원활하게 하기 위하여 설치하는 경사와 평면곡선부에 설치하는 편경사(偏傾斜)를 말한다.
39. "편경사"란 평면곡선부에서 자동차가 원심력에 저항할 수 있도록 하기 위하여 설치하는 횡단경사를 말한다.
40. "종단경사(縱斷傾斜)"란 도로의 진행방향 중심선의 길이에 대한 높이의 변화 비율을 말한다.
41. "정지시거(停止視距)"란 운전자가 같은 차로 위에 있는 고장차 등의 장애물을 인지하고 안전하게 정지하기 위하여 필요한 거리로서, 차로 중심선 위의 1미터 높이에서 그 차로의 중심선에 있는 높이 15센티미터의 물체의 맨 윗부분을 볼 수 있는 거리를 그 차로의 중심선에 따라 측정한 길이를 말한다.
42. "앞지르기시거"란 2차로 도로에서 저속 자동차를 안전하게 앞지를 수 있는 거리로서 차로 중심선 위의 1미터 높이에서 반대쪽 차로의 중심선에 있는 높이 1.2미터의 반대쪽 자동차를 인지하고 앞차를 안전하게 앞지를 수 있는 거리를 도로 중심선에 따라 측정한 길이를 말한다.
43. "교통섬"이란 자동차의 안전하고 원활한 교통처리나 보행자 도로횡단의 안전을 확보하기 위하여 교차로 또는 차도의 분기점 등에 설치하는 섬 모양의 시설을 말한다.
44. "연결로"란 입체도로에서 서로 교차하는 도로를 연결하거나 서로 높이가 다른 도로를 연결하여 주는 도로를 말한다.
45. "환경시설대"란 도로 주변지역의 환경보전을 위하여 길어깨의 바깥쪽에 설치하는 녹지대 등의 시설이 설치된 지역을 말한다.

제3조(도로의 구분) ① 도로는 고속도로 및 일반도로로 구분한다.

② 고속도로 중 도시지역에 있는 고속도로는 도시고속도로로 한다.

③ 일반도로의 기능별 구분에 상응하는 「도로법」 제10조에 따른 도로의 종류는 다음 표와 같다. <개정 2014.7.15.>

일반도로	도로의 종류
주간선도로	일반국도, 특별시도·광역시도
보조간선도로	일반국도, 특별시도·광역시도, 지방도, 시도
집산도로	지방도, 시도, 군도, 구도
국지도로	군도, 구도

제4조(도로의 출입 등의 기준) ① 도로에는 자동차 주행의 안전성과 효율성을 확보하기 위하여 접근관리 설계기법을 적용하여야 한다.

② 고속도로와 자동차 전용도로는 다음 각 호의 기준에 적합하여야 한다.

1. 특별한 사유가 없으면 교차하는 모든 도로와 입체교차가 될 것
2. 지정된 곳에 한정하여 자동차만 출입이 허용되도록 할 것

제5조(설계기준자동차) ① 도로의 구분에 따른 설계기준자동차는 다음 표와 같다. 다만, 우회할 수 있는 도로(해당 도로 기능 이상의 기능을 갖춘 도로만 해당한다)가 있는 경우에는 도로의 구분에 관계없이 대형자동차나 승용자동차 또는 소형자동차를 설계기준자동차로 할 수 있다.

도로의 구분	설계기준자동차
고속도로 및 주간선도로	세미트레일러
보조간선도로 및 집산도로	세미트레일러 또는 대형자동차
국지도로	대형자동차 또는 승용자동차

② 제1항에 따른 설계기준자동차의 종류별 제원(諸元)은 다음 표와 같다.

제원(미터) / 자동차종류	폭	높 이	길 이	축간거리	앞내민길이	뒷내민길이	최소 회전 반지름
승용자동차	1.7	2.0	4.7	2.7	0.8	1.2	6.0
소형자동차	2.0	2.8	6.0	3.7	1.0	1.3	7.0
대형자동차	2.5	4.0	13.0	6.5	2.5	4.0	12.0
세미트레일러	2.5	4.0	16.7	앞축간거리 4.2 뒤축간거리 9.0	1.3	2.2	12.0

비고) 1. 축간거리 : 앞바퀴 차축의 중심으로부터 뒷바퀴 차축의 중심까지의 길이를 말한다.
2. 앞내민길이 : 자동차의 앞면으로부터 앞바퀴 차축의 중심까지의 길이를 말한다.
3. 뒷내민길이 : 자동차의 뒷면으로부터 뒷바퀴 차축의 중심까지의 길이를 말한다.

제6조(도로의 계획목표연도) ① 도로를 계획하거나 설계할 때에는 예측된 교통량에 맞추어 도로

를 적절하게 유지·관리함으로써 도로의 기능이 원활하게 유지될 수 있도록 하기 위하여 도로의 계획목표연도를 설정하여야 한다.

② 도로의 계획목표연도는 공용개시 계획연도를 기준으로 20년 이내로 정하되, 그 기간을 설정할 때에는 도로의 구분, 교통량 예측의 신뢰성, 투자의 효율성, 단계적인 건설의 가능성, 주변 여건, 주변 지역의 사회·경제계획 및 도시·군계획 등을 고려하여야 한다. <개정 2012.4.13.>

제7조(도로의 설계서비스수준) 도로를 계획하거나 설계할 때에는 도로의 설계서비스수준이 국토교통부장관이 정하는 기준에 적합하도록 하여야 한다. <개정 2013.3.23.>

제8조(설계속도) ① 설계속도는 도로의 기능별 구분에 따라 다음 표의 속도 이상으로 한다. 다만, 지형 상황 및 경제성 등을 고려하여 필요한 경우에는 다음 표의 속도에서 시속 20킬로미터 이내의 속도를 뺀 속도를 설계속도로 할 수 있다. <개정 2011.12.23.>

도로의 기능별 구분		설계속도(킬로미터/시간)			
		지방지역			도시지역
		평 지	구릉지	산 지	
고속도로		120	110	100	100
일반도로	주간선도로	80	70	60	80
	보조간선도로	70	60	50	60
	집산도로	60	50	40	50
	국지도로	50	40	40	40

② 제1항에도 불구하고 자동차 전용도로의 설계속도는 시속 80킬로미터 이상으로 한다. 다만, 자동차 전용도로가 도시지역에 있거나 소형차도로일 경우에는 시속 60킬로미터 이상으로 할 수 있다.

제9조(설계구간) ① 동일한 설계기준이 적용되어야 하는 도로의 설계구간은 주요 교차로(인터체인지를 포함한다)나 도로의 주요 시설물 사이의 구간으로 한다.

② 인접한 설계구간과의 설계속도의 차이는 시속 20킬로미터 이하가 되도록 하여야 한다.

제10조(차로) ① 도로의 차로 수는 도로의 구분 및 기능, 설계시간교통량, 도로의 계획목표연도의 설계서비스수준, 지형 상황, 나누어지거나 합하여지는 도로의 차로 수 등을 고려하여 정하여야 한다.

② 도로의 차로 수는 교통흐름의 형태, 교통량의 시간별·방향별 분포, 그 밖의 교통 특성 및 지역 여건에 따라 홀수 차로로 할 수 있다.

③ 차로의 폭은 차선의 중심선에서 인접한 차선의 중심선까지로 하며, 도로의 구분, 설계속도 및 지역에 따라 다음 표의 폭 이상으로 한다. 다만, 다음 각 호의 어느 하나에 해당하는 경우에는 각 호의 구분에 따른 차로폭 이상으로 하여야 한다. <개정 2011.12.23.>

1. 설계기준자동차 및 경제성을 고려하여 필요한 경우 : 3미터
2. 「접경지역 지원 특별법」 제2조제1호에 따른 접경지역에서 전차, 장갑차 등 군용차량의 통행에 따른 교통사고의 위험성을 고려하여 필요한 경우 : 3.5미터

도로의 구분			차로의 최소 폭(미터)		
			지방지역	도시지역	소형차도로
고속도로			3.50	3.50	3.25
일반도로	설계속도(킬로미터/시간)	80 이상	3.50	3.25	3.25
		70 이상	3.25	3.25	3.00
		60 이상	3.25	3.00	3.00
		60 미만	3.00	3.00	3.00

④ 제3항에도 불구하고 통행하는 자동차의 종류·교통량, 그 밖의 교통 특성과 지역 여건 등에 따라 필요한 경우 회전차로의 폭과 설계속도가 시속 40킬로미터 이하인 도시지역 차로의 폭은 2.75미터 이상으로 할 수 있다.

⑤ 도로에는 「도로교통법」 제15조에 따라 자동차의 종류 등에 따른 전용차로를 설치할 수 있다. 이 경우 간선급행버스체계 전용차로의 차로폭은 3.25미터 이상으로 하되, 정류장의 추월차로 등 부득이한 경우에는 3미터 이상으로 할 수 있다.

제11조(차로의 분리 등) ① 도로에는 차로를 통행의 방향별로 분리하기 위하여 중앙선을 표시하거나 중앙분리대를 설치하여야 한다. 다만, 4차로 이상인 도로에는 도로기능과 교통 상황에 따라 안전하고 원활한 교통을 확보하기 위하여 필요한 경우 중앙분리대를 설치하여야 한다.

② 중앙분리대 내에는 시설물을 설치할 수 있으며 중앙분리대의 폭은 도로의 구분에 따라 다음 표의 값 이상으로 한다. 다만, 자동차 전용도로의 경우는 2미터 이상으로 한다.

도로의 구분	중앙분리대의 최소 폭(미터)		
	지방지역	도시지역	소형차도로
고속도로	3.0	2.0	2.0
일반도로	1.5	1.0	1.0

③ 중앙분리대에는 측대를 설치하여야 한다. 이 경우 측대의 폭은 설계속도가 시속 80킬로미터 이상인 경우는 0.5미터 이상으로 하고, 시속 80킬로미터 미만인 경우는 0.25미터 이상으로 한다.

④ 중앙분리대의 분리대 부분에 노상시설을 설치하는 경우 중앙분리대의 폭은 제18조에 따른 시설한계가 확보되도록 정하여야 한다.

⑤ 차로를 왕복 방향별로 분리하기 위하여 중앙선을 두 줄로 표시하는 경우 각 중앙선의 중심 사이의 간격은 0.5미터 이상으로 한다.

제12조(길어깨) ① 도로에는 차도와 접속하여 길어깨를 설치하여야 한다. 다만, 보도 또는 주정차대가 설치되어 있는 경우에는 설치하지 아니할 수 있다.

② 차도의 오른쪽에 설치하는 길어깨의 폭은 도로의 구분과 설계속도에 따라 다음 표의 폭 이상으로 하여야 한다. 다만, 오르막차로 또는 변속차로 등의 차로와 길어깨가 접속되는 구간에서는 0.5미터 이상으로 할 수 있다.

도로의 구분			차도 오른쪽 길어깨의 최소 폭(미터)		
			지방지역	도시지역	소형차도로
고속도로			3.00	2.00	2.00
일반도로	설계속도(킬로미터/시간)	80 이상	2.00	1.50	1.00
		60 이상 80 미만	1.50	1.00	0.75
		60 미만	1.00	0.75	0.75

③ 일방통행도로 등 분리도로의 차도 왼쪽에 설치하는 길어깨의 폭은 도로의 구분과 설계속도에 따라 다음 표의 폭 이상으로 한다.

도로의 구분			차도 왼쪽 길어깨의 최소 폭(미터)	
			지방지역 및 도시지역	소형차도로
고속도로			1.00	0.75
일반도로	설계속도(킬로미터/시간)	80 이상	0.75	0.75
		60 미만	0.50	0.50

④ 제2항 및 제3항에도 불구하고 터널, 교량, 고가도로 또는 지하차도에 설치하는 길어깨의 폭은 고속도로의 경우에는 1미터 이상으로, 일반도로의 경우에는 0.5미터 이상으로 할 수 있다. 다만, 길이 1천 미터 이상의 터널 또는 지하차도에서 오른쪽 길어깨의 폭을 2미터 미만으로 하는 경우에는 최소 750미터의 간격으로 비상주차대를 설치하여야 한다.

⑤ 길어깨에는 측대를 설치하여야 한다. 이 경우 측대의 폭은 설계속도가 시속 80킬로미터 이상인 경우에는 0.5미터 이상으로 하고, 80킬로미터 미만이거나 터널인 경우에는 0.25미터 이상으로 한다.

⑥ 차도에 접속하여 노상시설을 설치하는 경우 노상시설의 폭은 길어깨의 폭에 포함되지 아니한다.

제13조(적설지역 도로의 중앙분리대 및 길어깨의 폭) 적설지역(積雪地域)에 있는 도로의 중앙분리대 및 길어깨의 폭은 제설작업을 고려하여 정하여야 한다.

제14조(주정차대) ① 도시지역의 일반도로에 주정차대를 설치하는 경우에는 그 폭이 2.5미터 이상이 되도록 하여야 한다. 다만, 소형자동차를 대상으로 하는 주정차대의 경우에는 그 폭이 2미터 이상이 되도록 할 수 있다.
② 고속도로와 간선도로에 설치하는 버스정류장은 차도와 분리하여 별도로 설치하여야 한다.

제15조(자전거도로) ① 안전하고 원활한 교통을 확보하기 위하여 자전거, 자동차 및 보행자의 통행을 분리할 필요가 있는 경우에는 자전거도로를 설치하여야 한다. 다만, 지형 상황 등으로 인하여 부득이하다고 인정되는 경우에는 예외로 한다.
② 자전거도로의 구조와 시설기준에 관하여는 「자전거 이용시설의구조·시설기준에 관한 규칙」에서 정하는 바에 따른다.

제16조(보도) ① 보행자의 안전과 자동차 등의 원활한 통행을 위하여 필요하다고 인정되는 경우에는 도로에 보도를 설치하여야 한다. 이 경우 보도는 연석(緣石)이나 방호울타리 등의 시설물을 이용하여 차도와 분리하여야 하고, 필요하다고 인정되는 지역에는 「교통약자의 이동편의 증진법」에 따른 이동편의시설을 설치하여야 한다.
② 제1항에 따라 차도와 보도를 구분하는 경우에는 다음 각 호의 기준에 따른다.

1. 차도에 접하여 연석을 설치하는 경우 그 높이는 25센티미터 이하로 할 것
2. 횡단보도에 접한 구간으로서 필요하다고 인정되는 지역에는 「교통약자의 이동편의 증진법」에 따른 이동편의시설을 설치하여야 하며, 자전거도로에 접한 구간은 자전거의 통행에 불편이 없도록 할 것

③ 보도의 유효폭은 보행자의 통행량과 주변 토지 이용 상황을 고려하여 결정하되, 최소 2미터 이상으로 하여야 한다. 다만, 지방지역의 도로와 도시지역의 국지도로는 지형상 불가능하거나 기존 도로의 증설·개설 시 불가피하다고 인정되는 경우에는 1.5미터 이상으로 할 수 있다.
④ 보도는 보행자의 통행 경로를 따라 연속성과 일관성이 유지되도록 설치하며, 보도에 가로수 등 노상시설을 설치하는 경우 노상시설 설치에 필요한 폭을 추가로 확보하여야 한다.

제17조(도로공간기능의 활용) ① 주민의 삶의 질 향상을 위하여 도로를 보행환경 개선공간 및 문화정보 교류공간, 대중교통의 수용공간, 환경친화적 녹화공간(綠化空間) 등으로 계획할 수 있다.
② 보행환경 개선이 필요한 지역에는 제2조 제35호에 따른 보행시설물을 설치할 수 있다.

제18조(시설한계) ① 차도의 시설한계 높이는 4.5미터 이상으로 한다. 다만, 다음 각 호의 경우에는 시설한계 높이를 축소할 수 있다.

1. 집산도로 또는 국지도로로서 지형 상황 등으로 인하여 부득이하다고 인정되는 경우 : 4.2미터까지 축소 가능
2. 소형차도로인 경우 : 3미터까지 축소 가능

3. 대형자동차의 교통량이 현저히 적고, 그 도로의 부근에 대형자동차가 우회할 수 있는 도로가 있는 경우 : 3미터까지 축소 가능

② 차도, 보도 및 자전거도로의 시설한계는 별표와 같다. 이 경우 도로의 종단경사 및 횡단경사를 고려하여 시설한계를 확보하여야 한다.

제19조(평면곡선 반지름) 차도의 평면곡선 반지름은 설계속도와 편경사에 따라 다음 표의 길이 이상으로 한다.

설계속도 (킬로미터/시간)	최소 평면곡선 반지름(미터)		
	적용 최대 편경사		
	6퍼센트	7퍼센트	8퍼센트
120	710	670	630
110	600	560	530
100	460	440	420
90	380	360	340
80	280	265	250
70	200	190	180
60	140	135	130
50	90	85	80
40	60	55	50
30	30	30	30
20	15	15	15

제20조(평면곡선의 길이) 평면곡선부의 차도 중심선의 길이(완화곡선이 있는 경우에는 그 길이를 포함한다)는 다음 표의 길이 이상으로 한다.

설계속도 (킬로미터/시간)	평면곡선의 최소 길이(미터)	
	도로의 교각이 5도 미만인 경우	도로의 교각이 5도 이상인 경우
120	$700 / \theta$	140
110	$650 / \theta$	130
100	$550 / \theta$	110
90	$500 / \theta$	100
80	$450 / \theta$	90
70	$400 / \theta$	80
60	$350 / \theta$	70
50	$300 / \theta$	60
40	$250 / \theta$	50
30	$200 / \theta$	40
20	$150 / \theta$	30

제21조(평면곡선부의 편경사) ① 차도의 평면곡선부에는 도로가 위치하는 지역, 적설 정도, 설계속도, 평면곡선 반지름 및 지형 상황 등에 따라 다음 표의 비율 이하의 최대 편경사를 두어야 한다.

구 분		최대 편경사(퍼센트)
지방지역	적설·한랭 지역	6
	그 밖의 지역	8
도시지역		6
연결로		8

② 제1항에도 불구하고 다음 각 호의 어느 하나에 해당하는 경우에는 편경사를 두지 아니할 수 있다.

1. 평면곡선 반지름을 고려하여 편경사가 필요 없는 경우
2. 설계속도가 시속 60킬로미터 이하인 도시지역의 도로에서 도로 주변과의 접근과 다른 도로와의 접속을 위하여 부득이하다고 인정되는 경우

③ 편경사의 회전축으로부터 편경사가 설치되는 차로 수가 2개 이하인 경우의 편경사의 접속 설치길이는 설계속도에 따라 다음 표의 편경사 최대 접속설치율에 따라 산정된 길이 이상이 되어야 한다.

설계속도(킬로미터/시간)	편경사 최대 접속설치율
120	1 / 200
110	1 / 185
100	1 / 175
90	1 / 160
80	1 / 150
70	1 / 135
60	1 / 125
50	1 / 115
40	1 / 105
30	1 / 95
20	1 / 85

④ 편경사의 회전축으로부터 편경사가 설치되는 차로 수가 2개를 초과하는 경우의 편경사의 접속설치길이는 제3항에 따라 산정된 길이에 다음 표의 보정계수를 곱한 길이 이상이 되어야 하며, 노면의 배수가 충분히 고려되어야 한다.

편경사가 설치되는 차로 수	접속설치길이의 보정계수
3	1.25
4	1.50
5	1.75
6	2.00

제22조(평면곡선부의 확폭) ① 차도 평면곡선부의 각 차로는 평면곡선 반지름 및 설계기준자동차에 따라 다음 표의 폭 이상을 확보하여야 한다.

세미트레일러		대형자동차		소형자동차	
평면곡선 반지름 (미터)	최소확폭량 (미터)	평면곡선 반지름 (미터)	최소확폭량 (미터)	평면곡선 반지름 (미터)	최소확폭량 (미터)
150 이상 ~ 280 미만	0.25	110 이상 ~ 200 미만	0.25	45 이상 ~ 55 미만	0.25
90 이상 ~ 150 미만	0.50	65 이상 ~ 110 미만	0.50	25 이상 ~ 45 미만	0.50
65 이상 ~ 90 미만	0.75	45 이상 ~ 65 미만	0.75	15 이상 ~ 25 미만	0.75
50 이상 ~ 65 미만	1.00	35 이상 ~ 45 미만	1.00		
40 이상 ~ 50 미만	1.25	25 이상 ~ 35 미만	1.25		
35 이상 ~ 40 미만	1.50	20 이상 ~ 25 미만	1.50		
30 이상 ~ 35 미만	1.75	18 이상 ~ 20 미만	1.75		
20 이상 ~ 30 미만	2.00	15 이상 ~ 18 미만	2.00		

② 제1항에도 불구하고 차도 평면곡선부의 각 차로가 다음 각 호의 어느 하나에 해당하는 경우에는 확폭을 하지 아니할 수 있다. <개정 2012.4.13.>

1. 도시지역의 일반도로에서 도시·군관리계획이나 주변 지장물(支障物) 등으로 인하여 부득이하다고 인정되는 경우
2. 설계기준자동차가 승용자동차인 경우

제23조(완화곡선 및 완화구간) ① 설계속도가 시속 60킬로미터 이상인 도로의 평면곡선부에는 완화곡선을 설치하여야 한다.

② 완화곡선의 길이는 설계속도에 따라 다음 표의 값 이상으로 하여야 한다.

설계속도(킬로미터/시간)	완화곡선의 최소 길이(미터)
120	70
110	65
100	60
90	55
80	50
70	40
60	35

③ 설계속도가 시속 60킬로미터 미만인 도로의 평면곡선부에는 다음 표의 길이 이상의 완화구간을 두고 편경사를 설치하거나 확폭을 하여야 한다.

설계속도(킬로미터/시간)	완화곡선의 최소 길이(미터)
50	30
40	25
30	20
20	15

제24조(시거) ① 도로에는 그 도로의 설계속도에 따라 다음 표의 길이 이상의 정지 시거를 확보하여야 한다.

설계속도(킬로미터/시간)	최소 정지시거(미터)
120	215
110	185
100	155
90	130
80	110
70	95
60	75
50	55
40	40
30	30
20	20

② 2차로 도로에서 앞지르기를 허용하는 구간에서는 설계속도에 따라 다음 표의 길이 이상의 앞지르기 시거를 확보하여야 한다.

설계속도(킬로미터/시간)	최소 앞지르기시거(미터)
80	540
70	480
60	400
50	350
40	280
30	200
20	150

제25조(종단경사) ① 차도의 종단경사는 도로의 구분, 지형 상황과 설계속도에 따라 다음 표의 비율 이하로 하여야 한다. 다만, 지형 상황, 주변 지장물 및 경제성을 고려하여 필요하다고 인정되는 경우에는 다음 표의 비율에 1퍼센트를 더한 값 이하로 할 수 있다.

설계속도(킬로미터/시간)	최대 종단경사(퍼센트)							
	고속도로		간선도로		집산도로 및 연결로		국지도로	
	평지	산지등	평지	산지등	평지	산지등	평지	산지등
120	3	4						
110	3	5						
100	3	5	3	6				
90	4	6	4	6				
80	4	6	4	7	6	9		
70			5	7	7	10		
60			5	8	7	10	7	13
50			5	8	7	10	7	14
40			6	9	7	11	7	15
30					7	12	8	16
20							8	16

비고) 산지등이란 산지, 구릉지 및 평지(지하차도 및 고가도로의 설치가 필요한 경우만 해당한다)를 말한다. 이하 이 조에 같다.

② 소형차도로의 종단경사는 도로의 구분, 지형 상황과 설계속도에 따라 다음 표의 비율 이하

로 하여야 한다. 다만, 지형 상황, 주변 지장물 및 경제성을 고려하여 필요하다고 인정되는 경우에는 다음 표의 비율에 1퍼센트를 더한 값 이하로 할 수 있다.

설계속도 (킬로미터/시간)	최대 종단경사(퍼센트) 고속도로		간선도로		집산도로 및 연결로		국지도로	
	평지	산지등	평지	산지등	평지	산지등	평지	산지등
120	4	5						
110	4	6						
100	4	6	4	7				
90	6	7	6	7				
80	6	7	6	8	8	10		
70			7	8	9	11		
60			7	9	9	11	9	14
50			7	9	9	11	9	15
40			8	10	9	12	9	16
30					9	13	10	17
20							10	17

[전문개정 2011.12.23.]

제26조(오르막차로) ① 종단경사가 있는 구간에서 자동차의 오르막 능력 등을 검토하여 필요하다고 인정되는 경우에는 오르막차로를 설치하여야 한다. 다만, 설계속도가 시속 40킬로미터 이하인 경우에는 오르막차로를 설치하지 아니할 수 있다.

② 오르막차로의 폭은 본선의 차로폭과 같게 설치하여야 한다.

제27조(종단곡선) ① 차도의 종단경사가 변경되는 부분에는 종단곡선을 설치하여야 한다. 이 경우 종단곡선의 길이는 제2항에 따른 종단곡선의 변화 비율에 따라 산정한 길이와 제3항에 따른 종단곡선의 길이 중 큰 값의 길이 이상이어야 한다.

② 종단곡선의 변화 비율은 설계속도 및 종단곡선의 형태에 따라 다음 표의 비율 이상으로 한다.

설계속도(킬로미터/시간)	종단곡선의 형태	종단곡선 최소 변화 비율(미터/퍼센트)
120	볼록곡선	120
	오목곡선	55
110	볼록곡선	90
	오목곡선	45
100	볼록곡선	60
	오목곡선	35
90	볼록곡선	45
	오목곡선	30

(계속)

설계속도(킬로미터/시간)	종단곡선의 형태	종단곡선 최소 변화 비율(미터/퍼센트)
80	볼록곡선	30
	오목곡선	25
70	볼록곡선	25
	오목곡선	20
60	볼록곡선	15
	오목곡선	15
50	볼록곡선	8
	오목곡선	10
40	볼록곡선	4
	오목곡선	6
30	볼록곡선	3
	오목곡선	4
20	볼록곡선	1
	오목곡선	2

③ 종단곡선의 길이는 설계속도에 따라 다음 표의 길이 이상이어야 한다.

설계속도(킬로미터/시간)	종단곡선 최소 길이(미터)
120	100
110	90
100	85
90	75
80	70
70	60
60	50
50	40
40	35
30	25
20	20

제28조(횡단경사) ① 차도의 횡단경사는 배수를 위하여 노면의 종류에 따라 다음 표의 비율로 하여야 한다. 다만, 편경사가 설치되는 구간은 제21조에 따른다.

노면의 종류	아스팔트 및 시멘트 포장도로	간이포장도로	비포장도로
횡단경사(퍼센트)	1.5 이상 2.0 이하	2.0 이상 4.0 이하	3.0 이상 6.0 이하

② 보도 또는 자전거도로의 횡단경사는 2퍼센트 이하로 한다. 다만, 지형 상황 및 주변 건축물 등으로 인하여 부득이하다고 인정되는 경우에는 4퍼센트까지 할 수 있다.

③ 길어깨의 횡단경사와 차도의 횡단경사의 차이는 시공성, 경제성 및 교통안전을 고려하여 8퍼센트 이하로 하여야 한다. 다만, 측대를 제외한 길어깨폭이 1.5미터 이하인 도로, 교량 및 터널 등의 구조물 구간에서는 그 차이를 두지 아니할 수 있다.

제29조(포장) ① 차도, 측대, 길어깨, 보도 및 자전거도로 등은 안정성 및 시공성 등을 고려하여 적절한 두께 및 재질 등의 구조로 포장하여야 한다.

② 차도 및 측대는 교통량, 노상의 상태, 기후조건, 경제성, 시공성 및 유지관리 등을 고려하여 자동차가 안전하고 원활하게 통행할 수 있는 공법으로 포장하여야 한다.

③ 내리막 경사의 평면곡선부 등 도로의 선형(線形) 또는 시거로 인하여 짧은 제동거리가 요구되는 구간의 차도는 미끄럼에 대한 저항이 양호한 형태로 포장하거나 미끄럼방지를 위한 포장시설을 설치하여야 한다.

제30조(배수시설) ① 도로시설의 보전(保全), 교통안전, 유지보수 등을 위하여 도로에는 측구(側溝), 집수정 및 도수로(導水路) 등 적절한 배수시설을 설치하여야 한다. 이 경우 배수시설에 공급되는 전기시설은 침수의 영향을 받지 않도록 설치하여야 한다.

② 배수시설의 규격은 강우(降雨)의 지속 시간 및 강도와 지형 상황에 따라 적절하게 결정되어야 한다.

③ 길어깨는 노면 배수로로 활용할 수 있으며, 길어깨에 붙여서 측구를 설치하는 경우에는 교통안전을 위하여 윗면이 열린 측구를 설치하여서는 아니 된다.

제31조(도로의 교차) 도로의 교차는 특별한 경우를 제외하고는 네 갈래 이하로 하여야 한다.

제32조(평면교차와 그 접속기준) ① 교차하는 도로의 교차각은 직각에 가깝게 하여야 한다.

② 교차로의 종단경사는 3퍼센트 이하이어야 한다. 다만, 주변 지장물과 경제성을 고려하여 필요하다고 인정되는 경우에는 6퍼센트 이하로 할 수 있다.

③ 평면으로 교차하거나 접속하는 구간에서는 필요에 따라 회전차로, 변속차로, 교통섬 등의 도류화시설(도류화시설 : 도로의 흐름을 원활하게 유도하는 시설)을 설치하여야 하며, 이에 관하여 필요한 사항은 국토교통부장관이 따로 정한다. <개정 2013.3.23.>

④ 교차로에서 좌회전차로가 필요한 경우에는 직진차로와 분리하여 설치하여야 한다.

제33조(입체교차) ① 고속도로나 주간선도로의 기능을 가진 도로가 다른 도로와 교차하는 경우 그 교차로는 입체교차로 하여야 한다. 다만, 교통량 및 지형 상황 등을 고려하여 부득이하다고 인정되는 경우에는 그러하지 아니하다.

② 고속도로 또는 주간선도로가 아닌 도로가 서로 교차하는 경우로서 교통을 원활하게 처리하기 위하여 필요하다고 인정되는 경우 그 교차로는 입체교차로 할 수 있다.

③ 입체교차를 계획할 때에는 도로의 기능, 교통량, 도로 조건, 주변 지형 여건, 경제성 등을 고려하여야 한다.

제34조(입체교차의 연결로) ① 입체교차의 연결로에 대하여는 제8조, 제10조 제3항, 제11조 제2

항 및 제12조 제2항·제3항을 적용하지 아니한다.

② 연결로의 설계속도는 접속하는 도로의 설계속도에 따라 다음 표의 속도를 기준으로 한다. 다만, 루프 연결로(고리 모양으로 생긴 연결로를 말한다)의 경우에는 다음 표의 속도에서 시속 10킬로미터 이내의 속도를 뺀 속도를 설계속도로 할 수 있다.

상급 도로의 설계속도 (킬로미터/시간) / 하급 도로의 설계속도 (킬로미터/시간)	120	110	100	90	80	70	60	50 이하
120	80 – 50							
100	80 – 50	80 – 50						
100	70 – 50	70 – 50	70 – 50					
90	70 – 50	70 – 40	70 – 40	70 – 40				
80	70 – 40	70 – 40	60 – 40	60 – 40	60 – 40			
70	70 – 40	60 – 40	60 – 40	60 – 40	60 – 40	60 – 40		
60	60 – 40	60 – 40	60 – 40	60 – 40	60 – 30	50 – 30	50 – 30	
50 이하	60 – 40	60 – 40	60 – 40	60 – 40	60 – 30	50 – 30	50 – 30	40 – 30

③ 연결로의 차로폭, 길어깨폭 및 중앙분리대의 폭은 다음 표의 폭 이상으로 한다. 다만, 교량 등의 구조물로 인하여 부득이한 경우에는 괄호 안의 폭까지 줄일 수 있다.

횡단면 구성요소 / 연결로 기준	최소 차로 폭 (미터)	길어깨의 최소 폭(미터)					중앙분리대 최소 폭 (미터)
		한쪽 방향 1차로		한쪽 방향 2차로	양방향 다차로	가속·감속 차로	
		오른쪽	왼쪽	오른쪽·왼쪽	오른쪽	오른쪽	
A 기준	3.50	2.50	1.50	1.50	2.50	1.50	2.50(2.00)
B 기준	3.25	1.50	0.75	0.75	0.75	1.00	2.00(1.50)
C 기준	3.25	1.00	0.75	0.50	0.50	1.00	1.50(1.00)
D 기준	3.25	1.25	0.50	0.50	0.50	1.00	1.50(1.00)
E 기준	3.00	0.75	0.50	0.50	0.50	0.75	1.50(1.00)

비고) 1. 각 기준의 정의

가. A기준 : 길어깨에 대형자동차가 정차한 경우 세미트레일러가 통과할 수 있는 기준
나. B기준 : 길어깨에 소형자동차가 정차한 경우 세미트레일러가 통과할 수 있는 기준
다. C기준 : 길어깨에 정차한 자동차가 없는 경우 세미트레일러가 통과할 수 있는 기준
라. D기준 : 길어깨에 소형자동차가 정차한 경우 소형자동차가 통과할 수 있는 기준
마. E기준 : 길어깨에 정차한 자동차가 없는 경우 소형자동차가 통과할 수 있는 기준

2. 도로등급별 적용기준

상급도로의 도로등급		적용되는 연결로의 기준
고속도로	지방지역	A기준 또는 B기준
	도시지역	B기준 또는 C기준
일반도로		B기준 또는 C기준
소형차도로		D기준 또는 E기준

④ 연결로의 형식은 오른쪽 진출입을 원칙으로 한다. 이 경우 진출입의 연속성 및 일관성이 유지되도록 하여야 한다.

제35조(입체교차 변속차로의 길이) ① 변속차로 중 감속차로의 길이는 다음 표의 길이 이상으로 하여야 한다. 다만, 연결로가 2차로인 경우 감속차로의 길이는 다음 표의 길이의 1.2배 이상으로 하여야 한다.

본선 설계속도(킬로미터/시간)			120	110	100	90	80	70	60
연결로 설계속도(킬로미터/시간)	80	변이구간을 제외한 감속차로의 최소길이(미터)	120	105	85	60	–	–	–
	70		140	120	100	75	55	–	–
	60		155	140	120	100	80	55	–
	50		170	150	135	110	90	70	55
	40		175	160	145	120	100	85	65
	30		185	170	155	135	115	95	80

② 본선의 종단경사의 크기에 따른 감속차로의 길이 보정율은 다음 표의 비율로 하여야 한다.

본선의 종단 경사(퍼센트)	내리막경사				
	0~2 미만	2 이상 ~ 3 미만	3 이상 ~ 4 미만	4 이상 ~ 5 미만	5 이상
감속차로의 길이 보정율	1.00	1.10	1.20	1.30	1.35

③ 변속차로 중 가속차로의 길이는 다음 표의 길이 이상으로 하여야 한다. 다만, 연결로가 2차로인 경우 가속차로의 길이는 다음 표의 길이의 1.2배 이상으로 하여야 한다.

본선 설계속도(킬로미터/시간)			120	110	100	90	80	70	60
연결로 설계속도(킬로미터/시간)	80	변이구간을 제외한 가속차로의 최소길이(미터)	245	120	55	–	–	–	–
	70		335	210	145	50	–	–	–
	60		400	285	220	130	55	–	–
	50		445	330	265	175	100	50	–
	40		470	360	300	210	135	85	–
	30		500	390	330	240	165	110	70

④ 본선의 종단경사의 크기에 따른 가속차로의 길이 보정율은 다음 표의 비율로 한다.

본선의 종단 경사(퍼센트)	오르막경사				
	0~2 미만	2 이상 ~ 3 미만	3 이상 ~ 4 미만	4 이상 ~ 5 미만	5 이상
가속차로의 길이 보정율	1.00	1.20	1.30	1.40	1.50

⑤ 변속차로의 변이구간의 길이는 다음 표의 길이 이상으로 하여야 한다.

본선 설계속도(킬로미터/시간)	120	110	100	90	80	60	50	40
변이구간의 최소 길이(미터)	90	80	70	70	60	60	60	60

제36조(철도와의 교차) ① 도로와 철도의 교차는 입체교차를 원칙으로 한다. 다만, 주변 지장물이나 기존의 교차형식 등으로 인하여 부득이하다고 인정되는 경우에는 예외로 한다.

② 제1항 단서에 따라 도로와 철도가 평면교차하는 경우 그 도로의 구조는 다음 각 호의 기준에 따른다.

1. 철도와의 교차각을 45도 이상으로 할 것
2. 건널목의 양측에서 각각 30미터 이내의 구간(건널목 부분을 포함한다)은 직선으로 하고 그 구간 도로의 종단경사는 3퍼센트 이하로 할 것. 다만, 주변 지장물과 기존 도로의 현황을 고려하여 부득이하다고 인정되는 경우에는 예외로 한다.
3. 건널목 앞쪽 5미터 지점에 있는 도로 중심선 위의 1미터 높이에서 가장 멀리 떨어진 선로의 중심선을 볼 수 있는 곳까지의 거리를 선로방향으로 측정한 길이(이하 "가시구간의 길이"라 한다)는 철도차량의 최고속도에 따라 다음 표의 길이 이상으로 할 것. 다만, 건널목차단기와 그 밖의 보안설비가 설치되는 구간의 경우에는 예외로 한다.

건널목에서의 철도차량의 최고속도(킬로미터/시간)	가시구간의 최소 길이(미터)
50 미만	110
50 이상 70 미만	160
70 이상 80 미만	200
80 이상 90 미만	230
90 이상 100 미만	260
100 이상 110 미만	300
110 이상	350

③ 철도를 횡단하여 교량을 가설하는 경우에는 철도의 확장 및 보수와 제설 등을 위한 충분한 경간장(徑間長)을 확보하여야 하며, 교량의 난간 부분에 방호울타리 등을 설치하여야 한다.

제37조(양보차로) ① 2차로 도로에서 앞지르기시거가 확보되지 아니하는 구간으로서 교통용량 및 안전성 등을 검토하여 필요하다고 인정되는 경우에는 저속자동차가 다른 자동차에게 통행을 양보할 수 있는 차로(이하 "양보차로"라 한다)를 설치하여야 한다.

② 양보차로를 설치하는 구간에는 운전자가 양보차로에 진입하기 전에 이를 충분히 인식할 수 있도록 노면표시 및 표지판 등을 설치하여야 한다.

③ 양보차로는 교통용량 및 안전성 등을 검토하여 적절한 길이 및 간격이 유지되도록 하여야 한다.

제38조(도로안전시설 등) ① 교통사고를 방지하기 위하여 필요하다고 인정되는 경우에는 시선유도시설, 방호울타리, 충격흡수시설, 조명시설, 과속방지시설, 도로반사경, 미끄럼방지시설, 노면요철포장, 긴급제동시설, 안개지역 안전시설, 횡단보도육교(지하횡단보도를 포함한다) 등의 도로안전시설을 설치하여야 한다.

② 도로의 부속물을 설치하는 경우에는 교통약자의 통행 편의를 고려하여야 하며, 필요하다고 인정되는 경우에는 교통약자를 위한 별도의 시설을 설치하여야 한다.

제39조(교통관리시설 등) ① 교통의 원활한 소통과 안전을 도모하고 교통사고를 방지하기 위하여 필요하다고 인정되는 경우에는 신호기 및 안전표지 등의 교통안전시설, 도로표지, 도로명판 등을 설치하여야 하며, 긴급연락시설, 도로교통정보 안내시설, 과적차량검문소, 차량 검지체계(檢知體系) 등의 교통관리시설을 설치할 수 있다.

② 교통체계의 효율성과 안전성을 위하여 필요한 경우에는 도로교통 상황을 파악하고 관리할 수 있는 지능형 교통관리체계를 설치할 수 있다.

제40조(주차장 등) ① 원활한 교통의 확보, 통행의 안전 또는 공중의 편의를 위하여 필요하다고 인정되는 경우에는 도로에 주차장, 버스정류시설, 비상주차대, 휴게시설과 그 밖에 이와 유사한 시설을 설치하여야 한다.

② 제1항에 따른 시설을 설치하는 경우 본선 교통의 원활한 소통을 위하여 본선의 설계속도에 따라 적절한 변속차로 등을 설치하여야 한다.

제41조(방호시설 등) 낙석, 붕괴, 파랑(波浪), 바람 또는 적설 등으로 인하여 교통 소통에 지장을 주거나 도로의 구조에 손상을 입힐 가능성이 있는 부분에는 울타리, 옹벽, 방호시설, 방풍시설 또는 제설시설을 설치하여야 한다.

제42조(터널의 환기시설 등) ① 터널에는 안전하고 원활한 교통 소통을 위하여 필요하다고 인정되는 경우에는 도로의 설계속도, 교통 조건, 환경 여건, 터널의 제원 등을 고려하여 환기시설 및 조명시설을 설치하여야 한다.

② 화재나 그 밖의 사고로 인하여 교통에 위험한 상황이 발생될 우려가 있는 터널에는 소화설비, 경보설비, 피난설비, 소화활동설비, 비상전원설비 등의 방재시설을 설치하여야 한다.

③ 터널 안의 일산화탄소 및 질소산화물의 농도는 다음 표의 농도 이하가 되도록 하여야 하며, 환기 시의 터널 안 풍속이 초속 10미터를 초과하지 아니하도록 환기시설을 설치하여야 한다.

구 분	농 도
일산화탄소	100 ppm
질소산화물	25 ppm

제43조(환경시설 등) ① 도로건설로 인한 주변 환경피해를 최소화하기 위하여 필요한 경우에는 생태통로(生態通路) 등의 환경영향저감시설을 설치하여야 한다.

② 교통량이 많은 도로 주변의 주거지역, 정숙을 요하는 시설이나 공공시설 등이 위치한 지역과 환경보존을 위하여 필요한 지역에는 도로의 바깥쪽에 환경시설대나 방음시설을 설치하여야 한다.

제44조(교량 등) ① 교량 등의 도로구조물은 하중(荷重) 조건 및 내진성(耐震性), 내풍안전성(耐風安全性), 수해내구성(水害耐久性) 등을 고려하여 설치하여야 하며, 그 기준에 관하여 필

요한 사항은 국토교통부장관이 정한다. <개정 2013.3.23.>

② 교량에는 그 유지·관리를 위하여 필요한 교량 점검로 및 계측시설 등의 부대시설을 설치하여야 한다.

제45조(일시적으로 설치하는 도로에 대한 적용의 특례) 도로나 그 밖의 시설에 관한 공사에 필요하여 일시적으로 사용할 목적으로 설치하는 도로에는 이 규칙을 적용하지 아니하거나 이 규칙에서 정하는 기준을 완화하여 적용할 수 있다.

제46조(사실상의 도로에 대한 적용의 특례) 「도로법」에 따른 도로 외의 도로로서 2차로 이상인 도로에 대하여는 그 도로의 설치 목적 및 기능 등을 고려하여 이 규칙에서 정하는 기준을 적용할 수 있다.

제47조(기존의 도로에 대한 적용의 특례) 확장하거나 개수·보수 공사 등을 하는 기존의 도로에 있어서 이 규칙에서 정하는 기준과 맞지 아니하는 부분이 있는 경우로서 실험에 의하거나 이론적으로 문제가 없다고 인정되는 경우에는 이 규칙에서 정하는 관련 기준을 적용하지 아니할 수 있다.

제48조(도로의 구조 등에 관한 세부적인 기준) 이 규칙에서 정한 사항 외에 도로의 구조 및 시설의 기준에 관한 세부적인 사항은 국토교통부장관이 정하는 바에 따른다. <개정 2013.3.23.>

부칙 <2014.7.15> (도로법 시행규칙)

제1조(시행일) 이 규칙은 2014년 7월 15일부터 시행한다.

제2조부터 제5조까지 생략

제6조(다른 법령의 개정) ①부터 ④까지 생략

⑤ 도로의 구조·시설 기준에 관한 규칙 일부를 다음과 같이 개정한다.

제1조 중 "「도로법」 제37조 및 제61조"를 "「도로법」 제48조 및 제50조"로 한다.

제2조 제7호 중 "「도로법」 제8조 및 제9조"를 "「도로법」 제10조 제1호 및 제11조"로 하고, 같은 조 제9호 중 "「도로법」 제61조"를 "「도로법」 제48조"로 한다.

제3조 제3항 표 외의 부분 중 "「도로법」 제8조"를 "「도로법」 제10조"로 한다.,

⑥부터 ⑬까지 생략

제7조 생략

■ 차도 및 보도 등의 시설한계(제18조 제2항 관련)

1. 차도의 시설한계

차도에 접속하여 길어깨가 설치되어 있는 도로		차도에 접속하여 길어깨가 설치되어 있지 않은 도로	차도 또는 중앙분리대 안에 분리대 또는 교통섬이 있는 도로
터널 및 100미터 이상인 교량을 제외한 도로의 차도	터널 및 100미터 이상인 교량의 차도		

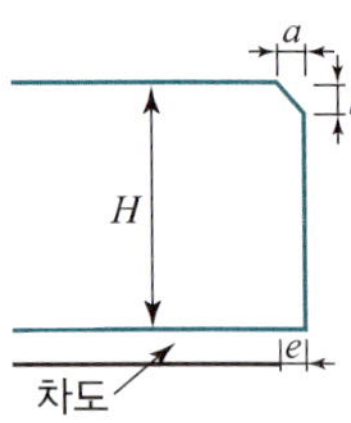

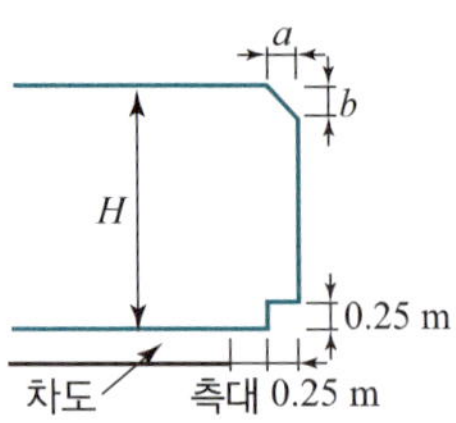

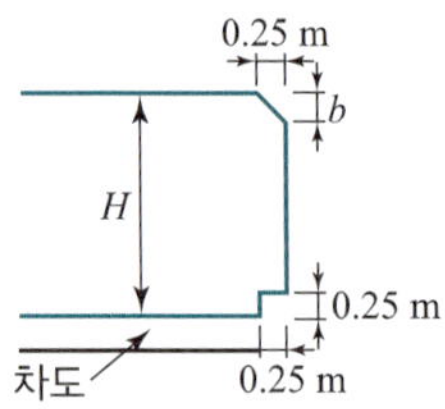

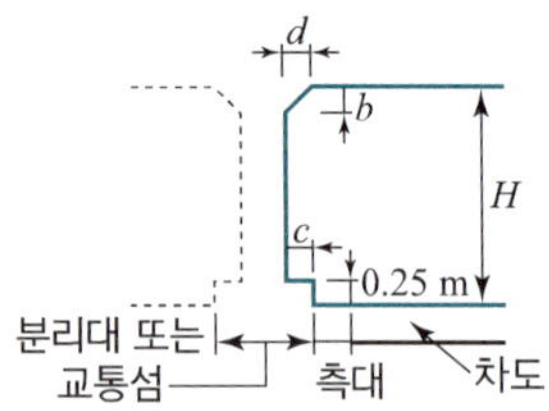

- a 및 e : 차도에 접속하는 길어깨의 폭. 다만, a가 1미터를 초과하는 경우에는 1미터로 한다.
- b : H(4미터 미만인 경우에는 4미터)에서 4미터를 뺀 값. 다만, 소형차도로는 H(2.8미터 미만인 경우에는 2.8미터)에서 2.8미터를 뺀 값.
- c 및 d : 분리대와 관계가 있는 것이면 도로의 구분에 따라 각각 다음 표에서 정하는 값으로 하고, 교통섬과 관계가 있는 것이면 c는 0.25미터, d는 0.5미터로 한다.

구분	c	d
고속도로	0.25 이상 0.5 이하	0.75 이상 1.00 이하
도시고속도로	0.25	0.75
일반도로	0.25	0.50

- H : 시설한계 높이

2. 보도 및 자전거도로의 시설 한계

노상시설을 설치하지 않은 보도 및 자전거도로	노상시설을 설치하는 보도 및 자전거도로

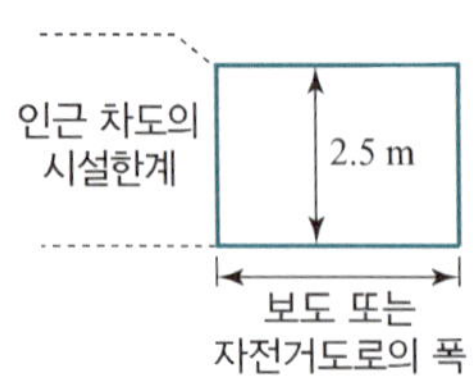

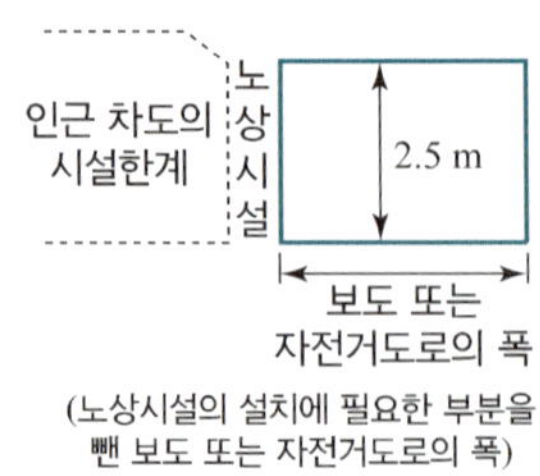

9.3 환경평가방법

9.3.1 환경의 상황조사

(1) 대기오염

① 조사항목 및 내용

대기오염에 관한 환경기준은 아황산가스, 일산화탄소, 부유입자상물질(미소먼지), 이산화질소, 광화학옥시탄트에 대하여 정해져 있다.

현황조사는 이들 물질을 대상으로 실시하나 그 가운데서도 일산화탄소와 이산화탄소에 대해서는 자동차에서 배출되는 양의 대기 중에 차지하는 비율이 크므로, 후술하는 예측대상물질로 되어 있고, 현상에 대해서는 상세한 조사가 필요하다.

조사항목은 일평균농도, 월평균농도, 농도의 시간변동, 농도의 출현빈도 등에 대하여 정리한다. 또한 질소산화물에 대해서는 NO와 NO_2의 구성비에 대해서도 실태를 파악해 둘 필요가 있다. 더욱이 당해지역에 있어서 기존의 배출원과 배출량의 상황, 배출규제 방지대책의 동향 등에 대해서도 자료를 수집한다. 또 대기오염의 현황과 함께 풍향, 풍속, 일사량, 구름의 양 등에 대해서도 자료를 수집할 필요가 있다.

조사방법은 필요한 자료는 그 성격상 장기에 걸치는 것이므로 지방공공단체 등에서 장기간 관측하고 있는 자료를 이용하는 것이 좋다. 이러한 관측을 실시하고 있는 곳이 많지 않으므로 계획도로 부근의 현황을 파악할 필요가 있는 경우 다음에 설명하는 현지조사를 단기가 실시하고, 연간의 변동 경향 등 장기적인 경향에 대해서는 부근의 대기측정자료를 얻을 수 있는 경우, 그 장기자료와 대비하는 등의 수법을 취한다.

② 현황조사

조사는 보통 1주간 정도 시행하는 것이 바람직한데, 그 이유는 1주간이 하나의 생활사이클의 기본이라고 생각되기 때문이다. 기존차도 부근의 대기오염을 조사할 때의 측정장소는 보통 도로단(道路端)과 배후지농도를 대표하는 점(당해도로 및 다른 간선도로 자동차교통의 영향을 직접 받지 않고 공장연돌 등의 고정발생원의 영향도 직접으로 받지 않는다고 생각되는 지점)을 정하고, 그 사이를 적당한 간격으로 조사한다. 일반적으로 도로단에서 100~150 m로 하는 경우가 많다.

조사항목은 시간마다의 농도와 기상조건 및 교통량과의 관계를 파악하기 위해 교통량(차종별, 방향별, 시간대별), 주행속도(시간평균운행속도) 등의 교통관계 데이터, 날씨, 풍향, 풍속, 기온 등의 기상관계 데이터 대해서도 조사한다.

기상조사에 있어서는 자동기록계를 사용하는 것이 편리하다.

각 오염물질의 일반적인 측정방법을 다음 표 9.1에 나타내었다.

표 9.1 대기오염 조사방법

오염물질	측정방법	농도표시단위
SO_2	용액전도율법(溶液電導率法)	용량박만분율 ppm
CO	비분산형적외분석계(非分散型赤外分析計)	〃
NO	화학발광법	〃
NO_2	찰스만시약에 의한 흡광광도법(吸光光度法)	〃
광화학옥시탄트	중성옥화칼슘용액을 이용하는 흡광광도법 또는 전량법(電量法)	〃
HC	개스크로마트 그래프에 의한 분석	〃
부유입자상물질	여과포집(濾過捕集)에 의한 중량농도측정방법 또는 광산란법(光散亂法)	mg/m^2

(2) 소음

① 조사항목 및 내용

소음레벨은 중앙치(L50)로 평가하는 것으로 되어 있으나 소음레벨의 변동 크기를 파악하기 위하여 90%레인지의 상하단(L5, L95)도 함께 조사한다. 또한 이때 필요에 따라 청우별(晴雨別), 풍향 등의 기상조건 또는 측정지점 부근에 도로가 있는 경우에는 교통량(대형, 소형별, 시간대별), 평균주행속도, 차로수, 노면상황 등의 도로 · 교통조건, 측정위치 주변의 지형상황 등의 자료도 아울러 정리해 둔다.

② 현지조사

측정은 옥외에서 시행하는 것으로 한다. 측정점은 될 수 있는 대로 당해지역의 소음을 대표한다고 생되는 지점 또는 소음에 관한 문제가 일어나기 쉬운 지점을 선택하는 것으로 한다. 이때 도로에 면한 지역에 대해서는 일반적으로 주거, 병원, 학교 등의 용도에 쓰이는 건물로부터 도로쪽 1 m의 지점, 지상고는 원칙으로 1.2 m로 한다. 다만 건물이 보도가 없는 도로에 접하고 있는 경우 도로단에서 측정한다.

측정은 연속하는 1주간 중 대표치를 나타낸다고 생각되는 5일간 정도 시행하는 것이 바람직하나, 부득이한 경우는 1일의 조사로도 좋다. 특정횟수는 조석 각 1회 이상, 주야간 각 2회 이상 측정하는 것으로 하고, 특히 숙면시간에 주의하여 측정한다. 1회의 측정에 있어서 자료수는 교통조건에 의해 소음 레벨이 불규칙하게 변동하므로 5초 간격으로 100개 이상의 값을 읽어 중앙치 등의 측정치를 얻는 것으로 한다. 측정에 사용하는 소음계는 지시소음계(指示騷音計)의 청감보정회로(聽感補正回路)를 사용한다.

(3) 진동

① 조사항목 및 내용

도로교통진동은 불규칙하며, 크게 변동하고, 그 최대치가 일정하지 않기 때문에 5초 간격으로 연속하여 얻은 100개의 값에서 구해진 누적도수곡선(累積度數曲線)의 10% 값 L_{10}(80% 레인지의 상단치)를 잡아 표시한다. 이것은 L_{10}이 도로교통의 경우 변동최대치의 거의 평균치로 생각되기 때문이다.

차에 대한 진동이 지반에 전달되는 경우 지반은 차체진동의 고유진동수가 아니고 지반 자신의 고유진동수로 진동하고 있다고 생각된다. 이것이 지반고유진동수라 하는 것이며, 이에 대해서도 자료를 수집할 필요가 있다.

또한 주변의 지형 및 지반상황, 인가(人家) 등의 밀집도 또한 기존도로가 가까이 있는 경우에는 교통량(대형, 소대별, 시간대별), 평균주행속도, 차로수, 도로구조(평탄성, 고가, 절토성도, 성토고 등), 노면상황 등의 도로교통 조건에 대해서도 조사한다.

② 현지조사

실측하는 범위는 기존의 도로단 또는 계획도로단에서부터 보통 100 m 정도를 취하면 충분하다. 도로단에서부터 측정범위까지를 적당한 간격으로 나누어 여러 개의 측정점을 설정한다.

조사기간은 주야간의 구분으로 1시간당 1회 이상의 측정을 4시간 이상 시행하는 것으로 한다. 진동계는 진동레벨계(공해용진동계)를 사용한다.

(4) 식물, 동물, 자연경관

① 조사항목 및 내용

식물에 대해서는 육상식물 및 수중식물의 상황과 아울러 희귀종 및 희귀종군락에 대하여 조사한다.

이 가운데 현존식생에 대해서는 군락의 분포상황을 파악함과 함께 필요에 따라 대표적 군락의 구성 등을 조사한다. 희귀종 및 희귀종군락에 대해서는 지정의 유무, 위치, 분포, 수령(樹齡), 양 등에 대해 조사한다.

동물에 대해서는 포유류, 조류, 곤충류, 어패류 등의 생식상황, 생식환경 및 희귀종의 본포상황, 양, 생태에 대해 조사한다.

② 조사방법

각 항목마다 기존문헌을 중심으로 조사하고,, 필요에 따라 현지조사도 실시한다. 이 가운데 식물에 대해 광범위한 조사를 시행하는 경우 대상지역을 적당한 구획으로 위의 각 항목에 대해 조사하는 것이 편리하다. 조사수법으로는 일반적으로 공중사진을 이용하나 계획도로연도의 보다 상세한 조사는 현지에서 직접한다.

(5) 기타

수질오염, 지형, 지질, 지반침하에 대해서도 기존자료에 의해 조사함과 동시에 필요에 따라 현지조사를 실시한다. 이때 지반침하에 대해서는 연약지반에 있어서의 굴착, 지하수위저하공법 등의 공사실시 및 연약지반상에 있어서의 중량구조물(성토포함) 등의 시설설치로 인한 지반침하를 대상으로 한다.

9.3.2 환경의 예측 및 평가

현상조사를 시행한 환경항목에 대해 당해항목에 대한 영향의 유도에 대하여 검토하고, 영향이 있다고 판단되는 것에 대해서 예측하고 평가한다. 예측의 대상기간은 시설의 설치 또는 공용에 따르는 환경의 영향이 예측되는 시기를 대상으로 하나, 교통량예측년도 기타 관계로부터 일반적으로 거의 10년 후로 하는 경우가 많다.

(1) 대기오염

대기오염의 예측은 일산화탄소 및 질소화물질에 대해 시행하고, 도로단에서 100~150 m의 범위를 대상으로 한다. 예측방법은 유사도로에 있어서의 실측치를 이용하는 방법과 모델식에 의해 계산으로 구하는 방법이 있으나 통상 모델식에 의해 구한다. 모델식은 바람이 불 때에는 프루움식, 바람이 없을 때(풍속이 1 m/se 이하)에는 파흐식이 이용된다.

① 프루움식

$$c(x,\ y,\ z) = Q/2\pi u\sigma_y\sigma_z \exp(-y^2/2{\sigma_y}^2)$$
$$\cdot\ [\exp\{-(z+H)^2/2{\sigma_z}^2\} + \exp\{-(z-H)^2/2{\sigma_z}^2\}]$$

여기서 $c(x,\ y,\ z)$: 좌표 $x,\ y,\ z$에 있어서의 농도(ppm)

Q : 배출원(排出源) 강도(cc/s)

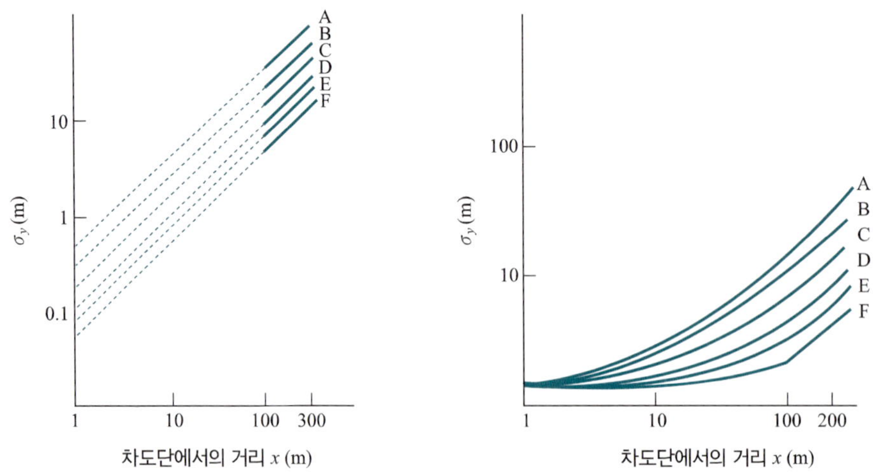

(a) (b)

그림 9.1 파스킬·기포드 확산폭

u : 평균속도(m/s)

H : 배출원의 유효높이(m)

$\sigma_y \sigma_z$: 수평, 연직방향의 확산폭(m)

x : 풍향에 연한 풍하거리(m)

y, z : x축에 직각인 수평, 연직거리(m)

$\sigma_x \sigma_y$에 대해서는 그림 1의 파스킬·기포드의 도표를 사용한다.

② 파흐식

$$c(x, y, z, t) = f_o{}^r \left\{ Q/(2\pi)^{3/2} \sigma_y{}^2(t)\, \sigma_z{}^2(t) \right\} \cdot \exp\left\{ -x^2 + y^2/2\sigma_y{}^2(t) \right\}$$
$$\cdot \left[\exp\left\{ -(z-H)^2/2\sigma_z{}^2(t) \right\} + \exp\left\{ -(z+H)^2/2\sigma_z{}^2(t) \right\} \right] dt$$

여기서 $c(x, y, z, t)$: 배출 후 t시간의 x, y, z의 농도(ppm)

Q : 단위시간당의 배출원강도(cc/s)

$\sigma_y(t)$: 배출 후 t시간의 수평방향의 확산폭(m)

$\sigma_z(t)$: 배출 후 t시간의 연직방향의 확산폭(m)

H : 배출원의 유효높이(m)

$\sigma_y(t)$, $\sigma_z(t)$에 대해서는 그림 9.2의 타나의 도표를 사용한다.

예측 시의 배출원은 점연원(点煙源)의 연속으로 하고, 예측단면의 전후 40 m 간은 2 m, 그 양쪽 각각 180 m 사이는 10 m 간격 정도로 배치한다. 연원(煙源)의 높이는 도로 중앙면에서 1 m로 하나, 절토구조일 때는 절토사면상단면(切土斜面上端面)을 가상로면으로 생각한다.

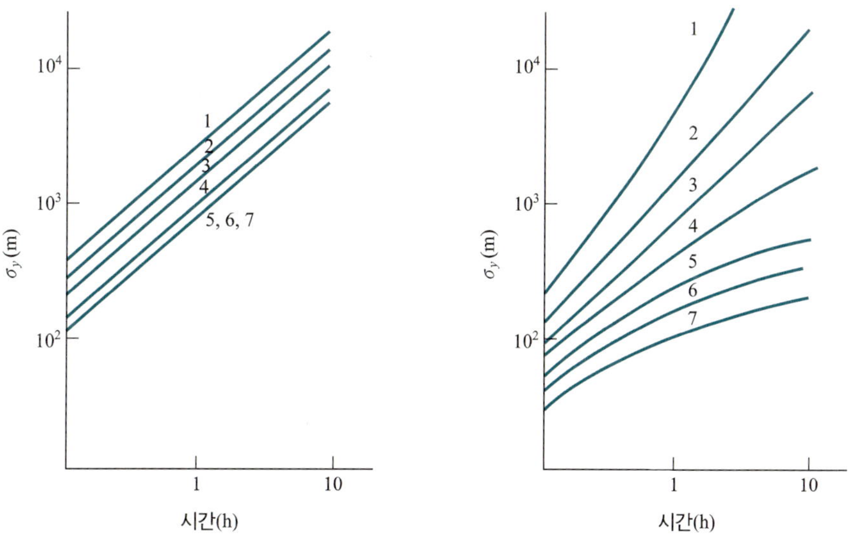

(a) (b)

그림 9.2 타나의 확산폭

차량에서의 배출강도는 차종별, 연식별, 주행속도별로 배출원 단위에 따라 설정한다. 계수(係數)의 일례를 표 9.2에 나타내었다. 풍향, 풍속 등의 기상조건은 일반적으로 시간대별, 16 방위별의 출현빈도와 평균풍속을 이용하고, 각 방위, 풍속별의 농도를 예측하고 연간으로 가중평균한다.

이상의 예측계산은 NOx 농도로 시행하나, NOx 농도와 NO_2 농도에 대해서는 다음 관계식이 얻어진다. NOx 농도를 x(ppm)로 한 경우

$$NO_2 \text{ 농도(ppm)} = 0.016x + 0.0389\sqrt{x}$$
$$(0.01 \leqq x \leqq 0.5 \text{ ppm})$$

의 경우는 NO_2 농도는 NOx 농도와 같은 것으로 한다.

표 9.2 NOx의 배출계수별(단위 : g/km)

속 도(km/h)	승용차	소형화물	대형차
10	0.30	1.98	4.06
20	0.25	1.64	3.39
30	0.25	1.61	3.32
40	0.25	1.60	3.33
50	0.25	1.58	3.30
60	0.24	1.50	3.17
80	0.25	2.28	3.54
100	0.93	3.47	4.28

교통소음에 대해서는 중앙치(L_{50})를 예측, 평가하나, 통상 다음의 예상식에 의해 예상치를 계산한다. 예측범위는 일반적인 경우 예측식의 적합범위인 도로단에서 100 m 정도로 하는 수가 많다.

$$L_{50} = L_w - 8 - 20\log_{10} l + 10\log_{10}\left(\pi\frac{l}{d}\tan h\, 2\pi\frac{l}{d}\right) + \alpha_d + \alpha_i$$
$$L_w = 87 + 0.2\,V + 10\log_{10}(\alpha_1 + 10\,\alpha_2)$$

여기서 L_{50} : 자동차교통소음의 중앙치(dB(A))
L_w : 1대의 차에서 발생하는 평균파워레벨(dB(A))
V : 평균주행속도(km/h)
α_1 : 소형차혼입률
α_2 : 대형차혼입률
l : 음원에서 수음점(受音点)까지의 거리(m)
d : 평균차두간격(m), $d = 1{,}000$ V/N

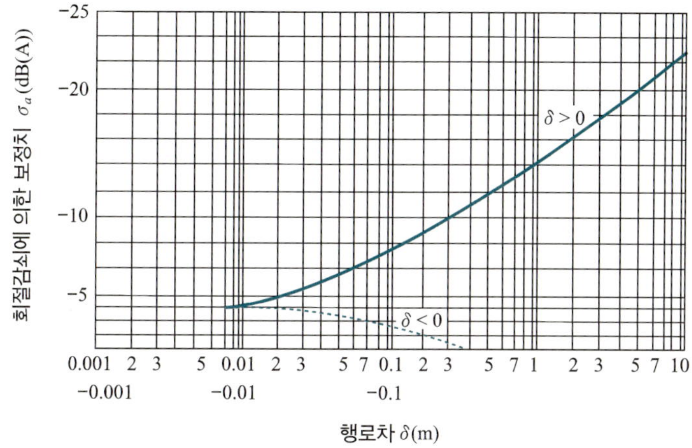

그림 9.3 회절감쇠에 의한 보정표(σ_d)

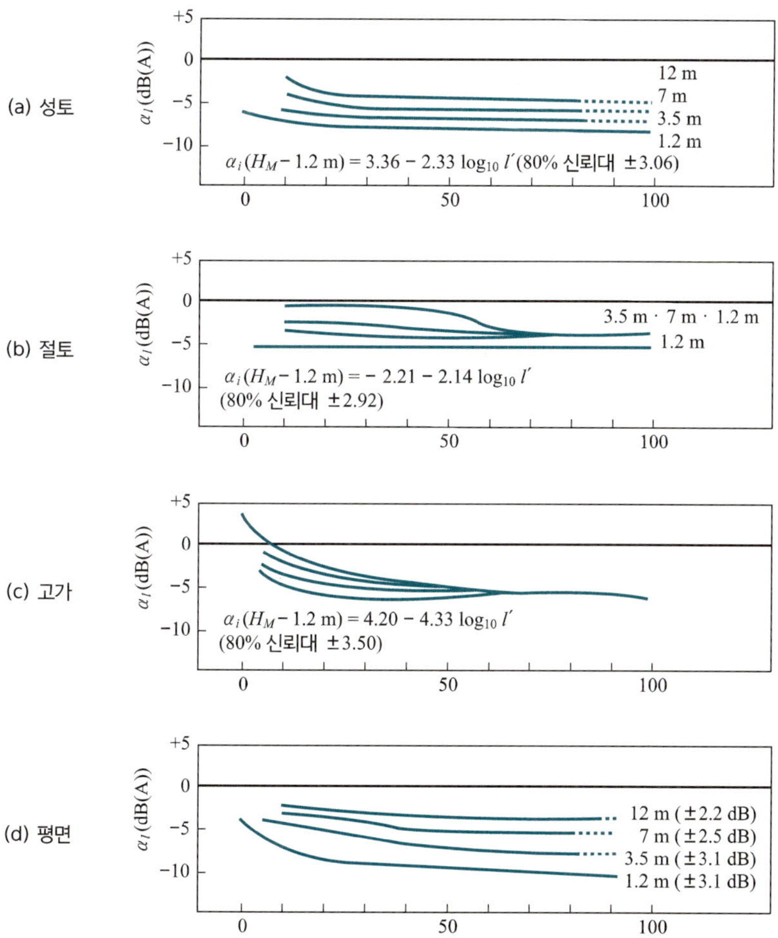

그림 9.4 여러 가지 원인에 의한 보정치 α_i (일반도로의 경우)

N : 교통량(대/h)

α_d : 회절감쇠(回折減衰)에 의한 보정치(dB(A)) (그림 9.3)

α_i : 여러 가지 원인에 의한 보정치(dB(A)) (그림 9.4)

예측에 있어서 음원의 배열은 다음과 같다.

- 1차로 또는 대향 2차로의 경우 : 도로의 중앙에 1개의 선상음원(線狀音原)을 생각한다.
- 상하분리의 편측 2차선 또는 3차선의 경우 : 상하 각 도로의 중앙에 1개의 선상음원을 생각한다.
- 기타(7차선 이상의 도로, 변칙적차도구성의 도로 등)의 경우 : 실상에 따라 적당히 차도를 구분하여 음원을 배치한다.

다음 각 음원에서 소음의 합성은

$$L_{50}{}' = 10\log_{10}\left(\sum_{i=1}^{n} 10^{(L50)i/10}\right)$$

을 사용하여 시행한다. 이때 α_d는 각 음원에 대하여 계산하고, α_i는 각 음원에서의 음을 합성한 것에 대하여 보정치를 구한다.

(3) 진동

도로교통진동에 대해서는 80% 레인지의 상단치(L_{10})를 예측한다.

대상구역은 연약지반구간에서 주변에 주택 등이 있고, 진동에 대한 문제를 일으킬 염려가 있는 장소로 하나, 통산 도로단에서 100 m 정도를 대상으로 한다. 연약지반을 생각하는 것은 진동의 평가기준으로 되어 있는 연직진동보정가속도레벨은 진동수가 4~8 Hz의 면에서 가장 크게 평가되기 때문이며, 지반고유진동수가 15 Hz 이하의 것을 연약지반이라 생각하면 좋다.

예측방법은 모델식을 사용하는 방법, 지형, 지반, 도로구조, 노면평탄성, 교통조건 등 진동에 영향을 주는 제인자(諸因子)의 조건이 유사한 지점에 있어서 기존 실측자료를 참고하여 예측한다. 이 가운데 예측모델식은 평면도로에 대해 다음과 같이 개발되어 있고, 성토구조일 경우 여기에 노면높이의 보정(a_k)을 가한다.

$$L_{10} = a\log_{10}(\log_{10}Q^*) + b + a_f + a_\sigma + a_l$$

$$Q^* = (Q_1 + 12Q_2) \times \frac{500}{3{,}600} \times \frac{1}{M}$$

여기서 a, b : 도로의 차선수 및 평균주행속도에 의해 정해진 값(dB) (표 9.3)

Q^* : 500초간의 1차로당 등가교통량(대/500 S/차로)

M : 계획도로의 차로수

Q_1 : 소형차시간 교통량(대/h)

Q_2 : 대형차시간 교통량(대/h)

a_f : 지반고유진동수에 의한 보정치(dB)

a_σ : 노면의 평탄성표준 편차치(b)에 의한 보정치(dB)

a_l : 거리감쇠치(dB)

표 9.3 a 및 b의 값

(a) a의 값

평균주행속도 (km/h)	왕복차로수			
	2	4	6	8
35	65.8	58.3	56.9	57.0
40	65.4	58.3	56.8	56.9
45	65.7	58.4	56.8	56.8
50	66.8	58.6	56.9	56.8
55	67.9	59.2	57.4	57.1
60	68.9	60.3	58.5	57.8
65	70.0	62.4	60.1	59.7

(b) b의 값

평균주행속도 (km/h)	왕복차로수			
	2	4	6	8
35	24.3	28.2	29.1	29.2
40	25.8	29.7	30.5	30.6
45	27.1	31.0	31.9	32.0
50	27.9	32.1	33.1	33.2
55	28.4	32.7	33.7	34.0
60	28.7	32.8	34.0	34.3
65	28.8	33.0	34.2	34.5

$a_\sigma = 4(\sigma - 2.2)$에서 σ(mm) 표 9.4로 나타낸다.

a_f는 지반고유진동수에 따라 다음과 같이 설정한다.

$$a_f = -10\{\log(4/f)\} + 5.5 \quad (1 \leqq f \leqq 4\text{일 때})$$

$$a_f = 5.5 \quad (4 \leqq f \leqq 8\text{일 때})$$

$$a_f = -20\{\log(4/8)\} + 5.5 \quad (8 \leqq f \leqq 90\text{일 때})$$

여기서 f : 지반고유진동수(Hz)

표 9.4 노면평단성의 기준(σ)

도로종별	건설 시의 검사기준		공용 후의 보수기준	
	측정방법	기준치	측정방법	기준치
일반도로 (국도 · 주요지방도)	3 m 프로필미터에 의한 σ값(mm)	2.4	3 m 프로필미터에 의한 σ값(mm)	4.0
기 타 (국도 · 지방도)	동 상	3.7	동 상	5.0

성토구조의 경우는 보정항으로서 a_h를 추가하나 이 a_h는

$$a_h = -1.6h \quad (h \leqq 5\text{일 때})$$
$$a_h = 8.0 \qquad (h > 5\text{일 때})$$

여기서 h : 노면 높이(m)

a_l에 대해서는, $a_l = 0$으로 하여 구한 L_{10}의 예측치($\overline{L}_{10}$)와 f에 의해 다음과 같이 구한다.

$$a_l = -3.3(\log l) + 1.8 \quad (1 \leqq f \leqq 10\text{에서 } \overline{L}_{10} < 50\text{일 때})$$
$$a_l = -6.7(\log l) + 3.6 \quad (\text{위 식 이외일 때})$$

여기서 l : 예측지점과 도로 간의 거리(m)

(4) 식물, 동물, 자연경관 등

도로건설이 식생에 주는 영향에는 ①건설공사에 의한 직접적인 식물에의 영향, ②건설 후의 환경변화에 의한 식물에의 영향, ③도로의 자동차교통에 의한 식물에의 영향, ④도로이용자에 의한 식물에의 영향 등을 생각할 수 있다. 특히 ②에 대해서는 종합적이고 단속적인 식물에의 영향이 생각되며, 식물종의 상위(相違), 식생환경, 도로규모 등에 의해 질량과 함께 여러 가지 영향이 나타나는 외에 그의 피해발생의 구조는 생태적인 것으로 된다. 따라서 예측항목도 토공 등에 의한 식생의 개변량(改變量)의 파악을 중심으로 정한다.

예측방법은 유사한 사례를 참고하여 주변식물의 천이에 대해 예측한다. 이때 유사도로의 선택 요인으로는 기후적인 관점을 가미한 표고, 지질, 폭원을 중심으로 한 도로의 규격 등을 생각할 수 있다.

동물에 대해서는 사업의 실시에 의한 기존종(既存種)의 분포, 생식상황(生息狀況), 생태 등에 대한 영향을 예측한다. 이 수법은 식생변화 등의 예측결과를 감안하고, 유사사례 등을 참고하여 예측한다.

(5) 기타

수질오염, 지질, 지형, 지반침하에 대해서도 필요에 따라 예측, 평가한다. 지형, 지질에 대해서는 토공 등에 의한 지형의 개변량을 중심으로 지하수의 변동에 의한 지형 · 지질의 변동에

대해서도 검토한다. 지반침하에 대해서는 연약지반구간에 대하여 유사조건에 있어서의 실측 자료 등을 이용한다.

9.3.3 평가보고서의 작성

(1) 평가방법

사람의 건강 또는 생활환경에 관한 환경항목인 대기오염, 수질오염, 소음 및 진동에 대해서는 예측 결과에 따라 환경보전목표와 대조하여 평가한다. 지반침하에 대해서는 유해한 영향의 유무에 의해 평가한다.

자연환경 및 자연경관에 대해서는 객관적인 평가가 분명히 되어 있는 항목에 대해 정성적인 보전항목을 설정하여 그에 따라 평가한다. 또 객관적인 보전목표를 설정할 수 없는 항목에 대해서는 유사한 사례 등에 따라 사실을 분명히 해 둔다.

(2) 환경보전목표의 설정

환경보전목표란 사업실시에 의한 환경 영향의 내용 및 정도가 환경보전상 지장을 주는가의 여부에 대하여 객관적으로 판단하기 위한 지표이며, 전문가의 의견 등에 근거하여 정량적으로 설정하는 것이다.

대기오염, 수질오염에 대해서는 환경보전법 등에 책정된 환경 기준 또는 공해방지계획 등의 목표치 등을 참고로 하고, 환경의 현황, 지역의 특성, 기술개발 등의 동향을 감안하여 적절히 설정한다. 이때 당해사업에 관계하는 것 이외에서 오는 부하(負荷)노동(소위 백그라운드농도)애 대해서 아울러 설정할 필요가 있다.

소음, 진동에 대해서는 일반적으로 표 9.5, 표 9.6의 값을 환경보전목표로 한다.

또 자연환경, 자연경관에 대해서는 객관적 가치가 분명한 것에 대해서 표 9.7에 따라 보전목표를 설정한다.

표 9.5 도로에 면한 지역의 소음에 관한 환경보전목표

지역의 유형	지역의 구분	시간구분		
		주간	조·석	야간
A	2차로 도로에 면한 지역	55 dB	50 dB	45 dB
	2차로 이상의 도로에 면한 지역	60 dB	55 dB	50 dB
B	2차로 도로에 면한 지역	65 dB	60 dB	55 dB
	2차로 이상의 도로에 면한 지역	65 dB	65 dB	60 dB

주) A : 주로 주거지역
B : 상당수의 주거와 아울러 상업, 공업 등의 지역

표 9.6 진동에 관한 환경보전목표

구 간	시간구분	
	주 간	야 간
A	65 dB	60 dB
B	70 dB	65 dB

주) A : 주로 주거지역
B : 상당수의 주거와 아울러 상업, 공업 등의 지역

표 9.7 자연환경, 자연경관에 관한 환경보전목표

구분		보전목표
A	전국적 가치가 있는 것	당해환경을 적극 보전한다.
B	지방적 가치가 있는 것	당해환경을 상당히 보전한다.
C	시군(市郡)적 가치가 있는 것	자연환경에의 영향을 가능한 한 최소화한다.

(3) 환경영향평가서의 작성

현장조사, 예측, 평가, 환경보전대책의 일련의 검토에 대하여 그 결과를 환경영향평가로서 정리한다. 그 내용은 환경보전에 관한 것뿐 아니라 사업의 필요성, 그 효과 등에 대해서도 기술하며, 일반적으로 표 9.8의 내용을 갖는 것으로 한다.

표 9.8 환경영향평가보고서의 내용

(1) 사업의 목적 및 개요
  1) 지역의 개요
  2) 사업의 목적(필요성 포함)
  3) 사업의 개요
  4) 사업의 효과
(2) 환경영향요인의 파악 및 환경영향평가의 대상으로 하는 조사항목의 설정내용(대상으로 하는 이유 및 대상으로 하지 않는 이유 포함)
(3) 현황조사의 결과내용
(4) 예측의 결과내용
(5) 평가의 결과내용
(6) 환경보전대책의 검토결과의 내용
  1) 환경보전대책의 검토결과의 내용
  2) 추가조사 등의 검토결과의 내용
(7) 기타 필요한 사업

9.4 도로 및 공항기술사 시험문제

제93회

제1교시

※ 다음 문제 중 10문제를 선택하여 설명하시오. (각 10점)

1. 지정국도
2. 콘크리트 수화열
3. 자전거 공유체계
4. 완화절선
5. 녹색요금체계
6. Barrier Free 인증제도
7. 민감도, 위험도 분석
8. 비점오염원의 종류 및 처리방안
9. Superstreet
10. 초기년도 수익률법(FYRR : First Year Rate of Return)
11. 허브(Hub)터미널
12. 활주로 보호구역(Runway Protection Zone)
13. 착륙대의 정지구역

제2교시

※ 다음 문제 중 4문제를 선택하여 설명하시오. (각 25점)

1. 4대강사업 등 친수구역개발과 관련, 제방 등 하천관련시설을 이용한 도로계획 시 고려사항을 설명하시오.
2. 도로교통용량의 영향요인 및 용량증대방안을 설명하시오.
3. 녹색성장시대의 도로포장기법에 대하여 설명하시오.
4. 도로의 평년선형과 종단선형 조합 시 발생될 수 있는 문제점 및 개선방안을 설명하시오.
5. 최근 국토해양부에서 고시한 "제4차 공항개발 중장기종합계획(2011－2015)" 내용 중 우리나라 공항정책 방향에 대하여 설명하시오.
6. 활주로의 배치, 방향 및 수에 영향을 미치는 요소에 대하여 설명하시오.

제3교시

※ 다음 문제 중 4문제를 선택하여 설명하시오. (각 25점)

1. 국토해양부 R&D 반전전략 "Green－up 30 미래핵신기술" 중 교통부문에 대한 주요내용을 기술하고, 도로기술자로서의 귀하의 견해를 설명하시오.
2. 장래확장을 전제로 한 도로설계 시 고려할 사항에 대하여 설명하시오.
3. 풍수해로 인한 도로비탈면의 피해 및 대책방안을 설명하시오.
4. 도로터널의 계측항목 및 항목별 평가사항에 대하여 설명하시오.
5. 도로(또는 공항)건설사업의 경제성분석절차 및 분석방법을 설명하시오.
6. 공항의 주요분야별 처리용량에 대하여 설명하시오.

제4교시

※ 다음 문제 중 4문제를 선택하여 설명하시오. (각 25점)

1. 국가경쟁력강화위원회(제22차 – 2010.6.23)에서 제시된 “도로사업 효율화 방안”의 주요내용을 설명하시오.
2. 안개, 강우 등 악천후를 고려한 도로안전시설의 개선방안을 설명하시오.
3. 콘크리트포장의 파손유형 및 보수방안에 대하여 설명하시오.
4. 도로의 공간기능에 대하여 설명하시오.
5. 수상비행장의 필수시설에 대하여 설명하시오.
6. 계류장의 종류와 설계요건에 대하여 설명하시오.

제94회

제1교시

※ 다음 문제 중 10문제를 선택하여 설명하시오. (각 10점)

1. 아시안 하이웨이(Asian Highway)
2. 노상(路床)
3. 설계기준 자동차
4. 유출입 유형의 일관성
5. 보조기층면의 분리막(콘크리트포장)
6. 편익의 계측
7. 접도구역
8. 회전교차로의 교통안전표지
9. 공용기간과 해석기간
10. 직선의 한계길이(평면선형)
11. 4개 활주로 번호 명명법
12. 활주로 공시거리
13. 개방구역/과주로/정지로

제2교시

※ 다음 문제 중 4문제를 선택하여 설명하시오. (각 25점)

1. 녹색성장시대에 부응하는 도로의 새로운 역할과 패러다임에 대하여 설명하시오.
2. 평면선형 설계에서 완화곡선 설치 시 효과와 유의사항에 대하여 설명하시오.
3. 도로(또는 공항) 설계 시 유토곡선작성 및 장비산정방법에 대하여 설명하시오.
4. 도로(또는 공항)건설의 주요 흙다짐공법과 그 특징에 대하여 설명하시오.
5. 최근 개정된 FAA 공항포장설계기준(AC150/5320 – 6E)의 설계특징에 대하여 개정전후를 비교하여 설명하시오.
6. 평행유도로에 설치되는 우회유도로의 기능 및 설치기준에 대하여 설명하시오.

제3교시

※ 다음 문제 중 4문제를 선택하여 설명하시오. (각 25점)

1. 도로터널 계획 시, 위치선정과 선형계획상의 주요 고려사항에 대하여 설명하시오.
2. 인터체인지(IC) 계획 시 배치와 위치선정에 대하여 설명하시오.
3. 콘크리트포장 도로(또는 공항)확장 및 선형개량 시 신구포장 접속부 처리의 문제점 및 대책을 설명하시오.

4. 도로(또는 공항)포장 구조체에 작용하는 응력의 특성을 설명하시오.
5. 활주로체계의 계획 시 사용하는 REDIM 모델의 정의, 기능, 사용방법, 적용효과 등에 대하여 설명하시오.
6. 항공기 De-icing 및 Anti-icing 작업 및 시설기준에 대하여 설명하시오.

제4교시

※ 다음 문제 중 4문제를 선택하여 설명하시오. (각 25점)

1. 도로성토 설계 시 고려해야 할 사항에 대하여 설명하시오.
2. 도로 계획 및 설계 시 검토해야 하는 도로설계 관련 계획에 대하여 설명하시오.
3. 도로(또는 공항)포장 형식선정 시 고려사항을 설명하시오.
4. 도로(또는 공항) 적산설계 단계에서의 토사, 리핑암, 발파암의 분류방법에 대하여 설명하시오.
5. 장애물제한표면에 저촉되는 장애물의 제거를 유보할 수 있는 기준 및 분석방법에 대하여 설명하시오.
6. 최근 공항개발의 과제인 민영화, 자유화, 상업화에 대하여 설명하시오.

제95회

제1교시

※ 다음 문제 중 10문제를 선택하여 설명하시오. (각 10점)

1. Universal Design
2. 소형차도로
3. 녹색속도
4. BIM(Building Information Modeling)
5. 첨단교통관리 시스템(ATMS : Advanced Traffic Management System)
6. 완화주행궤적
7. 차로수균형(Lane Balance)
8. 방호시설
9. 열섬완화포장
10. 도로설계 안전성 평가
11. 육상 비행장 분류기준
12. 활주로 시단표지(Runway Threshold Marking)
13. 활주로 회전패드(Runway Turn Pad)

제2교시

※ 다음 문제 중 4문제를 선택하여 설명하시오. (각 25점)

1. 최근 국토해양부에서 고시한 제2차 도로정비 기본계획(2011-2020년)에 대하여 설명하시오.
2. 도로설계분야의 해외진출 필요성과 문제점 및 대책에 대하여 설명하시오.
3. 도로사업 사후평가제도의 문제점 및 개선방안에 대하여 설명하시오.
4. 최근 이상기후에 따른 집중호우가 빈번히 발생하여 큰 피해를 입으키고 있는 바, 이에 따른 도로(또는 공항)에서의 수해유형분석 및 대책에 대하여 설명하시오.
5. 최근 국토해양부에서 울릉도 및 흑산도에 경비행장 건설을 추진하고 있는데, 이러한 경비행장의 개발방안 및 발전방향에 대하여 설명하시오.
6. Gate(계류장의 주기장소)의 수용능력에 대하여 설명하시오.

제3교시

※ 다음 문제 중 4문제를 선택하여 설명하시오. (각 25점)

1. 도로의 오르막 구간에 설치하는 오르막 차로의 운영상 문제점과 이를 개선하기 위해 시행하는 추월차로제에 대하여 설명하시오.
2. 대도시 주변 고속도로의 교통량 집중으로 최근 관련도로의 확장공사가 활발히 진행되고 있는 바, 확장설계 시 검토되어야 할 설계방안에 대하여 설명하시오.
3. 도로노선을 계획함에 있어 교통안전을 고려한 설계에 대하여 설명하시오.
4. 장마철 강우 후 도로(또는 공항)포장에서 발생하는 포트홀(Pot Hole) 저감대책에 대하여 설명하시오.
5. 공항의 총괄계획(Master Plan) 단계에 대하여 설명하시오.
6. 공항시설의 제·방빙시설에 대하여 설명하시오.

제4교시

※ 다음 문제 중 4문제를 선택하여 설명하시오. (각 25점)

1. 서울외곽순환고속도로 부천고가교 화재사고와 관련하여 이와 유사한 사고를 방지하기 위한 교량하부공간 관리방법과 상기 사고가 남긴 교훈에 대하여 설명하시오.
2. 지하도로계획 시 고려사항과 문제점 및 대책을 설명하시오.
3. 산지부를 통과하는 도로의 종단선형(터널포함)과 배수설계 시 고려해야 할 사항에 대하여 설명하시오.
4. 저탄소·녹색성장을 위한 도로(또는 공항)포장 기술에 대하여 설명하시오.
5. 2개의 활주로 배치방법에 대하여 설명하시오.
6. 공항시설은 기능별로 크게 4가지로 구분할 수 있는데, 이 중 항공기 이·착륙의 안전확보를 위하여 필요한 시설에 대하여 설명하시오.

제96회

제1교시

※ 다음 문제 중 10문제를 선택하여 설명하시오. (각 10점)

1. 도로 설계를 위한 과업수행흐름
2. 생활도로
3. 보도의 폭 및 보도의 횡단구성
4. 타당성 재조사
5. 평면교차로 시거
6. AHP(Analytic Hierarchy Process)
7. PrI(Profile Index)와 IRI(International Roughness Index)
8. 아스팔트포장의 블리스터링(Blistering)
9. 무탄소 상온도로 포장
10. 트럼펫형(세갈래교차)의 루프형식
11. 계기활주로(Instrument Runway)
12. 초기강우 처리시설(Fresh Water)
13. 유도로(Taxiway) 교량

제2교시

※ 다음 문제 중 4문제를 선택하여 설명하시오. (각 25점)

1. 도로 주행의 안전과 쾌적성을 확보하기 위한 평면곡선 반지름의 설치에 대하여 설명하시오.

2. 한국형 포장설계법 개발을 위한 시험도로 건설 및 계측시스템 구축에 대하여 설명하시오.
3. 오르막차로 설치구간 설정과 설치방법에 대하여 설명하시오.
4. 도로설계 시 터널구간의 평면선형 결정요소와 병렬터널 계획 시 선형분리방법에 대하여 설명하시오.
5. 활주로 분류번호에 의한 착륙대의 설치기준과 정지구역에 대하여 설명하시오.
6. 계류장 주기방식과 항공기 등급별 최소 이격거리에 대하여 설명하시오.

제3교시

※ 다음 문제 중 4문제를 선택하여 설명하시오. (각 25점)

1. 도로(또는 공항)설계 시 흙쌓기구간의 도수로 간격을 결정하는 방법과 배수시설 설계 시 유의사항에 대하여 설명하시오.
2. 입체교차로에서 변속차로의 형식 및 본선과의 편경사 접속설치에 대하여 설명하시오.
3. 도로(또는 공항)의 시멘트 콘크리트포장에서 포장수명을 좌우하는 초기거동의 특성과 문제점 및 개선사항에 대하여 설명하시오.
4. 도로(또는 공항)설계 시 연약지반 구간에서 연약지반 판정기준과 처리공법에 대하여 설명하시오.
5. 공항 활주로 말단부 설계 시 관련시설의 종류를 설명하시오.
6. 공항 활주로상 표지시설(Runway marking)의 종류를 설명하시오.

제4교시

※ 다음 문제 중 4문제를 선택하여 설명하시오. (각 25점)

1. 도로설계 시 터널구간 안전시설중 조명시설의 설계기준에 대하여 설명하시오.
2. 평면교차로(신호교차로)의 교통신호기 설치근거 및 기준과 신호시간 산정절차에 대하여 설명하시오.
3. 도로(또는 공항)포장설계 시 암반구간에서의 포장설계방법에 대하여 설명하시오.
4. 도로설계 시 비상주차대의 현행 설계기준을 설명하고, 설계기준에 대한 운영상 문제점과 개선방안을 설명하시오.
5. 도로(또는 공항)포장의 노면 불연속구간에서 포장파손 저감방안에 대하여 설명하시오.
6. 공항포장의 그루빙(Grooving) 설치 시 적용기준과 설치 후 유지관리에 대하여 설명하시오.

제97회

제1교시

※ 다음 문제 중 10문제를 선택하여 설명하시오. (각 10점)

1. 하이패스 전용 나들목
2. 포장도로의 공용기간과 설계 해석기간
3. 비동력 무탄소 교통수단
4. 골재의 유효흡수율과 아스팔트 혼합물의 골재간극율
5. 도로포장 구조설계 등급 결정기준
6. Grooving 및 Rumble Strip
7. 시공단계의 설계 VE(Value Engineering)
8. 도로법령에서 정하고 있는 운행제한차량
9. 도로의 부속물
10. 휴게시설의 종류 및 특성
11. 다변측정 감시시설(MLAT)
12. 대기지역(Holding Bays)

13. Mooring Point

제2교시

※ 다음 문제 중 4문제를 선택하여 설명하시오. (각 25점)

1. 한국형 도로포장 설계법(2011 도로포장구조설계요령)의 특성과 공용성 해석에 대하여 설명하시오.
2. 도시지역 도로의 횡단구성 요소와 횡단구성 시 주요 검토사항에 대하여 설명하시오.
3. 최근 부각되고 있는 환경보전 정책과 관련하여 고로슬래그 등 산업현장에서 발생되는 산업부산물의 특성 및 도로포장(또는 공항포장) 재활용 시 고려사항을 설명하시오.
4. 도로(또는 공항)계획 시 수요 및 공급 교통량 산정과 시설규모 결정과정에 대하여 설명하시오.
5. 공항계획의 에어사이드 시뮬레이션 분석에 대하여 프로그램의 종류, 분석절차, 입력요소, 결과물의 내용 및 결과물의 활용방법 등의 사항을 설명하시오.
6. 공항운영 시 발생하는 항공수익과 비항공수익에 대하여 설명하고 수익과 관련한 바람직한 방향에 대하여 설명하시오.

제3교시

※ 다음 문제 중 4문제를 선택하여 설명하시오. (각 25점)

1. 입체교차로의 연결로 접속단 설계에 대하여 설명하시오.
2. 설계속도와 선형요소(평면선형, 종단선형, 시거 등)와의 연계성에 대하여 설명하시오.
3. 2018년 평창 동계올림픽 성공을 위한 "제3차 중기교통시설 투자계획(2011~2015)"에 대하여 설명하시오.
4. 도로포장(또는 활주로포장)에서 편측 2차로 시멘트 콘크리트포장(JCP)을 동시 포설계획할 때 줄눈배치 방법을 도시(圖示)하고 줄눈종류별 구조와 기능을 설명하시오.
5. 아스팔트 콘크리트포장에서 발생하는 소성변형의 원인과 대책방안에 대하여 설명하시오.
6. 저탄소 친환경 녹색공항 건설에 적용할 수 있는 기법에 대하여 설명하시오.

제4교시

※ 다음 문제 중 4문제를 선택하여 설명하시오. (각 25점)

1. 수도권 도시고속도로의 문제점 및 개선방안을 설명하시오.
2. 교차로 설계 시 교통사고 방지 및 교통류의 원활한 처리를 위한 도로교통 안전시설의 종류 및 설치방법에 대하여 설명하시오.
3. 도로(또는 공항) 배수 취약구간의 발생원인 및 개선방안에 대하여 설명하시오.
4. 연약지반에서 도로축조 시(공항건설 시) 필요한 계측관리계획을 수립하고 활용방안에 대하여 설명하시오.
5. 공항의 게이트소요는 일반적으로 Horonjeff 공식을 사용하여 산출하지만, 공항의 운영특성에 따라 많은 차이가 발생한다. 현실과 부합된 게이트소요를 산출하기 위한 고려사항, 입력요소의 결정방법, 공항특성 반영내용, 산출결과 보정 등에 대하여 설명하시오.
6. 최근 군비행장 이전과 관련한 법률제정이 진행되고 있다. 군비행장 이전 시 고려사항, 문제점 및 대책에 대하여 설명하시오.

제98회

제1교시

※ 다음 문제 중 10문제를 선택하여 설명하시오. (각 10점)

1. 중앙분리대 개구부

2. 최소종단경사
3. 교통신호연동방법
4. 안개지역 안전시설
5. 측방회복가능영역(Clear Zone)
6. 평면교차로 통제방법
7. 도류화 회전교차로(Turbo Roundabout)
8. 품질성능평가지수(QPI : Quality Performance Index)
9. 탄소중립형도로
10. 팻칭(Patching)
11. 선회선(Turn line)과 선회바(Turn bar)
12. 수상비행장 비 필수시설
13. 공항포장의 지지강도 분류기준(ACN/PCN)

제2교시

※ 다음 문제 중 4문제를 선택하여 설명하시오. (각 25점)

1. 최근 국토해양부에서 고시한 제7차 국가교통안전 기본계획(2012~2016) 중 안전한 교통인프라 구축을 위한 도로분야의 중점추진과제에 대하여 설명하시오.
2. 도로 선형설계 시 평면곡선부에 설치되는 편경사와 횡방향미끄럼마찰계수의 분배방법을 도식화하여 설명하시오.
3. 도로계획 시 자동차의 주행안전성과 효율성을 확보하기 위한 도로접근관리의 원칙 및 도로의 기능에 따른 접근관리기법에 대하여 설명하시오.
4. 다차로도로(6차로 이상)에서 편경사를 이용한 수막현상 최소화방안에 대하여 설명하시오.
5. 공항 부지조사에 있어서 운영적, 사회적, 비용적 고려요소에 대하여 설명하시오.
6. 공항(또는 도로)계획 시 장래 수요예측방법에 대하여 설명하시오.

제3교시

※ 다음 문제 중 4문제를 선택하여 설명하시오. (각 25점)

1. 이상기후에 대비한 도로선형 고려요소에 대하여 설명하시오.
2. 산악지대나 해안지역을 통과하는 도로설계 시 주행안전성 확보를 위한 방풍시설에 대하여 설명하시오.
3. 중차량이 많은 도로에서 소성변형 최소화를 위한 표층용 아스팔트 혼합물의 내유동 대책에 대하여 설명하시오.
4. 최근 개정된 도시부 도로 배수설계기준 주요내용과 설계 시 고려사항에 대하여 설명하시오.
5. 여객터미널 계류장 개념에 대하여 설명하시오.
6. 비행장 포장 형성에 영향을 미치는 요소와 구역별 포장단면 변화에 대하여 설명하시오.

제4교시

※ 다음 문제 중 4문제를 선택하여 설명하시오. (각 25점)

1. 세갈래 입체교차로의 방향별 교통량에 따른 분기형식과 설계속도차이에 따른 도로구조적 안전대책에 대하여 설명하시오.
2. 도로의 선형설계 기본방침과 선형설계의 일관성을 검토·평가하는 방법에 대하여 설명하시오.
3. 비탈진 원지반에서 흙쌓기 시 고려사항과 땅깎기, 흙쌓기경계부의 부등침하에 대하여 설명하시오.
4. 노선버스가 통행하는 도로에서의 버스정류시설에 대하여 설명하시오.
5. 활주로, 계류장, 여객터미널, 항공교통관제업무에 대한 처리용량에 대하여 설명하시오.
6. 기존 공항(또는 도로)의 용량증대를 위한 교통체계관리기법(TSM)에 대하여 설명하시오.

제99회

제1교시

※ 다음 문제 중 10문제를 선택하여 설명하시오. (각 10점)

1. 길어깨의 횡단경사
2. 상대강도계수(Layer coefficient)
3. 인터체인지의 접속단 결합
4. 지하공공보도시설의 구조
5. Full depth 아스팔트 포장
6. 고속도로의 진입로 신호조절(Entrance ramp control)
7. 곡률과 곡률도 작성
8. 콘크리트포장의 Dowel－bar와 Tie－bar
9. 교통섬(Traffic island)
10. VFM(Value for money)
11. 비행장의 기준
12. 최저비행고도
13. 공항시설

제2교시

※ 다음 문제 중 4문제를 선택하여 설명하시오. (각 25점)

1. 버스 전용차로의 설치기준과 설치방안에 대하여 설명하시오.
2. 방재시설 설치를 위한 터널등급 결정 시 기준이 되는 터널 위험도지수 평가 기준에 대하여 설명하시오.
3. 예비타당성조사와 타당성조사의 차이점과 예비타당성조사 제도의 문제점 및 개선방안에 대하여 설명하시오.
4. 정지시거의 개념을 설명하고, 여러 가지 도로 환경조건에서의 정지시거 계산방법에 대하여 설명하시오.
5. 유도로(Taxiway)의 설치기준 중 항공기 분류기준 E급 이상의 기준에 대하여 설명하시오.
6. 활주로길이 1500 m(착륙대등급 D급) 이상의 육상비행장에 대한 장애물 제한표면의 종류와 기준에 대하여 설명하시오.

제3교시

※ 다음 문제 중 4문제를 선택하여 설명하시오. (각 25점)

1. 최근 지구 온난화에 따른 급격한 기후변화에 대비한 국내고속도로 설계기준 개선내용 및 향후 개선방안에 대하여 설명하시오.
2. 도로 설계 시 3차원 모델링을 통한 BIM(Building Information Modeling) 설계추진방안에 대하여 설명하시오.
3. 고속도로와 국도가 4지로 교차하고 있다. 도로 설계 시 주로 검토되는 인터체인지 형식별 특징 및 적용성에 대하여 설명하시오.
4. 도로에서 사용하는 완화곡선의 설치 목적과 설치 방법에 대하여 설명하시오.
5. 항공기 소유평가방법 및 NCR과 WECPNL의 차이점에 대하여 설명하시오.
6. 우주항공시대를 준비하기 위하여 초음속항공기에 대비한 공항 개발방향을 설명하시오.

제4교시

※ 다음 문제 중 4문제를 선택하여 설명하시오. (각 25점)

1. 도로 설계 시 엇갈림구간의 교통류 특성에 영향을 미치는 도로기하구조 요소(형태, 길이, 폭)에 대하여

설명하시오.
2. 도로 계획 시 도로공간 기능의 활성화 방안과 교통약자 등을 위한 보행시설물 설치내용에 대하여 설명하시오.
3. 도심지 내 소형차전용 지하도로를 건설하고자 한다. 설계 시 고려하여야 할 사항에 대하여 설명하시오.
4. 교량구조물 설계 시 도로, 철도, 하천, 해상 등 타교통시설과의 시설한계기준에 대하여 설명하시오.
5. 활주로 길이 산정요소와 활주로 공시거리에 대하여 설명하시오.
6. 신공항 후보지 선정절차와 단계별 선정기준에 대하여 설명하시오.

제100회

제1교시

※ 다음 문제 중 10문제를 선택하여 설명하시오. (각 10점)

1. 동상방지층
2. 변속차로
3. 편경사 접속설치율
4. 혼화재/혼화제
5. 대도시권 도시교통혼잡도로
6. 운영속도(Operating Speed, V85)
7. 공용개시 계획연도
8. 입체적 도로구역
9. 고원식 횡단보도
10. 차량하중(DB)과 차로하중(DL)
11. 착륙대(Landing Area)
12. 국제민간항공기구(ICAO)
13. 차세대 위성항법시스템(ADS-B)

제2교시

※ 다음 문제 중 4문제를 선택하여 설명하시오. (각 25점)

1. 도로(또는 공항)시설의 사회적 가치에 대하여 설명하시오.
2. 양방향 좌회전차로 설치요건 및 설치 시 유의사항에 대하여 설명하시오.
3. 국도노선계획지침(국토교통부)에 규정된 국도와 국도, 국도와 다른 도로와의 교차방법에 대하여 설명하시오.
4. 직선과 원곡선 사이에 설치되는 완화곡선 설치방법을 도시(圖示)하고 완화곡선 생략조건에 대하여 설명하시오.
5. 에어사이드의 배수계획 시 배수시설의 구성요소에 대하여 설명하시오.
6. 공항의 항공기 소음공해 평가방법 및 소음대책에 대하여 설명하시오.

제3교시

※ 다음 문제 중 4문제를 선택하여 설명하시오. (각 25점)

1. 도로의 경관설계 기법에 대하여 설명하시오.
2. 설계속도의 정의와 적용상의 문제점에 대하여 설명하시오.
3. MRG(Minimum Revenue Guarantee)의 변화 추이와 도로 민간투자사업의 침체원인 및 활성화 방안에 대하여 설명하시오.
4. 인터체인지에 적용되는 좌우회전 연결로의 형식과 특징에 대하여 설명하시오.

5. 새로운 공항 건설을 위한 계획과정과 과정별 주요 수행 내용에 대하여 설명하시오.
6. 허브앤드스포크시스템(Hub and Spoke System)의 목적과 입지 조건에 대하여 설명하시오.

제4교시

※ 다음 문제 중 4문제를 선택하여 설명하시오. (각 25점)

1. 제5차 건설기술진흥기본계획(2013~2017)의 주요 내용에 대하여 설명하시오.
2. 다이아몬드형 인터체인지의 특징과 부도로 평면 교차부의 교통처리 방안에 대하여 설명하시오.
3. 예방적 유지관리 기법에 대하여 설명하시오.
4. 도심부 침수 예방을 위하여 도로 배수와 하수도를 연계하는 「도시부 도로배수시설 설계 잠정지침」의 주요 내용을 설명하시오.
5. 여객터미널 배치방법(집중식과 비집중식)의 장·단점과 특성에 대하여 설명하시오.
6. 최근 개정된 항공법의 주요 내용을 설명하시오.

제101회

제1교시

※ 다음 문제 중 10문제를 선택하여 설명하시오. (각 10점)

1. 최소교통서비스
2. 설계강우강도
3. 비탈면 내진설계
4. 재하균열(load-associated cracking)
5. 교통류 관리시스템 제어장치
6. 평면교차로간 최소간격
7. 도시교통정보시스템(UTIS : Urban Traffic Information System)
8. PCU(Passenger Car Unit)와 PCE(Passenger Car Equivalent)
9. 도로표지 종합관리시스템
10. 다층탄성해석 프로그램
11. 평행유도로 이격
12. RVR(Runway Visual Range)과 LLWAS(저층난류 경보시스템)
13. 활주로 개방구역 및 정지로

제2교시

※ 다음 문제 중 4문제를 선택하여 설명하시오. (각 25점)

1. 2011년 국토교통부에서 개정한 「도로안전시설 및 관리지침(2011.11)」 중 차량방호 안전시설 설계지침의 주요내용에 대하여 설명하시오.
2. 친환경·인간중심의 도로건설 및 운영을 위한 국가 도로정책 방향에 대하여 설명하시오.
3. 도로 노선계획 시 선형설계의 기본방침과 평면선형 및 종단선형의 일반방침에 대하여 설명하시오.
4. 도시가로지구 혹은 신호교차로가 연속적으로 위치한 간선도로에서 원활한 교통소통을 위한 신호연동요건과 신호연동을 위한 공통주기설정 및 신호연동방법에 대하여 설명하시오.
5. 최근 항공교통 대중화 및 전방위 항공노선망 운영 등으로 항공운영 환경이 매우 복잡하게 전개되고 있는데, 이에 대한 국내 공역체제의 문제점 및 개선대책에 대하여 설명하시오.
6. 미국에서 개발한 국가공항통합시스템계획(NPIAS : National Plan of Integrated Airport System)과 국내 공항시스템계획에 대하여 설명하시오.

제3교시

※ 다음 문제 중 4문제를 선택하여 설명하시오. (각 25점)

1. 도로(또는 공항) 깎기구간의 비탈면 안정성 확보를 위한 보강공법 종류와 현행 보강공설계의 문제점 및 개선사항에 대하여 설명하시오.
2. 기존 아스팔트콘크리트포장에 신규 아스팔트콘크리트 덧씌우기 포장설계의 절차와 방법에 대하여 설명하시오.
3. 도로(또는 공항)축조 공사에서 연약지반 개량공법 선정 시 유의사항과 장기침하 대책에 대하여 설명하시오.
4. 도로 종단경사가 완만한 터널구간 내 물고임현상의 발생원인과 물고임 처리방안을 기하구조적으로 설명하시오.
5. 대규모 공항 에어사이드에서의 용량과 지연을 결정하는 방법에 대하여 설명하시오.
6. 항공 교통관제시설인 ILS(Instrument Landing System)와 MLS(Microwave Landing System)의 각 구성요소 및 기능과 차이점에 대하여 설명하시오.

제4교시

※ 다음 문제 중 4문제를 선택하여 설명하시오. (각 25점)

1. 도로의 평면곡선부 설계 시 편경사 접속설치(접속설치율, 설치길이)와 평면곡선부가 배향곡선(원곡선－완화곡선－원곡선)으로 구성된 구간에서의 편경사 설치방법을 도시하여 설명하시오.
2. 고속도로와 접속되는 일반도로 구간에서 최근 녹색도로 교통 기반조성의 일환으로 확대 보급되고 있는 회전교차로(Round About)의 적용방안에 대하여 설명하시오.
3. 도로의 길어깨부에서의 노면배수불량으로 인한 물고임구간의 발생원인 및 처리방안에 대하여 설명하시오.
4. 동절기 폭설로 인한 피해를 방지하기 위한 도로의 제설시설 중 제설작업시설과 방설시설에 대하여 설명하시오.
5. 대형 공항에서의 항공등화시설 기준과 표지시설에 대하여 설명하시오.
6. 항공기의 제빙시설(De－icing Facilities)에 대하여 설명하시오.

제102회

제1교시

※ 다음 문제 중 10문제를 선택하여 설명하시오. (각 10점)

1. 설계시간계수(K, 2013 도로용량편람 개정 내용)
2. 도로(또는 공항)계획 목표연도 설정기준
3. 민간투자사업 추진방식
4. 차세대 ITS개념과 기존 ITS와 차이점
5. 교량(또는 공항시설)의 LCC(생애주기비용) 구성요소
6. 교통안전대책(3E)
7. 하중저항계수 설계법(LRFD)
8. △BDI(△Base Damage Index(%))
9. 소음저감포장공법
10. 노상표층재생(Surface Recycling)공법
11. 개선된 지상이동안내통제시스템(A－SMGCS)
12. FAA의 매뉴얼 AC150/5300－13A에서 RDC(Runway Design Code), AAC(Aircraft Approach Category), ADG(Airplane Design Group), VIS(Visibility Minimums)
13. 비행규칙(IFR, VFR) 및 기상상태(IMC, VMC)

제2교시

※ 다음 문제 중 4문제를 선택하여 설명하시오. (각 25점)

1. 국토교통부에서 2013년 9월 공사비 절감·기능향상 등 최적설계 시행을 위해 개정한 「설계의 경제성등 검토에 관한 시행지침」의 주요내용을 설명하시오.
2. 고속도로(또는 공항)의 교통용량(서비스교통량 : SFi)분석 방법을 설명하시오.
3. 도로설계요소와 교통사고의 관련성, 일반구간의 교통사고 원인별 개선대책 및 안전을 고려한 도로설계 방안에 대하여 설명하시오.
4. 친환경 포장공법인 중온아스팔트(WMA : Warm Mix Asphalt) 포장공법의 시공방법 및 유의사항을 설명하시오.
5. 최근 국내항공계에도 저가항공사(LCC)의 시장점유율이 가파르게 상승하고 있다. LCC 산업의 현황 및 전망에 대하여 설명하시오.
6. 항공의 자유에 대하여 "5개의 자유"와 "기타의 자유"에 대하여 설명하시오.

제3교시

※ 다음 문제 중 4문제를 선택하여 설명하시오. (각 25점)

1. 도로(또는 공항) 비탈면 배수시설의 종류와 기능 및 설치 시 유의사항에 대하여 설명하시오.
2. 도시지역의 균형개발을 위해 육지와 섬, 섬과 섬을 연결하는 교량구조물 계획 시 고려해야 할 주요 검토 항목을 설명하시오.
3. 최근 이상기후 등으로 포트홀의 발생이 증가하고 있다. 이와 관련하여 도로(또는 공항)에서 아스팔트콘크리트포장시공에 따른 품질관리상의 문제점 및 개선사항에 대하여 설명하시오.
4. 도로표지의 설치기준과 종류 및 기능을 설명하시오.
5. 평행활주로의 간격에 따른 항공기 운항형태 및 활주로와 터미널과의 관계를 설명하시오.
6. 공항의 계류장 면적을 결정하는 과정에 대하여 설명하시오.

제4교시

1. 도로, 철도 등 교통 SOC사업의 정확하고 효율적인 타당성 평가를 위해 분석·평가방법을 대폭 보완하여 고시한 「공공 교통시설 개발사업의 투자평가 지침 개정안(2013.9)」의 주요 개정내용을 설명하시오.
2. 도시생활권역의 확대로 도시간 연결고속도로의 교통혼잡구간이 발생하게 되는 경우 이에 따른 해소대책으로 활용할 수 있는 고속도로 갓길차로제(LCS : Lane Control System)의 대상구간 선정기준, 운영방안 및 설치 시 고려사항에 대하여 설명하시오.
3. 도로(또는 공항) 포장에서 동상의 메커니즘과 동상방지층 설치여부 판정기준에 대하여 설명하시오.
4. 도로교통 안전시설 및 관리시설의 종류를 설명하시오.
5. 활주로종단안전구역 및 활주로보호구역을 비교 설명하시오.
6. 공항 콘크리트포장의 파손형태 및 보수방법에 대하여 설명하시오.

제103회

제1교시

※ 다음 문제 중 10문제를 선택하여 설명하시오. (각 10점)

1. 입체교차로의 변속차로 형식
2. 도로용량과 서비스수준
3. 교량받침의 부반력
4. 연속류와 단속류

5. 터널의 방재시설
6. 그린 네트워크(Green Network)
7. 공용성 해석(한국형 도로포장설계법)
8. 종방향균열과 횡방향균열(Longitudinal and Transverse Cracks)
9. 아스팔트포장의 공극률
10. 소형동물 탈출시설
11. 육상비행장 분류기준
12. 결심속도(Decision speed)와 이륙안전속도(Take-off safety speed)
13. 삼분법(Three segment method)

제2교시

※ 다음 문제 중 4문제를 선택하여 설명하시오. (각 25점)

1. 도로에서 발생할 수 있는 재난유형과 1종 도로시설물의 안전관리에 대한 현실태와 개선방안에 대하여 설명하시오.
2. 교통사고 발생빈도가 높은 고속도로 유출부의 현행 설계기준과 교통 안전성 향상을 위한 개선방안에 대하여 설명하시오.
3. 도로의 교통용량에 영향을 미치는 요인과 도심지 도로 용량부족구간에 대한 개선방안을 설명하시오.
4. 기존도로 2차로를 4차로로 확장하여야 하는데 교통수요와 경제성 분석 결과 4차로 기준에 미흡하여 2+1차로 도로로 확장하고자 할 때 2+1차로의 개념과 설계 시 고려사항에 대하여 설명하시오.
5. 공항 내 항공교통과 지상교통이 혼재된 활주로, 유도로 및 계류장에서 교통흐름의 분리필요성과 효율적인 교통분리 확보방안에 대하여 설명하시오.
6. 고속탈출유도로의 설계방법과 최적위치 및 수를 결정하는 요인에 대하여 설명하시오.

제3교시

※ 다음 문제 중 4문제를 선택하여 설명하시오. (각 25점)

1. 도로선형 설계에서 터널의 갱구부 위치선정 시 고려사항에 대하여 설명하시오.
2. 도로 비탈면 붕괴 사고예방을 위한 위험 비탈면 조사요령과 비탈면 안정처리 대책에 대하여 설명하시오.
3. 도로(공항)포장의 파손원인과 파손유형별 보수방법, 보수공사 시 유의할 사항에 대하여 설명하시오.
4. 도로설계 시 교통약자를 위한 도로 설계방안에 대하여 설명하시오.
5. 항공기 이·착륙 시 여객 및 화물의 안전에 지대한 영향을 미치는 비행장 활주로 포장표면의 조건과 그루빙(Grooving)설치 시 고려사항에 대하여 설명하시오.
6. 대규모 공항에서 유도로간 최소이격거리 및 유도로와 다른 물체와의 이격거리 결정에 대하여 설명하시오.

제4교시

※ 다음 문제 중 4문제를 선택하여 설명하시오. (각 25점)

1. 도로선형 설계 시 시거의 종류와 공용중인 기존도로에서 정지시거 부족구간의 개선방안에 대하여 설명하시오.
2. 도로(공항) 설계 시 연약지반(점성토 및 실트질 심도 20 m 이하)의 처리공법과 시공 시 품질관리 및 계측항목에 대하여 설명하시오.
3. 강풍지역에서 도로에 설치되는 방풍시설의 현행 설치기준과 주행안전성 향상을 위한 방풍시설의 개선방안에 대하여 설명하시오.
4. 지방지역 도로 배수시설의 계획 및 설계 시 필요한 조사항목에 대하여 설명하시오.
5. 기존 비행장 포장의 덧씌우기 설계방법(포장형식별)에 대하여 설명하시오.
6. 여객터미널 계류장 개념의 종류와 특성을 도시하여 설명하시오.

제104회

제1교시

※ 다음 문제 중 10문제를 선택하여 설명하시오. (각 10점)

1. 국도의 지선
2. 선배수 시설
3. 원톨링 시스템(One Tolling System)
4. 85백분위 속도(V85)
5. 설계동결지수
6. 시설물의 안전관리에 관한 특별법 상 1종시설물 범위(도로터널, 도로교량)
7. 녹색도로평가
8. 교통안전지수
9. 아스팔트 콘크리트 표층의 블리스터링(Blistering)
10. 적설지역 도로폭
11. 유도로대(Taxiway Strip)
12. APM(Automated People Mover)
13. 극초단파착륙시설(MLS)의 설치조건

제2교시

※ 다음 문제 중 4문제를 선택하여 설명하시오. (각 25점)

1. 복지시대에 부합하는 향후 도로정책 방향에 대하여 설명하시오.
2. 한국형 도로포장 설계법의 주요 내용과 특징에 대하여 설명하시오.
3. 평면교차지점(도심지)의 교통량을 증대시키고 안전성과 쾌적성을 향상시키기 위한 유도시설의 설계기본원칙과 세부기법에 대하여 설명하시오.
4. 도로(또는 공항) 사업 준공 후 안전진단에 필요한 기존자료 활용방안에 대하여 설명하시오.
5. 여객터미널 전면의 Curb Side 배치계획에 대하여 설명하시오.
6. 계류장의 종류와 수용능력에 대하여 설명하시오.

제3교시

※ 다음 문제 중 4문제를 선택하여 설명하시오. (각 25점)

1. 도로(또는 공항)의 비점오염 저감시설의 계획 및 설치 시 고려사항에 대하여 설명하시오.
2. 도로의 안전시설 중 시선유도시설의 종류와 기능, 기 설치된 시선유도시설의 문제점과 개선대책에 대하여 설명하시오.
3. 도로(또는 공항) 포장용 아스팔트콘크리트 혼합물에 석분(Filler)을 넣는 이유와 석분의 종류에 대하여 설명하시오.
4. 도로교량 기초말뚝 공사 시 발생되는 소음 및 진동 영향을 최소화하고 주변 환경을 고려한 시공공법 선정방향에 대하여 설명하시오.
5. 항공기 지상이동을 효율적으로 하기 위한 대기지역에 대하여 설명하시오.
6. 공항 주차장의 교통수요 추정방법 및 계획에 대하여 설명하시오.

제4교시

※ 다음 문제 중 4문제를 선택하여 설명하시오. (각 25점)

1. 도로교통사고 예방을 위하여 도로시설기준의 기하구조 측면에서 개선해야 할 사항에 대하여 설명하시오.

2. 도로(또는 공항)건설 사업의 계획과정(예비타당성조사, 타당성조사, 기본설계, 실시설계)의 문제점 및 개선방안에 대하여 설명하시오.
3. 도로(또는 공항)공사에서 환경에 미치는 영향을 미리 예측하고 분석하여 환경영향을 저감할 수 있는 방안에 대하여 설명하시오.
4. 도로(또는 공항)의 배수시설을 세부적으로 분류하고 횡단 배수시설 중 암거설계 과정에 대하여 설명하시오.
5. 활주로 용량(PHOCAP/PANCAP)에 대하여 설명하시오.
6. 우리나라 공항정책 방향에 대하여 설명하시오.

참고문헌

1. 도로공사 표준시방서, 국토교통부, 2009
2. 도로설계 편람, 국토교통부, 2011
3. 도로 동상방지층 설계지침, 국토교통부, 2011
4. 국도건설공사 설계실무 요령, 국토교통부, 2013
5. 도로구조.시설기준에 관한 규칙. 국토교통부. 2013
6. 도로포장 구조설계 요령, 국토교통부, 2011
7. 도로안전시설 설치 및 관리지침, 국토교통부, 2012
8. 도로설계요령, 한국도로공사, 2009
9. 고속도로공사 전문시방서, 한국도로공사, 2012
10. 도로포장의 노후도 평가 및 보수공법, 한국콘크리트학회, 1995
11. CRCP의 거동과 균열발생에 관한 연구, 한국도로공사, 1994
12. 최계식, 토목재료시험법과 해설 및 응용, 형설출판사, 2000
13. 김주원, 최신 아스팔트포장, 세종문화사,, 1993
14. 민원, 도로공학 원론, 구미서관, 2011
15. 박운용, 도로교통공학, 형설출판사, 1993
16. 천병식 외, 도로공학, 새론사, 1994
17. 최고일 외, 도로건설관리, 구미서관, 2014
18. 도로와 환경, 한국 길포럼, 2013
19. 제4차 국토종합계획 수정계획, 대한민국 정부, 2011
20. J. Jerry Kaufman, Value Engineering for the Practitional, 2007
21. Asphalt Institute “Thickness Design” Manual Series No.11, 1973
22. “Design of Pavement Structures” Aashto, 1986
23. J. M. Edwards and C. P. Vaikering, “Structural Design of Asphalt Pavement for Heavy Aircraft” Shell International Petroleum Company, 1970.
24. Michel Sargious “Pavement and Surfacings for Highway and Airports” Applied Science Publisjers Ltd, Lomdon, 1975 pp.237-285
25. M. Y. Shahin “Pavement Management for Airports, Roads, and Parking Lots” Chapman & Hall, 1994.
26. Paul H. Wright & Radnor J. Paquette “Highway Engineering” Wiley, 1987.
27. “P. C Paving Manual” Iowa Concrete Paving Association, 1982.
28. Perullidtz “Pavement Analysis” Elsevier, 1987.
29. “Principles of Pavement Design” E. J. Yoder, M. W. Witczal, 1975.
30. “Proceedings of the 7th International Conference on Asphalt pavements” Volume Ⅰ-Ⅳ, Isap, 1992.
31. Yang H. Huang “Pavement Analysis and Design” Printice Hall, 1993.
32. “道路構造令 解說 및 運用” 日本道路協會, 1983.
33. 井上靜三 山下弘美 共著 “鋪裝新設計法” 森北出版社.
34. 卷上安爾, 稿本武明, 荻野正嗣 共著 “道路工學” 理工圖書, 1988.

ㅁ

ㅂ

ㅅ

ㅇ

▌A

▌B

▌C

▌D

▌F

▌G

▌H

▌I

▌J

▌K

▌L

❙ M

❙ N

❙ O

❙ P

❙ R

❙ S

❙ T

❙ U

❙ V

❙ W

최한중 한양대학교 토목공학과 졸업
한양대학교 대학원 토목공학과 졸업(공학석사)
기술사(도로 및 공항, 토목시공)
한국도로공사 근무
대림산업(주) 근무
(주)우보기술단 근무
現 (주)진화기술공사 회장
인천대학교, 경희대학교 강사
중앙건설기술심의위원회 위원
서울특별시 건설기술심의위원
한국도로교통협회 기술분과 위원
서울지방국토관리청 설계자문위원
대한토목학회 기획위원회 위원
국가기술자격시험 출제위원

최고일 경기공업고등전문학교 토목과 졸업
인하대학교 토목공학과 졸업
연세대학교 대학원 토목공학과 졸업(공학석사)
금오공과대학교 토목공학과 졸업(공학박사)
기술사(도로 및 공항, 토목시공, 토목품질시험)
벨기에 도로연구소(BRRC) 포장기술연수
한국도로공사 근무
부산울산고속도로(주) 대표이사
現 서울과학기술대학교 교수
국토교통부 중앙건설심의위원회 위원
국방부 특별기술심의위원회 위원
대한토목학회 도로분과위원회 위원장
한국건설품질기술사회, 도로 및 공항기술사회 부회장
한국도로교통협회 운영위원
한국 길포럼 이사
국가기술자격시험 출제위원 및 면접위원
동탑산업훈장, 도로인상

도로공학

2015년 2월 23일 제1판 1쇄 인쇄
2015년 2월 28일 제1판 1쇄 발행

지은이 최한중·최고일
펴낸이 류원식
펴낸곳 **청문각**

편집국장 안기용 | 책임편집 우종현 | 본문디자인 디자인이투이 | 표지디자인 네임북스
제작 김선형 | 홍보 김은주 | 영업 함승형·이훈섭 | 출력 블루엔 | 인쇄 영프린팅 | 제본 한진제본

주소 413-120 경기도 파주시 문발로 116(문발동 536-2)
전화 1644-0965(대표) | 팩스 070-8650-0965
홈페이지 www.cmgpg.co.kr | E-mail cmg@cmgpg.co.kr
등록 2015. 01. 08. 제406-2015-000005호

ISBN 978-89-6364-221-5 (93530)
값 30,000원

* 잘못된 책은 바꾸어 드립니다.
* 저자와의 협의 하에 인지를 생략합니다.